HANDBUCH DER NEUROLOGIE

HERAUSGEGEBEN

VON

O. BUMKE UND O. FOERSTER
MÜNCHEN BRESLAU

VIERZEHNTER BAND

SPEZIELLE NEUROLOGIE VI

ERKRANKUNGEN DES RÜCKENMARKS UND GEHIRNS IV

RAUMBEENGENDE PROZESSE

BERLIN
VERLAG VON JULIUS SPRINGER
1936

RAUMBEENGENDE PROZESSE

BEARBEITET VON

N. ANTONI · R. HENNEBERG · A. J. MCLEAN
R. WARTENBERG

MIT 280 ABBILDUNGEN

BERLIN
VERLAG VON JULIUS SPRINGER
1936

ISBN-13: 978-3-642-98883-7 e-ISBN-13: 978-3-642-99698-6
DOI: 10.1007/978-3-642-99698-6

SOFTCOVER REPRINT OF THE HARDCOVER 1ST EDITION 1936

Inhaltsverzeichnis.

Geschwülste.

Geschwülste.

Tumoren des Rückenmarks, seiner Wurzeln und Häute.

Von NILS ANTONI-Stockholm.

Mit 72 Abbildungen.

Geschichtliches.

Das Jahr 1887 bildet einen Wendepunkt in der Geschichte der Rückenmarkstumoren. Vor diesem Zeitpunkt war der Tumor medullae spinalis hauptsächlich ein Gegenstand pathologisch-anatomischen Kuriositätsinteresses gewesen, nach demselben ist mit einem Schlage diese Krankheit in den Vordergrund der ärztlichen Aufmerksamkeit gerückt. Die Möglichkeit einer erfolgreichen, und zwar chirurgischen Therapie, die durch die berühmte Tat GOWERS' und HORSLEYS des genannten Jahres dargelegt worden war, hat mit vollem Recht diesen Umschwung bewirkt. Erst in den nächst vorangegangenen Jahren war die Möglichkeit eines chirurgischen Vorgehens erwogen worden, von LEYDEN, ERB, GOWERS. Das rein pathologisch-anatomische Interesse der Geschwulstforschung hatte sich zwar schon vor 1887 auch den Tumoren des Rückenmarks zugewandt, VIRCHOW hatte seit langem die Gattungen des Psammoms, Glioms und Sarkoms aufgestellt, die Diskussion über das gegenseitige Verhalten von Syringomyelie und Tumor, die noch heute nicht zur Entscheidung gekommen ist, war schon im Gange, überhaupt waren seit der Anregung COHNHEIMS die Bemühungen, aus anatomischen Merkmalen der Geschwülste und ihrer Mutterböden ätiologische Auskünfte — vorwiegend in teratogenetischer Richtung — zu gewinnen, in vollem Gange, SERRES und KNOBLAUCH hatten schon 1843 das Vorkommen juxtamedullärer Wurzelknoten bei Neurofibromatose mitgeteilt usw. Auch hatten CHAUSSIER 1807, GERUTTI 1821, OLLIVIER D'ANGERS 1827 das Krankheitsbild der Rückenmarkskompression durch Tumor zu zeichnen angefangen, und in Zusammenhang mit der schön aufblühenden klinischen Neurologie in der 2. Hälfte des Jahrhunderts war auch die Kenntnis vom klinischen Bilde der Compressio medullae spinalis gefördert worden. Der ganz radikale Umschwung des ärztlichen Interesses nach dem Bekanntwerden der Operabilität ist aber sowohl der verfeinerten Diagnostik wie auch, eben im besonderen Interesse dieser Diagnostik und der davon abhängenden Therapie, dem anatomischen Studium mächtig zugunsten gekommen.

Zur älteren Geschichte sei noch folgendes hinzugefügt. Daß Läsionen des Rückenmarks Paraplegie verursachen können, scheint schon im Altertum bekannt gewesen zu sein. In der älteren Christenzeit soll ARETAEUS die homolaterale Parese bei einseitiger Läsion des Markes gekannt haben, GALENUS kannte schon eine ziemlich detaillierte funktionelle Lokalisation innerhalb des unteren Halsmarkes. Daß aber Neubildungen solche Syndrome geben können, wurde erst durch MORGAGNI bekannt, der 1740 die ersten diesbezüglichen Fälle zitierte, einen anscheinend vertebralen Tumor von COWPER, einen anscheinend intramedullären von SALTZMANN. Erst 1792 beschrieb dann PHILLIPS noch einen intramedullären Tumor. CAILEY 1865, CHARCOT 1869 beschrieben klinisch-anatomisch Fälle von juxtamedullärem Tumor, die heute als Meningiome bezeichnet werden könnten, SCHÜPPEL 1867, HOFFMANN 1869 die ersten soliden

Gliome des Rückenmarks; WESTPHAL 1875, WHIPHAM 1881 teilten die ersten Fälle von mit Syringomyelie komplizierten Gliomen mit usw.

Zur Geschichte nach 1887. 10 Jahre nach der Mitteilung des GOWERS-HORSLEYschen Falles stellte BRUNS die bis dahin publizierten Operationsfälle, 20 an Zahl, zusammen, darunter die ersten deutschen — LAQUER-REHN bzw. LICHTHEIM-MICULICZ 1891. ALLEN STARR veröffentlichte 1895 drei exstirpierte Rückenmarkstumoren. Erst 1900 wurde der erste Rückenmarkstumor in Schweden, durch HENSCHEN und LENNANDER, zur erfolgreichen Operation gebracht, erst noch 11 Jahre später der erste französische, von BABINSKI-LECÈNE-BOURLOT. 1908 war die Zahl operierter Fälle nach der verdienstvollen Zusammenstellung STURSBERGs auf 119 gewachsen, 1920 fügte v. LENNEP weitere 153 Fälle hinzu. Die ersten Exstirpationsversuche intramedullärer Geschwülste wurden 1907 von v. EISELSBERG und CLAIRMONT, 1910 von VERAGUTH und BRUN, 1911 von ELSBERG und BEER publiziert. Die Flut kasuistischer Mitteilungen fährt noch fort; neue Methoden der Diagnostik, symptomatologisches Interesse am merkwürdig verschiedenartigen klinischen Bilde, therapeutische Ergebnisse haben daran Teil.

Die anatomische Forschung ist in lebhaftem Gedeihen gewesen. Die eigentlich meningealen Tumoren wurden von M. B. SCHMIDT 1902 in ein ganz neues Licht gesetzt, durch das Auffinden normaliter vorhandener arachnoidealer Zellkolben im Innern der Dura mater als mutmaßliches Ausgangsmaterial dieser typischer-, aber nicht notwendigerweise primär-intradural gelegenen Geschwülste; ohne Übertreibung kann gesagt werden, daß durch diese Entdeckung eben diese Tumorart unter allen Geschwülsten des Nervensystems anatomisch-genetisch am „verständlichsten" geworden sind. Die teratogenetische Betrachtungsweise der Syringomyelie, von LEYDEN u. a. inauguriert, von HOFFMANN 1893 genauer begründet, wird von zahlreichen Autoren akzeptiert und gewöhnlich auch auf die gelegentlich „komplizierenden" Geschwülste, meistenteils Gliome, bezogen; ZIEGLER nimmt 1888 einen gemeinsamen teratologischen Grund an in einem Falle wie dem von GAUPP, wo sich ein Angiom und ein Gliom des Rückenmarks mit „Fibromen" der Wurzeln verbanden, PINNER steht 1914 auf ganz identischem Standpunkt, wenn er die Kombination von Syringomyelie mit „capillärem Hämangiom" des Rückenmarks als Hamartom oder Choristom im Sinne EUGEN ALBRECHTs auffaßt; ganz besonders nahe lagen solche Anschauungen in Fällen von teratoiden oder ortsfremden Geschwülsten des Markes mit Syringomyelie, wie in denen GERLACHs 1894, BIELSCHOWSKYs und seiner Mitarbeiter 1920 und 1927, welch letztgenannter Autor in besonders eindringlicher Ausführung die teratologische Auffassung verficht. Neuerdings hat zwar die Lehre von der teratoiden Entstehung der Syringomyelie durch TANNENBERG (1924) eine gewaltsame und schwer zu widerlegende Erschütterung erfahren, die andererseits die Genese der eigentlichen Blastome nicht berührt. In allerletzter Zeit (BAILEY 1929) ist die, vor allem von LINDAU für die Mehrzahl der Gehirn-(Kleinhirn-)Cysten mit Erfolg verfochtene Deutung dieser Gebilde als exsudative Erzeugnisse primärer, gefäßreicher Geschwülste, auf die Kombination von Höhlenbildung des Rückenmarks mit Tumor ausgedehnt. Das gelegentliche Vorhandensein epithelialer, ependymähnlicher Zellreihen und Kanäle in Rückenmarksgliomen — unabhängig von eventuell gleichzeitig vorhandener Syringomyelie — wurde, besonders seit dem ROSENTHALschen Falle 1898, in teratogenetischer Richtung vielfach ausgenützt. In unseren Tagen wird, in dem groß angelegten Klassifizierungsversuch BAILEY-CUSHINGs seit 1924, der embryologische Gesichtspunkt nach anderem, nicht teratogenetisch-präjudizierendem Prinzip angelegt, und zwar in einfach-deskriptiver Art, durch Ausfinden eines dominierenden Zelltypus, der nach der nächst entsprechenden

Embryonalform des Zellbestandes des Medullarrohres benannt wird; das Ganze bezweckt, ein neues Prinzip der morphologischen Klassifikation der gliösen Geschwülste einzuführen, in der alleinigen Absicht, durch Vergleich der Alters- und Lokalprädilektionen sowie Verlauf der so charakterisierten „Formen" detailliertere prognostische Anhaltspunkte zu gewinnen, als auf Grund der früheren histologischen Kenntnisse möglich war. Die Diskussion über den praktischen Wert des neuen Prinzips ist lange nicht abgeschlossen; bestimmte Fortschritte sind doch schon zu verzeichnen. Die Verwertung des neuen Klassifikationsprinzips bei den Tumoren des Rückenmarks ist etwas vernachlässigt gewesen, erst KERNOHAN hat 1931 seine diesbezüglichen Ergebnisse am Material der Mayo-Klinik mitgeteilt, aus welchen gewisse Besonderheiten der Spinalregion hervorzugehen scheinen, vor allem ein weit häufigeres Vorkommen epithelialer Zellverbände.

Das Studium der diffusen leptomeningealen Geschwülste, sowie, in Zusammenhang damit, der Beziehungen zwischen Gliomgewebe und mesenchymalen Strukturen, hat viel Neues ergeben. PELS LEUSDEN hat als erster, 1918, gezeigt, daß unter den diffusen Tumoren der weichen Häute, die bis dahin ausschließlich den Sarkomen und Endotheliomen zugerechnet waren, auch Gliome vorkommen, vor allem als Ausbreitungen primär im Zentralnervensystem gelegener Geschwülste. SCHUBERTH hat bis 1926 20 diffus-leptomeningeale Gliome gesammelt. Ein Rarissimum ist noch heute ein Fall wie der FISCHERsche von 1901, wo ein Kolossalgliom des Rückenmarks, außer in die weichen Häute, längs der Segmentalnerven in die Wirbelkörper und sogar in die Bauchhöhle vordrang. In diesem Falle wurden schon wirkliche Metastasen zu einem Seitenventrikel gefunden. Noch 1915 bezeichnet SCHMINCKE, anläßlich eines Kleinhirnglioms mit Sekundärgeschwülsten in den Seitenventrikeln sowie subarachnoideal längs des ganzen Spinalkanals, metastasierende Gliome als „äußerst selten". Metastasierung auf dem Liquorwege, als gewissermaßen typisches Vorkommnis bei bösartigeren Gliomen, war jedoch schon 1904 von COLLIER, 1908 von SCHUPFER inauguriert, ventrikuläre und spinal-arachnoideale Metastasen bei Gehirngliomen von CAIRNS und RUSSEL 1931 mehrfach exemplifiziert, auch bei gutartigem Typus des Primärtumors.

Die Lehre von der Spezifität der Keimblätter wird erschüttert. Teilnahme der Kopfganglienleiste an der Bildung des Kopfmesenchyms wurde schon längst behauptet. HARVEY und BURR suchten 1923 durch Transplantationsversuche die Herkunft der Meningen aus der Ganglienleiste darzulegen. FLEXNER hat zwar 1929 das Vermögen jeglichen Mesenchyms, um ein transplantiertes Stück Medullarrohr Meningen zu bilden, experimentell bewiesen. Die neuere französische pathologisch-anatomische Schule — ROUSSY, OBERLING, CORNIL — bemüht sich, gewissermaßen parallel zum Versuch von HARVEY-BURR, eine „einheitliche" Herleitung *aller* Arten meningealer Tumoren — Meningiome, Lipome, Gliome — aus hypothetischen gemeinsamen, der Ganglienleiste entstammenden Meningoblasten zu begründen. (Früher ist in bezug auf die Geschwülste der peripheren Nerven in Frankreich dieselbe Tendenz, *omnipotente* Fähigkeiten einer hypothetisch-postulierten Matrix zuzuschreiben, zutage getreten: DURANTE und FRANCINI, Kritik vgl. ANTONI 1920!) Als spärliches Tatsachenmaterial für diese radikale Umwertung werden einige Fälle von Glioma cerebri mit diffuser leptomeningealer Gliose vorgeführt, bei welchen das Fehlen gröberer Durchbruchstellen — Kontinuität nur auf dem Wege von Fibrillenbüscheln durch die unversehrte Pia hindurch — und das angeblich nicht geschwulstmäßige Aussehen der leptomeningealen Glia als Stütze einer nicht sekundären oder sogar primären Rolle der meningealen Gliose hingestellt werden; außerdem meinen diese Verfasser, das Vorkommen verschiedenartiger Tumorformen beim Morbus Recklinghausen spräche für solche Multipotenz der Matrix bei den Geschwülsten des Nervensystems.

BAILEY und BUCY opponieren 1931 gegen die Bezeichnung „meningeal fibroblastoma" (PENFIELD, ELSBERG) für die früher sog. Duraendotheliome, von CUSHING 1922 Meningiome genannt; es sind keine Fibrome, sondern epitheliale oder richtiger endotheliale Tumoren. Auch reservieren sie die Bezeichnung „Meningoblastoma" für unreife, uncharakteristisch aussehende, diffuse Geschwülste der weichen Häute.

Ein Wendepunkt in der Klassifikation und Benennung der „Geschwülste der Häute" wird durch die Arbeit ANTONIS aus dem Jahre 1920 bezeichnet. Es wurde hier gezeigt, daß die außerordentliche Vielfältigkeit der früher geläufigen anatomischen Diagnosen von fehlender Kenntnis des Neurinoms, dessen histologischer Variabilität sowie auch entsprechenden Verhältnissen in bezug auf die Endotheliome der Dura herrührte, und daß die pathologisch-anatomischen Tabellen ganz radikal vereinfacht werden konnten; Neurinome der Wurzeln und Endotheliome der Dura wurden zu dominierenden Geschwulstarten unter den „Tumoren der Häute", und besonders das circumscripte, abgekapselte „Sarkom", das nach SCHLESINGER und in der Literatur überhaupt als die vorherrschende Tumorform dieser Region betrachtet war, verschwand völlig — diese merkwürdig gutartigen Sarkome waren fast ausschließlich verkannte Neurinome. Voraussetzung dieser Aufräumungsarbeit ANTONIS war natürlich die bahnbrechende Studie VEROCAYS 1908—1910, wodurch das Neurinom als eigene Tumorform zuerst bekannt wurde.

Die Geschichte der Neurofibromatose und des Neurinoms, besonders in ihren Beziehungen zu Krankheitszuständen des Zentralnervensystems, ist lang, verwickelt und sehr instruktiv. VIRCHOW hatte das Gliom als spezifische Geschwulstart des Zentralnervensystems hingestellt, von der Glia als spezifisch gebauter Stützsubstanz erzeugt. Noch 1882, als RECKLINGHAUSEN den Zusammenhang der Fibrome der Haut mit Nervenendigungen aufwies und somit den Krankheitsbegriff der Neurofibromatose schuf, waren für ihn die Knoten der subcutanen und tiefer gelegenen Nervenstämme, ebenso wie diejenigen der Haut, „Fibrome", mesenchymale Geschwülste. Der französische Pathologe BARD opponierte gegen VIRCHOWS Auffassung der Gliome als bindesubstanzartig, wollte sie als vom Nervenparenchym selbst erzeugt betrachten, behauptete, daß die Ganglienzellen eigentlich führendes und proliferierendes Element seien; in Analogie hiermit soll er die Geschwülste der peripheren Nerven als „nervöser Natur" betrachtet haben, „nevromes fasciculés", und die französische Pathologenschule hat, in derselben Bahn fortfahrend, die moderne Auffassung der Nervengeschwülste für so weit inauguriert, daß sie die SCHWANNschen Scheidenzellen als ihr Ausgangsmaterial hinstellte, und zwar mit der wichtigen Ergänzung, daß die SCHWANNsche Scheide als für die peripheren Nerven spezifisches Merkmal betrachtet wurde. Dadurch wurde die Beschränkung dieser Geschwülste auf das periphere Nervensystem verständlich gemacht, und die polyzentrische Proliferation um einzelne Axonen, „sclérose monotubulaire et péritubulaire" wurde zuerst von französischen Autoren geschildert (CESTAN 1900 und 1903, PATOIR und RAVIART 1901). GRALL 1897, GAUTIER 1899, als Repräsentanten einer „Lyoner Schule" auf dem Boden der Zellkettentheorie der peripheren Nerven stehend, sehen dabei die SCHWANNschen Zellen als „cellules segmentaires" an. Erst durch die Experimente HARRISONS 1904 wurde die vorher nur hypothetische Auffassung dieser Zellen als ektodermal, der Ganglienleiste entstammend, zur gesicherten Tatsache, und damit wurden die Nerventumoren, als Erzeugnisse SCHWANNscher Scheidenzellen, das wirkliche Seitenstück der Gliome; parallel zur Umdeutung der SCHWANNschen Zellen war ja die spezifisch-nervöse Natur, die ektodermale Herleitung der Glia zur herrschenden Auffassung geworden. Erst VEROCAY hat aber 1908—1910 in deskriptiver Hinsicht den Schlußstein dieses Gebäudes eingefügt, der erst das Gewölbe zusammenhält, indem er zu zeigen vermochte, daß die geschwulstartigen Produkte der spezifischen Stützsubstanz peripherer Nerven ein durchaus eigenartiges Gepräge hat: das *Neurinom* wurde der deskriptiven Geschwulstlehre als hochwertige Neuerung zugeführt [1]. VEROCAY fand weiter, daß isolierte Acusticustumoren Neurinome sind, ANTONI hat dies Ergebnis auf die abgekapselten Geschwülste der weichen Rückenmarkshäute ausgedehnt, die sich vorwiegend als radikuläre Neurinome hinstellten. Doppelseitige Acusticustumoren, multiple Knoten an spinalen Wurzeln, waren seit langem als Teilsymptom multipler Neurofibromatose bekannt, jetzt wissen wir, daß isolierte juxtamedulläre Geschwülste ebenso wie isolierte Brückenwinkeltumoren „formes frustes" der RECKLINGHAUSENschen Krankheit darstellen können. [Die wahrscheinlich oft vorkommenden, klinisch belanglosen, kleinen „Extraknötchen", vornehmlich der Caudawurzeln, in Fällen von scheinbar solitären, größeren Wurzelneurinomen (ANTONI 1920) haben vielleicht in dem nunmehr bekanntgewordenen Vorkommen klinisch belangloser Liquormetastasen von Gehirngliomen (CAIRNS und RUSSEL) ein Seitenstück.] Die Vielgestaltigkeit dieser Krankheit und ihrer besonderen Erzeugnisse wurde allmählich immer reichlicher exemplifiziert; so kennen wir tumorartige Verdickungen der Segmentalnerven in der Form von „Sanduhrgeschwülsten", gleichzeitig inner- und außerhalb der Dura gelegen, eventuell durch ein Zwischenwirbelloch noch mit extravertebralen Anteilen kommunizierend (ZINN und Koch 1900, MEYER 1902 u. a.). (Sanduhrgeschwülste ähnlicher Lagerung und von wechselnder Wachstumsrichtung kommen nach älterer und neuerer Erfahrung — z. B. GULEKE 1922 — auch bei Tumoren anderer Art vor; Meningiome, Sarkome, sogar Carcinome.) Daß die RECKLINGHAUSENsche Krankheit nicht in einer einheitlichen Formel ausgedrückt werden kann, ist mehrfach hervorgehoben worden, u. a. von ANTONI. Pigmentationen der Haut, bindegewebige Fibrose der Nervenstämme, Meningiome der Hirn- und Rückenmarkshäute, Gliome des Zentralnervensystems sind die wichtigsten Anzeichen dieser Uneinheitlichkeit. Die ANTONIsche Ganglienleistentheorie (1920) ist eine Theorie des Neurinoms, nicht der RECKLINGHAUSENschen Krankheit überhaupt; die morphologische Eigenart der Neurinome, die Prädilektion des 8. Hirnnerven, der hinteren Rückenmarkswurzeln, der Cauda equina und viele andere Charakteristika der Krankheit werden durch diese Theorie zu den Prozessen der Bildung und genaueren Verteilung der „Lemmoblasten" (embryonale Vorstufen der SCHWANNschen Zellen) in detaillierter Beziehung gebracht. Die Leistungsfähigkeit der Theorie in genannten Hinsichten wird mehrfach zugegeben (MARBURG 1926, ORZECHOWSKY 1932); auch das als möglich hingestellte Vorkommen solitärer intrazentraler Neurinome — auf das intramedulläre Stadium der Ganglienleiste bezogen — ist bestätigt worden (JOSEPHY 1924, HEINZE 1932).

Die Bedeutung der allgemeinen experimentellen und vor allem klinischen Physiologie des Nervensystems für die Kenntnis der Rückenmarkstumoren ist selbstverständlich. Umgekehrt hat das Syndrom der Compressio medullae spinalis in seiner verblüffenden Variabilität die Physiologie des Rückenmarks vielfach gefördert. Die BASTIANsche Lehre, daß die Lähmung bei vollständiger Querläsion des Markes schlaff, bei partieller spastisch sei, ist seit langem überholt, und die Verschiedenheit in dieser Hinsicht mehr zu den zeitlichen Ver-

---

[1] Daß noch KRUMBEIN 1925, PENFIELD und YOUNG 1927 und 1930 die Neurinome als bindegewebige, mesenchymale Geschwülste betrachten, sei nur kurz erwähnt.

hältnissen der Läsion in Beziehung gebracht: langsam fortschreitende Schädigung läßt die Spastizität als MUNKsches „Isolierungsphänomen" zutage treten, Schlaffheit der Lähmung ist in noch unbekannter Art seiner Bedingungen das Erzeugnis plötzlicher Schädigung; bei Tumoren sind praktisch bedeutsame Läsionen letztgenannter Art durch Traumen — auch in Gestalt von Lumbalpunktion — bekanntgeworden. Der Verlauf der sensiblen Leitungsbahnen wurde von BROWN-SÉQUARD, PETRÉN u. v. a. ermittelt. Das Prinzip von der exzentrischen Lagerung der langen Bahnen, von FLATAU 1897 formuliert, ist für das Verständlichmachen vieler Phänomene auf dem Gebiet der Sensibilitätsstörungen nützlich gewesen; so z. B. ist die Aussparung der sacralen Dermatome, die von QUENSEL 1898, BRUNS 1899, STERTZ 1906 bei Tumorkompression gesehen, von BABINSKI und seinen Mitarbeitern 1910 näher studiert wurde, durch HEAD 1906 (traumatische Schädigungen) zur Schichtung der gekreuzten Sensibilitätsbahnen in Beziehung gebracht. Die durchgreifende Bedeutung der mühsam aufgebauten Segmentlehre ist ohne weiteres klar, ebenso der die Niveaudiagnose eher erschwerenden, peripheren Überlagerung der spinalen Segmente, die auf motorischem Gebiet vor allem von AGDUHR 1916 anatomisch demonstriert wurde. Die von SHERRINGTON 1893 inaugurierte Lehre von der peripheren Überlagerung auch der sensiblen Segmente, von KLESSENS, BROUWER u. a. weiter ausgebaut, ist in der klinischen Geschichte der Rückenmarkskompression einem eigenartigen Schicksal begegnet. Früher als Erklärung der häufigen Irrtümer der Höhenlokalisation ausgenutzt und einem förmlichen Korrektionsprinzip zugrunde gelegt — BRUNS 1901 u. a. —, ist dies sensible Übergreifen seit den genauen Bestimmungen BABINSKIS 1920 in ihrer klinisch-lokalisatorischen Bedeutung wieder sehr eingeschränkt worden. Die Reflexlehre wurde ausgiebig studiert und erprobt. Die prinzipielle Gegenüberstellung von Haut- und Muskelreflexen[1] — jene cerebral geschlossen, diese spinal — ist sehr fraglich geworden: die Muskelreflexe können durch supranukleäre Einflüsse nicht nur gesteigert, sondern auch geschwächt bis aufgehoben werden, die Cremaster- und Bauchreflexe in seltenen Fällen sichergestellter, totaler Querdurchtrennung des Rückenmarks erhalten sein (DOWMAN 1923). Die tonischen Reflexkrämpfe SCHULTZES sind vor allem von BABINSKI unter dem Namen „réflexes de défense" einer gründlichen Revision unterzogen worden (1900—1912), aus welcher, unter vielem anderen, die Aufstellung einer „paraplégie en flexion" als besondere Form resultierte, durch Unabhängigkeit von den dabei bisweilen geschwächten bis aufgehobenen Muskelreflexen und nahe Beziehungen zu den Abwehrreflexen charakterisiert. Überhaupt die wachsende Kenntnis der primitiveren sowie höher koordinierten Reflexe und motorischen Assoziationsphänomene ist für die Diagnose der Rückenmarkskompression und deren Höhenlokalisation von der größten Bedeutung gewesen. Der Einfluß wechselnder passiver Lagerung für Hervortreten oder Schwinden pathologischer Reflexphänomene — Spastizität, BABINSKIsches Zehenphänomen usw. — ist allmählich ermittelt worden, im besonderen sind die MAGNUS-DE KLEIJNschen Hals- und Labyrinthreflexe auch auf diesem Gebiete zur Geltung gekommen, indem z. B. WALSHE Vortreten bzw. Schwinden eines Babinski durch passive Kopfdrehung provozieren konnte.

Außer dem altbekannten BERNARD-HORNERschen Syndrom als Zeichen einer Läsion des Centrum cilio-spinale BUDGES bzw. der bezüglichen, das Mark durch die erste Thoracalwurzel (KLUMPKE) verlassenden, präganglionären Fasern zum Halssympathicus, das sich als wertvolles Niveausymptom auch bei

[1] Meine Benennung (in Übereinstimmung mit TRÖMNER) der gewöhnlich sog. Sehnen- und Periostreflexe.

Tumoren der cervico-dorsalen Übergangsregion vielfach bewährt hat, ist durch Barré und Schrapf 1920 der Einfluß auch tieferer Teile der sympathischen Kernsäule des Brustmarks, und zwar auf die obere Extremität, dargelegt worden, indem vasomotorische Störungen, Parästhesien, Reflexsteigerung und sogar Paresen der Arme bei Läsionen des mittleren Drittels des Brustmarkes beobachtet werden — eine praktisch wichtige Feststellung zur Erklärung bzw. Vorbeugung fehlerhafter Niveaudiagnosen. Auch der pilomotorische Reflex André-Thomas' hat für die Niveaudiagnose Verwendung gefunden.

Von großem diagnostischem Wert sind die durch Punktionen des subarachnoidealen Liquorraumes zu gewinnenden Zeichen. Am frühesten bekannt wurde die chemische Veränderung des Liquors, Gelbfärbung und Eiweißvermehrung bis zur Spontangerinnung, von Froin 1903 bei inflammatorischen Zuständen beschrieben, 6 Jahre später von Blanchetière und Lejonne bei Compression medullae spinalis gefunden und bald als Kompressionssyndrom allgemein bekannt. Nonne und seine Schüler haben dann schwächere Grade dieses Syndroms beschrieben, in bloßer Eiweißvermehrung verschiedenen Grades bestehend. Sicard sprach von „dissociation albumino-cytologique", damit die fehlende Zellvermehrung hervorhebend, wenig glücklich, da einerseits gesetzmäßige Beziehungen zwischen Eiweiß- und Zellvermehrung nirgends zu finden sind, andererseits Pleocytose geringen Grades bei Rückenmarkstumoren oft vorkommt (Ehrenberg 1919). Letztgenannter Autor hat im selben Jahre, Cushing und Ayer 1923 das früher unbekannte Vorkommen der „Kompressionsveränderung" des Liquors auch oberhalb von Tumoren mitgeteilt, Antoni 1931 dasselbe bei großen Caudatumoren sogar in der Zisternflüssigkeit; dadurch verlieren die Vorschläge (Marie und Mitarbeiter 1913—1914), die Höhendiagnose durch „double ponction sus- et souslésionelle" zu sichern, an Boden. Über die Herkunft des gelben Farbstoffs ist wenig bekannt. Wichtiger noch als die chemischen Veränderungen des Liquors sind die „hydrodynamischen" Störungen, von Queckenstedt 1916 inauguriert: Fehlen der von Bier als normale Reaktion mitgeteilten lumbalen Drucksteigerung bei Halskompression. Die Queckenstedtsche Probe ist von Stookey 1925 in verfeinernder Richtung ausgebaut worden. Die von Ayer und Mitarbeiter 1919 eingeführte Zisternpunktion hat wertvolle Möglichkeiten einer Kontrolle der lumbalpunktorischen Befunde gegeben, und die kombinierte Zistern- und Lumbalpunktion wurde von Ayer 1922 als Methode des gesicherten Nachweises einer spinalen Blockade angegeben; Vergleich des Ausfalles des Queckenstedtschen Versuches und der Liquorbeschaffenheit ober- bzw. unterhalb der Kompressionsstelle, sowie direkte Prüfung der Kommunikation durch Beobachtung des gegenseitigen Verhaltens der beiden Liquorsäulen bei Ablassen von Flüssigkeit kommen dabei zur Verwendung. Schließlich hat Antoni 1927 und 1931 inspiratorische Drucksteigerungen unterhalb der Kompressionsstelle als für Blockade des Venenplexus und damit für extradurale Kommunikationsbehinderung charakteristisch beschrieben, gleichzeitig eine Erklärung dieses Phänomens unter Hinweis auf die gegensätzliche Beeinflussung des intrathorakalen bzw. intraabdominellen Druckes durch die inspiratorische Bewegung des Zwerchfells gegeben. In vorliegender Darstellung wird niedriger infraläsioneller Liquordruck in vertikaler Körperstellung den übrigen Verlegungssymptomen hinzugefügt, vor allem aber die Ergebnisse der in unserer Klinik von S. Lagergren ausgearbeiteten Methode automatischer Registrierung des Liquordruckes mitgeteilt werden.

Als drittes Glied „punktorischer" Symptome ist uns das intraarachnoideale Einführen eines Kontrastmittels zur Erzwingung einer Niveaudiagnose von Sicard und Mitarbeiter 1922 gegeben; ihr „lipiodol" hat sich als sehr nützlich und, praktisch genommen, unschädlich erwiesen, es kam zu günstiger Zeit, knapp nach der Bekanntmachung der Zisternpunktion! Noch einfacher ist die infraläsionelle Einführung von Luft (DANDY 1919), die jedoch als wenig brauchbar betrachtet wird.

Vorkommen.

Geschwülste des Rückenmarks und seiner nächsten Umgebung sind nicht häufig. SCHLESINGER fand am Material des Wiener Pathologischen Instituts unter 35000 Obduktionen 151 Rückenmarkstumoren, einschließlich der metastatischen und Wirbeltumoren, was 0,43% der Sektionsfälle, 2,06% aller Tumoren entsprach; nur 44 dieser Tumoren gehörten dem Mark und seinen Häuten. Gehirngeschwülste fanden sich am selben Material 994mal, d. h. 6mal häufiger als am Mark mit seiner Umgebung einschließlich des Rückgrats. Da sich das Hirngewicht zum Gewicht des Rückenmarks etwa wie 8:1 verhält, kann aus dieser Proportion kein Unterschied zwischen Gehirn und Rückenmark in bezug auf Neigung zur Geschwulstbildung erschlossen werden. Von besonderem Interesse in dieser Hinsicht wäre ein gesonderter Vergleich der einzelnen Tumorarten, wozu jedoch genügendes Material meines Wissens nicht vorgebracht worden ist; überraschend mutet die Erfahrung ELSBERGS an, der ebenso viele spinale wie cerebrale Meningiome operiert hat (50:50). Unter den cerebralen Wurzeln zeigt nur der 8. Hirnnerv Neigung zur Tumorbildung, die andrerseits der spinalen Wurzelreihe ziemlich gleichmäßig zukommt; sicherlich ist die neoplastische Tendenz des Hörnerven viel größer als diejenige einzelner spinaler Wurzeln. Wie sich die Gliomfrequenz des Gehirns zu derjenigen des Rückenmarks unter Rücksichtnahme auf die Gewichtsproportionen verhält, ist mir nicht bekannt. Die prozentuelle Verteilung der drei dominierenden Geschwulstarten des Rückenmarks und seiner nächsten Umgebung ist jedenfalls eine ganz andere als diejenige derselben Tumorarten im Schädelraum. In der Statistik SCHLESINGERS sind die juxtamedullären Neoplasmen etwa doppelt so häufig wie die intramedullären; ohne Gefahr gröberen Irrtums können die drei Hauptformen intraduraler Geschwülste der Spinalregion — Gliom, Neurinom, Meningiom — mit Hinsicht auf Frequenz gleichgestellt werden. Unter den 2023 intrakraniellen Tumoren CUSHINGS (1932) waren aber 42,6% Gliome, 13,4% Meningiome, 8,7% Neurinome.

Die Geschwülste des Marks und seiner nächsten Umgebung sind viel häufiger als diejenigen des Rückgrats; im eben genannten Sektionsmaterial SCHLESINGERS war das Verhältnis wie 177/44. In der gesammelten Gruppe der Tumoren des Marks selbst und seiner nächsten Umgebung einschließlich der epidural gelegenen überwiegen die intraduralen bei weitem; in einer Sammelstatistik desselben Autors von 400 Fällen waren 302 Geschwülste intradural. Nach der großen, genau gesichteten, persönlichen Erfahrung ELSBERGS 1926 ist $^1/_4$ der *operablen* Rückenmarkstumoren, ausschließlich der intramedullären, extradural. In der Sammelstatistik STEINKES 1918, 330 Fälle, fanden sich 36 intramedulläre, 97 juxtamedulläre, 55 extradurale Tumoren. Die Altersverteilung wird, als für die einzelnen Geschwulstarten in hohem Maße verschieden, dem pathologisch-anatomischen Abschnitt vorbehalten.

Ätiologisches.

Eigentlich bekannt über die Ursachen blastomatösen Wachstums ist ja in der Geschwulstlehre überhaupt sehr wenig, auf dem besonderen Gebiet der Rückenmarkstumoren wenigstens nicht mehr als anderwärts. Den weitaus größten diesbezüglichen Raum nehmen in der Literatur die Erörterungen über Zusammenhang zwischen Mißbildung und Geschwulst sowie überhaupt zwischen postulierter „Matrix“ und Ontogenese. Es ist hier nicht der geeignete Platz, diese weit ausgreifenden Probleme näher zu erörtern; einiges ist schon in der geschichtlichen Einteilung gestreift worden, einzelnes wird im pathologisch-anatomischen Abschnitt genannt werden. Das weitaus meiste solcher Erörterungen ist und bleibt hypothetisch, sicher ist nur, daß Geschwülste hier und da in deutlichem Zusammenhang mit offenkundigen Mißbildungen — hier vor allem Spina bifida, Myelo- und Meningocele u. dgl. — vorkommen, daß seltene Beispiele angeborener Geschwülste bekannt sind, wie Gliome, Angiome, Lipome, vor allem aber als extra- oder intradural gelegene, einzelnemal sogar intramedulläre Teratome, schließlich daß Heredität eine ganz bescheidene, aber sichergestellte Rolle spielt. Besonders die RECKLINGHAUSENsche Neurofibromatose ist eine reiche Fundgrube hierhergehöriger Beispiele: Heredität (Literatur vgl. HOCKSTRA 1922, HARBITZ 1932), kongenitale Tumoren wurden hier mehrfach beobachtet, das hier besonders häufig gesehene Vorkommen verschiedenartiger Tumoren am selben Individuum — Neurinom, Gliom, Meningiom — wurde hier wie auch sonst als Anzeichen angeborener Disposition vielfach ausgedeutet (VEROCAY u. v. a., Literatur vgl. ANTONI 1920), auch wurde im selben Zusammenhang die bei dieser Krankheit reichlich vorkommenden, an der Grenze zwischen Mißbildung und Geschwulst stehenden Produkte beachtet: Naevi und Fibromata mollusca der Haut, Fibrose der peripheren Nerven, heterotope Neurome vom Bau peripherer Nerven im Inneren des Rückenmarks, gliöse Knötchen der Hirnrinde (HENNEBERG und KOCH 1902, HULST 1904 u. a.). Es ist jedoch anscheinend ausschließlich eben bei der multiplen Neurofibromatose, daß Heredität beobachtet wurde; bei den viel häufigeren, solitären Gliomen, Meningiomen, Neurinomen außerhalb der RECKLINGHAUSENschen Krankheit ist über Heredität sehr wenig bekannt; einzelne Beispiele kommen vor, z. B. solitäres „Fibrom“ (nach meinem Dafürhalten sicherlich Wurzelneurinom) juxtamedullär bei Tante und Nichte (ELSBERG 1925, Fälle XV und XXIII).

Die „Angiomatosis“ des Zentralnervensystems („LINDAUsche Krankheit“) zeigt mehrfache Ähnlichkeit mit der Neurofibromatose: gelegentliche Heredität, mehrfaches Vorkommen derselben Geschwulstart („Hämangioblastom“) an mehreren Stellen des Zentralnervensystems am selben Individuum — Retina, Kleinhirn, Rhombencephalon, Rückenmark —, verschiedenartige Tumoren und Anomalien an verschiedenen Körperregionen (Cystenpankreas, Cystenniere, Nieren- und Nebennierentumoren). Auch bei teleangiektatischen Gefäßtumoren des Zentralnervensystems ist in seltenen Fällen Heredität beobachtet worden (Literatur vgl. KUFS 1928). Daß viele Gefäßgeschwülste den reinen Mißbildungen besonders nahestehen, ist seit altersher bekannt (VIRCHOW); in dieser Richtung sprechen auch die nicht sehr große Zahl angiöser oder angiektatischer Geschwülste am Rückenmark mit gleichzeitigen, multiplen Angiomen anderswo im Körper — Leber, Milz, Mamma in einer Mitteilung von DEVIC und TULOT 1906 —; als besonders „teratoid“ imponieren die ganz seltenen Fälle von juxtamedullärem Gefäßtumor mit Hautangiom (ALEXANDER 1922) oder Pigmentnaevus entsprechender (COBB 1915) oder benachbarter Segmentbezirke der Haut. Der schon alte Gedanke, den fortschreitenden Zuwachs venöser Konglomerate auf die Ausbildung arterieller Fisteln zu beziehen (BELL), ist von PERTHES 1927 auf die „Rankenangiome“ der Rückenmarkshäute bezogen worden; die Auffassung VIRCHOWS gewisser arteriovenöser Aneurysmen als kongenital, die von HALSTED 1919, CALLENDER 1920 für derartige Bildungen an den Extremitäten besonders ausgebaut wurde, ist von DANDY 1928 auf einen Teil der „Rankenangiome“ des Gehirns ausgedehnt worden, die somit kongenitale arteriovenöse Aneurysmen wären. Für die spinale Region würde die letztgenannte

Möglichkeit natürlich hier und da in Frage kommen können; bisher wurde ein „Varix aneurysmaticus“ am Rückenmark nur ganz vereinzelt als solche beschrieben (ELSBERG 1916, SARGENT 1925).

Das *Trauma* als ätiologischer Faktor für die Entstehung von Geschwülsten ist bekanntlich sehr umstritten; ohne auf diese Frage hier einzugehen, sei nur bemerkt, daß diese Möglichkeit für die verschiedenen Tumoren des Zentralnervensystems, seiner Wurzeln und Häute vor allem in bezug auf das Gliom behauptet worden ist; besonders BENEKE 1926 tritt dafür ein. Wenn einem erlittenen Trauma sofort Symptome eines Rückenmarkstumors folgen, wie in den Fällen von BICKEL 1921 (Gliom), SCHMIEDEN-PEIPER 1929 (intramedulläres Lipom), SCHULTZE 1903, Fall 9 (partiell intradurales Fibrom von Sanduhrform), RHEIN 1924 (juxtamedulläres Meningiom), liegt die einfach zufällige oder akzidentelle Art der traumatischen Einwirkung klar zutage, und dem Trauma kann dann keine tiefere Bedeutung zugeschrieben werden, als wenn eine plötzliche Verschlimmerung schon bestehender Symptome im Anschluß an ein Trauma beobachtet wird, wie im Falle CLARKES 1895 (extraduraler Tumor), auch dann nicht, wenn — wie im Falle RHEINS — Schmerzen in dem vom Trauma betroffenen Körpergebiet den offenbar neurologischen Störungen um mehrere Jahre vorangehen. ELSBERG 1925 hebt die Seltenheit auch scheinbarer Beziehungen zwischen Trauma und Tumor hervor; dies zugegeben, wird ein kausaler Zusammenhang bei freiem Intervall immer mißlicher, je länger dieses Intervall.

Viel wahrscheinlicher ist der Zusammenhang mit *Gravidität,* der u. a. von LINDSTEDT für das Carcinom auf statistischem Wege dargelegt worden ist; höchst wertvoll ist in dieser Beziehung die Studie AGDUHRS 1930—1931 über beschleunigte Gewebsproliferation in der Schwangerschaft. Bemerkenswert ist Fall IV, ANTONI 1920, Wurzelneurinom, wo während der ersten Gravidität zu den vorher bestehenden Wurzelschmerzen Symptome der Markkompression traten, die nach der Entbindung wieder zurücktraten, um in einer erneuten Schwangerschaft erneut zu exacerbieren. Beispiele von erstem Hervortreten der Symptome in der Gravidität geben GLASER (intramedulläres „Angiosarkom“), IONIDES und HOBHOUSE 1904 (Gliom), PANSKI 1912 (wahrscheinlich Wurzelneurinom), HIRSCH 1927, dessen Fall besonders bemerkenswert ist: zu den vorher bestehenden Symptomen einer peripheren Neurofibromatose traten während der Schwangerschaft Zeichen einer Compressio medullae spinalis, welche nach der Entbindung nebst mehreren peripheren Geschwülsten wieder verschwanden.

Pathologische Anatomie.

Da die Auffassung in Fragen der Artdiagnostik und Klassifikation zu verschiedenen Zeiten und auch in unseren Tagen unter den verschiedenen Autoren ganz erheblich divergiert, wird auf eigene Sammelstatistik hier verzichtet, da das Ergebnis einen sehr dubiösen Wert haben muß. Ich erlaube mir, in dieser Hinsicht auf die Arbeiten von SCHLESINGER 1898, STEINKE 1918 hinzuweisen. Hauptpunkte der Divergenzen sind u. a. folgende: Die diffusen Geschwülste der weichen Häute wurden früher ausschließlich den Sarkomen („Sarkomatosen“), Endo- bzw. Peritheliomen zugerechnet; seit PELS LEUSDEN 1918 hat sich die Kenntnis der gliomatösen Natur vieler solcher Geschwülste allmählich Bahn gebrochen. Die abgekapselten Tumoren am Rückenmark zeigten früher eine besonders bunte Vielheit der Artdiagnosen; dem großen Kernreichtum und einer, allerdings nicht sehr großer Neigung zu cellulärem Polymorphismus vieler Exemplare ist zuzuschreiben, daß lange Zeit hindurch das Sarkom als vorwiegende Geschwulstform der juxtamedullären Region galt; daß die späte Erkenntnis des Neurinoms als besonderer Geschwulstart und die große Spielbreite des näheren histologischen Bildes dieser Tumoren zum großen Teil die genannte Vielheit der Artdiagnosen juxtamedullärer Geschwülste sowie die angebliche Dominanz des ,,Sarkoms" verschuldeten, ist vor allem von ANTONI 1920 dargelegt worden, der unter 30 Tumoren dieser Gegend nur Neurinome der Wurzeln und Endotheliome der Dura vorfand. Fibrome, Fibrosarkome, Myxosarkome, Lymphangiome und auch Gliome sind seitdem aus dieser Region sozusagen verschwunden. Auch in der Differentialdiagnose zwischen Endotheliom und Neurinom herrschten und herrschen noch heute gewisse Divergenzen der Auffassung und Klassifikation (VEROCAY, MALLORY); viele der von MALLORY bei ELSBERG 1925 diagnostizierten ,,Endotheliome" sind sicherlich Neurinome. Unter den intramedullären Tumoren der Literatur läßt 1918 STEINKE die Hälfte unklassifiziert; viele ,,Sarkome" der älteren Literatur sind sicherlich Gliome, so hat z. B. PELS LEUSDEN einen Fall BRUNS' mit guten Gründen umgedeutet usw. Das erneute Studium angioblastischer Tumoren hat unter anderem eine Grenzverrückung gegenüber den Gliomen, vielleicht auch Lipomen herbeigeführt. Merkwürdig ist schließlich, daß die vor allem unter den intramedullären Tumoren früher so hervortretenden Tuberkulome nunmehr zu einer Seltenheit herabgerückt sind, was bekanntlich in ähnlichem Umfang für das Gehirn gilt: STARR zählte 1890 50,8% Tuberkulome unter den Gehirntumoren vor dem 20. Lebensjahr, 13,6% bei Erwachsenen, während die entsprechende Gesamtziffer CUSHINGS 1932 etwa 1,5% beträgt. Das Verschwinden der Tuberkulome ist nicht leicht zu erklären, während das parallele Verhalten der syphilitischen Granulome zwanglos der verbesserten Behandlung zuzuschreiben ist.

Ist also ungesichteten Sammelstatistiken literarischen Materials wenig Wert beizumessen, können andrerseits größere Serien einzelner Autoren mit einheitlich durchgearbeitetem Material bestimmtes Interesse beanspruchen. So findet ELSBERG 1926 unter 179 Fällen juxtamedullärer und extraduraler Tumoren nebenstehende Verteilung der vorwiegenden Diagnosen.

	Extradural %	Juxtamedullär %
Meningiom . . .	7	54
Neurofibrom	11 } 15	28 } 32
bzw. Neurinom.	4	4
Chondrom . . .	24	0
Fibrom	2	2
Lipom	2	2
Summe	87	96

ADSON und OTT 1922 finden unter 85 operativ verifizierten Tumoren, in absoluten Zahlen:

	Fälle	Region			
		cervical	thorakal	lumbal	sacral
Extradural	14	3	8	3	0
Juxtamedullär	30	7	19	3	1
Intramedullär	31	6	25	0	0
Summe	85	16	52	6	1

mit folgender Verteilung der Tumorarten, in absoluten Zahlen:

	Extradural	Juxtamedullär	Intramedullär		Extradural	Juxtamedullär	Intramedullär
Fibrochondrom .	4	—	—	Psammom . . .	—	12	—
Lipom	2	—	—	Gliom	—	2	15
Fibrom	1	3	—	Gliosarkom . . .	—	—	2
Angioneurom . .	1	—	—	Sarkom	1	—	1
Neurofibrosarkom	2	—	—	Varicen	—	1	—
Neurofibrom . .	1	7	1	Tuberkulom . . .	1	—	—
Hämangiom . . .	—	1	—	Syphilom	—	2	—
Endotheliom . .	—	13	—	Echinococcus . .	1	—	—

Als Hauptzüge gesicherter Tatsachen kann folgendes angeführt werden. Von den (seltenen) diffusen leptomeningealen Tumoren abgesehen, sind die meningealen und juxtamedullären Geschwülste fast durchweg abgekapselt, anatomisch gutartig, wenig umfangreich, operabel; Meningiome und Neurinome dominieren völlig, als seltene Formen sind Lipome, angiöse Geschwülste und Dermoide zu nennen. Im Mark selbst sehen wir ganz vorwiegend die verschiedenen Abarten des Glioms, mit und ohne Höhlenbildung in und vor allem ober- bzw. unterhalb der Geschwulst; das Gliom zeigt eine viel größere Variationsbreite mit Hinsicht auf Gut- und Bösartigkeit, Umfang (Längsausdehnung) sowie Altersverteilung als die juxtamedullär gelegenen Formen; Lipome und angiöse Geschwülste kommen auch intramedullär als Seltenheiten vor. Die vorwiegende Geschwulstart ist somit für jede der drei Hauptbestandteile der Region gewissermaßen pathognomonisch: das Mark erzeugt Gliome, die Wurzeln Neurinome, die Meningen (Dura) Endotheliome. Absolut ist aber die Ortsspezifität keineswegs: Meningiome können ganz selten subpial, isolierte Neurinome intramedullär, Gliome wenigstens sekundär, ganz ausnahmsweise sogar primär in den Meningen angetroffen werden. Höhlenbildung im Rückenmark, multipel oder einheitlich, bisweilen sehr ausgedehnt, in bezug auf Lokalisation und Wandbeschaffenheit ganz den scheinbar „primären", „gliotischen" Syringomyelien entsprechend, kommen bei juxtamedullären Tumoren verschiedener Art selten, bei intramedullären Tumoren verschiedener Art sehr häufig vor. Intra- wie juxtamedulläre Geschwülste verschiedener Art, einschließlich der diffus-leptomeningealen Tumoren, zeigen eine deutliche topographische Prädilektion für die hinteren Teile des Marks und dessen Umgebung. Kombination von Gehirn- und Rückenmarkstumor ist nicht sehr selten. Im Anschluß an CAIRNS und RUSSEL 1931 gebe ich hier eine Übersicht über verschiedene Eventualitäten dieser Art:

	Gehirn.	*Rückenmark.*
1.	Primäres Kleinhirngliom.	Sekundäres Gliom, pr. continuitatem durch das Foramen magnum fortgeleitet.
2.	Primäres Großhirngliom.	Metastatisches Rückenmarksgliom.
3.	Metastatisches Gehirngliom von einem Retinalgliom.	„ „
4.	Metastatischss Gehirngliom.	Primäres Rückenmarksgliom.
5.	Sarcomatosis meningum.	Sarcomatosis meningum.
6.	Primäres Kleinhirnangiom.	Primäres Rückenmarksangiom (LINDAU 1926).
7.	Primäres intrakranielles Meningiom.	Primäres (oder metastatisches) spinales Meningiom.
8.	Neurofibromatosis radicularis.	Neurofibromatosis radicularis.
9.	Kombination von 7. und 8., eventuell + spinales Gliom.	
10.	Primäres Melanom.	Primäres Melanom.
11.	Adenoma hypophyseos.	Metastatisches spinales Adenom.
12.	Metastatisches Carcinom.	Metastatisches Carcinom.
13.	Primärer intrakranieller Tumor.	Syringomyelie.

Das **Gliom** kommt früh und spät vor, weich und hart, wohl begrenzt und infiltrativ wachsend, wenig oder sehr umfangreich, bis nahezu die ganze Länge des Rückenmarks einnehmend, mit und ohne Höhlenbildung, isoliert oder mit anderen Geschwulstformen zusammen (Meningiom, Neurinom, Angiom, Neurofibromatose), beschränkt sich ganz vorwiegend auf das Mark, kann aber in seltenen Fällen auf die Lepto- und sogar Pachymeninx, spinal und cerebral, ganz ausnahmsweise (O. FISCHER 1901) außerhalb der Dura vegetieren. Unter den Geschwülsten der hier besprochenen Region machen die Gliome vielleicht $^1/_3$—$^1/_4$ aus. Bei einer Bestimmung ihrer Altersverteilung ist zuerst zu bemerken, daß wir über entsprechende Verschiedenheiten zwischen einzelnen Abarten, wie die vor allem von BAILEY und CUSHING für ihre Sonderformen der Hirngliome festgestellten, fast gar nichts wissen; wir haben nur ein fast ungesichtetes Material zur Verfügung. In der folgenden Tabelle findet sich die Altersverteilung bei 66 Fällen der Literatur, daneben die Krankheitsdauer:

Dekade	Prozentuelle Altersverteilung in 127 Fällen von Glioma cerebri (TOOTH)	Glioma medullae spinalis, 66 Fälle, absolute Zahl	%	Dauer der Krankheit in Monaten, Durchschnitt	Extreme
I	} 19,6	3 } 14	4,5	7,7	(3—14)
II		11	16,6	24,7	(1—60)
III	29,1	18	27,3	21,8	(2—84)
IV	25,1	15	22,7	22,1	(1—120)
V	14,9	14	21,2	21	(2—120)
VI	10,2	4	6,0	50	(2—120)
VII	0,7	1	1,5	60	(60)
		Summe 66			

Der früheste dieser Fälle betraf ein 2jähriges Kind (ELIASBERG). Viele Fälle kommen schon in der Kindheit und früheren Jugend vor, die größte Frequenz liegt aber im 3.—5. Dezennium. Den kürzesten Verlauf hatte der Fall LENNEPS 1920, diffuses Gliom des ganzen Rückenmarks bei einer 52jährigen Frau, tödlicher Ausgang in weniger als 2 Wochen; sehr rapid verlief auch ein Fall NONNES 1909, ,,intramedulläres aszendierendes Sarkom" genannt, wohl eher Gliom zu nennen, bei einem 16jährigen Mädchen, Tod innerhalb 20 Tagen, der Tumor streckte sich vom obersten Hals- bis ins Lendenmark. Die Prävalenz maligner Fälle in früheren Jahren geht aus den Zahlen der Krankheitsdauer hervor, bösartig schnell verlaufende Fälle werden jedoch auch in späteren Jahren gesehen. 10 Jahre erreichten Fälle von BITTORF 1903, SCHLAPP 1911, STERTZ 1906. Der Fall PUTNAM-WARRENS 1899, intramedullärer Tumor mit über 19 Jahre Duration, wird von den Verfassern nach der Probeexcision als Endotheliom bezeichnet; wahrscheinlich würde ihn ein heutiger Pathologe als Gliom bezeichnet haben. Fall 2 bei ANTONI 1931 scheint ein Weltrekord zu sein: verifiziertes Gliom mit 30jähriger Duration. Erwähnt sei schließlich, daß unter den 51 Fällen intramedullärer Geschwülste von KERNOHAN-WOLTMAN-ADSON 1931 die mittlere Krankheitsdauer vor der Operation 4—9 und 10 Jahre betrug, länger als bei juxtamedullären und extraduralen Tumoren. 38 Fälle der obigen Reihe betrafen Männer, 26 Frauen; dieselbe Bevorzugung der Männer sahen KERNOHAN und Mitarbeiter 1931, die ja auch den Gehirngliomen zukommt.

In bezug auf die Verteilung auf die Längsachse des Markes war früher die Angabe geläufig, die Intumescenzen seien bevorzugt; das ist ein Irrtum; deutliche Bevorzugung zeigen aber die oberen Teile:

	Fälle	%
Cervical	19	27,5 } 43,4
Cervico-dorsal	11	15,9
Dorsal	19	27,5
Dorso-lumbal	4	5,8
Dorso-lumbo-sacral . .	1	1,4
Den größten Teil des Marks einnehmend .	13	18,9

Fast die Hälfte sitzt im Hals- und oberen Brustteil. Man bemerke ferner die große Zahl der Kolossalgliome! Im Falle ELIASBERGS, einen 2jährigen Knaben betreffend, reichte die Geschwulst von der Oblongata zum Sacralmark. Auch das Filum terminale kann Gliome erzeugen, die aber in die obige Reihe nicht aufgenommen wurden; die ersten diesbezüglichen Fälle wurden von LACHMANN 1882 und CRUVEILHIER (nach LACHMANN zitiert) beschrieben, einen weiteren von VOLHARD 1902; nicht alle Geschwülste dieser besonderen Region sind aber Gliome; SACHS, ROSE und KAPLAN beschrieben 1930 zwei Hämangioendotheliome des Filum, und ADSON erwähnt 15 Filumtumoren aus der Mayo-Klinik, unter denen sich 5 Ependymome, 2 Astroblastome, 2 Astrocytome, 2 multiforme Spongioblastome, 1 Oligogliom befanden nebst 3 Hämangioendotheliomen. In praxi, bei einer Operation, ja auch an sezierten Fällen ist der genaue Ausgangspunkt einer Geschwulst nicht immer leicht zu bestimmen; zwischen Conus und Filum zu unterscheiden, dürfte manchmal schwierig sein, ADSON und OTT sprechen 1922 von ependymalen Gliomen, die dem Conus entstammen und zwischen den Wurzeln der Cauda in caudaler Richtung wachsen, bisweilen kolossale Größe erreichend, jedoch abgekapselt und auch von den Wurzeln frei bleiben. SAXER berichtet 1902 über einen sehr großen, allseitig bindegewebig abgekapselten Tumor der Caudaregion von ausgesprochen ependymärgliomatösem Bau; die Möglichkeit eines Zusammenhangs mit dem Conus wird vom Verfasser zugegeben, vielleicht war es ein Filumtumor?

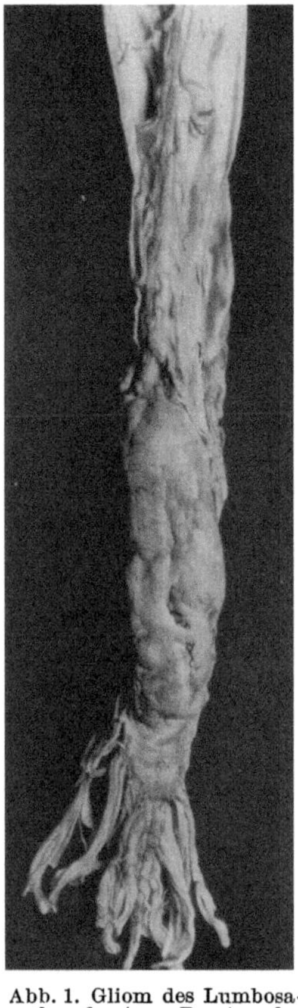

Abb. 1. Gliom des Lumbosacral- und unteren Brustmarks, 30jähriger Verlauf. Vgl. Abb. 2—3.

Kolossalgliome bewirken auch eine *Verlängerung des Markes,* wie in meinem Fall 2 (1931), wo der Tumor während 30 Jahre gewachsen war. Der Fall GUILLAINS und Mitarbeiter 1928, „gliomatose simultanée intra- et extramédullaire", im unteren Teil des Brustmarks beginnend, mit angeblichem Übergang in „Schwannom" im caudalen Teil, der den ganzen Duralsack ausfüllte, läßt sich am besten als einheitliches Kolossalgliom verstehen; Gliome von „polarem Spongioblastentypus" geben nicht selten ein neurinomartiges Schnittbild. Die Fälle SAXERS und GUILLAINS sind am ehesten als Beispiele *scheinbar* extramedullärer Gliome aufzufassen. Wirklich extramedulläre, rein meningeale Gliome sind von STRASSNER 1909 und HARBITZ 1932 beschrieben worden, beide *diffus wachsend*; der HARBITZsche Fall betraf einen mit Neurofibromatose behafteten Knaben. KERNOHAN fand 4mal „heterotopes" Glia- oder Ependymgewebe subarachnoideal am Rückenmark und Oblongata; ähnliches wurde übrigens schon 1894 von PFEIFFER beschrieben. Die radikulären „Gliome" französischer Autoren sind Neurinome. Ein isoliertes, abgekapseltes, sicher primär-extramedullär gelegenes Gliom von konzentrierter Form und ausgesprochenem Wachstum ist noch nicht mitgeteilt worden. Weiteres über Gliomatose der Meningen vgl. den Abschnitt über diffuse Tumoren der Häute!

STERTZ schildert 1906 ein Gliom des Halsmarks ohne Volumenzunahme des Organs; sonst bewirken diese Geschwülste immer eine Dickenzunahme des Marks entsprechend der Längsausdehnung des Tumors; bei komplizierender Höhlenbildung ober- bzw. unterhalb des Glioms kann die Verdickung des Marks größere Strecken desselben betreffen als dem Tumor entspricht, bisweilen fast das ganze Rückenmark. Ein neoplastisch verdicktes Mark ist bei der Operation oder Sektion fast immer als solches sofort zu erkennen, dazu oft an der Oberfläche uneben, knollig (Abb. 1); die einzelnen Knollen können teilweise dicht unter der Oberfläche liegen und dabei den Eindruck selbständiger Geschwülste machen; in maligneren Fällen, bei Propagation des Glioms im Subarachnoidealraum und längs der Wurzeln kann ein Bild entstehen, das auf den ersten Blick

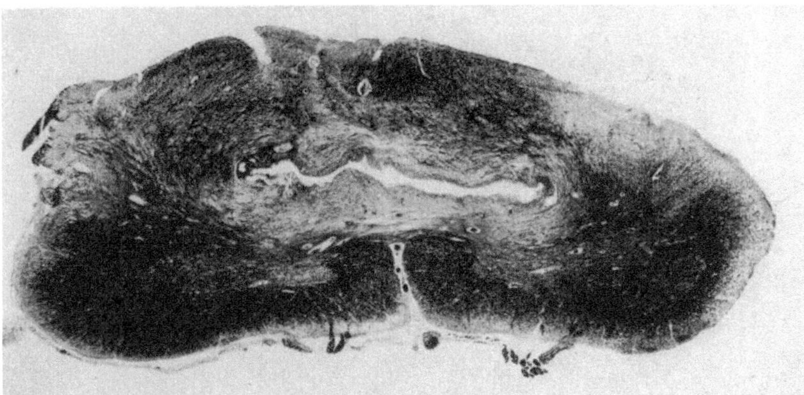

Abb. 2. Syringomyelie oberhalb eines langsam wachsenden Glioms des Lumbosacral- und untersten Brustmarks. Derselbe Fall wie Abb. 3.

an zentrale Neurofibromatose erinnert. Wichtig ist, daß ein extramedullärer, an der Vorderseite des Marks gelegener Tumor dasselbe nicht nur emporhebt,

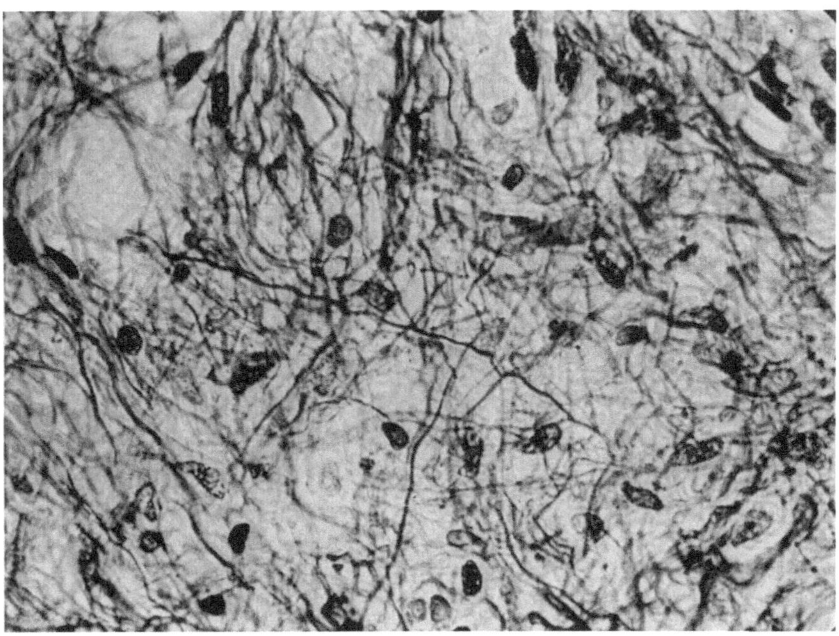

Abb. 3. Gliom des Rückenmarks mit langsamem Wachstum. Fibrillenfärbung nach HOLZER.

sondern auch in die Breite preßt, wodurch bei einer Operation ein täuschendes Bild sagittaler sowie frontaler Verdickung des Organs erzeugt werden kann; die genaue Exploration der Vorderseite ist bei solchem Bilde vor der Incision des Rückenmarks — geschweige denn Aufgeben des Operationsversuchs — dringend anzuraten.

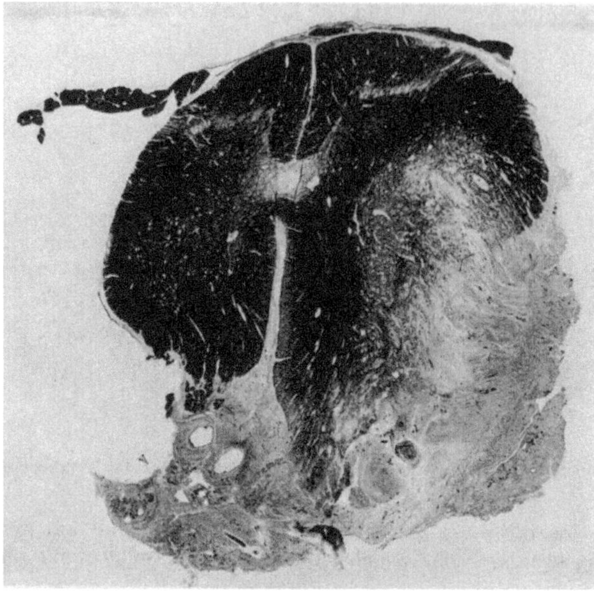

Abb. 4.

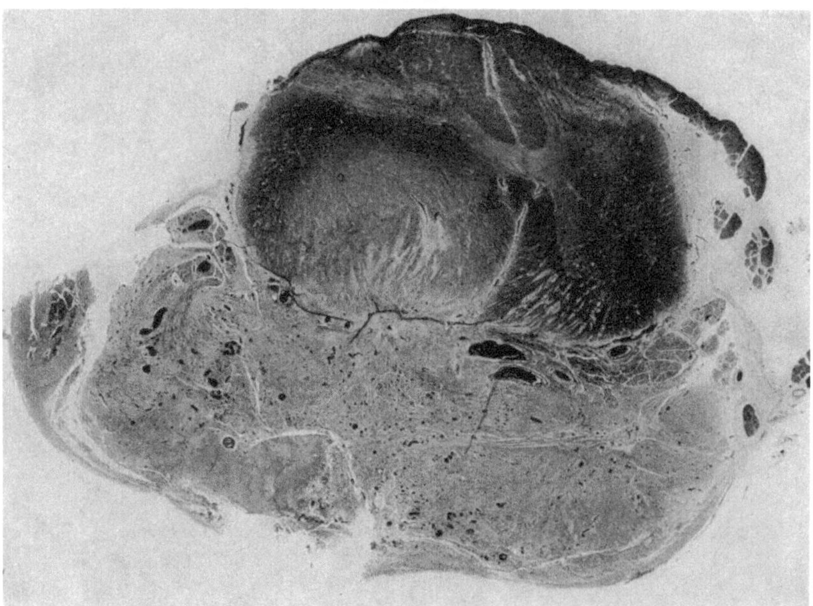

Abb. 5.

Abb. 4 u. 5. Gliom des Lendenmarks mit extramedullärer Vegetation. Derselbe Fall wie Abb. 6. Hier Kontinuität zwischen extramedullärer Portion und Hinterhorn. KULSCHITZKY-Färbung.

Das Gliom kann von der umgebenden Marksubstanz scharf abgesetzt sein — expansives — oder aber diffus verbreitet — infiltratives Wachstum. In beiden Fällen können die Neuronen den neoplastischen Produkten verblüffend lange standhalten. Die Histologie dieser Geschwülste ist seit der Mitte des vorigen Jahrhunderts eifrig studiert worden, ganz besonders mit dem Richtpunkt, aus dem näheren Verhalten epithelialer, ependymähnlicher Elemente, dem Verhalten der Geschwulst zum Zentralkanal, den näheren Beziehungen zwischen Geschwulst und eventueller Syringomyelie, dem Verhalten eventueller stiftförmiger Ausläufer der Geschwulst durch das Rückenmark usw. Ermittlungen über die genetischen Verhältnisse, Entstehungsbedingungen und tieferen Ursachen der Geschwulstbildung auf morphologischem Wege erringen zu können. Die Auseinandersetzungen über Beziehungen zwischen Mißbildung und Geschwulst hat auf diesem Gebiet eines ihrer Lieblingsobjekte. Hier ist nicht

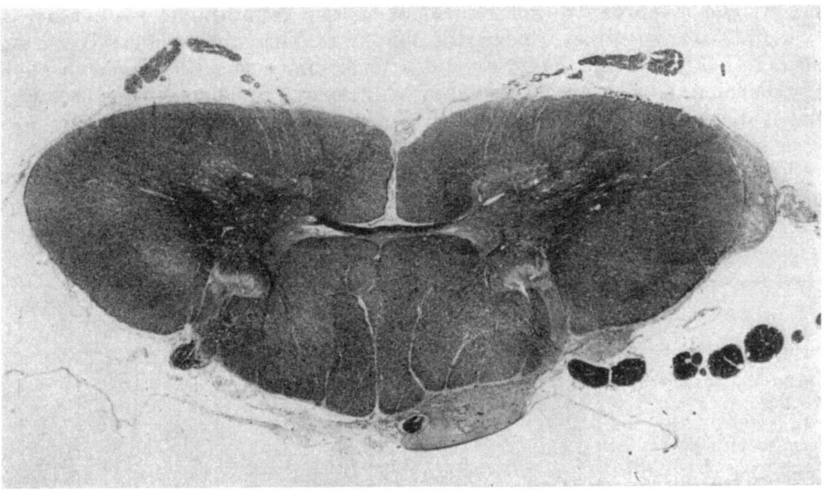

Abb. 6. Gliom des Lendenmarks mit diffuser Verbreitung und „Liquormetastasen" längs des ganzen Rückenmarks. Hier leptomeningeale Knoten an der hinteren und seitlichen Peripherie des Halsmarks.

der Ort, diese heiklen Fragen breit auseinanderzusetzen. Unsere Darstellung muß in der Hauptsache deskriptiv bleiben; zu einzelnen geläufigen Behauptungen und Anschauungen muß jedoch Stellung genommen werden.

Ependymähnliche, überhaupt epitheliale Zellen sind in Rückenmarksgliomen sehr häufig, viel häufiger als in Gehirngliomen; vortretend ependymären Charakter findet Kernohan bei 42% seiner spinalen Gliome, gegenüber den 7/254 im Gehirn nach Bailey und Cushing. Cushing rechnet 1932 nur 3% „Ependymome" unter seinen Gehirngliomen, ein „Neuroepitheliom" hat er nur zweimal gesehen. In neuerer Zeit ist man mit der Bezeichnung Ependym vielleicht etwas zurückhaltender als früher. Nach dem Rosenthalschen Falle 1898, „Neuroepithelioma gliomatosum microcysticum", sind aber mehrere Exemplare desselben Typus mitgeteilt worden (Kling 1907, Thielen 1908, Riedel 1919), „echte Rosetten", Mikrocysten, Blepharoblasten und sogar Cilien (Schlapp 1911) sind keine Seltenheiten. Noch viel häufiger sind aber einfach epitheliale Zellen mit mehr oder weniger ausgesprochener Neigung zu Gruppenbildung, „pseudoacinösen" Formationen, vor allem aber Kanälchen und unregelmäßigen Hohlräumen; man hat sogar von „Adenogliom" gesprochen. Die Basalausläufer der ependymären Zellen laufen in Gliafibrillen aus, die sich mit dem gliösen Filzwerk des Geschwulststromas vereinen; alle Übergangsformen finden sich zwischen epithelialen Zellen und uni-, bi- oder multipolaren Gliazellen. Palisadenstellung und Coronabildung sieht man in sehr vielen, sonst sehr verschiedenartigen Gliomen um die Gefäße arrangiert, fibrilläre oder plasmatische Insertionen an der Gefäßwand, „Saugfüße" ebenso. Cysten und Hohlräume sind ganz gewöhnlich und können auf sehr verschiedenem Wege zustande kommen, durch echte Rosettenbildung ependymärer, sphärische Reihenbildung einfach-epithelialer Zellen — solche Cysten bleiben klein, können aber knapp makroskopische Größe erreichen —, größere Hohlräume entstehen teils auf dem Wege hyaliner oder „kolloider" Entartung der Intercellularsubstanz mit konsekutiver Schwellung, ganz analog der von ANTONI 1920 in Neurinomen beschriebenen Form der Cystenbildung (McPHERSON 1925) — solche Hohlräume werden dabei von verdichteter Retikulärsubstanz oder einer endothelartig abgeplatteten Zellschicht ausgekleidet —, teils aber durch Einschmelzung absterbender Parenchymteile, eventuell durch Degeneration der Gefäßwände — hyaline Entartung des Bindegewebes, Endangitis obliterans, Thrombosierung — verursacht; mit der Gefäßentartung hängt auch das Vorkommen von Blutungen zusammen. In zellarmen, fibrillären Exemplaren sieht man an Übersichtspräparaten zuweilen dichte zellige Infiltration der Gefäßwände, die sich in Fettpräparaten als gehäufte Körnchenzellen entpuppen.

Ergebnisse der Bearbeitung und Klassifikation von Rückenmarksgliomen nach den neuen, vor allem von BAILEY und CUSHING für die Gehirngliome eingeführten Prinzipien sind 1931 von KERNOHAN mitgeteilt worden. Ich gebe hier seine Tabelle wieder:

Geschwulstart	Krankheitsdauer vor der Operation bzw. Sektion in Jahren										
	1	2	3	4	5	6	7	8	9	10	10'+
Ependymome (21)											
solid	2	—	—	—	1	1	—	1	2	—	1
tubulär	2	1	—	—	1	—	1	—	—	1	—
neuroepitheliom . .	1	1	2	1	1	—	—	—	—	—	1
Spongioblastome (13)											
unipolar	1	—	—	—	—	—	1	—	—	—	—
vermischt	1	1	1	1	—	2	—	—	1	—	—
multiform	2	1	1	—	—	—	—	—	—	—	—
Astroblastome (2) . .	—	—	—	1	—	—	1	—	—	—	—
Medulloblastome (4) .	1	—	—	1	1	—	—	1	—	—	—

Außerdem werden zwei spinale Oligodendrogliome erwähnt.

Die Medulloblastome KERNOHANS griffen nicht auf die Meningen über, was ja die cerebellären Exemplare öfters tun, überraschend ist auch die lange Durchschnittsdauer der Krankheit. Dem früher sog. Glioma sarcomatodes entspricht heute vor allem das multiforme Glio- (Spongio-) Blastom BAILEY-CUSHINGS; hochgradiger Zellpolymorphismus ist auch bei den Rückenmarksgliomen Zeichen relativer Bösartigkeit; ein gewisser Polymorphismus des Zellbestandes kommt aber den meisten, auch vielen wenig malignen Exemplaren zu; so z. B. sind mehrkernige Zellen ganz häufig. Auch in ausgesprochen ependymären Gliomen kommen Coronabildung, Gefäßentartung mit Thrombose und Nekrosen vor (BITTORF 1903, Gliom des Rückenmarks mit 10jähriger Krankheitsdauer). Stigmata malignitatis sind vielleicht vor allem hochgradige Fibrillenarmut, undifferenzierter Charakter der Zellen, reichliches Vorkommen von Mitosen. Reichliche Fibrillenbildung wurde extramedullär bei Exemplaren beobachtet, die diffus in den weichen Häuten (LEUSDEN, FISCHER, MEES, GRUND) oder sogar außerhalb der Dura, in die Wirbelkörper und Bauchhöhle hinein gewuchert waren (O. FISCHER 1901). Ependymähnlichkeit der Zellen und Zellverbände hat weder im Gehirn noch Rückenmark die eminent maligne Bedeutung wie beim sog. Gliom der Retina, im Gegenteil gehören die ependymären Exemplare des Gehirns und Rückenmarks großenteils den langsamer wachsenden Geschwülsten an; die besonders ausgereift-ependymären Rückenmarksgliome vom ROSENTHAL-Typus waren allerdings nicht besonders langlebig (1—$2^3/_4$ Jahre). Das „polycystische, fibrilläre, zellarme" Gliom GUILLAINS und Mitarbeiter 1929 lebte nur 9 Monate. Mit anderen Worten, die Prognostik aus morphologischen Prämissen ist hier noch viel weniger als bei den Hirngliomen ausgereift und gebrauchsfertig.

Die meisten (nicht alle!) Rückenmarksgliome haben ihre Primärlage hinter dem Zentralkanal, nahe an der „Schließungslinie" des embryonalen Medullar-

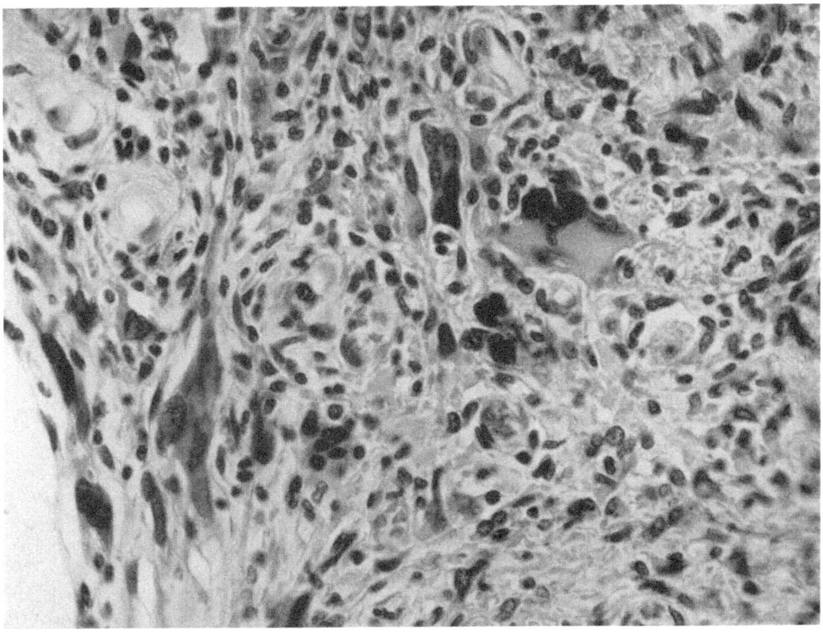

Abb. 7. Derselbe Fall wie in Abb. 4—6. Typische Gliomstruktur mit mehrkernigen Zellen.

rohrs (HOFFMANN u. a.), eine in teratogenetischer Richtung eifrig ausgenützte Tatsache. Ähnliches gilt bekanntlich für die Syringomyelie, und vollends hat die häufige Kombination beider Prozesse (MIURA zählte 1892 nur 12 solide Gliome des Rückenmarks in der ganzen Literatur) den Gedanken an einen gemeinsamen teratologischen Grund geradezu aufgedrängt. Die Beziehungen zwischen eigentlich wucherndem Neoplasma, stiftförmigem Gliom oder Gliose — Gliastift —, Gliose mit und ohne Höhlenbildung sind sehr kontrovers. Tatsache ist, daß die lebhaft wuchernde Geschwulst oft in kranialer und caudaler Richtung von stiftförmigen Gebilden fortgesetzt wird, die große Teile der Medulla oder sogar das ganze Mark durchziehen. Diese Stifte sind bisweilen dick, verdrängen die Marksubstanz und machen ausgesprochene Symptome, bisweilen dünner, oft verjüngen sie sich von der Geschwulst ab allmählich nach beiden Enden des Markes. Der Stift ist meistens fibrillenreich oder zellarm, ähnelt seiner Struktur nach ganz der charakteristischen Syringomyeliemembran und wird dann zweckmäßig mit einem ähnlichen Namen belegt, also stiftförmige *Gliose* genannt; die Verwandtschaft mit der gliotischen Form der Syringomyelie äußert sich nun noch darin, daß innerhalb des Stiftes meistenteils

Höhlungen, eine oder mehrere, sich zeigen; wie bei der Syringomyelie läuft die Gliose nach oben bzw. unten oft in ein Hinter- bzw. Vorderhorn aus, das Ganze interessiert hier wie da sehr oft auch die weiße Substanz, besonders die basalen Teile der Hinterstränge. Oft kombinieren sich nun in der eigentlichen Geschwulst und deren nächster Umgebung Höhlenbildungen verschiedener Art in verwickelter Weise. Siehe z. B. die genauen Schilderungen bei BITTORF und bei KLING! Beide Fälle haben Haupttumor von ausgesprochen ependymärem Typus, mit zahlreichen Kanälchen und Mikrocysten, in beiden wird am caudalen oder kranialen Ende der Geschwulst der direkte Übergang eines dieser Ependymkanäle in den normalen oder ausgeweiteten Zentralkanal gesehen, so daß man

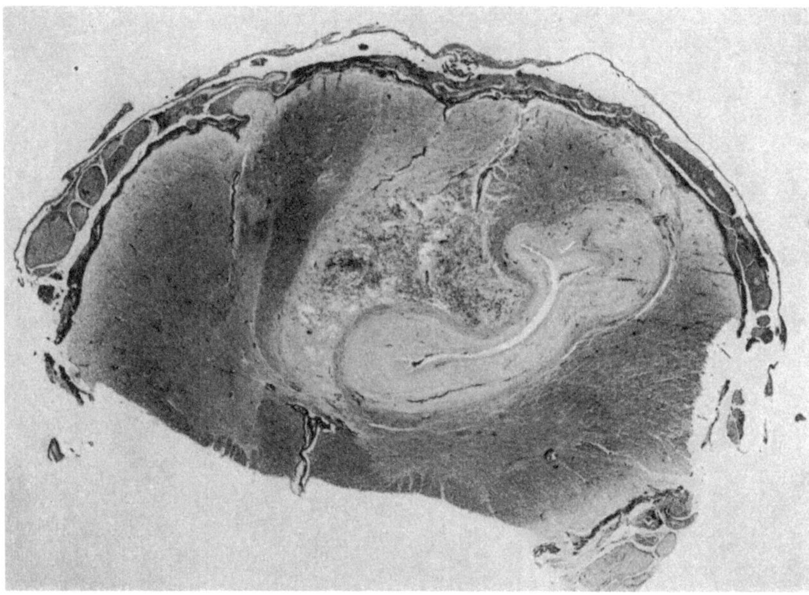

Abb. 8. Derselbe Fall wie in Abb. 9 u. 10, Präparate von Prof. H. BERGSTRAND. Der Schnitt trifft am oberen Geschwulstpol die detritusartigen Reste des neoplastischen Parenchyms, daneben das schön geschwungene Gefüge einer typischen Gliose mit Syringomyelie.

sich vor dem Eindruck nicht wehren kann, Tumor und Zentralkanal haben eine gemeinsame Matrix oder aber die Geschwulst ist entstanden durch Wucherung der Wandelemente des Kanals; in beiden Fällen außerhalb der Geschwulst Gliastifte, Gliosen, Syringomyelie, im BITTORFschen Falle (Gliom des obersten Brustmarks) fand sich im Halsmark, unabhängig davon, eine Syringomyelie mit typischem, ebenmäßig dickem, transparentem Wall, dessen Seitenbuchten Ependymauskleidung zeigten.

Das „organische", präformierte Aussehen der typischen Syringomyeliemembran (BORST u. a.) hat TANNENBERG 1924 dadurch entkräftet, daß er die von BIELSCHOWSKY sog. ROSENTHALschen Fasern derselben als entartete, verkalkte Markfasern entschleierte, was die Entstehung der Membran aus reifem Nervenparenchym beweisen sollte, die Auffassung BIELSCHOWSKYs der Membran als persistierende Medullarrohrswand unmöglich machen muß. Was nun besonders das Verhalten eventueller Syringomyelie bei Tumoren betrifft, ist zu bemerken, daß solches bei den verschiedenartigsten Geschwülsten, intra- und juxtamedullär, epidural und sogar vertebral, primär und sekundär bis metastatisch, gesehen wird, allerdings viel häufiger bei intramedullären: Syringomyelie

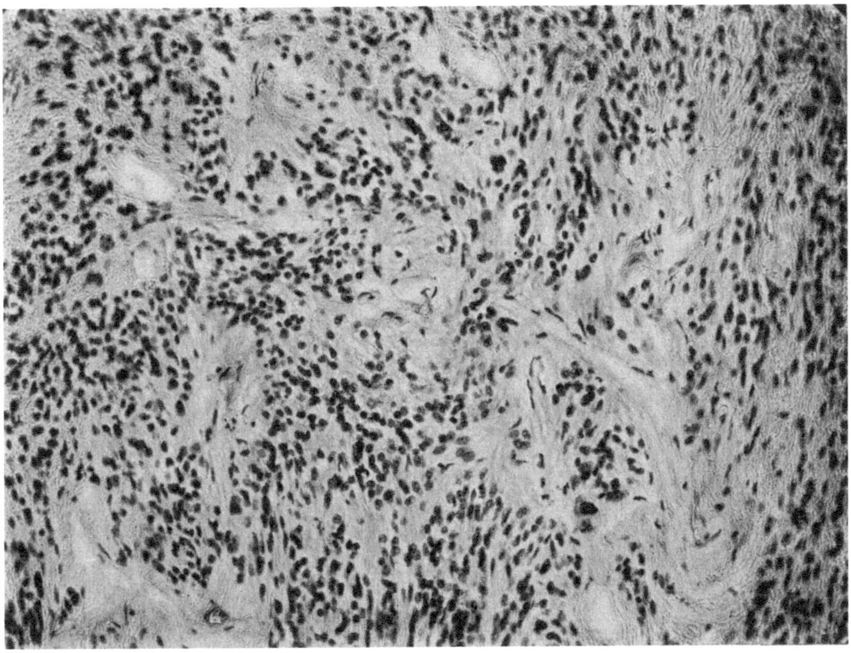

Abb. 9. Partiell exstirpiertes Gliom des mittleren Brustmarks. Übersichtsbild mit wenig charakteristischer Gruppierung des Zellbestandes.

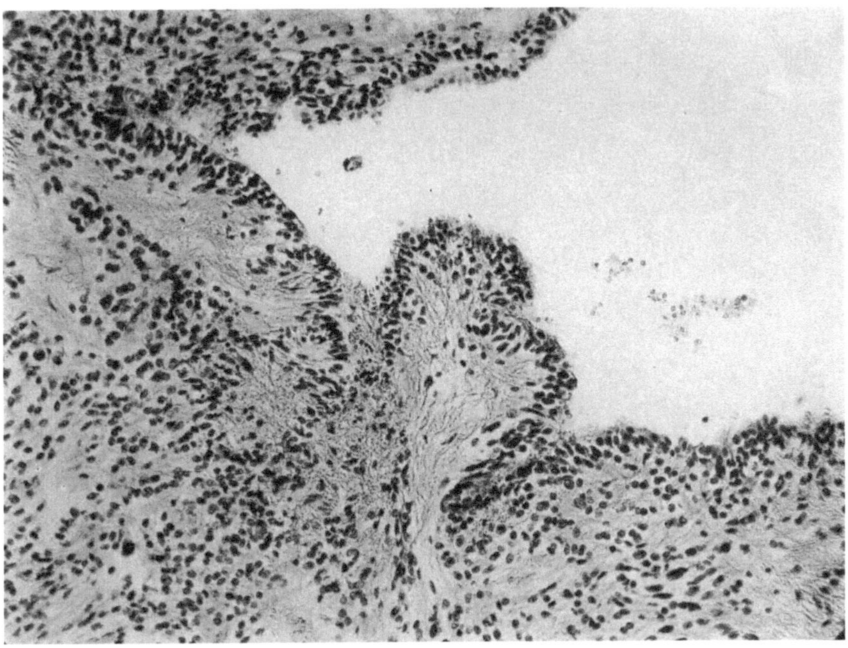

Abb. 10. Partiell exstirpiertes Gliom des mittleren Brustmarks. Derselbe Fall wie vorige Abbildung. Höhlungen mit epithelgekleideten Excrescenzen.

ist, außer bei Gliomen, bei intramedullären Angiomen (PINNER 1914, TANNENBERG 1924, KERNOHAN 1931), intra- und juxtamedullärer Tumorbildung teratoider Art (BIELSCHOWSKY und UNGER 1920), epimedullärem Lipom (BIELSCHOWSKY und VALENTIN 1927), juxtamedullärem Meningiom (ANTONI 1920, Fall XXIV), Sarkom der Dura (KRONTHAL 1889), Endotheliom der Wirbel (ALEXANDROFF und MINOR 1896) usw. gesehen worden. Der Publikation KERNOHANS ist zu entnehmen, daß die mit Syringomyelie komplizierten Gliome untereinander verschieden sind, Ependymom, Medulloblastom, Oligodendrogliom; aus der älteren Literatur scheint hervorzugehen, daß die am schnellsten wachsenden Gliome von Syringomyeliebildung frei sind, diese somit eine gewisse Zeit zu ihrer Entstehung braucht. In gewissen Fällen schien der klinische Verlauf besser mit der Annahme einer länger bestehenden Syringomyelie mit sekundär hinzutretendem Tumor zu stimmen; so z. B. im Falle SCHLAPPS 1911, wo 10 Jahre hindurch Symptome einer weitverbreiteten Syringomyelie bestanden hatten, nach einer negativ ausgefallenen Laminektomie (kein Tumor war zu sehen)

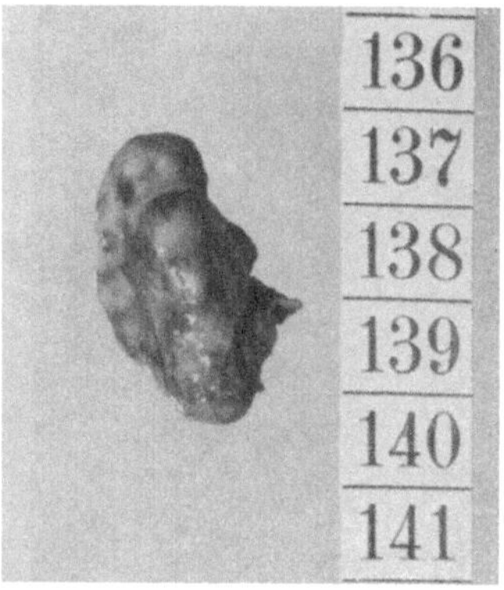

Abb. 11.

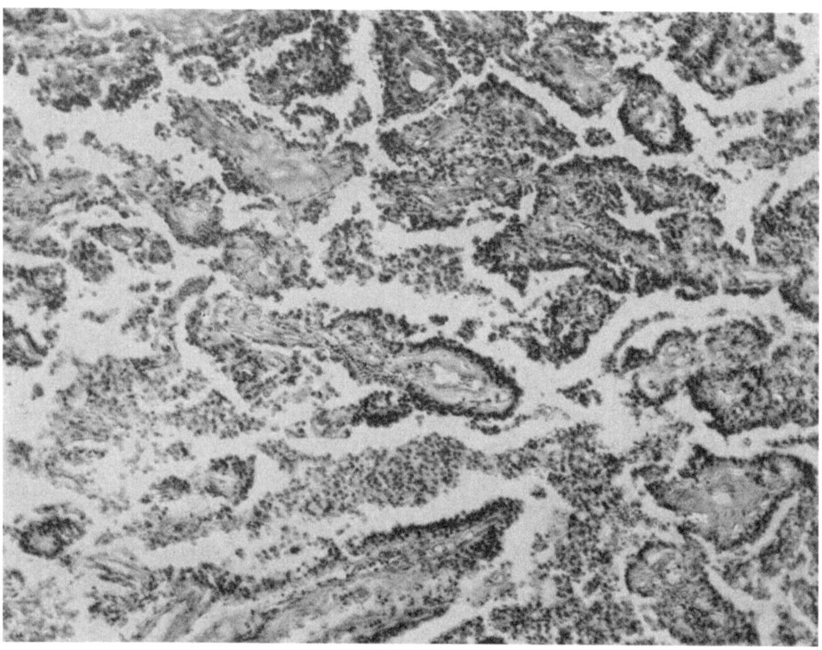

Abb. 12.

rasch zunehmende Tumorsymptome, die in 2 Monaten zum Tode führten, die Sektion zeigte Syringomyelie durch Hals- und Brustmark, im untersten Brustteil direkt in ein kompaktes Gliom übergehend; der Verfasser glaubt, der Tumor sei das Ergebnis einer traumatisierenden Einwirkung der Operation gewesen.

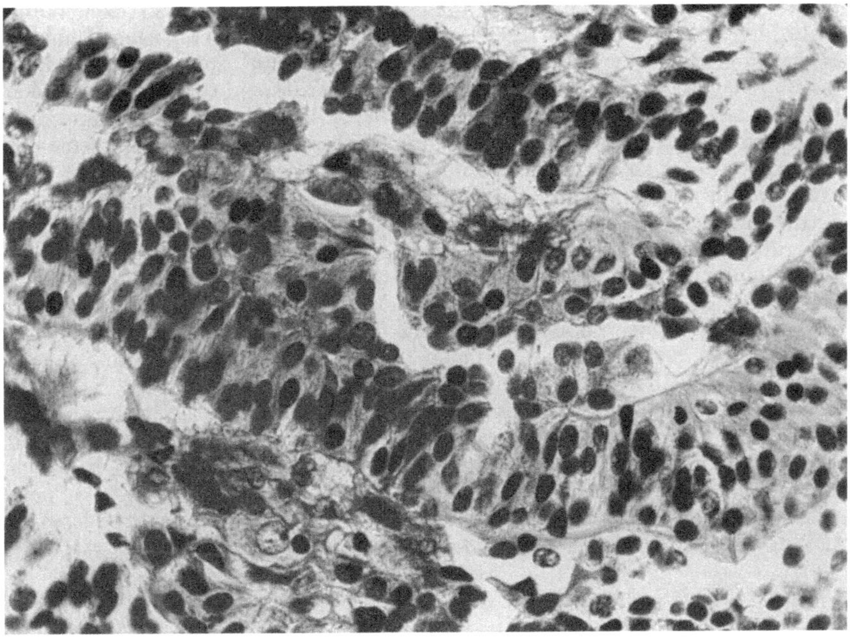

Abb. 13.

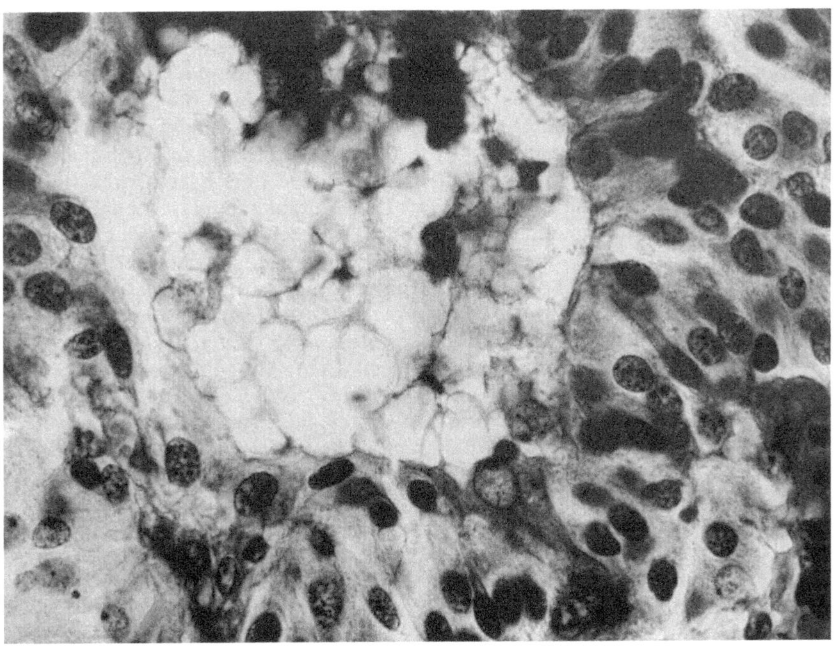

Abb. 14.

Abb. 11—14. Ependymom der Cauda. 20jähriger Mann. (Vgl. Abb. 70.)

Ein Fall WESTPHALS 1875 und ein ganz ähnlicher v. GIESONS 1889 machen anatomisch den Eindruck, als habe sich der Tumor an der inneren Oberfläche der präformierten Syringomyelie entwickelt; die oberen und unteren Enden dieser Tumoren erscheinen als allmählich immer dünner werdender Belag der Höhlenwand. Andererseits änderte WESTPHAL, welcher zunächst der Annahme einer Entstehung der Höhle durch Zerfall des Tumorgewebes zuneigte, seine Betrachtungsweise nach Kenntnisnahme der Experimente NAUNYNS und EICHHORSTS, welche an Tieren durch Zerstörung eines Teils des Rückenmarks Flüssigkeitsansammlung oberhalb der Läsion, in der Gegend des Septum posticum hervorrufen, mit konsekutiver Erweichung basaler Teile der Hinterstränge, Höhlenbildung mit gliotischer Membran, welche derjenigen des WESTPHALschen Falles diesem „merkwürdig ähnlich" vorkam. Die besondere Häufigkeit syringomyelischer Höhlenbildung bei Gliomen hat wahrscheinlich keinen teratologischen Grund, hängt vielmehr mit ihrer intramedullären Lage zusammen. Syringomyelie mit typischer Membran ist ein sekundäres Erzeugnis. Die *seltene*, partielle Ependymauskleidung solcher Höhlen ist wahrscheinlich ein Ausdruck dafür, daß in solchen Fällen eine Hydromyelie am pathologischen Prozeß teilnimmt; verzweigte Gestalt, Wucherungen des Epithels usw. sind bekanntlich nicht seltene reaktive Phänomene des Zentralkanals. *Vieles spricht für teratogenetische Beziehungen der Gliome — wie ja auch vieler anderer Geschwülste —, die Höhlenbildungen des Rückenmarks gehören aber nicht diesen Argumenten an.*

Höhlen des Rückenmarks können übrigens verschiedener Provenienz sein. Entgegen WESTPHAL müssen wir daran festhalten, daß innerhalb von Geschwülsten Höhlen auch durch Zerfall des neoplastischen Parenchyms entstehen können. CAIRNS und RIDDOCH 1931 sahen bei der Enucleation zweier spinaler Ependymome den oberen Geschwulstpol in den erweiterten Zentralkanal oberhalb des Tumors hineinragen und bei dessen Auslösung klaren Liquor hervorstürzen — Hydromyelie durch Liquorstauung oberhalb der Geschwulst. DOWMAN und SMITH 1929 fanden gelbe, nicht koagulierende Flüssigkeit in der unmittelbaren Umgebung eines intramedullären Tumors; die nähere Art des letzteren war nach der Annahme BAILEYS die eines Angioblastoms; wir hätten also hier etwas der Großhirncyste BIELSCHOWSKYS (1901), mit gelblichem Inhalt im Anschluß an ein kavernöses Angiom, sowie den Kleinhirncysten nach der Deutung WILLIAMSONS 1892, LINDAUS 1926 Entsprechendes vor uns, Flüssigkeitsansammlungen infolge einer Art Transudation gefäßreicher Geschwülste.

Bei den Gliomen haben wir vielleicht mit folgenden, verschiedenen Arten von Höhlenbildungen zu rechnen: 1. Cysten und Kanälchen mit epithelialer Auskleidung, mikroskopisch bis knapp makroskopisch, mit detritusartigem oder „kolloidem" Inhalt, 2. Hohlräume, durch Quellung hyalinisierter Intercellularsubstanz entstanden, mit gelatinösem, halbdurchsichtigem Inhalt (MCPHERSON), *oft (durch veränderten Blutfarbstoff?) gelbbräunlich gefärbt, 3. Höhlungen mit breiigem Inhalt, durch Nekrose des Geschwulstgewebes gebildet, 4. Ansammlungen von gelblicher, überwiegend klarer Flüssigkeit, Exsudationsprodukte gefäßreicher Tumoren, 5. hydromyelische Höhlen, durch Liquorstauung im Zentralkanal entstanden, 6. eigentliche Syringomyelie, die den größten Umfang aller erreichen kann, höchstwahrscheinlich sekundär zum Tumor, allerdings auf noch nicht des Näheren klargestelltem Wege, mit meistens charakteristischer Wand, „Randgliose", die ein Umwandlungsprodukt ursprünglich normalen Nervenparenchyms ist;* als das Primäre wird hierbei, wenigstens überwiegend, die „Gliose" betrachtet, die multipel und in sehr großer Länge auftreten kann und nur teilweise, durch Zerfall, hohl wird. Meinesteils hege ich zwar einen starken Verdacht, daß das Umgekehrte der Fall ist, Nr. 6 eigentlich spätere Stadien des Nr. 4 darstellt, steife

Wandschicht einer primären Transsudathöhle, woraus das Transsudat eventuell resorbiert worden ist. Auch die echten Geschwülste können große Länge erreichen, dabei stiftförmig sein.

Gliome des Rückenmarks kommen in Kombination mit anderen Geschwülsten vor; bei Syringomyelie mit und ohne Gliom werden hier und da echte, kleine, myelinische Neurome von peripherem Bautypus gefunden (Schlesinger, Heverroch, Bittorf). Typisch, wenn auch selten ist die Kombination mit peripherer oder zentraler Neurofibromatose; der Bittorfsche Fall ist die Kombination von Gliom und Syringomyelie des Rückenmarks mit einer ,,forme fruste" der Recklinghausenschen Krankheit, desgleichen Fall Gaupp 1888, Syringomyelie mit Gliom, Angiom sowie zwei radikulären ,,Fibromen" der Cauda. Die Geschwülste des Zentralnervensystems bei dieser Krankheit sind verschiedener Art: wenig wuchernde Herde der Hirnrinde (Henneberg und Koch 1902, Verocay 1908, Orzechowsky und Novicki 1912), die von Bielschowsky mit den Herden der Bournevilleschen Krankheit verglichen werden; ependymäre Gliome des Rückenmarks (Bittorf 1903, ,,Neuroepitheliom"; Orzechowsky und Novicki 1912, Ependymom; Penfield 1930; Kernohan 1931), aber auch nichtepitheliale, zartfibrillär gebaute Exemplare mit wirbeliger Anordnung der Geschwulstmasse und ziemlich scharfer Grenze gegen die Umgebung (Verocay 1908, Knoten der Oblongata und des Halsmarks), von denen nicht leicht zu sagen ist, ob sie Gliome — nach neuerer Terminologie vielleicht ,,polare Spongioblastome"; Penfield und Young erwähnen ein Astroblastom — oder aber intramedulläre Neurinome sind.

Die Möglichkeit des Vorkommens intramedullärer Neurinome bei Recklinghausenscher Neurofibromatose wurde an der Hand der vorliegenden Literatur von Antoni 1920 angenommen; Fälle, die ihm besonders neurinomverdächtig vorkamen, sind die beiden von Cestan 1900 und 1903, 2 Fälle bei Henneberg und Koch 1902, Fälle von Kaulbach 1906, Westphal 1908, Maas 1910; als sicher konnte der Operationsfall Reichmann-Röpkes 1911 bis 1912, sowie ganz besonders derjenige von Greenfield 1919 gelten. Seitdem wurden intramedulläre Tumoren bei dieser Krankheit als Neurinome in eigenen Fällen von Kirch 1922, Ostertag 1926, Walthard 1927, Kernohan 1931 diagnostiziert. Von Antoni wurde das Vorkommen intramedullärer Neurinome teratogenetisch als Ergebnis einer pathologischen Remanenz des intramedullären Stadiums der Ganglienleiste gedeutet; die von ihm im selben Zusammenhang hingeworfene Eventualität isolierter intrazentraler Neurinome (also ohne gleichzeitige, periphere oder radikuläre Neurofibromatose) ist von Josephy 1924, Heinze 1932 exemplifiziert worden, diese Geschwülste saßen aber im Gehirn.

Gefäßgeschwülste verschiedener Art und sehr wechselnder Größe und Lokalisation kommen vor: großer Tumor des Halsmarks, Pinner; 9 cm langer Tumor im Septum posticum des Brustmarks, Roman; großes Angiom des Lumbosacralmarks, Pelz. Viele Exemplare treten als Teilerscheinungen multipler Angiomatose auf, mit Geschwülsten ähnlicher Art in anderen Teilen des Zentralnervensystems oder anderen Organen kombiniert (Tannenberg 1924, Devic und Tulot 1906). Als ,,echte Hämangioblastome" wollen Bailey und Cushing 1928 nur folgende 6 Fälle anerkennen: Roman 1913, Pinner 1914, Tannenberg 1924 (2 Fälle), dazu zwei beim Lindauschen Komplex gefundene Exemplare von Koch 1913 und Schubach 1927. Wahrscheinlich derselben Gruppe angehörig ist der Fall von Berenbruch 1890, ,,multiple Angiolipome kombiniert mit einem Angiom des Rückenmarks". Wegen reichlicher Fetteinlagerung in den Stromazellen ist die Entscheidung zwischen Hämangioblastom und Lipoblastom in einzelnen Fällen kontrovers, der schöne Fall Schmieden-Peipers 1929 ist vielleicht ein Hämangioblastom. Die Hämangioblastome sind andererseits oft ausgesprochen kavernös, die Unterscheidung älterer Literaturfälle somit oft schwierig oder unsicher. Eher zum kavernösen Typus gehörend sind folgende Fälle: LORENZ 1901, SCHULTZE 1912 (mit Erfolg operiert), PELZ 1917, Fall 3 (Operation und Sektion). Der Fall HADLICH 1903 ist in mehreren Beziehungen bemerkenswert: bei einer Zwergin von 35 Jahren fand sich, extra- und intramedullär bis ins Vorderhorn reichend, eine von der Eintrittszone einer lumbalen Hinterwurzel ausgehende Blutgefäßgeschwulst, die keine intra vitam bemerkten Symptome gemacht hatte. Des weiteren hat sich herausgestellt, daß bei sog. pialen Varicen oder venösem ,,Angioma racemosum" am Rückenmark die pathologische Gefäßerweiterung sich ins Innere des Rückenmarks fortsetzen und durch Druckatrophie oder Thrombose Schädigungen am Parenchym mit entsprechenden Symptomen bewirken kann (LINDEMANN 1912, RITTER und SCHMINCKE 1927, GLOBUS und DORSHAY 1929). An der Oberfläche des Marks kommen ,,echte" Hämangioblastome kaum vor, hier prävalieren die kavernösen, ,,racemosum-" oder ,,serpentinum"artigen Gefäßkonvolute vorwiegend venöser Art, die nach moderner Auffassung (die übrigens auf VIRCHOW zurückgeht), eher den Mißbildungen nahestehen. RIENHOFF 1924, von DANDY 1928 akzeptiert, schlägt vor, alle angiösen Dilatationen und Kommunikationen in venöse, arterielle und arteriovenöse einzuteilen; die Bezeichnungen ,,kavernös", ,,racemosum", ,,cirsoideum" und ,,serpentinum" seien rein äußerlich und bedeutungslos. CUSHING und BAILEY 1928 sprechen von angiomatösen (warum nicht einfach angiösen?) Mißbildungen dreierlei Art, Teleangiektasien, Angiomata venosa, Angiomata arterialia. Sicher ist jedenfalls, daß die Mehrzahl der Gefäßgeschwülste nicht eigentliche, angioblastische Neubildungen sind, sondern regionäre Dilatationen vor allem venöser Stämme und Netze, welche vielleicht (nach PERTHES meistens) durch Hinzutritt arterieller Fisteln gemischten Charakter mit besonderer Vergrößerungstendenz annehmen können. Begrenzte Konvolute, mit einfachem Zu- und Abfluß, werden von DANDY als wahrscheinlich kongenital arteriovenöse Aneurysmen gedeutet; am Rückenmark sind vielleicht 2 solche Fälle beobachtet worden, von ELSBERG 1916, SARGENT 1925. Die weitaus häufigste Art lokaler Gefäßvermehrung in dieser Region sind aber sicherlich die schlecht begrenzten, hauptsächlich die Venenstämme und Plexus betreffenden Erweiterungen ohne sichere Neubildung von Gefäßen, die ohne scharfe Grenze in die Venenplexus der Umgebung, kranial- und caudalwärts, sowie nach dem Innern des Markes übergehen (LINDEMANN, RITTER u. a.); HYRTL 1865, KADYI 1889 fanden schon Varicositäten bis zu mehrschichtigen, das Rückenmark deckenden Venenkonvoluten nicht ganz selten an anatomischem Material, GLOBUS und DORSHAY suchen 1929 24 oder 28 solche Fälle aus der klinischen Literatur zusammen (,,dilatations of spinal veins"); das Vorkommen und die eventuellen Folgen intramedullärer Fortsätze der Anomalie sind schon genannt worden. Anomalien dieser Art sind fast immer gegen das caudale Ende des Rückenmarks konzentriert, was die Art ihrer neurologischen Wirkungen erklärt, in der Statistik von GLOBUS und DORSHEY nahmen sie 7mal die lumbale, 11mal die untere thorakale, 5mal die mittlere thorakale, 1mal die obere thorakale, 2mal die cervico-thorakale Region ein. Sie gehören fast ausschließlich dem männlichen Geschlecht an (21/28), können in einigen Monaten zum Tode führen oder aber 24jährige Krankheit bewirken. Altersverteilung nach Dekaden: II:2, III:6, IV:8, V:3, VI:6, VII:1; sie trafen also vorwiegend Männer im mittleren oder höheren Alter. Ich selbst habe zwei solche Fälle gesehen, mit ausgesprochenen Rückenmarkssymptomen, beide lumbo-sacral orientiert, beide betrafen ausgesprochene arterielle Hypertoniker, Nervensymptome begannen mit 33 bzw. 53 Jahren. Solche Venenkonvolute nach dem Aussehen von Varicositäten und Erweiterungen *per stasin* zu unterscheiden, ist keineswegs leicht. Bekannt sind die Stauungskonvolute bei intra- und vor allem juxtamedullären Tumoren, die in solchen Fällen bei der Operation besonders genau gesucht werden müssen. KADYI fand bisweilen Verdickungen der weichen Häute, in anderen Fällen Verschluß einzelner Stämme; beides kann Ursache so gut wie Folge einer Stauung sein. SCHMINCKE 1927, in seinem genauen Befundbericht über dem 2. RITTERschen Fall, findet sichere Phlebosklerose im und am Rückenmark, und zwar in der ganzen Länge des Markes, die Dura war schwielig verdickt; SCHMINCKE faßt das Ganze, unter Hinweis auf die quere (segmentale) Gefäßversorgung des Rückenmarks, als zirkulatorische Störung auf. Ähnlich liegen wohl die Verhältnisse im Falle FRAZIER-SPILLERS 1923, Venenkonvolute bei Operation wegen progredienter Paraparese 8 Jahre nach überstandener meningo-myelitischer Attacke. Möglich, daß viele der „Angiomata venosa" usw. in caudaleren Teilen der spinalen Achse in der Tat Stauungsvaricen sind; im Einzelfalle wird die Entscheidung, ob Neoplasma, Mißbildung oder Stauung, nicht immer mit Sicherheit möglich sein.

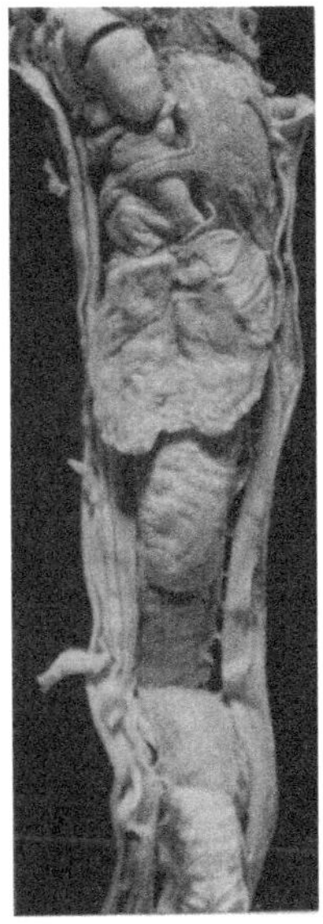

Abb. 15. Juxtamedulläres Ganglioneurom, Museumspräparat aus Upsala, unveröffentlicht. Ein Teil der Geschwulst aufgeschnitten.

Auch **Lipome** sind selten; außer bei verschiedenen Formen und Graden von Spina bifida aperta und occulta (klinisches Beispiel SELBERG 1904, anatomische Literatur bei BOSTROEM und bei BORST 1898) sind Lipome, rein oder gemischt, in kleiner Zahl am und im Rückenmark gesehen worden. Ich gebe hier die Tabelle STOOKEYS 1927 wieder, etwas vervollständigt.

Mehrere dieser Fälle waren Mischgeschwülste (Myolipom, GOWERS; Liposarkom, TURNER). Gut abgekapselt, extramedullär war eigentlich nur der Fall ELSBERGS, übrigens sind sie teils zugleich extra- und intramedullär, teils schlecht abgegrenzt, oft ausgesprochen infiltrativ wachsend, RITTER beschreibt säulenförmiges, infiltratives Eindringen

Verfasser	Jahr	Alter	Alter beim Beginn der Symptome	Krankheitsdauer Jahre	Niveau	Intramedullär	Extramedullär	Operation Sektion
GOWERS	1876	54 J.	42 J.	12 J.	Conus			S
TURNER	1888	54 J.	42 J.	12 J.	Mittl. thor.	+	—	S
BRAUBACH . . .	1889	$5^1/_2$ J.	14 Mon.	$3^1/_2$ J.	C 4 — Th 4	+	+	S
SPILLER	1899	—	—	—	Filum			S
ROOT	1907	43 J.	28 J.	15 J.	Mittl. thor.	—	+	O
WOLBACH-MILLET . . .	1913	10 Mon.	Kongen.	10 Mon.	„ „	—	+	S
OPPENHEIM-BORCHARDT .	1918	44 J.	31 J.	13 J.	Cerv.-Obl.	+	+	O
RITTER	1920	40 J.	40 J.	4 Mon.	C 2 — 4	+	+	S
ELSBERG . . .	1925	19 J.	19 J.	3 Mon.	Th 3	—	+	O
STOOKEY . . .	1927	12 J.	14 Mon.	11 J.	C 3 — Th 4	+	+	O
BIELSCHOWSKY-VALENTIN . .	1927	1 J.	Kongen.	1 J.	Lumbal	—	+	S
SACHS-FINCHER .	1928	46 J.	43 J.	3 J.	Mittl. thor.	+	—	O
SCHMIEDEN-PEIPER . . .	1929	33 J.	—	1 J. ?	C 2 — 4	+		O
KERNOHAN . .	1931	1 Fall, keine näheren Angaben.						
FOERSTER . . .		Mündliche Mitteilung, 3 Fälle intramedullärer Lipome.						

„lipoblastischer Elemente“ (BASOR) in das Mark, im Fall WOLBACH-MILLETS wird sogar von diffuser, subduraler Lipomatose gesprochen. Im ganzen sind sie nicht sehr gutartig, waren jedoch einigemal exstirpabel. Gemischter Charakter, Verbindung mit der Dura, Vorkommen mit Spina bifida zusammen, ortsfremde Natur des Gewebes sprechen für teratoide Genese. Zwar fanden VIRCHOW, KÖLLIKER, BOSTROEM nicht selten Fettzellen in normalen Meningen, die Heterotopie ist also nicht absolut. BOSTROEM betrachtet sie als unvollständig entwickelte Dermoide, desgleichen ERNST und ZUCKERMANN (in bezug auf ähnliche Gebilde im Gehirn). Besonders die „Sacraltumoren“ (BORST) sind oft mit Glia, Knochen, peripherer Nervensubstanz vermischt und mit Spina bifida verknüpft, hängen bisweilen durch einen Stiel mit einer extraduralen Portion zusammen. Ein Teil der Fälle sind Reste einer Meningo- oder Myelocystocele.

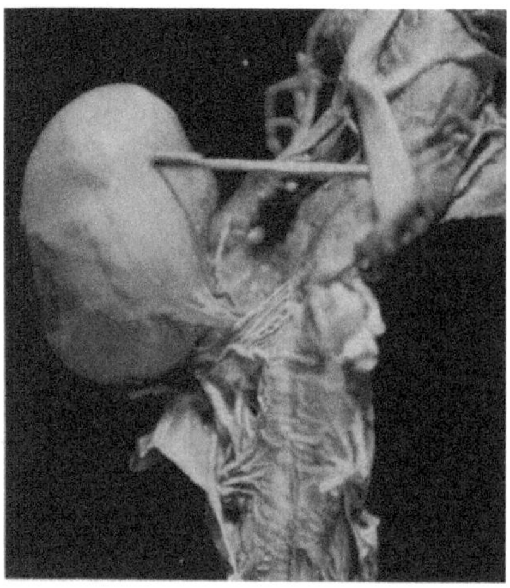

Abb. 16. Neurinom der 1. hinteren Halswurzel (ANTONI 1920, Fall I), von der Vorderseite gesehen. Gefäßstiel. Beziehungen zur 1. Vorderwurzel.

Abb. 17. Neurinom der 12. linken hinteren Thorakalwurzel (ANTONI 1920, Fall XVI). Der Tumor ist nach außen etwas abgerutscht; das ehemalige Geschwulstbeet ist in seinen Umrissen am dorsolateralen Umfang des Markes noch zu sehen. Vgl. Abb. 18.

Noch seltener sind **Dermoide** und **Cholesteatome.** Subpial saßen Fälle von CHIARI 1883, BERKA 1906, HARRIEHAUSEN 1904, extra- und intramedullär Fall MARINESCO-DRAGANESCO 1924, juxtamedullär Fälle von ABRAHAMSON-GROSSMANN-ELSBERG 1921—1925 (Cervicalregion und hintere Schädelgrube), WHITE-FRIPP 1900, AD. SCHMIDT 1904 (beide in der Thorakalregion), LAUTERBURG 1922 (Cauda). Die teratoide Genese solcher Geschwülste ist allgemein angenommen.

Die Beziehungen des **Neurinoms**[1] zur RECKLINGHAUSENschen Neurofibromatose und die häufige Kombination desselben mit anderen Geschwülsten des Nervensystems wurde schon mehrfach erwähnt, ebenso das seltene, aber gesicherte

---

[1] Synonyme: gliome périphérique oder Schwannome französicher Autoren, perineural fibroblastoma (PENFIELD); mein eigener Vorschlag „Lemmom“ ist eigentlich nur von HACKEL 1931 beachtet und akzeptiert worden, doch finde ich diese Bezeichnung oder vielleicht noch besser „Neurilemmom“ immer noch gut begründet. Zur Vermeidung vermehrter Verwirrung und aus Gründen der Pietät behalte ich hier die Bezeichnung, unter welcher diese Geschwulstart zuerst beschrieben wurde (VEROCAY).

Vorkommen solcher Tumoren intramedullär. Die Ganglienleistentheorie ANTONIS (1920) wurde im geschichtlichen Abriß genannt; hier mag nur hervorgehoben werden, daß genaue Kenntnis, nicht nur der embryonalen Zellformen, sondern auch der morphogenetischen Vorgänge überhaupt für das Verständnis der genetischen Beziehungen der Nervengeschwülste (wie vieler anderen) vonnöten sind. Die Neurilemmazellen — und damit diese Geschwülste — stammen nicht aus „Medulloblasten" schlechthin (BAILEY und CUSHING 1930, S. 129 bis 130), sondern aus einem schon histogenetisch determinierten Teil des Ektoderms, der Ganglienleiste und ihrer „Lemmoblasten", eine Annahme, die einerseits normal-embryologisch gut begründet ist, andererseits einen greifbaren Grund der histologischen Sonderstellung dieser Geschwülste darbietet. Auch die vielen regionär-prädilektiven Einzelheiten der Neurinomatose werden nur bei Rücksichtnahme auf die nähere Morphogenese der Ganglienleiste und den Verteilungsprozeß (Tropismus) der Lemmoblasten embryologisch verständlich. Die Neurinome stellen schätzungsweise etwa ein Drittel der in diesem Kapitel zu besprechenden Geschwülste dar. Ihre primäre Keimstätte sind wahrscheinlich immer die Nervenwurzeln. Bei kleineren Knötchen einer multiplen Neurinomatose kann bisweilen gesehen werden, wie sich die Geschwülste allmählich aus den Faserbündeln hinausdrängen, schließlich dem Nerven seitlich aufsitzen; in Übereinstimmung damit sehen wir bei einem ausgewachsenen Neurinom die Mutterwurzel des Tumors der Geschwulstkapsel mehr-weniger fest anhaften, öfter aber subkapsulär, in auseinandergesprengten Bündeln oder isolierten Fasern, die oberflächlichen Geschwulstschichten selbst durchziehen, die zu mehr-weniger weit voneinander entfernten, geschlossenen, ein- bzw. austretenden Bündeln konvergieren. Die meisten Wurzelneurinome, auch solche größeren Umfangs, zeigen bei genauerem Suchen solche subkapsuläre Wurzelfasern, nur einmal war meine Nachforschung — trotz Schnittserie — negativ, was seinerseits eine vollkommene Loslösung oder aber primär-extraneurale Lage bedeuten kann; vielleicht kommt letzteres wirklich vor, Beweise sind aber schwer aufzubringen. Die Form der radikulären Neurinome ist meistens einheitlich, gedrängt, manchmal zylindrisch oder ovoid. Nur selten kommt gelappte Form vor. Fall XV bei ELSBERG 1925 zeigte dabei das sehr interessante nähere Verhalten, daß der Tumor aus drei getrennten Portionen zusammengesetzt war, jeder unter einer eigenen Wurzel gelegen, die besonderen Teile durch „dicke, fibröse Bänder" oder Brücken miteinander verbunden; das Ganze erinnert auffallend an meine Rekonstruktionen der embryonalen Ganglienleiste, mit ihren segmentären, ventralwärts vordringenden Ganglienanlagen und interradikulären Lemmoblastenbrücken. Die Neurinome kommen ganz vorwiegend solitär vor, darin wie in so vielen anderen Hinsichten den Acusticustumoren analog. Regionäre Multiplizität war im Falle REICHMANN-RÖPKES vorhanden: zwei juxta- und ein intramedulläres Neurinom derselben Gegend. ELSBERG (1925,

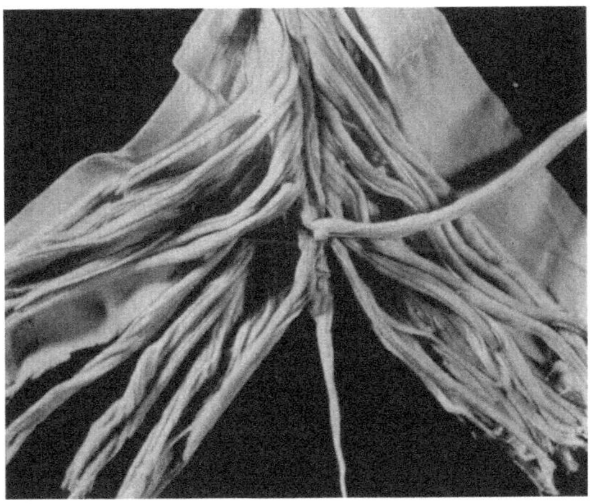

Abb. 18. Derselbe Fall wie Abb. 17. „Extraknötchen" einer Vorderwurzel der Cauda.

Fall XXV) operierte dreimal wegen nacheinander entstandener Wurzelneurinome in geringer Entfernung. Bei genauem Zusehen (Sektion) findet man gelegentlich ein „Extraknötchen" (Abb. 18) an dieser oder jener Wurzel, vorwiegend der Cauda, als Anzeichen rudimentärer Multiplizität; allem Anschein nach entbehren aber solche Extraknötchen eigentliche Wucherungskraft und sind praktisch belanglos. Wie die Wurzelknötchen bei multipler Neurofibromatose vorwiegend an den hinteren Wurzeln sitzen (HENNEBERG und KOCH 1902), so auch die solitären Neurinome (ANTONI 1920), wodurch sie meistens eine zum Rückenmark dorsolaterale Lage bekommen. Den normalen Tropismen ihrer Matrix zufolge können sie aber, wenn auch weniger oft, in distaleren Portionen der Wurzeln ihre Primärlage haben und dadurch im ausgewachsenen Zustand zum Mark ventrolateral, zuweilen sogar teilweise extradural („Sanduhrform") gelegen sein, selten ganz extradural.

Abb. 19. Segmentäres Fibroneurinom von einem Falle selten mächtig entwickelter, genereller Neurofibromatose. (ANTONI 1920, Fall II.) Lage extra- und intradural. Nahe Beziehungen zu den Hinterwurzeln.

Ihr histologisches Bild hat vielleicht eine nicht geringere Variabilität als dasjenige des Glioms; die verschiedenen Bilder mit besonderen Entwicklungsstadien der Lemmoblasten zu parallelisieren, ist meines Wissens noch nicht versucht worden. Die allgemeine Anordnung ihres Parenchyms ist nicht selten angedeutet „pseudoacinös" oder lobiert, mit entsprechenden, bindegewebigen Septa; bisweilen ist die Lobierung sehr regelmäßig und ausgesprochen, die Geschwulst von einer großen Zahl verschieden dicker Stränge zusammengesetzt, jeden Strang um einen zentral gelegenen Achsenzylinder orientiert, „sclérose monotubulaire et péritubulaire", multizentrische Entstehung kundgebend; solches scheint bei multipler Neurofibromatose gewöhnlicher als in solitären Neurinomen zu sein. Die Neurinome halten, wie die Gliome, fibrilläres oder retikuläres Gewebe oder beides, die beiden „Gewebsarten" („A" und „B", ANTONI 1920, seitdem ziemlich geläufig) können ziemlich unvermittelt nebeneinander bestehen, landkartenähnliche Bilder erzeugend (Abb. 21). Für die fibrilläre Gewebsart charakteristisch ist die Zartheit und Unverzweigtheit der Fibrillen (Abb. 22), sowie das unvermittelte Auftauchen kernfreier Bänder oder Streifen (Abb. 23) senkrecht zur Fibrillenrichtung (Abb. 24) (Palisaden- oder Phalanxstellung der Kerne). Kernpalisaden kommen nicht in allen Exemplaren vor, nicht einmal immer fibrilläres Gewebe, viele Exemplare sind durchaus retikulär gebaut, was ANTONI als Beginn regressiver Veränderung auffaßt, da die in den Neurinomen ganz oft vorkommenden, offenkundigen Entartungsvorgänge ausschließlich in den retikulären Regionen bzw. Exemplaren zu sehen sind. Solche Degenerationsprodukte sind: hyaline Entartung der Gefäße (die außerdem bisweilen in solchen Anhäufungen zugegen sind, daß geradezu von angiomatösem „Einschlag" gesprochen werden könnte), hyaline oder kolloide Entartung der Intercellularsubstanz mit Bildung von Mikro- oder Makrocysten, schließlich die von F. HENSCHEN 1916 beschriebene, den Neurinomen auch in den fibrillären Teilen in hohem Maße zukommende, fettige Entartung. Exzessiv cystoide Entartung prägt einzelne Exemplare (Abb. 29). Größerer Plasmareichtum und individuelleres Vortreten der sonst wenig deutlichen Zellkörper findet sich nicht ganz selten, eventuell in Verbindung mit einem gewissen Zellpolymorphismus, der sogar zur Bildung ganglienzellartiger Elemente führen kann (VEROCAY u. a.). Darin liegt auch ein Parallelismus zum Gliom. Von den nunmehr gewissermaßen anerkannten Sonderformen des Glioms kommt eine quantitativ und qualitativ fortgeschrittenere Erzeugung ganglienzellartiger

Abb. 20. Generelle Neurofibromatose. Neoplastisch verdickter Segmentalnerv mit intraduraler Portion. Schnitt quer zum Rückenmark. KULSCHITZKY-Färbung. (ANTONI 1920, Fall II.)

Gebilde vor allem ja gewissen Exemplaren sog. Medulloblastome zu, also einer besonders unreifen und bösartigen bipotentiellen Form. Massenhaft proliferierte, marklose Nervenfasern sind in Neurinomen verschiedener Lokalisation

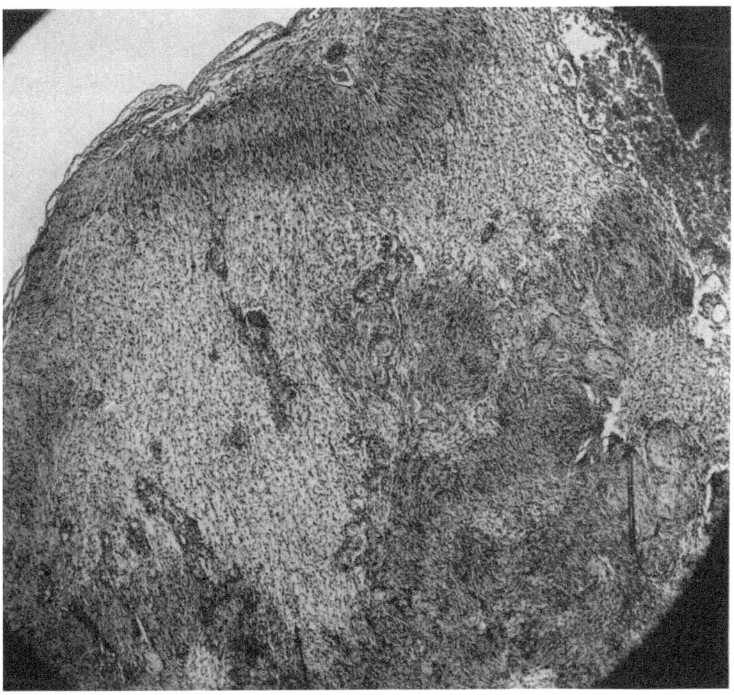

Abb. 21. Radikuläres Neurinom der Caudaregion. Landkartenähnliche Felderung, durch unvermitteltes Nebeneinander der beiden Gewebsarten „A" und „B" gebildet. Oben, an der Oberfläche des Tumors, senkrecht zu dieser stehende, palisadenartige Anordnung der fibrillären Strukturen. (ANTONI 1920, Fall XX.)

sehr gewöhnlich (BIELSCHOWSKY und PICK 1911, ORZECHOWSKY und NOVICKI 1912 u. a., vgl. ANTONI 1920, S. 88f.); ob sie regenerative Erzeugnisse präformierter, marklos gewordener Nervenfasern oder Zeichen einer Teilnahme

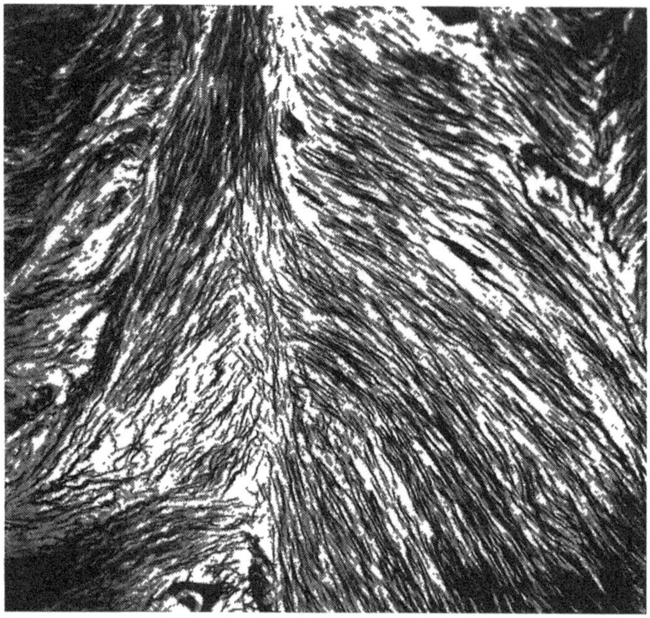

Abb. 22. Neurinoma radiculare posterius am unteren Brustmark. PERDRAUsche Silberfärbung. Typische Fibrillation.

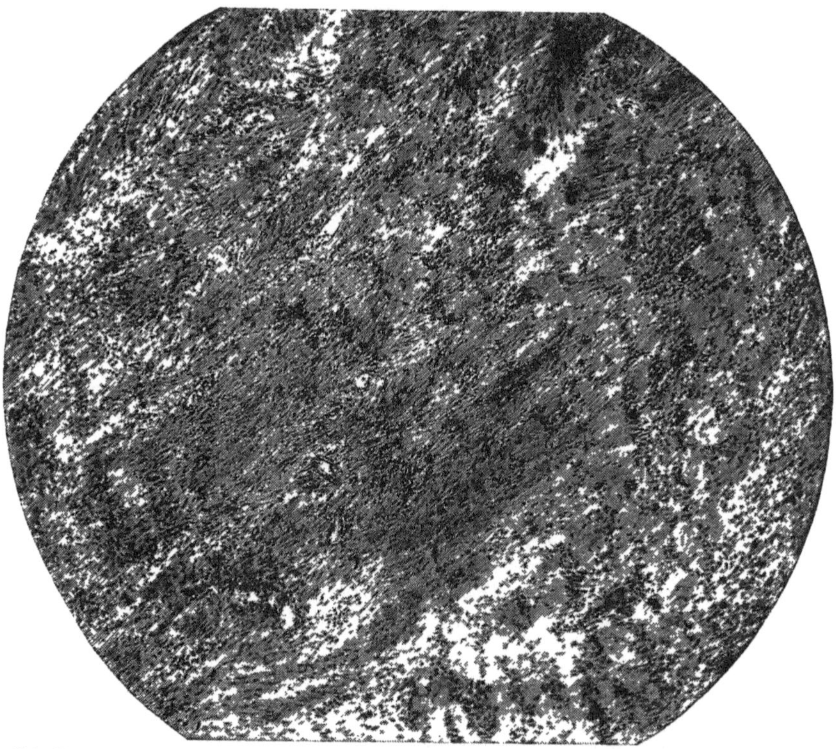

Abb. 23. Neurinoma radiculare am obersten Halsmark, von der ersten rechten Hinterwurzel ausgegangen. (ANTONI 1920, Fall I, derselbe Fall wie Abb. 6.) Übersichtsbild, HEIDENHAINs Eisenhämatoxylin und v. GIESON. Typische Kernreihen, fibrilläre Gewebsart.

der Neuronen am neoplastischen Wucherungsprozeß darstellen, ist unmöglich, sicher zu entscheiden. Bipotente Eigenschaften (zur Erzeugung von Lemmo-

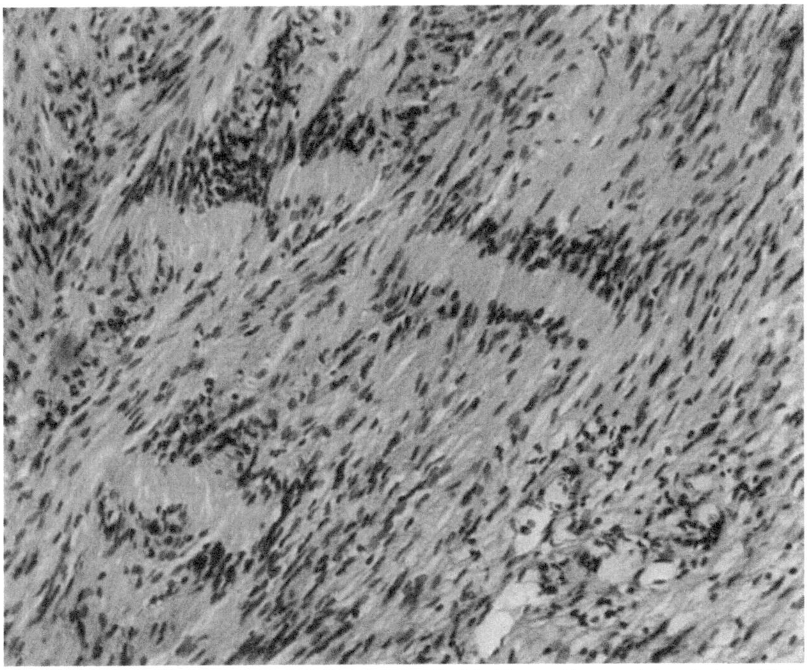

Abb. 24. Radikuläres Neurinom. „Gewebsart A“ mit fibrillärem Bau und kernfreien Bändern.

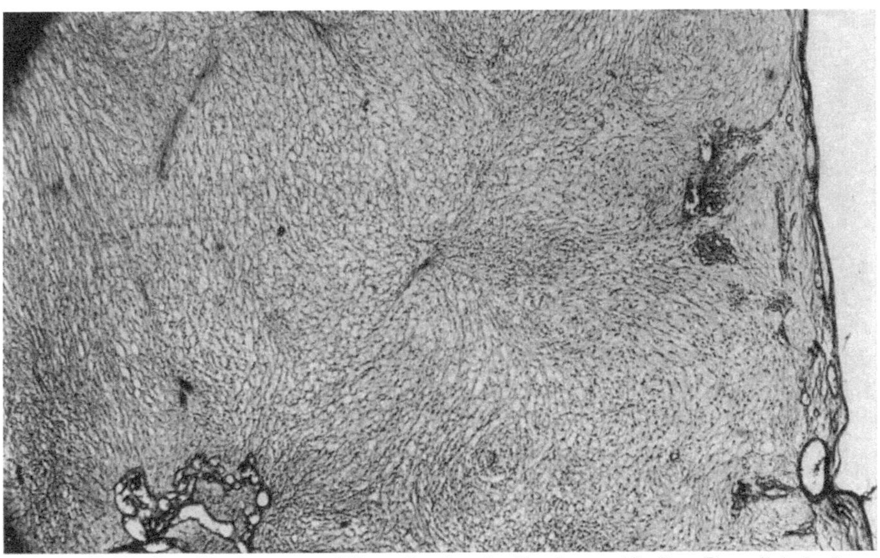

Abb. 25. Radikuläres Neurinom am mittleren Brustmark. Durchweg retikulärer Bau mit Andeutung einer Lobierung. MALLORYS Anilinblau-Orange. (ANTONI 1920, Fall X.)

und Neuroblasten) wären vielleicht auch den Neurinomen bisweilen zuzuschreiben, auch kann von progressiven Gewebsformen im Sinne histologischer Malignität

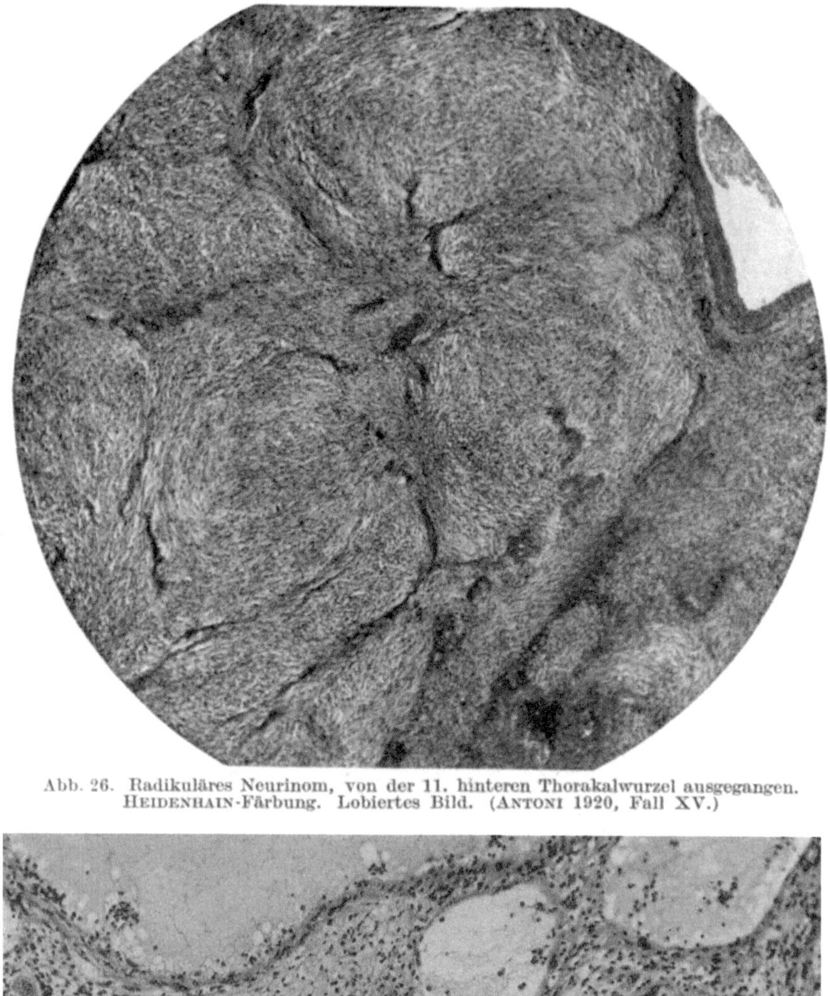

Abb. 26. Radikuläres Neurinom, von der 11. hinteren Thorakalwurzel ausgegangen. HEIDENHAIN-Färbung. Lobiertes Bild. (ANTONI 1920, Fall XV.)

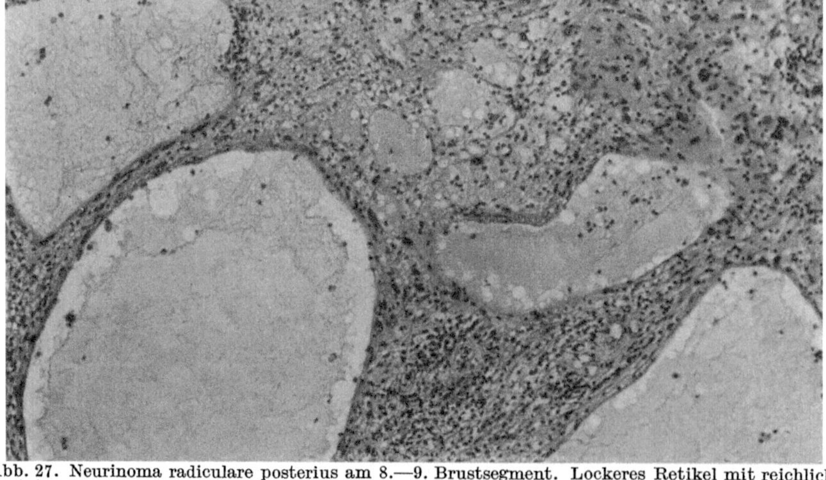

Abb. 27. Neurinoma radiculare posterius am 8.—9. Brustsegment. Lockeres Retikel mit reichlicher Cystoidentartung. An den kleinsten Cysten ist der direkte Übergang ihrer Materie in die retikuläre Substanz der Umgebung deutlich zu sehen. HEIDENHAIN-Färbung. (ANTONI 1920, Fall XI.)

gesprochen werden („Neurinoma sarcomatodes", VEROCAY); jedoch bewahren die Neurinome, jedenfalls bei solitärem Vorkommen, sozusagen immer ihren

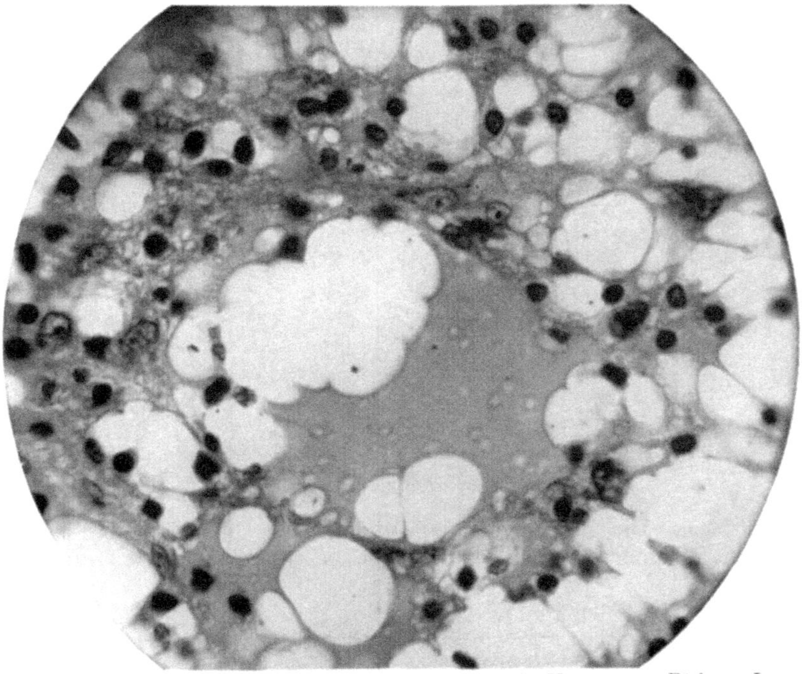

Abb. 28. Neurinoma radiculare posterius am unteren Brustmark. HEIDENHAIN-Färbung, Immersion. Hyaline Entartung des Retikels mit Quellung (beginnende Cystenbildung).

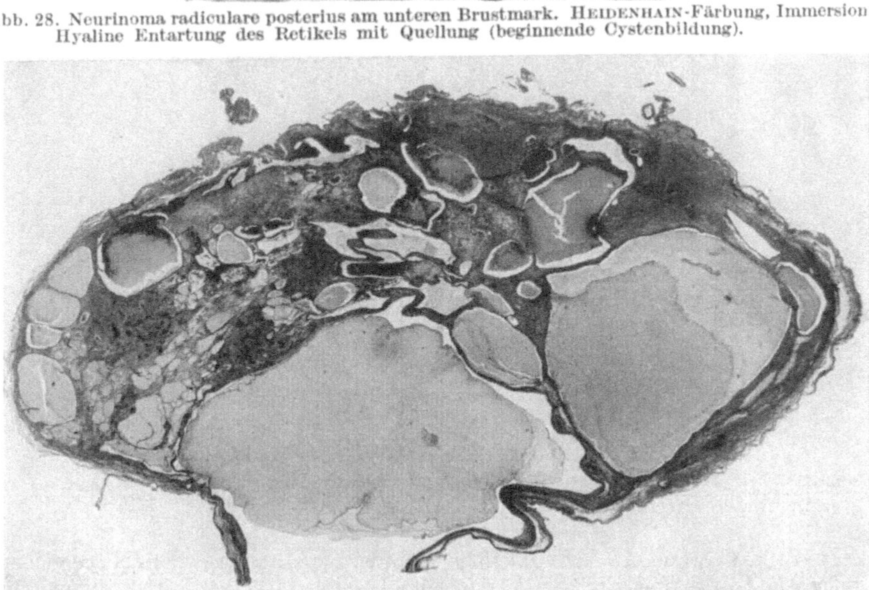

Abb. 29. Neurinoma radiculare posterius am unteren Brustmark. Exzessive Cystoidentartung. Übersichtsbild, Lupenvergrößerung. (ANTONI 1920, Fall IX.)

in praktischer Hinsicht benignen Charakter. Sie bleiben allseitig abgekapselt, erreichen — ausgenommen in der Caudaregion — nur selten solche Größe, daß sich daraus operative Schwierigkeiten ergeben. Mehrere Zentimeter Länge, bis zu 6, 9, 12 (SEELERT 1918), ist jedoch auch in der juxtamedullären Region beob-

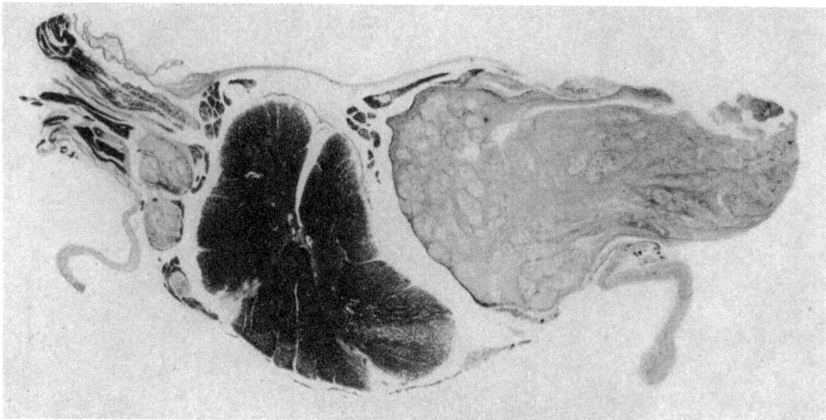

Abb. 30. Derselbe Fall wie Abb. 31—40. Neoplastische Verdickung der Segmentalnerven mit Bildung von „Sanduhrgeschwülsten" von partiell intraduraler Lage. Färbung nach KULSCHITZKY. Sehr geringe Entartung des Rückenmarks.

achtet worden. Die Neurinome der Caudawurzeln bleiben klein, erreichen Bohnen- bis Walnußgröße und behalten dabei meistens einen teilweise fibrillären

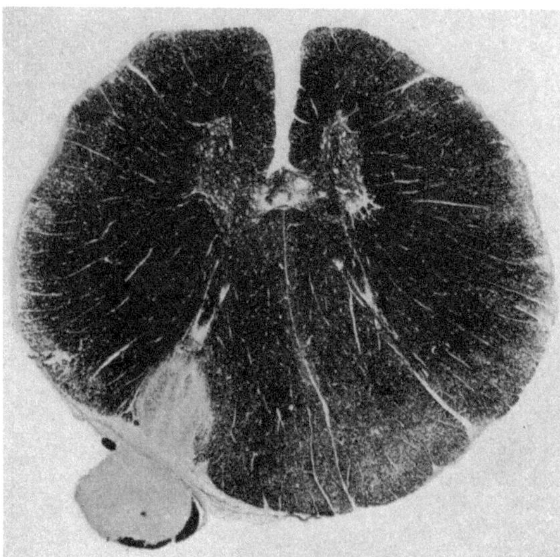

Abb. 31. Multiple Neurofibromatose mit „zentralen Veränderungen". Hier kleines Neurinom an einer Hinterwurzel. Fibrose der Spitze des Hinterhorns (vgl. Abb. 32). SPIELMEYERS Markscheidenfärbung.

Bau (Fälle XIX und XX, ANTONI 1920, einander sehr ähnlich), oder aber erreichen kolossale Größe und sind dann, wie ich glaube, immer retikulär gebaut; die — ziemlich gewöhnlichen — Kolossaltumoren der Cauda, wovon z. B. im Buche ELSBERGS prachtvolle Exemplare geschildert werden, kommen in der Literatur unter wechselnder Bezeichnung vor, z. B. „Angiosarkom" oder „Endotheliom der

Pia mit hyaliner Entartung" im Falle SELBERGS 1904 (14 cm langer Tumor), sind vielleicht in der Tat auch verschiedener Art; besonders oft hören wir von

Abb. 32. Derselbe Fall wie Abb. 30—40. Neurinom einer Hinterwurzel, gliöse Sklerose des angrenzenden Rückenmarks. HOLZER-Färbung.

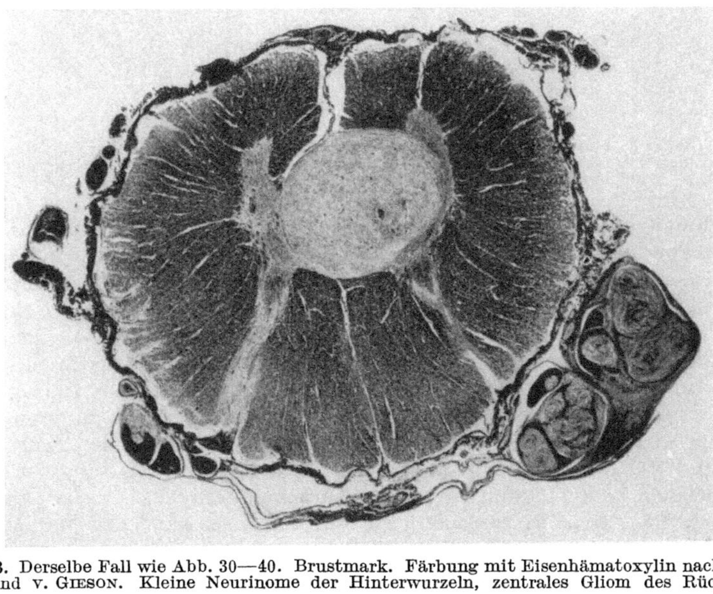

Abb. 33. Derselbe Fall wie Abb. 30—40. Brustmark. Färbung mit Eisenhämatoxylin nach HEIDENHAIN und v. GIESON. Kleine Neurinome der Hinterwurzeln, zentrales Gliom des Rückenmarks.

Myxomen oder Myxofibromen u. dgl. Sie sind weich, ödematös, zerreißlich, haften oft vielen Wurzeln fest an und sind deshalb schwer oder nicht exstirpabel, in praktischer Hinsicht etwas bösartig. Ich halte dafür, daß wenigstens ein Teil der großen Caudatumoren stark wachsende Neurinome von überwiegend retikulärem Gewebstypus sind; die meisten Schnittbilder ELSBERGS 1925 von Kolossaltumoren der Cauda machen auf mich den Eindruck von Neurinomen; daß jedoch auch dem Conus oder Filum entstammende Gliome in dieser Gegend vorkommen, wurde früher erwähnt.

Die Altersprädilektionen solitärer Wurzelneurinome seien hier nach einer eigenen Sammelstatistik angeführt, in Prozenten, Dekade I:0 [1], II:7,5, III:23,1, IV:27,6, V:33,5, VI:7,5, VII:0,8, VIII:0, IX:0. 45,8% der 134 Träger waren Männer.

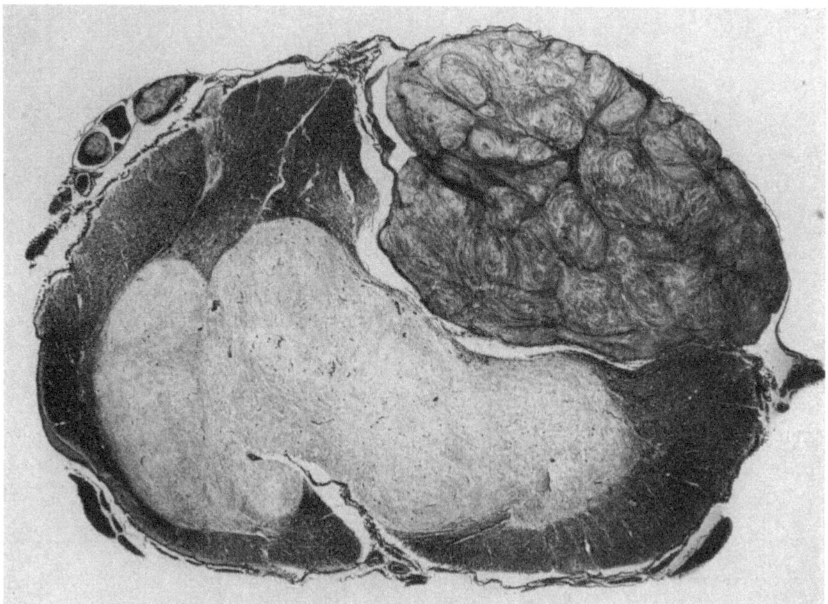

Abb. 34. Derselbe Fall wie Abb. 30—40. Halsmark. Juxtamedulläres Neurinom und intramedulläres Gliom desselben Niveaus. Gliom und Neurinom sind hier nur durch die Pia mater und eine ganz dünne Schicht atrophischer Rückenmarkssubstanz geschieden. HEIDENHAIN-V. GIESON.

Das **Meningoendotheliom** [2] oder „Meningiom" (CUSHING 1922) ist die dritte Hauptart der Geschwülste dieser Region; sie scheint etwa ebenso häufig wie das Neurinom, vielleicht sogar etwas gewöhnlicher zu sein: im Material juxtamedullärer Tumoren LEARMONTHS 1927 machten sie 55,7% aus. Sie sind fast immer von ziemlich begrenztem Umfang, sehr verschiedener Form, gedrängt, mit ziemlich eben gespannter Kapsel oder sehr gelappt, wie zerrissen, in den weichen Häuten weitverbreitet, wenn auch keineswegs diffus. In der Dura wachsen diese Tumoren fast immer diffus zwischen den Lamellen, wenn auch nicht sehr weit umher; Duraexcision ist jedoch immer bei der Enucleation nötig, zur Vermeidung von Lokalrezidiven. Infiltration der knöchernen Kapsel wie im Schädel kommt kaum vor, aus natürlichen Gründen, da die Dura hier nicht Periost ist, sondern zwischen sich und der Innenwand des Wirbelkanals einen breiten, von Venenplexus, durchziehenden Segmentalnerven und Fett-

[1] In einem von SANDAHL 1931 mitgeteilten Fall eines solitären Neurinoms der Lumbosacralregion traten die neurologischen Symptome mit 9 Jahren in Erscheinung.

[2] Synonyme: Psammom (VIRCHOW), sarcome angiolithique (CORNIL und RANVIER), meningeal fibroblastoma (PENFIELD, ELSBERG).

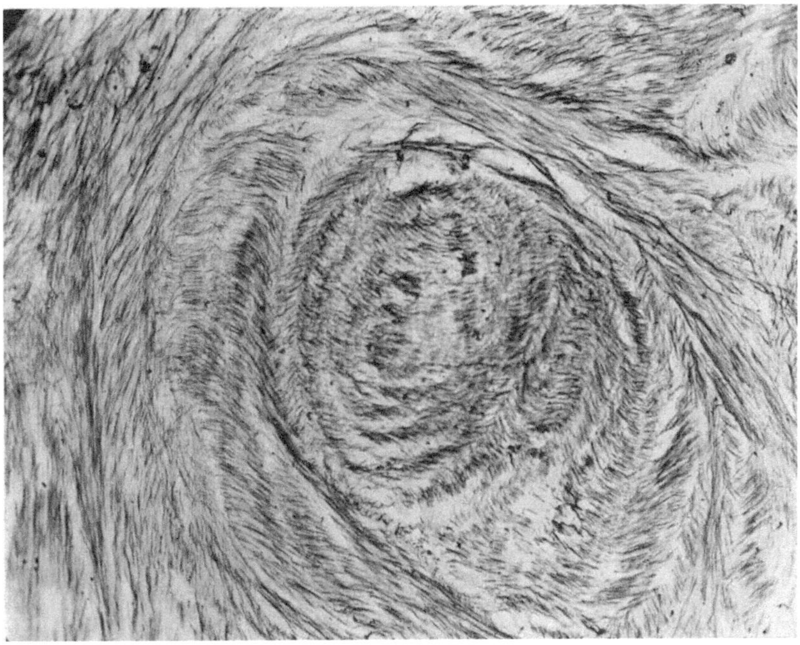

Abb. 35.

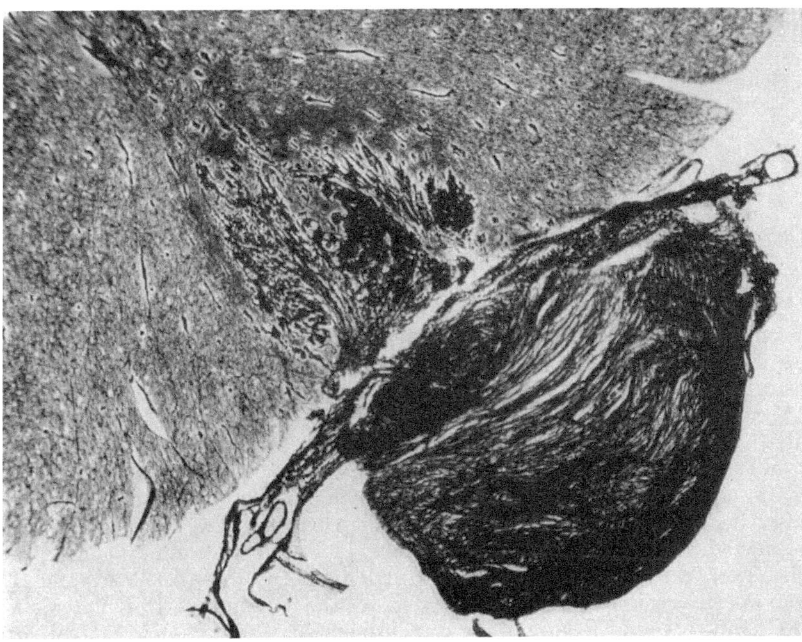

Abb. 36.

Abb. 35 u. 36. Derselbe Fall wie Abb. 30—40. PERDRAUsche Silberfärbung. Unten kleinerer Wurzelknoten mit gröberem Balkengefüge, sowie Gefäßvermehrung und von den Gefäßen ausgehende Fibrose der Spitze des Hinterhorns. Oben größerer Wurzelknoten mit feinerer Fibrillation.

gewebe erfüllten Raum läßt. Knochenbildung im Meningiom selbst, vor allem an der Grenze zwischen Tumor und Dura mater, ist nichts Seltenes.

ANTONI stellte 1920 aus der Literatur 8 Fälle angeblicher „Endotheliome" zusammen, die von ihren Beschreibern wegen Fehlens ausgesprochener Adhäsion zur Dura als primär „arachnoideal" bezeichnet werden; nur einer dieser Fälle (HERTZ 1909) hält der Kritik stand und stellt somit einen ersten Fall primär oder ausschließlich subarachnoideal gelegener Meningoendotheliome dar. ELSBERG 1931 sah unter 50 spinalen Meningiomen einmal sichere subpiale Lage. Fehlen duraler Verbindung ist also extrem selten, wie im Cranium, wo jedoch sogar primär-intracerebrale Lage beobachtet worden ist. FORSTER sah 1913 bei einem sonst typischen, duralen Endotheliom eine beschränkte Infiltration

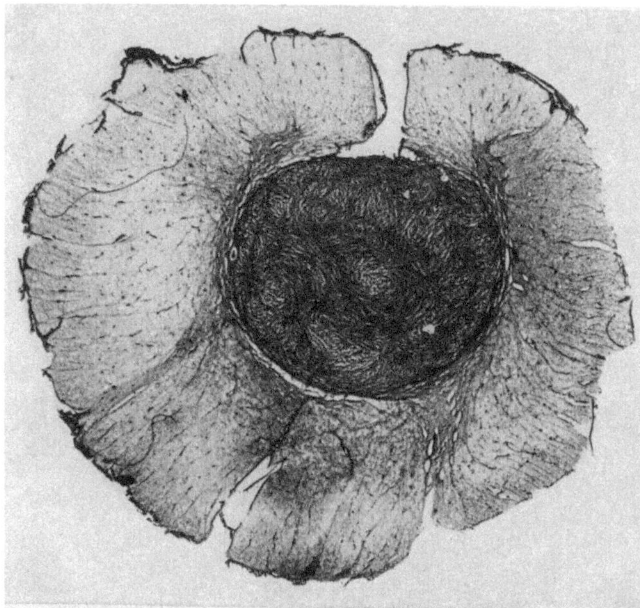

Abb. 37. Derselbe Fall wie Abb. 30—40. Intramedulläres Gliom des 9. Brustsegments. HOLZER-Färbung. Wirbelige Anordnung grober Gewebsbalken, „neurinom-ähnlich" (vielleicht intramedulläres Neurinom ?).

des Markes, desgleichen vielleicht NONNE. Teilweise extradurale Lage („Sanduhrform") fand sich in den Fällen von TISSIER 1898, SÖDERBERG-SUNDBERG 1916, MAAS 1918, ANTONI 1920, Fall 28, unbedeutende Arrosion der Knochen (?) bei OPPENHEIM 1918, Fall 2. Einen merkwürdigen Fall schildern ALEXANDROFF und MINOR 1896, Endotheliom der 4.—5. Halswirbel und der Dura mater spinalis; ob das ein Meningoendotheliom von heterotoper Lage oder abnormer Größe war, mit Invasion der Wirbel, läßt sich nicht sagen. Ganz vorwiegend haften diese Geschwülste der Dura breit an oder sind mit ihr durch einen Stiel verbunden, der intradural vorspringende Teil ist von einer, der Dura entstammenden Lamelle bekleidet. Von meinen eigenen 18 Fällen gehörten 3 der Cervical-, 14 der Thorakal-, 1 der Thorakolumbalregion; die 60 Fälle LEARMONTHS 1927 saßen: Cervicalregion 13,3%, Thorakalregion 63,4%, Lumbosacral- und Caudaregion 23,3%. Die Lage zum Mark war in meinem Material 1mal ventral, 4mal ventrolateral, 9mal rein lateral, 3mal dorsolateral, mehrere Fälle waren halbringförmig mit Zentrum an der Laterallinie. An Serienschnitten habe ich den eigentlichen Ausgangspunkt solcher Tumoren genau um die Insertion der

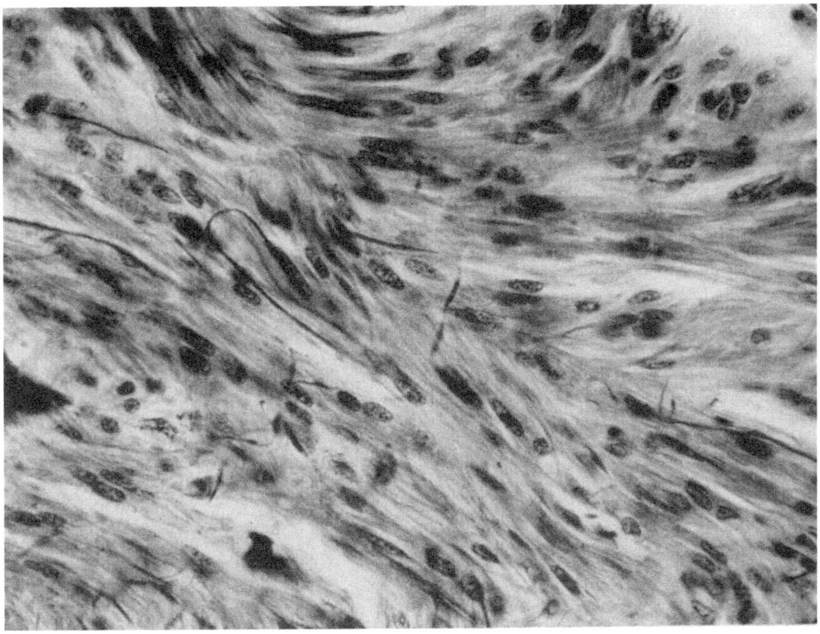

Abb. 38.

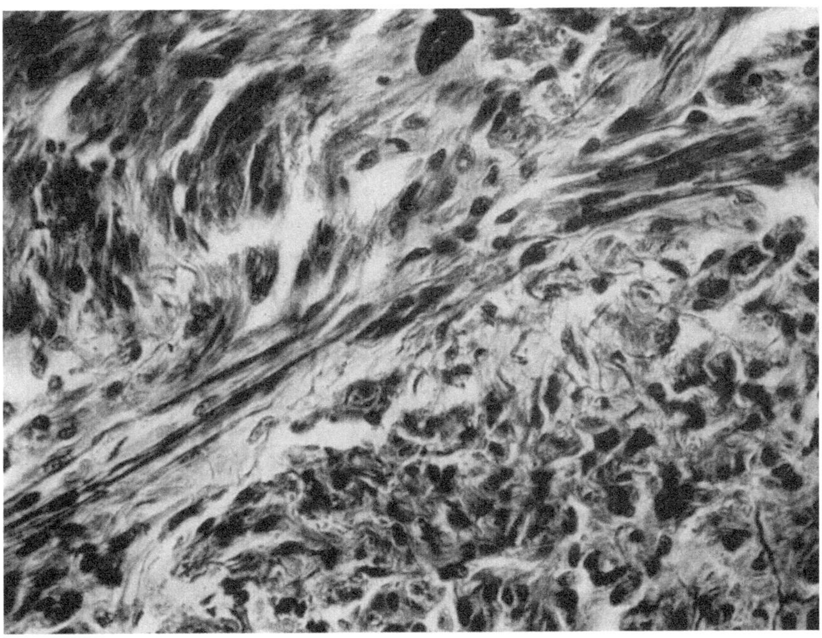

Abb. 39.

Abb. 38 u. 39. Derselbe Fall wie Abb. 30—40. Intramedullärer Knoten der Halsregion. Färbung PENFIELD-CAJAL. Keine „Spongioblasten", fibrillär-parallele Struktur, einzelne Achsenzylinder. Neurinom?

Denticulatumzacken feststellen können, von wo aus die Tumormassen teils dorsal, teils ventral vom Zackenband in den Subdural- oder Subarachnoidealraum

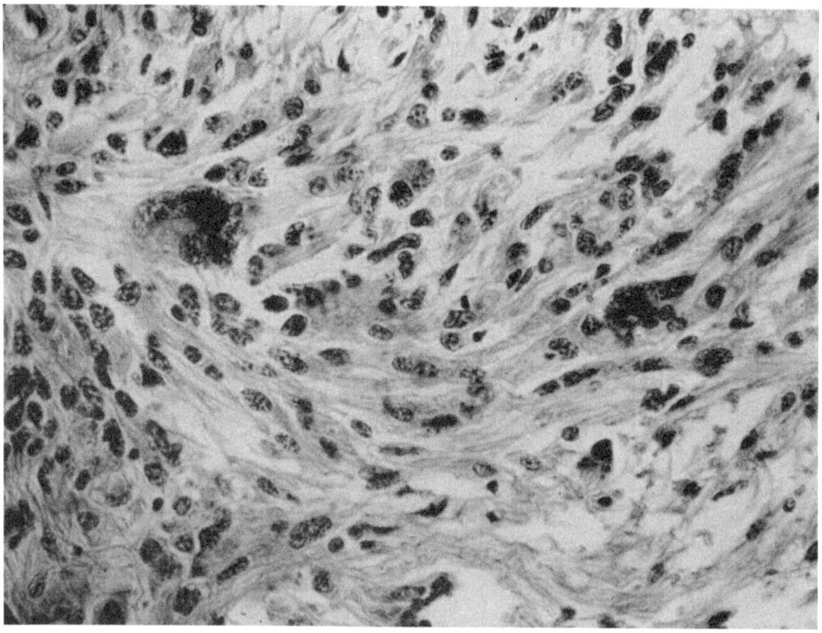

Abb. 40. Derselbe Fall wie Abb. 30—40. Kleines Gliom in einem Vorderhorn. Typischer Bau mit mehrkernigen Zellen.

vegetieren, die Lappen der Geschwulst dorsal oder ventral von den Wurzeln oder zwischen hinteren und vorderen Wurzeln gelegen. Sehr oft passieren Wurzelbündel durch die Geschwulst oder zwischen ihren Lappen. Auch bei vorwiegend dorsolateraler Lage der Hauptmasse des Tumors war in meinem Material seine Haftfläche, wenn sie überhaupt lokalisiert werden konnte, immer nahe an der Laterallinie gelegen. Der laterale Ausgangspunkt dieser Tumoren, ihr gänzliches

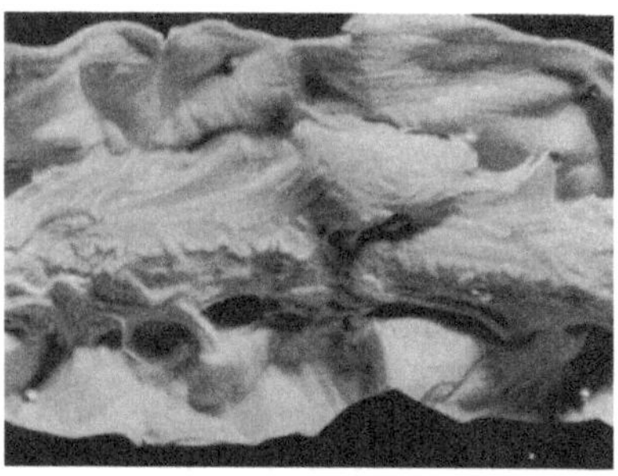

Abb. 41. Juxtamedulläres Meningiom, subarachnoideal gelegen. Erweiterte Gefäße am Rückenmark.

Lage	Eigenes Material	LEARMONTH	Zusammen	
Ventral	1	1	2	17
Ventrolateral .	4	11	15	
Lateral	9	—	9	
Dorsolateral . .	3	38	41	48
Dorsal	—	7	7	

Aufhören etwa an der thorakolumbalen Grenze des Marks, wo ja auch das Ligamentum denticulatum aufzuhören pflegt, waren Momente, die auf besondere Beziehungen zum Zackenband und dessen Durainsertionen hinzuweisen schienen. Das Literaturmaterial ist für eine Prüfung dieser Eventualität wenig geeignet, da zwar die Lage der Geschwulst als Ganzes zum Rückenmark oft mit ausreichender Genauigkeit angegeben, viel seltener aber auf die Lage der Durainsertion geachtet wird. Es bedeutet in diesem Zusammenhang nicht viel, daß die gröbere Topographie in meinem Material mit derjenigen der Literatur nicht durchweg übereinstimmt.

Der Vergleich, den ich 1920 zwischen eigenen — 10 — Fällen und einem Literaturmaterial von 101 Fällen vornahm, gab viel bessere Übereinstimmung; allerdings waren unter den literarischen Fällen viele histologisch unsicher. Vielleicht sind auch diese Tumoren in der Tat vorwiegend dorsolateral zum Mark gelegen, wie die Neurinome. Für die genetische Frage bedeutet dies, wie gesagt, nicht viel; Tumoren, die mit ihrer Hauptmasse

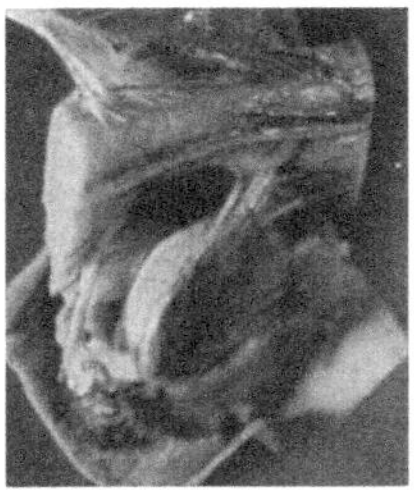

Abb. 42.

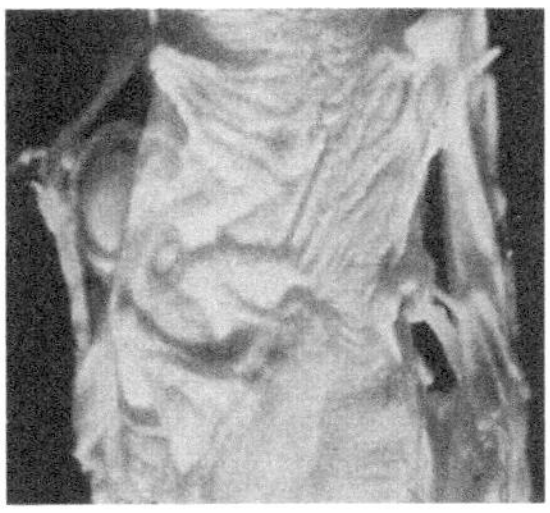

Abb. 43.

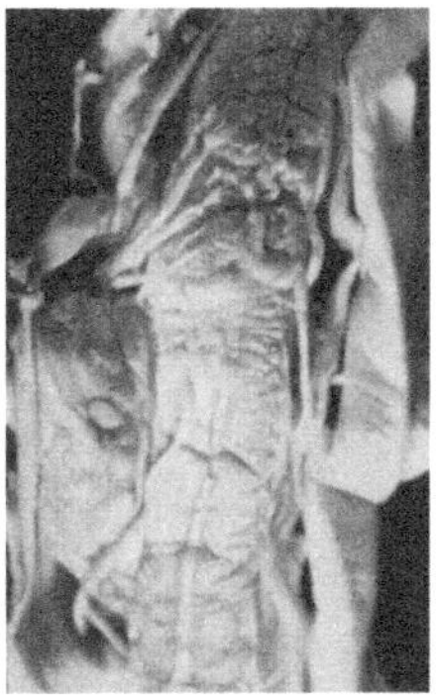

Abb. 44.

Abb. 42. Juxtamedulläres Meningiom am Brustmark, von der Dorsalseite gesehen. Die Hinterwurzel zieht über die dorsale Tumorportion hin. (ANTONI 1920, Fall XXIV.)

Abb. 43. Juxtamedulläres Meningiom am Brustmark, von der Ventralseite gesehen. Lage dorsal vom Ligamentum denticulatum.

Abb. 44. Juxtamedulläres Meningiom am Brustmark, von der Ventralseite gesehen. Intersegmentale Lage.

dorsal liegen, können jedoch ihre Haftfläche bzw. Ausgangspunkt näher an der Laterallinie haben. Obgleich an der Laterallinie gekeimt, werden somit diese Geschwülste durch die Palisade des Lig. denticulatum und der Wurzeln im weiteren

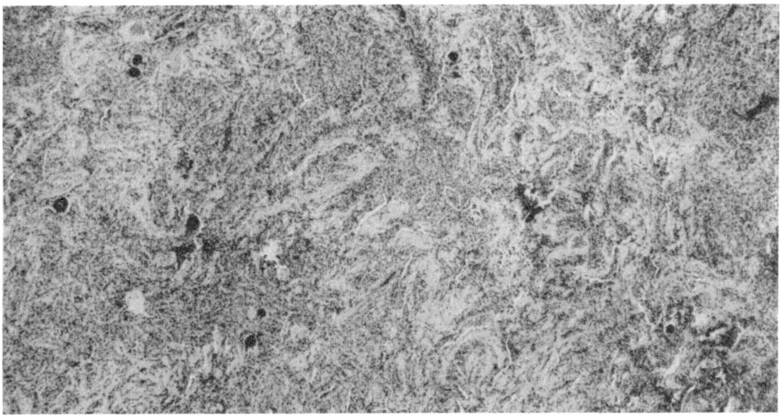

Abb. 45. Meningiom der Spinalregion. Übersichtsbild. Mäßig entwickeltes Stroma, sehr spärliche Konkremente. „Weiches“ Exemplar.

Wachstum ventral bzw. (vorwiegend?) dorsal abgedrängt. Der berühmte M. B. SCHMIDTsche Befund von arachnoidealen Zellnestern in der (cerebralen) Dura als mutmaßliches Ausgangsmaterial dieser Geschwülste paßt sehr gut mit den Insertionspunkten der Denticulatumzacken als Keimstätten der spinalen Exemplare; diese Insertionen stellen ja eine Art arachnoidealer „Inklusionen“ dar. Ebensolche Inklusionen sind an anderen Stellen der spinalen Dura wenigstens gut denkbar als Material anderswo keimender Geschwülste. Es ist gesagt worden

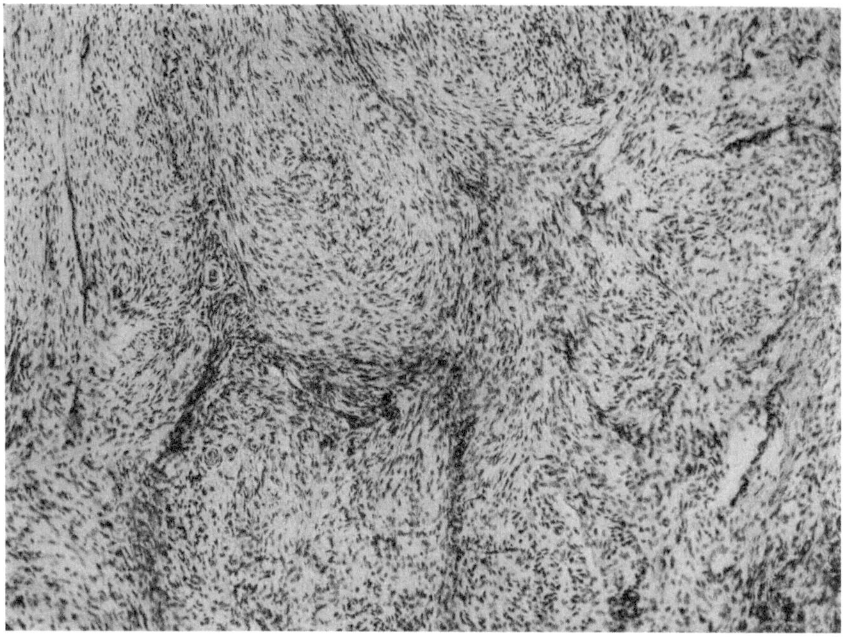

Abb. 46. Exstirpiertes Meningiom. 70jährige Frau. „Weicher“ Typus, zellreich, bindegewebsarm. Übersichtsbild mit angedeutet lobierter Anordnung des Parenchyms, gewissermaßen neurinomähnlich.

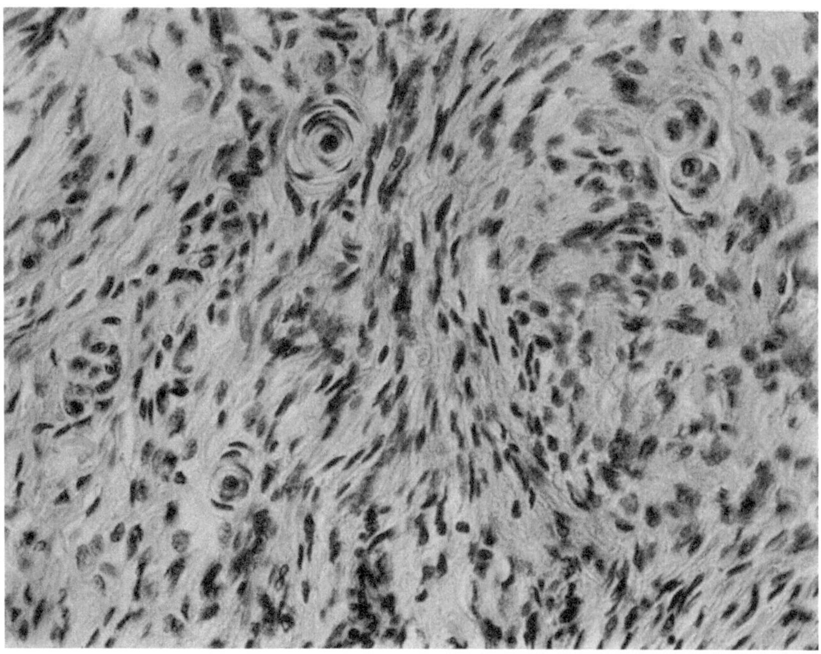

Abb. 47. Weiches Meningiom, derselbe Fall wie Abb. 46. Stärkere Vergrößerung, einige Andeutungen von Schichtungsgebilden zeigend.

(ELSBERG 1931), daß das Vorkommen von Geschwülsten dieser Art ohne jegliche Verbindung mit der Arachnoidea die SCHMIDTsche Hypothese umstürzt; ich meinesteils kann diese Notwendigkeit nicht einsehen; Nester arachnoidealer Endothelzellen kommen sicherlich auch außerhalb der normalen Meningen vor. Meiner Auffassung nach sind diese Tumoren endothelial, mesodermal, aber nicht „fibroblastisch". Irgendeine Notwendigkeit, wegen der epithelialen Beschaffenheit der „type cells" eine Herleitung aus dem Ektoderm zu postulieren, liegt meines Erachtens nicht vor; die (mesodermalen) Urwirbel sind ja teilweise epithelial, an zahllosen Stellen des Körpers kommen epitheliale und endotheliale Zellen mesodermaler Herkunft vor. Die behauptete Teilnahme der

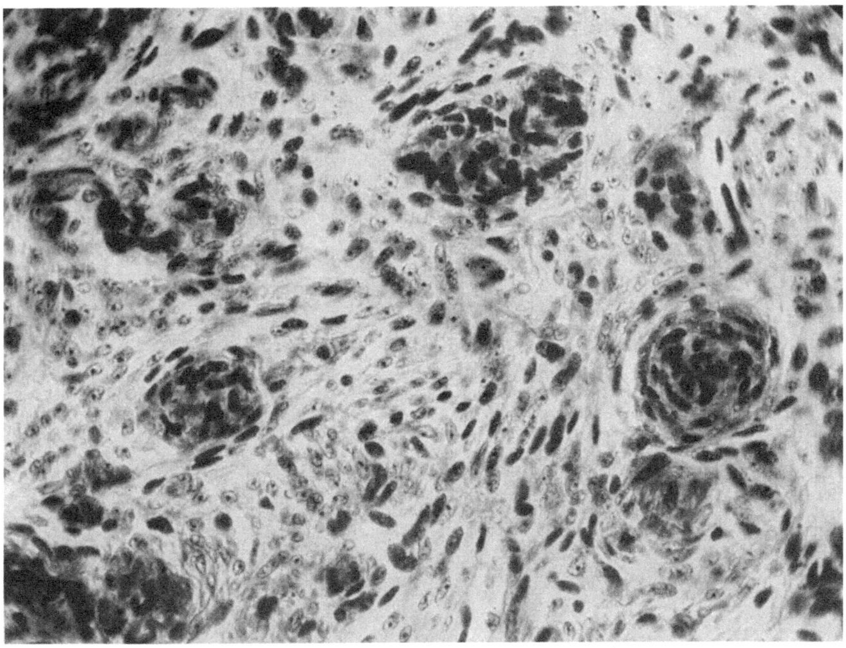

Abb. 48. Meningiom der Thorakalregion mit zahlreichen Schichtungsgebilden.

frühen Ganglienleiste am Aufbau des Kopfmesenchyms halte ich nicht für erwiesen. Der Versuch HARVEYS und BURRS, die Herkunft der Meningen aus der Ganglienleiste experimentell zu ermitteln, ist gescheitert (FLEXNER 1929). Irgendeinen Grund oder einen Vorteil für das Verständnis, ungleichartige, in den Meningen vorkommende Tumorformen aus gemeinsamen, indifferenten, dem Ektoderm entstammenden „Meningoblasten" herzuleiten (OBERLING), kann ich nicht erkennen. Die Keime der Meningoendotheliome stammen vielleicht aus der Fetalperiode, müssen dann ihre Entstehung irgendwie dem Scheidungsprozeß der embryonalen Meningen in eine durale und arachnoideale Schicht verdanken; wahrscheinlich spielen aber zugleich postembryonale Entwicklungsprozesse und sogar Altersveränderungen hierbei eine nicht zu unterschätzende Rolle.

Der Bau dieser Tumoren ist wohlbekannt und unterscheidet sich in der Spinalregion nicht von den intrakraniellen: endotheliale Zellen in Nestern oder Gruppen innerhalb eines verschieden entwickelten, bindegewebigen Stromas; pseudo-acinöse Gruppierung, wirbelig eingerollte Gewebszüge, Neigung zu konzentrischer Schichtung der Zellen mit hyaliner, später kalkiger Entartung der

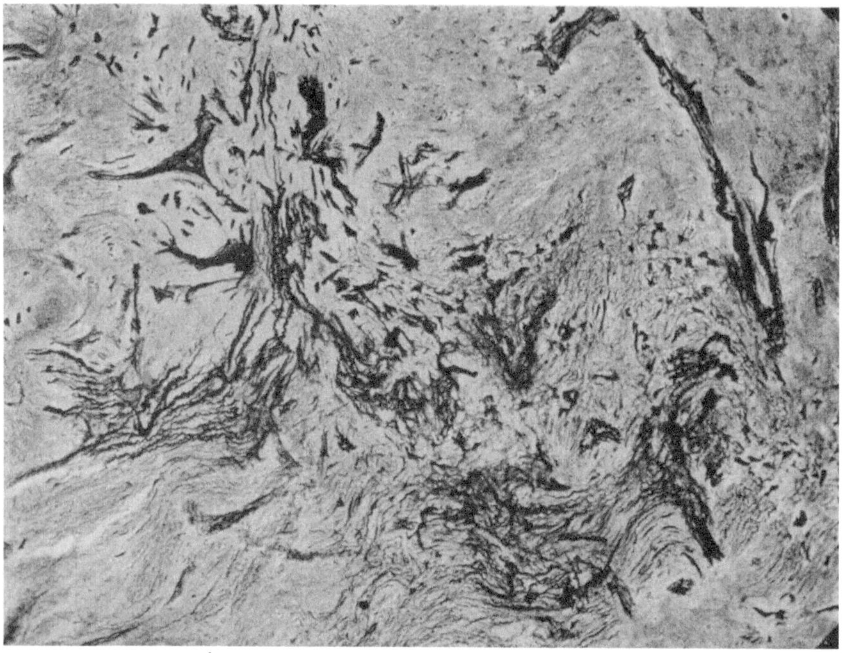

Abb. 49. Weiches Meningiom. Färbung nach PERDRAU. Bindegewebiges Stroma ganz spärlich, grobmaschig, eigentlich nur um die Gefäße gruppiert.

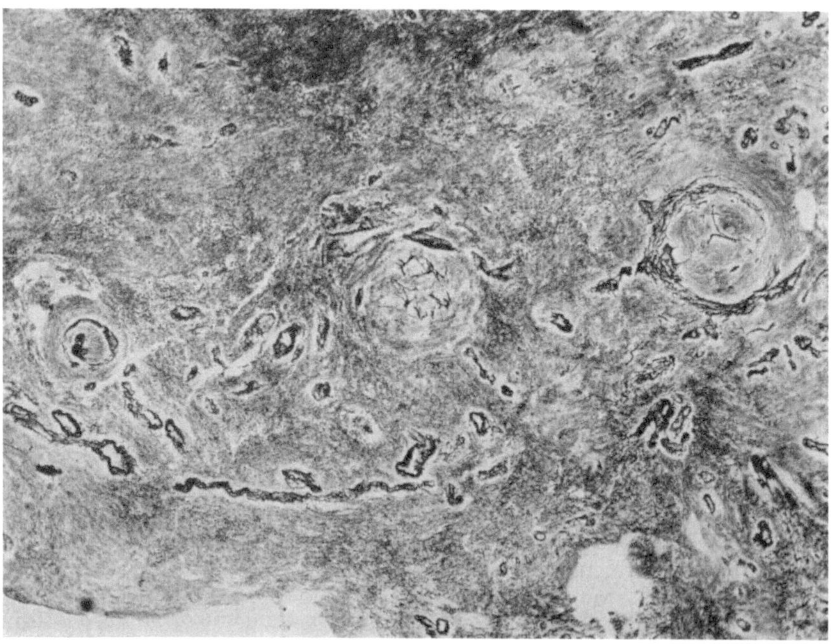

Abb. 50. Weiches Meningiom. Färbung nach PERDRAU. Obliterierte Gefäße mit eigenartigen bindegewebigen Strukturen.

Schichtungsgebilde. Die Exemplare sind untereinander sehr verschieden; weiche, zellreiche, mit wenig Schichtungskörpern und spärlicher oder keiner Verkalkung, oder harte, benignere, mit bisweilen massenhaft Schichtungskörpern und hochgradiger Verkalkung (Psammom).

Multiplizität duraler Endotheliome, bei der multiplen Neurofibromatose nicht ganz selten (WESTPHALEN 1887, DU MESNIL, KAULBACH 1906, VEROCAY 1908—1910, MAAS 1910, ASKANAZY 1914), ist außerhalb dieser Krankheit meines Wissens nur von F. HENSCHEN 1910 (bei tuberkulöser Pachymeningitis) und von SÖDERBERGH 1914 beschrieben worden. Ganz neuerdings sah ich zwei Meningiome bei einer 62jährigen Frau, zum Mark ventrolateral in der Gegend Th 8—10 gelegen, mit ganz geringer Niveaudifferenz, aber an entgegengesetzten Seiten des Marks.

Alters- und Geschlechtsprädilektion sind bei dieser Geschwulstart sehr ausgesprochen. Nur zwei meiner 18 Fälle waren Männer! Die Kasuistik LEARMONTHs, mit meinen Fällen vermehrt, ergibt folgende Zahlen: 55 Frauen, 22 Männer (= 71,5 v. 28,5%). Altersverteilung: Dekade I:0, II:1, III:6, IV:18, V:15, VI:20, VII:13, VIII:3, IX:0.

Die **diffusen Tumoren der weichen Häute** sind seit der ersten Mitteilung dieser Art (OLLIVIER 1837, neoplasmatische Infiltration der weichen Häute, von einer Geschwulst des Kleinhirns ausgegangen) Gegenstand vielen Interesses gewesen. Lange galten sie für ausschließlich mesodermal. Der Begriff „Stützsubstanz ektodermaler Herkunft" wurde erst spät geschaffen, desgleichen war die Aufmerksamkeit lange einseitig auf die Meningen gerichtet: noch BRUNS 1894 traute seinen Augen nicht, wenn er bei der Operation einer paraplegischen Frau reine Meningen um ein verdicktes Rückenmark sah; wenn sich bei der Sektion 14 Monate später eine mächtige intramedulläre Geschwulst mit Verbreitung nach den weichen Häuten darbot, glaubte er dennoch an primärmeningeale Geschwulst, ins Mark sekundär eingedrungen. SCHLAGENHAUFFER 1900 soll als erster den umgekehrten Verbreitungsmodus als typisch dargestellt haben; auch scheint die Kenntnis der sekundär leptomeningealen Gliome durch PELS LEUSDEN 1898 die überwiegende Auffassung zugunsten einer primär intrazentralen Lage auch nicht gliöser Tumoren beeinflußt haben. Tumoren dieser Art sind an sich bösartig, unreifer Charakter der Zellen und uncharakteristische Anordnung des Parenchyms treten stark hervor, und es ist noch heute weder generell noch im einzelnen Fall möglich, eine scharfe Sonderung zwischen Tumoren verschiedener Provenienz durchzuführen. Das angiotrope Arrangement des Zellbestandes, lange als für Endotheliom („Peritheliom") pathognomonisch angesehen, kommt, wie wir jetzt wissen, auch vielen Gliomen zu. PELS LEUSDEN 1898, STRASSNER 1909 haben sich mit guten Gründen für die eigentlich gliöse Natur vieler älteren als Sarkomatose oder diffuse Endotheliome bezeichneten Exemplare ausgesprochen; eine stichhaltige Gruppierung des gesamten literarischen Materials nach Tumorformen ist mit anderen Worten undurchführbar. Häufig sind diese Tumoren nicht; SCHUBERTH stellte 1926, einschließlich dreier eigener Fälle, 76 Fälle zusammen, darunter nur 20 einigermaßen sichere Gliome. Ich gebe hier sein Ergebnis wieder; unter den 56 sarkomatösen — einschließlich endotheliomatösen — Fällen fehlte bei 23 ein im Gehirn oder Rückenmark gelegener Primärtumor, unter den 20 Gliomatosen bei keiner[1]; der Sitz solcher Primärtumoren war:

	Sarkomatose	Gliomatose
Großhirn . . .	7	3
Kleinhirn . . .	20	6
Hirnstamm . .	1	7
N. trigeminus .	1	—
Rückenmark . .	4	4

[1] Vgl. S. 14.

Einigemal ist mehr als ein intrazentraler Knoten gefunden worden: SPILLER und HENDRICKSON 1903 sahen, außer leptomeningealen Tumoren, zwei „Sarkome“ im Brustmark, ein größeres im Kleinhirn, LAHMEYER 1913 ein größeres Gliom im Großhirn, ein kleineres im Brustmark.

Bei den ersten, als sekundär-leptomeningeal erkannten Gliomen saß der Haupttumor im Rückenmark; ich habe bis jetzt 9 solche Fälle aus der Literatur heraussuchen können:

Verfasser	Lage des Haupttumors	Krankheitsdauer	Alter	Geschlecht
BRUNS 1894	Lumbal	3 J.	—	♀
STRÜMPELL 1897	Kurze Erwähnung eines „WEIGERT-positiven, perimedullären Glioms“			
PELS LEUSDEN 1898	Lumbal	$1^1/_2$ J.	22 J.	♂
FRÄNKEL 1898	Th 5	1 J. 5 Mon.	33 J.	♂
FRÄNKEL und BENDA 1898	Th 9—10	3 J.	21 J.	♂
ROUX und PAVIOT 1898	C 6—Th 1	8 Mon.	45 J.	♂
FISCHER 1901	C 3 — sacral	8 Mon.	8 J.	♀
GRUND 1906	C 5—8	4 Mon.	11 J.	♂
MEES 1912	C 3—7	10 Mon.	43 J.	♂

Von einem eigenen Fall, eine 40jährige Frau betreffend, mit Prinzipaltumor im Lendenmark, wird eine Anzahl Schnitte hier wiedergegeben.

Dazu kommen einige anscheinend primär-leptomeningeale Gliome: STRASSNER 1909, diffus verbreitetes, leptomeningeales Gliom; HARBITZ 1932, dasselbe, cerebrospinal verbreitet, bei peripherer Neurofibromatose; PFEIFFER 1894, cerebrospinal disseminierte, ependymär gebaute Knoten; KERNOHAN 1931, disseminierte gliöse Inseln der weichen Häute.

Als Gliome der Leptomeninx spinalis umzudeuten sind ferner mit Wahrscheinlichkeit Fall HOLMSENS 1900, sowie der einzigartige, einem Spinalganglion entstammende, diffuse Tumor SOMMERFELDS 1917.

Subarachnoideale Verbreitung **cerebraler Gliome** ist, obgleich sicherlich weniger selten, erst später bekanntgeworden. Zwar sind viele ältere Gehirn-„sarkome“ mit leptomeningealer Propagation entschieden gliomverdächtig, so z. B. die beiden von COLLIER 1904, der zum erstenmal eine Metastasierung auf dem Liquorwege in Betracht nahm; beide Primärtumoren saßen in der Nähe des IV. Ventrikels und drangen bis zur Oberfläche vor, so auch ein als Sarkom bezeichneter Fall HARBITZ’ 1896 mit leptomeningealer Verbreitung, desgleichen Fall 1 bei SPILLER und HENDRICKSON 1903. Als Gliome diagnostiziert wurden Fälle dieser Art von LAHMEYER 1913, SCHMINCKE 1915, LOEWENBERG 1921, FIROR und FORD 1924 u. a. Erst wenn CAIRNS und RUSSEL 1931 bei 8 unter 22 sezierten Hirngliomen spinal-leptomeningeale Metastasen fanden, wurde mit einem Male klar, daß Verbreitung auf dem Liquorwege bei den die Oberfläche erreichenden Gliomen des Gehirns (und Rückenmarks?) wahrscheinlich gar keine Seltenheit ist; die genannten Verfasser zeigen weiter, daß dies nicht ausschließlich den histologisch bösartigeren Typen zukommt, vielleicht auch nicht größere Bedeutung haben muß; viele dieser kleinen Liquormetastasen besitzen anscheinend nur geringe Proliferationskraft. Schon von LEUSDEN 1898, FISCHER 1901 war übrigens die *unscharfe Grenze zwischen diffuser subarachnoidealer Verbreitung und Liquormetastasierung* klargestellt worden. Ferner ist gezeigt worden, daß die extrazentralen Teile der Gliome größere Gewebsreife zeigen können als die Hauptgeschwülste, z. B. in bezug auf Fibrillation (LOEWENBERG 1921) und Zellformen (CAIRNS und RUSSEL 1931); letztgenannte Autoren fanden außerdem, daß ein reich ausgebildetes, mesenchymales Stroma, sogar um einzelne Zellen herum, nicht, wie früher behauptet, für mesenchymale Tumoren pathognomonisch ist, sondern auch bei gliomatösen Wucherungen der weichen Häute ausgebildet werden kann. Spezifisch-gliöse Fibrillation in den weichen Häuten fanden ROUX-PAVIOT, FISCHER, GRUND, STRASSNER, MEES, LAHMEYER, SCHMINCKE, HARBITZ. „Rosetten" und andere ependymartige Formationen fanden FRÄNKEL und BENDA, STRASSNER, SPILLER und HENDRICKSON, SCHMINCKE. Mehrkernige und Riesenzellen sind oft gefunden worden, desgleichen ganglienzellenähnliche Elemente, Coronabildung und Entartungsvorgänge an den Gefäßen. Hydrocephalus internus und Zeichen intrakranieller Drucksteigerung bei diffus-leptomeningealen Gliomen *ohne cerebralen Haupttumor* erwähnen LEUSDEN 1898, HOLMSEN 1900, FISCHER 1901, SOMMERFELD 1917, HARBITZ 1932.

Makroskopisch sieht man bei den diffusen Geschwülsten bisweilen gar nichts oder nur leichte Trübungen, z. B. um die Gefäße (RINDFLEISCH 1904, NONNE, OLIVECRONA, MARKUS, REDLICH, SCHUBERTH 1926). Oder aber ein enorm aufgetriebenes Rückenmark, Knötchen massenhaft dem Mark aufliegend oder den Wurzeln entlang zerstreut; ein der „zentralen Neurofibromatose" ähnliches Bild kann erzeugt werden. Der leptomeningeale Tumormantel ist fast immer an der Dorsalseite dicker oder dort ausschließlich vorhanden; die Ursache hierzu ist unbekannt, dieselbe Prädilektion kommt bekanntlich auch den solitären Tumoren sowie vielen Meningitiden zu. Nach meiner Vermutung ist der Reichtum arachnoidealer Zwischenwände am dorsalen Umfang des Rückenmarks (KEY und RETZIUS) die eigentliche Ursache aller dieser dorsalen Prädilektionen.

Symptomatologie.

Zweckmäßig wird mit einer systematischen Schilderung der einzelnen Symptomengruppen begonnen, den wechselnden Verhältnissen in bezug auf Zeitfolge, relative Ausprägung sowie Verschiedenheiten nach Art und Ort der Geschwulst besondere Abschnitte gewidmet. Die besonderen Symptomengruppen werden, ihrer durchschnittlichen Zeitfolge und Stärke entsprechend, der Reihe nach besprochen. *Sensible Reizphänomene* stellen sicherlich die durchschnittlich frühesten Störungen dar. Es sind *Schmerzen* und *Parästhesien,* welch letztere nach den bezüglichen Sinnesqualitäten gruppiert werden können, vornehmlich als *taktile, barästhetische* und *thermische.* Der Schmerz wurde anfangs als ein Kardinalsymptom betrachtet, und „schmerzfreie Fälle" sind einzeln in großer Zahl als bemerkenswerte Ausnahmen mitgeteilt, zuerst von FR. SCHULTZE 1881 bei einem juxtamedullären Tumor. SEELERT beschrieb 1918 einen 12 cm langen, dem Brustmark hinten aufsitzenden Tumor, der schmerzlos verlief. Andere schmerzfreie, juxtamedullär gelegene Fälle sind diejenigen von WERSILOFF 1898, FLATAU-STERLING 1906, STURSBERG 1907, NONNE 1908, PANSKI 1912 (dorsolateral zum Mark gelegen), FORSTER 1913, NONNE 1913, COLLINS und MARKS 1915 („the preliminary or root stage might be insignificant or totally wanting"; diese Autoren haben den frühen Stadien der Krankheit mit ihren verschiedenen sensiblen Reizsymptomen und deren eventuellem Fehlen eine ausführliche Studie gewidmet), MÜLLER 1921; in diesem Falle saß die Geschwulst ventral zum Rückenmark, die Mehrzahl der übrigen aber saß dorsal bis dorsolateral, mit anderen Worten in nächster Nähe hinterer Wurzeln, was bei schmerzfreiem Verlauf besonders merkwürdig erschien. In der letzten Zeit sah ich wieder zwei anderenorts nicht publizierte Fälle von juxtamedullärem Tumor mit schmerzfreiem Verlauf, der eine war ein Meningiom an der Vorderseite des obersten Halsmarks, der andere eine teilweise intradurale „Sanduhrgeschwulst" am 6. Halssegment. In einem anderen NONNEschen Falle 1913 (Beobachtung 6) waren heftige Schmerzen trotz Lage an der Vorderseite zugegen, desgleichen im Falle ANTONIS 1920, Beobachtungen III und XIV. Warum Schmerzen bald (und meistens) da sind, bald nicht, ist schwer zu sagen. Schmerzlose Fälle bei extraduraler Lage schildern GERHARDT 1894, WORSILOFF 1898, THOMAYER 1907, ŠERKO 1914; letztgenannter Autor gibt eine Statistik deutscher Fälle, 60 juxtamedulläre und 37 extradurale Fälle; Schmerzen *radikulären* Charakters fehlten bei 16,6% der juxtamedullären, 29,5 der extraduralen Fälle. ADSON und OTT 1922 fanden an einem Material von 85 Tumoren den Wurzelschmerz in 57% der extraduralen, 66% der juxtamedullären, 71% der intramedullären Fälle. Der *Wurzelschmerz (segmentäre Neuralgie)* ist bekanntlich durch vorwiegende Einseitigkeit — und zwar homolateral — ausgezeichnet, ferner durch Beschränkung auf einen oder wenige Segmentalbezirke, wird sehr oft in besondere Punkte projiziert, die den Maximalpunkten HEADS und FOERSTERS entsprechen, wird aber auch als halbgürtelförmig, sehr oft als ausstrahlend empfunden, läßt sich durch (die Wirbelgelenke einbeziehende) Bewegungen, vor allem aber durch plötzliche intrathorakale und intraabdominale Drucksteigerungen auslösen bzw. steigern (Husten, Niesen, Defäkation), ist seinem Grade nach außerordentlich verschieden, verbindet sich oft mit regionärer „défense musculaire" und Zwangshaltung, ist bisweilen, besonders bei caudaler Lage des Tumors, in hohem Grad von der Körperstellung abhängig, steigert sich im Liegen (WALLGREN). Er äußert sich bei hoch-cervicalem Sitz als Nacken- und Hinterhauptsneuralgie, bei tiefer-cervicalem als Brachialgie, bei thorakalem als Intercostal- oder Abdominal-, lumbalem als Crur- oder Ischialgie usw. Der Segmentalschmerz kommt keineswegs den juxtamedullären Geschwülsten besonders zu; THOMAYER 1907, PUTNAM und WARREN 1899, AUERBACH 1910 erwähnen schwere „Wurzelschmerzen" bei intramedullären Tumoren, ADSON und OTT 1922 fanden ihn bei 71% intramedullärer Geschwülste, FOERSTER 1927 ausnahmslos. Nicht selten ist, meistens ohne gleichzeitige spinale Wurzelneuralgie, ein ausgesprochener *Rückenschmerz* vorhanden, nach ELSBERG 1925 überhaupt ziemlich gewöhnlich, vor allem bei caudaler gelegenen Tumoren (eventuell als Sakralgie), nach ŠERKO 1914 vorwiegend den extraduralen Geschwülsten zukommend; er entspricht in überwiegendem Grad dem Niveau des Tumors und stellt nach meinem Dafürhalten eine *Neuralgie der Rami posteriores dar.*

Wichtig ist die *Unterscheidung segmentaler und funikulärer Schmerzen;* meines Wissens zuerst von FR. SCHULTZE als bedeutungsvoller Faktor eben in der Symptommechanik des Tumor medullae spinalis hingestellt, ist die Schmerzhaftigkeit der Rückenmarksstränge klinisch-experimentell von mehreren Chirurgen und besonders von O. FOERSTER eingehend studiert worden. *Funikuläre, in die Peripherie projizierte Schmerzen* spielen in frühen wie späteren Stadien dieser Krankheit eine sehr hervortretende Rolle (Fall TRAUBE 1887, STERTZ 1906, Beobachtung 8, u. v. a., ELSBERG 1925, viele Fälle); Schmerzen in den Zehen, im Unterschenkel usw. bei Kompression des oberen Brust- oder sogar Halsmarks sind als initiales oder späteres Phänomen ganz gewöhnlich. Ihrer Entstehung gemäß sind sie oft einseitig, und zwar zur Tumorseite bald homo-, bald kontralateral. Beispiele homolateral-funikulärer Schmerzen: FLATAU-ZYLBERLAST 1908 (Tumor juxtamedullär Th 8—C 1 dorsolateral nach links, erste Störung Schmerz im linken Fuß), BÖNNIGER und ADLER 1910, SCHULTZE 1900, Fall 2; Beispiel früher, kontrolateral-funikulärer Schmerzen: ANTONI 1920, Beobachtung VIII; letzteres scheint, merkwürdig genug, seltener zu sein. Selbstverständlich ist, daß die Nichtbeachtung des funikulären Charakters vieler Schmerzphänomene die Niveaudiagnose auf Irrwege führen kann und oft geführt hat; Beispiel: Fall BOETTIGER-KRAUSES 1901.

Bei lumbosacralen und Caudatumoren ist die Unterscheidung der drei Schmerzkategorien schwieriger und auch weniger bedeutungsvoll. Außerordentlich heftige und anhaltende Schmerzen sind bei allen Lagen beobachtet worden, bei hoch-cervicalem Sitz z. B. von v. RAD 1904 (Gliom C 3 bis Pons, „rasende Schmerzen"), RHEIN 1924 (Meningoendotheliom), SÖDERBERGH 1912 (Psammom); diese Gegend gehört anscheinend zu den besonders schmerzhaften (ELSBERG 1925, S. 297: „the pain is usually severe"). Ein Kranker CAIRNS' und RIDDOCHS 1931, Gliom bei Th 3—5, „lived in terror" wegen gräßlicher Schmerzen. Auch die Tumoren der Caudaregion gelten als sehr schmerzhaft. Nach der Studie WALLGRENS 1923 ist gerade hier ein deutlicher Einfluß der Lage nachweisbar; die Schmerzen sind am schlimmsten bei Nacht und überhaupt in horizontaler Lage (WARRINGTON 1905, DAVIS 1904, SCHULTZE 1903, LENNMALM 1908, ELSWORTH 1908, KLIENEBERG 1910 u. a.); ein Kranker SCHMOLLS 1906 „knelt on cushions and reposed his head on the bed", um schlafen zu können, ein Patient WALLGRENS stellte sich à la vache. WALLGREN gibt die plausible Erklärung dieses Verhaltens: Streckung der Wirbelsäule (Verstreichung der sagittalen Biegungen) und damit der Wurzeln in horizontaler Lage.

Sehr häufig, vielleicht vor allem bei Tumoren des unteren Hals- und des Brustmarks ist, daß die initialen Schmerzen später nachlassen und eventuell ganz verschwinden; das *Verschwinden der Schmerzen mit eintretenden Symptomen der Markkompression* wurde zuerst von FR. SCHULTZE beobachtet und hervorgehoben und stellt ein typisches, wenn auch lange nicht regelmäßiges Verhalten dar — „neuralgisches Vorstadium". SCHULTZE selbst erklärte bekanntlich (1900) die Sache so, daß die fortschreitende Zerstörung der Wurzeln eben den Wurzelschmerz allmählich verhinderte; die Schmerzhaftigkeit der Rückenmarkssubstanz könne dabei bestehen bleiben und weitere Schmerzen funikulärer Natur gestatten. Nach demselben Prinzip läßt sich auch das häufige Schwinden auch funikulärer Schmerzen — durch eintretende Leitungsunfähigkeit der langen Bahnen — verstehen. Ein neuralgisches Vorstadium ist bisweilen nur durch „Melken" der Anamnese an den Tag zu bringen, es war nicht sehr schwer, wurde wenig beachtet, liegt vielleicht mehrere Jahre zurück (NONNE 1913, Fall 1) und wird vom Patienten mit der jetzigen Krankheit nicht in Verbindung gebracht. Die mehrmonatliche, plötzlich aufhörende „Ischias", die im „schmerzfreien" Fall STURSBERGS 1907 den Kompressionssymptomen mit 3 Jahren vorausging, war vielleicht ein prämonitorischer, kontralateraler Strangschmerz? Perioden von Rückenschmerz mit regionärer Spannung der Rückenmuskeln — wie im Falle ANTONIS 1931, Nr. 4 — wird, erklärlich genug, trotz genauer Untersuchung als rezidivierender Hexenschuß gedeutet, Ischialgie bei Caudatumor als Ischias (OPPENHEIM 1914) usw. Irrtümer ernsterer Art sind auch vorgekommen, wenn z. B. ein linksseitiger Wurzelschmerz in der Brust als Angina pectoris (STARR 1902) aufgefaßt wurde, Bauchneuralgien sogar als Gallensteinschmerz (SCHULTZE 1900, Fall 1) oder chronische Appendicitis (QUANTE 1899) gedeutet *und operiert* wurden; in einem Falle ELSBERGS (1925, Fall XV) wurde wegen abdominellen Wurzelschmerzes auf verschiedene Diagnosen dreimal operiert.

Viscerale Schmerzen sind bei dieser Krankheit wenig beachtet worden, doch werden im Falle SCHMOLLS 1906 (Caudatumor) schmerzhafte „Rectalkrisen" als initiales Symptom erwähnt, im Falle KLINGS 1907 (Gliom der Thorakalregion) Schmerzen in der Harnröhre beim Harnlassen, in einem Falle CAIRNS-RIDDOCHS 1931 (Gliom des Brustmarks) Vaginalschmerzen bei der Menstruation.

Wie wechselnd das Bild in dieser Hinsicht sein kann, geht z. B. aus einem Vergleich der beiden Fälle SCHULTZES 1900, Nr. 1, und STENDERS 1912 hervor, beides juxtamedulläre Geschwülste; bei diesem Wurzelschmerzen erst nach 8 Jahren beginnend, bei jenem neuralgisches Vorstadium von 8jähriger Dauer.

Die *Parästhesien* verhalten sich den Schmerzen in allen Stücken analog. Sie sind segmental oder funikulär — im letzteren Falle homo- oder kontralateral —, initial, eventuell prämonitorisch, oder setzen erst nach den Ausfallssymptomen ein, sind anhaltend oder vorübergehend, schwer oder leicht, bisweilen initial, isoliert und sehr lästig. „Dissoziationen" treten auch hier zutage; funikuläre Kälteparästhesien kommen homolateral (Veraguth-Brun 1910, intramedullärer Tumor; Stender 1912; Söderbergh 1912, beides juxtamedullärer Tumor), funikuläre Kälte- (Antoni 1931, Fall 8) oder Wärmeparästhesie (Antoni 1920, Fall XI) kontralateral vor. Taktile und barästhetische Parästhesien (Gürtelgefühl usw.) funikulärer Art sind ganz häufig, homo- (Lichtheim-Joachim 1905; Stertz 1906, Fall 8) oder kontralateral (Sänger 1909, Panski 1912). Intensive Kälteparästhesien in den Beinen, gekreuzt oder doppelseitig, sind nach den Erfahrungen von Elsberg und Strauss ganz besonders bei hoher Kompression des Halsmarks zu sehen. Gürtelgefühl unterhalb der Läsion — und zwar oft weit — z. B. um den unteren Thorax bei Kompression des Halsmarks, wurde häufig beobachtet, z. B. von Henschen 1901, Schultze 1903 (mehrere Fälle), Esser 1907, Köster 1907, Fall 1, u. a.

Störungen der Motilität und Tonizität, zwar oft von sensiblen Reizerscheinungen vorangegangen, treten *vorwiegend als Ausfallssymptome in Erscheinung, dies aber durchschnittlich früher und stärker als die sensiblen Ausfälle.* Die den Rückenmarkskompressionen eigentlich — und zwar in hohem Grade — zukommenden, motorischen Reizerscheinungen sind reflektorischer Natur. Fibrilläre Zuckungen — Myokymie — werden hier und da, jedoch ziemlich selten, als Ausdruck segmentärer Schädigung gesehen. Söderbergh erwähnt 1913 in einem Falle von Kompression des obersten Halsmarks einen ungewöhnlichen Krampfanfall mit Pleurototonus und Kopfneigung nach der Tumorseite. Nonne schildert 1900 bei intramedullärem „Sarkom" des obersten Halsmarks Anfälle von klonischem Krampf der Bauchmuskulatur und „blitzartigen, geordneten Bewegungen in den unteren Extremitäten"; diese Anfälle traten anfangs bei klarem Bewußtsein auf und wurden durch gewaltsame Schmerzen im Hinterkopf eingeleitet, vielleicht entsprechen sie den „cerebellar fits" Hughlings Jacksons. Die hochgradig schmerzhaften Extensionskrämpfe aller vier Extremitäten mit Nackenstarre im Falle 3, Schultze 1900, Tumor juxtamedullär am Foramen magnum, waren vielleicht Symptome von „Einklemmung" der Medulla oblongata; übrigens kommen ja die „cerebellar fits" vorwiegend eben als Einklemmungseffekte vor. Schlesinger beschreibt 1898 heftige Krämpfe, die der Lähmung unmittelbar vorangingen, als Reizsymptom langer Bahnen. Alles das stellt aber Seltenheiten dar. Von den Reflexkrämpfen abgesehen, dominieren die Ausfallssymptome, schlaffe oder spastische Lähmungen. Segmentäre Lähmungen sind schlaff, können zwar antagonistische Kontrakturen bewirken. Es würde zu weit führen, alle bei Tumor medullae spinalis vorkommenden, segmentären Paresen aus der Kasuistik zusammenzusuchen, was einen Repetitionskursus der segmentären Innervation darstellen würde; nur sei an das bekannte Verhalten erinnert, daß bei dieser Krankheit segmentäre Lähmungen vorwiegend der Cervical- und Lumbosacralregion zutage treten, wo begrenzte Ausfälle leichter festzustellen sind und die segmentäre Innervation deshalb besser bekannt ist. Doch sind ja, dank Oppenheim, Söderbergh u. a. auch die radikulären Beziehungen der Bauchwand allmählich aufgeklärt worden und begrenzte Ausfälle auch hier — als Dislokation des Nabels in Längs- oder Querrichtung des Körpers bei Husten, Pressen, Aufrichten und reflektorischen Kontraktionen, als lokale Ausbuchtungen bei Anstrengungen sowie als begrenzte Defekte der quantitativen bzw. qualitativen elektrischen Reizbarkeit — der Beobachtung zugänglich und für die Niveaudiagnose nutzbar gemacht worden. Gewisse Hirnnervenbezirke sind ja spinaler Herkunft, und Lähmungen des Sternocleido und des Trapezius bei hohen Halsmarkstumoren deshalb nichts Überraschendes; bemerkenswert ist die bei solcher Lokalisation einigemal beobachtete Phonasthenie (Rhein 1924), die mit experimentellen Ermittelungen Rothmanns 1912 und gewissen Beobachtungen bei traumatischen Schädigungen desselben Gebiets übereinstimmt.

Die funikulären Paresen folgen den allgemeinen Gesetzen der ein- und doppelseitigen Hemiplegie. Die Acra sind zeitlich und quantitativ bevorzugt, auch in bezug auf Hyperreflektivität und Kontrakturtendenz. Der gewöhnliche Beginn paraplegischer Schwäche in den Füßen wird mit dem gewöhnlichen Beginn funikulärer Hypästhesien im lumbosacralen Grenzgebiet verglichen. Tetraplegie kann durch Verbindung segmentärer Arm- mit funikulärer Beinparese zustande kommen, aber auch — bei höherem Sitz der Läsion — in allen vier Extremitäten supranukleär-spastischer Natur sein. Spastizität der Bauchwand gehört eigentlich nicht der unkomplizierten Hemi- oder Paraplegie an. Im übrigen sei über die Charaktere funikulärer Paresen folgendes hervorgehoben.

Ganz vorwiegend homolateral beginnend, werden sie meistens doppelseitig, wenn sie es nicht von vornherein waren. Gekreuzte Wirkung der Kompression ist nicht ganz selten; das gilt für funikuläre Phänomene aller Art, auch die pyramidale Parese, die dabei kontralateral auftritt (Nonne, Oppenheim, Antoni 1920, Fall XXIII, mehrere Fälle Elsbergs 1925); möglich, daß dies durch Pressung des Marks gegen die Dura zustande kommt — geläufige Erklärung —; möglich, daß bei Krümmung der Medulla über die Oberfläche eines Tumors die in die Länge gezogene, gedehnte Seite des Marks mehr leidet als die konkavierte. Diese letztere Möglichkeit drängte sich mir beim Studium eines Kronthalschen Falles a. d. J. 1889 auf. Die Paresen entwickeln sich im allgemeinen allmählich und sind dann immer spastisch; schlaffe Lähmung als funikuläre Störung kommt ausschließlich bei rascher initialer Entwicklung (Šerko 1914) oder bei schnell, eventuell plötzlich eintretender Exacerbation einer vorher allmählich entwickelten, spastischen Parese zur Beobachtung, wie im Falle Stenders 1912, juxtamedullärer Tumor bei Th 7—8, plötzliche, schlaffe Paraplegie nach 8jährigem, allmählich entwickeltem Kompressionssyndrom mit spastischer Parese. Von vornherein oder als rasche Verschlimmerung schlaff gewordene Lähmung spricht gewissermaßen für extradurale Lage (Šerko) und damit ja auch für bösartigen Charakter der Geschwulst, ist aber auch bei Gliomen ziemlich häufig, auf den klinisch malignen Charakter dieser Geschwulstart hindeutend. Rasch entwickelte, schlaffe Parese bei juxtamedullärem Tumor schildern Taube 1887 („Lymphangioma piae matris"), Esser 1906 (Chromatophorom), Panski 1912 (Angiom). Nichts hindert aber, daß einer derartig rasch eintretenden Lähmung ein langes neuralgisches Stadium vorangegangen ist, auch nicht bei bösartigen Tumoren, z. B. Carcinose des Rückgrats. Schlaffe Parese funikulärer Art kann sowohl mit normal starken oder gesteigerten (Ewald und Winckler 1909, plötzlich einsetzende, schlaffe Paraplegie bei extraduraler Geschwulst der obersten Thorakalregion; Thielen 1908, langgestrecktes Gliom; Taschenberg 1921, Fall 2, juxtamedullärer Tumor bei Th 8—9; Taube 1887, juxtamedullärer Tumor bei Th 6—7) wie ausgelöschten Muskelreflexen (Esser 1906, Tumor juxtamedullär bei Th 2—3) einhergehen; auch Fußklonus und Abwehrreflexe können bei schlaffer Lähmung fortbestehen (Kling 1907, Gliom des mittleren Brustmarks, schlaffe Paraplegie mit lebhaften Quadricepsreflexen und réflexes de défense). Tonusverlust — schlaffe Lähmung — wird zuweilen traumatisch verursacht, z. B. durch Unfall, Lumbalpunktion oder Operation, aber auch durch septische Infektionen; er ist immer ein etwas bedenkliches Zeichen, obgleich lange nicht irreversibel.

Die ganze Spastizität, einschließlich Klonismen, „Pseudospontanbewegungen" und regionären défense-Erscheinungen ist ja reflektorischer Natur und in diesem Sinne beeinflußbar. WALSHE sah das Babinskiphänomen und Tonusverteilung durch passive Kopfbewegungen beeinflußt, eventuell invertiert, ich sah neulich bei Compressio medullae spinalis einen maximalen Dauerstreckkrampf der Beine in der Seitenlage völlig verschwinden. Daß ein Babinskireflex in der Bauchlage verschwinden kann, ist ja seit langem bekannt.

GERHARDT beschrieb 1894, wie bei Tumorkompression des Rückenmarks *ein lange anhaltendes Stadium tonischen Streckkrampfs der Beine allmählich in krampfartig festgehaltene Beugestellung der Knie- und Hüftgelenke überging.* Dieser Verlauf ist seither als typisch bekanntgeworden. Die angebliche Seltenheit der „paraplégie en flexion" — SCHALLER und GILMAN 1923 sahen sie nur bei $^1/_{16}$ ihrer operativ verifizierten Rückenmarkstumoren — rührt wenigstens hauptsächlich von ihrem späten Eintritt her. Beides ist Erzeugnis gesteigerter Reflektivität. BABINSKI hat bekanntlich die Streckstellung als „contracture tendino-réflexe" mit gesteigerten „Sehnenphänomenen" der Beugestellung als „contracture cutanéo-reflexe" mit abgeschwächten oder aufgehobenen Sehnenphänomenen gegenübergestellt. Sicherlich ist das eventuelle Verschwinden der Muskelreflexe bei der letzteren Form eigentlich nur scheinbar; die Reflexe werden vom Tonismus gleichsam verschlungen (OPPENHEIM 1918); ich meinesteils habe in solchen Fällen den „Achillesreflex" immer durch maximale, passive Kniebeugung wieder auslösbar machen können, indem dabei der Gastrocnemius wegen seiner Zweigelenkigkeit genügend entspannt wird, um den Reflex wieder hervortreten zu lassen. Andererseits ist beim „Reflexautomatismus" des Rückenmarks keineswegs von alleiniger Steigerung cutaner Reflektivität die Rede; die Abwehrreflexe können vielmehr durch proprioceptive sowohl wie durch Hautreize hervorgerufen werden. Unter den Schöpfungen BABINSKIs gehört die genannte Gegenüberstellung sicherlich den weniger überzeugenden an. Sicher ist allerdings, daß gesteigerte Reflexbereitschaft des Marks gegenüber cutanen Reizen ein dem „Spinalautomatismus" zukommender Zug ist und daß, dem Auftreten der Abwehrreflexe parallel, sich eine Streck- in eine Beugekontraktur verwandeln kann. Streckung des Beins kann aber auch, wenngleich weniger oft, als Ausdruck des Spinalautomatismus gesehen werden. SÖDERBERGH beschreibt 1912 Streckkrampf des einen bei Beugekrampf des anderen Beines, was ja völlig einem anhaltenden „crossed extensor reflex" PHILIPSONs entspricht, von MARIE und FOIX 1912 als, obgleich selten, beim Menschen vorkommender Ausdruck ihrer „automatisme médullaire" hingestellt. Beziehungen der Streck- bzw. Beugekontraktur zu besonderen Leitungssystemen des Rückenmarks sind bisher nur hypothetisch; die von BABINSKI gefundene, fast absolute anatomische Intaktheit der Pyramidenbahn in Fällen von Beugekontraktur ist beachtenswert; er gibt doch selbst zu, daß sein Zehenphänomen auch in der Beugekontraktur ziemlich regelmäßig vorhanden ist. Die Abwehrreflexe kommen nach alter Erfahrung (z. B. STARR 1895) eben bei Compressio medullae spinalis besonders häufig zum Vorschein und treten bei Rückenmarkstumoren oft früh, bisweilen sogar initial auf. Die verschiedene äußere Form dieser Reflexe, mit Überwiegen der Verkürzungsbewegungen der unteren Extremitäten, wurde oben genannt: es kommt mir als möglich vor, daß die *Anfälle von Zittern der Beine nach körperlichen Anstrengungen,* die SCHULTZE 1900 (Fall 3) beim juxtamedullären Tumor im Foramen magnum beschreibt, und die ich einmal als initiales Phänomen bei einem juxtamedullären Meningiom des Brustmarks sah, dem Symptomenkreis des Spinalautomatismus gehört. Abwehrreflexe der Bauchmuskulatur sind auch bei dieser Krankheit bisweilen zu sehen, die ganze Abdominalgegend bei Sitz der Läsion oberhalb der entsprechenden spinalen Kernsäule einnehmend, partiell bei Sitz innerhalb dieser Region. Auch in den oberen Extremitäten wurden analoge Phänomene gesucht (CLAUDE, BÖHME, RIDDOCH, BUZZARD); der auf große Distanz auslösbare „Rotationsklonus" des Armes im Falle VERAGUTH-BRUNS 1910 war vielleicht dieser Art. Bekannt ist ferner, daß die Abwehrreflexe im Beginn einer Krankengeschichte dieser Art leichteren Grades sind, sogar schwierig im Nachweis, später bisweilen sehr hochgradig und störend, sogar sehr schmerzhaft werden können, und daß die Leichtigkeit der Auslösung enorm wachsen kann, gleichzeitig mit nachweislicher Auslösbarkeit durch verschiedene Receptoren, extero- und propriozeptiv, sowie Übergreifen der effektorischen Erscheinungen eventuell auf Harnblasenentleerung, pilomotorische Reflexe und Schweißausbrüche („mass reflex" RIDDOCHS). BABINSKI hat die obere Grenze der reflexogenen Zone dieser Phänomene zur unteren Grenze einer Markschädigung in Beziehung setzen wollen; die Gültigkeit dieses Prinzips erleidet nur insoweit eine Einschränkung, daß Fälle von großer Diskrepanz zwischen Läsion und oberer Grenze der reflexogenen Zone mitgeteilt worden sind.

Reflektorisch-tonische Spannung der Muskulatur kommt bei Rückenmarkstumoren teils als *spastische Komponente einer Lähmung,* in größeren oder kleineren Gebieten der infraläsionellen Muskulatur, teils als *défenseartige Steifung in der Nähe des Tumors* vor, im letzteren Falle bisweilen aber größere Teile der paravertebralen Muskulatur einnehmend, sogar der ganzen Wirbelsäule entlang, mit Nackensteifigkeit und Kernig verbunden. Regionäre, défenseartige Steifung ist ganz besonders bei Tumoren des Halsmarks, extra- und intramedullären sowie extraduralen, sehr häufig beschrieben worden, mit *zwangsmäßiger, spastisch fixierter Kopfhaltung,* die dabei auf verschiedene Art schief oder in anderer Art abnorm sein kann. Der Kranke VERAGUTH-BRUNS 1910 (intramedullärer Tumor bei C 4) hielt den Kopf *vorgeschoben,* derjenige von OPPENHEIM 1907 (Fall 9, Tumor juxtamedullär am unteren Halsmark) maximal vornüber gebeugt; ein Kranker ELSBERGS und STRAUSS' 1929 zeigte die besondere Stellung, die von RUSSEL 1897 beschrieben, von ANTONI 1926 als für cerebelläre Zwangshaltungen des Kopfes gewissermaßen charakteristisch erwähnt wurde: Scheitel nach der kranken Seite geneigt, Gesicht nach der gesunden Seite und etwas nach oben gedreht, eine Haltung, die einem Reizzustand des N. accessorius der Herdseite entspricht. ELSBERG und STRAUSS betonen aber, daß bei hohen Halsmarkstumoren der Kopf bald nach der Herd-, bald nach der Gegenseite gedreht oder geneigt sein kann. „Caput obstipum", Schiefstellung des Kopfes verschiedener Art ist jedenfalls bei Geschwülsten am Halsmark ganz gewöhnlich, was anscheinend mit ihrer Schmerzhaftigkeit in innigem Zusammenhang steht. Nur selten ist bei Tumoren der Halsregion freie passive Beweglichkeit des Kopfes vermerkt worden, wie im Falle 9 SCHULTZES 1903 (unterer Cervicalregion) und einem Falle MINKOWSKIS 1904 (Tumor am C 2).

Défenseartige Steifung eines Musc. rectus und obliquus externus abdominalis schildert TASCHENBERG 1921 bei einem juxtamedullären Tumor am 7. Thorakalsegment, brettharte Spannung der gesamten Bauchmuskulatur (vielleicht ein anhaltender Abwehrreflex?), SÖDERBERGH 1912 bei einem Tumor von identischer Lage. Steife Haltung des Rückens ist sehr häufig, auch größere Teile desselben oder des ganzen Rückgrats, wie in einem FOERSTERschen Falle von Tumor am 9. Brustsegment und einem Caudatumor desselben Autors 1921. Ich sah Rücken- und hochgradige Nackensteifigkeit mit KERNIGschem Symptom ein paarmal bei Tumor medullae spinalis, u. a. bei einem juxtamedullärem Tumor *ventral* am unteren Brustmark. Zweimalige, vorübergehende, lumbagoähnliche, schmerzhafte Steifigkeit der Lendenmuskeln wurde im Falle 4, ANTONI 1931 (juxtamedulläres Neurinom am 10. Brustsegment), das erstemal 4 Jahre vor Eintritt medullärer Störungen beobachtet. Steife Haltung durch Spannung der caudaleren paravertebralen Muskeln ist bei Tumoren der Cauda ganz gewöhnlich. Spastische Lumbalkyphose mit vornübergebeugter Haltung des Rumpfes bestand vor der Operation des LAQUER-REHNschen Falles von Tumor im Canalis sacralis, verschwand nach derselben.

Zwangshaltungen kompensatorischer Art oder *durch antagonistische Kontraktur bei partiellen Lähmungen bewirkt*, kommen auch vor, z. B. Gang mit vorgeschobenem Becken infolge Lähmung der Glutäen bei Caudatumor oder die besondere Zwangshaltung des Armes, die HUTCHINSON und THORBURN sowie KOCHER bei traumatischer Schädigung des 6. Halssegments beschrieben und OPPENHEIM 1913 anläßlich eines Tumors in der Höhe des 3. bis 5. Halswirbels erwähnt. Der *Hochstand einer Schulter,* welcher in diesem sowie vielen anderen Fällen von Schädigung des Halsmarks mit „Hemiplegia spinalis" infolge Tumoren oder anderer pathologischer Prozesse gesehen wurde, kann als antagonistische Kontraktur gedeutet werden; man muß aber OPPENHEIM beistimmen, wenn er die vielfachen Schwierigkeiten der Deutung solcher Erscheinungen hervorhebt.

Muskelatrophie kommt bekanntlich *keineswegs nur als segmentäres Symptom* vor; besonders SÖDERBERGH hat 1912, auf einem anatomisch wie klinisch genau untersuchten Fall von juxtamedullärem Tumor (Psammom) des oberen Halsgebiets gestützt, auf das Vorkommen dieser supranukleär bewirkten Amyotrophien insistiert: Ähnliches ist von OPPENHEIM, ELSBERG u. a. bei dieser Krankheit beobachtet worden; die Muskelreflexe, z. B. der Arme bei hoher Halsmarkskompression, sind in solchen Fällen meistens erhalten, oft gesteigert. Atrophie des Quadriceps femoris mit gesteigertem Patellarreflex beschreibt KÖSTER 1907 bei Tumorkompression des Lendenmarks. Wie andere Marksymptome kann auch die Muskelatrophie bei intramedullären Geschwülsten im betroffenen Segmentbezirk fehlen (ABRAHAMSON und GROSSMANN 1921, Gliom des Lenden- und unteren Brustmarks). Die Seltenheit fibrillärer Zukkungen ist vielfach hervorgehoben worden; auch für die elektrische Entartungsreaktion gilt Ähnliches; gewöhnlich wird, auch bei ausgesprochener, atrophierender Lähmung segmentärer Art, bloß quantitative Herabsetzung oder partielle Entartungsreaktion gefunden; eben die sicheren Vorderwurzellähmungen, z. B. der Cauda equina, verhalten sich nach FOERSTER 1921 typischerweise wie „Drucklähmungen", d. h. ohne Entartungsreaktion; die von OPPENHEIM im Levator ani bei Caudaläsion nachgewiesene Entartungsreaktion galt eine extradurale *Destruktion* der Segmentalnerven durch Sarkom des Kreuzbeins. Entartungsreaktion der Intercostalmuskeln beschrieb SCHULTZE.

Respiratorische Paresen kommen als segmentäre oder funikuläre Störungen vor. Die bezüglichen Bahnen und Zentra werden oft als besonders widerstandsfähig bezeichnet. Normal arbeitendes Diaphragma konstatierte ASSMANN röntgenoskopisch bei absoluter Quadriplegie infolge eines ventral sitzenden Meningioms 6 cm unterhalb der Pyramidenkreuzung; diese Läsion saß aber also unterhalb des Phrenicuszentrums. Gute Diaphragmawirkung trotz zugleich intra- und extramedullärer Geschwulst, vom Atlas bis zum 6. Halswirbel reichend, mit Quadriplegie, erwähnt OPPENHEIM 1918 (Fall 3), normale Diaphragmawirkung auch AUERBACH und BRODNITZ 1906 bei juxtamedullärer, vom Foramen magnum bis zum 6. Halswirbel reichender Geschwulst mit schwerer, atrophierender Armlähmung. Doch sind natürlich viele respiratorische Lähmungen beobachtet worden, bisweilen lange andauernd. FRAZIER und SPILLER 1922 sahen ein- oder doppelseitige Zwerchfellähmung in 2 unter 4 Fällen von Tumor oberhalb C 4, einseitige Diaphragmaparese bei Tumor oberhalb C 2, somit anscheinend supranukleär bedingt. Bei Transversalläsionen höheren Grades unterhalb des Zwerchfellzentrums werden die Bewegungen der Rippen abgeschwächt bis aufgehoben, das Zwerchfell arbeitet kompensatorisch stärker, und die passiv-inspiratorische Ausbuchtung der Bauchwand wird auffallend, spastisch-erhöhter Widerstand derselben fehlt völlig — auch supranukleär bedingte Lähmungen der Bauchmuskulatur sind ja meistens gar nicht „spastisch" — im Gegenteil hat man bei infradiaphragmalen Querläsionen entschieden den Eindruck erhöhter Passivität gegenüber der Tätigkeit des Zwerchfells.

Sensible Ausfallserscheinungen. Sie stellen ein ziemlich verwickeltes Kapitel dar, sind ex- und intensiv studiert, was großenteils von ihrer lokalisatorischen und damit praktischen Bedeutung abhängt. Die Vielgestaltigkeit ist nach den allmählich gesammelten Erfahrungen über Aufbau und funktionelle Eigenschaften der sensiblen Systeme nunmehr gut begreiflich. Eine ganze Reihe verschiedener Faktoren kommen, in wechselnder Art und Stärke, bei der Ausbildung und näheren Ausgestaltung der sensiblen Ausfälle zur Geltung. Diese Faktoren sind teilweise anatomisch und pathophysiologisch aufgeklärt, teilweise aber nur hypothetisch. Wir haben mit verschiedenen Leitungssystemen, „Bahnen", zu tun, verschiedener Funktion von Hinter- und Vorderseitensträngen, gekreuzt, ungekreuzt und vermischt geleiteten Qualitäten, segmentär-lamellenweise geschichteter Leitung in den Strängen mit exzentrischer Lagerung längerer Fasern, verschiedener Funktion der weißen und grauen Substanz. Wir rechnen mit ungleichartiger Resistenz verschiedener Systeme gegen Druck, große Resistenz der Wurzeln scheint sicher; Verschiedenheit in dieser Hinsicht zwischen grauer und weißer Substanz, sowie eventuell zwischen langen und kurzen Strangfasern ist sehr kontrovers. Bestimmte Erfahrungen hat man auf verschiedene Art zu erklären versucht. Somit haben wir Voraussetzungen für bestimmte Verschiedenheiten in bezug auf die sensiblen Ausfälle nach der Lage des Tumors zum Mark. Weiter haben wir verschiedenartige Wirkungen verschiedener Tumorarten sowie im einzelnen Fall, vor allem Kompression und Destruktion als sehr ungleichwertige Faktoren, reversible und irreversible Veränderungen am Parenchym. Schließlich, last but not least, die Unberechenbarkeit der Druckwirkung, contre-coupartige Effekte in frontaler oder sagittaler Richtung, früheste bzw. stärkste Reaktion in mittlerer Tiefe der Stränge usw. Die nähere Auswirkung des Druckes ist sehr variabel, im Einzelfall bisweilen scheinbar paradoxal. Trotz alledem kann eigentlich kaum von Regellosigkeit oder ganz willkürlich gearteter Verteilung der Störungen gesprochen werden. Bestimmte Typen kehren wieder, nur kommen die wirkenden Faktoren in untereinander wechselnder Stärke zur Geltung.

Die sensiblen Systeme des Rückenmarks und seiner Wurzeln sind durchschnittlich weniger „empfindlich" als die motorischen. Sensible Reizerscheinungen sind häufig initial, Ausfälle treten im Verlauf der Kompression durchschnittlich später als die Paresen auf; noch im paraplegischen Stadium waren des öfteren keine oder nur leichteste sensible Ausfälle zu finden (COLLINS und MARKS 1915, fehlende sensible Ausfälle bei 7jähriger kompletter Paraplegie, Exostose der drei obersten Brustwirbel; MÜLLER 1921, Meningiom ventral zum mittleren Halsmark, absolute Tetraplegie, Fehlen jeglicher sensibler Ausfälle trotz wiederholter Prüfung; vgl. weiter BOERNER 1902, MARCHAL und MARTIN 1928, FRANKE-STEHMANN 1932 u. a.; unter den 14 Fällen FRAZIER-SPILLERS 1922 fehlten sensible Ausfälle bei 3). Ganz einzigstehend ist meines Wissens eine Beobachtung NONNES aus dem Jahre 1913 (Fall 5), sehr hochgradige Verdünnung des Rückenmarks durch Kompression, Sensibilität völlig erhalten, auch die Paresen waren nur andeutungsweise vorhanden, das Ganze durch Erhaltung der Achsenzylinder im verdünnten Marksegment erklärlich.

Die Wurzeln sind, wie gesagt, gegen Tumordruck hochgradig resistent (Coupland-Pasteur, Westphal, Nonne). Das geht u. a. aus dem späten Eintritt der Ausfallssymptome bei Caudatumoren vor und betrifft Motilität sowohl wie Sensibilität. Vor allem aber wissen wir, daß Zerstörung einer Wurzel keine bemerkbaren Ausfälle bewirken müssen, ein eigentlich auf experimentalphysiologischem Wege gewonnener Satz, für welchen aber auch aus der Kasuistik der Rückenmarkstumoren Belege zu holen sind, z. B. Fall Bruns' 1899, Fehlen sensibler Ausfälle trotz Schmerzen, Hyperästhesie und Zoster bei carcinomatöser Infiltration des entsprechenden Wurzelgebiets der Dura mater spinalis; Fall Flatau-Sterlings 1906, wo die 5. und 6. Wurzelpaare am Brustmark entartet und grau waren, dennoch keine Gefühlsstörung im Dermatom Th 5, oder Fall Quensel 1898, wo das 7. thorakale Wurzelpaar bis in die Zwischenwirbellöcher von Tumormassen umwuchert waren, ohne daß sensible Ausfälle im 7. Dermatom da wären. Der immer schrägere Verlauf der Wurzeln gegen das untere Rückenmarksende würde die Gefahr zu hoher Geschwulstlokalisation mit sich bringen, wenn die Wurzeln weniger resistent wären (Bruns 1901); eine Querläsion, die extramedullär herabziehenden Wurzeln einschließend, in der Höhe z. B. des 1. Sakralsegments, würde eigentlich die Wurzelreihe ab Th 12 außer Funktion setzen. Ich habe die Tumorliteratur nach Spuren solcher suprasegmentaler Sensibilitätsstörungen radikulärer Herkunft abgesucht, jedoch mit sehr spärlicher Ausbeute. Im Falle Ferrier-Horsley 1904, juxtamedullärer Tumor am Lumbosacralmark, wahrscheinlich von der 4. rechten lumbalen Hinterwurzel ausgegangen, unter dem Bilde eines Caudatumors verlaufend, zeigte Anästhesie ab S 1 oder vielleicht L 5, was ja dem mutmaßlich obersten komprimierten Marksegment gut entspricht; die einseitige Quadricepsareflexie in diesem Falle setzt aber wahrscheinlich eine Schädigung der vorbeiziehenden Lumbalwurzeln 2 bis 4 voraus. Analog Fall Phleps' 1918, Tumor juxtamedullär bei L 2—4, in der letzten Zeit vor der Operation Hypästhesie auch im L 1 homolateral. In der großen Kasuistik Elsbergs 1925 finden sich weitere einschlägige Fälle. Bruns 1901, Dejerine 1914 rechnen mit dieser Möglichkeit.

Ein großer Teil der in der Literatur immer wiederkehrenden Wurzelsymptome, radikuläre Ausfälle, sind übrigens vielleicht eigentlich medulläre Segmentalsymptome, ja die sog. Wurzelschmerzen können ebensogut Hinterhornschmerzen sein (Foerster 1927). (Die Wurzeln haben in der Tumorliteratur eine viel zu große Rolle gespielt; nur der suggestiven Wirkung dieses Wortes ist z. B. zu verdanken, daß die ganz gewöhnlichen Segmentalschmerzen bei intramedullären Tumoren lange übersehen wurden; wenn bemerkt, wurden sie auf Reizung intramedullärer Wurzelbündel bezogen.) Im bekannten, „zu hoch lokalisierten" Falle Oppenheims 1906 fallen die Gebiete der Marchi-Degeneration des Markes einerseits, der obersten Sensibilitäts-, Motilitäts- und Reflexstörungen andererseits genau zusammen (Th 8—9). Instruktiv ist der kontroverse Fall Boettiger-Krauses 1901, Tumor juxtamedullär bei Th 8 bis 9, wo Schmerzen in der rechten Hüft- und Leistengegend zugleich mit breiter hypästhetischer Zone in der rechten Unterbauchgegend für Wurzelsymptome gehalten wurden, um so begreiflicher mit Hinsicht auf die gekreuzte Hypästhesie für Schmerz und Temperatur ab L 1; der Tumor wurde zunächst zu tief gesucht; alles, Schmerzen und sensible Ausfälle, waren funikuläre Störungen.

Die Ausfallssymptome sind, ganz wie die Reizeffekte, segmentärer oder funikulärer Herkunft. Die frühesten Ausfälle gehören bald dieser, bald jener Gruppe an. Oppenheim bemerkt, daß am Halsmark segmentäre Ausfälle bei extramedullärer Kompression gewöhnlich früh auftreten. Die Tatsache, daß die Hypästhesie bei juxtamedullärer Kompression ihr Maximum meistenteils einige

Segmente unterhalb der Läsion haben, spricht nach BABINSKI 1920 für geringere Vulnerabilität der grauen Substanz gegenüber den Strängen. Bei Kompressionen des Halsmarks sind andererseits sehr oft die segmentären Ausfälle von größerer Intensität als die infraläsionelle Leitungsanästhesie. Zwischen der segmentalen Zone und dem Gebiet funikulärer Hypästhesie ist sogar ein freies Intervall hier und da beobachtet worden; solche Beispiele sind von MEYER 1902 (Tumor juxtamedullär bei C 8), HEILBRONNER 1908 (Tumor juxtamedullär bei Th 7—8), von VINCENT, DENECHAU und RAPPOPORT 1928 mitgeteilt worden; letztgenannte Autoren vermuten, dieser Typus sei für *extradurale* Kompressionen charakteristisch, was jedoch nach den genannten Befunden MEYERS und HEILBRONNERS u. v. a., z. B. denen von ABRAHAMSON und GROSSMANN 1921, nicht stichhaltig ist.

Bei solcher, zweiteiliger Hypästhesie braucht übrigens die obere Zone nicht rein segmental zu sein, setzt sich vielmehr direkt in eine Zone infraläsioneller Hypästhesie fort oder kann sogar ganz infraläsionell gelegen sein. Bei intramedullären Tumoren kann eine derartige, segmentale oder infraläsionelle oder kombinierte Zone, bei Freibleiben caudalerer Segmente gesehen werden.

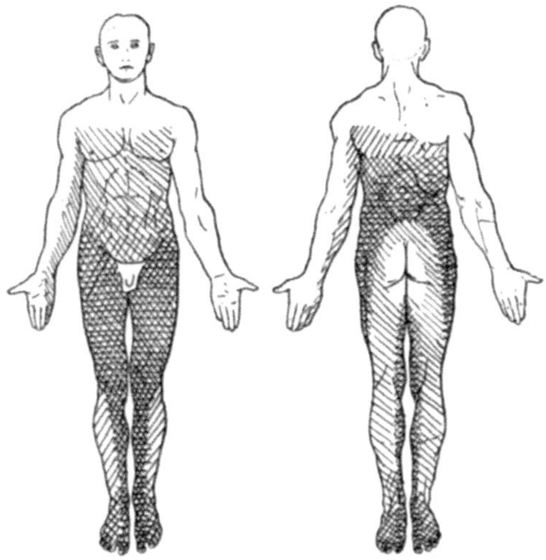

Abb. 51. Neurinom am 8. Cervicalsegment juxtamedullär. Aussparung sacraler Dermatome.

Die funikulären Hypästhesien zeigen, wie schon aus dem oben Gesagten hervorgeht, sehr wechselnde Verhältnisse in bezug auf Art und Ort ihrer Anfänge, Entwicklung und definitive Gestaltung. Aussparung der caudaleren Dermatome kommt oft vor, wie dies mehr zufällig von BRUNS 1894, QUENSEL 1898, PUTNAM und WARREN 1899, STERTZ 1906 beobachtet worden war; mehr systematisch ist dies Thema von HEAD 1906, BABINSKI 1910 sowie vielen folgenden Autoren bearbeitet worden. Daß die Leitungsanästhesie meistenteils an den Füßen und Unterschenkeln beginnt und daselbst auch späterhin am intensivsten bleibt, ist allgemein bekannt. Zusammenfassend konnte folglich ŠERKO 1914 den Satz aufstellen, daß die funikuläre Hypästhesie typischerweise an der lumbosacralen Segmentgrenze beginnt, um sich von hier aus auf- und absteigend zu verbreiten. In späteren Stadien breitet sich die Hypästhesie gewöhnlich auch auf die sacralen Dermatome aus. Die Bevorzugung der Extremitätenenden stellt ja das durchschnittliche Verhalten dar bei diffus wirkenden Läsionen zentraler Leitungssysteme motorischer sowohl wie sensibler Art, und der Grund ist für beide Gruppen wahrscheinlich analog. ŠERKO nimmt mit vielen anderen eine größere Lädierbarkeit „feiner organisierter Teile" an. Hier ist nicht der Ort, auf dieses kontroverse Problem näher einzugehen; die ähnlichen Prädilektionen bei peripheren Störungen werden von FOERSTER und anderen bekanntlich auf geringere Resistenz längerer Nervenfasern bezogen, ein für die spinalen Bahnen weniger in Frage kommendes Moment. Am allgemeinsten angenommen ist hier die Bezugnahme auf die anatomisch (SCHIEFFERDECKER 1876 bis FLATAU 1897) festgestellte Regel der Verschiebung caudalerer Bahnbezirke nach der Oberfläche und nach hinten während ihres aufsteigenden Verlaufs. Die oberflächlichere Lage der lumbalen Segmentbezirke in kranialeren

Teilen des Rückenmarks erklärt gut die zeitliche und graduelle Bevorzugung entsprechender Dermatome bei Kompression von außen; dieselbe Regel würde auch ein entgegengesetztes Verhalten („descendierender Typus“) bei intramedullären, zentral beginnenden Expansivprozessen erklären (vgl. Abschnitt über Symptombild intramedullärer Tumoren!). Unerklärt bleibt aber nach diesem Prinzip die häufig gesehene Aussparung der caudalsten Dermatome; in der Tat spricht vieles dafür, daß dem besonderen Verhalten genito-analer sowie perioraler Hautbezirke besondere Mechanismen zugrunde liegen; Foerster nimmt unter anderem hierfür die alte Schiffsche Lehre von der Schmerzleitung durch die graue Substanz in Anspruch, Karplus denkt an intensivere Überlagerung der Dermatome dieser Bezirke. Antoni 1920 (S. 251f.) macht nach den

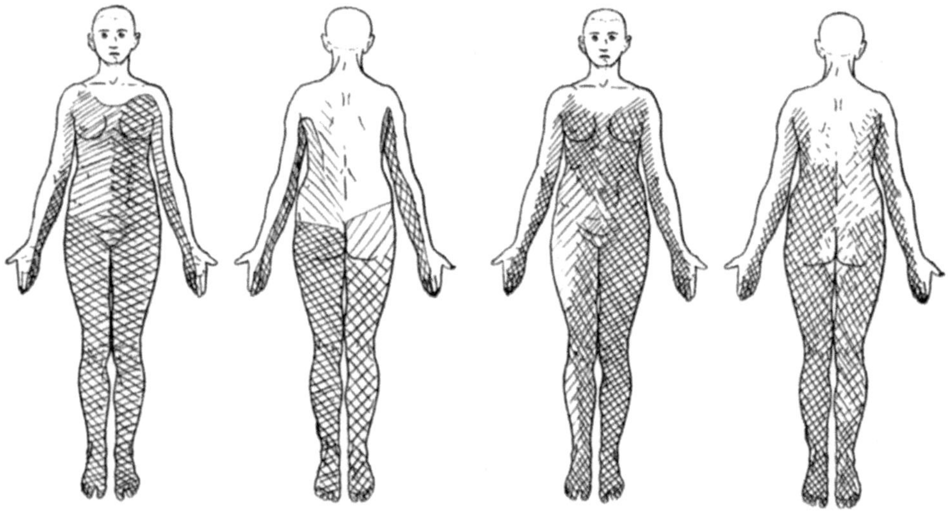

Abb. 52. Schmerz- und Temperatursinn (beide linke Figuren) bzw. Berührungssinn (beide rechte) in einem Falle von juxtamedullärem und extraduralem und extravertebralem Neurinom linkerseits am unteren Halsmark mit Kompression des 7. cervicalen Segments (operativ verifiziert). Entwicklung der Hypästhesie nach seltenem, sozusagen konzentrischem Typus, mit Beginn an Unterarmen und Unterbeinen. Zur Zeit der Operation die verschiedenen hypästhetischen Bezirke beinahe, aber nicht völlig verschmolzen. Zwischen segmentärer (richtiger subsegmentärer) und funikulärer Zone anfangs absolut, später relativ freie Zone. Beginn der Erkrankung in der Gravidität, rasche Entwicklung in einigen Monaten bis zur fast absoluten Paraplegie. Motorische Störung etwa zwei Segmente höher hinaufreichend als sensible.

literarischen und 5 eigenen Fällen darauf aufmerksam, daß die Höhenlokalisation sowie Lage zum Mark der Läsion für das Zustandekommen der Aussparung gleichgültig ist.

Die Regel vom Beginn und späteren Überwiegen der funikulären Sensibilitätsstörungen an der lumbosacralen Grenzzone hat nun aber viele Ausnahmen. Wie die Reizerscheinungen, können auch die cutanen Ausfälle fast an beliebigem Ort ihren Ausgangspunkt nehmen, z. B. an der Mitte eines Oberschenkels (Antoni 1920, Fall XII, Neurinom am unteren Brustmark, isolierte anästhetische Zone ungefähr dem 2. Lendensegment entsprechend; Marchal und Martin 1928, Neurinom am unteren Halsmark, ähnliches Verhalten der Sensibilität). In einem Fall Wohlwills 1910 begann die Hypästhesie im unteren Teil des Rückens, breitete sich von hier teils nach abwärts, teils nach vorne aus, den ganzen Abdomen einnehmend, weiter wurden die unteren Extremitäten ergriffen (ohne Aussparung), schließlich stieg die Störung aufwärts bis zum 2. Intercostalraum; solches sei bei juxtamedullären Tumoren „des öfteren“ gesehen worden (Klinik Nonne). Ganz neuerdings sah ich, bei Tumorkompression des 6.—7. Halssegments, die Hypästhesie anfangs teils in den postaxialen Dermatomen der Arme, teils in den Unterschenkeln beginnen; die letztgenannte (funikuläre) Zone breitete sich allmählich nach oben aus, war aber noch zur Zeit der Operation nicht vollständig mit der subsegmentären Zone verschmolzen (Abb. 52).

Die bei weitem am öftesten beobachtete Form des Fortschreitens sensibler Ausfälle ist aber die ascendierende. Bei allen Arten und Lokalisationen von Tumoren — vorne, hinten, schräg oder seitlich zum Marke; intra- oder extramedullär; dem cervicalen, thorakalen oder lumbosacralen Gebiet zugehörig — ist anamnestisch oder während der ärztlichen Beobachtung ein Aufrücken der oberen Grenze der Hypästhesie unzählige Male wahrgenommen und mitgeteilt worden. Dies Hinaufrücken geschieht allmählich oder schubweise. Ein plötzliches Emporsteigen ist u. a. im Anschluß an Lumbalpunktionen (vgl. des weiteren S. 85!) gesehen worden, und der Wert genauer Wiederholung der Sensibilitätsprüfung in den ersten Stunden und Tagen nach diesem Eingriff ist aufs angelegentlichste von ELSBERG hervorgehoben worden. Die Verbreitung in kranialer Richtung ist fast immer mit Steigerung der Intensität im ganzen hypästhetischen Gebiet verbunden, auch vertilgen sich inzwischen im allgemeinen immer mehr die Asymmetrien und Dissoziationen der Sensibilitätsstörung, ein eventueller Brown-Séquard wird verschlungen, desgleichen die sacrale Aussparung. Eine solche Homogenisierung findet besonders augenfällig bei den akuten Exacerbationen statt, wie auch dabei fast immer eine Steigerung anderer Kompressionssymptome zustande kommt; in extremen Fällen kann mit einem Male — vor allem bei malignen Gliomen, extraduralen und vertebralen Geschwülsten sowie traumatischen Einwirkungen — das Bild der kompletten Transversalläsion zutage treten. Das neue Niveau ist in solchen Fällen meistenteils ein definitives, für die Höhendiagnose zuverlässiges. Eine plötzlich eintretende, schlaffe Paraplegie garantiert jedoch keineswegs, daß die gleichzeitig etablierte Sensibilitätsstörung definitiv und lokalisatorisch zuverlässig ist; vgl. Fall EWALD-WINCKLER 1909, extraduraler Tumor etwa gegenüber dem 2. Thorakalsegment, plötzliche schlaffe Paraplegie, Sensibilität bis zur Intermamillarlinie absolut intakt, somit Diskrepanz von mehreren Segmenten; die Herabsetzung war absolut nur für Kälte, relativ für übrige Qualitäten. Nur bei absoluter Anästhesie, aufgehobener Leitung, scheint mit deren oberem Niveau als sicher zuverlässig zu rechnen sein.

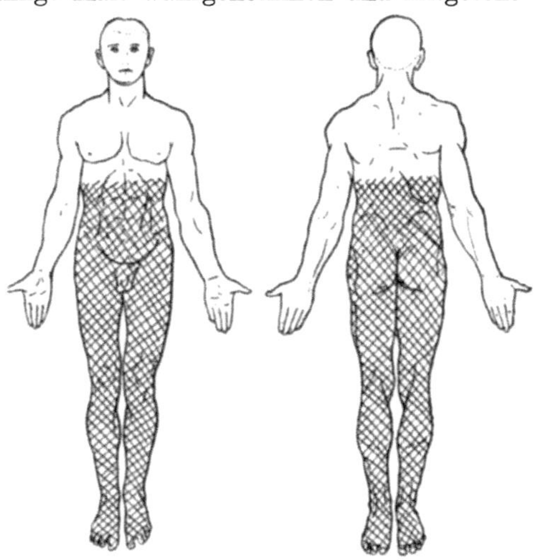

Abb. 53. Meningiom am 8. Brustsegment juxtamedullär. Herabsetzung von Schmerz- und Temperatursinn vom 8. thorakalen Dermatom ab; Berührungssinn unbeschädigt. Operation, Heilung.

In anderen Fällen erfolgt das Emporsteigen allmählicher — ELSBERG erwähnt 1921 ein Emporrücken von Th 6 bis C 6 in 3 Jahren —, die obere Grenze ist dabei oftmals weniger scharf, und es ist unzählige Male geschehen, daß die autoptische Kontrolle ein Nachschleppen, ein Nichthinaufreichen der Sensibilitätsstörung relativ zum Tumorniveau festgestellt hat. Eben dieser Diskrepanz sind ja die Schwierigkeiten der Höhenlokalisation und die vielen, zu tief vorgenommenen Operationen zur Last gelegt worden. Bekanntlich hat man

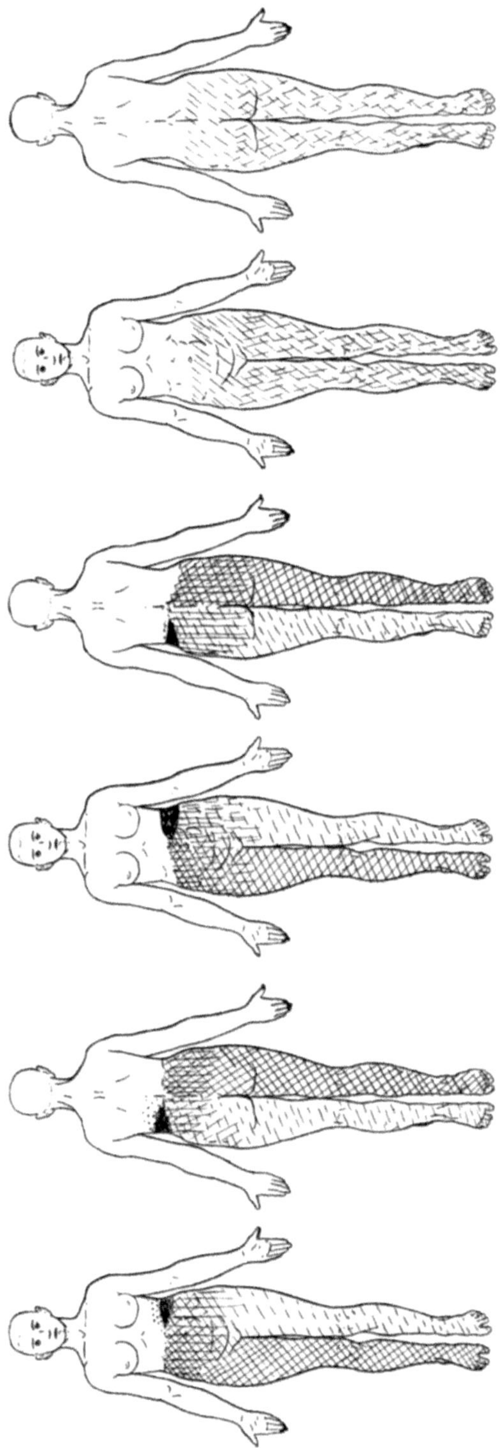

Abb. 54. Temperatursinn links, Schmerzsinn in der Mitte, Berührungssinn rechts. 70jährige Frau, Meningiom juxtamedullär am 7. Brustsegment links (Lipiodolstop in der Höhe der Bandscheibe zwischen 6. und 7. Brustwirbel). Ausgesprochene Hyperästhesie links im 7. Segment für Temperatur (besonders Kälte), Stich und tiefen Druck, nicht aber für leichte Berührung (der gedrückten 7., passierenden Wurzel entsprechend ?). Keine Asymmetrie in bezug auf Parese oder Reflexe, Lagesinn beiderseits gleich stark gestört, Berührungssinn beiderseits leichter gestört, mit tieferer oberer Grenze. Schmerz- und Temperatursinn zeigen ausgesprochene Asymmetrie nach Brown-Séquardschem Typus. 3jähriges, klassisches Wurzelschmerzstadium, dem hyperalgetischen Bezirk entsprechend. Wärmesinnstörung reicht in den Flanken höher hinauf als Schmerzsinnstörung, näher an der Mittellinie rücken die Grenzen aneinander.

sich früher bemüht — besonders der Name Ludwig Bruns ist mit diesem Versuch verknüpft —, die genannte Diskrepanz als etwas Notwendiges und Regelmäßiges hinzustellen, vom Sherringtonschen Prinzip der Überlagerung sensibler Wurzelgebiete in der Peripherie abhängig und erklärlich; man hat für die Niveaudiagnose mit einem bestimmten Korrektionsprinzip gerechnet, nach welcher die obere Grenze der Läsion 2—3 Segmente höher zu suchen sei, als was der oberen Grenze der Hypästhesie entspricht.

Für die Beurteilung der wahren Verhältnisse zwischen Niveau der Markschädigung und Niveau der Gefühlsstörung würde eigentlich ein viel reicheres und viel genauer untersuchtes Material vonnöten sein, als bisher beigebracht worden ist. Die topographischen Beziehungen zwischen Tumor und Rückenmark sind dazu nicht ausreichend, besonders nicht, wenn sich die Angaben auf ektomierte Wirbelbögen beschränken. Denn 1. ist die Zone der Druckschädigung im Mark nicht ohne weiteres mit der Ausdehnung der Geschwulst identisch; vielmehr ist der Umfang der Markschädigung wahrscheinlich meistenteils viel kleiner, als was der Länge des Tumors entspricht; 2. ist es sehr leicht, sich in bezug auf Reihenfolge der Wirbelbögen zu irren, eigentlich wäre dazu Röntgenkontrolle nötig; 3. sind die Beziehungen zwischen Dermatomen und Wurzelreihe nicht fest und invariabel; 4. sind sehr wenig Fälle da, wo einerseits eine genaue Sensibilitätskarte, andererseits segmentweise anatomische Kontrolle des Zustands des Rückenmarks und der Wurzeln mitgeteilt worden sind. Das spärliche Material, wo die letztgenannten Bedingungen erfüllt wurden, spricht im großen und ganzen in der Richtung, daß die obere Grenze der *Erweichung* des Marks mit der Grenze der Hypästhesie gut und ohne Korrektion übereinstimmt; im obersten getroffenen Segment ist Hypästhesie sehr gewöhnlich; Zerstörung eines Wurzelpaares scheint keinen merklichen Ausfall bewirken zu müssen. Im Falle BRUNS-LINDEMANNS 1894 fand sich eine totale Erweichung in den Marksegmenten Th 3—4, „disseminierte Myelitis" im Segment Th 2, Anästhesie war ab Dermatom Th 4 vorhanden, bedeutende Hypästhesie noch im Dermatom Th 3. In den beiden, einander sehr ähnlichen Fällen von QUENSEL 1898, OPPENHEIM 1906 fand sich Hypästhesie ab Th 8, Anästhesie ab Th 9, Erweichung wurde mit der Marchimethode im 9.—10. Brustsegment festgestellt. Im Falle GERHARDTS 1894, lange und eingehend beobachtet, sind die Angaben teilweise unvollständig: konstante Hypästhesie bis 4 cm oberhalb des Nabels, Rückenmark in $3^1/_2$ cm Länge zu einem dünnen, aller nervösen Elemente beraubten Bande verwandelt, die Segmenthöhe der Läsion wird nicht direkt angegeben, nur daß die obere Grenze der Markveränderung dem oberen Rand des 9. Bogens entsprach; das würde nach „normaler" vertebromedullärer Topographie der Grenze zwischen 10. und 11. Marksegment entsprechen, die Anästhesiegrenze somit 1—2 Segmente zu hoch hinaufreichen; von einem Nachschleppen ist also jedenfalls nicht die Frage.

In älteren wie neueren Beobachtungen finden sich nun reichlich Beispiele, wo obere Grenze der Hypästhesie mit der autoptisch kontrollierten Lage der Geschwulst direkt und ohne Korrektion übereinstimmt. Nur wenige Beispiele seien angeführt: HENSCHEN 1901, Tumor juxtamedullär bei C 7, vielleicht auch C 6, taktile Hypästhesie und Hypalgesie ab C 7, vielleicht C 6, Thermästhesie vielleicht deutlicher als die übrigen Qualitäten auch im C 6 gestört; 2. OPPENHEIM 1913, Fall 2, scharf begrenzter Tumor (Neurinom ?) intramedullär im C 8, Hypästhesie genau ab C 8; 3. FLATAU und STERLING 1906, Tumor juxtamedullär am Th 6, Hypästhesie nach der mitgeteilten Karte ab Th 6 (der Tumor wurde dem Korrektionsprinzip zufolge zu hoch gesucht); 4. STURSBERG 1907, Tumor juxtamedullär bei Th 10, Hypästhesie mit scharfer Grenze in Nabelhöhe; LICHTHEIM-JOACHIM 1905, Tumor juxtamedullär bei Th 11, Hypästhesie ab 4 Querfinger unterhalb des Nabels. FRIEDRICH SCHULTZE und seine Schüler folgen dem Prinzip, eine Zone leichterer Hypästhesie, oberhalb der schwereren Störung, als dem gedrückten Marksegment unmittelbar entsprechend anzusehen. Besonders eingehend und in gewohnt definitiver Art ist die Topographie der Sensibilitätsstörungen von BABINSKI (mit JARKOWSKY) 1920 in folgender Art dargelegt worden. Bei völlig querdurchtrenntem Mark, z. B. infolge von myelitischer Erweichung oder traumatischer Schädigung, ist die Hautsensibilität bis zu einem gewissen Niveau ganz aufgehoben. Der Übergang zu normalen Verhältnissen geschieht aber nicht mit einemmal, oberhalb der absoluten Anästhesie befinden sich zwei Zonen veränderter Sensibilität, jede von etwa einer Segmentbreite, zu unterst eine Zone von „hypoesthésie marquée", darüber eine Zone von „hypoesthésie légère"; die erstere entspricht dem obersten zerstörten Marksegment. In der Zone ausgesprochener Hypästhesie „werden zahlreiche Irrtümer begangen, der Kranke unterscheidet nicht die Spitze einer Nadel vom Knopf, eine rauhe Fläche von einer ebenen, kalt wird als Stich, bisweilen unerträglich, empfunden"; in der Zone leichter Hypästhesie ist nur quantitative Herabsetzung zu finden. Bei Kompressionen liegen die Verhältnisse bisweilen ganz ähnlich, meistens aber nicht. Absolute Anästhesie ist nur in einem beschränkten Gebiet zu finden, das erst mehrere Segmente unterhalb der Läsion beginnt, gewöhnlich aber völlig fehlt, statt dessen ist die maximale Störung von einer „hypoesthésie instable" vertreten, mit unregelmäßiger und stark variierender Empfindlichkeit, man findet unerwartete „réveils de la sensibilité", oft sogar gegen das Ende einer Untersuchung. Die Zone ausgesprochener Herabsetzung endet nach oben meistens ganz scharf, und diese Grenzlinie entspricht nach BABINSKI genau und ohne Korrektion der oberen Grenze der Markschädigung. Oberhalb derselben befindet sich, ganz wie bei absoluter Querläsion, eine Zone leichter Störung, nach unten zeigt die ausgesprochene Herabsetzung meistens eine zunehmende Intensität (nach oben zu also umgekehrt eine allmähliche Abnahme der Intensität, wodurch die Schärfe der oberen Grenze nicht immer

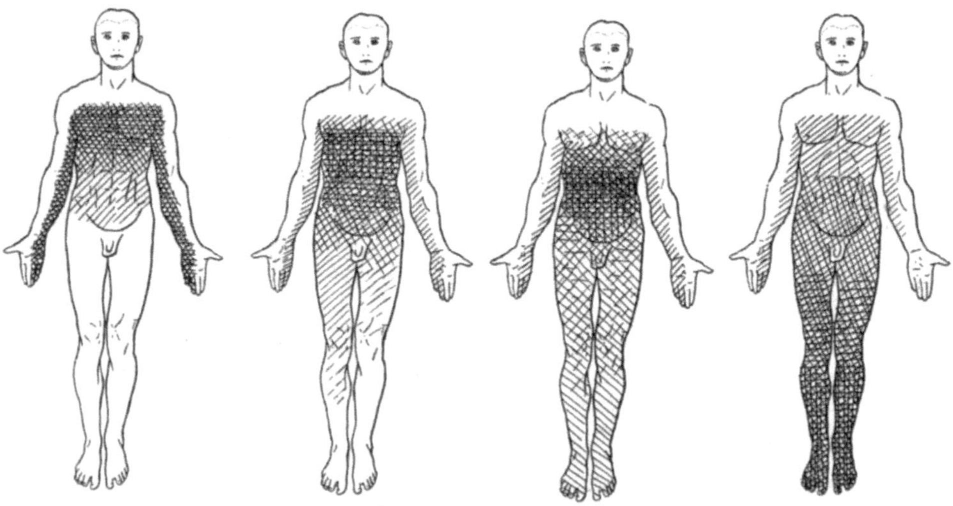

Abb. 55. Tumoren am untersten Halsmark. Verschiedene Typen der Hypästhesie, „Intramedullärtypus" links, acraler Typus rechts, dazwischen Übergangsformen.

ganz leicht zu bestimmen ist!), und *die Zone der „lésion maxima" befindet sich bei solcher gewöhnlicher, relativer Markschädigung mehr oder weniger weit unterhalb der Läsion,* nimmt z. B. bei Kompression des oberen Brustmarks das Gebiet beider Beine oder beide Oberschenkel und obere Bauchgegend oder nur letztgenannte ein. Weitere Beispiele solcher, intermediär gelegener Maximalzone finden sich in der Literatur reichlich: PUTNAM und WARREN 1899, Fall 1, Tumor juxtamedullär am Th 9, leichte Hypästhesie Th 9—12, maximale Hypästhesie L 1—5; HENSCHEN 1901, Kompression des untersten Halsmarks, maximale Hypästhesie etwa Th 7—L 3; TASCHENBERG 1921, Fall 1, Tumor juxtamedullär bei Th 7, maximale Hypästhesie (L 1) L 3—5 (S 1). Hauptsache ist nach BABINSKI, daß die Grenze zwischen ausgesprochener und leichter Hypästhesie der oberen Grenze der Markschädigung direkt entspricht. Er hat nach diesem Prinzip die Höhendiagnose immer zutreffend stellen können, was ihm 1923 von seinen chirurgischen Mitarbeitern nachgerühmt wurde. Diese erstaunliche Prestation ist wohl aber nur so zu erklären, daß er die Fälle sämtlich in ziemlich vorgeschrittenem Stadium zu eruieren gehabt. Es finden sich in der Literatur genug Fälle, genau und von kompetentesten Untersuchern beobachtet, wo sich gewaltige Diskrepanzen zwischen Läsion und oberem Hypästhesieniveau fanden; um nur ein einziges Beispiel zu nennen, wurde im Falle MARCHAL und MARTIN 1928 die Geschwulst am Halsmark durch die Lipoidolprobe richtig lokalisiert, wo sich von sensiblen Ausfällen nur eine variable und unscharf begrenzte Hypästhesie für Schmerz und Temperatur geringen Umfanges am linken Oberschenkel vorfand.

Die verschieden starke Überlagerung der cutanen Qualitäten, die vor allem von FOERSTER bei medullären Läsionen wechselnder Art systematisch studiert worden ist, kommt nach diesem Autor bei Compressio medullae spinalis regelmäßig zum Ausdruck, indem die Grenze der taktilen Hypästhesie zu unterst, diejenige der Hypalgesie bzw. thermischen Hypästhesie jede um etwa eine Segmentbreite höher gelegen ist. Bei Tumoren der Lumbosacralregion können so verschiedene Propagationstypen vorkommen wie im Falle BRUNS' 1894—1896, Gliom vom oberen Lendenmark ausgehend, mit anfänglicher Aussparung der Sacralsegmente, andererseits der Duratumor BOX' 1903, mit hauptsächlich aufsteigender Anästhesie, in den unteren und oberen Sacraldermatomen zugleich beginnend, allmählich bis Th 12 hinaufreichend (der Verlauf durch 40 genaue Sensibilitätskarten erläutert!).

Der Beginn sensibler Ausfallsphänomene in einer intermediären Zone ist, wie die intermediäre Lage der maximalen Störungen im vorgeschrittenen Stadium, ungezwungen aus einem Maximum der Kompressionswirkung, weder in den oberflächlichsten noch in den am nächsten zur grauen Substanz gelegenen Bahnlamellen, sondern in einer Intermediärzone der sensiblen Leitungsbahnen zu erklären. Je oberflächlicher das Kompressionsmaximum, um so caudalere Dermatome werden am frühesten bzw. am stärksten getroffen; die Genitoanalzone nimmt, wie früher gesagt, gewissermaßen eine Sonderstellung ein.

Über die häufig, besonders im frühen Teil des Verlaufes einer Rückenmarkskompression vorkommenden Asymmetrien und Dissoziationen der sensiblen Störungen können wir uns kurz fassen. Bisweilen treten sie erst nach gelungener Operation oder in einer spontanen Remission zutage — „Entschleierung" OPPENHEIMS —, waren auf der Acme in die diffuse Hypästhesie aufgegangen. Beim BROWN-SÉQUARD*schen Typus* ist, wie vor allem von HEAD hervorgehoben, die Diskrepanz zwischen oberer Grenze der Hypästhesie und Läsionsniveau besonders augenfällig. Er kommt sicherlich öfter bei extramedullären Tumoren vor, ist aber auch bei intramedullären nicht allzu selten: HENNEBERG 1900 („Gliosarkom"), L. R. MÜLLER 1897 (Tuberkulom), STERTZ 1906 (Fall 1, Gliom des Halsmarks), VERAGUTH und BRUN 1910 (Tuberkulom im 4. Cervicalsegment), OPPENHEIM 1913, Fall 1 (intramedulläres, scharf begrenztes „Fibrom" im 2. Brustsegment), FLECK 1922, Fall 4 (Gliom des unteren Halsmarks) u. v. a. Besonders sind isolierte Züge oder ein unvollkommenes Bild dieses Typus oder aber allerlei Übergangsformen zu den diffusen Sensibilitätsstörungen ganz häufig. Ich sah bei einem Meningiom juxtamedullär nach rechts am unteren Brustmark spastische Parese des rechten Unterbeins, schwere Störung der Tiefensensibilität nur im rechten Fuß, keine taktile Hypästhesie, Kälte- und Wärmesinn am ganzen linken Bein schwer gestört, Schmerzempfindung ungeschädigt überall bis auf ein kleines Gebiet an der Innenseite des linken Oberschenkels, wo gänzliche Analgesie und Thermoanästhesie bestand; mit anderen Worten den klassischen BROWN-SÉQUARD, nur mit Aussparung des Schmerzsinns. Die Entwicklung eines doppelseitigen BROWN-SÉQUARD schildert 1910 AUERBACH bei einem Tumor juxtamedullär am unteren Cervical- bis zum oberen Brustmark: Zuerst homolaterale Parese mit gekreuzter Hypästhesie für Schmerz und Temperatur, später gekreuzte Parese mit homolateraler Herabsetzung von Schmerz- und Temperatursinn.

Dissoziation zwischen den einzelnen Qualitäten sind sowohl bei extra- wie intramedullären Tumoren sehr häufig, und zwar in bezug auf segmentale wie funikuläre Störungen, eigentümlicherweise anscheinend häufiger bei den letztgenannten. Beispiele: TASCHENBERG 1921, Fall 1, juxtamedullärer Tumor am

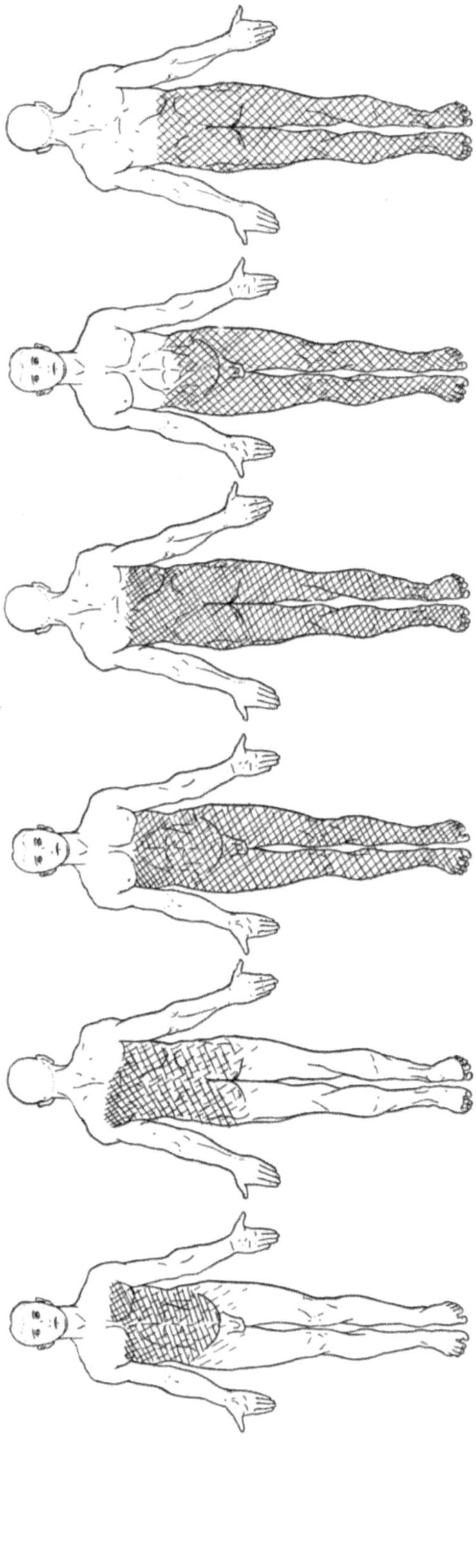

Abb. 56. Meningiom am 1. Brustsegment juxtamedullär. Herabsetzung von Schmerz-, Temperatur- und Berührungssinn. Operation, Heilung.

Th 6, Schmerz- und Temperaturempfindungen sowie Diskrimination ab Th 6 herabgesetzt, Schmerz ab L 1 aufgehoben, taktile Anästhesie linkerseits nur im 3., rechterseits im 3.—5. Lumbaldermatom; OPPENHEIM 1907, Tumor juxtamedullär am unteren Lendenmark, L 4—S 1 beiderseits stark herabgesetzter Schmerz- und Temperatursinn bei normalem Berührungssinn (bis auf leichte Herabsetzung am inneren Fußrand.

Bei vielen Fällen von „syringomyelieartiger Dissoziation“ ist auf dem Verhalten der tiefen Sensibilität weniger Gewicht gelegt, sehr oft findet sich allerdings in den bezüglichen Krankengeschichten eine gleichzeitige, mehrweniger hochgradige Bathyhypästhesie verzeichnet; im Falle BABINSKI-DE MARTEL-JUMENTIÉ 1912, juxtamedullärer Tumor am oberen Brustmark, fand sich aber, bei ungestörter Tiefensensibilität (bis auf aufgehobene „sensibilité osseuse“ in Beinen und Füßen), reine Hypästhesie für Schmerz und Temperatur unterhalb der Läsionsstelle mit Maximum im Gebiet zwischen Nabel und Leisten.

Konform der diffus verteilten Leitung taktiler Empfindungen (doppelseitig, durch Hinter- und Vorderseitenstränge nach PETRÉN) ist bei unvollständigen Anästhesien der Berührungssinn relativ am häufigsten ausgespart. Ganz isolierte taktile Hypästhesien kommen kaum vor, einseitige taktile Störung funikulärer Natur dagegen nicht ganz selten, gewöhnlich homolateral, so beim juxtamedullären Tumor AUERBACHS 1910 am unteren Hals- und oberen Brustmark (mit BROWN-SÉQUARD), beim intramedullären Tumor ABRAHAMSON-GROSSMANNS 1921 (Gliom des obersten Halsmarks), beim extraduralen Atlastumor HANNEMANNS 1919. Isolierte Störung der taktilen Lokalisation homolateral war beim einseitigen intramedullären Tumor des obersten Halsmarks von Bielschowsky und Unger 1920 verzeichnet worden. Als *besondere Prüfungsmethode der Hinterstrangsfunktion* verwendet Foerster das Schreiben von Ziffern an der Haut des zu Untersuchenden; die Methode hat sich auch mir gut bewährt, hat aber die Schwäche, daß das Unterscheidungsvermögen schon unter normalen Umständen ziemlich stark variiert.

Die große Empfindlichkeit der Pyramidenbahn macht, daß einigermaßen isolierte oder deutliche *Ataxie* ziemlich selten bei Kompressionen des Rückenmarks zur Beobachtung kommen, obgleich ja Hinterstränge und spinocerebelläre Systeme dazu eigentlich reichlich Gelegenheit geben würden. Ein Kranker Thomayers 1907, Tumor epidural am obersten Halsmark, erkrankte plötzlich mit ataktischer Störung der Beine, 6 Wochen später war eine spastisch-ataktische Parese da, ohne Hypästhesie. Im Falle Collin-Marks 1915 (Beobachtung 1), Tumor juxtamedullär am 12. Brustsegment, war ataktischer Gang die erste bemerkte Störung. Der Gliomfall Flecks 1922 (unterer Hals- bis unterer Brustregion) zeigte Ataxie und Bathyhypästhesie der Beine bei Erhaltung der groben Kraft. Ataxie mit leichter Parese kombiniert ist häufiger, Oppenheim 1907, Fall 6, sah z. B. vor der Operation eines juxtamedullären Tumors am mittleren Brustmark Ataxie beider Beine, vor allem des einen, mit gleichzeitiger Parese und Bathyhypästhesie; nach der gelungenen Exstirpation trat die Ataxie relativ stärker hervor und dauerte besonders lange an. Viele ähnliche Observationen sind mitgeteilt worden, z. B. von Auerbach 1910 bei einem intra-, von Elsberg und Strauss 1929 bei einem extramedullären Tumor am oberen Halsmark, bei beiden Ataxie mit leichter Parese im homolateralen Arm. Viele, als bloße Paresen beschriebene Störungen würden bei genauerer Analyse höchstwahrscheinlich eine ataktische Komponente gezeigt haben. Interessant ist der Fall Guillains und Mitarbeiter 1929, Gliom des mittleren Brustmarks mit Syringomyelie bis in die Oblongata, wo das klinische Bild, nach einleitenden Schmerzen im Hinterkopf, Hals, Lendenregion usw., von Lateropulsion nach links, Schwindel, Erbrechen, hochgradiger Störung des allgemeinen Gleichgewichts und groben cerebellären Symptomen der Beine bei Erhaltung der groben Kraft geprägt war. In einem Falle desselben Autors und Mitarbeiter 1930, Tumor am obersten Halsmark und unterster Oblongata mit Syringomyelie, wird ein Krankheitsbild von vorwiegender Spastizität mit cerebellären Störungen aller vier Extremitäten geschildert; anatomisch fand sich schwere Entartung — merkwürdig genug nur einseitig — von Pyramidenbahn, Corpus restiforme und Fibrae arcuatae internae: „Forme cerebello-spasmodique de début des tumeurs de la moelle cervicale haute“.

Störungen der Reflexe fehlen wohl nie ganz, sind meistens hochgradig ausgesprochen und kann alle Arten solcher Störungen aufweisen. Die Muskel- („Sehnen- und Periost-“) reflexe sind bei segmentärer Lähmung meistens abgeschwächt bis aufgehoben, Kombination von Atrophie mit Hyperreflektivität kommt vor allem bei supranukleär bedingter Parese vor (vgl. S. 56), ist aber auch im betroffenen Segment selbst nicht ausgeschlossen. Bei aufgehobenem Biceps-humeri-Reflex — auch (wie ich bei Syringomyelie gesehen habe) ohne Lähmung oder Atrophie dieser Muskelgruppe — infolge Kompression in der Gegend des 5. Cervicalsegments kann sich die infraläsionelle Reflexsteigerung schon im Triceps oder den Fingerbeugern geltend machen — „inversion du réflexe du radius“, Babinski 1910. Ähnliche „Inversionen“ normaler Reflexe, mit und ohne Lähmung derjenigen Muskeln, die normaliter reagieren sollten, kommen auch in anderen Körperteilen zur Beobachtung und lassen sich wahrscheinlich immer als Kombinationseffekte segmentärer Hypo- mit infra- (bisweilen sogar supra-) läsioneller Hyperreflektivität begreifen. Auch supraläsionelle

Reflexsteigerung kommt, wie gesagt, und vielleicht nicht einmal selten vor, vor allem an den Armen bei Kompressionen des Brustmarks; das kann nach BARRÉ und SCHRAPF 1920 ein Zeichen der Schädigung sympathischer Nervenapparate sein, die nach LANGLEY aus dem 4.—6. Brustsegment für die obere Extremität bestimmt sind. Ich sah hochgradige Steigerung der Armreflexe bei Tumor an der Vorderseite des Brustmarks bei Th 10. Den in meiner Klinik sog. HOFFMANNsche Reflex, Triceps brachii-Effekt indirekt ausgelöst, prüfe ich zweckmäßig durch Schlag auf den Proc. styloideus ulnae bei stark gebeugtem Unterarm; er ist nach meiner Erfahrung nur bei pathologisch gesteigerter Reflektivität zu sehen. Die „Supinoreflexe" lösen wir am sichersten durch Schlag auf dem Epicondylus lateralis humeri aus; sie haben mit supinierter Stellung eigentlich nichts zu tun, sind in der Tat der reine Ausdruck gesteigerter Reflektivität des Deltoideus. Trömner ist nur bei hochgradiger Ausprägung pathologisch.

Daß segmentär bedingte, atrophierende Parese mit Erhaltung der Muskelreflexe vereinbar ist, wurde schon gesagt, ein Beispiel davon ist Fall 5 bei ABRAHAMSON und GROSSMANN 1921, Tumor bei C 1—6 mit erhaltenen Oberarmreflexen. Aber auch das umgekehrte kommt vor, Schwund der Reflexe ohne Parese oder Atrophie, wie beim Riesentumor der Caudaregion, SCHULTZE 1903, Fall 6 (Quadriceps).

Prüfung der Muskelreflexe an den unteren Extremitäten ist zweckmäßig teils in sitzender Stellung mit frei herabhängenden Füßen, teils im Liegen vorzunehmen. Im Sitzen ist z. B. ein Quadricepsreflex von der Vorderseite des unteren Teils der Tibia aus (indirekt ausgelöster „Patellarreflex") zu erhalten, und zwar nur bei Steigerung der Reflektivität solchen Grades, die fast nur bei anatomischer Läsion des Zentralnervensystems zu sehen ist; ein Schlag auf oder medial von der Tuberositas tibiae kann kombinierte Knie- und Hüftbeugung oder nur Kniebeugung („invertierter Patellarreflex", doch mit Erhaltung oder sogar Steigerung des „Patellarsehnenreflexes" sehr gut vereinbar und gewöhnlich damit verbunden) oder Innenrotation des Unterschenkels auslösen, alles Zeichen von Hyperreflektivität pathologischen, wenn auch nicht notwendigerweise anatomischen Grades. Hyperreflektivität der Ad-, seltener der Abduktoren des Hüftgelenks ist in dieser Stellung auch leicht nachzuweisen, durch Schlag auf der Innen- bzw. Außenseite des Kniegelenks. Im Liegen ist der Reflektivitätsgrad der Wade durch Schlag auf dem vorderen Teil der Planta pedis bei passiv plantarflektiertem Fußgelenk zu ermitteln, bei hochgradiger Steigerung kann Klonus ausgelöst werden; nähert man sich mit seinem Schlag allmählich der Ferse, hört beim Erreichen dieser (somit beim Aufhören der Hebelwirkung im Fußgelenk) der „Achillesreflex" auf und stattdessen erfolgt, gesteigerte Reflektivität vorausgesetzt, Innenrotation des gekreuzten Beins; volle Wirkung auf das andere Bein kommt mit anderen Worten erst dann zustande, wenn der Schlag gegen das eine Ende einer unnachgiebigen Achse in deren Längsrichtung geführt und dessen Gewalt somit dem Becken ungeschwächt mitgeteilt wird. Von dem bestimmten Wert des ROSSOLIMOschen Zehenphänomens als „Pyramidenreflex" habe ich mich oft überzeugen können. Das alles wären nur einige „Tips" aus eigener besonderer Erfahrung; im übrigen kommt die gesamte Reflexologie in der Untersuchung und Beurteilung von Rückenmarkstumoren zur Verwendung.

Die *Oberflächenreflexe* sind auch bedeutsam, vor allem natürlich das *Zehenphänomen* BABINSKIS, das bei Tumoren des Rückenmarks vom Stadium der Markkompression an nur selten vermißt wird: auch bei schlaffer Funikularlähmung, bei eventuell abgeschwächten oder aufgehobenen Muskelreflexen, pflegt es zu bleiben, desgleichen meist in der „paraplégie en flexion". Der Cremasterreflex ist meiner allgemeinen Erfahrung nach durchschnittlich viel resistenter als die cutanen Reflexe der übrigen Bauchmuskulatur, so auch bei Compressio medullae spinalis; bei Tumoren inner- oder außerhalb des Abdominalgebiets des Rückenmarks, mit ganz oder teilweise aufgehobenen Bauchreflexen, sind die Cremaster nicht selten erhalten. Die Bauchreflexe sind bekanntlich sehr empfindlich, was sich auch bei dieser Krankheit oft exemplifizieren läßt. Dabei scheint ein Unterschied zwischen oberen und unteren Reflexen zu bestehen, indem die unteren leichter verloren gehen; im Falle 5 bei ABRAHAM-GROSSMAN 1921 z. B., Tumor vom Atlas bis C 6 mit atrophierender Armparese und spastischer Paraplegia inferior, verbreiteten Hypästhesien und gelbem Liquor, waren obere Bauchreflexe vorhanden, mittlere schwächer, untere fehlten; im Falle 8 bei STERTZ 1906 (Klinik NONNE) behaupteten sich die oberen Bauchreflexe noch im Stadium vorgeschrittener Paraplegie und Anästhesie infolge juxtamedullärer Geschwulst am 4. Brustsegment. Auch als supraläsionelle Störung lassen sich die Bauchreflexe anscheinend beeinflussen; im Falle SCHÜLE 1906, Kompression des mittleren Lendenmarks mit schlaffer Parese der Beine ab etwa L 2 oder L 3, Patellarreflexe verschwunden, war, bei erhaltenen Cremasterreflexen, unterer Bauchreflex einseitig aufgehoben, andererseits abgeschwächt, übrige Bauchreflexe erhalten. Die Riesengeschwulst der Caudaregion SCHULTZES 1903, Fall 6, Tumor dicht oberhalb des 1. Lendenwirbels, neurobiologische Symptome etwa ab Marksegment L 5, hatte Cremaster- und sämtliche Bauchreflexe zum Verschwinden gebracht. Solche Distanzwirkungen von unten her und ungleichmäßige Beeinflussung bei supranukleären Lähmungen, mit Bevorzugung eben der unteren Bauchreflexe, sind sehr bemerkenswert, sie zeigen, daß auf „Dissoziationen" innerhalb der Bauchreflexe nicht allzugroßes Gewicht gelegt werden darf. Sonst gibt es viele Fälle, bei welchen das besondere Verhalten dieser Reflexe mit dem genauen Niveau der Läsion in guter Übereinstimmung zu stehen scheint; Tumor juxtamedullär bei Th 9, „Umbilicalreflex" an der Tumorseite negativ, an der anderen Seite positiv (PUTNAM und WARREN 1899, Fall 1): Tumor intramedullär bei Th 10, obere Bauchreflexe +, untere — (FLECK 1922, Fall 3); Tumor juxtamedullär bei Th 11, obere Bauchreflexe +, untere — (LICHTHEIM-JOACHIM 1905); Tumor juxtamedullär nach rechts bei Th 10, obere Bauchreflexe konstant vorhanden, mittlerer rechter anfangs schwach, später verschwunden, mittlerer linker anfangs normal, später abgeschwächt, untere Bauch- und Cremasterreflexe von Anfang aufgehoben. Auch über unerwartete Erhaltung der Bauchreflexe bei schwerer Tetra- oder Paraplegie liegen aber Erfahrungen vor, z. B. in den Fällen FLECKS 1922, Beobachtung 4, SEELERTS 1918, ABRAHAMSON-GROSSMANS 1921, Beobachtung 7. Besonders Fall SEELERT ist instruktiv, wo der juxtamedulläre, 12 cm lange Tumor den ganzen Markbereich der Bauchmuskulatur interessierte. Zwar muß zugegeben werden, daß die Unterscheidung zwischen cutanen und Abwehrreflexen der Bauchmuskulatur nicht immer leicht ist, einzelne der genannten Erhaltungen waren vielleicht nur scheinbar; doch wissen wir ja, besonders sicher seit der Mitteilung DOWMANS 1923. daß der eigentliche Reflexbogen der Hautreflexe innerhalb des Rückenmarks geschlossen wird und daß sowohl Bauch- wie Cremasterreflexe in seltenen Fällen völliger Kontinuitätstrennung der Medulla spinalis erhalten bleiben können.

Die „Abwehrreflexe" wurden bei den Störungen der Motilität erwähnt.

Unter den **Störungen der visceralen Innervation** treten vor allem diejenigen der *sympathischen Innervation von Bulbus oculi und Orbita* sowie die *Sphincterstörungen* hervor; Störungen der Schweißsekretion und der Pilomotoren, der Vasomotilität einschließlich angioparalytische Ödeme und andere Anzeigen gestörter Trophik sind praktisch weniger bedeutungsvoll, natürlich mit

Ausnahme der wichtigsten aller, der Dekubitalgeschwüre, deren Zugehörigkeit zu den im neurologischen Sinne trophischen Symptomen ja kontrovers ist.

Das BERNARD-HORNERsche Syndrom ist bei den Tumoren des Halsmarks, intra- und extramedullär wie extradural, ein gewöhnliches und lokalisatorisch wertvolles Zeichen. Es findet sich bei Kompressionen des höheren, mittleren und tiefen Teiles des Halsmarks. Im Falle SÖDERBERGH-ÅKERBLOM 1913, Tumor juxtamedullär vom unteren Rand des 2. Halswirbels bis oberhalb des Atlas, waren verengte Lidspalte und Miosis vorhanden, desgleichen im ähnlich gelagerten Falle ABRAHAMSON-GROSSMAN 1921, Beobachtung 6. Unter 6 Fällen der höchsten Cervicalregion mit partiell intrakranieller Lage sahen ELSBERG und STRAUSS 1929 einmal bloße Miosis, einmal dasselbe + verengte Lidspalte. PUTNAM, KRAUS und PARK 1903 sahen Miose, zwar an der dem Tumor abgewandten Seite, bei Kompression des 3. Halssegments, PANSKI 1912 kontralateralen Horner bei juxtamedullärem Tumor bei C 7—Th 1. Mit Hinsicht auf die Erfahrungen über Vorkommen dieses Syndroms bei Herden der Oblongata (BABINSKI 1902) liegt nichts Überraschendes darin, es bei ganz hoch gelegenen Tumoren des Halsmarks zu finden, auch ist ja die supranukleäre Bahn durchs ganze Halsmark für komprimierende Prozesse erreichbar. Vielleicht würde eine statische Berechnung jedoch eine Häufung der HORNER-positiven Fälle gegen das BUDGEsche Zentrum und die KLUMPKEsche Wurzel ergeben; ich kann das jedoch keineswegs behaupten. Eine ganze Reihe von Tumorfällen im und am thorako-cervicalen Grenzgebiet findet sich jedenfalls in der Literatur verzeichnet, die das Syndrom darzubieten hatte. Wichtig ist deshalb die Tatsache, daß es bei solcher Lokalisation auch fehlen kann. Im Falle BING-BIRCHER 1909, einem extraduralen Tumor, wo die topographischen Beziehungen besonders gut überblickt werden konnten, fehlte es; der Tumor engagierte die 8. cervicale, nicht aber die erste thorakale Wurzel, was vielleicht die Ursache des Fehlens darstellte. Fall HERZOG 1909 aber, juxtamedullärer Tumor mit $6^1/_2$jähriger Krankengeschichte und Maximum der Kompression am 8. Hals- und 1. Brustsegment, zeigte auch keinen Horner, auch nicht der Gliomfall ROUX-PAVIOT 1898, wo das BUDGEsche Gebiet von neoplastischer Infiltration hochgradig durchgesetzt war. *Mydriasis als Reizsymptom* verzeichnen AUERBACH 1910, MEYER 1902 bei juxtamedullären Tumoren des untersten Halsmarks.

Anhidrosis der linken Körperhälfte bei linksseitigem Gliom von der Olivengegend bis zum 6. Halssegment erwähnt HENNEBERG 1900 (supranukleäre Störung ?). *Hyperidrosis* einer Gesichtshälfte fanden FRAZIER und SPILLER 1922 einmal bei Tumor am 7. Hals-, einmal bei Tumor am 6. Brustsegment! Hyperidrosis einer Gesichtshälfte und Thoraxhälfte nennt FLECK 1922 (Fall 1) bei Gliom vom 8. Halssegment bis ins untere Brustmark. Permanente Hyperidrosis des oberen Thorax, der Arme bis zum Handgelenk, des Halses und Kopfes schildern Mme. DEJERINE und JUMENTIÉ 1921 in einem Fall von Gliom, das sich vom 4. Hals- bis zum 3. Brustsegment erstreckte; im selben Falle fand sich das seltene Phänomen einer permanenten Gänsehaut desselben Hautgebiets mit Ausnahme von Kopf und Hals. Bei diesem, minutiös untersuchten und geschilderten Fall wurde das Verhalten der pilomotorischen Reflexe ANDRÉ-THOMAS' genau studiert; der cerebral ausgelöste Reflex wurde durch den Krankheitsherd blockiert, die Auslösung der Abwehrreflexe brachte das pilomotorische Phänomen bis einschließlich der spontan gereizten Region hervor; der spinale Reflex, durch Reizung der Bauchhaut ausgelöst, erreichte überdies Hals und Wangen. Diese Schilderung würde einem typischen Verhalten dieser Reaktionen bei Blockade durch einen medullären Herd entsprechen. Weitere Erfahrungen über Gesetzmäßigkeiten im Verhalten der sudoralen und pilomotorischen Reflexe bei Rückenmarkstumoren sind ganz spärlich; eigene systematische Erfahrungen fehlen mir gänzlich.

Die von BARRÉ und SCHRAPF 1920 mitgeteilten Beobachtungen über *Störungen der sympathischen Innervation der oberen Extremitäten durch Läsionen des mittleren Brustmarks* scheinen aber in der Kasuistik mehrfache Bestätigung gefunden zu haben; SEELERT erwähnt schon 1918 Parästhesien der postaxialen Segmente der Arme bei einem Tumor dieser Region, ELSBERG erwähnt 1925 mehrere einschlägige Beispiele. Die diesbezüglichen Phänomene bestehen, außer den genannten Parästhesien, die vielleicht ihren häufigsten Bestandteil ausmachen, aus Schmerzen, objektiver Kälte oder Hitze der Arme, Schwäche der Arme bis zu beträchtlicher Funktionsbehinderung, Steigerung der Reflexe. Von Interesse ist, daß Störungen dieser Art die frühesten Symptome einer Compressio medullae spinalis darstellen können.

Regionäre Ödeme sind bei dieser Krankheit ziemlich gewöhnlich, am häufigsten der Beine in paraplegischen Zuständen, auch Ödem eines paretischen Arms ist z. B. von NONNE, OPPENHEIM, WARD 1905, SÖDERBERGH 1913 u. a. beschrieben worden. Es liegt nahe, sie als angioparalytischer Art anzusehen.

Störungen der Miktion und Defäkation kommen bei Rückenmarkstumoren jeder Art und Lokalisation sehr häufig vor, bei Kompression des obersten Cervicalgebiets wie des Lumbosacralmarks, bei intra- und extramedullären Tumoren sowie solchen der Cauda. In einer statistischen Studie 1923, auf einem Material von 12 intramedullären, 42 juxtamedullären, 14 extraduralen, 12 Conus-Caudatumoren basiert, kommt STOOKEY u. a. zu folgenden Konklusionen. Die prozentuelle Häufigkeit dieser Störungen waren auf die genannten 4 Gruppen in folgender Weise verteilt: 41, 80, 78, 83. Also bei intramedullären Tumoren nur halb so häufig wie bei den anderen Gruppen. Sie kommen ferner durchschnittlich ziemlich spät, selten vor den objektiven Hypästhesien, relativ am frühesten bei Conus-Caudatumoren, relativ am spätesten bei extraduralen, sind ungefähr gleich gewöhnlich bei jedem Niveau des Tumors oberhalb des 12. Brustsegments, sowie bei jeder Lage zum Mark, gleichgültig also ob ventral, dorsal usw., vielleicht jedoch bei ventraler Lage etwas häufiger. Die rasche Restitution dieser Funktionen nach Exstirpation eines Tumors — durchschnittlich früher als diejenige der Hypästhesien — spricht nach STOOKEY für die Existenz einer besonderen viscerosensiblen Bahn, aus Ketten kurzer Neuronen mit zahlreichen Synapsen bestehend.

Beim LACHMANNschen Fall von großem Tumor des Filum terminale 1882 waren die Blasenstörungen, und zwar in der Form von Harnverhaltung mit späterer Ischuria paradoxa durch die ganze Krankheit — 2 Jahre — *fast das einzige Symptom*; nach der Krankengeschichte muß der Patient an Urämie zugrunde gegangen sein, desgleichen im analogen Fall VOLHARDS 1902, wo häufiger Harndrang und erschwerte Entleerung der Blase die ersten Symptome waren. Im Falle SCHLAPPS 1911, Gliom Th 10—12, war Harnverhaltung durch ein Jahr die einzige Störung, beim Gliom BULLARDS 1899, vom oberen Halsbis zum Lendenmark reichend, waren Blasen- und Mastdarmlähmung durch 3 Jahre die einzigen bemerkbaren Symptome; im Falle 7 von ABRAHAMSON und GROSSMANN 1921, Osteoma epistrophei, war Incontinentia alvi die am frühesten beobachtete Störung. Die Blasenstörung geht meistens derjenigen des Mastdarms voraus; Ausnahmen außer der genannten sind von STERTZ 1906, Fall 1, und OPPENHEIM-BORCHARDT 1907 vermerkt, wo also Incontinentia alvi bei ungestörter Miktion bestand; jener Fall war ein Gliom des Halsmarks, dieser ein juxtamedullärer, ventrolateral vom Lumbosacralmark gelegener Tumor. Beinahe keine Störungen dieser Art waren im Falle SELBERG 1904, einem gewaltigen, intraduralen Caudatumor, da, gar keine beim extraduralen Tumor am 2.—3. Lendenwirbel SCHMOLLS 1906 (der also wahrscheinlich die Sacralwurzeln verschonte).

Nach neueren Forschungen auf dem Gebiete der Blasenphysiologie (BARRINGTON, RANSON u. a.) wird die Füllung und Entleerung der Blase von drei Nerven-„Zügeln" geregelt, dem hypogastrischen, mit Ursprung aus dem untersten Teil der Sympathicuskernsäule des Brust- und obersten Lendenmarks, dem parasympathischen Pelvicuszügel, aus den Sacralwurzeln 2 und 3 gebildet, und dem Pudenduszügel. Der hypogastrische, sympathische Zügel bewirkt Relaxation der Blasenwand und vermehrten Tonus des Sphincter internus, seine Lähmung also verminderte Kontinenz, in leichteren Graden den „imperiösen Harndrang". Es scheint, daß bei Rückenmarkskompression oberhalb seines Ursprungsgebiets diese Komponente durchschnittlich am frühesten zu leiden hat, die entsprechenden Symptome somit im allgemeinen die ersten dieser Art darstellen. Der Pelvicuszügel bewirkt Relaxation des Sphincter internus und Kontraktion des Detrusor; bei Läsionen des sacralen Zentrums oder seiner Wurzeln (Cauda) ist demnach die primäre Retention das typische Ergebnis. Auch diese Komponente wird durch Isolierung von den cerebralen Impulsen in seiner Wirksamkeit schwer geschädigt, die Erschwerung der gewollten Miktion tritt aber im Bilde höherer Markläsionen durchschnittlich später ein; ob dies verschiedene Verhalten der beiden wichtigsten Zügel gegenüber fortschreitender Absperrung von der cerebralen Innervation durch verschiedene „Resistenz" verschiedener „Bahnen" verursacht wird oder auf ganz andere Art zustande kommt, ist noch nicht klar. Die caudalste Komponente, der Pudenduszügel, hat eine dem Hypogastricus ähnliche Wirkung; über seine Rolle bei Schädigungen des Rückenmarks und im klinischen Bilde derselben ist fast nichts bekannt; nach seinem Verhalten im Experiment (BARRINGTON) würde man bei caudalsten Läsionen — S 3—4 — eine primäre, relative Inkontinenz zu erwarten haben. Im oben wiedergegebenen Schema ist die Rolle der Sensibilität nicht beachtet worden; für die Regelung der Blasenfunktion spielt sie jedoch eine nicht zu unterschätzende Rolle. Das Gefühl der Fülle kann bei aufgehobenem voluntärem Entleerungsvermögen erhalten sein; das bedeutet entweder, daß die bezüglichen sensiblen Impulse oberhalb der Läsionsstelle ins Rückenmark eintreten, oder aber, daß die medulläre Bahn dieser Sensibilität im gegebenen Falle relativ gut standgehalten hat. Unter den drei funktionellen Komponenten der Miktion, der sensorischen, die das Gefühl des Harndranges und der Entleerung vermittelt, und den beiden motorischen, welche das Halten und das Lassen bewirken, werden bei fortschreitender Rückenmarkskompression oberhalb des Hypogastricuszentrums die motorischen durchschnittlich früher ergriffen, schon relativ früh leidet sowohl Kontinenz als aktive Entleerung, auch die sensorische Komponente wird aber bei der Mehrzahl der höher lokalisierten früher oder später schwer geschädigt bis aufgehoben; nur eine eventuell erhaltene Sensibilität der Bauchwand kann zur Not vikariierend eintreten. Bei Isolierung des Pelvicuszentrums würde „eigentlich" immer ein Blasenautomatismus eintreten; dieser Mechanismus kommt zuweilen in der Tat leidlich zustande, sehr oft aber, vielleicht besonders bei „Denervation", das heißt Unterbrechung der zugehörigen Wurzeln oder Destruktion des Markanteils, nur unvollkommen oder, bei rascherem Einsetzen der Störung, gar nicht, *die Blase wird überdehnt und der Automatismus dadurch vereitelt.* Überdehnung der Blase und hinzutretende Infektion mit Schädigung der Blasenwand, eventuell humoral-septische Schädigung des ganzen Nervenapparats (der reflektorische Tonus der Extremitäten verschwindet ja in solchen Zuständen oft) sind sekundäre Faktoren, denen gewissermaßen ärztlich vorgebeugt werden kann. Katheterisierung ist imstande, leichtere Grade der Retention zu entdecken (Residualurin), was natürlich diagnostische Bedeutung haben kann. Darüber hinaus kann eine „cystometrische" Exploration schätzbare Auskünfte für die Beurteilung des funktionellen Zustandes der Blase und der näheren Art einer neurologischen Schädigung ergeben; so z. B. deutet abnorme Dehnbarkeit (erhöhte Kapazität) der Blase mit niedrigem Zahlenwert der „involutären", bei erhaltenem voluntärem Binnendruck und Dehnungsschmerz auf „low spinal cord lesion of a destructive type" (SACHS, ROSE und KAPLAN 1931). Die genannten Verfasser gehen so weit, die cystometrische Untersuchung bei jedem Verdacht auf Tumor des Rückenmarks als „regular method of examination" dringend zu empfehlen.

Automatische Entleerung der Blase kann, wie schon erwähnt wurde (S. 55), ein Bestandteil des Syndroms der sogenannten Abwehrreflexe sein und der Kranke unter solchen Umständen durch bewußtes Hervorrufen solcher Reflexe imstande sein, auf einem Umwege die Miktion absichtlich herbeizuführen.

Punktionsdiagnostik.

Die QUINCKEsche Lumbalpunktion und der AYERsche Zisternenstich leisten in der Art- und Ortsdiagnostik der Rückenmarksgeschwülste höchst bedeutungsvolle Dienste. Die ersten Erfahrungen auf diesem Gebiete galten den Veränderungen des Liquors (FROIN 1903), vielleicht noch wichtiger sind aber die Störungen der „Hydrodynamik", deren Kenntnis von der Mitteilung QUECKENSTEDTS 1916 datiert. Wir beginnen unsere Darstellung zweckmäßig mit den letztgenannten.

HILTON hatte schon 1863 durch Versuche an Leichen die gegenseitigen Beziehungen zwischen Venen- und Liquordruck nachgewiesen, indem er Versetzung („displacement") von Liquor nach der Spinalregion durch Halskompression und Steigerung des abdominellen Venendrucks durch Kompression des spinalen Duralsackes hervorrufen konnte. Am Lebenden konnte er, bei bestehendem Liquorfistel des Ohres, vermehrten Liquorausfluß durch Halskompression erzeugen. Diese Versuche blieben aber unbeachtet und sind erst von STOOKEY wieder ans Licht gezogen worden. BECHER hat 1919 durch Lumbalpunktion an Leichen die Liquordrucksteigerung bei Halskompression bestätigt, besonders bei nicht zu niedrigem Primärdruck der Flüssigkeit. Es sei schon jetzt erwähnt, daß auch am Lebenden sehr niedriger Liquordruck einen „positiven Queckenstedt") vortäuschen kann, den normalen Druckanstieg im lumbalen Steigrohr vereiteln; in der klinischen Dignostik empfiehlt es sich deshalb, bei sehr niedrigem Spontandruck den Flüssigkeitsgehalt des Subarachnoidealraumes durch Injektion von physiologischer Kochsalzlösung etwas zu vermehren (TOBEY und AYER 1925).

Der Nachweis der kräftig liquordrucksteigernden Wirkung einer Halskompression durch Lumbalpunktion am Lebenden wurde zuerst von AUGUST BIER 1900 geführt. Stauung, im Sinne behinderten Abflusses nach dem Herzen bei fortwährender Blutzufuhr von den Arterien, wirkt natürlich in den Venen des Kopfes viel kräftiger drucksteigernd als die bloße Überführung eines ausgeübten Druckes, wie an der Leiche. QUECKENSTEDT, der 1916 die ingeniöse Idee hatte, die BIERsche Erfahrung für die Diagnose einer spinalen Blockade nutzbar zu machen, fand die normale Drucksteigerung, bei unbehinderter Kommunikation, schnell und kräftig erfolgend, hat aber schon hervorgehoben, daß eine träge, wenig ausgiebige Steigerung auch bei spinaler Blockade vorkommen kann, die vielleicht eben durch solche bloße Drucküberführung zustande kommt.

Der Liquordruck beläuft sich in liegender Stellung, nach meinen, an einem Material von 2000 Lumbalpunktionen vorgenommenen Berechnungen, normaliter und bei größtmöglicher Muskelruhe, etwa auf 80 à 90 bis 160 à 185 mm Wasser, hält sich in etwas 70% der Fälle zwischen 110 und 150. In sitzender Stellung, zwischen 3. und 4. Lendenwirbel gemessen, hält er sich ganz überwiegend 0 bis

6 cm unterhalb des Niveau des Foramen occipitale magnum, bei freier Kommunikation ohne spinale Blockade nur ganz ausnahmsweise 10—13. Spontan niedriger Druck caudal von einer spinalen Blockade kommt bei Messung in liegender Stellung bisweilen vor; unter 6 Fällen von operativ verifiziertem juxtamedullärem Tumor fand EHRENBERG 1919 2mal normalen, 4mal niedrigen Druck, 40—70 mm Wasser, einmal = 0. Druck gleich Null habe auch ich gesehen. Aber auch hoher Druck kommt vor; SÖDERBERGH spricht 1913 nach den Beobachtungen bei der Operation eines juxtamedullären Tumors der höchsten Cervicalsegmente sogar von Meningitis serosa spinalis unterhalb der Läsion (leider keine Druckmessung). Unter 42 eigenen Fällen von totaler Spinalblockade fand ich den Lumbaldruck im Liegen 7mal unter 100: 0, 10, 45, 50, 50, 70, 80; 7mal über 150: 170, 175, 180, 180, 190, 200, 340; bei den übrigen 27 100—150; mit anderen Worten, *die hohen wie die niedrigen Zahlen sind etwas häufiger als normal.* Niemand scheint jedoch früher daran gedacht zu haben, daß bei spinaler Blockade der Druck *in vertikaler Haltung* (Messung im Sitzen) *relativ niedrig sein muß.* In 12 während eines Jahres in meiner Klinik vorgekommenen Fällen von totaler Spinalblockade verhielt sich der Lumbaldruck, im Sitzen gemessen, so, daß der Abstand zwischen dem Foramen magnum und oberem Niveau der Flüssigkeitssäule im Steigrohr folgende Zahlen betrug: ± 0, — 3, — 9, — 12, — 12, — 13, — 15, — 18, — 18, — 19, — 25, — 35. Im Vergleich mit den obengenannten Ergebnissen der Druckmessung im Sitzen an einem größeren Material ohne Blockade ergibt sich, daß sich die Hälfte der Blockadefälle unterhalb der Grenze maximaler Normalvariation befand, ein Drittel in der Grenzzone (9—13 cm unterhalb des Hinterhauptloches), ein Sechstel in der Zone typischer Normalvariation. Der Druck im Liegen wurde bei diesen Fällen leider nicht gemessen; ich kann also nicht sagen, wie sich bei Spinalblockade der Druck in vertikaler bzw. horizontaler Haltung zueinander verhalten, doch muß wohl der Horizontaldruck in den Fällen normalen Vertikaldrucks *erhöht* gewesen sein. Nur einmal habe ich, mit der Nadel in situ, den Druck bei einer spinalen Blockade teils im Liegen, teils im Sitzen gemessen, er war in vertikaler Stellung (absolute Zahl) 240, in horizontaler 105 mm Wasser, also im Liegen normal, im Sitzen abnorm niedrig. Wir finden somit, daß die Druckmessung im Sitzen wertvolle Auskunft für die Diagnose einer Spinalblockade geben kann. An einem Material von 12 eigenen, 6 literarischen (AYER, SELLING), kombinierten Zistern- und Lumbalpunktionen in horizontaler Lage bei Blockade fand ich den Lumbaldruck 4mal höher als den zisternalen, übrigens gleich oder zisternal höher. Es unterliegt also keinem Zweifel, daß der Lumbaldruck, im Liegen gemessen, bisweilen hoch sein kann, höher als der zisternale.

Viel wichtiger als bloße oder verglichene Druckzahlen ist aber das Ergebnis des *hydrodynamischen Versuches*, vor allem der *Halskompression.* Eine andere Art hydrodynamischer Abnormität bei bloßer Lumbalpunktion ist die schon von QUINCKE angegebene, *abnorm schnelle Drucksenkung bei Liquorentnahme.* STOOKEY hat diese Einzelheit zu exaktifizieren versucht, fordert Entnahme von genau 7 ccm Flüssigkeit und Messung des neuen Niveaus, wodurch ein „pressure index" gewonnen wird. Daß dabei der Druck bis auf Null sinkt, ist nichts ungewöhnliches.

Beim QUECKENSTEDTschen Versuch kommt „falsche Steigerung" durch allerlei Bewegungen des Kopfes (BECHER 1918) oder des übrigen Körpers vor, ganz besonders aber beim *Glottisverschluß* — Pressen, Husten, Stöhnen, Sprechen —, womit sich bekanntlich körperliche Anstrengungen häufig (immer ?) kombinieren. Die Rückwirkung solcher intrathorakaler und intraabdomineller Drucksteigerung auf den intravenösen und damit auf den Liquordruck wird als

Kontrolle der freien Kommunikation zwischen Subarachnoidealraum und Steigröhre ausgenützt. (Noch einfacher läßt sich die Kommunikation durch Hebelwirkung, Senkung und Wiederaufrichtung der Steigröhre, kontrollieren.) Für die Vermeidung unkontrollierter Bewegungen der Liquorsäule wird der Kranke genau instruiert, Husten und alle Bewegungen werden verboten, die allgemeine Muskelruhe wird besonders effektiv durch eine Reihe tiefer Atemzüge herbeigeführt (BÁRÁNY erzeugt dadurch einen „Minimaldruck", den er immer gemessen haben will). Solche Kautelen vorausgesetzt, deutet eine rasche und ausgiebige Drucksteigerung bei der Jugularkompression bestimmt auf freie Kommunikation, Ausbleiben derselben auf Kommunikationsbehinderung, „Blockade". Nun gibt es zweifellos inkomplette Blockade, beim QUECKENSTEDT-Versuch durch verspätete oder träg erfolgende oder unausgiebige Steigerung sowie durch träge Senkung nach Aufhören der Kompression oder sogar Etablierung eines neuen Niveaus — Ventilwirkung — manifestiert. STOOKEY hat den ganzen Versuch zu exaktifizieren versucht, indem er eine Art graphischer Registrierung verwendet (allerdings nicht automatisch): das Druckniveau wird jede 5. Sekunde einem Assistenten zugerufen, der die Zahlen aufzeichnet und auf einem karrierten Papier kurvenmäßig einzeichnet. Als besonders empfindliche und selten versagende Vorprobe ist von STOOKEY die Sekundenkompression — „touch compression" — der Jugularvenen eingeführt worden, der normaliter einen Druckanstieg von 2—10 mm bewirken soll und in 82% sonst negativer QUECKENSTEDT-Versuche positiv ausfällt; erst nachher wird eine kräftige Kompression während 10 Sekunden ausgeübt und die von derselben hervorgerufene Kurve steigenden und sinkenden Druckes beobachtet, schließlich Entnahme von 7 ccm Flüssigkeit und Buchung des neuen Niveaus. Ich habe gar nichts gegen dies Schema STOOKEYs, nur hege ich mit ESKUCHEN einiges Mißtrauen gegen die diagnostische Ausnutzung allzu subtiler Abweichungen; Arachnoidealfetzen, Caudawurzeln usw. legen sich allzu leicht in den Weg, Verzögerungen des Anstieges bewirkend, wiederholte Kommunikationskontrolle (durch den Heberversuch) sind oft nötig usw. Die Etablierung eines neuen Niveaus — Ventilwirkung — halte ich jedoch für sicher und wertvoll. Die Steigerung bei der 10-Sekundenkompression soll nach STOOKEY bis zu 300 bis 500 mm Wasser betragen.

ANTONI hat 1927 und 1931 Ergebnisse der besonderen Beachtung *respiratorischer und pulsatorischer Liquorbewegungen* mitgeteilt. Die respiratorischen Schwankungen des Liquordrucks sind — entgegen geläufigen Behauptungen — normaliter individuell verschieden und beim Individuum sehr variabel. Man hat zwischen mittlerem Druck und phasischen Variationen zu unterscheiden. Eine Serie tiefer Atemzüge pflegt ersteren zu senken, auch wenn das einzelne Inspirium, wie oft geschieht, Stillstand, Steigerung oder eine kombinierte Kurve erzeugt. Bei spinalen Okklusionen findet sich oft eine *treppenförmig steigende Kurve*, durch inspiratorische Steigerungen bewirkt; dies scheint ein neues Okklusionssymptom zu sein. Die Variabilität der phasischen Bewegungen unter normalen und pathologischen Umständen erklärt sich durch Konkurrenz eines senkenden und eines steigernden Faktors; jener stammt von der inspiratorischen Drucksenkung im oberen Cavagebiet, dieser von der inspiratorischen Druckerhöhung im unteren Cavagebiet. Die lumbale Druckkurve wird letzter Hand vom Drucke im Plexus venosus vertebralis bestimmt, welcher mit beiden Cavagebieten in anastomotischer Verbindung steht und dessen Druck eine Resultante der beiden genannten, konkurierenden Faktoren darstellt. Bei behinderter Kommunikation zwischen dem oberen bzw. unteren Teil des Plexus vertebralis kommt im lumbalen Steigrohr die inspiratorische Drucksteigerung im unteren Cavagebiet überwiegend oder isoliert zur Geltung. Bei gleichzeitiger Zistern- und

Lumbalpunktion ist das respiratorische Verhalten normaliter immer dasselbe oben bzw. unten; *bei Blockade habe ich jedesmal oben eine — eventuell verspätete — inspiratorische Senkung, unten Steigerung gesehen.*

Was ist inkomplette Blockade? Man kann das Ergebnis des QUECKENSTEDT-Versuches zugrunde legen und von inkompletter Blockade dann sprechen, wenn die 10-Sekundenkompression der Jugularvenen Steigerung herbeiführt — eventuell verzögert usw. — die „touch compression" aber negativ bleibt. Man kann aber auch die Durchgängigkeit für Luft oder Lipiodol zugrunde legen und dann von inkompletter Blockade sprechen, wenn die 10-Sekundenkompression ergebnislos ist, Luft oder Jodöl aber passieren. Am allgemeinsten wird, wie ich glaube, dieser Ausdruck aber ausschließlich in bezug auf das QUECKENSTEDTsche Verhalten benutzt.

Ein rein negatives Kriterium — Ausbleiben einer erwarteten Reaktion — ist und bleibt aber ein bißchen heikel. Die effektive *Kontrolle durch den Zisternenstich* ist deshalb außerordentlich wertvoll. Nur dadurch wird im Zweifelsfalle die spinale Lokalisation eines Hindernisses bewiesen, nur dadurch im Zweifelsfalle — bei unbestimmten Ausfall des QUECKENSTEDT-Versuches, unveränderter Flüssigkeit usw. — überhaupt ein Hindernis sicher erwiesen. Die kombinierte Punktion ist kaum als Normalmethode zu bezeichnen; je deutlicher die neurologischen Niveausymptome, je ausgesprochener die Liquorveränderung und je „kompletter" die Blockade beim QUECKENSTEDT-Versuch, um so weniger notwendig die Doppelpunktion. Von Bedeutung sind bei der Doppelpunktion der Vergleich der Druckkurve im lumbalen bzw. zisternalen Steigrohr bei Halskompression sowie bei der Atmung, und der Vergleich der beiden Liquorproben, vor allem in bezug auf Totalgehalt an Eiweiß. Die von AYER hervorgehobenen Kommunikationsversuche, Beobachtung des Druckfalles im unteren Steigrohr bei Liquorentnahme durch das obere und umgekehrt, finde ich weniger evident. Ein Vergleich der Druckschwankungen beim Kompressionsversuch ist aber sehr instruktiv; mit ESKUCHEN habe ich normaliter dieselben beiderorts absolut gleichzeitig gefunden, bei vollständiger wie unvollständiger Blockade den Unterschied sehr deutlich. Daß bei allen meinen Blockadefällen ein deutlich verschiedenes Verhalten der respiratorischen Druckkurve zutage trat, wurde schon erwähnt; ich kann hinzufügen, daß ich bei wiederholter Doppelpunktion in einem Falle von Wirbelgeschwulst als erstes Blocksymptom das konträre Verhalten der respiratorischen Druckreaktion nachweisen konnte, vor jedem anderen hydrodynamischen oder chemischen Unterschied. Der Puls ist normaliter — wie schon MOSSO tierexperimentell gefunden — zisternal kräftiger, kann dabei sogar, wie QUINCKE erwähnt, im lumbalen Steigrohr gänzlich fehlen; die Erklärung liegt in der steifen Beschaffenheit des Schädels, der elastischen Dehnungsfähigkeit des spinalen Duralsackes, der ja in Fettgewebe und kompressiblen Venenplexus eingebettet ist. (Im allgemeinen wird, nach den Modellversuchen von GRASHEY und PROPPING, auf die vielen Interstitien der Wirbelbögen hingewiesen, wodurch die Wand des Spinalkanals „partiell elastisch" werden soll; das entscheidet die Sache jedoch nicht, da die Liquorsäule unmittelbar vom Duralsack getragen wird, von dessen Dehnungsvermögen also u. a. die Ausgleichung eventueller Druckschwankungen abhängt.) Der Liquorpuls ist (ANTONI 1931) vom absoluten Liquordruck abhängig, hat bei hohem Druck ausnahmslos eine größere Amplitude, ist aber zugleich vom Pulsdruck — Pulsamplitude — abhängig. Bei Spinalblockade fehlt er gewöhnlich im lumbalen Rohr, jedoch nicht ausnahmslos (EHRENBERG).

(*Zusatz bei der Korrektur.* Zur obigen Darstellung der hydrodynamischen Blocksymptome ist jetzt hinzuzufügen, daß in meiner Klinik seit Anfang 1934 der Liquordruck und seine Schwankungen auf optischem Wege automatisch registriert werden. Die Technik wurde von S Lagergren ausgearbeitet, auf dessen bald erscheinende, ausführliche Darstellung ich verweisen muß. Die Doppelpunktion mit automatischer Registrierung des Liquordruckes ober- bzw. unterhalb eines verdächtigen Gebiets des Liquorraumes sowie gleichzeitig der äußeren Atmung — durch einen Schlauch um die Brust — ist uns unentbehrlich geworden. Diese Methode schärft und exaktifiziert außerordentlich die Beurteilung und erlaubt, Kommunikationsbehinderungen auch leichtesten Grades sicher zu erkennen. Unsere auf diesem Wege gewonnenen, erweiterten und gesicherten Kenntnisse stimmen im wesentlichen mit dem oben Gesagten gut überein. Das „respiratorische Blocksymptom" hat sich gut bewährt: Bei freier Kommunikation ist die respiratorische Druckkurve in verschiedenen Etagen des Liquorraumes der Form nach exakt übereinstimmend und simultan; bei Verengerung relativen oder absoluten Grades folgt die Druckkurve unterhalb des Hindernisses genau dem intraabdominellen Drucke (inspiratorische Steigerungen, expiratorische Senkungen), der sich seinerseits konform der äußeren Atmung abspielt, während sich der Druck oberhalb des Hindernisses, wie normal, individuell verschieden verhält. Ausnahme hiervon machen nur *cervicale Hindernisse*, was aber nur die zu erwartende Bestätigung der von mir gegebenen Erklärung des respiratorischen Blocksymptoms darstellt: Bei hohem Sitz des Hindernisses steht ja der abgesonderte, caudale Teil des Spinalkanals sowohl mit dem oberen wie mit dem unteren Cavasystem in venöser Verbindung, und kein Grund liegt vor, weshalb im abgesperrten Liquorgebiet nur die abdominellen Druckschwankungen zur Geltung kommen würden. Bei cervicalem Hindernis findet sich also das charakteristische Bild der Queckenstedt-Blockade *ohne respiratorisches Blocksymptom.*

Der Fall eines operativ verifizierten, intramedullären Tumors im Brustmark hat uns gezeigt, daß das respiratorische Blocksymptom — d. h. Inkongruenz der respiratorischen Druckkurve zisternal bzw. lumbal, bei abdominellem Typus der letzteren — bei normalem Queckenstedt-Versuch und unverändertem Liquor — somit als einziges Blocksymptom — bestehen kann.

Relative Hindernisse haben sich beim Queckenstedt-Versuch mit unserer Technik bisher nur als *Verzögerung* des Anstiegs und Abfallens der Kurve zu erkennen gegeben; Etablierung eines neuen Niveaus — „Ventilsymptom" — scheint bei Vermeidung von Deplacement des Liquors nicht zustande zu kommen; bei unserer Methodik ist das Deplacement auf ein Minimum reduziert, indem nicht Steigröhre mit freiem Flüssigkeitsspiegel, sondern steifes, elastisch abgeschlossenes System der Drucküberführung zum reflektierenden Spiegel gewählt wurde (Abb. 57—60).)

Daß bei Tumorkompression des Rückenmarks eine charakteristische *Liquorveränderung* vorkommt, wurde zuerst von Blanchetière und Lejonne bei einem intramedullären Tumor gesehen und 1909 mitgeteilt; dies „syndrome de coagulation massive et de xanthochromie du liquide céphalo-rachidien" war zwar 6 Jahre früher von Froin beschrieben, damals aber bei inflammatorischen Zuständen und eventuell mit Zellvermehrung vereint. Es sind das zwei kuriose Zufälle, denn erstens kommt die genannte Liquorveränderung nur ziemlich selten außer bei Kompression des Rückenmarks vor, zweitens pflegt sie dabei ohne erhebliche Zellvermehrung einherzugehen, drittens kommt sie viel öfter bei extra- als bei intramedullären Tumoren vor. Sicard spricht von „dissociation albumino-cytologique", doch kann kaum von Dissoziation gesprochen werden, wo keine normale *Assoziation* vorhanden ist; daß Pleocytose und Hyperalbuminose öfters zusammen vorkommen, hängt ausschließlich von der häufig vorkommenden — inflammatorischen — gemeinsamen Ursache ab. Nonne teilte 1910 den Befund einer „isolierten Phase I" bei 6 Fällen von Tumor medullae spinalis mit, dadurch das häufige Vorkommen eines niedrigeren Grades oder anfänglichen Stadiums einer gleichartigen Liquorveränderung wie die FROINsche feststellend. (Die „Globulinvermehrung" ist nun zwar, wie spätere Studien klargestellt haben, nur ein Teilphänomen einer Vermehrung des Totaleiweißes.) Man sah bei Operationen, daß der Liquor oberhalb des Tumors

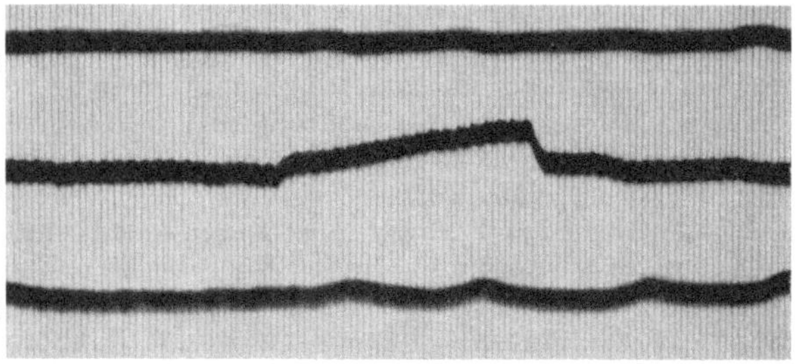

Abb. 57. Spinalkompression. Automatische Registrierung des Liquordruckes und der Atmung (S. LAGERGREN, unveröffentlicht). QUECKENSTEDT-Versuch gibt nur in der Zisterne normalen Effekt.

normal war, auch bei ausgesprochener Veränderung der lumbalen Flüssigkeit, und stellte sich vor, die Veränderung sei nur infraläsionell vorhanden. MARIE und Mitarbeiter 1913 und 1914 schlugen vor, durch „double ponction sus- et souslésionelle" das Tumorniveau zu bestimmen, ANTONI 1920 u. a., bei der Operation auf dieselbe Art zu kontrollieren, ob man ober- oder unterhalb des

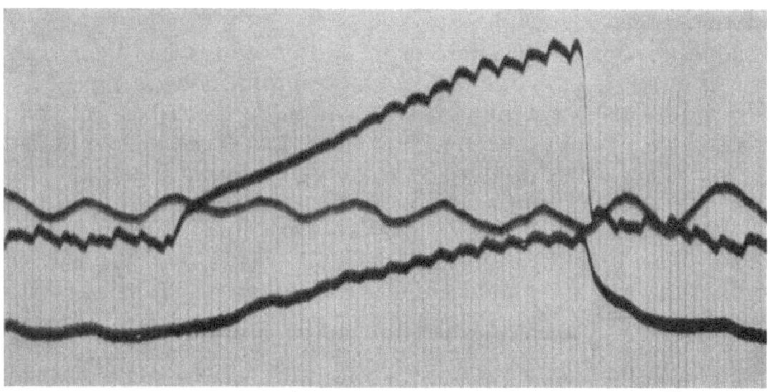

Abb. 58. Automatische Registrierung der Atmung, des Zisternen- bzw. Lumbaldruckes (S. LAGERGREN, unveröffentlicht). „Inkompletter Block", mit Ausbleiben des sprungförmigen Anstiegs des Druckes im Lumbalsack beim QUECKENSTEDT-Versuch, unausgiebige Steigerung daselbst, weniger plötzliche Senkung beim Aufhören der Kompression. Juxtamedullärer Tumor am Brustmark (operativ verifiziert).

Tumors hineingekommen war. Nun zeigte aber EHRENBERG 1919, CUSHING und AYER 1923, HAMMES 1924 — alles bei Tumoren der Caudaregion —, daß auch oberhalb eines Tumors die Flüssigkeit verändert sein kann. Ich habe zweimal sogar, bei Riesengeschwulst der Caudaregion bzw. Angioma racemosum des Lendenmarks, gelben und eiweißreichen Liquor in der Zisterne gefunden. Freilich dürfte dabei immer ein gradueller Unterschied in bezug auf Farbe, Eiweißgehalt usw. ober- bzw. unterhalb der Sperre vorhanden sein und ein Vergleich zwischen beiden Auskunft ermitteln können (vgl. weiter unten!). Veränderter Liquor bei gewöhnlicher Lumbalpunktion und normalem QUECKENSTEDT-Versuch kann also entweder auf nichtokklusive Ursache oder auf Lage einer solchen unterhalb der Punktionsstelle hinweisen. Ferner hat der Satz von der „dissociation albumino-cytologique" eine Einschränkung seiner Gültigkeit leiden müssen, indem im Lumballiquor bei oberhalb der Punktionsstelle gelegenen Tumoren Küttner, Klieneberger u. a. Zellvermehrung fanden; erst Reichmann gibt Ziffer, 18 pro Kubikmillimeter, Ehrenberg hatte 15—28; später

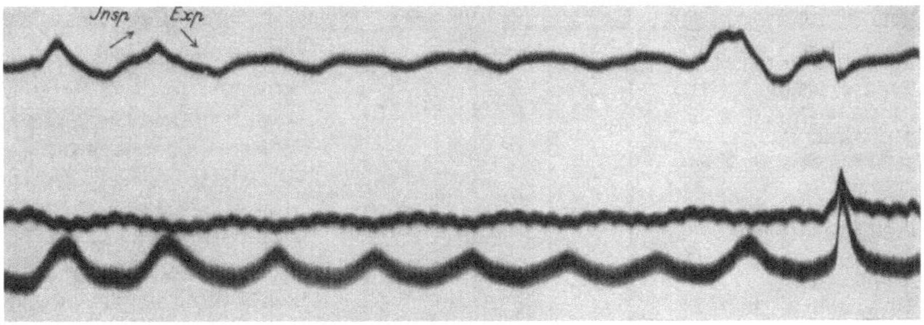

Abb. 59. Spinalokklusion. Automatische Registrierung des Liquordruckes und der Atmung. (S. Lagergren, unveröffentlicht). Gegensinnige Bewegung der respiratorischen Druckkurve in der Zisterne bzw. lumbal; dort inspiratorische Senkung, hier Steigerung.

sind viel höhere Zahlen gefunden worden, von Schittenhelm 1913 340, davon 48% Polynukleäre, 30% kleine Mono, 18% Endothel, 4% Mastzellen; das war bei einem Angiom, und der Verdacht liegt nahe, eine Reiz-Pleocytose durch Subarachnoidealblutung sei die Ursache gewesen. Relativ am häufigsten scheint eine Pleocytose bei Gliomen vorzukommen (eigene Erfahrung). Im allgemeinen besteht jedoch die Regel zu Recht, daß die Zellzahl beim Kompressionssyndrom

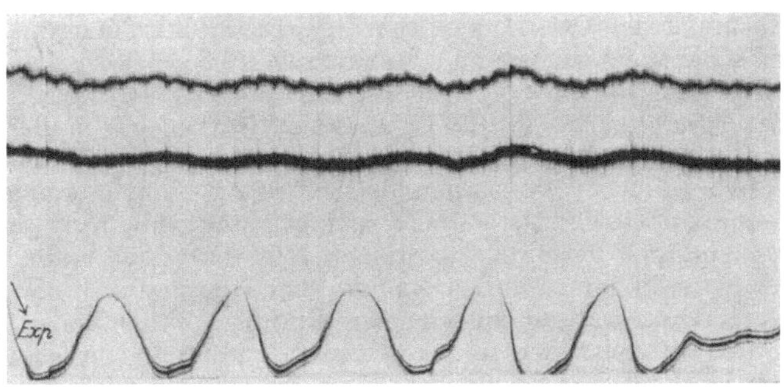

Abb. 60. Automatische Registrierung des Liquordruckes und der Atmung (S. Lagergren, unveröffentlicht). Normalkurve, gleichsinnige respiratorische Bewegung in der Zisterne bzw. lumbal.

niedrig ist, sehr selten beträchtlich erhöht. Ab und zu sind Mitteilungen über Tumorzellen im Liquor, sowohl bei abgekapselten wie diffus wachsenden Geschwülsten der weichen Häute, gemacht worden; ich verweise auf die Studie Forsters 1930. Man hat Tumorzellen auch ohne Pleocytose finden wollen, tatsächlich ist die Pleocytose auch bei diffusen Meningealtumoren gewöhnlich sehr unbedeutend oder fehlt ganz.

Die Veränderungen des Liquors betrifft, vom wenig bedeutungsvollen Zellgehalt abgesehen, den *Eiweißgehalt*, die *Kolloidreaktionen*, die *Farbe*.

Neel hat an einem großen Material vermischter Art das Vorkommen einigermaßen isolierter Eiweißvermehrungen bei verschiedenen Nervenkrankheiten untersucht. Die von ihm benutzte Technik zur quantitativen Bestimmung des Totaleiweißes ist die Verdünnungsmethode von Brandberg-Stolnikow, ursprünglich für den Harn bestimmt, von Bisgaard für die Verwendung an der

Cerebrospinalflüssigkeit besonders ausgearbeitet. Der Grad der Vermehrung wird somit in der Form der *Verdünnungszahl* angegeben. Hier seine Synopsis:

Diagnose	Totaleiweiß		
	20	20—100	100—1000
Tumores intraspinales	1[1]	6	8
Tumores column. vert. et metastat.	11	4	10
Spondylitis tbc.	—	3	6
Posttraumatische Zustände	—	6	4
Arachnoiditis adhaesiva	—	—	2
Syphilis meningum	—	—	7
Tuberculosis meningum	—	—	3
Encephalitis	—	2	3
Haemorrhagia cerebri s. meningum	—	16	7
Polyradiculitis	2	12	6[2]
Monoradiculitis	—	6	—
Ungewiß	1	2	—
Tumor cerebri	134	53	—
Ischias	88	1	—

Das Phänomen ist unscharf abgegrenzt. Isolierte Eiweißvermehrung so geringen Grades als der Verdünnungszahl 15 entspricht, ist ganz häufig, kommt bei den verschiedensten Krankheitszuständen des Zentralnervensystems vor. Oberhalb dieser Zahl spielt die „Kompression" eine größere Rolle für seine Hervorrufung, doch lange nicht ausschließlich; erst oberhalb der Verdünnungszahl 100 werden die Kompressionen vorherrschend. In 16 Fällen war Xanthochromie und Spontankoagulation vorhanden, alle waren mit Blockade verbundene Zustände — Tumoren, Spondylitiden, Lues, cystische Arachnoiditis —, der Eiweißgehalt entsprach der Verdünnungszahl 110—1100, durchschnittlich 540.

Die absoluten Zahlen des Eiweißgehaltes haben somit bestimmte diagnostische Bedeutung. Ganz allgemein kann gesagt werden, daß ein hoher Eiweißgehalt an sich einen Verdacht auf Tumor besagt und bei solchem auch ohne jegliche, durch den einfachen Queckenstedtschen Versuch klar nachweisbare, hydrodynamische Blockade vorkommt. Mestrezat, der am normalen Liquor einen Eiweißgehalt von 15—20 mg-% findet, sah bei spinaler Blockade oft 300 bis 400 mg-%, „gewöhnlich" um 100. Elsberg 1929, der die Bestimmung des Totaleiweißes als die wichtigste der Liquorprüfungen bei Tumorverdacht bezeichnet, findet mit der Ayerschen Methode 40 mg-% als normalen Grenzwert, bei extraduralen Geschwülsten eine mäßige Steigerung, um 50—100 mg-%, bei juxtamedullären gewöhnlich zwischen 150—450; nur einmal hat er, unter 200 Fällen von Tumor medullae spinalis, bei kompletter Blockade einen den oberen Normalgrenzwert entsprechenden Eiweißgehalt gefunden. Bei der Beurteilung der Differenz zwischen zisternalem und lumbalem Liquor müssen die auch ohne Blockade vorkommenden Verschiedenheiten zwischen verschiedenen Liquorportionen berücksichtigt werden; nach den Erfahrungen Ayers (1922) an multipler Sklerose, Myelitiden, Poliomyelitiden usw. beträgt ohne Blockade der Unterschied höchstens 100%.

Die *massive Gerinnung* („coagulation massive") kommt ausschließlich bei sehr hohem Totalgehalt an Eiweiß vor, sie erfolgt spontan oder erst nach Zusatz eines Tropfens frischen Blutserums pro Kubikzentimeter; die koagulierende Substanz ist wohl mit derjenigen bei der Blutgerinnung identisch, also Fibrinogen. Da also die Gerinnung auf einem besonderen Bestandteil des Gesamteiweißes beruht, ist eine genaue Parallelität zwischen Totalgehalt an Eiweiß und Gerinnungsvermögen nicht zu erwarten; das Fibrinogen wird qualitativ als Globulin reagieren, die Phase I Nonne-Apelts bei solchen Fällen immer positiv

[1] Eiweißzahl 13—14, Lipiodol —, haselnußgroßes Neurinom an einer Hinterwurzel in der Höhe des Atlas.

[2] In solchen Fällen kann die Flüssigkeit gelb sein, und Spontankoagulation ist beschrieben worden.

sein, ganz besonders soll aber die Reaktion WEICHBRODTS zum Fibrinogengehalt enge Beziehungen haben. In meinen sämtlichen Fällen spinaler Blockade war der Weichbrodt — wenn darauf geprüft — ausgesprochen positiv, jedoch nicht auffallend stark. Nach POLLET soll die Relation Fibrinogen/Totaleiweiß bei inflammatorischen Prozessen bedeutend höher sein als bei mechanischer Absperrung (zit. nach SICARD 1928).

Die *Gelbfärbung* als Ausdruck spinaler oder cerebraler Blockade kommt mit Hyperalbuminose zusammen vor; bei Xanthochromie nach Subarachnoidealblutung kann dagegen der Eiweißgehalt ziemlich niedrig, zuweilen sogar normal sein, mit negativer Phase I usw. (eigene Beobachtungen). Der gelbe Farbstoff des Absperrungssyndroms scheint kaum sicher identifiziert zu sein; SICARD bezeichnet ihn als einen mit dem normalen Serumfarbstoff identischen „Lutein"; SCHNITZLER 1911, BARUCH 1912 fanden spektroskopisch keine Spur hämatogener Herkunft; positive Gallenfarbstoffreaktion ist gefunden worden, GUILLAIN und TROISIER bezeichnen den Farbstoff als Produkt einer „biligénie hémolytique locale".

Die Genese dieser, sich bei hochgradiger Ausprägung meistens mit Xanthochromie verbindenden Hyperalbuminose ist soweit aufgeklärt, als wir ja ihr Vorkommen auch ohne die Gegenwart eigentlich expansiver Prozesse kennen, vor allem bei akuten und chronischen Meningitiden und Meningomyelitiden. Es handelt sich also eigentlich nicht um ein „Kompressionssyndrom", sondern um ein Absperrungssyndrom, ein Syndrom der Liquorstase; das gemeinsame der verschiedenartigen pathologischen Prozesse, die das Syndrom hervorzurufen vermögen, ist eben die Absperrung eines kleineren Teils des Liquorraumes von der normalen Kommunikation mit dem überwiegenden Teil desselben. Dies Moment der „stase du liquide dans un espace clos" wurde von MESTREZAT 1910 und 1911 besonders hervorgehoben, und mit Beobachtungen über fehlende Resorption eingeführter Substanzen (FROIN und FOY) sowie über eventuelle Gegenwart von Zersetzungsprodukten des Eiweißes (Albumosen, DONATH 1909) im abgesperrten Liquorraum gestützt. Auch die operativen Beobachtungen über Beschränkung der Liquorveränderung auf den infraläsionellen Bezirk (KLIENEBERGER, REICHMANN u. a.) sprachen kräftig in derselben Richtung. MESTREZAT wußte aber auch, daß die bloße Absperrung zur Erzeugung der Liquorveränderung sicherlich nicht ausreicht; durch dieselbe werden eigentlich nur die pathologischen Beimengungen zum Liquor zurückgehalten und eventuell in loco zersetzt, die eigentliche Produktion muß von „transsudativ-inflammatorischer" Veränderung der Meningen und der Gefäße herrühren. Unzählige Male ist ja bei Laminektomien der ausgesprochene Zustand venöser Stase, mit Erweiterung und Schlängelung der Gefäße, vor allem unterhalb eines komprimierenden Tumors, gesehen worden, fehlt aber auch oberhalb desselben nicht völlig. Mit der MESTREZATschen Konzeption einer pathologischen Transsudation im Verein mit Liquorstase stimmt es eigentlich vortrefflich, daß dieselbe Liquorveränderung geringeren Grades auch oberhalb der Tumoren vorkommt; EHRENBERG u. a. haben ja (vgl. oben!) das nicht ganz seltene Vorkommen solcher supraläsioneller Liquorveränderung erwiesen. Allem Anschein nach stammen Eiweiß und Gelbfärbung aus pathologisch veränderten Capillaren (und Venen ?) her, verbreiten sich im Liquor nach allen Seiten, werden aber nur im infraläsionellen Teil des Subarachnoidealraumes gestaut und vielleicht sogar eingedickt. Übrigens ist sehr gut denkbar, daß die pathologische Veränderung eben der viel stärker gestauten infraläsionellen Gefäße eine stärkere Transsudation in diesem Gebiet verursacht.

Augenfällig ist die Übereinstimmung des stärker veränderten Absperrungsliquors mit dem Inhalt gewisser Hirncysten, z. B. derjenigen des Kleinhirns

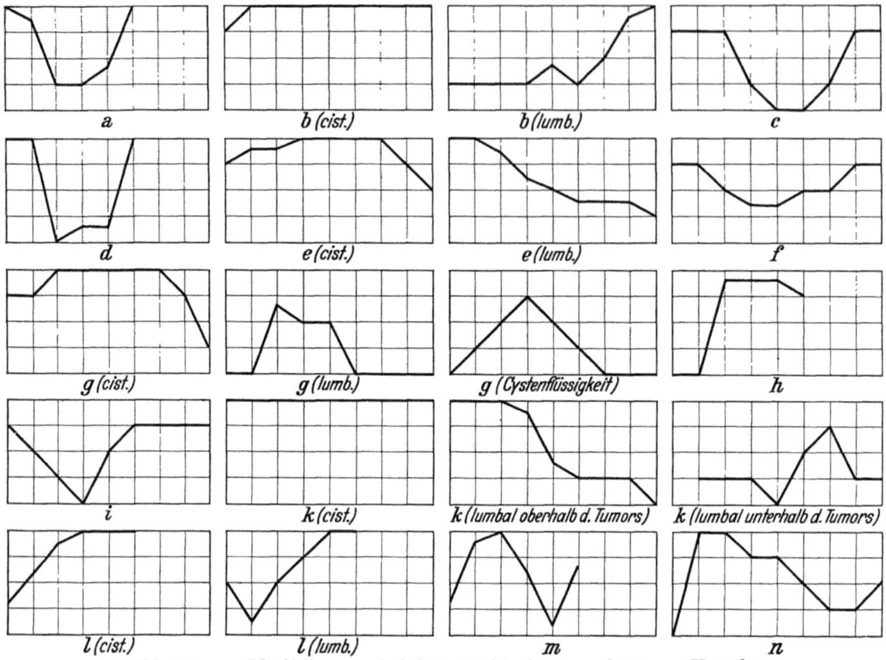

Abb. 61a—n. Mastixkurven bei Spinalokklusion verschiedener Ursache.

	Farbe	Total-Eiweiß (BISGAARD)	PÁNDY	NONNE	WEICHBRODT	Zellen pro 3,2 cmm rote	poly	mono
a) Tumor juxtamedullär am obersten Halsmark. Keine Okklusion (QUECKENSTEDT).								
Lumballiquor	—	40	+ +	+	+	130	0	6
b) Neurinom juxtamedullär + extradural + extravertebral in der unteren Halsgegend.								
Zisternliquor	—	6	—	—	—	0	1	3
Lumballiquor	gelb	70	+ + +	+ +	+ +	1	0	2
c) Neurinom juxtamedullär am 6. Brustwirbel. Okklusion (QUECKENSTEDT).								
Zisternliquor	—	6	—	—	—	0	0	0
Lumballiquor	—	250	+ +	+	—	0	0	0
d) Meningiom juxtamedullär am mittleren Brustmark. Okklusion (QUECKENSTEDT).								
Zisternliquor (Mastixreaktion —) .	—	4	—	—	—	0	8	0
Lumballiquor	—	60	+ +	+	+	1000	2	0
e) Meningiom juxtamedullär am 8. Brustsegment. Okklusion (QUECKENSTEDT).								
Zisternliquor	—	11	Spur	Spur	—	272	0	2
Lumballiquor	gelb	110	+ + +	+ +	Spur	0	2	4
f) Meningiom juxtamedullär am mittleren Brustmark. Okklusion (QUECKENSTEDT).								
Zisternliquor (Mastix —)	—	6	—	—	—	60	0	0
Lumballiquor	gelb	60	+ + +	+ +	--	2560	0	13
g) Gliom im mittleren Brustmark mit länglicher Cyste ober- und unterhalb des Tumors. Okklusion (QUECKENSTEDT).								
Zisternliquor	—	6	—	—	—	0	0	0
Lumballiquor	gelb	1500	+ + + +	+ + +	—	430	0	5
Cystenflüssigkeit (spontan gerinnend)	gelb	1800	+ + + +	+ + + +	—	360	0	0

Abb. 61 a—n. (Fortsetzung.)

	Farbe	Total-Eiweiß (Bisgaard)	Pándy	Nonne	Weichbrodt	Zellen pro 3,2 cmm rote	poly	mono
h) Neurinom juxtamedullär am Lendenmark. Okklusion (Queckenstedt).								
Lumballiquor	gelb	1000	+ + +	+ + +	+ + +			
i) Tumor intramedullär im Lendenmark. Partielle Okklusion? (Queckenstedt —).								
Zisternliquor (Mastix —)	—	20—40	+	(+)	—	0	0	0
Lumballiquor	—	40—60	+ +	+	+	50	0	2
k) Ependymom der Cauda (vom Filum terminale ausgegangen?). Okklusion (Queckenstedt).								
Zisternliquor	—	30	+	+	—	0	0	0
Lumballiquor oberhalb des Tumors	gelb	120	+ + +	+ +	—	200	0	3
Lumballiquor unterhalb des Tumors	gelb	800	+ + + +	+ + +	—	2700	0	0
l) Metastatischer Tumor des Rückgrats. Okklusion (Queckenstedt).								
Zisternliquor	—	6	—	—	—	330	0	1
Lumballiquor	gelb	600	+ +	+ +	+ +	1000	0	44
m) Metastatischer Tumor des Rückgrats. Okklusion (Queckenstedt).								
Zisternliquor (Mastixreaktion —) .	—	6	—	—	—	0	0	0
	gelb	50	+ + +	+	+	6	43	5
n) Juvenile Kyphose mit spastischer Paraparese. Okklusion (Queckenstedt).								
Lumballiquor	Spur	120	+ + +	+ +	+	50	0	8

(Pappenheim 1922), die ja in der überwiegenden Mehrzahl der Fälle einen gefäßreichen Tumorknoten in ihrer Wand beherbergen, der den Cysteninhalt zu produzieren scheint (Williamson 1892, Lindau 1926). Auch im Rückenmark ist, im Anschluß an intramedulläre Tumoren, Anhäufungen gelber Flüssigkeit angetroffen worden (Dowman und Schmidt; eigene, mit Olivecrona beobachtete Fälle). Die Genese ist in allen diesen Fällen wahrscheinlich dieselbe, pathologische Transsudation aus gestauten Gefäßen; mit Hinsicht auf das eigentlich ubiquitäre Liquorbildungsvermögen der Gefäße des Zentralnervensystems (Lewandowsky) könnte man den Prozeß als abnorm geartete Liquorproduktion bezeichnen. Die gestauten Venen können dem Tumor selbst oder den weichen Häuten gehören, bisweilen sogar, wie in den früher (S. 26) genannten Beobachtungen, die ganze Läsion darstellen.

Noch eine Untersuchungsmethode des Liquors hat bei den Kompressionen Verwendung gefunden, und zwar die „*Kolloidreaktionen*". Eskuchen schreibt der Goldsolreaktion Langes eine „besondere Bedeutung" zu. „Charakteristisch ist die Rechtsflockung der Goldreaktion (die der Mastixreaktion überlegen ist), zumal in Verbindung mit einem ersten Fällungsmaximum in der linken Zone: Doppelkurve". Weigeldt erwähnte schon 1921: 1/40—1/80 blau, je ein Fall von Caries, Carcinom- und Sarkommetastasen: 1/160—1/640 weiß, 2 Fälle von Caries und 1 Fall von Endothelioma medullae spinalis; 1/10—1/40 blauweiß, 2 Fälle von Caries". Ganz ähnliche Resultate bringen Guillain und Mitarbeiter mit der Benzoë-Reaktion 1928—30. Mastixkurven zeigen wieder dasselbe oder bisweilen mehr meningitisartige Kurven (Abb. 61).

Zusammenfassend kann von der Punktionsdiagnostik gesagt werden, daß sie sehr oft wertvolle, nicht selten unentbehrliche Hilfe für die Erkennung komprimierender Prozesse leistet. Dazu tritt immer klarer die Bedeutung *qualifizierter Prüfungsmethoden* hervor: *je weiter die Punktionsdiagnostik getrieben wird, um so seltener versagt sie.* Quantitative Eiweißbestimmung und die Hinzufügung des Zisternstiches mit Beachtung der Unterschiede zwischen supra- und infraläsioneller Etage in bezug auf Liquorbeschaffenheit, Queckenstedt-Reaktion und respiratorische Bewegungen machen sehr viel zur Sicherung und Verfeinerung der Diagnostik. Die bloße Lumbalpunktion, mit alleiniger Beachtung der absoluten Queckenstedt-Blockade und des völlig ausgebildeten „Kompressionssyndroms" am Liquor, läßt noch viele Fälle durch das Sieb. Ich weiß nicht, ob bis jetzt ein Fall veröffentlicht worden ist, wo alle oben genannten Prüfungen mit negativem Resultat angestellt wurden und dennoch ein Tumor zugegen war; vielleicht wird das in den frühesten Stadien, besonders intramedullärer und extraduraler Geschwülste vorkommen müssen, in welchen die Fälle jedoch nur ganz selten der sachgemäßen ärztlichen Prüfung zugeführt werden. Ayer stellt 1923 157 Fälle von Exploration per punctionem zusammen, unter welchen 53mal eine komplette oder inkomplette Blockade gefunden wurde:

Lage des Tumors	Blockade			Cerv.	Thor.	Lumb.	Cauda
	komplett	inkomplett	Summe				
Extradural	7	5	12	8	14	3	3
Meningeal	5	2	7				
Intramedullär	6	2	8				
Pottsche Krankheit	8	0	8	1	7	—	—
Vertebrale Dislokation	6	1	7	1	3	3	—
Meningitis subac. et chron.	5	2	7	—	—	—	—
Unaufgeklärte Diagnose	4	—	—	—	—	—	—
Summe	41	12	53				

Bei den 104 Fällen von fehlender hydrodynamischer Blockade wurde durch Laminektomie oder Sektion dreimal ein Tumor entdeckt, zweimal extradural, einmal intramedullär gelegen; zwei von ihnen hatte Differenz pathologischen Grades in bezug auf Eiweißgehalt zwischen lumbaler und zisternaler Portion gezeigt.

Daß eine nachgewiesene Blockade nicht eo ipso Kompression beweist, ist schon gesagt worden; *Parallelismus zwischen medullären Störungen und Grad der Liquorblockade darf nicht erwartet werden.* Bei Carcinose des Rückgrats werden bekanntlich die Symptome einer „Myelitis transversalis" ohne Verengerung des Spinalkanals oft gesehen; das Merkwürdige ist aber, daß ohne Verengerung des Kanals sehr wohl eine partielle oder totale Blockade des Liquorraumes vorkommen kann, vielleicht durch bloße Schwellung des Markes bewirkt; noch merkwürdiger ist nun aber, was ich in zwei Fällen von Carcinosis vertebralis gesehen habe, nämlich totale Blockade des Liquorraumes mit Xanthochromie ohne jegliche Symptome von seiten des Rückenmarks (die Punktion wurde zu Studienzwecken gemacht) oder der Wurzeln, außer regionären Schmerzen in einem Falle. Ferner habe ich einmal eine Spinalblockade gesehen, die höchstwahrscheinlich künstlich hervorgerufen worden war und zwar durch eine tags vorher gemachte Lumbalpunktion, die nur Blut zutage gefördert hatte (und wo somit vermutlich die Nadel zu weit eingestochen worden war, mit Perforation auch des vorderen Durablattes und Läsion des Plexus venosus periduralis): in den folgenden Tagen klagte die Kranke über weitverbreitete Schmerzen bis in die Schulter- und Nackengegend; die Flüssigkeit war nicht verändert, Queckenstedt aber zeigte absolutes Stop; nach einer Woche fortwährend Stop bei normalem Liquor, nach noch einer Woche freie Passage; ich glaube, daß ein weitverbreitetes epidurales Hämatom die Blockade verursachte.

Bei Geschwülsten der Caudaregion wird die in gewöhnlicher Höhe vorgenommene Lumbalpunktion bald unter-, bald oberhalb eines Tumors erfolgen, ohne daß dies im Voraus bestimmt werden kann. Es ist schon gesagt worden, daß der Liquor oberhalb eines Caudatumors verändert sein kann, die hydrodynamischen Prüfungen werden aber die infra- bzw. supraläsionelle Lage der Nadel mit Sicherheit entscheiden, bei negativem Ausfall derselben weiß man aber noch nicht, ob ein Tumor da ist oder nicht. Nicht selten trifft die Nadel die Geschwulst selbst; einmal kann dabei zufällig eine Tumorcyste punktiert und der charakteristisch gelatinöse Inhalt derselben aspiriert werden (GRÖNBERG 1930), meistens aber wird die Punktion ergebnislos bleiben — ,,dry tap". Bei Verdacht auf Caudatumor muß die Punktion deshalb so tief als möglich vorgenommen werden; bei negativem Ergebnis einer zwischen 5. Lendenwirbelbogen und Sacrum ausgeführten Punktion bleibt noch die Punktion des Sacralkanals durch den Hiatus sacralis oder eins der Foramina übrig, wobei sich zwar die Nadelspitze eventuell extradural befinden wird, charakteristische Druckschwankungen bei Jugularkompression dennoch gesehen werden können.

Exacerbation des Krankheitsbildes durch Lumbalpunktion bei Rückenmarkstumor ist mehrmals mitgeteilt worden. Zunahme radikulärer Schmerzen, Gefühlsstörungen, Lähmungen und Sphincterparesen kamen zur Beobachtung. OPPENHEIM erwähnt 1910 einen Fall, wo sich die mäßige Parese im Anschluß an einer Lumbalpunktion in völlige Paraplegie mit Sphincterlähmung verwandelte, NEWMARK berichtet 1913 bzw. 1914 über zwei ähnliche Fälle, weitere Beispiele sind Beobachtung XII und XVII bei ANTONI 1920, ELSBERG 1925 notiert ähnlichen Effekt bei 11 Kranken, NONNE 1913 *tödlichen Ausgang* nach Lumbalpunktion bei Tumor juxtamedullär am untersten Halsmark. Auch sonst ist in der Literatur hie und da ein Fall eines solchen Provokationseffekts verdächtig, z. B. Fall RHEIN 1924, Tumor juxtamedullär im Niveau des Foramen magnum, plötzlicher Tod am 3. Tag nach der Aufnahme ins Krankenhaus; Lumbalpunktion hatte stattgefunden und hohen Druck, wenig Zellen sowie Globulinvermehrung und pathologische Goldsolkurve ergeben. ELSBERG meint, Exacerbation durch Lumbalpunktion würde eigentlich den extraduralen sowie intraduralen, der Dura fest anhaftenden Tumoren zukommen; FLECK 1922, Fall 1, teilt jedoch ähnlichen Effekt bei einem intramedullären Gliom des Brustmarks mit. NEWMARK 1914, ANTONI 1920, ELSBERG 1925 weisen auf den diagnostischen Wert einer solchen Exacerbation, besonders der Sensibilitätsstörungen, hin, die z. B. im Falle XLII ELSBERGs nach der Punktion plötzlich zum definitiven Niveau hinaufstiegen und die Höhendiagnose ermöglichten. Mehrmals ist dabei (ANTONI 1920, Fall XII, ELSBERG 1925, Fall LIX) die vor der Punktion spastische Parese in eine schlaffe verwandelt worden, sogar mit Schwund der Sehnenphänomene, und obgleich die Mehrzahl der obengenannten Fälle trotz der provozierten Exacerbation mit gutem Erfolg operiert wurden, ist dem nicht immer so; einer unter ihnen blieb trotz sofortiger, unschwerer Enucleation der Geschwulst dauernd gelähmt (ELSBERG 1925, S. 179). Die mehrstimmige Warnung vor solchen Zwischenfällen besteht also zu Recht und die Lumbalpunktion darf jedenfalls nicht bewußt provozierend ausgeführt werden. Im Gegenteil bietet sich von selbst die Frage, wie sich der Inkarzerationseffekt vermeiden ließe. Bei raschem Druckfall habe ich in solcher Absicht seit vielen Jahren die Gewohnheit, die entzogene Flüssigkeit durch physiologische Kochsalzlösung zu ersetzen, eine Maßnahme, die SCHOTTMÜLLER schon 1910 zur Vermeidung, CURSCHMANN im selben Jahr zur Beseitigung postpunktioneller Beschwerden empfohlen haben.

Radiologische Kontrastdiagnostik des Subarachnoidealraumes. Der erste Vorschlag in dieser Richtung stammt von DANDY 1919, der die infraläsionelle Einführung von Luft zur Darstellung des unteren Poles einer Obstruktion empfahl. Erst 6 Jahre später hat er seine Erfahrungen ausführlich mitgeteilt, die zwar überwiegend günstig sind — unter 10 Fällen 7mal exakte Lokalisation —, gleichzeitig aber diese Methode weit hinter der Jodöldiagnostik gesetzt. In der Zwischenzeit hatten Jacobaeus 1921, Josefson 1922 u. a. richtige oder schwer zu beurteilende Ergebnisse mittels der Luftfüllung von unten her mitgeteilt; Herzog 1923, Bingel u. a. hatten direkt irreführende Ergebnisse solcher Versuche erlebt, Peiper bezeichnet 1926 die Methode als „endgültig verlassen". Die Ursache der Mißerfolge ist rein radiologisch-technischer Art, besteht in der Schwierigkeit, innerhalb des sozusagen bunt ungleichmäßigen Schattenbildes der Wirbelsäule eine verhältnismäßig schmale Luftsäule zur scharfen Darstellung zu bringen. Das ist sehr schade, denn die Luftfüllung erfordert nicht die etwas gefürchtete Zisternpunktion, das Kontrastmittel ist unschädlich und rasch resorbiert. Ich meine jedoch, daß bei hydrodynamisch absoluter Blockade wohl ein Versuch der Luftdiagnostik gemacht werden kann; ich habe damit zweimal ganz klare und operativ verifizierte Niveaudiagnose erhalten. Bei relativer Blockade steigt die Luft in den Schädel hinauf, tut weh und ist nicht unbedingt unschädlich. Da ein Erfolg nur bei hydrodynamisch absoluter Blockade zu erwarten ist, schränkt sich das Indikationsgebiet von selbst ein. Zwar kann auch — wie ich gesehen habe — bei hydrodynamisch absoluter Blockade einige Luft das Hindernis passieren und in den Schädel gelangen, sicherlich

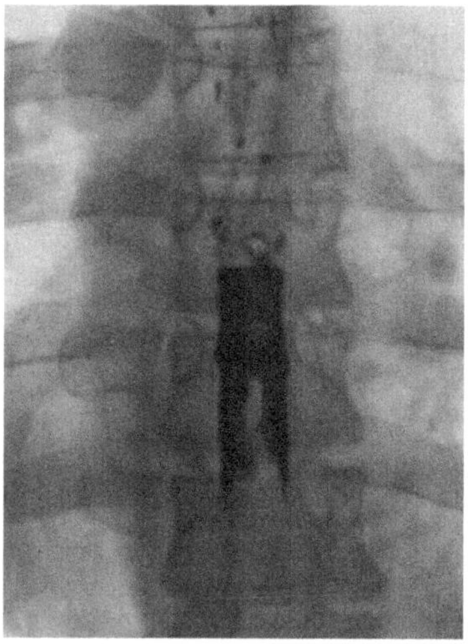

Abb. 62. Ausgebreitete Varicen der weichen Häute der unteren Rückenmarkshälfte mit Paraparese. Lipiodolfüllung von oben. Geschlängelte Gefäße und partieller Stop.

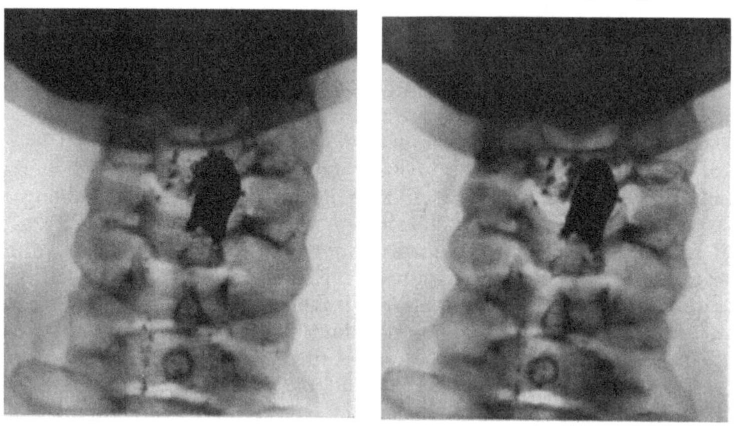

Abb. 63. Stereoskopisches Röntgenbild nach Lipiodoleinfuhr, Frontalaufnahme. Neurinom juxtamedullär, extradural und extravertebral am 7. Halssegment. Kontrastmasse durch das Septum medianum posterius in eine rechte und linke Portion geteilt.

aber nur in belangloser Menge; bei Innehalten der genannten Indikation ist die Methode wohl ungefährlich; die Röntgentechnik ist in beständigem Fortschritt begriffen und mit der jetzigen Technik der Blendung ist schon jetzt

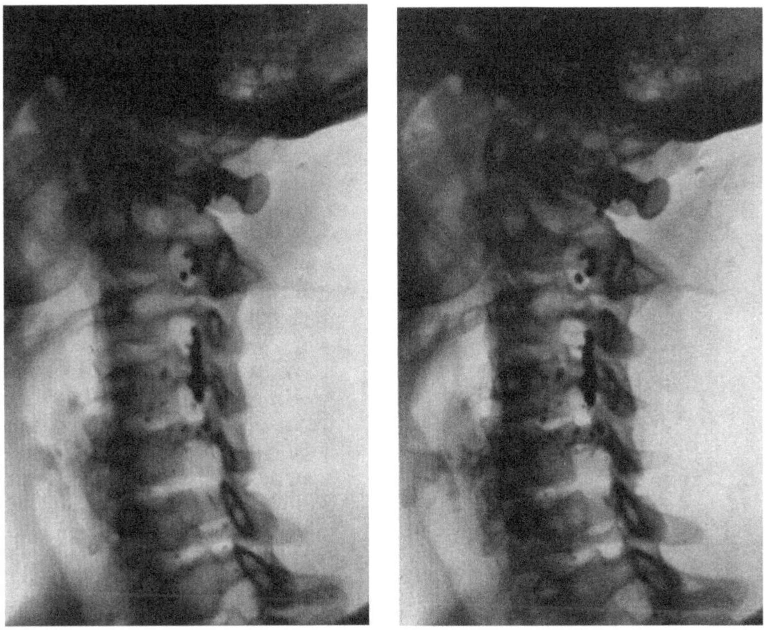

Abb. 64. Stereoskopisches Röntgenbild nach Lipiodoleinfuhr, Profilaufnahme. Neurinom intra- und extradural sowie extravertebral (Sanduhrgeschwulst). Erweiterung des 6. Foramen intervertebrale deutlich sichtbar.

ein erster Versuch mit diesem Mittel berechtigt. In der Hals- und oberen Brustregion scheitert die Luftdiagnostik an dem Luftgehalt der Trachea; die Profilaufnahmen sind zu schwierig in der Deutung.

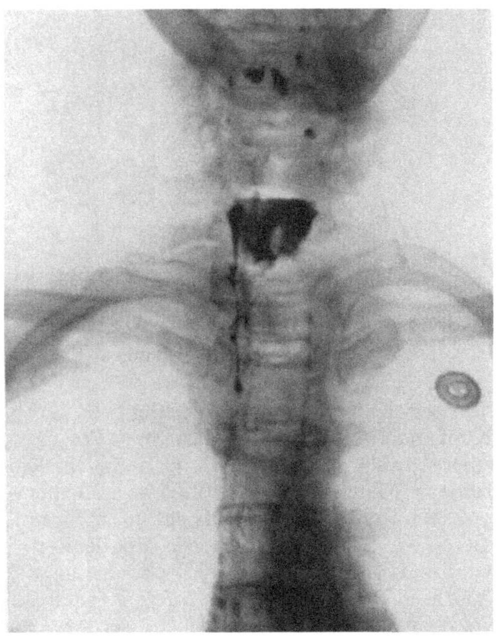

Abb. 65. Meningiom am 1. Brustsegment juxtamedullär. Lipiodol von oben. „Guirlandenformation" an der Seite des Tumors, stärkeres Steckenbleiben der Kontrastmasse oberhalb desselben.

Viel wichtiger ist die Kontrastdiagnostik mittels *Oleum jodatum*, teils wegen viel kontrastreicherer und leichter zu deutenden Bilder, teils wegen viel weiterer Indikationen; der Jodölversuch kann schon bei unvollständiger Blockade gemacht werden und hat in zahlreichen Fällen schon im Stadium unbestimmter neurologischer Symptome die Art- und Ortdiagnostik ermöglicht — ein ganz erheblicher Fortschritt, wenn man daran denkt, wie ungeheuer wichtig die frühzeitige Diagnose eben bei dieser Krankheit ist, wie sehr die therapeutische Prognose von der Zeitigkeit der

Intervention abhängt. Es ist nicht zuviel gesagt, daß die Tumorkrankheit des Rückenmarks erst durch diese Methode in das Stadium idealer therapeutischer Möglichkeiten gerückt ist. Viele Autoren haben sich am Aufbau dieses Sondergebietes beteiligt, sehr wenig stammt aber aus anderen Händen als ihres Urhebers, Sicard, der in den Jahren 1921 und 1922 die Methode des Lipiodols inauguriert und mit seinen Mitarbeitern Laplane, Forestier, Hagueneau u. a. in den folgenden Jahren durchgeprüft hat.

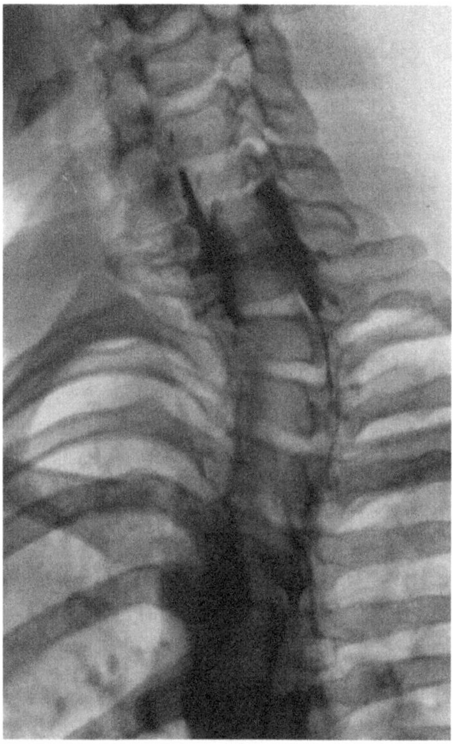

Abb. 66. Gliom des mittleren Brustmarks. Cyste („Syringomyelie") oberhalb des soliden Tumors bis zum unteren Ende des Halsmarks. Jodöl von oben, Darstellung des von der Cyste aufgetriebenen oberen Endes des Brustmarks. Die Myelographie zeigt also nur die obere Grenze der *Markverdickung* an, nicht den Ort der eigentlichen Neubildung.

Eine diagnostische Methode muß eigentlich immer absolut ungefährlich sein. Die in diesem Punkte sehr strengen Amerikaner sind der Jodölmethode sowohl wie der Dandyschen Ventrikulographie mittels Luft lange skeptisch gegenübergestanden. "Iodized oil shoud be used only when all other methods of examination have failed to localize a subarachnoideal block" (Elsberg 1929, S. 957). Gewiß haben diese Hilfsmittel Zeit zu ihrer Reifung, technischer Ausbildung und zur Klarlegung ihrer Indikationsstellung gebraucht, sind aber nunmehr soweit durchgeprüft, daß ich meinesteils in vieljähriger, reichlicher Verwendung der Myelographie mittels Luft und Lipiodol auf dem Wege zisternaler oder lumbaler Einführung kaum jemals einen ernstlich bedrohlichen Zwischenfall, geschweige denn einen unglücklichen Ausgang erlebt habe.

Das Jodöl kann ober- oder unterhalb der verdächtigen Stelle eingeführt werden, durch Zisternen- oder Lumbalpunktion. Im ersten Falle bekommt man rascheren Sturz und schönere Bilder, auch bleibt das Kontrastmittel auf die Dauer der blockierten Stelle aufliegend und kann bei einer Operation leichter entfernt werden. Die lumbale Einführung benötigt eine Lagerung des Kranken in 60—70° Neigung mit dem Kopf nach unten. Sicard und Forestier 1928 heben die Notwendigkeit eines „table basculante" zur genauen Einstellung der Neigung und gleichzeitiger Fixation der Versuchsperson hervor; sie scheinen diese Anordnung nur bei lumbaler Einführung zu verwenden und heben deshalb als Vorteil dieses Applikationsmodus die Möglichkeit der radioskopischen Kontrolle hervor, d. h. die fortlaufende Beobachtung des Jodölschattens auf dem Röntgenschirm. Im allgemeinen scheint nach zisternaler Einfuhr der Patient in vertikaler Stellung gehalten zu werden, was ja zufällige, nicht pathologische Stops besser vermeiden läßt, andererseits aber das Hervortreten einer relativen Blockade mit eventueller Konturzeichnung eines Tumors vereitelt. Peiper bringt 1926 schöne Beispiele solcher relativer Behinderung, bei welcher nur durch verlangsamte Passage in schräger Stellung ein Tumor — und zwar groß — zum Vorschein kam. Es ist mit anderen Worten wichtig, auch bei Einführung des Kontrastmittels von oben den Verlauf des „Sturzes" radioskopisch verfolgen zu können; der Neigungsgrad der Versuchsperson dürfte dabei weniger wichtig sein als die fortlaufende Beobachtung am Schirm. Mehrere Fälle sind mitgeteilt worden (z. B. GUILLAIN und Mitarbeiter 1925), wo das Lipiodol 2 Monate nach freier Passage totalen Stop zeigte. PEIPER hebt mit Recht hervor, daß solches Versagen der Methode durch genaue Verfolgung des Schattens mittels wiederholter Aufnahmen in den ersten Stunden, am liebsten aber unter radioskopischer Kontrolle, wahrscheinlich zu vermeiden gewesen wäre.

Die Lumbalpunktion zur Einführung des Kontrastmittels kann direkt auf dem Röntgentisch vorgenommen werden; nichts hindert aber, andere punktorische Explorationen, auch die Doppelpunktion, mit manometrischen Beobachtungen und Liquorentnahme, in liegender Stellung auf dem gewöhnlichen Untersuchungstisch vorzunehmen und den Kranken in derselben Stellung auf den stellbaren Röntgentisch zu überführen. Auch die Zisternpunktion kann bekanntlich in horizontaler Lage ausgeführt werden, die den Vorteil höheren Druckes, damit leichteren Liquorgewinns usw. bietet; ein meines Wissens kaum beachteter Vorteil liegt dabei in dem bei höherem Liquordruck sicherlich größeren Volumen der Zisterne, das die Gefahr der Punktion vermindern muß. Umgekehrt ist aber die Kontrolle der genau axialen Haltung des Patienten, die allein die so wichtige Medianstellung der Nadel garantiert, in vertikaler Stellung viel leichter durchzuführen. Wichtig ist nun, den Jodölversuch bei nicht liquorleeren Räumen vorzunehmen; in solchem Fall werden sehr leicht pathologische Stops vorgetäuscht (SICARD und FORESTIER, PEIPER). Bei den zur Einführung der Kontraste gemachten Punktionen, ob lumbal oder zisternal, darf deshalb nicht zuviel Liquor entnommen werden, oder aber wird durch physiologische Salzlösung ersetzt. Die genannten Verfasser raten, nach vorherigen Punktionen mindestens 8—12 Tage vor einem Jodölversuch vergehen zu lassen; erst nach dieser Zeit sind ein genügend fester Verschluß der Punktionsöffnungen und Regeneration des Liquors zu erwarten. Meinesteils lasse ich den Kranken beim Jodölversuch im „HOLMGRENschen Ohrenstuhl" mit unterstützter Stirn rittlings sitzen. Die vertikale Stellung hat u. a. den Vorteil geringerer Gefahr eines Verbleibens der Kontrastmasse in der Zisterne (oder sogar Rückflusses in den Schädel); SICARD, der solches erlebte, empfiehlt deshalb (1928), die Punktion zwischen Atlas und Epistropheus zu machen. Für die Orientierung benutze ich, wie gebräuchlich, den Epistropheusdorn, bei Versagen desselben, nach russischem Vorschlag, das Plan durch die Spitzen der Warzenfortsätze. Ich suche nie die Squama occipitalis auf, steche immer direkt in die Tiefe; HEYMANN hebt die Gefahr der Verletzung eines Randsinus am Foramen magnum hervor. Meine Kanülen haben eine Länge von 8 cm, einen äußeren Durchmesser von genau 1 mm, die Spitze ist genau $1^1/_2$ mm lang, der Beschlag zweigabelig, jeder Zweig mit seinem Hahn (Modelle THOR STENSTRÖM, KIFA, Stockholm; diese Gabelung kommt zwar eigentlich bei der zisternalen Ventrikulographie zur Verwendung, wo ich die Luft durch einen elastischen Schlauch einblase, der im Voraus einem der beiden Zweige aufgesetzt wird). Nach Rasieren, Orientierung, Spiritus- und Ätherdesinfektion, sowie intracutanem Novocainquaddel lege ich eine elastische Halsbinde an (zur Hebung des intrazisternalen Druckes), der Patient wird instruiert, während des ganzen Versuches frei und ausgiebig, jedoch nicht forciert oder stöhnend zu atmen, dann steche ich mit geschlossener Nadel. Das Passieren der Membrana atlanto-occipitalis gibt bekanntlich ein ganz spezifisches Gefühl, gibt sich für die Umstehenden oft sicht- und sogar hörbar zu erkennen; diese subjektive Sicherheit ist aber lange nicht ausnahmslos vorhanden. Wenn Liquor kommt, schließe ich den Hahn, setze ein Steigrohr an und öffne wieder. Jetzt kann der QUECKENSTEDTsche Versuch sozusagen umgekehrt vorgenommen werden, indem das Zurücksinken der Flüssigkeit bei Wegnahme der Halsbinde zu beobachten ist. Durch Heberwirkung wird eventuell eine (nicht zu große!) Liquorprobe genommen, $1^1/_2$—2 ccm des auf etwa 37° erwärmten Jodöls ohne Vermittlung eines elastischen Schlauches eingespritzt, die Nadel entfernt, Verband aufgelegt, der Kranke in liegender Stellung ohne Verzögerung dem Röntgenologen übergeben, der die radioskopische bzw. radiographische Verfolgung sofort in Angriff nimmt.

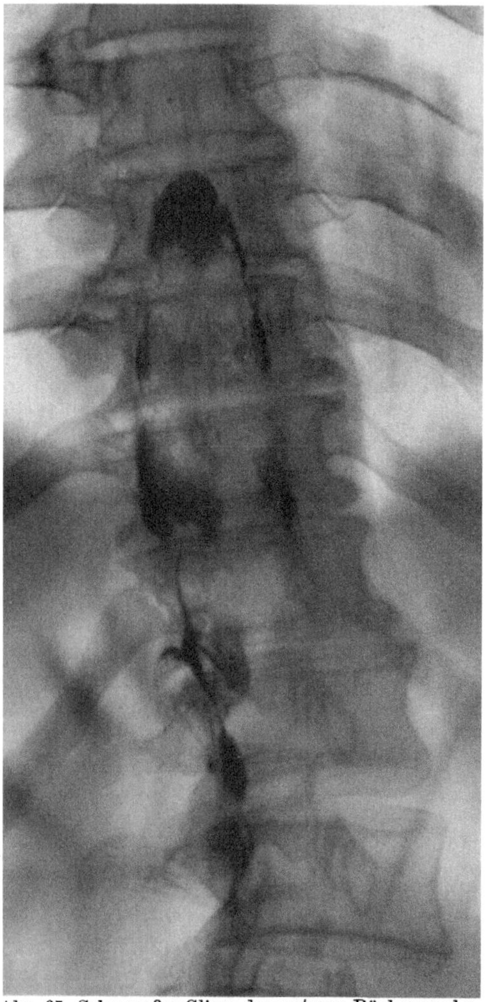

Abb. 67. Sehr großes Gliom des unteren Rückenmarks mit 30jähriger Duration. Starke Lumbalskoliose. Lipiodol von oben. „Guirlandenformation" an der Oberfläche des neoplastisch verdickten Rückenmarks.

Die Reaktion auf die Jodöleinfuhr wird verschieden beurteilt, selten kommt der Kranke ohne Temperatursteigerung davon, Erbrechen sehe ich sehr selten, bekannt ist die regelmäßige, sterile Meningitis, mit mäßiger Pleocytose, die SICARD und FORESTIER nur in einer Stärke um 30 bis 40 Zellen pro Kubikmillimeter gesehen haben; Maximum am 2. Tage. Eine Akzentuierung bestehender neurologischer Symptome — Schmerzen, funikuläre Ausfälle, Sphincterstörungen — werden gelegentlich beobachtet; alle Erscheinungen schwinden binnen weniger Tage. AYER und MIXTER 1924 fanden an Versuchstieren nach zisternaler Injektion relativ viel größerer Jodölquantitäten als der beim Menschen gebräuchlichen eine Pleocytose bis zu 4000 Zellen pro Kubikmillimeter 3 Tage nach der Injektion, LINDBLOM 1926, ebenfalls an Tieren, sterile Meningitis, die nach einigen Monaten verschwunden war; DAVIS, HAVEN und STONE 1930 bei Tierversuchen sahen „encystment" und degenerative Veränderungen der grauen Rückenmarkssubstanz neben leptomeningealer Reaktion. Bei vorschriftsmäßiger Applikation am Menschen wird dem 40%igen Lipiodol bzw. Jodipin ernste Schädigung kaum jemals zugeschrieben werden können; der traumatische Fall SHARPES und PETERSONS 1926, in dem bei erneuter Laminektomie eingekapseltes Lipiodol und seit der vorigen Autopsie sicher vermehrte Adhäsionen zu sehen waren, ist beachtenswert, wenn auch nicht beweisend. Ganz neulich habe ich einen Fall gesehen, wo vielleicht etwas Ähnliches vorgekommen ist:

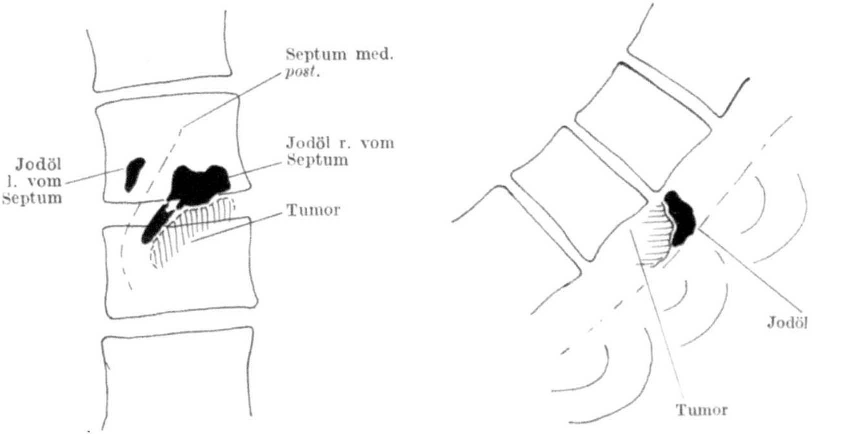

Abb. 68. Schematisch erläutertes Jodölbild in einem Falle von operativ bestätigtem Meningiom juxtamedullär am mittleren Brustmark.

vor einem Jahre Laminektomie wegen Tumorbild mit partiellem Lipiodolstop, kein eigentlicher Tumor, aber gewaltige Venenkonvolute extramedullär wurden gesehen; diesmal, bei sehr exacerbiertem Krankheitsbild — schlaffer Paraplegie — wurde bei der erneuten Laminektomie, wie mir der Operateur, OLIVECRONA, mitteilt, arachnoiditische Hyperämie geringen Grades gesehen, die Venenkonvolute größtenteils verschwunden; hier hat das Lipiodol vielleicht eine Arachnoiditis bewirkt, die die Blutausfuhr aus dem Mark erschwert, die Stauungswirkungen im Marke selbst exacerbiert, die venöse Hyperämie in den Meningen aber aufgehoben hat.

Im ganzen ist aber zu sagen, daß das Jodöl nicht gefährlicher ist als die nach Serumeinspritzungen usw. gesehenen Sterilmeningitiden, Spätschädigungen sind von mehreren, über größere Erfahrungen verfügenden Autoren (SICARD und FORESTIER, PEIPER) nie gesehen worden. Die einfache Lumbalpunktion ist beim Rückenmarkstumor durchschnittlich gefährlicher! HEYMANN zieht das Lipiodol dem Jodipin als weniger reizend vor; das Lipiodol darf nur durchsichtig, klar ambrafärben

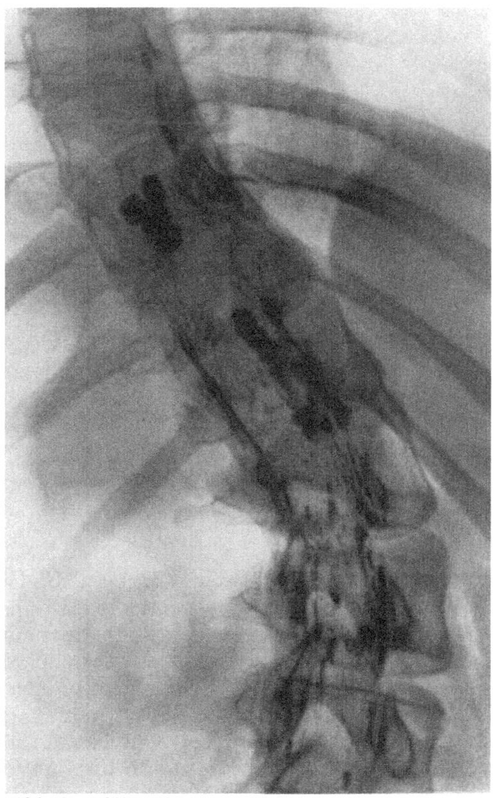

Abb. 69. Gliom in der mittleren Partie des Brustmarks. Hochgradige Skoliose (den funikulären Störungen um mehrere Jahre vorausgegangen). Immetalinjektion von unten, Oberflächendarstellung in der Gestalt feiner Streifen. Punktion des Lendenmarks mit Auffindung einer größeren Cyste unterhalb des soliden Tumors, Injektion von Immetal in die Cyste. Das Bild zeigt das Jodöl in größeren Tropfen das obere bzw. untere Ende der Cyste darstellend.

verwendet werden, darf nicht bräunlich sein, verdirbt bei Zutritt von Licht und Luft. Das schwächere „Lipiodol ascendant" (8%ig) reizt vielleicht stärker. SCHÖNBAUER und SCHÖNBAUER 1928 sahen sterile Meningitis mit tödlichem Ausgang in einem Falle, der jedoch durch die Grundkrankheit — apoplektische Cyste des Gehirns mit Pachymeningitis haemorrhagica interna — schon schwer gefährdet war.

Für die Beurteilung der beim Herabsinken des Kontrastmittels erhaltenen Bilder ist die genaue Kenntnis der normalanatomischen Verhältnisse des spinalen Liquorraumes vonnöten; die erschöpfende Darstellung derselben im klassischen Werke von KEY und RETZIUS 1875 ist jedem, der Jodöldiagnostik treiben will, aufs wärmste zu empfehlen. (Aus mehreren Darstellungen der Jodöldiagnostik im Schrifttum geht hervor, daß diese grundlegende Schilderung dem betreffenden Autor unbekannt sein muß.) Ich gebe hier nur einige Hauptpunkte wieder. Die Arachnoidea ist ein lockeres Gefüge feiner Bindegewebsbalken, „Spinngewebe", das einerseits der Innenfläche der Dura, andererseits dem Rückenmark mit seiner Pia anliegt. Ganz wie im Schädel liegt also der inneren Oberfläche der Dura ein äußeres Blatt der Arachnoidea dicht an; Dura und Arachnoidea sind nur stellenweise miteinander verwachsen, vor allem bei den Wurzelaustritten, sind sonst von einem spaltförmigen Raum geschieden, der normaliter nur ein Minimum von Flüssigkeit enthält, aber eine vollständige Endothelauskleidung besitzt. Dieser, der eigentliche „Subduralraum" ist somit normaliter kein eigentliches Spatium, der Liquor befindet sich in einem von den beiden Blättern der Arachnoidea gebildeten Doppelzylinder. Das äußere, der Innenfläche der Dura anliegende, und das innere, das Rückenmark auskleidende Blatt der Arachnoidea, stehen untereinander durch ein verwickeltes System anastomosierender Arachnoidealmembranen in Verbindung, welche aber sämtlich der dorsalen Hälfte des Liquorraumes gehören; die ventrale Hälfte desselben ist frei von Membranen und Strängen. Am konstantesten dieser Arachnoidealmembranen ist das „Septum medianum posticum" von KEY und RETZIUS, das die Hinterfläche des Marks längs dessen Medianlinie mit der arachnoidealgekleideten Dura verbindet; im obersten Halsteil ist das Septum durchlöchert und unvollständig. Dann werden die Hinterwurzeln von arachnoidealen Scheiden bekleidet, von welchen schrägstehende Membranen ausgehen, welche in unregelmäßiger Weise zwischen Septum medianum und Wurzeln bis zu ihren Durchtrittsstellen durch die Dura ausgespannt sind. Zwischen Septum posticum und

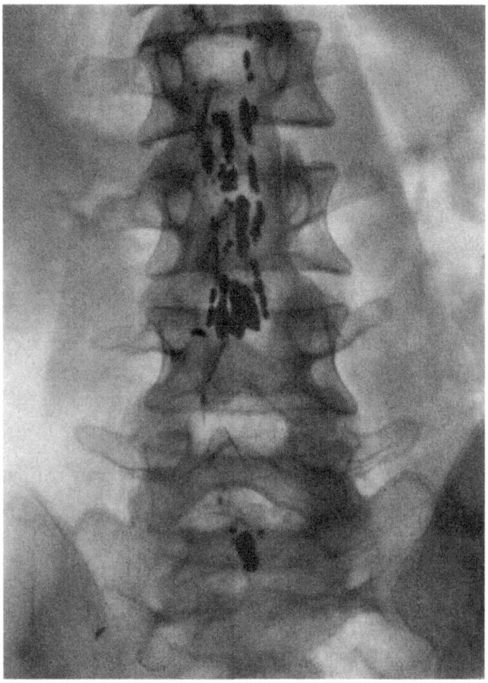

Abb. 70. Tumor caudae equinae (Ependymom). Immetal von oben. Aufnahme am Tage nach der Punktion. Spärliche Passage, *Konturdarstellung*. (Doppelseitige „Ischias" seit mehreren Jahren, spastische Fixation der Lendenregion, *keine neurologischen Ausfallssymptome!*)

der longitudinalen Reihe der Wurzelaustritte befindet sich somit ein unregelmäßiges System von Arachnoidealkammern, ,,Recessus laterales obliqui" von KEY und RETZIUS (wohl mit den ,,Wurzeltaschen" PEIPERS identisch). Das Ligamentum denticulatum, aus duraähnlichem Gewebe gebildet, läuft, von der Arachnoidea ausgekleidet, längs der seitlichen Fläche des Rückenmarks zwischen vorderer und hinterer Wurzelreihe, Zacken entsendend, die, intersegmental gelegen, lateral gerichtet sind und sich an der Innenfläche der Dura ansetzen. Das System des Recessus laterales obliqui ist vor allem im Dorsalteil des Markes ausgebildet.

Das in die Zisterne eingespritzte Jodöl gleitet begreiflicherweise der Hinterfläche des Markes entlang nach unten, wo im hier befindlichen System von Liquorkammern zahlreiche Möglichkeiten der Verzögerung und Steckenbleiben gegeben sind. Es ist eigentlich merkwürdig, daß so wenig Derartiges gesehen wird. Sowohl unter normalen wie pathologischen Umständen kommt es vor (PEIPER, SICARD), daß das Jodöl an frontalen Aufnahmen in zwei seitliche Streifen angeordnet ist, mit segmental erfolgenden, den ,,Wurzeltaschen" entsprechenden, flach triangulären Verdickungen. Dies Bild kommt ohne Tumor meines Erachtens dadurch zustande, daß das Öl, wenigstens teilweise, nicht subarachnoideal, sondern subdural, zwischen Arachnoidea und Dura eingespritzt worden ist; es erreicht dann den freien Liquorraum nicht, sondern bleibt eingeschlossen. Bei neoplastisch verdicktem Rückenmark kann solche ,,contour festonnée" auch durch subarachnoideal liegendes Öl gebildet werden. An seitlichen Aufnahmen sieht man in beiden Fällen das Lipiodol einen breiteren Streifen bilden, die radikulären Verdickungen treten nicht hervor.

Nach Erreichen des unteren, von Membranen und Duplikaturen freienTeils des Subarachnoidealraums kann das Kontrastmittel durch Bauchlage des Kranken in den freien Ventralteil des Liquorraumes gebracht werden, wo es durch Neigung des Untersuchungstisches an der Vorderseite des Marks zur Ermittlung der dort waltenden Verhältnisse bewegt werden kann; so ist es möglich, Vorder- und Hinterteil des Liquorraumes gesondert zur radiographischen Darstellung zu bringen. Weniger umfangreiche, pathologische Gebilde an der Vorderseite, besonders extradural, sind eventuell nur in dieser Weise zu entdecken (eigene Erfahrung).

Und die Ergebnisse? Die ,,physiologische Enge" des Liquorraumes im obersten Thorakalgebiet (C 7—Th 5 nach SICARD und LAPLANE) muß berücksichtigt werden, die sich besonders in schräger Haltung verzögernd bemerkbar macht; in vertikaler Haltung fällt das Jodöl sowieso in einigen Minuten bis in die ,,Vagina terminalis", entsprechend den zwei obersten Sacralwirbeln, wo es in der Form einer ,,Rübe", ,,Radieschen" usw. liegen bleibt; auch hochgradige Skoliosen brauchen den Sturz nicht hinanzuhalten. SICARD und FORESTIER unterscheiden drei Haupttypen des Verlaufes: ,,transit normal, block total, block partiel". Von Schwierigkeiten und Irrtümern in der Deutung erhaltener Bilder nennen sie ,,arrêt aux points d'injection", eigentlich Auffangen in der Zisterne bzw. intrakraniell, ,,arrêt transitoire", das ist vorübergehende Verzögerung in den vielfachen Liquortaschen bzw. in der obengenannten, physiologischen Enge, von der auch PEIPER spricht; die Bedeutung liquorarmer Räume für das Zustandekommen solcher falscher Verzögerungen ist mehrfach hervorgehoben worden. Am schlimmsten sind aber die ,,arrêts partiels"; sie sind an sich vielleicht immer pathologisch bedingt, durch meningeale Veränderungen leichterer Art bei nichtokkludierenden Krankheitsprozessen wie Tabes, multipler Sklerose usw., zeigen eine uncharakteristische Form und Anordnung der Masse: Stalaktiten (PEIPER); Tropfenreihen, Trauben, Rosenkränze (SICARD und FORESTIER); versprengte Tropfen (RADOVICI);

U-Form (SOUQUES, BLAMOUTIER und DE MASSARY); Medaillon (ROGER); es handelt sich fast immer um regionär angesammelte Reste einer sonst zum Boden des Sackes gesunkenen Kontrastmasse. Die Laminektomie hat in vielen derartigen Fällen die Vermutung adhäsiv-meningealer Grundlage bestätigt. Anders sind die Bilder bei Tumor. Hier sind *eigentlich nur zwei Typen auseinanderzuhalten, der Totalstop an der oberen (bzw. unteren* — bei Füllung von unten) *Grenze des Tumors und der Partialstop, der seinerseits die Möglichkeit einer Konturzeichnung einbegreift.* Ein Totalstop kommt sowohl bei intra- wie juxtamedullären und extraduralen Tumoren vor, kann in allen diesen Fällen die „Haubenform" oder, wie es sonst genannt wird, mit nach dem Hindernis konkavem Rand des Schattens darbieten. Bei einem juxtamedullärem Meningiom sowie neuerdings bei einem partiell intraduralen Sanduhrtumor sah ich nicht nur das Negativ des oberen Tumorkupols durch das angeschmiegte Lipiodol dargestellt, sondern einen Füllungsdefekt neben ihm, einem Negativ des verdrängten Rückenmarks entsprechend, mit anderen Worten eine genaue Topographie der oberen Teile von Tumor und Mark radiographisch dargestellt (Abb. 68). In diesem Verhalten liegt ein Beweis extramedullärer Lage des Tumors (Dislokation des Rückenmarks). SICARD und HAGUENAU heben in einer besonderen Mitteilung 1928 hervor, daß der Aspekt „en dôme ou en casque ou en croissant" auch bei extraduralen Geschwülsten gesehen werden kann. Die von SICARD und HAGUENAU sowie von LAPLANE im Jahre 1925 beschriebene Konturzeichnung des neoplastisch verbreiteten Rückenmarks („Contour festonnée) bei intramedullären Geschwülsten ist sehr eindrucksvoll (Abb. 67), aber nicht absolut pathognomonisch; PEIPER 1926 bildet ganz dasselbe bei einem großen, langgestreckt-ovoid geformten, juxtamedullären „Lymphangiom" ab. Die festonnierte Linie, die beiden Reihen von „petites languettes correspondant aux corps vertébraux" können somit ausnahmsweise eine „Graphie" nicht des Markes, sondern eines extramedullären Tumors bewirken, ein Bild erzeugend, das in nichts von demjenigen eines tumorös verdickten Rückenmarks abweicht.

PEIPER hat eine dünne Schicht Jodöls zwischen Tumor und Mark darstellen können, somit den „fluid buffer" STOOKEYs und ELSBERGs demonstrierend. Weitere Einzelheiten, eine wirkliche „Oberflächendarstellung" des Marks, mit Aussparung erweiterter Gefäße sind von ALAJOUANINE 1925, PEIPER 1926, demselben und SCHMIEDEN 1929 geschildert worden; LYSHOLM konnte neuerdings in zwei Fällen verbreitete Venenkonvolute am unteren Teil des Rückenmarks zur Darstellung bringen, die sich bei Laminektomie (OLIVECRONA) als allein sichtbare Läsion herausstellten — „Angioma racemosum venosum". SICARD u. a. haben intramedulläre Höhlen, bisweilen von enormer Längsausdehnung, mit Jodöl gefüllt und radiographiert, so auch ich, in einem Falle von Gliom des mittleren Brustmarkes mit angeschlossenem, nach unten bis ins Lendenmark reichendem Cystenraum (Punktion des Lendenmarks, Abb. 69).

Der Wert der Kontrastdiagnostik liegt vor allem auf dem Gebiet der Niveaubestimmung, die bisher nur durch dieses Mittel *direkt* geführt werden kann. Das Vorkommen unvollständiger Ausbildung des neurologischen Kompressionssyndroms in nicht wenigen Fällen auch weit vorgeschrittener Kompression, die häufige Lage des Tumors in einem an deutlichen Segmentalsymptomen armen Gebiet des Rückenmarks, das Vorkommen irreführender supraläsioneller Symptome usw., alles das sind Momente, die den großen Nutzen eines sicheren und direkten niveaudiagnostischen Mittels ohne weiteres dartun. Die ganz wenigen, bekanntgewordenen Irrtümer wiegen im Vergleich mit dem vielen Nutzen leicht, besonders da sie mit ausgereifter Technik fast sicher zu vermeiden sind. Daß die Längsausdehnung eines intramedullären Tumors zu kurz angegeben wird (VINCENT, LAPIOL und DECHAUME u. a.), hat nichts zu bedeuten, da die angegebene Lage jedoch der erheblichen Verdickung des Marks exakt entspricht. Am wertvollsten ist die Möglichkeit der Frühdiagnose. SICARD und FORESTIER 1928 erwähnen 25 Fälle juxtamedullärer Geschwülste, durch das Lipiodol diagnostiziert; von diesen hatte die Methode nur 9mal die Rolle einer, allerdings wertvollen Kontrolle gespielt, in allen übrigen wurde die Niveaudiagnose erst durch das Jodöl ermöglicht, 7 Fälle waren im „präparaplegischen Stadium“. DAVIS, HAVEN und STONE fanden 1930 „in 29 of 31 cases a definite clinical localization was possible without the use of iodized oil as a diagnostic aid“; bei den übrigen 2 war also das Kontrastmittel doch nötig. Wirkliche Frühdiagnosen sind auch von ETHEL C. RUSSEL, von IRONSIDE und SHAPLAND 1924, ALBRECHT 1925, PEIPER 1926, FRANKE-STEHMANN 1932 mitgeteilt worden; „Frühdiagnose“ ist zwar in einigen dieser Fälle eine wenig präzise Bezeichnung, wird in der Literatur mehrmals bei symptomarmen Fällen benutzt, auch wenn sie gar nicht kurz gedauert haben. Die wirkliche Frühdiagnostik, d. h. das Auffinden sehr kleiner Tumoren, ist selbstverständlich technisch schwieriger, muß hier und da auch bei sorgfältigster Absuchung versagen; am greifbarsten ist bisher die Bedeutung der Kontrastmittel für die Niveaubestimmung, aber auch die Artdiagnose kann bei unvollständigem Krankheitsbild von diesem Mittel großen Nutzen ziehen.

Supraläsionelle Symptome.

Nicht ganz selten wird über „zu hoch lokalisierte“ Tumoren berichtet, die bei einer Operation vermißt oder nur nach Abkneifung weiterer Bögen gefunden wurden. In einem Teil dieser Fälle sind die Angaben über Segmentalsymptome, Topographie der Sensibilitätsstörungen, Operationsbefund mit Präzisierung des Tumorniveaus usw. genau genug für ein Urteil. Bei intramedullären Tumoren liegt immer die Möglichkeit komplizierender Syringomyelie vor, welche sehr schwere und sehr weit oberhalb des Tumorniveaus reichende Symptome machen kann, wie eine ganze Reihe von instruktiven Fällen von WESTPHAL 1875 bis GUILLAIN 1929 lehrt. Wenn also z. B. im Falle WOODS 1928, ependymäres Gliom Th 7—8, eine dissoziierte Anästhesie bis einschließlich Th 4 hinaufreichte, ist die Syringomyeliediagnose des Verfassers gut begründet. Dieselbe Möglichkeit einer Erklärung liegt zwar auch bei juxtamedullären Exemplaren vor, aber in viel geringerem Grad, da Syringomyelie bzw. gliotischer Stift bei dieser Lage eines Tumors große Seltenheiten sind. Bei Geschwülsten am unteren Ende des Rückenmarks kommen supraläsionelle Störungen vor, die durch Läsion passierender Wurzeln plausibel zu erklären sind, Hypästhesien (vgl. S. 58), Atrophien, Areflexien, solches kommt doch anscheinend nur ziemlich selten vor, kaum gewöhnlicher als supraläsionelle Symptome bei Tumoren kranialerer Bereiche, die in beträchtlicher Zahl mitgeteilt worden sind. Hier einige Beispiele: KÖSTER 1907, Fall 2, Tumor juxtamedullär bei L 4—5, atrophierende Parese im Sartorius, Adductoren und Ileopsoas; PHLEPS 1918, Fall 2, Tumor juxtamedullär bei L 2—3, Schmerzen in der Lendenregion, Gürtelgefühl in der unteren Bauchgegend, allmählich Hypästhesie homolateral im L 1; NONNE 1913, Fall 6, Tumor juxtamedullär bei Th 10—11, Anästhesie bis einschließlich Th 8, obere Bauchreflexe negativ; SEELERT 1918, Tumor juxtamedullär ab Th 5, Hypästhesie und Hypalgesie bis einschließlich Th 2; NONNE 1913, Fall 4, Tumor juxtamedullär bei C 8—Th 1, Wurzelschmerz in der Schulter durch $1^1/_2$ Jahre, dann schmerzhafte Nackensteifigkeit, spastische Tetraplegie, Hypästhesie für Schmerz und Temperatur ab C 6, für Berührung und Bathyästhesie ab C 7 oder C 8, nach Lumbalpunktion Tetraplegie schlaff mit aufgehobenen Reflexen auch in den Armen, absolute Anästhesie aller Qualitäten ab C 6.

Bei Geschwülsten inner- und außerhalb des Marks im oberen Cervicalgebiet sind sehr oft „bulbäre“ und „cerebrale“ Symptome beschrieben worden. Solche begegnen uns sogar schon bei Tumoren der unteren Cervicalregion: Fall MEYER 1902, Sanduhrgeschwulst am unteren Halsmark, hatte Kopfweh, Schwindel, Obskurationen, flüchtiges Doppeltsehen; FLECK 1922, Fall 1, Gliom vom unteren Hals- bis unteren Brustgebiet, vorübergehende Schlund-, Gaumen- und Zungenparese, später bleibende, schlaffe Lähmung der Nacken-, Schulter- und Armmuskeln. FLATAU-ZYLBERLAST 1908, kleiner Duratumor dorsolateral bei C 8 bis Th 1, zeitweise Schluckbeschwerden, Parästhesien im Nacken, Krämpfe und leichtere Parese im rechten Arm. Die eventuellen „cerebellar fits" in den Fällen der obersten Halsregion bei NONNE und SCHULTZE wurden schon (S. 52) angeführt. Als anatomische Basis cerebraler Allgemeinsymptome ist ab und zu Hydrocephalus internus (ELIASBERG 1913, Fall 1), im NONNEschen Falle von „akutem ascendierendem Sarkom" 1909 Hirnschwellung admodum RIEGER und REICHARDT festgestellt. Fall 10 ELSBERGS 1925, Tumor juxtamedullär bei C 5—6, litt an Kopfweh und Somnolenz. Abducens- bzw. Facialis- oder Masseterenparese, Dysarthrie, Singultus, Erbrechen, Tachykardie schildern NONNE 1900, STERTZ 1906 bei hohen Halsmarksgliomen mit mikroskopisch freiem Gehirn. Quintushypästhesie, atrophierende Parese der Accessoriusmuskeln sind bei hohen Halsmarkstumoren ja nichts Besonderes. Nystagmus wurde häufig beschrieben, nur selten aber von sichergestellt-pathologischer Art (ŠERKO 1914, ABRAHAMSON-GROSSMANN 1921).

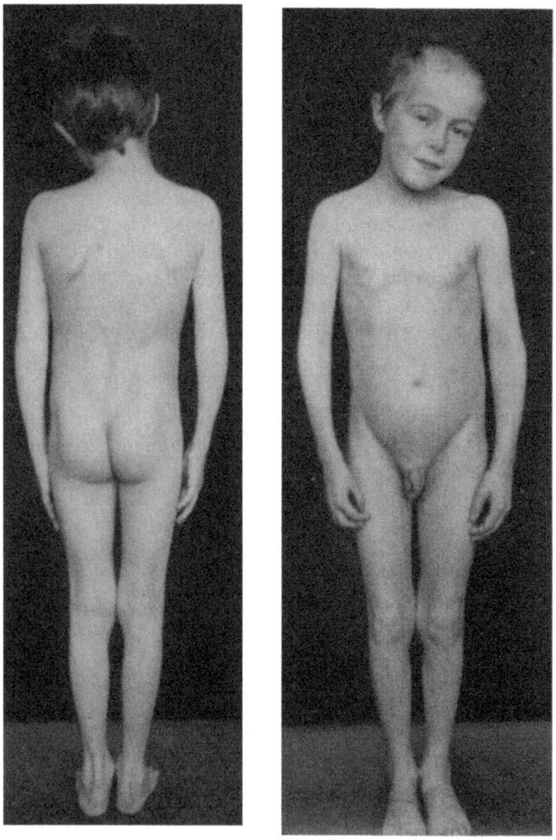

Abb. 71. Gliom intramedullär im obersten Halsmark mit Cystenbildung bis in die caudalste Oblongata; klinisches Bild auf ein Kleinhirnleiden hindeutend, Stauungspapille, keine Anzeichen spinaler Lokalisation. Operative Entfernung (doc. OLIVECRONA). Charakteristische Zwangshaltung des Kopfes usw.

Die Genese supraläsioneller Symptome ist noch keineswegs geklärt worden; man hat Liquorstauung oberhalb des Tumors angenommen (OPPENHEIM, AUERBACH), Verwachsungen und Ödem der weichen Häute, bewiesen ist aber der postulierte Zusammenhang nicht. Die vorliegenden Kenntnisse über supraläsionelle Liquorsymptome sind S. 78 besprochen worden. Liquorstauung kommt sicherlich vor, und zwar sowohl ober- wie unterhalb eines blockierenden Tumors. Es ist denkbar, daß die bloße Ausschaltung eines großen Teils des Subarachnoidealraumes, durch die Herabsetzung der Resorptionsfläche, Hydrorachis bzw. Hydrocephalus bewirken könnte. Scheinbar supraläsionelle Störungen sind schließlich die vorher genannten Sympathicussymptome der Arme bei

Läsionen des mittleren Brustmarks (BARRÉ und SCHRAPF 1920, vgl. S. 71) sowie die pilomotorischen und sudoralen Phänomene von ANDRÉ THOMAS, Mme. DEJERINE und JUMENTIÉ.

Verschiedenheiten des Krankheitsbildes nach verschiedener Lage und Art des Tumors. Hier werden nur die besonderen Symptome und Symptomverbindungen in Kürze zusammengestellt; Angaben über das nähere Verhalten der einzelnen Störungen unter verschiedenen Umständen einschließlich verschiedener Lokalisation finden sich in den übrigen Abschnitten zerstreut.

A. Circumscripte Geschwülste. *I. Verschiedenheiten nach dem Niveau der Geschwulst.* Hohe Halsmarkstumoren zeichnen sich durch sehr häufiges und frühzeitiges Vorkommen von Nacken-, Hals- und Schulterschmerz und, im Zusammenhang damit, steife Kopfhaltung, Starre der Halsmuskeln, nicht selten Schiefstellung des Kopfes und Halses, bisweilen sogar Zwangshaltung der Schulter und des Armes aus. Die Ausfallssymptome bestehen in segmentalen und funikulären Störungen nach der Region, also schlaffen Lähmungen der tiefen Halsmuskeln, evtl. des Sternocleido und Trapezius, bisweilen einseitiger Cornealareflexie, leichter Quintushypästhesie, Phonasthenie, dazu spastischer Tetraplegie mit Steigerung der Muskelreflexe aller 4 Extremitäten, Hypästhesien und Sphincterstörungen. Die nicht seltene Kombination von Muskelatrophien der Arme mit spastischen Phänomenen einschließlich gesteigerter Reflexe aller 4 Extremitäten kann bisweilen an amyotrophische Lateralsklerose erinnern. Die Entwicklung der Tetraplegie geht meistens so vor sich, daß Schwäche des homolateralen Arms, sehr oft mit Parästhesien und objektiver Störung der tiefen und oberflächlichen Sensibilität kombiniert, das erste Zeichen der Markkompression darstellt; dann kommen der Reihe nach das homolaterale Bein, kontralaterale Bein, homolateraler Arm; Ausnahmen von dieser Regel sind jedoch mehrmals beobachtet worden (HOCHHAUS 1891, SCHULTZE 1900, Fall 3, STERTZ 1906, Fall 1, SÖDERBERGH 1912). Die Hypästhesie betrifft nicht selten das ganze Spinalgebiet, segmentäre und funikuläre Anteile der Störung sind nicht immer auseinander zu halten. Häufig ist die Kombination von Hyperästhesie der oberen Cervicaldermatome mit infraläsioneller Anästhesie. Bemerkenswert sind die häufigen supra- und infraläsionellen Symptome, Störungen von seiten der Kranialnerven (Abducens, Facialis usw.), ab und zu Nystagmus, selten ausgesprochene cerebelläre Phänomene oder cerebrale Allgemeinsymptome einerseits, Muskelatrophien der Schulter, Arme und Hände andererseits. HORNERsches Syndrom oder bloße Miosis kommt oft vor, aber auch verengte Lidspalte ohne Miosis. ELSBERG und STRAUSS finden Dissoziation funikulärer Cutanhypästhesien sowie Kälteparästhesien besonders bei hoher Halsmarkskompression. Die respiratorische Parese ist hier besonders hervortretend, kommt aber oft erst spät; einseitige Zwerchfellähmung, doppelseitige Parese desselben sowie der thorakalen Muskulatur kommen vor. Gefahrmomente für Untersuchung und Behandlung sind besonders hier vorhanden, Temperatursteigerungen und respiratorische Störungen sind öfters gesehene Komplikationen der Laminektomie, zuweilen der Lumbalpunktion; Mors subita ohne sichtliche Veranlassung ist mehrmals gesehen worden. Bei Tumoren des *mittleren Halsmarks* ist das Bild vielfach ganz dasselbe, nur reicht die cutane Hypästhesie nicht so weit hinauf; das Phrenicuszentrum kann sich in überraschendem Grad der direkten Druckwirkung entziehen; Tetraplegie mit entsprechender Hypästhesie beherrscht das Bild, auch hier wird Horner gesehen. Der „invertierte Radiusreflex" BABINSKIS deutet speziell auf das 5. Halssegment hin. Die Tumoren des *unteren Halsmarks* bewirken die wohlbekannte Kombination schlaffer Arm- und Handlähmung mit spastischer Paraplegia inferior; das HORNER-Syndrom, voll entwickelt oder partiell, kommt hier vielleicht besonders oft vor, ganz neulich sah ich, bei Tumor am unteren Halsmark, verengte Lidspalte ohne Miosis oder Enophthalmus. Bei Geschwülsten dieser Region scheinen die Sensibilitätskarten auffallend oft ein freies Intervall zwischen segmentärer und funikulärer Hypästhesie aufzuzeigen: Hypästhesie postaxial an den Armen, am Rumpf erst von der Nähe des Intermamillarplans ab. (Ich glaube jedoch, daß dies Verhalten nicht unbedingt in der angegebenen Richtung zu deuten ist, die richtige Deutung kann nach meinem Dafürhalten vielmehr dahin lauten, daß die Zone der cervicalen Dermatome wirklich so weit unterhalb der Schlüsselbeine hinabreichen kann.) Bei Tumoren aller Teile des Halsmarks werden Hinterkopf- und Schulterschmerzen gesehen, défense-artige Steifheit der Halsmuskeln mit entsprechender Kopfhaltung sowie cerebrale Symptome, das alles jedoch entschieden öfter von der oberen Halsregion aus. Hochstand der Schulter, Zwangshaltung des Armes wechselnder Art kommen ein- und (seltener) doppelseitig bei verschiedenem Niveau eines Halsmarkstumors vor; solche Erscheinungen sind vorwiegend als Ergebnis antagonistischer Kontraktur bei dissoziierter Parese zu deuten und treten demnach auch als Deformitäten der Hand- und Fingerstellung auf; typische Klauenhand ist bei Tumoren, wegen der vorwiegend diffuseren Parese, selten. Tiefe Querläsion stärkeren Grades gibt das Bild totaler Parese der Rippenatmung bei erhaltener, eventuell verstärkter Zwerchfellaktion.

OPPENHEIM meint, unter den Tumoren der Cervicalregion machen die juxtamedullären besonders regelmäßig und früh segmentäre Symptome; bei Vorangehen und Dominanz funikulärer Störungen sei eher an intramedulläre Lage zu denken. Die Gültigkeit dieser Regel ist jedoch sehr fraglich. AUERBACH schildert 1910 ein Gliom dieser Region mit frühen, hochgradigen und bis zum Schluß dominierenden Segmentalsymptomen, im Falle ROUX-PAVIOT 1898 war das Gegenteil der Fall; unter drei Fällen extramedullärer Geschwulst dieser Region, mitgeteilt von TISSIER 1898, AUERBACH und BRODNITZ 1910, BING und BIRCHER 1909 war die Relation zwischen den beiden Symptomgruppen extrem verschieden, beim erstgenannten sehr hochgradige Segmental- bei gänzlichem Fehlen aller Funikulärstörungen, beim zweiten fast nur Funikulärsymptome (von Segmentalsymptomen nur Neuralgie und Reizmydriasis), im dritten zuerst nur rein funikuläre Störungen, die Segmentalsymptome zunächst auf atrophierende Armparese beschränkt, erst zuletzt leichte, segmentäre Hypästhesie. Frühe und ausgesprochene Funikulär-, späte und leichte Segmentalsymptome bei niedriger Halsmarkskompression fanden sich auch im Falle 1, NONNE 1913.

Die Segmentalsymptome sind bei Tumoren der *oberen Hälfte des Brustmarks* wenig ausgesprochen oder fehlen ganz. Wegen der gewöhnlich geringen Längsausdehnung des Tumors werden Lähmungen der Rippenbewegungen so gut wie nie wahrgenommen. Intercostalneuralgien und Rückenschmerzen in Verbindung mit funikulären Störungen gewöhnlicher Art setzen das Bild zusammen. Steifigkeit des Rückgrats, besonders in der Nähe des Tumors, ist in allen Regionen sehr gewöhnlich; SICARD und LAPLANE sprechen von „syndrome pseudo-pottique“. Störungen vorwiegend sensibler und vasomotorischer Art, ganz besonders Parästhesien, jedoch auch eine gewisse Schwäche, zudem eventuell Reflexsteigerung, werden bei Tumoren des mittleren Brustmarks nicht selten in den Armen beobachtet; das sind pseudo-supraläsionelle Symptome, durch Affektion der diesem Markgebiet entstammenden Sympathicusneuronen bewirkt. Vom 6. Brustsegment an beginnt das Brustmark, sich an der Innervation der Bauchwand zu beteiligen. Radikuläre Bauchsyndrome sensibler, vor allem aber motorischer und reflektorischer Art sind vielfach beobachtet worden; viel weniger beachtet sind analoge Ausfälle der Rücken- und Lendenmuskeln. Im thorako-lumbalen Übergangsgebiet sind Lendenmuskeln, Ileopsoas,

Cremasterreflex repräsentiert, ebenso das hypogastrische Blasenzentrum, dessen Ausschaltung sich aber gewöhnlich mit den Folgen des Wegfalles der übergeordneten Innervation des sacralen Zentrums kombiniert, somit lokalisatorisch wenig hervortritt. Der Lumbalsacralteil des Rückenmarks ist nur 8,5 cm lang, seine Segmente sind verhältnismäßig breit, aber niedrig; dennoch kommen aber auch hier gewiß isolierte Ausfälle eines oder einiger Segmente vor, mit radikulären Paresen und Hypästhesien. Doppelseitigkeit sowie größere Ausbreitung sensibler oder motorischer Ausfälle kommen aber in dieser Region sehr leicht zustande, außerdem sind segmentäre und funikuläre Ausfälle, besonders sensibler Art, hier schwer auseinanderzuhalten. Das Bild der sensiblen Ausfälle durch Schädigung des lumbosacralen Grenzgebiets nimmt öfters den Charakter der sacralen („Reithosen"-) Anästhesie an (Fälle von Ferrier-Horsley 1904, Schüle 1906, Sandahl 1931), Sphincterstörungen treten besonders früh und intensiv auf, und bei Fehlen spastischer Phänomene ist die Unterscheidung zwischen lumbosacralem und eigentlichem Caudatumor auf neurologischem Wege schlechterdings unmöglich. In vielen Fällen bestehen aber mehr oder weniger hochgradige und ausgebreitete Zeichen der Py.-Läsion, und die Kombination von spastischem und schlaffem Lähmungstypus kann dann lokalisatorisch sehr nutzbar sein: die „Reflexinversionen" sind u. a. eben Erzeugnisse dieser Kombination. Ausnahmsweise wurde schlaffe Lähmung des einen Beines mit Areflexie, bei spastischer Parese des anderen beobachtet (Elsberg 1925, Fall XXIII), häufiger ist eine unvollkommene symmetrische Durchmischung spastischer und schlaffer Ausfälle, z. B. muskuläre Areflexie und regionäre Atrophie mit Babinski. Da bei Tumoren der eigentlichen Caudaregion das Krankheitsbild aus lauter regionären Störungen zusammengesetzt ist, kann das Vorkommen radikulärer Ausfälle in Kombination mit Marksymptomen bei Tumoren der lumbosacralen Region nicht befremden, was aber die neurologische Niveaudiagnose erschweren muß, da es sehr schwierig ist zu sagen, ob die oberen „Polsymptome" radikulärer oder medullärer Genese sind; im ersteren Falle ist mit der Möglichkeit weit tieferer Lokalisation zu rechnen. Das Schrifttum bringt Beispiele solcher Irrtümer, deren Voraussetzung ja in sich die differentialdiagnostische Schwierigkeit zwischen lumbosacralen und Caudatumoren schließt. Doch sind die genannten Irrtümer innerhalb des Gebiets des untersten Brust- bis einschließlich Lumbosacralmarks nicht sehr zahlreich, was der großen Resistenz der Wurzeln zuzuschreiben ist; hier wie in anderen Regionen des Rückenmarks sind die Symptome ganz überwiegend medullärer Art. Sind spastische Erscheinungen da, die auf das Mark hinweisen, tut man gut, das ganze Syndrom als medullär bedingt zu betrachten und bekommt dann meistens eine richtige Höhendiagnose; fehlen aber sicher-medulläre Zeichen, dann kann das Bild ebenso gut aus lauter Mark- wie aus lauter Wurzelsymptomen bestehen und die mögliche Niveaudifferenz wird beträchtlich. (Nebenbei sei bemerkt, daß viele Tumoren der Lumbosacralgegend in der Literatur wegen der Wurzelreichtum dieser Gegend unter dem Namen „Caudatumor" gehen.) Die Tumoren der *Cauda* sind als besonders schmerzhaft bekannt; unter anderem tritt die Schmerzhaftigkeit der Nacht bzw. der horizontalen Stellung bei diesen Tumoren stark hervor (Schmoll 1906 u. a., vgl. S. 51). Sie gehört dabei auffallend oft dem „Ramus-posterior-Typus" an, wird in der Lendenwirbelsäule bzw. Sacrum empfunden, kann aber auch ausstrahlend sein, in die Weichen, Leisten, Beine, Rectum usw. In einzelnen Fällen (Schmoll 1906, operative Bestätigung) bleibt es bei den Schmerzen, bisweilen tritt dazu Zwangshaltung (lumbosacrale Kyphose, Laquer-Rehn 1891), so gut wie immer auch motorische Ausfälle, Parästhesien, sensible Ausfälle, Areflexie der unteren Extremitäten. Sphincterstörungen sind früh und regelmäßig, meistens in der Form überwiegender Retention, die spontan allmählich, unter Hinzutritt von Überdehnung der Blase, in Ischuria paradoxa übergeht. Nur selten fehlt die Blasenstörung, wie im Falle 1, SACHS 1900, wo ein extraduraler Tumor einseitig die 2.—3. Lendenwurzel destruiert und fast rein einseitige Ausfälle bewirkt hatte. Den Gegensatz hierzu bilden die Fälle von Typus LACHMANN 1882, wo die Retentio urinae das einzige Symptom darstellte, das allmählich zum Tode führte. Im allgemeinen sind aber, wie gesagt, außer Schmerzen und Sphincteren- (nebst Genital-) Störungen weitere Ausfallssymptome da, Hypästhesie der Sacral- und unteren Lumbalsegmente, Areflexie der Ober- und vor allem (bzw. früher) Unterschenkelmuskeln sowie der Fußsohlen, Lähmungen derselben Segmentbezüge. Bei dissoziierter Lähmung kann Fußdeformität durch antagonistische Kontraktur entstehen, z. B. Krallenfuß, ganz selten wohl auch ein „peripherer Babinski"; die Lähmungen sind an sich durchweg schlaff, atrophierend, fibrilläre Zuckungen treten wenig hervor, Störungen der elektrischen Reaktion meistens in der Form einfach-quantitativer Herabsetzung der Reizbarkeit. Asymmetrie der Ausfälle wie der Reizphänomene sind ganz häufig, charakteristisch ist dabei die Gleichseitigkeit aller Ausfallssymptome, ein Brown-Séquard wurde meines Wissens nie auch nur vorgetäuscht; wir müssen aber hinzufügen, daß solche Gleichseitigkeit sensibler und motorischer Ausfälle nicht für Caudaläsionen sensu strictori pathognomonisch sind, sondern auch bei den seltenen, einseitig wirkenden Kompressionen des unteren Lenden- und Sacralmarks gesehen wird, wo die eingedrungenen sensiblen Fasern noch nicht über die Mittellinie gelangt sind. Der häufig gesehene, paretische Spitzfuß bedeutet keineswegs unbedingt ein Überwiegen der Parese in den Dorsalflektoren, die Wade ist dabei gewöhnlich auch paretisch, ist aber an sich stärker, und ihre Insuffizienz wird nicht durch die Schwere demonstriert. Bei ausschließlicher Läsion tieferer Segmente kann sogar die Wade allein paretisch sein. Lähmung und Reflexverlust des Unterschenkels mit Erhaltung der Quadricepsreflexe deutet auf Caudatumor, dabei kann als supraläsionelle Störung der genannte Reflex gesteigert sein; Lähmung und Areflexie des Oberschenkels bei Steigerung der Reflektivität des Unterschenkels, eventuell mit Fußklonus, ist für Kompression des oberen Lendenmarks charakteristisch. Länger dauernde, gänzliche oder überwiegende Unilateralität der Ausfallssymptome ist viel seltener bei Kompression des Lumbosacralmarks als bei Tumor caudae. Schlaffe Lähmung und Areflexie aller lumbosacralen Muskeln ist bei Caudatumoren ganz selten, deutet somit bestimmt auf ausgedehnte Schädigung des Markes selbst. Groß oder klein, geben die Tumoren der Cauda, der vielgenannten Wurzelresistenz zufolge, oft verblüffend späte und unbedeutende Ausfallserscheinungen sensibler und motorischer Art; radikuläre Schmerzen und Bewegungsbehinderung *per dolorem* beherrschen bisweilen sehr lange das klinische Bild (Abb. 70).

II. Extra- und intramedulläre Lage. Ein syringomyelieähnliches Bild kommt aus leicht ersichtlichen Gründen bei Tumoren der unteren Halsgegend besonders leicht zustande: die Kombination von Segmentalsymptomen der oberen mit Strangsymptomen der unteren Extremität, wozu ja sehr oft ein Horner hinzukommt, sind für juxtamedulläre Kompression und Syringomyelie gemeinsam. Ich glaube, daß das oft gesehene, syringomyelieähnliche Bild bei intramedullären Geschwülsten der Cervicalregion von der befallenen Gegend mehr als von der intramedullären Lage abhängt. Die intramedullären Geschwülste üben auf die langen Bahnen sowie auf den Segmentalapparat von innen eine ähnliche Kompression aus wie die extramedullären von außen; nucleo-radikuläre und funikuläre Symptome kommen beiden Gruppen zu. Dazu kommt, daß dissoziierte Sensibilitätsstörungen nach sog. Syringomyelietypus gar nicht selten bei Markkompression von außen vorkommen, nach den Erfahrungen TILNEYS und ELSBERGS

1926 sogar besonders bei Tumoren der Cervicalregion. Auffallend selten wurden bei intramedullären Rückenmarkstumoren die typische syringomyelische Dissoziation als einigermaßen reines und dominierendes sensibles Syndrom gefunden. Auch bei sehr langsam wachsenden Gliomen (z. B. Fall 2 bei STERTZ 1906, Dauer 10 Jahre) wurden dissoziierte Hypästhesien gewöhnlich vermißt. Zwar findet man in der Literatur einzelne einschlägige Beobachtungen; ein Vergleich zwischen den beiden Fällen von Tumor regionis cervicalis AUERBACHS 1906 und 1910, jener extra-, dieser intramedullär, zeigt zwischen beiden eine auffallende, ins einzelne gehende Ähnlichkeit, jedoch findet sich in den früheren Stadien des Gliomfalles ein so gut wie isoliertes Befallensein von Schmerz- und Temperatursinn an Unterarm und Hand, das dem extramedullären Falle abgeht; die hinzutretende, handschuhförmige Hypästhesie für Berührung beiderseits macht die Syringomyelieähnlichkeit eigentlich nur größer.

Zu den segmentalen kommen bei den intramedullären Tumoren offenbar sehr bald auch funikuläre Störungen, die das Bild trüben. MARBURG 1918 glaubt, das für intramedulläre Läsionen sonst typische Verhalten der Sensibilitätsstörung zum erstenmal bei einem Tumor geschildert zu haben, was ja merkwürdig erscheint; der Fall betraf eine dattelkerngroße Geschwulst im unteren Cervical- bis obersten Brustmark, die Anästhesie nahm die Dermatome C 8—Th 7 ein, d. h. wahrscheinlich keine rein segmentäre Störung, sondern eine Ausdehnung der „lésion maxima" mehrere Segmente weiter nach unten, allerdings in unmittelbarem Zusammenhang mit der segmentären Anästhesie. BABINSKI spricht 1920 die Vermutung aus, die Lage der maximal-hypästhetischen Zone mehr oder weniger tief unterhalb der Läsion sei für Kompression der Stränge charakteristisch und somit in der Differentialdiagnose zwischen intra- und extramedullären Tumoren verwendbar. Möglich, daß dies im allgemeinen zutrifft, jedoch sicherlich nicht immer; ABRAHAMSON und GROSSMANN schildern 1921 bei einem intramedullären Tumor des obersten Halsmarks objektive Hypästhesie überhaupt erst ab C 5, „lésion maxima" in den obersten Thorakalsegmenten, alles einseitig, sicherlich funikulär. Die Erklärung liegt, wie mehrmals gesagt, offenbar darin, daß auch intramedulläre Tumoren die langen Bahnen komprimieren, wozu kommt, daß die Gliome, als aus nicht ortsfremdem Gewebe bestehend, verhältnismäßig wenig lokal destruktiv wirken können und die Segmentalsymptome deshalb wenig hervortreten; bei hinzutretender ischämischer Gewebsschädigung werden allerdings auch segmentäre Ausfallserscheinungen massiv genug. Ein Beispiel auffallend geringer bzw. spät auftretender Segmentalsymptome bei intramedullärem Gliom der cervico-thorakalen Region stellt der Fall ROUX-PAVIOTS 1898 dar; noch bei ausgesprochener, spastischer Parese beider Beine fehlten überhaupt alle objektiv nachweisbaren Sensibilitätsstörungen — nur Parästhesien des einen Armes und beider Beine waren da — und alle Segmentalsymptome; allmählich entwickelte sich von den Füßen bis in die Höhe der Mamillen aufwärts emporsteigend und in nach oben abnehmender Stärke eine nicht dissoziierte Sensibilitätsstörung aller cutanen Qualitäten mit Schonung der propriozeptiven Sensibilität, zu dieser Zeit an den Armen nur spurweise Hypästhesie an den Innenseiten; erst noch später kamen ausgesprochene, radikuläre Ausfallssymptome motorischer und sensibler Art in den Wurzelgebieten C 8—Th 2, bis zum Tode kein Horner, trotzdem die linke Markhälfte im Bereich der Segmente C 6—Th 1 vom Tumor destruiert erschien, die erste Thoracalis gleichsam aus der Tumormasse hervorging; der sonst bisweilen berechtigte Vorwurf eines möglichen Übersehens eines doppelseitigen Horners fällt hier weg, da die bezüglichen Wurzeln und Kerngebiete rechterseits ungeschädigt erschienen. Der Fall bietet ein schätzbares Beispiel des Vorkommens rein kompressioneller Syndrome bei intramedullären Tumoren, auch in dem in segmental-symptomatischer Hinsicht so wenig „stummen" Gebiet der cervicothorakalen Grenzzone. FLECK schildert 1922 4 Beispiele intramedullärer Tumoren verschiedener Höhe, alle mit ganz vorwiegend funikulären Störungen im früheren Verlauf, einmal BROWN-SÉQUARD, nichts besonders „intramedulläres" im klinischen Bilde. Drei Gliome STERTZ' 1906 zeigten, bei vielfach verschiedenem Symptombild, weit verschiedenem Sitz, extrem verschiedener Dauer — cervical, thorakal, thorakolumbal; 38 Tage, 10 Jahre, 2 Monate — übereinstimmend eigentlich das Bild fortschreitender Querläsion.

Fügen wir noch hinzu, daß segmentäre Schmerzen, Wurzelschmerzen, bei Gliomen sehr gewöhnlich sind, nach der ADSON-OTTschen Statistik 1922 über 85 operierte Rückenmarkstumoren sogar noch öfter als bei juxtamedullären Geschwülsten (71 v. 66%), daß weiter ein BROWN-SÉQUARDsches Syndrom auch bei intramedullären Tumoren gesehen wird (VERAGUTH-BRUN 1910 u. a.), so geht aus alledem klar hervor, daß die Differentialdiagnose zwischen intra- und extramedullärer Lage eines Tumors wenigstens sehr oft genügender Stütze entbehrt, daß wenigstens die meisten, zu diesem Zwecke bisher herangezogenen Momente ungenügend oder irreführend waren, da solche Züge, ob positiv oder negativ, ungefähr ebenso oft in der einen wie anderen Gruppe vorkommen. Einerseits wissen wir also, daß Gliome ganz unter dem Bilde der Compressio medullæ spinalis mit sukzessiv zunehmender Transversalläsion verlaufen können, und daß dabei alle Spielarten funikulärer Sensibilitätsstörungen, in bezug auf variierende Verteilung und eventuelle Dissoziation zwischen den Qualitäten, gesehen werden können. Andererseits kommen hochgradige Segmentalsymptome durch Druck von außen vor. Nur wären wir wahrscheinlich berechtigt, zu sagen, daß ausgesprochene, früh auftretende und durch längere Zeit überwiegende Segmentalsymptome mit typisch dissoziierter Sensibilität ganz bestimmt für intramedullären Sitz sprechen; zwar sind solche Fälle anscheinend sehr selten; außerdem geht dies charakteristische Stadium gewöhnlich bald in ein gewöhnliches Kompressionssyndrom ohne ausgesprochene Dissoziation über, muß also in frühen Stadien gesucht werden (ELSBERG 1925, S. 290). Ich glaube aber, daß es noch einen anderen Typus sensibler Störung gibt, der bei intramedullären Tumoren mehrmals beobachtet worden ist, meines Wissens in der Tat — mit ganz wenigen Ausnahmen — nur bei solchen, und der also von bestimmtem diagnostischem Wert wäre; das ist, wenn eine Zone maximaler (nicht = absoluter) Hypästhesie, dissoziiert oder nicht, im Segmentgebiet der Läsion beginnend, allenfalls eben von der unteren Grenze derselben ab oder knapp unterhalb derselben beginnend, sich nach unten einige bis viele Segmente weit fortsetzt, um weiter unten normalen Verhältnissen oder Störungen geringeren Grades Platz zu machen. Solche Fälle sind der eben angeführte von MARBURG 1918, mit maximaler Hypästhesie im Gebiet C 8—Th 7 bei Tumor an der thorako-cervicalen Grenze, Fall 4 bei ABRAHAMSON und GROSSMAN 1921, mit maximaler Hypästhesie im Gebiet C 3—Th 12 bei Tumor im obersten Halsmark, Fälle von DOWMAN und SMITH sowie von SCHMIEDEN und PEIPER 1929; mehrere Fälle ELSBERGS 1925 zeigen diesen Typus in verschiedener Ausprägung, mit Verschiedenheiten in bezug auf nähere Topographie und verschiedenem Grad der Dissoziation. Nach ELSBERG ist dieser Typus sogar in der Mehrzahl der intramedullären Fälle zu sehen: "the most marked sensory loss is usually at an just below the level of the lesion". Auch WOLTMAN u. a. sprechen 1931 von westenförmiger Hypästhesie bei Gliomen des Halsmarks. Es ist möglich, daß sich dies wirklich als die Regel herausstellen würde, wenn die intramedullären Fälle genügend früh und genau in bezug auf die Sensibilitätsverhältnisse untersucht würden, und daß der im Schrifttum ganz überwiegende Typus des gewöhnlichen Kompressionssyndroms ein vorgeschritteneres Stadium repräsentiert. Ein solches Verhalten wäre übrigens nur, was nach dem Prinzip der segmentär-lamellären Gliederung der Gefühlsleitung in den Rückenmarkssträngen mit „exzentrischer Lagerung der langen Bahnen" (FLATAU 1897) zu erwarten wäre. In der viel bearbeiteten Frage der Differentialdiagnose zwischen intra- und extramedullären Rückenmarkstumoren ist aber dies Prinzip in bezug auf die erstgenannte Gruppe meines Wissens erst von ŠERKO 1914 und von FOERSTER 1927 ausdrücklich nutzbar gemacht. Letzterer Autor bringt (S. 108) folgende erläuternde Beobachtung: Tuberkel intramedullär im 8. Brustsegment, taktile Anästhesie L 1—3, Analgesie Th 12 bis L 3, thermische Anästhesie Th 11—S 2. Bei tiefem Sitz oder sehr großer Ausbreitung einer solchen, dicht infraläsionellen Maximalzone der Hypästhesie kommt allerdings ein Bild zustande, das demjenigen einer gewöhnlichen Transversalläsion mit „sacraler Aussparung" völlig gleichkommt. So in einem von DEJERINE in seiner Semiologie 1914, S. 897 wiedergegebenen Falle von „gliomatöser Infiltration" des Halsmarks; mit einer nicht dissoziierten, radikulären Anästhesie postaxial an beiden Armen verband sich im frühen Teil des Verlaufs eine Hypästhesie für Schmerz und Temperatur beiderseits ab Th 2, mit Aussparung der sacralen Dermatome; nach einem Jahr war vollendete Querläsion da, mit Hypästhesie aller Qualitäten und Segmente unterhalb der Läsionsstelle. Seltene Beispiele dieses „Intramedullärtypus" der Sensibilitätsstörungen bei *extramedullären* Tumoren stellen Fälle von CLARKE 1895, STRÜMPELL 1910, ŠERKO 1914 (Beobachtung 1) dar. Im Falle STRÜMPELLs bestand auf der Acne der Krankengeschichte eine Verbreitung der Hypästhesie in abwärts abnehmender Stärke, „was auf eine descendierende Entwicklung der sensiblen Ausfälle schließen ließe", im Falle ŠERKOs, extraduralem Tumor unter dem 2. Brustwirbelbogen, folgte der glücklichen Operation eine ascendierende Rückbildung der Hypästhesie.

Die Gliome zeichnen sich weiter durch besonders häufiges Vorkommen supraläsioneller Störungen aus. „Bulbäre und andere cerebrale Störungen werden bei Tumoren der Cervicalregion des öfteren beschrieben (vgl. S. 95), ganz besonders aber bei Gliomen dieser Gegend. Fall 1 bei STERTZ 1906, Gliom des Hals- und oberen Brustmarks mit stürmischem Verlauf, Oblongata auch mikroskopisch frei, litt schon früh an Abducensparese, zeigte später Dysarthrie, Singultus, Erbrechen und Tachykardie. Fall NONNE 1913, „ascendierendes Sarkom" (wohl nunmehr Gliom zu nennen), zentral im Rückenmark von der Py-Kreuzung bis Th 10 reichend, hatte Abducens, Facialis- und Masseterenlähmung, Kopfweh, Erbrechen und epileptische Anfälle; der Fall erinnert sehr an diffuse, leptomeningeale Geschwülste, das Gehirn war aber mikroskopisch frei. Im Falle 1 bei FLECK 1922, Gliom vom unteren Halsmark abwärts, waren, außer frühen und flüchtigen Bulbärparesen, bestehende schlaffe Paresen der Nacken-, Schulter- und Armmuskulatur da. Fall WOODS 1928, Gliom Th 7—8, zeigte syringomyelische Sensibilitätsstörung bis einschließlich Th 4 usw. Das häufige Vorkommen von weitreichenden, stiftförmigen Fortsetzungen der Gliome, von Syringomyelie und (anderen?) Ernährungsstörungen der zentralen Rückenmarksteile weit außerhalb des Tumorgebiets mögen hierfür teilweise verantwortlich sein. Lokalisatorische Schwierigkeiten können sich jedenfalls hieraus ergeben, obgleich andererseits die genannten Ausläufer des eigentlichen Neoplasma oftmals anscheinend symptomlos verlaufen. Daß die oben genannten anästhetischen Zonen vorwiegend unterhalb der Läsion ihren Sitz haben, spricht aber entschieden für Mitbeteiligung der angrenzenden weißen Substanz.

Nach dem Gesetz der allmählichen Verdrängung caudalerer Bahnen nach der Oberfläche und nach hinten würde zu erwarten sein, daß juxtamedulläre Tumoren nahe der Medianlinie an der Vorderseite des Marks ein dem intramedullärem Typus verwandtes Symptombild hervorrufen könnten. ŠERKO behauptet das und nach ihm ELSBERG. Die Schädigung vorzugsweise der mehr nach innen und mehr nach vorne gelagerten „Lamellen" der Vorderseitenstränge würde auch hier eine Konzentration der Hypästhesie in kranialer Richtung bewirken.

FABRITIUS 1912 und nach ihm KERPPOLA halten die doppelseitige sacrale Aussparung als für extramedulläre Kompression pathognomonisch; das kann nicht generell richtig sein, da HEAD, DEJERINE, KARPLUS dasselbe bei intramedullären Krankheitsprozessen oft gesehen haben und FOERSTER dasselbe durch — auch doppelseitige — Durchschneidung des Vorderseitenstranges sogar regelmäßig erhielt. Einseitige Aufhebung der sacralen Sensibilität würde nach FABRITIUS und KERPPOLA ausschließlich durch intramedulläre Läsionen zustande kommen, muß jedoch auch bei einseitigen Caudaläsionen inner- oder außerhalb der Dura vorkommen können. In den beiden, neulich von CAIRNS und RIDDOCH sehr eingehend mitgeteilten Fällen spinaler Gliome finden sich Beispiele aller jetzt genannten Züge sensibler Störung: im Falle 1 Überwiegen des „Kompressionssyndroms", diffuse funikuläre Hypästhesie, gefolgt von segmentären Störungen, beides mit vorangehender bzw. dominierender Hypästhesie für Schmerz und Temperatur; im Falle 2 „intramedullärer" Typus, mit westenförmiger Analgesie vom unteren Tumorniveau ab; in beiden Fällen schwere Störung der Tiefensensibilität in den unteren Extremitäten sowie sacrale Aussparung der Hautsensibilität.

Die Differentialdiagnose zwischen intra- und extramedullären Tumoren fällt bis zu einem gewissen Grade mit der Diagnose des Glioms zusammen, da andere intramedulläre Tumoren sehr selten sind. Gibt es dann nicht in der Naturgeschichte des Glioms, auch desjenigen des Rückenmarks, Besonderheiten, die für ihre Diagnose nutzbar gemacht werden könnten? Unter den Tumoren des Rückenmarks sind, gewisse ausgesprochene Tumorformen ausgenommen, ganz wie bei denen des Gehirns, die maligneren Formen eben unter den Gliomen zu finden. Es ist mir nicht möglich zu sagen, ein wie großer Prozentsatz unter ihnen malign zu nennen sind. „Gliosarkome" sind in älterer Zeit des öfteren beschrieben worden, auch nach modernerer Klassifikation finden sich viele bösartige Exemplare. Auch haben ja schon die eigentlichen Neoplasmen nicht selten eine weit größere Längsausdehnung als Meningiome und Neurinome — „stiftförmige Gliome" —, wozu ja sehr oft ober- oder unterhalb des Tumors, oder beides zugleich, Höhlenbildungen vorkommen, die wenigstens Symptome machen können. Rapideren Verlauf und weit größere Ausdehnung segmentärer Störungen würden bei den intramedullären Tumoren in einem Teil der Fälle zu erwarten sein. In der Tat ist schlaffe Lähmung überhaupt, und besonders ein spontaner und relativ frühzeitiger Eintritt eines solchen Stadiums, bei den Gliomen viel häufiger als bei den Geschwülsten der Wurzeln und Häute; in dieser Hinsicht nähern sich jene den extraduralen Tumoren, die ja auch des öfteren bösartiger Natur sind. Daß aber auch unter den juxtamedullären Geschwülsten schlaffe Lähmung vorkommt, ist früher gesagt und von einer scharfen Sonderung kann keine Rede sein; ein Stigma von relativer Gültigkeit dürfte aber hier vorliegen. Die schlaffe Lähmung ist größtenteils eine Folge der Bösartigkeit des Glioms, die — wenigstens teilweise auf dem Wege degenerativer Gefäßveränderungen — zu Erweichungen der Geschwulst und des umgebenden Parenchyms führt. Sie würde aber auch der Ausdruck größerer Längenausdehnung sein können, was in gewissem, obgleich wahrscheinlich ziemlich geringem Ausmaße auch zutrifft, da Ganglienzellen und Wurzeln ja lange erhalten bleiben können. STERTZ spricht von „Auf- und Absteigen", d. h. Verbreitung der Symptome in kranialer und caudaler Richtung, als für intramedulläre Geschwülste gewissermaßen charakteristisch; in seinem Falle bestand zwar das

„Absteigen" lediglich in der Verwandlung der spastischen Parese in eine schlaffe, was jedoch STERTZ selbst als möglichen Effekt gradueller Steigerung der Querläsion hinstellt (muß in seinem Falle so sein, da der Tumor das Beinzentrum gar nicht erreichte). Das „Aufsteigen" bedeutet mehr.

Die Schmerzhaftigkeit scheint sich gerade gegensätzlich zu verhalten, als früher angenommen. Neuere Autoren — ADSON und OTT, FOERSTER, KERNOHAN und WOLTMAN — heben die ausgesprochene Schmerzhaftigkeit eben der Gliome hervor (für die Tuberkulome war dasselbe schon früher bekannt), und zwar in der Form segmentärer oder radikulärer Schmerzen. FOERSTER 1927 deutet mit guten Gründen diese Schmerzhaftigkeit als Hinterhornschmerz. Er schildert einen Fall, wo sich diese segmentäre Schmerzhaftigkeit, von Analgesie auf den Spuren gefolgt, sukzessiv in kranialer und caudaler Richtung ausbreitete; hier war also ein wirkliches „Auf- und Absteigen" des Symptomgebiets zu beobachten.

Liquorveränderungen und hydrodynamisches Kompressionsbild kommen bei intramedullären Tumoren nicht viel seltener als bei juxtamedullären zur Beobachtung. Pleocytose ist sogar bei jenen gewöhnlicher und von durchschnittlich größerer Intensität. Auch wurde positiver Wassermann einigemal beobachtet (GUILLAIN, SCHMITE und BERTRAND 1929; KERNOHAN, WOLTMAN und ADSON 1931). Subarachnoideal applizierte Kontrastmittel ergeben, wie schon geschildert (S. 94) bisweilen ein charakteristisches Bild der „contour festonnée", in anderen Fällen aber ein banales Stop-Bild; die Konturzeichnung kommt ja übrigens ausnahmsweise auch bei juxtamedullären Geschwülsten vor. SCHMIEDEN und PEIPER erzielten 1929 bei einem stark verfetteten, endomedullären Tumor des Halsmarks mittels Jodipin ein Bild von stark verbreitetem Mark, relativem Stop in der Höhe des 2. Halswirbels und enorm erweiterter, geschlängelter Vena centralis posterior.

Schließlich einige statische Belege. Der jüngste Kranke ADSONS und OTTS unter 30 juxtamedullären Geschwülsten war 20 Jahre, der jüngste intramedulläre unter 31 Kranken war 12 Jahre. Die mittlere Lebensdauer in einer Serie von 27 intramedullären Gliomen und „Sarkomen" bei SCHLESINGER war 20 Monate, die entsprechende Ziffer der 70 juxtamedullären Tumoren war 34 Monate. Unter 10 Fällen mit abnorm kurzem Verlauf in der Literatur — 20 Tage bis 3 Monate — fand ich 5 Gliome, 3 extradurale, 2 juxtamedulläre Geschwülste. Diese und andere Besonderheiten kommen in Durchschnittsberechnungen wenig oder nicht zutage: in der Statistik ADSONS und OTTS war das mittlere Alter in den Gruppen Juxta und Intra dasselbe: 44,5 bzw. 44. In der Statistik von KERNOHAN und Mitarbeitern 1931 war die Krankheitsdauer vor der Operation bei den intramedullären Tumoren 4 bis 9 à 10 Jahre, d. h. länger als bei den juxtamedullären; zwar gilt dies ja ein ausgewähltes Material, mit Ausschluß der von vornherein als inoperabel anzusehenden Fälle; ausstrahlende Wurzelschmerzen waren in 48% der Fälle da, d. h. seltener als bei den extramedullären, vertebrale Schmerzen in 72%, d. h. häufiger als bei den extramedullären, sacrale Aussparung kam nicht selten vor, bei den extramedullären aber viermal öfter.

B. Sanduhrgeschwülste. Mit dieser Bezeichnung werden Exemplare belegt, die der Lage nach entweder intra- und extradural zugleich, oder zugleich epidural und extravertebral, oder aber alles zusammen sind. Die Art des Tumors kann wechseln; die partiell intraduralen sind so gut wie ausschließlich im allgemein-pathologischen Sinne gutartig, selten Meningiome, gewöhnlich Neurinome (ANTONI 1920), die ihrerseits relativ begrenzt und solitär sein können, oder aber als Teilerscheinung einer multiplen Neurofibromatose auftreten; im letztgenannten Falle kann der intra- und sogar der epidurale Teil der Geschwulst nur die zentralste Portion einer außerhalb der Wirbelsäule noch mächtiger vegetierenden Geschwulst sein, das Ganze kann die geschwulstmäßige Verdickung einer nicht kleinen Partie des peripheren Nervensystems darstellen. Der extravertebrale Teil kann, bei Lage des Ganzen im Halsgebiet, als „cervicales Neurofibrom“ (FLATAU und SAVICKI 1912) am Exterieur vortreten, in der Brustregion öfter intrathorakal gelegen und dann röntgenologisch darstellbar sein (vgl. KIENBÖCK und RÖSLER sowie KNUTSSON 1931). ANTONI hat 1920 die neurinomatöse oder neurofibromatöse und damit gutartige Natur vieler sonst als Sarkome, Fibrosarkome usw. bezeichneten Tumoren der Brust- und Bauchhöhle bzw. Epiduralraum hervorgehoben; vgl. übrigens BORCHARDT 1926, GULEKE 1922, 1924 und 1926, HEUER 1929. Auch andere Tumorformen mit dieser allgemeinen Form und Lokalisation sind bekannt geworden, vor allem sichere Sarkome, die aus dem Mediastinum durch ein Intervertebralloch in den Spinalkanal eindringen; GULEKE meint 1922, daß ein Teil dieser Geschwülste wirkliche Fibrosarkome sind, vom inneren Periost des Spinalkanals entstanden und nach vorschiedenen Richtungen vordringend. Beim intrathorakalen Ganglioneurom wurde ganz ausnahmsweise ein Vordringen durch die Foramina intervertebralia bis in den epiduralen Raum mitgeteilt (STOUT 1924, CAPALDI 1927[1]), niemals aber durch die Dura. Die Symptome der extravertebralen Teile solcher Geschwülste hier zu erörtern, würde zu weit führen, ich muß auf die angegebene Literatur verweisen; merkwürdig ist übrigens, d. h. eigentlich bei den Neurofibromen und Ganglioneuromen, wie unbeträchtlich die Symptome sein können. Das Symptombild epi- oder intraduraler Fortsätze hat nichts Bemerkenswertes; epidurale und sogar intradurale Tumorknoten können bisweilen ohne, öfter aber mit Kompressionserscheinungen des Rückenmarks einhergehen, die dann ganz den gewöhnlichen Verhältnissen entsprechen.

C. Die diffusen Tumoren der weichen Häute zeigen als typisches Bild die Kombination spinaler und cerebraler Symptome, z. B. Kopfschmerzen, Stauungspapille, Lähmung basaler Nerven einerseits, Ischialgien, gesteigerte Muskelreflexe, KERNIGsches Symptom, Sphincterstörungen, später spastische, schließlich schlaffe Spinallähmungen andererseits. Gewisse Verschiedenheiten nach Ursprung und Sitz können gesehen werden, aber auch merkwürdige Symptomarmut bei hochgradigen Veränderungen. *Rein spinales Bild bei rein spinalen Exemplaren* fand sich in den Fällen von BRUNS 1894 (wahrscheinlich Gliom), FRAENKEL 1898 (Gliom), ROUX-PAVIOT 1898 (Gliom), STRASSNER 1909 (Gliom), KAWASHIMA 1910 (Sarkom), LISSAUER 1911 (Peritheliom). In allen diesen Fällen, außer einem, leiteten Schmerzen verschiedener Lokalisation die Krankengeschichte ein, Parästhesien waren in den früheren Stadien auch häufig, Lähmungen traten hinzu, vorwiegend in den Beinen und dort anfangs spastisch, später bisweilen schlaff; einmal entwickelte sich schlaffe Lähmung der Arme, spastische der Beine, Reflexe anfangs gewöhnlich gesteigert, sub finem bisweilen generell aufgehoben, Hypästhesien von unregelmäßiger, anfangs vielleicht „polyneuritisähnlicher“ Lokalisation (Hände und Füße), überwiegend aber zur unteren Köperhälfte konzentriert, Sphincterenlähmung trat in allen Fällen früher oder später hinzu. Das rein leptomeningeale Gliom STRASSNERs bewirkte, nach einleitenden Schmerzen der Arme und Beine, eine Paraplegia inferior mit Anästhesie unterhalb des Nabels und Sphincterenlähmung. Im Falle FRAENKEL fehlten Störungen der Hirnnerven und des Augenhintergrunds trotz neoplastischer Infiltration der Meningen des Hirnstamms. *Cerebrospinales Bild bei primärem Tumor* des Rückenmarks mit leptomeningealer Verbreitung

[1] CAPALDI, zit. nach KIENBÖCK-RÖSLER.

der Geschwulst um das Gehirn zeigten die Fälle von Pels-Leusden 1898, Fischer 1901, Holmsen 1901 (wahrscheinlich Gliom), Mees 1912 (Gliom), Sommerfeld 1917 („Sarkom", vielleicht ein Gliom), Harbitz 1932 (rein leptomeningeales Gliom). Kopfweh, Schwindel, Stauungspapille, Erbrechen, Nackenstarre, epileptische Anfälle, Benommenheit, Delirien, Lähmungen verschiedener Hirnnerven einschließlich Gesicht und Gehör zeigten auf Beteiligung des Gehirns hin, die spinalen Störungen waren denen der erstgenannten Gruppe ähnlich. Deutliche Anzeichen des primären Sitzes der Geschwulst traten in diesen beiden Gruppen nicht immer im Krankheitsbild hervor. *Hochgradige Spinalsymptome bei primärer Hirngeschwulst* mit Verbreitung nach den spinalen Meningen sind in einer Reihe von Fällen verzeichnet: Harbitz 1896, Collier 1904, Schupfer 1908, Lahmeyer 1913, Hoffmann 1915, Loewenberg 1921, Firor und Ford 1924; die Fälle Colliers und Hoffmanns werden als Sarkom bzw. Fibrosarkom bezeichnet (waren in der Tat aber wahrscheinlich Gliome), alle übrigen als Gliome; der Hirntumor saß einmal in der Nähe des 4. Ventrikels, einmal in der Infundibulargegend, die übrigen im Großhirn. Schon die cerebralen Symptome waren vielfach der diffus-leptomeningealen Verbreitung zuzuschreiben; z. B. die multiplen Hirnnervenlähmungen im Falle Lahmeyer; die Spinalsymptome bestanden in Beinschmerzen nebst spastischer Paraplegie (Harbitz); Beinschmerzen, spastischer Paraplegia inferior mit Anästhesie vom dritten Rippenpaar ab (Hoffmann); lancinierenden Schmerzen aller vier Extremitäten, später muskulärer Areflexie nebst partieller Lähmung eines Armes (Collier); schlaffer Beinlähmung nebst leichten Hypästhesien (Schupfer); schlaffer Tetraplegie (Lahmeyer); Kreuzschmerzen, Hypästhesien, Areflexie der Oberschenkel, Babinski (Loewenberg); atrophischer Parese eines Beins nebst Sphincterlähmung (Firor und Ford). Interessant ist die häufige Aussparung der oberen Extremitäten bei hochgradigen Störungen der unteren Körperhälfte, und zwar auch in Fällen primär intrakranieller Geschwulst.

In einer statistischen Bearbeitung von 76 literarischen einschließlich einiger eigenen Fälle von diffuser Tumorbildung von Schuberth 1926 finden sich 56 Sarkomatosen, 20 Gliomatosen; unter den ersteren 23 Fälle ohne Primärtumor im Zentralnervensystem; von den Primärtumoren sarkomatöser und gliomatöser Art saßen nur 8 im Rückenmark, die übrigen im Gehirn. Schuberth bringt folgende Synopsis des prozentuellen Vorkommens verschiedener Symptome: Kopfschmerzen 87, Erbrechen 45, Stauungspapille 59, Augenmuskellähmungen 42, Facialisparese 34, Acusticusparese 14, Nackenstarre 29, spinalmotorische Störungen 70, spinalsensible Störungen 53, spinale Schmerzen 39, spinale Hypästhesien 28, „Konvulsionen und Krämpfe" 38, schlaffe Lähmungen 32, Patellarareflexie 42, Patellarhyperreflexie 21. In 10 Fällen fehlten alle spinale Symptome, obgleich 3 derselben umfangreiche spinale Tumormäntel hatten (Cassirer, Spiller und Hendrickson, Firor und Ford). Der Liquor wurde nur in 26 der von Schuberth gesammelten Fälle untersucht, oft sehr unvollständig; meistens fand sich eine, gewöhnlich leichte Pleocytose mononucleärer Art, oft Eiweißvermehrung, oft auch Xanthochromie; mehrmals ist das Fehlen jeglicher Liquorveränderung wörtlich genannt. 10 Autoren wollen Tumorzellen gesehen haben; das ist aber fast so schwierig wie die Erkennung von Verbrechern nach den Gesichtszügen. Eiweißvermehrung ohne Pleocytose fand u. a. Schröder 1899, Scholz 1905, Grund 1906. In 5 der 8 Fälle spinaler Verbreitung bzw. Metasierung primärer Hirngliome wurde der Liquor untersucht, der Eiweißgehalt betrug in Milligramm-Prozent 17, 40, 80, 500, 500, der Zellgehalt pro Kubikmillimeter 0, 1—2, 7, 7, 31; schwache Gelbfärbung fand sich zweimal.

Spontaner Verlauf.

Außer dem in der Darstellung der besonderen Symptomgruppen schon über Reihenfolge und Entwicklung der Störungen Gesagten sind einige allgemeine Notizen erforderlich. In einer Anzahl von Fällen wird über prämonitorische Symptome oder Symptomenverbindungen berichtet, die bisweilen mehrere, sogar viele Jahre dem Erscheinen der zusammenhängenden Krankheit vorangegangen waren, und von denen mitunter schwierig zu sagen ist, ob sie frühe Wirkungen des Tumors waren oder mit demselben nichts zu tun haben, in anderen Fällen aber einen offenkundig intermittierenden oder ungewöhnlich stark remittierenden Verlauf konstituieren. Im Falle SEELERT 1918 wurde 13 Jahre im voraus während eines Vierteljahrs ausgesprochene Paraparese mit Hypästhesie und Blasenstörung beobachtet. Im Falle STURSBERG 1907 3 Jahre vor dem Eintritt sicherer Kompressionssymptome eine herdkontralaterale Ischias, in einem Falle meiner Beobachtung 4 Jahre vor den unzweifelhaften Marksymptomen eine Episode von Wurzelschmerzen und ärztlich beobachteter Rückensteifigkeit im Tumorgebiet; solche prämonitorischen Episoden würden in Anbetracht der vielfachen Fluktuationen im weiteren Verlauf gar nichts Befremdendes sein. Der „unaufhaltsam fortschreitende Verlauf" hat nunmehr, nach den vielen Mitteilungen solcher Fluktuationen, aufgehört, eine conditio sine qua non für die Diagnose abzugeben. BABINSKI-ENRIQUEZ-JUMENTIÉ 1914 sahen Lähmung des linken Beins während 2—3 Wochen mit 4 Monaten einer nächsten Episode ähnlicher Art vorangehen, ehe bleibende Störungen etabliert wurden, STERTZ 1906 sah dreimalige, vollständige Restitution einer spastischen Paraplegie, JUMENTIÉ 1921 hochgradige Tetraplegie mit vollständiger Restitution während 3 Jahre vor dem schweren, bald tödlich endenden Rezidiv; alle diese Fälle waren juxtamedulläre Tumoren. Remissionen bedeutenden Grades im weiteren Verlaufe erwähnen CASTEN 1911 (Gliom), SCHLAPP 1911 (Gliom), ANTONI 1920 Fälle IV (Neurinom) und XXIII (Meningiom), MÜLLER 1921 (juxtamedulläres Meningiom); besonderes Interesse haben die während der antiluischen Behandlung eintretenden Remissionen in den Fällen von SCHULTZE 1903 und GUILLAIN u. Mitarb. 1929, so auch die hochgradigen Exacerbationen während zwei Graviditäten mit Remissionen in den Zwischenzeiten im Falle IV, ANTONI 1920. Die Entwicklung der Krankheit ist ja gewöhnlich ausgesprochen chronisch; plötzlicher Beginn oder spontan-plötzliche, bedeutende Exacerbation sind seltener, wurden jedoch in einer Anzahl Fällen beobachtet: extradurale Fälle mit plötzlichem Beginn sind diejenigen von BREGMAN-STEINHAUS 1903, schlaffe Paraplegie innerhalb 48 Stunden, EWALD-WINCKLER 1909, wo, nach einem 10wöchentlichen Vorstadium von Schmerzen und taubem Gefühl in den Beinen sowie Sphincterstörungen, die Paraplegie plötzlich einsetzte; juxtamedullär saßen die Exemplare von STERTZ 1906, Fall 5, ein Fall von FOERSTER 1921 mit plötzlicher Paraplegie aus völliger Gesundheit heraus, WERSILOFF 1892 Fall 8 mit apoplektiform eintretender Paraplegie (die Kranke sank plötzlich zu Boden), MÜLLER 1921 mit plötzlicher spinaler Hemiplegie; intramedulläre Fälle sind diejenigen von THOMAYER 1907, wo nach 4wöchentlichen Schmerzen im unteren Thorax und den Beinen plötzlich absolute Paraplegie mit Anästhesie eintrat, LENNEP 1920 mit plötzlicher Tetraplegie. Daß plötzliche Exacerbationen durch Traumata (eigener Fall, Neurinom juxtamedullär am Brustmark; schweres Syndrom sofort nach Sturz, bei der Operation fand sich die Gegend des Tumors von zersetztem Blut imbibiert), Lumbalpunktion, Operation hervorgerufen werden können, wurde früher genannt (vgl. S. 85). *Das erste Symptom* — richtiger erstbemerkte — ist sehr verschieden: *Wurzelschmerz* 13mal unter 14 nach FRAZIER und SPILLER 1922, vielleicht überhaupt der häufigste Debüttypus, doch darf man nicht vergessen, daß *Rücken-* („Ramus posterior") bzw. *funikuläre Schmerzen* wahrscheinlich nicht weniger häufig sind, auch nicht als Frühsymptom; funikulärer, acral projizierter Schmerz war das erste Symptom, homolateral zum Tumor, im Falle FLATAU-ZYLBERLASTS 1908, kontralateral bei STURSBERG 1907, Schmerzen in der Vagina bei den Menses beim Gliom von CAIRNS und RIDDOCH 1931. Parästhesien als Frühsymptom sind meistens funikulärer Art, acrales Wärmegefühl gekreuzt in einem Falle OPPENHEIM-BORCHARDTS 1913, Fall XI ANTONIS 1920, Kältegefühl FOERSTER 1913 usw. Parästhesie und subjektive Hypästhesie im Trigeminusgebiet waren erste Symptome im Falle 2 ABRAHAMSON-GROSSMANNS 1921. Das neuralgische Vorstadium, von den Symptomen manifester Markkompression eventuell durch freies Intervall verschiedener Länge geschieden, kann mitunter sehr langwierig sein, 6 Jahre im Falle AUERBACHS 1910 (periodische Brachialgie), 8 Jahre in einer Beobachtung SCHULTZES 1900, 9 Jahre bei FRANKE-STEHMANN 1932, Fall 5. Das „neuralgische Vorstadium", ob von Segmental- oder Funikulärtypus, pflegt eine gewisse Konstanz der Lokalisation zu zeigen; bisweilen jedoch, wie im eben genannten Falle SCHULTZES, zeigt es eine merkwürdig umherziehende Lokalisation. Objektiv wahrgenommene *Thermanästhesie* war im Falle HENSCHENS 1901 das erste Symptom, *plötzlicher Brown-Séquard* im Falle WERSILOFFS 1898. HORNERS *Syndrom* als früheste Störung erwähnen v. EISELSBERG und MARBURG 1918. Relative *Retentio urinae* war im Falle SCHLAPP 1911 (Gliom Th 10—12 nebst langem Stift) 1 Jahr vor anderen Störungen vorhanden, Lähmung von Blase und Mastdarm durch 3 Jahre erste Störung beim Gliom BULLARDS 1899 (Stift vom oberen Hals- bis zum Lendenmark), *Incontinentia alvi* erstes Symptom bei einem Osteoma epistrophei ABRAHAMSON-GROSSMANNS 1921, Fall 7; Sphincterstörungen sind ja sonst durchschnittlich spät eintretende Symptome. *Abnorm kurzen Verlauf* (bis zum tödlichen Ausgang) melden LENNEP 1920, Gliom des ganzen Rückenmarks, etwa 14 Tage NONNE 1909, Gliom („Sarkom") des ganzen Rückenmarks, 20 *Tage,* FLECK 1922, Fall 4, Gliom des unteren Halsmarks, 4 *Wochen,* STERTZ 1906, Fall 1, Gliom vom Hals- bis Lendenmark, 38 *Tage,* FRAENKEL 1898, Fall 1, Gliom, 6 *Wochen,* STERTZ 1906, Fall 3, Gliom des unteren Brustmarks, *knapp* 2 *Monate,* TISSIER 1898, extra- und intradurales Endotheliom am Halsmark, $2^1/_2$ *Monate,* THOMAYER 1907, Gliom des Lendenmarks, 3 *Monate,* TAUBE 1887, juxtamedullärer Tumor Th 6—7 (innerhalb 2 Wochen schlaffe, absolute Paraplegie), 3 Monate, WERSILOFF 1898, juxtamedulläre Geschwulst am C 2, $3^1/_2$ *Monate.* Auch extradurale Geschwülste verlaufen bisweilen sehr schnell, in 11 *Wochen* bis zum Tode im Falle EWALD-WINCKLER 1909, wo zuerst während 10 Wochen Schmerzen und taubes Gefühl der Beine nebst erschwerter Miktion und Defäkation vorhanden waren, dann plötzliche schlaffe Paraplegie eintrat, die mit Dekubitalgeschwüren in 1 Woche zum Tode führte.

Neuralgisches Vorstadium bis zu 9jähriger Dauer wurde eben erwähnt, durch 9 Jahre allmählich schlimmer werdende Paraparese, darauf in 4 Tagen schlaffe Paraplegie schildert STENDER 1912; ungewöhnlich langsame Progression bei einem Riesentumor der Cauda hatte ein Fall SCHULTZES 1903, Beobachtung 6, 15 Jahre bis zur Operation, die Patellarreflexe verschwanden erst 12 Jahre nach dem Beginn der Krankheit! *„Abnorm" langen Verlauf* bei Gliomen melden STERTZ 1906, *über 10 Jahre* (Gliom vom mittleren Brust- bis zum Lendenmark, 8 Jahre verliefen zwischen dem Auftreten der Parese in den beiden Beinen), PUTNAM und WARREN 1899, Fall 2, *19 Jahre,* ANTONI 1931, Fall 2 (Gliom des Lumbosacral- und unteren Brustmarks), *30 Jahre* (der Tod sicherlich durch den Operationsversuch beschleunigt). *Mittlerer Verlauf* vom Beginn der Krankheit bis zur Operation war an einem literarischen Material von 279 Fällen 28,43 Monate, mit den Extremen 15 Tage bzw. 15 Jahre (STEINKE 1918).

Diagnose und Differentialdiagnose.

Es gibt kein einziges, für Tumor wirklich pathognomonisches Symptom, vielleicht mit Ausnahme des ziemlich seltenen Bildes einer Konturzeichnung durch eingeführtes Jodöl. „Spinalautomatische Reflexe" sind bei Tumorkompression sicher viel häufiger als bei jeder anderen Erkrankung, kommt hier oft als frühzeitiges Symptom vor, hat dann großen indizierenden Wert, ist aber für Kompression überhaupt keineswegs pathognomonisch, geschweige denn für Tumor, nicht einmal für spinales Leiden. Lumbalpunktion kann das Vorhandensein einer Blockade des spinalen Liquorraumes erweisen, auch das kommt aber bei nichtexpansiven Prozessen vor, sogar durch intrakranielle Ursache, usw. In den weitaus meisten Fällen von Tumor medullae spinalis bzw. Caudae equinae ergeben jedoch Anamnese und Status zusammen ein ganz charakteristisches Bild — neuralgisches Vorstadium, chronisch-progrediente Querläsion mit annähernd konstanten „oberen Polsymptomen" (Oppenheim), charakteristische Veränderungen in bezug auf manometrische und chemische Liquoruntersuchung — das den Verdacht auf Tumor oder wenigstens Compressio medullae spinalis sofort eingibt. Alle genannten Kardinalsymptome lassen sich in der Mehrzahl der Fälle nachweisen. Wie aber in unserer Darstellung mehrfach erwähnt worden ist, kann das eine oder andere der Kardinalsymptome auch gelegentlich fehlen; es gibt schmerzlose Fälle, Fälle, wo die Schmerzperiode schon ziemlich weit zurückliegt und vom Kranken oder Arzt nicht beachtet bzw. nicht mit Sicherheit in Beziehung zum jetzigen Zustand gebracht werden kann, Fälle ohne sensible Ausfälle, ohne Sphincterstörungen, Fälle mit partieller oder unsicherer Liquorblockade, Fälle mit freier Beweglichkeit eines eingeführten Kontrastmittels, Fälle mit plötzlichem Beginn oder sehr rapider Entwicklung. Auch nicht die Vermehrung des Totaleiweißes im Liquor ist absolut konstant; in meinem Material kommen ein Meningiom mit vorgeschrittenem medullärem Syndrom, sowie eine extradurale Carcinose mit hydrodynamischer Blockade, aber ohne neurologische Ausfälle (nur Schmerzen), beide mit normalem Eiweißgehalt des Liquors unterhalb des Hindernisses vor. Selbstverständlich ist, daß das Bild, je früher in der Entwicklung der Krankheit der Patient zur Untersuchung kommt, um so weniger vorgeschritten und vollständig ist, und auch die Eiweißvermehrung ist, wie alle anderen Symptome, in frühen Stadien nur schwachen Grades und dann nicht beweisend. Andererseits liegt hier ganz besonderes Gewicht darauf, das wahre Verhalten früh in Verdacht zu haben und wenn möglich festzustellen. Ich habe Fälle von hoher Halsmarkskompression durch Tumor gesehen, im Stadium spastischer Tetraparese ohne Hypästhesien und ohne Sphincterstörungen, wo die Lumbalpunktion bedeutende Eiweißvermehrung und pathologische Mastixkurve des Liquors, aber keine hydrodynamischen Abweichungen ergab; eine Cisternenpunktion mit oder ohne Lipiodol würde da wahrscheinlich entscheidende Momente für die Kompressionsdiagnose zutage gefördert haben. Verdacht auf Tumor besteht eigentlich bei jedem progredienten Spinalleiden; „Konstanz oberer Polsymptome" ist nicht vonnöten, im Gegenteil wird ja z. B. bei Gliomen mitunter ein Auf- und Abrücken der oberen bzw. unteren Polsymptome beobachtet oder vorgetäuscht, und bei Kompression von außen gesellt sich nicht selten zum Bilde acral akzentuierter Funikulärsymptome allmählich das Ensemble typischer Segmentalstörungen; auch das Funikularsyndrom, z. B. die Hypästhesie, zeigt nicht selten ein allmähliches Hinaufrücken seiner oberen Grenze, was zwar in 10jähriger Erfahrung Elsberg 1929 nur 3mal in Erscheinung trat und im Material Babinskis überhaupt nicht zu Worte kommt. Schultze gestattet ein gewisses Hinaufrücken der oberen Sensibilitätsgrenze; ich meinesteils möchte behaupten, daß *gerade ein Ensemble spinaler Reiz- und Ausfallssymptome mit allmählich erfolgendem Aufrücken der oberen Polsymptome für Kompression nahezu pathognomonisch ist*; die nach dem „LANDRYschen Typus" fortschreitenden Syndrome anderer Art, myelitischer oder polyneuritischer Genese, verlaufen viel rascher, die Syringomyelie beginnt segmentär und verläuft überwiegend nach absteigendem Typus, die multiple Sklerose hat im Anfang fast durchweg intermittierenden Verlauf mit akutem Beginn und allmählichem Abklingen der einzelnen Schübe usw.

Es unterliegt aber keinem Zweifel, daß die übergroße Mehrzahl der Rückenmarkskompressionen später als wünschenswert zur Laminektomie kommen, und die Zahl wirklich früh operierter Fälle ist nach wie vor klein. „Früh" ist dabei ungefähr gleichbedeutend mit symptomenarm; so sah ich neuerdings ein Wurzelneurinom am Lendenmark mit *seit 3 Jahren* bestehenden Reizsymptomen, das in einem Stadium (erfolgreich) laminektomiert wurde, wo als einzig neurologische Störung eine „Scoliosis ischiadica" ohne jegliche, objektiv feststellbaren Ausfallssymptome vorlag, Art- und Ortdiagnose ganz vom Ergebnis der mit Lipiodoleinfuhr kombinierten Lumbalpunktion abhängig war. NONNE ließ 1913 ein dattelgroßes Neurinom operieren (Fall 2), juxtamedullär an den Hinterwurzeln C 7—8 gelegen, wo ein langes neuralgisches Vorstadium vorangegangen war, zuerst der Schulter (!), dann auch des Arms, objektiv nur Miose nebst leichter Hypästhesie des „Ulnarisgebiets". FOERSTER erwähnt 1921 einen Fall, der als fast einziges Symptom Wurzelschmerz zeigte, keine Hypästhesie, ELSBERG 1925, S. 308, eine kleine Geschwulst zwischen den oberen Caudawurzeln, Symptome ausschließlich Wurzelschmerz nebst Xanthochromie des Liquors; FRANKE-STEHMANN 1932, Fall 5, Tumor juxtamedullär am Th 1, hatte von neurologischen Symptomen nur homolaterale Reizmydriasis nebst begrenzter, gekreuzter, funikulärer Hypästhesie C 8—Th 4; Fall 6 desselben Autors, großes Caudaneurinom mit extraduraler und extravertebraler Fortsetzung, zeigte positiven Lasègue, Fehlen des einen Achillesreflexes, neurologisch sonst nichts; beide Fälle wurden nach Art und Ort durch das Jodöl diagnostiziert. Im Stadium des unvollendeten Kompressionssyndroms, bei ganz angedeuteten und unzuverlässigen, neurologischen Niveausymptomen laminektomierte Fälle sind mehrmals mitgeteilt worden, z. B. derjenige von MARCHAL und MARTIN 1928, mit zunehmender spastischer Paraparese, als Segmentalsymptome nur Wegfall der Reflexe des Triceps und der Fingerbeuger nebst leichter Atrophie des Hypothenar; die Geschwulst war 8,5 cm lang. Ein juxtamedulläres Neurinom der Thorakalgegend meiner Erfahrung sowie ein Ependymom der Cauda (Abb. 69) *entbehrten jegliche neurologischen Ausfälle*; Schmerzen und Rückensteifigkeit waren einzige „klinische" Symptome, beide zeigten hydrodynamische Blockade und Liquorveränderung.

Es gab eine Zeit, wo Art- sowohl wie Ortdiagnose ganz von der neurologisch-semiologischen Untersuchung abhängig war; dann konnte noch der Satz verteidigt werden, daß nur bei einigermaßen vollendetem neurologischen Syndrom operiert werden durfte, um so mehr als die Operationsgefahr damals viel größer war. Dann kam — durch FROIN, NONNE, QUECKENSTEDT u. a. — die Punktionsdiagnostik und ermöglichte viel öfter eine frühe Artdiagnostik. Schließlich kam durch SICARD die Kontrastdiagnostik und ermöglichte, bei rechtzeitigem Verdacht, die Frühdiagnose des Niveaus. Im Vergleich zum Nutzen ist die Gefährlichkeit der genannten Hilfsmittel ganz belanglos zu nennen, doch wird die Regel zweckmäßig zu befolgen sein, das Jodöl nur bei vorhandener Eiweißvermehrung pathologischen Grades heranzuziehen und am liebsten nur mit angeschlossener Laminektomie; bei normalem Liquor und negativer manometrischer Prüfung ist vom Kontrastmittel wahrscheinlich nur bei einzelnen Fällen extraduraler Prozesse etwas zu erwarten.

Extradurale Tumoren zeichnen sich nach der besonders genau verarbeiteten Erfahrung ELSBERGS durch relativ kürzeren Verlauf aus; plötzliche Exacerbationen, z. B. im Anschlusse an Lumbalpunktionen, sind nicht selten; die neurologischen Symptome oft unbestimmt („fluid buffer", „dural buffer"), Wurzelschmerzen sind relativ selten, Rückenschmerz häufig, kontralaterale Parese, kontralaterale Parästhesien, invertierter BROWN-SÉQUARD sind nicht selten; Vermehrung der Globuline und des Totaleiweißes ist durchschnittlich viel weniger hochgradig als bei den juxtamedullären Geschwülsten, das Totaleiweiß beträgt etwa 50—60 mg-%, höchstens 150, Xanthochromie ist aber ziemlich häufig, manometrische Blockade und Lipiodolstop vollständig oder unvollständig. Sie sind ferner durchschnittlich öfter maligner Natur. Die *juxtamedullären* Geschwülste zeichnen sich vielleicht vor allem durch gewissermaßen regelmäßig ausgesprochene Liquorsymptome aus, zeigen andererseits im klinischen Bilde sehr große Variabilität. Die *intramedullären* Tumoren ähneln oft in jeder Hinsicht den juxtamedullären, die Segmentalsymptome bzw. auf alleinige Läsion der grauen Substanz zu beziehende Störungen spielen eine unbedeutend größere Rolle als bei jenen; der durchschnittlich am öftesten gesehene Sondertypus, der aber eigentlich in früheren Stadien ihrer Entwicklung zum Vorschein kommt, wird durch die unmittelbar infraläsionell gelagerte Maximalzone sensibler Ausfälle dargestellt. Dieser Sonderzug hat aber nur relative Pathognomonität, so auch das Jodölbild in Gestalt einer Konturzeichnung, das aber nur ganz ausnahmsweise bei juxtamedullären Tumoren vorzukommen scheint.

Die Grundlagen der *Niveaudiagnose* wurden schon im Abschnitt über Niveausymptome und in der systematischen Symptomatologie besprochen; ich brauche hier nur auf die Schwierigkeit und Unsicherheit derselben nach rein neurologischen Symptomen erneut hinzuweisen. Echte und anscheinende supraläsionelle Störungen können ein zu hohes, Unvollständigkeit funikulärer Störungen bei Fehlen oder Undeutlichkeit segmentärer Symptome ein zu niedriges Niveau vortäuschen. Genaue und wiederholte Untersuchung der Sensibilität ist noch heute bei den Tumoren des Brustmarks (die 54% der 100 Fälle ELSBERGS 1925, 61% der 85 Fälle ADSON-OTTS 1922 ausmachten) das wichtigste Moment neurologisch semiologischer Art; SCHULTZE hat seine Kranken förmlich eingeübt; nach seinen Prinzipien 1903, die mit denjenigen BABINSKIS 1920 ziemlich genau übereinstimmen, wird das Niveau direkt, ohne Korrektion, nach dem Niveau der Hypästhesie bestimmt; wenn auch eine besonders genaue Beachtung auch relativer Herabsetzungen sicherlich die Niveaudiagnose früher als sonst ermöglichen kann — sehr empfehlenswert ist auch die erneute Sensibilitätsprüfung nach dem Rate ELSBERGS nach einer Lumbalpunktion — so unterliegt es keinem Zweifel, daß die Jodölprobe eine Höhendiagnose in noch früherem Stadium erlaubt und auch bei anscheinend sicherer neurologischer Lokaldiagnose ein wertvolles Kontrollmittel darstellt. Bei den Tumoren der Cauda sind die Niveausymptome bekanntlich besonders schwer zu deuten; hier sind Punktionen in verschiedenen Etagen sowie Jodölprobe besonders wertvoll, wenn auch nicht ganz unfehlbar; ELSBERG und CONSTABLE 1930 sahen einen Tumor im Sacralkanal unterhalb des Liquorsackes, wo sowohl Subarachnoidealpunktion wie Lipiodol versagten.

Ohne die Punktionsdiagnostik ist die *Differentialdiagnose* ziemlich weitläufig, mit derselben unvergleichlich einfacher, bezieht sich dann eigentlich auf andere Ursachen einer Compressio medullae spinalis bzw. Liquorblockade aus nicht expansiver („raumbeschränkender") Ursache. Die Syphilis kann schmerzhaft sein; rein spinale Bilder sind wohl außerhalb der Tabes ziemlich selten, kommen in unseren Tagen — bei verbesserter Behandlung der Frühstadien — vielleicht vor allem als Radikulitis einer oder mehrerer Wurzeln zur Ansicht. Die Liquordiagnose kann hier versagen; einerseits sehen wir bei der Lues bisweilen Eiweißvermehrung bei geringer oder sogar fehlender Pleocytose (PLAUT, NEEL, STEINER u. a.), andererseits mitunter relative oder absolute Liquorblockade; in 1 Jahre sah ich zweimal operativ bestätigte, adhäsiv-fibröse Meningomyelitis mit schwerem Transversalsyndrom, absolutem hydrodynamischem und Jodölstop,

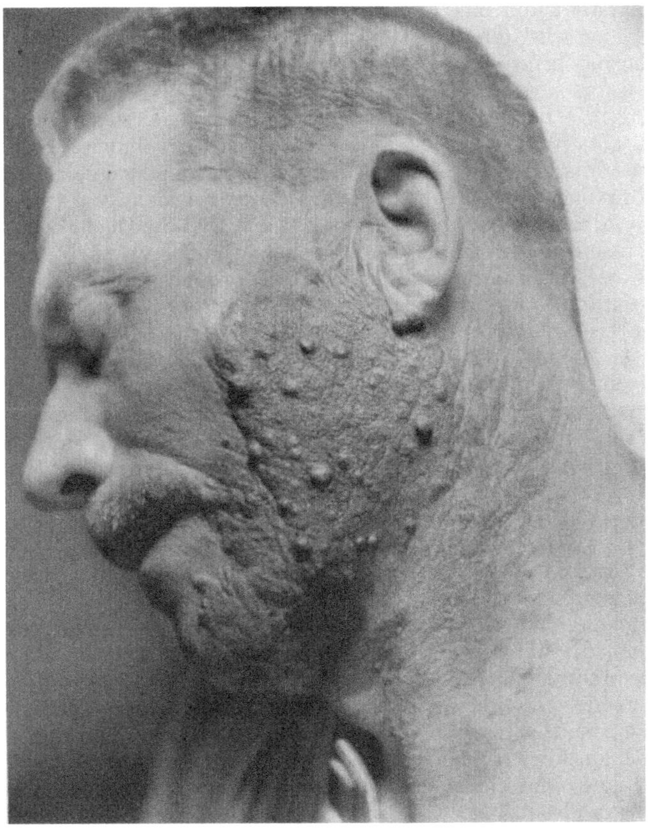

Abb. 72. Großes Muttermal, Naevus pigmentosus mit tumorösen Cutanknoten am Halse in einem Falle von langsam wachsendem Gliom des unteren Rückenmarksendes.

hochgradiger Eiweißvermehrung und Xanthochromie bei geringer Pleocytose; die Laminektomie war unumgänglich, brachte aber keinen Nutzen. Meistens werden jedoch Anamnese und Serodiagnostik Entscheidung bringen. Daß aber positiver Wassermann unspezifisch bei Tumoren (Gliomen?) vorkommen kann, ist schon gesagt. Besondere Schwierigkeiten entstehen selbstverständlich, wenn sich ein Tumor beim Luetiker entwickelt, die Wa.R. usw. im Liquor positiv ist; ELSBERG erwähnt 1925 2 solche Fälle; unersetzliche Zeit kann dann durch Abwarten und Antiluese verloren gehen. Bei *multipler Sklerose* wird, auch bei cerebrospinaler Verbreitung der anatomischen Veränderung, ab und zu ein rein spinales Bild erzeugt, das durch lange Zeit bestehen kann (FR. SCHULTZE), auch Schmerzen können dabei vorkommen und das Syndrom der Transversalläsion mit konstanten Polsymptomen vorhanden sein. Bei eventuell versagender Anamnese — Fehlen des sonst so regelmäßigen und charakteristischen, intermittierenden Frühstadiums mit wiederholten akuten Schüben, Retrobulbärneuritis usw. — wird wohl aber, im Falle ausgesprochener Liquorveränderungen, die Beachtung der hydrodynamischen Phänomene, nötigenfalls unter Hinzufügung der Zisternenpunktion, die partielle oder totale Blockade nachweisen bzw. ausschließen können. Die *funikuläre Myelopathie* kann neurologische Ähnlichkeit zeigen, wenn auch eigentliche Spastizität bei derselben eine Seltenheit darstellt und das Bild der Transversalläsion nur ausnahmsweise gesehen wird; hier wird die Punktionsdiagnostik noch leichter als bei der Polysklerose Klärung bringen, da die Myelopathie gewöhnlich gar keine Veränderung des Liquors hervorruft und wohl nie solche höheren Grades; eine Blutuntersuchung, die bei jedem Falle „kombinierter Strangdegeneration" vorzunehmen ist, gibt übrigens meistens entscheidende Ergebnisse. Schwierig wird die Differentialdiagnose bei *Meningomyelitiden* verschiedener, oft undiagnostizierbarer, zuweilen einer traumatischen Genese verdächtiger Art, mit myelomeningealen Adhäsionen, die zum neurologischen Bilde der mehr oder weniger bestimmten — seinen Niveaucharakteren nach gewöhnlich etwas diffusen — Transversalläsion die Anzeichen der Liquorblockade fügen können. Das „FROINsche Syndrom" wurde ja ursprünglich bei inflammatorischen Zuständen beschrieben. Die „Meningitis adhaesiva cystica" ist wohl meistens das Endprodukt solcher circumscripter Meningitiden oder Meningomyelitiden. Das Krankheitsbild kann demjenigen eines Tumors täuschend ähnlich sein, nur sind, wie gesagt, die Polsymptome wenig distinkt; die Lumbal- oder kombinierte Lumbal-Zisternenpunktion kann absolute Blockade auch für Jodöl ergeben, der Liquor kann verändert sein, mit Eiweißvermehrung bis zur Spontankoagulation, Xanthochromie usw. Die Xanthochromie und andere Komponente hochgradigerer Liquorveränderung kommen vielleicht vor allem in den akuteren Stadien solcher Prozesse vor — das ist jedenfalls meine wiederholte Erfahrung — und gewisse Beobachter (STOOKEY 1927) haben in den chronischen Stadien das Fehlen erheblicher Vermehrung des Totaleiweißes hervorgehoben; jüngst ist dieser negative Charakter für die analogen Caudaneuritiden von ELSBERG und CONSTABLE dargetan worden, die dabei wohl den Gehalt an Globulin, nicht aber an Totaleiweiß vermehrt fanden. NONNE 1926 schildert 2 Fälle von totalem Stop 10 Monate bzw. mehrere Jahre nach durchgemachter Cerebrospinalmeningitis; der eine kam zur Sektion und histologischer Untersuchung, die rein fibröse Adhäsionen, Fehlen aller aktuell-entzündlichen Veränderungen darlegte; dennoch hatte der Liquor unterhalb der blockierten Stelle „alle Charakteristica des Kompressionssyndroms" gezeigt, somit auch vermehrtes Totaleiweiß. Fehlen der Totaleiweißvermehrung bei vorhandener hydrodynamischer Blockade mag für Adhäsion und gegen Tumor sprechen, Vorhandensein solcher Vermehrung schließt aber inflammatorische Ursache nicht aus, auch nicht älteren Datums. Als vortretende, unterscheidende Merkmale, die für Arachnitis adhaesiva spinalis gegen Tumor sprechen, werden von STOOKEY 1927 folgende Momente genannt: lange Dauer und langsame Progression — oft bis 9 Jahre und mehr —, positive manometrische Zeichen bei normalem oder wenig vermehrtem Eiweißgehalt. Die *chronisch-hypertrophierende Pachymeningitis spinalis* ist weder in ihrer „klassischen", selten gesehenen, cervicalen Lokalisation, noch bei thorakalem oder lumbalem Sitz klinisch-symptomatologisch von Tumor zu trennen, auch die Liquorsymptome decken sich ziemlich vollständig; auch bei der Pachymeningitis ist übrigens die Laminektomie oft indiziert, wie auch bei leptomeningealen Adhäsionen. Bei der letztgenannten Form finden sich, wie früher genannt (S. 93), nicht selten gewissermaßen charakteristische, disseminierte, feiner verteilte Stopbilder beim Jodölversuch, die der Tumorkompression fremd sind. Das Lipiodolstop bei Pachymeningitis ist mit dem Tumorstop oft identisch (SOUQUES, BLAMOUTIER und DE MASSARY 1924).

Andere Formen inflammatorischer Blockade mit Marksymptomen kommen auch vor, und zwar teils in der Form circumscripter Granulome luischer oder tuberkulöser oder lymphogranulomatöser Natur; jene beiden sind mit der Zeit immer seltener geworden, vor allem als juxtamedulläre Gebilde, lymphogranulomatöse Veränderungen der Wirbel, des epiduralen Spatiums, der Meningen und sogar des Marks (URECHIA und GOYA 1927) sind in den letzten Jahren in nicht geringer Zahl mitgeteilt worden; der Liquor kann dabei inflammatorische Charaktere oder Absperrungssyndrome oder beides zugleich aufweisen; ich habe 2 solche Fälle mit spinaler Liquorblockade gesehen; neuere Mitteilungen stammen von SIMONS 1918 („HOGDKINS Krankheit als Tumor der Dura spinalis"), WALTHARD 1925 („Rückenmarkserweichung bei Lymphogranulom im extraduralen spinalen Raum"), SHAPIRO 1930, SCHAEFFER und HOROWITZ 1930, VERA JOHNSSON 1931; einige der Fälle zeigten Spinalsymptome als erste bemerkte Störung (WALTHARD, NONNE, SIMONS, ADLER), öfter sind jedoch Haut- und Drüsenveränderungen, Fieber, röntgenologische Veränderungen der Wirbel usw. als Zeichen eines der Generalisation zuneigenden Leidens da. Ein seltenes Beispiel isolierter, chronischer *Tuberkulose der Dura* mit Kompressionsbild ohne Pleocytose bringt PELZ 1917, seltene Fälle von tumorartig wirkendem, isoliertem Gumma spinaler Meningen werden von NONNE in seinem bekannten Handbuch genannt. Etwas weniger selten sind (und vor allem waren) die intramedullären Tuberkulome (SCHLESINGER 1896 und 1898, OBERNDÖRFER 1904 u. a.). Ferner ist die *„Perimeningitis spinalis"* zu nennen; das ist ein ebenso seltenes wie gefährliches Leiden, das jedoch bei rechtzeitigem Erkennen Möglichkeiten einer operativen Therapie darbietet (HUNT 1904, WESTERBORN 1924, DANDY 1926); es handelt sich vorwiegend um akut-eitrige Entzündung, embolisch-metastatisch im epiduralen Gewebe entstanden oder aber von einer Spondylitis fortgeleitet, ohne chirurgische Hilfe mit wenigen Ausnahmen zum Tode führend, ab und zu aber einen chronisch-sklerosierenden Verlauf annehmend (VULPIAN 1879); die Krankheit wird hier kurz genannt, weil sie das Bild einer (zwar meistens ganz akut entstandenen) Transversalläsion des Rückenmarks mit Blockade des Liquorraums geben kann, und zwar ohne Übergreifen der Infektion bzw. Inflammation auf die Leptomeninx[1].

Alle diese, inflammatorisch bedingten Spinalblockaden mit mehr oder weniger dem Typus der distinkten Transversalläsion entsprechender Markschädigung haben als gemeinsamen Zug die Verschiedenheit des Liquorbildes: bald inflammatorisch geprägt, bald überwiegend blockierend; in späteren Stadien, bei vollzogener Organisation des Exsudats, kann das Liquorbild, wie genannt, durch das Fehlen der Eiweißvermehrung bei bestehender hydrodynamischer Blockade ein gewissermaßen pathognomonisches Gepräge annehmen, was aber sicherlich nicht regelmäßig erfolgt. Sehr bedeutsam sind natürlich bei allen diesen infektiösen Zuständen der Nachweis allgemeiner Auswirkungen des Herdes — Fieber, Blutveränderungen — sowie anderer Äußerungen und Lokalisationen der Grundkrankheit an Haut, Lymphdrüsen, Lungen, Skelet (Röntgen!); selbstverständlich ist, daß der Nachweis tuberkulöser oder syphilitischer Manifestationen in anderen Regionen des Körpers keineswegs einen echten Tumor des Rückenmarks ausschließt; die näheren Umstände des Falles müssen das Urteil fällen; eine „Probelaminektomie" ist zwar immer nach Möglichkeit zu vermeiden, und doch ist es entschieden besser, auf nicht ganz „gesicherten"

[1] Vgl. Mitteilungen von DONATI 1906, MORAWITZ 1919, HASSIN 1928.

Indikationen einmal den Operationsversuch zu machen, als die günstige Möglichkeit zu versäumen; das ist natürlich generell gemeint.

Tumoren und chronische Inflammationen (eigentlich ja Tuberkulome) der Wirbel können bekanntlich ein Krankheitsbild ergeben, das demjenigen einer Tumorkompression in vielen Hinsichten oder durchweg analog sein kann; bisweilen ist ja eine Kompression tatsächlich da, durch vorbuchtende Tumormassen oder tuberkulöses Granulationsgewebe bedingt; bei Tuberkulose, weniger bei Wirbeltumoren, kommt auch Druckwirkung durch Knickung der Wirbelsäule in Frage. Das neurologische Syndrom hat in solchen Fällen vornehmlich den oben geschilderten, extraduralen Typus, mit schnell eintretender Transversalläsion nach einem längeren oder kürzeren, neuralgischen Vorstadium usw. (vgl. S. 108); dieser Typus ist aber einerseits lange nicht immer vorhanden, andrerseits nicht pathognomonisch. Der Typus der Liquorblockade und der Liquorveränderung zeigt durchschnittliche Abweichungen, vor allem von dem bei juxtamedullären Tumoren vorherrschenden Verhalten; doch kann, z. B. bei tuberkulöser Spondylitis, sehr wohl Totalblockade und hochgradige Liquorveränderung da sein. Das wichtigste bei dieser Differentialdiagnose ist die Beurteilung der Wirbelsäule; dazu kommt, bei metastatischen Geschwülsten, und, obgleich von nicht gleich dominierender Bedeutung, bei Spondylitiden, die Auffindung eines Primärtumors bzw. anderer tuberkulöser Herde. Deformationen der Wirbelsäule kommen zwar auch bei intraduralen Tumoren, d. h. eigentlich intramedullären Gliomen vor, z. B. BITTORF 1903; im Falle KAHNS 1933 entwickelte sich die Skoliose mehrere Jahre vor den Marksymptomen, so auch in einem meiner Fälle (Abb. 66 und 69), das sind aber ausschließlich sanftere Verbiegungen — Kyphosen bzw. Kyphoskoliosen usw. —, die von den Gibbusbildungen durch Wirbeldestruktion schon nach dem Exterieur leicht unterschieden werden können und durch sachkundige Röntgenuntersuchung wohl immer der richtigen Beurteilung zugänglich sind. Die Radiographie spielt überhaupt in der Differentialdiagnose zwischen Tumoren des Rückenmarks und seiner Häute einerseits, Tumoren der Wirbelsäule und Spondylitiden andererseits eine sehr hervortretende Rolle. Bei einem älteren, paraplegischen Manne mit Sphincterstörungen, harter Prostatavergrößerung und kachektischer Hautfarbe ist eine „Transversalläsion des Rückenmarks infolge Carcinom der Prostata mit Wirbelmetastasen" fast sicher; dennoch möchte man auch nicht in einem solchen Falle die Röntgenuntersuchung entbehren, zur Sicherung der Diagnose. Für primäre osteogene und periostale Sarkome der Wirbel, osteochondrische Auswüchse der Zwischenwirbelscheiben, Hypernephrommetastasen, Myelom, PAGETsche Knochenkrankheit u. a. m. ist die Röntgenuntersuchung der Wirbelsäule unumgänglich; man versäume auch nicht andere Skeletteile, z. B. Rippen, Becken, Schädeldach, wo schätzbare Erkundigungen mitunter zu holen sind. Die Carcinosis ist vielleicht das häufigste Beispiel des *Versagens der Röntgenmethode*; bis zum langsam erfolgenden Tod kann das Röntgenbild der Wirbel negativ bleiben; gleichzeitige Altersatrophie sowie deformierende Spondylitis und Spondylarthritis können die Deutung der Bilder sehr erschweren usw.; auch habe ich 1929 einen Fall von progredienter, schmerzhafter, atrophierender Parese eines Arms gesehen, wo von Anfang an mein Verdacht auf maligne Geschwulst der Wirbelsäule sekundärer Art hinausging, die Röntgenbilder der Wirbel aber versagten, bis nach einigen Monaten eine plötzlich eintretende Hämaturie die Untersuchung auf die Nieren einlenkte, wo ein Hypernephrom gefunden wurde; erst im späteren Verlauf trat die metastatische Wirbelkrankheit auch röntgenologisch hervor; in einem anderen Falle entwickelte sich nach operiertem Blasenkrebs eine furchtbare Brachialgie mit leichten Ausfallssymptomen, das Röntgenbild blieb fortwährend negativ; erst bei der Sektion bestätigte sich die klinische Diagnose der Wirbelmetastasen. Aber auch bei POTTscher Krankheit, die vor allem bei Sitz in einem Bogen, aber auch vor dem Marke, ohne Gibbusbildung das Rückenmark schädigen kann, ist das Röntgenbild gar nicht selten negativ (SORREL-DEJERINE 1924, VINCENT und DARQUIER 1925); VINCENT äußert, daß, wie es eine „forme pseudo-pottique" des klinischen Bildes der Rückenmarksgeschwülste, vor allem in früheren Stadien, mit „pseudo-paraplégie par raideur et douleur" gibt, so kann umgekehrt von einer „forme pseudo-néoplasique du mal de POTT" gesprochen werden, das bei Fehlen radiologischer Zeichen besonders täuschend wird. Das Liquorsyndrom der mit Rückenmarksläsion verbundenen Spondylitiden ist bekanntlich demjenigen der Tumorkompression meistens ganz ähnlich, mit hydrodynamischer Blockade und oft sehr hochgradiger Liquorveränderung.

Therapie.

Die Diagnose Tumor des Rückenmarks selbst, seiner Wurzeln oder Häute ist an sich Indikation zur Laminektomie. Auszuschließen sind eigentlich nur die von vornherein als aussichtslos zu betrachtenden Fälle, eine Entscheidung, die aber auf diesem Gebiete nur sehr selten zu machen ist. Intramedulläre Lage schließt nunmehr einen Operationsversuch nicht aus, wenn auch die Gliome, nach wie vor, meistens inoperabel sind; die Diagnose dieser intramedullären Lage ist übrigens nach dem neurologischen Bilde oft sehr schwierig oder unsicher, wenn auch durch den Jodölversuch bis zu einem gewissen Grade möglich. Auch die schwierige oder unsichere Entscheidung zwischen extra- oder intraduraler Lage hat an und für sich auf die operative Indikation keinen Einfluß. *Die Lage bedeutet also nichts*; auch die verschiedenen Formen der Sanduhrgeschwülste mit ihren extravertebralen Fortsätzen sind größtenteils operabel; die Auffindung eines Röntgenschattens, der als extravertebraler Bestandteil eines das Rückenmark komprimierenden Tumors imponiert, darf nicht vom Versuch des Entfernens wenigstens einer epi- oder intraduralen Portion zurückhalten. Bei jeder Lage einer Geschwulst kann die Laminektomie maligne Art und Inoperabilität, erwartet oder unerwartet, dartun. Wegen der Schwierigkeit, nach den klinischen Symptomen die Art des Tumors mit Sicherheit zu entscheiden, sind die Indikationen weit zu halten; so sah ich z. B. neuerdings das Bild der progredienten Transversalläsion mit Liquorblockade zugleich mit einem Magenkrebs bei einer mehr als 60jährigen Frau; das Niveau der Markkompression entsprach ungefähr dem Segmentbezug des Magens. Die Wirbelsäule war aber trotz 2jähriger Kompressionsgeschichte röntgenologisch intakt, der Allgemeinzustand der Kranken gut, weshalb die Diagnose auf primäre Geschwulst am Rückenmark gestellt wurde. Die Operation (Doc. OLIVECRONA) ergab zwei etwa nußgroße Tumoren an der Innenfläche der Dura, eine Segmenthöhe voneinander entfernt, beides Meningiome; das funktionelle Ergebnis war relativ gut. Es ist mitunter ganz unmöglich, zu sagen, ob zwischen einem das Rückenmark komprimierenden Prozeß und anderswo im Körper nachgewiesenen Krankheitsvorgängen infektiöser oder neoplastischer Natur ein Zusammenhang besteht oder nicht. Wichtiger ist die Sicherheit der Niveaudiagnose, ohne welche die Operation allzu eingreifend werden kann; diese ist aber, wenn die neurologische Diagnostik im Stiche läßt — was vor allem in den besonders wünschenswerten Frühstadien der Fall ist — durch den Jodölversuch mit beinahe absoluter Sicherheit durchzuführen. Wenn also die Lage im Transversalplan und in der Längsrichtung wenig bedeutungsvoll für die Operationsindikation zu nennen ist, hat andererseits der Charakter des Krankheitsprozesses viel zu bedeuten, in dem Maße, daß er im klinischen Bilde zum Ausdruck kommt.

Die meisten Fälle von Compressio medullae spinalis haben einen langsam fortschreitenden Verlauf und manifestieren dadurch ihre vorwiegend gutartige Natur. Ein klinisch-bösartiger Charakter, vor allem in Gestalt der rapiden Progression des Verlaufs und des raschen Eintritts hypotonischer Parese, kommt vorwiegend den metastatischen Tumoren, gewissen Exemplaren intramedullärer Gliome, schließlich den diffusen Leptomeningealtumoren zu. Rasch eintretende Hypotonie kommt zwar auch bei seltenen Fällen gutartiger Geschwülste vor, vor allem vielleicht epidural gelegener, läßt sich zuweilen durch Lumbalpunktion hervorrufen und schließt nicht Operabilität, auch nicht gutes funktionelles Resultat aus, trübt aber die Aussichten merklich, indem sie ein relatives Stigma malignitatis der Causa nocens bedeutet und jedenfalls eine unerwünscht tiefwirkende Schädigung des Rückenmarks verrät. Wirkliche Kontraindikation eines Operationsversuchs bilden eventuelle *Anzeichen sehr großer Längsausdehnung* der Geschwulst innerhalb des Rückenmarks, in concretis jedoch nur selten mit Sicherheit zu entscheiden, vor allem weil schlaffe Lähmung nicht unbedingt segmentärer Natur der Störung gleichzustellen ist. *Cerebrospinal ausgedehntes Symptombild* stellt keine absolute Kontraindikation dar; jedenfalls kommen spärliche Störungen kranialer Nerven auch bei gutartigen Tumoren, vornehmlich der oberen Halsregion vor; sehr ausgesprochene Hirnsymptome sprechen allerdings stark für wirklich cerebrospinal verbreitete, mit anderen Worten bösartige Geschwulst; Stauungspapille, hydrocephale Störungen, Taubheit sind üble Zeichen. Vorgeschrittene septichämische Zustände, von Harninfektion oder Decubitalgeschwüren ausgehend, können die Operation aussichtslos machen; auch kann die respiratorische Paralyse einerseits die Widerstandsfähigkeit des Organismus herabsetzen, andererseits die Operation gefährlicher als sonst machen. Da wir nun gesehen haben, wie wenig die Lage des Tumors bedeutet, wie schwierig Lage im Transversalplan und Natur der Geschwulst vor der Operation zu bestimmen sind, wie sich Inoperabilität großenteils durch Züge verrät, die eine rapide Schädigung des Allgemeinzustandes des Kranken herbeiführen, in sehr seltenen Fällen auch durch Zeichen der zu großen Ausdehnung; so kommen wir im großen und ganzen dazu, als wichtigste Kontraindikation einen heruntergekommenen oder schnell sinkenden Allgemeinzustand des Kranken anzuerkennen, wozu die seltenen Zeichen ausgesprochener cerebrospinaler Verbreitung kommen. Die Röntgenuntersuchung kann durch Nachweis metastatischer oder spondylitischer Prozesse bzw. primär bösartiger Wirbelgeschwülste die Indikationen bestimmen; geringere, begrenzte Atrophien sowie regionäre Erweiterungen des Kanals kommen auch bei operablen Tumoren vor. Decubitalgeschwüre innerhalb oder in der Nähe des Operationsgebiets machen einen Aufschub nötig, können auch wohl, bei gleichzeitig fortschreitendem Verlauf der Kompression, diesen Aufschub verhängnisvoll machen.

Geschichte und Technik der Laminektomie, der Anästhesie, der Exploration des Operationsfeldes, der Exstirpation des Tumors, der Nachbehandlung usw. lasse ich beiseite. Nur seien einige besondere Momente hervorgehoben. Es ist von Bedeutung, die wegzunehmenden Bögen vor der Operation röntgenologisch zu kontrollieren; unnötige Irrtümer in bezug auf die Niveaudiagnose können dadurch vermieden werden. Schwierig und bedeutsam ist die genaue Exploration des epiduralen Raumes einschließlich seines vor dem Duralsacke gelegenen Teils. Von großem Wert ist die gesonderte Aufschlitzung der Dura mit temporärer Schonung der Arachnoidea (Elsberg); es wird dann möglich, während der Operation den Queckenstedtschen Versuch vorzunehmen, zur Kontrolle, ob man sich ober- oder unterhalb der Blockade befindet, auch ermöglicht die Unversehrtheit der Arachnoidea, die Topographie des Tumors genauer zu studieren; Elsberg hat so die Überzeugung gewonnen, daß die

Mehrzahl der Meningiome subarachnoideal gelegen sind. Für die Exstirpation der Geschwulst kann die Jugularkompression bei erhaltener Arachnoidea nützlich sein, indem sich gewisse Exemplare dadurch vom Rückenmark abheben lassen. Ein Anpressen der hinteren Markfläche gegen die Dura kann teils durch Verdickung des Marks, teils durch ventrale Lage eines extramedullären Tumors bewirkt werden, sogar eine Breitenzunahme des Marks kann im letztgenannten Falle zustande kommen und mit der dorsalen Vorwölbung zusammen die Illusion eines intramedullären Tumors vollständig machen; die Exploration der Vorderseite ist sowohl extra- wie intradural sehr wichtig. Die Wichtigkeit weitgehender Schonung des Rückenmarks ist immer deutlicher geworden, am liebsten ist jede Berührung desselben zu vermeiden, das bisweilen unvermeidliche Beiseiteschieben desselben besser unter Vermittlung des Ligamentum denticulatum vorzunehmen. Außer in der Caudaregion sind die Wurzeln nur in ganz begrenztem Umfang mit der Geschwulst verwachsen bzw. in die äußere Geschwulstschicht gelegen; auch die Meningiome können sehr intime Relationen zu einer, selten mehreren Wurzeln eingehen. Die Aufopferung einer, zweier, sogar dreier Hinterwurzeln ist unbedenklich, sensible und vasomotorische Störungen werden gering oder fehlen ganz. Die Vorderwurzeln, viel kostbarer, sind nach Möglichkeit zu schonen; bei ventrolateral gelegenen Tumoren, wozu u. a. die Mehrzahl der Sanduhrgeschwülste gehören, läßt sich das jedoch oft nicht durchführen.

Die Exstirpation der juxtamedullären Geschwülste ist meistenteils leicht; ihre überwiegend dorsale oder dorsolaterale Lage stellt ein sehr günstiges Moment dar; nur die Meningiome machen bisweilen dadurch Schwierigkeiten, daß sie der Dura sehr breit anhaften können, was die Entfernung größerer Stücke der harten Haut notwendig macht. Ein Stück der Dura ist bei dieser Geschwulstart immer mitzunehmen, mit Ausnahme der ganz wenigen Fälle, die mit der Dura nirgends fest verbunden sind, nicht in ihr „wurzeln“; auch die mit ihrer Hauptmasse subarachnoideal gelegenen Exemplare stehen irgendwo, im allgemeinen nahe der Laterallinie (Antoni 1920) mit der harten Haut in fester Verbindung. Gewisse Meningiome sind stark lobiert, unregelmäßig gestaltet, können der Dura „en plaque“ aufsitzen, bisweilen das Mark mehr als halbringförmig umgeben; ihre Entfernung kann dann schwierig sein.

Die „Sanduhrgeschwülste“ sind bisweilen bösartige Sarkome, öfter aber fibröse Tumoren gutartigen Charakters oder relativ benigne „Fibrosarkome“ (Guleke), die Mehrzahl wahrscheinlich Neurinome oder Neurofibrome (Antoni 1920). Ihre Entfernung kann schwierig sein oder sogar undurchführbar, doch sind sogar sehr große Exemplare, mit Fortsätzen zwischen den Wirbelbögen bis ins retrovertebrale Gewebe oder durch die Formina intervertebralia bis in die paravertebrale oder retropleurale Region mit Erfolg exstirpiert worden (Guleke, Borchardt, vgl. Heuer 1929!). In einzelnen Fällen (Key) hat man sich zwar mit der Entfernung einer intraspinalen Portion begnügt.

Intramedulläre Tumoren werden seit 1907 (v. Eiselsberg und Clairmont) mit wechselndem Erfolg operiert; viele sind ja hoffnungslos, intramedulläre Neurinome scheinen unter den erfolgreich entfernten Intramedullärgeschwülsten mehrmals vorgekommen zu sein (v. Eiselsberg-Clairmont 1907, Reichmann und Röpke 1911—1912, Kernohan und Adson 1931 u. a.), aber auch Gliome sind seit der ersten diesbezüglichen Mitteilung von Elsberg und Beer 1911 in großer Zahl exstirpiert worden, Cairns 1931 entfernte ein 11 cm langes Gliom mit völligem Erfolg; Veraguth und Brun berichten schon 1910 über ein mit vortrefflichem Resultat entferntes Tuberkulom, Schultze und Garré 1912 über ein Angiom, Peiper und Schmieden 1929 über ein Lipom usw. Elsberg empfiehlt die zweizeitige Operation; bei der ersten wird durch einen Hinterstrang ein Längsschnitt gelegt, 8 Tage nachher die dann eventuell hervorgedrängte Geschwulst mit Leichtigkeit entfernt. Die Mehrzahl der Chirurgen versuchen, wie ich glaube, auch die intramedullären Geschwülste schon in der ersten Séance zu exstirpieren, was auch wohl gelingen kann. Partiell intramedulläre Geschwülste sind mehr oder weniger erfolgreich enuklueiert worden (NONNE 1912, OPPENHEIM und BORCHARDT 1918 u. a.).

Die in den ersten 20 Jahren der Operation wegen Tumor medullae spinalis erzielten Erfolge wurden von STURSBERG 1908 zusammengestellt, es waren insgesamt 119 Fälle mit 52,1% Besserung, 35,2% „wahrscheinlich dauernder Heilung", die operative Mortalität betrug 27,7%. Die Tumoren der Halsregion gaben Besserung in 44%, Heilung in 36%, Tod in 40%; die Tumoren der Brustregion gaben die entsprechenden Zahlen 50, 42,6, 26,4, diejenigen der Lumbosacralregion 68, 16, 16. Die Caudatumoren ergaben somit zugleich die kleinste Mortalität und die schlechtesten funktionellen Resultate; Ursache hiervon ist die Inoperabilität der oft sehr großen Tumoren dieser Region. Die Resultate haben sich seitdem nicht sehr wesentlich verändert, nur sind viele erfolgreiche Operationen wegen intramedullärer Tumoren hinzugekommen, und die Mortilität einzelner, speziell erfahrener Operateure wesentlich niedriger geworden. LENNEP stellte 1920 die Resultate von 153 seit 1908 operierten Tumoren zusammen: operative Mortalität 33%, keine wesentliche Besserung 11%, Besserung 48%, Heilung 33%; unter diesen Fällen befanden sich 25 intramedulläre mit 3 Heilungen, 4 wesentlichen Besserungen; die besten Resultate ergaben, wie immer, die juxtamedullären Geschwülste, 64 Fälle mit 45,3% Heilung, 20,3% wesentlicher Besserung. FOERSTER erwähnt 1921 neun Fälle juxtamedullärer Tumoren mit durchweg gutem Resultat, Mortalität = 0, FRAZIER und SPILLER 1922 hatten unter 75 Operationen wegen Tumor des Rückenmarks und seiner Häute 18 Todesfälle (= 22%). Besonders schöne Resultate an einem besonders großen, einheitlichen Material hat ELSBERG (1925) zu verzeichnen; die operative Mortalität seiner 100 Fälle ist bei den juxtamedullären Exemplaren 7,3%, bei den intramedullären 15%, den extraduralen 5%, den Conus-Caudatumoren 25%, die totale Operationsmortalität 10%; unter seinen 52 letzten Fällen kam nur 1 Todesfall vor. Die Gefahr ist unvergleichlich am größten bei den Tumoren der Halsregion, die nur von besonders erfahrenen Chirurgen operiert werden sollten; einzelne gute Resultate wurden jedoch auch in dieser Region schon früh erzielt: PUTNAM und ELLIOT 1903, Fall 1, SCHULTZE 1899, HENSCHEN und LENNANDER 1901, AUERBACH und BRODNITZ 1906 u. a.; ÅKERBLOM entfernte mit völligem Erfolg 1913 bei einem Kranken SÖDERBERGHS ein Psammom der höchsten Cervicalsegmente, bis oberhalb des Atlasbogens. ELSBERG und STRAUSS berichten 1929 über 6 Tumoren der obersten Cervicalregion, die sich bis ins Foramen magnum erstreckten, mit unglücklichem Ausgang bei 2, gutem Erfolg in 4 Fällen; ein verblüffend schönes Resultat! OLIVECRONA hat für mich neuerdings ein Gliom am Übergangsgebiet der Oblongata zum obersten Halsmark mit leidlichem Erfolg entfernt. ELSBERG konnte in 78% der Fälle den Tumor vollständig entfernen. Relativ am häufigsten hat man sich bei den Riesentumoren der Cauda mit partieller Exstirpation begnügen müssen. Mehrmals wird über gute Palliativwirkung der bloß dekompressiven Laminektomie bei inoperablen Geschwülsten berichtet.

Sehr viele anscheinend gelungene Exstirpationen sind, vor allem früher, durch postoperative Meningitis vereitelt worden. Nunmehr sind solche Zufälle selten. SCHULTZE 1903, Fall 5, sah gutes Resultat trotz postoperativer Meningitis. Sehr oft werden die Kompressionserscheinungen in unmittelbarem Anschluß an die Operation verstärkt, bis zur absoluten, schlaffen Paraplegie, trotzdem ein gutes Resultat erzielt; in anderen Fällen ist die Parese nach einer anscheinend vortrefflich, ohne jegliche Schädigung des Marks gelungenen Exstirpation unaufhaltsam fortgeschritten. Das Ergebnis hängt von vielen Faktoren ab, teilweise unabsehbar; vor allem ist Hypotonie ein ungünstiges Zeichen, obgleich lange nicht absolut. Der Länge der Kompressionszeit wird von vielen Autoren große Bedeutung zugeschrieben; in den gelungenen Fällen FRAZIER-SPILLERs war sie 9—10 Monate (5mal), 2—4 Jahre (6mal), 5 Jahre (3mal); in den 9 gelungenen Fällen FOERSTERs 1mal 3 Monate, 2mal 7, 3mal 6, 1mal 12, 1mal 2 Jahre, 1mal $3^1/_2$ Jahre, 1mal 4 Jahre, 1mal 10 Jahre. SCHULTZE sah leidliches Resultat trotz 13monatlicher absoluter Paraplegie. Die erste Wiederkehr voluntärer Beweglichkeit wird verschieden lange Zeit nach der Operation beobachtet: bei FOERSTER 2mal nach 1 Tag, 1mal nach 2 Tagen, 2mal nach 3—4 Tagen, 2mal nach 4 Tagen, 1mal nach 6 Tagen, 1mal nach 3 Wochen, 1mal nach 4 Wochen; die Restitution war in einer von 1 Monat bis $1^1/_2$ Jahren wechselnden Zeit beendigt. GRINKER 1922 sah in einem Falle *die ersten Anzeichen einer Besserung nach $1^1/_2$ Jahren erscheinen.* Bisweilen erfolgt die Wiederherstellung verblüffend rasch, ein Kranker NONNEs (1913, Fall 1) war nach 4 Wochen subjektiv symptomfrei, objektiv bestanden nur leichteste Störungen, die Kompression hatte 3 Jahre gedauert, war zwar nie sehr hochgradig gewesen (keine Hypästhesie). Ein Kranker FRAZIER-SPILLERs, der vor der Operation absolut paraplegisch war, konnte 4 Wochen nach derselben $^1/_2$ Meile gehen.

Gutes Resultat trotz besonderer Schwierigkeiten sind oft mitgeteilt worden, z. B. bei hohen Halsmarkstumoren, kommunizierenden („Sanduhr-“) Geschwülsten usw., vgl. oben! Andere überwundene Schwierigkeiten sind hohes Alter des Patienten — 62, 69, 75 Jahre in 3 meiner Fälle, von OLIVECRONA operiert —, Komplikation mit Kyphoskoliose (ELSBERG 1925, Fall 12); erneute Operation ist sehr selten nötig gewesen, jedoch einigemal bei recurrierendem Meningiom beschrieben worden, von SÖDERBERGH-CLARHOLM 1914, ANTONI 1920 (Operation von K. G. HOLM), Fall XXV; andere, mit welchselndem Erfolg wiederholte Exstirpationen sind diejenige von ELSBERG 1925, Fall XXV (Neurinom) und XXVIII („Sarkom“, vielleicht Neurinom), ANTHONY 1931 (Neurinome), es handelte sich jedoch in diesen Neurinomfällen wahrscheinlich nicht um Lokalrezidive, sondern um nachgewachsene Tumoren benachbarter Wurzeln.

„Wenn die spastische Paraplegie mehr als 2 Jahre gedauert hat, ist völlige Restitution sehr selten, und bedeutende Spastizität wird wahrscheinlich bestehen bleiben“ (ELSBERG 1925). Bei den Caudatumoren bestehen die bleibenden Störungen naturgemäß in schlaffen Lähmungen außer Sphincterstörungen und Hypästhesien sowie Verlust der Muskelreflexe.

Die Reihenfolge der wiederkehrenden Partialfunktionen ist nicht die Umkehr ihrer Entwicklung; das zuerst wiederkehrende ist gewöhnlich die Beweglichkeit der Zehen, bald folgt die Sphincterkontrolle, erst etwas später die Sensibilität. Sowohl Hypästhesien wie Paresen weichen in überwiegend aufsteigender Richtung besonders die Sensibilität kehrt aber vielfach „fleckförmig“, in anscheinend regelloser Verteilung, zurück. Vielleicht durchschnittlich am längsten bestehen bleiben die Reflexsteigerung und gewisse Hypästhesien. Auch bei subjektiv völliger Restitution und guter Arbeitsfähigkeit bleiben gewöhnlich kleinere, praktisch belanglose, objektiv nachweisbare Störungen bestehen: Steigerung der Muskel-, Herabsetzung der Bauchreflexe, einseitiger Horner usw.

Die Erfolge sind bei den verschiedenen Tumorarten sehr verschieden, am besten bei Neurinomen und Meningiomen, am schlechtesten bei Gliomen und Angiomen. Bemerkenswert gute Erfolge bei intramedullären Geschwülsten wurden oben erwähnt — Gliom, Lipom; unter den juxtamedullären angiösen

Geschwülsten — Venenkonvoluten — ist meines Wissens nur einmal eine günstig wirkende Exstirpation mitgeteilt worden (ELSBERG 1916), dagegen mehrmals böse Verschlechterung durch Versuche der Exstirpation, Umstechung oder Kauterisation (ALEXANDER, LÖWENSTEIN u. a., vgl. RITTER 1927!), diffuse piale Varicen scheinen ein Noli tangere zu sein.

Die nichtchirurgische Therapie ist lediglich vorbereitend, pflegend oder palliativ; nicht viel ist hier darüber zu sagen. Die Röntgen- und Teleradiumbehandlung hat ihre offenkundigsten Erfolge bei Tumorformen von schlechter Prognose, z. B. diffus-leptomeningeal wachsenden Gliomen; hier sind sie häufig glänzend, allerdings nur vorübergehend. Ich habe bei Meningiomen, Neurinomen, Gliomen sowie bei gutartigen extraduralen Geschwülsten bisweilen anscheinende Besserungen geringen Grades durch Röntgentherapie erzielt, nie aber erhebliche, bedeutsame Erfolge.

Literatur.

ABRAHAMSON and CLIMENCO: Symptomatology of spinal cord tumors. J. amer. med. Assoc. **75**, 1124 (1920). — ABRAHAMSON and GROSSMAN: Tumors of the upper cervical cord. Trans. amer. neur. Assoc. **1921**, 149. — ADSON: Diskussionsäußerung. Arch. of Neur. **24**, 1153 (1930). — ADSON and OTT: Results of the removal of tumors of the spinal cord. Arch. of Neur. **8**, 520 (1922). — ALEXANDER: Diskussionsäußerung. Zbl. Neur. **28**, 246 (1922). — ALEXANDROFF u. MINOR: Neur. Zbl. **1896**, 1048. — ANDRÉ-THOMAS et JUMENTIÉ: Lipome du cône terminal. Revue neur. **1912 I**, 222. — ANTHONY: Maladie de RECKLINGHAUSEN avec neurofibromes comprimant la moelle. Revue neur. **1931 I**, 592. — D'ANTONA: Maladie de RECKLINGHAUSEN avec syringomyelie vraie. Riv. Neur. **1**, 274 (1928). Ref. Revue neur. **1928 II**, 971. — ANTONI: Über Rückenmarkstumoren und Neurofibrome. München: J. F. Bergmann 1920. — Respiratoriska och pulsatoriska tryckvariationer i det spinala subarachnoidealrummet och deras betydelse för diagnosen av block. Acta Soc. Medic. suecan. **57** (1931). — Eine Studie über respiratorische und pulsatorische Schwankungen des Liquordruckes und ihr Verhalten bei spinalem Block. Acta psychiatr. (Københ.) **6**, 437 (1931). — Förändringar i det intrakraniella trycket. Nord. med. Tidskr. **4**, 905 (1932). — AUERBACH: Über einen bemerkenswerten Fall von intramedullärem Rückenmarkstumor. J. Psychol. u. Neur. **17**, 159 (1910). — AUERBACH u. BRODNITZ: Über einen großen intraduralen Tumor des Cervicalmarks, der mit Erfolg operiert wurde. Mitt. Grenzgeb. Med. u. Chir. **15**, 1 (1906). — Intradurales Fibrom des obersten Dorsal- und untersten Cervicalmarks. Exstirpation. Heilung. Mitt. Grenzgeb. Med. u. Chir. **21**, 573 (1910). — AYALA u. SABATUCCI: Klinischer und pathologisch-anatomischer Beitrag zum Studium der zentralen Neurofibromatose. Z. Neur. **103**, 496 (1926). — AYER: Spinal subarachnoideal block as determined by combined cistern and lumbar puncture. Arch. of Neur. **7**, 38 (1922). — Spinal subarachnoideal block, its significance as a diagnostic sign; analysis of fifthy-three cases. Arch. of Neur. **10**, 420 (1923).

BABINSKI: Sur une forme de paraplégie spasmodique consécutive à une lésion organique et sans dégénération du système pyramidal. Bull. Soc. méd. Hôp. Paris **1899**, 342. — Inversion du réflexe du radius. Bull. Soc. méd. Hôp. Paris **1910**, 185. — Paraplégie spasmodique organique avec contracture en flexion et contractures musculaires involontaires. Soc. de Neur., 12. Jan. 1911. Revue neur. **1911 I**, 132. — Contracture tendino-réflexe et contracture cutanéo-réflexe. Soc. de Neur., 9. Mai 1912. — Réflexes de défense. Revue neur. **1922**, 1049. — BABINSKI, BARRÉ et JARKOWSKY: Sur la persistance des zones sensibles à topographie radiculaire dans les paraplégies médullaires avec anesthésie. Revue neur. **1910 I**, 532. — BABINSKI, ENRIQUEZ et JUMENTIÉ: Compression de la moelle par tumeur extra-dure-mèrienne. Paraplégie intermittente — opération extractive. Revue neur. **1914 I**, 169. — BABINSKI et JARKOWSKY: Sur la possibilité de déterminer la hauteur de la lésion dans les paraplégies d'origine spinale par certaines perturbations des réflexes. Revue neur. **1910 I**, 666. — Réapparition provoquée et transitoire de la motilité volitionelle dans la paraplégie. Soc. de Neur., 9. Nov. 1911. — Contribution à l'étude de l'anesthésie dans les compressions de la moelle dorsale. Revue neur. **1920**, 365. — BABINSKI, JARKOWSKY, DE MARTEL et JUMENTIÉ: Tumeur méningée de la région dorsale supérieure; paraplégie crurale par compression de la moelle, extraction de la tumeur, guérison. Revue neur. **1912 I**, 640. — BAILEY: Successfull laminectomy for spinal cord tumor. J. nerv. Dis. **30**, 99 (1903). — A Study of Tumors arising from ependymal cells. Arch. of Neur. **11**, 1 (1924). — BAILEY and BUCY: Tumors of the spinal canal. Surg. Clin. N. Amer. **10**, 233 (1930). — The origin and nature of meningeal tumors. Amer. J. Canc. **15**, 15 (1931). — BAILEY u. CUSHING: Gewebsverschiedenheiten der Hirngliome. Jena: Gustav Fischer 1930. — BÁRÁNY: Messung des Minimums des Liquordrucks. Acta oto-laryng. (Stockh.) **5**, 390 (1923). — BARRÉ et SCHRAPF: Troubles sympathiques des membres supérieurs dans les affections de la région moyenne ou inférieure de la moelle. Revue neur. **1920**, 225. — BARUCH: Zur Diagnostik der Rückenmarkstumoren. (Kurze Mitteilung.) Verh. 41. Kongr. Ges. Chir. **1912**, 116. — BECHER: Beobachtungen über die Abhängigkeit des Lumbaldruckes von der Kopfhaltung. Dtsch. Z. Nervenheilk. **63**, 89 (1919). — BÉCLÈRE: Sur la radiothérapie des compressions médullaires. Revue neur. **1923 I**, 720. — BENDA: Angioma racemosum des Rückenmarks. Zbl. Neur. **28**, 245 (1922). — BERENBRUCH: Ein Fall von multiplen Angiolipomen, kombiniert mit einem Angiom des Rückenmarks. Inaug.-Diss. Tübingen 1890. — BICKEL: Contribution à l'étude des tumeurs de la moelle épinière et de la syringomyélie. Ann. Méd. **10**, 253 (1921). — BIELSCHOWSKY u. ROSE: Zur Kenntnis der zentralen Veränderungen bei RECKLINGHAUSENscher Krankheit. J. Psychol. u. Neur. **35**, 42 (1927). — BIELSCHOWSKY u. UNGER: Syringomyelie mit Teratom- und extramedullärer Blastombildung. J. Psychol. u. Neur. **25**, 173 (1920). — BIELSCHOWSKY u. VALENTIN: Über ein Lipom am Rückenmark mit Hydrosyringomyelie und anderen Mißbildungen. J. Psychol. u. Neur. **34**, 225 (1927). — BIER: Über den Einfluß künstlich erzeugter Hyperämie des Gehirns usw. Mitt. Grenzgeb. Med. u. Chir. **7**, 333 (1901). — BING u. BIRCHER: Ein extraduraler Tumor am Halsmark. Schmerzfreier Verlauf; BROWN-SÉQUARDsches Syndrom. Heilung durch Operation. Dtsch. Z. Chir. **98**, 258 (1909). — BITTORF: Beiträge zur pathologischen Anatomie der Gehirn- und Rückenmarksgeschwülste. Beitr. path. Anat. **35**, 169 (1903). — BLANCHETIÈRE et LEJONNE: Syndrome de coagulation massive et de xanthochromie du liquide céphalorachidien dans un cas de sarcome de la dure-mère. Gaz. Hôp. **82**, 1303 (1909). — BOETTIGER: Ein operierter Rückenmarkstumor. Arch. f. Psychiatr. **35**, 83 (1901). — Diskussionsäußerung Neur. Zbl. **1908**, 797. — BORCHARDT: Zur Kenntnis der Neurinome. Beitr. klin. Chir. **138**, 1 (1926). — Bemerkungen zu den sog. Sanduhrgeschwülsten des Rückenmarks und der Wirbelsäule. Klin. Wschr. **1926 I**, 636. — BORST: Die angeborenen Geschwülste der Sacralregion. Zbl. Path. **9**, 449 (1898). — Geschwülste des Rückenmarks. Erg. Path. **9**, 452 (1903). — BOSTROEM: Über die pialen Epidermoide, Dermoide und Lipome und duralen Dermoide. Zbl. Path. 8, 1 (1897). — BOX: A case of invasion of the cauda equina by tumour with demarcation of the sensory root areas of the lower limbs. Lancet **1903 II**, 1566. — BRANDT: Zur Frage der Angiomatosis retinae. Graefes Arch. **106**. — BREGMAN u. STEINHAUS: Lymphosarcom des Mediastinums mit Übergang in den Rückenmarkskanal. Virchows Arch. **172**, 410 (1903). — BREMER: Klinische Untersuchungen zur Ätiologie der Syringomyelie, des „Status dysraphicus". Dtsch. Z. Nervenheilk. **95**, 1 (1926). — Die pathologisch-anatomische Begründung des Status dysraphicus. Dtsch. Z. Nervenheilk. **99**, 104 (1927). — BRUNS: Fall von Tumor des Lenden- und unteren Dorsalmarkes. Neur. Zbl. **1894**, 281; **1895**, 125. — Klinische und pathologisch-anatomische Beiträge zur Chirurgie der Rückenmarkstumoren. Arch. f. Psychiatr. **28**, 97 (1896). — Über einen Fall von metastatischem Carcinom an der Innenfläche der Dura mater cervicalis usw. Arch. f. Psychiatr. **31**, 128 (1899). — Die Segmentdiagnose der Rückenmarkserkrankungen. Zbl. Grenzgeb. Med. u. Chir. **4**, 177, 276 (1901). — BUCHHOLTZ: Kasuistischer Beitrag zur Kenntnis des Karzinoms des Zentralnervensystems. Mschr. Psychiatr. **4**, 183 (1898). — BÖNNIGER u. ADLER: Rückenmarkstumor. Berl. klin. Wschr. **1910 II**, 2262.

CAIRNS and RIDDOCH: Observations of the treatment of ependymal gliomas of the spinal cord. Brain **54**, 117 (1931). — CAIRNS and RUSSEL: Intracranial a. spinal metastases in gliomas of the brain. Brain **54**, 377 (1931). — CAMUS et ROUSSY: Cavités médullaires et méningites cervicales. Étude expérimentale. Revue neur. **1914 I**, 213. — CARMAN u. DAVIS: Zit. nach PEIPER 1926. — CASSIRER: Über Compressionsmyelitis. Zusammenfassendes Referat. Zbl. Path. **9**, 963 (1898). — CASTEN: Rückenmarkstumor. Berl. klin. Wschr. **1911 I**, 45. — CLARKE: On endothelioma of the spinal dura mater etc. Brain 18, 256 (1895). — COBB: Haemangioma of the spinal cord, associated with skin naevi of the same metamere. Ann. Surg. **62**, 641 (1915). — COLLIER: False localizing signs of intracranial tumour. Brain **27**, 506 (1904). — COLLINS and MARKS: The early diagnosis of spinal cord tumors. Amer. J. med. Sci. **149**, 103 (1915). — COURVILLE: Ganglioglioma, tumor of the central nervous system; review of the literature a. report of two cases. Arch. of Neur. **24**, 439 (1930). — CROUZON, BERTRAND et POLACCO: Gliome intramédullaire à type de syringomyélie. Revue neur. **1928 II**, 228. — CUSHING: The meningiomas; their source and favoured seats of origin. Brain **45**, 282 (1922). — Experiences with the cerebellar medulloblastomas. (A critical review.) Acta path. scand. (København.) **7**, 1 (1930). — Intracranial tumors. Springfield u. Baltimore 1932. — CUSHING and AYER: Xanthochromia and increased protein in the spinal fluid above tumors of the cauda equina. Arch. of Neur. **10**, 167 (1923). — CUSHING and BAILEY: Tumors arising from the blood-vessels of the brain. Thomas, Springfield u. Baltimore 1928. — CUSHING and WEED: Studies on the cerebrospinal fluid and its pathway No IX. (Calcareous and osseous deposits in the arachnoidea.) Hopkins Hosp. Bull. **26**, 367 (1915).

DANDY: The diagnosis and localisation of spinal cord tumors. Ann. Surg. **81**, 223 (1925). — Arteriovenous aneurysm of the brain. Arch. Surg. **17**, 190 (1928). — Venous abnormalities and angiomas of the brain. Arch. Surg. **17**, 715 (1928). — DANISCH u. NEBELMANN: Bösartiges Thymom bei einem dreijährigen Kinde mit eigenartiger Metastasierung ins Zentralnervensystem. (Zugleich ein Beitrag zur Klinik und Pathologie der Geschwulstmetastasierung auf dem Liquorwege.) Virchows Arch. **268**, 492 (1928). — DAVIS: Tumors involving the cauda equina, with report of a case. J. amer. med. Assoc. **1904**, Nr 12. — DAVIS, HAVEN and STONE: The effect of injections of iodized oil in the spinal subarachnoid space. J. amer. med. Assoc. **94**, 772 (1930). — DEJERINE et JUMENTIÉ: Tumeur intramédullaire de nature complexe. Prolifération épithéliale et glieuse avec hématomyélie et cavités médullaires; syndrome de compression lente de la moelle avec période de rémission et syndrome sympathique à type irritatif. Revue neur. **1921**, 1138. — DELAGÉNIÈRE: Chirurgie des tumeurs de la moelle. Paris: Gaston Doin 1928. — Paris méd. **1930**, 138. — DERRIEN, MESTREZAT et ROGER: Syndrome de coagulation massive, de xanthochromie et d'hémato-leucocytose du liquide céphalo-rachidien: méningite rachidienne, hémorrhagique et cloisonné. Revue neur. **1909**, 1077. — DEVIC et JEANNIN: Compression médullaire par aneurysme de l'aorte. Opération. Lyon méd. **141**, 309 (1928). — Compression médullaire par tumeur méningée chez une femme de 75 ans etc. Lyon méd. **141**, 557 (1928). — DEVIC et TULOT: Un cas d'angiosarcome des méninges de la moelle chez un sujet porteur d'angiomes multiples. Rev. Méd. **26**, 255 (1906). — DOWMAN: Complete transverse lesion of the spinal cord with retention of superficial reflexes. Arch. of Neur. **10**, **33** (1923). — DOWMAN and SMITH: Intramedullary cyst of the spinal cord associated with a circumscribed intramedullary tumor. Arch. of Neur. **21**, 583 (1929). — DRAECK: Über ein Gliom des obersten Halsmarks und der Medulla oblongata. Inaug.-Diss. Gießen 1914.

EHRENBERG: Om lumbalpunktionsfyndet i åtta fall av opererad, primär ryggmärgstumör, med särskild hänsyn till lymfocyttalet och liquortrycket. Hygiea (Stockh.) **1919**, 970. — EICHHORST u. NAUNYN: Über die Regeneration und Veränderungen im Rückenmarke nach streckenweiser totaler Zerstörung derselben. Arch. f. exper. Path. **2** (1874). — EISELSBERG, v. u. MARBURG: Zur Frage der Operabilität intramedullärer Rückenmarkstumoren. Arch. f. Psychiatr. **59**, 453 (1918). — ELIASBERG: Zur Klinik der Rückenmarkserkrankungen im Kindesalter. Jb. Kinderheilk. **84**, 445 (1916). — ELSBERG: Surgical significance and operative treatment of enlarged and varicose veins of the spinal cord. Amer. J. med. Sci. **151**, 642 (1916). — False localising signs of spinal cord tumors. Arch. of Neur. **5**, 64 (1921). — Tumors of the spinal cord and the symptoms of irritation and compression of the spinal cord and nerve roots. Pathology, Symptomatology, Diagnosis and treatment. New York: Hoeber 1925. — Extradural spinal tumors. Primary, secondary, metastatic. Surg. etc. **46**, 1 (1926). — Tumors of the spinal cord. Arch. of Neur. **22**, 949 (1929). — The meningeal fibroblastomas. Bull. neur. inst. N. Y., Jan. **1931**, 3. — ELSBERG and BEER: The operability of intramedullary tumors of the spinal cord. Amer. J. med. Sci. **142**, 636 (1911). — ELSBERG and CONSTABLE: Tumors of the cauda equina. Arch. of Neur. **23**, 79 (1930). — ELSBERG and STRAUSS: Tumors of the spinal cord which project into the posterior cranial fossa. Report of a case in which a growth was removed from the ventral a lateral aspects of the medulla oblongata and upper cervical cord. Arch. of Neur. **21**, 261 (1929), — ESKUCHEN: Die Diagnose des spinalen Subarachnoidealblockes. Klin. Wschr. **1924 II**, 1851. — ESSER: Über eine seltene Rückenmarksgeschwulst (Chromatophorom). Münch. med. Wschr. **1906 II**, 1987. — EWALD u. WINCKLER: Rückenmarkstumor unter dem Bilde einer Myelitis verlaufend. Berl. klin. Wschr. **1909 I**, 529. — EWING: Neoplastic diseases, 3. Ed. Philadelphia u. London: W. B. Saunders Com. 1928.

FABRITIUS: Zur Differentialdiagnose der intra- und extramedullären Rückenmarkstumoren. Mschr. Psychiatr. **31**, 16 (1912). — FERRIER and HORSLEY: Case of recovery after operation for tumour of cauda equina. Brain **27**, 432 (1904). — FIROR and FORD: Gliomatosis of the Leptomeninges. Hopkins Hosp. Bull. **35** (1924). — FISCHER: Über ein selten mächtig entwickeltes Glioma sarcomatodes des Rückenmarks. Z. Heilk. F **22**, 344 (1901). — Beiträge zur Pathologie und Therapie der Rückenmarkstumoren. (Röntgentherapie, Tumorzellen im Liquor, Anordnung der Sensibilitätsfasern im Seitenstrang, Bedeutung der Bauchreflexe.) Z. Neur. **76**, 81 (1922). — FLATAU: Das Gesetz der exzentrischen Lagerung der langen Bahnen im Rückenmark. Sitzgsber. preuß. Akad. wiss., Physik.-math. Kl., 18. März **1897**, 374. — Die Tumoren des Rückenmarks. LEWANDOWSKY: Handbuch der Neurologie, Bd. 2. — FLATAU et SAVICKI: Le neurofibrome cervical. Encéphale **17**, 617 (1922). — FLATAU u. STERLING: Ein Beitrag zur Klinik und Histopathologie der extramedullären Rückenmarkstumoren. (Ein Fall von extramedullärem Rückenmarkstumor, welcher ohne wesentliche Schmerzen verlief.) Dtsch. Z. Nervenheilk. **31**, 199 (1906). — FLATAU u. ZYLBERLAST: Beiträge zur chirurgischen Behandlung der Rückenmarkstumoren. Dtsch. Z. Nervenheilk. **35**, 334 (1908). — FLECK: Zur Differentialdiagnose der extra- und intramedullären Rückenmarkstumoren. Z. Neur. **76**, 321 (1922). — FLESCH: Zur Symptomatologie intra- und extramedullärer Tumoren. Wien. med. Wschr. **1909 I**, 870. — FLEXNER: The development of the meninges in amphibia: a study of normal and experimental animals. Contributions to Embryology. Carnegie Inst. Washington, D. C. **22**, 31—49 (1929). Publication 394. — FOERSTER: Zur Diagnostik und Therapie der Rückenmarkstumoren. Dtsch. Z. Nervenheilk. **70**, 64 (1921). — Die Leitungsbahnen des Schmerzgefühls usw. Berlin u. Wien 1927. — FORSTER: Demonstration einer Patientin mit operiertem Rückenmarkstumor. Neur. Zbl. **1913**, 984. — Die Bedeutung des Liquorzellbildes usw. Z. Neur. **126**, 683 (1930). — FRÄNKEL: Zur Lehre von den Geschwülsten der Rückenmarkshäute. Dtsch. med. Wschr. **1898 I**, 442, 457, 476. — FRANKE-STEHMANN: Beitrag zur Diagnostik der Rückenmarkstumoren. Arch. f. Psychiatr. **96**, 623 (1932). — FRAZIER and SPILLER: An analysis of fourteen consecutive cases of spinal cord tumor. Arch. of Neur. **8**, 455 (1922). — FREMONT-SMITH and HODGSON: Combined ventricular and lumbar puncture in the diagnosis of brain tumor. Arch. of Neur. **13**, 278 (1925). — FRENKEL: Report of a case of spinal cord tumor operated upon. J. nerv. Dis. **30**, 101 (1903). — FROIN: Inflammations méningées, avec réaction chromatique, fibrineuse et cytologique du liquide céphalo-rachidien. Gaz. Hôp. **76**, 1005 (1903). — FROMME: Über die Beziehungen des Aneurysma arteriovenosum zum Angioma arteriale racemosum. Beitr. klin. Chir. **114**, 57 (1919). — FUCHS: Fall von extramedullärem Rückenmarkstumor mit stark wechselnder Sensibilitätsstörung. Neur. Zbl. **1920**, Nr. 19.

GERHARDT: Über das Verhalten der Reflexe bei Querdurchtrennung des Rückenmarks. Dtsch. Z. Nervenheilk. **6**, 127 (1894). — GIESE: Rückenmarksveränderungen bei Compression durch einen Tumor in der Höhe der obersten Segmente. Dtsch. Z. Nervenheilk. **19**, 206 (1900—01). — GIESON, v.: A report of a case of syringomyelie. J. nerv. Dis. **16**, 393 (1889). — GLASS: Spinal cord tumor occuring without pain or sensory changes with a report of a case. Amer. J. med. Sci. **171**, 552 (1926). — GLOBUS and DORSHAY: Venous dilatations and other intraspinal vessel alterations, including true angiomata, with signs and symptoms of cord compression. Surg. etc. **48**, 345 (1929). — GOWERS: Myolipoma of spinal cord. Trans. path. Soc. Lond. **27**, 19 (1876). — A Manual of diseases of the nervous system, Vol. 1, p. 432. London 1886. — GOWERS and HORSLEY: A case of tumour of the spinal cord. Removal, recovery. Med. chir. trans. **1888**. — GRINKER: Diskussionsäußerung. Arch. of Neur. **8**, 498 (1922). — GROSZ: Klinische und Liquordiagnostik der Rückenmarkstumoren. Wien: Julius Springer 1925. — GUILLAIN, ALAJOUANINE, MATHIEU et BERTRAND: Sarcome périthélial de la queue de cheval avec xanthochromie du liquide céphalo-rachidien au-dessus de la tumeur. Localisation par le lipiodol. Ablation chirurgical. Revue neur. **1924 I**, 513. — GUILLAIN, ALAJOUANINE, PÉRISSON et PETIT-DUTAILLIS: Considérations sur la symptomatologie et le diagnostic d'une tumeur intrarachidienne etc. Opération et guérison complète. Revue neur. **1925 I**, 11. — GUILLAIN, BERTRAND et GARCIN: La forme cérébello-spasmodique de début des tumeurs de la moelle cervicale haute. Revue neur. **1930 II**, 489. — GUILLAIN, BERTRAND et PÉRON: Gliomatose simultanée intra- et extramédullaire. Revue neur. **1928 I**, 193. — GUILLAIN, SCHMITE et BERTRAND: Gliomatose étendue à toute la moelle avec évolution clinique aiguë. La forme aiguë de la syringomyelie. Revue neur. **1929 II**, 161. — GULEKE: Über eine zu den Sanduhrgeschwülsten der Wirbelsäule gehörige Gruppe von Wirbelsarkomen. Arch. klin. Chir. **119**, 833 (1922).

HACKEL: Über das Neurinom (Lemmom) des Gehörnerven. Beitr. path. Anat. **88**, 60 (1931). — HADLICH: Ein Fall von Tumor cavernosus des Rückenmarks usw. Virchows Arch. **172**, 429 (1903). — HAMMES: A tumour of the cauda equina with the Froin syndrome. Arch. of Neur. **11**, 82 (1924). — HANNEMANN: Plötzlicher Tod infolge Kompression des obersten Halsmarks durch ein Chondrosarkom des Atlas. Dtsch. Z. Nervenheilk. **63**, 251 (1919). — HARBITZ: Om endotheliomer og dermed beslaegtede svulstarter. Norsk. Mag. Laegevidensk. **1896**, 1189. — Über das gleichzeitige Auftreten multipler Neurofibrome und Gliome (Gliomatose, „Periphere und zentrale Neurofibromatose") auf erblicher Grundlage und mit diffuser Verbreitung in den Rückenmarks- und Gehirnhäuten. Acta path. scand. (Københ.) **9**, 359 (1932). — HARRIS: Sensory changes in spinal cord and medullary lesions. Brain **50**, 399 (1927). — HARVEY and BURR: The development of the meninges. Arch. Surg. **6**, 847 (1923). — Arch. of Neur. **15**, 545. (1926). — HEILBRONNER: Zur Diagnostik des Rückenmarkstumors. Dtsch. Z. Nervenheilk. **34**, 289 (1908). — HEINZE: Ein solitäres Neurinom des 3. Ventrikels usw. Dtsch. Z. Nervenheilk. **128**, 45 (1932). — HENNEBERG: Über einen Fall von BROWN-SÉQUARDscher Lähmung infolge von Rückenmarksgliom. Arch. f. Psychiatr. **33**, 973 (1900). — Über Geschwülste der hinteren Schließungslinie des Rückenmarks. Berl. klin. Wschr. **1921 II**, 1289. — HENSCHEN, S. E.: Kann eine Rückenmarksgeschwulst spontan zurückgehen? Mitt. Grenzgeb. Med. u. Chir. **11**, 357 (1902). — HENSCHEN, S. E. u. LENNANDER: Ryggmärgstumör med framgång opererad. Uppsala Läk.för. Förh. **6** (1901). — HERZOG: Extramedullärer Rückenmarkstumor. Dtsch. med. Wschr. **1909 II**, 2311. — Über extramedulläre Rückenmarkstumoren. Med. Klin. **1925 I**, 275. — HEUER: The so-called hourglass-tumors of the spine. Arch. Surg. **18**, 935 (1929). — HEVERROCH: Tumeur de la moelle épinière dans un cas de Syringomyélie. Revue neur. **1900**, 790. — HEYDE u. CURSCHMANN: Zur Kenntnis der generalisierten Karzinose des

Zentralnervensystems. Neur. Zbl. **1907**, 172. — HILDEBRAND: Beitrag zur Rückenmarkschirurgie. Arch. klin. Chir. **94**, 216 (1911). — HILTON: On the influence of mechanical and physiological rest in the treatment of accidents and surgical diseases etc., p. 27—29. London 1863. — HIRSCH: Fall von Querschnittsläsion des Rückenmarks bei Morbus Recklinghausen in Abhängigkeit von Schwangerschaft. Med. Klin. **1927 I**, 983. — HIRSCHBERG: Chromatophoroma medullae spinalis, ein Beitrag zur Kenntnis der primären Chromatophorome des Zentralnervensystems. Virchows Arch. **186**, 229 (1906). — HOCHHAUS: Zur Kenntnis des Rückenmarksglioms. Dtsch. Arch. klin. Med. **47**, 603 (1891). — HOCKSTRA: Über die familiäre Neurofibromatose mit Untersuchungen über die Häufigkeit von Heredität und Malignität bei der RECKLINGHAUSENschen Krankheit. Virchows Arch. **237**, 79 (1922). — HOLMSEN: Utbredt sarkom i rygmarvens tynde hinder. Norsk. Mag. Laegevidensk. **1900**, 318.

IRONSIDE and SHAPLAND: A case of spinal compression localized radiographically by SICARDS method. Brit. med. J. **1924 I**, 149.

JACOBAEUS: On insufflation of air into the spinal canal for diagnostic purposes in cases of tumors in the spinal canal. Acta med. scand. (Stockh.) **55** (1921). — JOACHIM: Ein unter dem Bilde eines operablen Rückenmarkstumors verlaufender Fall von Meningomyelitis chronica. Dtsch. Arch. klin. Med. **86**, 259 (1905—06). — JONESCO et SISESTI: Tumeurs médullaires associées à un processus syringomyélique. Paris: Masson & Cie 1929. — JOSEPHY: Ein Fall von Porobulbie und solitärem, zentralem Neurinom usw. Z. Neur. **93**, 62 (1924). — Über das diffuse Neuroblastom und das Vorkommen multipler Geschwülste im Gehirn. Z. Neur. **139**, 500 (1932). — JUMENTIÉ: Quadriplégie progressive avec rémission spontanée et guérison de 3 ans suivie de rechute ayant entraîné la mort. Revue neur. **1921**, 285. — JUMENTIÉ et KONONOWA: Cinq cas de tumeurs de la moelle. Etude histologique. Revue neur. **1912 I**, 481.

KADYI: Über die Blutgefäße des menschlichen Rückenmarks, S. 79—80. Lemberg: Gubinowitsch u. Schmidt 1889. — KAHN: A case of scoliosis produced by spinal cord tumor. J. nerv. Dis. **77**, 53 (1933). — KATZENSTEIN: Über innere RECKLINGHAUSENsche Krankheit (Endotheliome, Neurinome, Gliome, Gliose, Hydromyelie). Virchows Arch. **286**, 42 (1932). — KAWASHIMA: Über ein Sarkom der Dura mater spinalis und dessen Dissemination im Meningealraum mit diffuser Pigmentation der Leptomeningen. Virchows Arch. **201**, 297 (1910). (Sicherlich ein primäres Chromatophorom!). — KERNOHAN, WOLTMAN and ADSON: Intramedullary tumors of the spinal cord. A review of 51 cases, with an attempt of histologic classification. Arch. of Neur. **25**, 679 (1931). — KERPPOLA: Ist die erhalten gebliebene Sensibilität der letzten Sacralsegmente ein differentialdiagnostisches Unterscheidungsmerkmal zwischen extra- und intramedullären Rückenmarksaffektionen? Acta med. scand. (Stockh.) **57**, 527 (1922—23). — KIRCH: Zur Kenntnis der Neurinome bei RECKLINGHAUSENscher Krankheit. Z. Neur. **74**, 379 (1922). — KLIENEBERGER: Ein eigentümlicher Liquorbefund bei Rückenmarkstumoren (Xanthochromie, Fibringerinnung und Pleocytose). Mschr. Psychiatr. **28**, 346 (1910). — KLING: Ein Beitrag zur Kenntnis der Rückenmarkstumoren und Höhlenbildungen im Rückenmark. Z. klin. Med. **63**, 322 (1907). — KNUTSSON: On intrathoracic neurinomata. Acta radiol. (Stockh.) **12**, 388 (1931). — KRAUSE: Chirurgie des Gehirns und Rückenmarks, Bd. 2. — KRONTHAL: Zur Pathologie der Höhlenbildung im Rückenmark. Neur. Zbl. **1889**, 573. — KÜTTNER: Fünf Fälle von Rückenmarkstumoren. Berl. klin. Wschr. **1909 I**, 81. — KUFS: Über heredofamiliäre Angiomatose des Gehirns und der Retina, ihre Beziehungen zu einander und zur Angiomatose der Haut. Z. Neur. **113**, 651 (1928).

LACHMANN: Gliom im obersten Teil des Filum terminale mit isolierter Kompression der Blasennerven. Arch. f. Psychiatr. **13**, 50 (1882). — LAHMEYER: Ein Fall von Geschwulstbildung im Gehirn und in den weichen Häuten des gesamten Zentralnervensystems. Dtsch. Z. Nervenheilk. **49**, 348 (1913). — LAIGNEL-LAVASTINE et TINEL: Neurofibromatose avec troubles à topographie radiculaire du membre supérieur gauche et syndrome de BROWN-SÉQUARD. Revue neur. **1911 I**, 372. — LAQUER u. REHN: Kompression der Cauda equina durch ein Lymphangioma cavernosum, Operation, Heilung. Arch. klin. Chir. **42**, 812 (1891). — LAUTERBURG: Ein Epidermoid frei im Wirkelkanal und seine Kombination mit Hirnläsionen. Virchows Arch. **240**, 328 (1922). — LEARMONTH: On leptomeningiomas (endotheliomas) of the spinal cord. Brit. J. Surg. **14**, 397 (1927). — LENNEP, v.: Über Rückenmarkstumoren. Dtsch. Z. Chir. **160**, 137 (1920). — LEUSDEN: Über einen eigenartigen Fall von Gliom des Rückenmarks mit Übergreifen auf die weichen Häute des Rückenmarks und Gehirns. Beitr. path. Anat. **23**, 69 (1898). — LEYDEN: Klinik der Rückenmarkskrankheiten, S. 385. Berlin 1874. — LHERMITTE et BOVERI: Sur un cas de cavité médullaire consécutive à une compression bulbaire chez l'homme et étude expérimentale des cavités spinales produites par la compression. Revue neur. **1912 I**, 385. — LHERMITTE et LEROUX: Gliomes typiques et atypiques des nerfs périphériques. Bull. Assoc. franç. Étude Canc. **9**, 112 (1920). — LINDAU: Studien über Kleinhirncysten. Acta path. scand. (København.) Suppl. **1** (1926). — LINDEMANN: Varicenbildung der Gefäße der Pia mater spinalis und des Rückenmarks als Ursache einer totalen Querschnittsläsion. Z.Neur. **12**, 522 (1912). — LISSAUER:

Ein Peritheliom der Pia mater spinalis. Zbl. Path. **22**, 49 (1911). — LOEWENBERG: Über die diffuse Ausbreitung von Gliomen in den weichen Häuten des Zentralnervensystems. Virchows Arch. **230**, 99 (1921). — LUCE: Zur Klinik des extraduralen spinalen Raumes (Peripachymeningitis, Leukämie, Hodgkin). Dtsch. Z. Nervenheilk. **78**, 347 (1923).

MAAS: Bemerkenswerter Verlauf bei Geschwülsten des Zentralnervensystems. Dtsch. Z. Nervenheilk. **59**, 231 (1918). — MALAISÉ, v.: Zur Differentialdiagnose der extra- und intramedullären Rückenmarkstumoren. Dtsch. Arch. klin. Med. **80**, 143 (1904). — MALLORY: The type cell of the so-called dural endothelioma. J. med. Res. **41**, 349 (1920). — MARCHAL et MARTIN: Compression médullaire par tumeur à symptomatologie exclusivement motrice. J. de Neur. **3**, 205 (1928). — MARIE, FOIX et BOUTTIER: Service que peut rendre la ponction rachidienne pratiquée à des étages différents pour le diagnostic de la hauteur d'une compression médullaire. Revue neur. **1913 I**, 712. — Double ponction sur- et sous-lésionelle dans un cas de compression médullaire: xanthochromie, coagulation massive dans le liquide inférieure seulement. Revue neur. **1914**, 315. — MARINESCO et DRAGANESCO: Kyste épidermoide cholestéatomateux de la moelle épinière coexistant avec un processus syringomyélique. Contribution à l'étude de la syringomyélie. Revue neur. **1924 II**, 338. — MATZDORFF: Beiträge zur Kenntnis diffuser Hirnhautgeschwülste mit besonderer Berücksichtigung der Melanome. Z. Neur. **81**, 263 (1923). — MEES: Ein röhrenförmiges Gliom des Rückenmarks mit regionären Metastasen. Z. Neur. **9**, 463 (1912). — MESTREZAT: Le syndrome chimique de stase du liquide céphalorachidien dans ses rapports avec les compressions médullaires. Revue neur. **1923 I**, 602. — MEYER: Zur Kenntnis der Rückenmarkstumoren. Dtsch. Z. Nervenheilk. **22**, 232 (1902). — MIURA: Über Gliom des Rückenmarks und Syringomyelie. Beitr. path. Anat. **11**, 91 (1892). — MOLTER: Über gleichzeitige zerebrale, medulläre und periphere Neurofibromatose. Inaug.-Diss. Jena 1920. — MÜLLER: Ein Fall von Rückenmarkstumor im oberen Cervicalbereich. Dtsch. Z. Nervenheilk. **71**, 183 (1921).

NEEL: To Tilfaelde af traumatisk rygmarvslidelse med saeregent forløb. Hosp.tid. (dän.) **1922**, 285, 301. — Om Betydningen af Aeggehvideforøgelse uden samtidig og tilsvarende celleforøgelse i Spinalvaesken. Oversigt over forskellige Typer. Nordisk med. Tidskr. **1931**, 529. — NESTMANN: Zur Histologie der Neurinome. Virchows Arch. **265**, 646 (1927). — NEWMARK: Über im Anschluß an die Lumbalpunktion eintretende Zunahme der Kompressionserscheinungen bei extramedullären Rückenmarkstumoren. Berl. klin. Wschr. **1914 II**, 1739. — NONNE: Über einen Fall von intramedullärem ascendierendem Sarkom sowie drei Fälle von Zerstörung des Halsmarks. Arch. f. Psychiatr. **33**, 393 (1900). — Über akute Querlähmung bei maligner Neubildung der Wirbelsäule. Berl. klin. Wschr. **1903 I**, 728. — Meine Erfahrungen über die Diagnose und operative Behandlung von Rückenmarkstumoren. Neur. Zbl. **1908**, 749, 791. — Zwei Fälle von intramedullärem ascendierendem Sarkom. Neur. Zbl. **1909**, 447. — Über das Vorkommen von starker Phase-I-Reaktion bei fehlender Lymphocytose bei 6 Fällen von Rückenmarkstumor. Dtsch. Z. Nervenheilk. **40**, 161 (1910). — Weitere Erfahrungen zum Kapitel der Diagnose von komprimierenden Rückenmarkstumoren. Dtsch. Z. Nervenheilk. **47—48**, 436 (1913). — Diskussionsäußerung. Neur. Zbl. **1919**, 256. — Diskussionsäußerung. Dtsch. Z. Nervenheilk. **70**, 75 (1921). — Zwei Fälle von ungewöhnlichem Spinalblock. Dtsch. med. Wschr. **1926 I**, 172.

OBERLING: Les tumeurs des méninges. Bull. Assoc. franç. Étude Canc. **11**, 365 (1922). — La gliomatose meningo-encéphalique. Bull. Soc. Anat. Sci. Paris **94**, 334 (1924). — OBERNDÖRFFER: Ein Fall von Rückenmarkstuberkel. Münch. med. Wschr. **1904 I**, 108. — OBOLENSKI: Über einen Fall von Rückenmarkstuberkulose usw. Z. prakt. Heilk. **5**, Beil., 58 (1859). — OPPENHEIM: Über einen Fall von Rückenmarksgeschwulst. Berl. klin. Wschr. **1902 I**, 21. — Über den abdominalen Symptomenkomplex bei Erkrankungen des unteren Dorsalmarks, seiner Wurzeln und Nerven. Dtsch. Z. Nervenheilk. **24**, 325 (1903). — Zur Symptomatologie und Therapie der sich im Umkreise des Rückenmarks entwickelnden Neubildungen. Mitt. Grenzgeb. Med. u. Chir. **15**, 607 (1906). — Zur Differentialdiagnose des extra- und intramedullären Tumor medullae spinalis. Neur. Zbl. **1907**, 538. — Weitere Beiträge zur Diagnose und Differentialdiagnose des Tumor medullae spinalis. Mschr. Psychiatr. **33**, 451 (1913). — Über Caudatumoren unter dem Bilde der Neuralgia ischiadica s. lumbosacralis. Mschr. Psychiatr. **36** (1914). — OPPENHEIM u. BORCHARDT: Zwei Fälle von erfolgreich operierten Rückenmarkstumoren. Dtsch. med. Wschr. **1906 I**, 977. — Beitrag zur chirurgischen Therapie des „intramedullären Rückenmarkstumors". Mitt. Grenzgeb. Med. u. Chir. **26**, 811 (1913). — Weiterer Beitrag zur Erkennung und Behandlung der Rückenmarksgeschwülste. Dtsch. Z. Nervenheilk. **60**, 1 (1918). — OPPENHEIM u. JOLLY: Fall von operativ behandeltem Rückenmarkstumor. Dtsch. med. Wschr. **1902 I**, 206. — OPPENHEIM u. KRAUSE: Beiträge zur Neurochirurgie. Münch. med. Wschr. **1909 II**, 1134. — OPPENHEIM, UNGER u. HEYMANN: Über erfolgreiche Geschwulstoperationen am Hals- und Lendenmark. Berl. klin. Wschr. **1916 II**, 1309. — ORLOWSKY: Sarcomatose des Rückenmarks und Syringomyelie; zur Pathologie der Höhlenbildungen im Rückenmark. Neur. Zbl. **1898**, 93. — ORZECHOWSKY: Neurinome. JADASSOHNs Handbuch der Haut- und

Geschlechtskrankheiten, Bd. 12.2. — OSTERTAG: Geschwulstbildungen im Schädeldach bei allgemeiner RECKLINGHAUSENscher Krankheit. Zbl. Path. **37**, Erg.-H., 293 (1926).

PALMÉN: Zwei Fälle extraduraler Intravertebralgeschwülste mit Sektion (Chondrom, zweimal operiert, Fibrosarkom). Arb. path. Inst. Helsingfors (Jena), N. F. **1** (1913). — PAMEYER: Zwei Fälle intravertebraler, extraduraler Geschwülste. Z. Neur., Ref. u. Erg. **14**, 454 (1917). — PANSKI: Ein Fall von operiertem Rückenmarkstumor. Neur. Zbl. **1912**, 1208. — PARKER: A case of RECKLINGHAUSENs disease with involvment of the peripheral nerves, optic nerve and spinal cord. J. nerv. Dis. **56**, 441 (1922). — PEIPER: Die Myelographie im Dienste der Diagnostik von Erkrankungen des Rückenmarks. JÜNGLING u. PEIPER, Ventrikulographie und Myelographie usw. Erg. med. Strahlenforsch. **2 I** (1926). — PELZ: Kasuistische Beiträge zur Lehre von den Rückenmarksgeschwülsten. Arch. f. Psychiatr. **58**, 195 (1917). — PENFIELD: The encapsulated tumors of the nervous system. Surg. etc. **45**, 178 (1927). — PENFIELD and YOUNG: The nature of v. RECKLINGHAUSENs disease and the tumors associated with it. Arch. of Neur. **23**, 320 (1930). — PERTHES: Über das Rankenangiom der weichen Häute des Gehirns und Rückenmarks. Dtsch. Z. Chir. **203—204**, 93 (1927). — PETTE: Ausbreitungsweise diffuser meningealer Hirn- und Rückenmarksgeschwülste und ihre Symptomatologie. Dtsch. Z. Nervenheilk. **109**, 155 (1929). — PFEIFFER: Über eigenartige Veränderungen in der Arachnoides, den extramedullären Rückenmarkswurzeln und den beiden Nervi optici. Dtsch. Z. Nervenheilk. **5**, 45 (1894). — Zur Diagnostik der extramedullären Rückenmarkstumoren. Dtsch. Z. Nervenheilk. **5**, 63 (1894). — Ein Fall von ausgebreitetem ependymärem Gliom der Gehirnhöhlen. Dtsch. Z. Nervenheilk. **5**, 459 (1894). — PHLEPS: Beitrag zur Klinik und Diagnose der Rückenmarkstumoren. Arch. f. Psychiatr. **59**, 1014 (1918). — PICK u. BIELSCHOWSKY: Über das System der Neurome usw. Z. Neur. **6**, 391 (1911). — PINNER: Kapilläres Haemangiom bei Syringomyelie. Arb. path.-anat. Inst. Tübingen **9**, 118 (1914). — PUTNAM u. ELLIOT: Three cases of tumor involving the spinal cord. J. nerv. Dis. **30**, 665 (1903). — PUTNAM, KRAUS and ROSWELL PARK: Sarcoma of the third cervical segment. Operation, removal; continued improvement. Amer. J. med. Sci. **125**, 1 (1903). — PUTNAM u. WARREN: The surgical treatment of tumors within the spinal canal. Amer. J. med. Sci. **118**, 377 (1899). —PUTSCHAR: Zur Pathologie und Symptomatologie der Carcinommetastasen des Zentralnervensystems (mit besonderer Berücksichtigung der Hirn- und Rückenmarksnerven). Z. Neur. **126**, 129 (1930).

QUECKENSTEDT: Zur Diagnose der Rückenmarkskompression. Dtsch. Z. Nervenheilk. **55**, 325 (1916). — QUENSEL: Ein Fall von Sarkom der Dura spinalis. Neur. Zbl. **1898**, 482. — QUINCKE: Über Lumbalpunktion. Die deutsche Klinik usw., Bd. 6,1, S. 358. 1906.

RAD, V.: Kasuistischer Beitrag zur Lehre von den Tumoren des obersten Cervicalmarks und der Medulla oblongata. Dtsch. Z. Nervenheilk. **26**, 293 (1904). — RANSON: Diskussionsäußerung. Arch. of Neur. **24**, 1151 (1930). — RASDOLSKY: Über eine Fehlerquelle der Artdiagnose der Tumoren des Zentralnervensystems. Dtsch. Z. Nervenheilk. **98**, 203 (1927). — RAVEN: Die Bedeutung der isolierten Eiweißvermehrung und der Xanthochromie im Liquor cerebrospinalis für die Diagnose von Kompression des Rückenmarks usw. Dtsch. Z. Nervenheilk. **44**, 380 (1912). — Der Liquor cerebrospinalis bei Rückenmarkskompression. Dtsch. Z. Nervenheilk. **67**, 55 (1920). — REDLICH: Über Diagnose und Behandlung der Rückenmarksgeschwülste. Med. Klin. **17**, 1315, 1351 (1921). — REICHMANN: Über einen operativ geheilten Fall von mehrfachen Rückenmarksgeschwülsten bei RECKLINGHAUSENscher Krankheit nebst Bemerkungen über das chemische und cytologische Verhalten des Liquor cerebrospinalis bei Gehirn- und Rückenmarksgeschwülsten. Dtsch. Z. Nervenheilk. **44**, 95 (1912). — REISINGER: Über das Gliom des Rückenmarks. Beschreibung eines hierher gehörigen Falles mit anatomischer Untersuchung von Prof. MARCHAND. Virchows Arch. **98**, 369 (1884). — RHEIN: Tumor in the region of the Foramen magnum. Arch. of Neur. **11**, 432 (1924). — RIEDEL: Über einen Fall von gleichzeitigem Vorkommen von harter und weicher Gliombildung im Rückenmark mit Syringomyelie. Dtsch. Z. Nervenheilk. **63**, 97 (1919). — RINDFLEISCH: Über diffuse Sarkomatose der weichen Hirn- und Rückenmarkshäute mit charakteristischen Veränderungen der Cerebrospinalflüssigkeit. Dtsch. Z. Nervenheilk. **26**, 135 (1904). — RITTER: Ein Lipom der Meningen des Cervicalmarks. Dtsch. Z. Nervenheilk. **152**, 152 (1920). — Über zwei Fälle von Kompression des Rückenmarks durch varicenartige Gefäßveränderungen der Arachnoidea und Pia mater spinalis. Beitr. klin. Chir. **138**, 339 (1927). — ROGERS: Spinal meningioma containing bone. Brit. J. Surg. **15**, 675 (1928). — ROSENTHAL: Über eine eigentümliche, mit Syringomyelie komplizierte Geschwulst des Rückenmarks. Beitr. path. Anat. **23**, 111 (1898). — ROTHMANN: Über die Beziehungen des obersten Halsmarks zur Kehlkopfinnervation. Neur. Zbl. **1912**, 274. — Gegenwart und Zukunft der Rückenmarkschirurgie. Berl. klin. Wschr. **1913**, 528, 598. — ROUX et PAVIOT: Un cas de tumeur de la moelle. Diagnostic du siège etc. Arch. de Neur. 2. s. **5**, 433 (1898). — RUNSTRÖM and ODIN: Iodized oils as an aid to the diagnosis of lesions of the spinal cord etc. Acta med. scand. (Stockh.) **7**, Suppl. (1928).

SACHS and FINCHER: Intramedullary lipoma of the spinal cord. Arch. Surg. **17**, 829 (1928). — SACHS, ROSE and KAPLAN: Tumor of the Filum terminale with cystometric studies. Arch. of Neur. **24**, 1133 (1930). — SADELKOW: Ein Fall von röhrenförmiger Rückenmarksblutung auf der Basis einer intramedullären Karcinommetastase. Dtsch. Z. Nervenheilk. **63**, 275 (1919). — SÄNGER: Demonstration von einem extramedullär gelegenen Tumor mit dem Rückenmark. Neur. Zbl. **1909**, 168. — SANDAHL: Beitrag zur Kenntnis des allgemeinen Vorkommens des Hämangioms in der Wirbelsäule. Acta chir. scand. (Stockh.) **69**, 63 (1931). — SAXER: Ependymepithel, Gliome und epitheliale Geschwülste des Nervensystems. Beitr. path. Anat. **32**, 276 (1902). — SCHÄFER: Unsere Erfahrungen mit der Jodipindiagnostik bei Rückenmarkskrankheiten. Dtsch. Z. Nervenheilk. **98**, 39 (1927). — SCHALLER and GILMAN: Spastic paraplegia in flexion, a case due to a meningeal tumor compressing the lower cervical cord on the anterior and rigth lateral aspect. Arch. of Neur. **10**, 512 (1923). — SCHITTENHELM: Diskussionsäußerung. Dtsch. med. Wschr. **1913**, 1618. — SCHLAPP: A neuroepithelioma developing from a central gliosis, after an operation on the spinal cord. J. nerv. Dis. **38**, 129 (1911). — SCHLESINGER: Über zentrale Tuberkulose des Rückenmarks. Dtsch. Z. Nervenheilk. **8**, 398 (1896). — Beiträge zur Klinik der Rückenmarks- und Wirbeltumoren. Jena: Gustav Fischer 1898. — Zur Klinik und Therapie der Wirbeltumoren und anderer extramedullärer Geschwülste. Wien. med. Wschr. **67**, 2031, 2092 (1917). — SCHLESINGER, ERICH: Demonstration zweier Tumoren des Rückenmarks. Dtsch. med. Wschr. **1905 I**, 929. — SCHMIEDEN u. PEIPER: Über ein erfolgreich operiertes Lipom des Halsmarks usw. Dtsch. med. Wschr. **1929**, 513. — SCHMINCKE: Über ein glioblastisches Sarkom mit zahlreichen Metastasen im Gehirn und Rückenmark. Frankf. Z. Path. **16**, 357 (1915). — Pathologisch-anatomischer Befundbericht usw. Beitr. klin. Chir. **138**, 353 (1927). — SCHMOLL: Tumor of the cauda equina. Amer. J. med. Sci. **131**, 133 (1906). — SCHNITZLER: Zur differentialdiagnostischen Bedeutung der isolierten Phase I-Reaktion in der Spinalflüssigkeit. Z. Neur. **8**, 210 (1911). — SCHÖNBAUER u. SCHÖNBAUER: Lipiodol und Liquor. Dtsch. Z. Chir. **211**, 410 (1928). — SCHREDER: Gliom des Kleinhirns mit Ventrikelmetastasen. Z. Neur. **81**, 241 (1923). — SCHUBERTH: Über diffuse Sarkomatose und Gliomatose in den Meningen des zentralen Nervensystems. Dtsch. Z. Nervenheilk. **93**, 34 (1926). — SCHÜLE: Über Spalt- und Tumorbildung im Rückenmark. Neur. Zbl. **1897**, 620. — SCHULTZE: Über Spalt-, Höhlen- und Gliombildung im Rückenmark und in der Medulla oblongata. Virchows Arch. **87**, 510 (1882). — Über Diagnose und erfolgreiche Behandlung von Geschwülsten der Rückenmarkshäute. Dtsch. Z. Nervenheilk. **16**, 114 (1900). — Zur Diagnostik und operativen Behandlung der Rückenmarksgeschwülste. Mitt. Grenzgeb. Med. u. Chir. **12**, 153 (1903). — Weiterer Beitrag zur Diagnose und operativen Behandlung von Geschwülsten der Rückenmarkshäute und des Rückenmarks. Dtsch. med. Wschr. **1912 I**, 1676. — SCHUPFER: Über einen Fall von Gliosarkom im rechten Schläfenlappen mit ausgedehnter, einen großen Teil des Rückenmarks umgürtender Metastase. Klinische Betrachtungen. Mschr. Psychiatr. **24**, 63 (1908). — SEELERT: Operierter Rückenmarkstumor. Neur. Zbl. **1918**, 329. — SEIFFER: Über einen Fall von seltener Rückenmarksgeschwulst. Verh. Ges. dtsch. Naturforsch. Stuttgart **1906/07**, 206. — SELBERG: Beiträge zur Rückenmarkschirurgie. Beitr. klin. Chir. **43**, 197 (1904). — SELLING: A suggestion for the use of dyes in the localisation of spinal cord tumors at operation. Arch. of Neur. **8**, 27 (1922). — ŠERKO: Einiges zur Diagnostik der Rückenmarksgeschwülste. Z. Neur. **21**, 262 (1914). — SHARPE and PETERSON: The danger in the use of lipiodol in the diagnosis of obstructive lesions of the spinal canal. Ann. Surg. **83**, 32 (1926). — SICARD et FORESTIER: Diagnostic et thérapeutique par le lipiodol. Paris: Masson & Cie. 1928. — SICARD, GALLY, HAGUENAU et WALLICH: Radiothérapie des tumeurs rachidiennes (osseuses, épidurales, sous-durales, intra-médullaires). Revue neur. **1928 I**, 489. — SICARD et HAGUENAU: L'aspect «en dôme» ou «en casque» ou «en croissant» du lipiodol rachidien. Revue neur **1928 I**, 109. — SIEFERT: Über die multiple Karzinomatose des Zentralnervensystems. Arch. f. Psychiatr. **36**, 720 (1902). — SÖDERBERGH: Über einen oberen abdominalen Symptomenkomplex bei einer operierten Rückenmarksgeschwulst. Dtsch. Z. Nervenheilk. **44**, 202 (1912). — Über BABINSKIS „l'inversion du réflexe du radius". Neur. Zbl. **1912**, 416. — Ein Fall von Rückenmarksgeschwulst der höchsten Cervikalsegmente. Operation, Heilung. Mitt. Grenzgeb. Med. u. Chir. **25**, 42 (1913). — Einige Bemerkungen über die Lokaldiagnose von Rückenmarksgeschwülsten. Berl. klin. Wschr. **1914 I**, 242. — Untersuchungen über die Neurologie der Bauchwand. Z. Neur. **81**, 206 (1923). — SÖDERBERGH u. SUNDBERG: Om atrofier i handens småmuskler vid kompression av översta cervikalmärgen. Hygiea (Stockh.) **1916**, 417. — SOMMER: Der heutige Stand der Neurinomfrage. Beitr. klin. Chir. **125**, 694 (1922). — SOMMERFELT: Sarkom utgaaende fra spinalganglion med infiltration i rygmarvens og hjernens tynde hinder, under billedet av en opadstigende lammelse. Norsk Mag. Laegevidensk. **1917**, 968. — SORREL-DEJERINE: Contribution à l'étude des paraplégies pottiques. Thèse de Paris **1925**. — SOUQUES et BLAMOUTIER: Paraplégie permanente spasmodique malgré la destruction de la moelle dorsale. Revue neur. **1924 I**, 267. — SOUQUES, BLAMOUTIER et DE MASSARY: Injection lipiodolée sous-arachnoidienne dans un cas de pachyméningite cervico-dorsale. Arrêt total du lipiodol dans la région cervicale inférieure. Revue neur. **1924 I**, 6. — SPILLER: Gliomatosis of the pia and metastasis of glioma. J. nerv. Dis. **34**, 297 (1904). — Diskussionsäußerung.

Arch. of Neur. **24**, 1151 (1930). — SPILLER and FRAZIER: Teleangiectasis of the spinal cord. Arch. of Neur. **10**, 29 (1923). — SPILLER and HENDRICKSON: A report of two cases of multiple sarcomatosis of the central nervous system. Amer. J. med. Sci. **126**, 10 (1903). — SPILLER, MUSSER, MARTIN: A case of intradural cyst with operation and recovery. Univ. Pennsylvania Bull., März-April **1903**. — SPILLMANN et HOCHE: Paraplégie cervicale incomplète par tumeur gliomáteux de la moelle avec pachyméningite néoplasique. Nouv. iconogr. Salpêtrière **16**, 144 (1903). — STARR: A contribution to the subject of tumors of the spinal cord, with remarks upon their diagnosis and their surgical treatment, with a report of six cases. Amer. J. med. Sci. **109**, 615 (1895). — STEINKE: Spinal tumors. Statistics on a series of 330 collected cases. J. nerv. Dis. **47**, 418 (1918). — STENDER: Über einen Fall von Tumor des Rückenmarks. Neur. Zbl. **1912**, 339. — STENGEL: Zur Kenntnis der Rückenmarkskompression durch Aortenaneurysma. Med. Klin. **1928 II**, 1475. — STERLING: Untersuchungen über das Vibrationsgefühl und seine klinische Bedeutung. Dtsch. Z. Nervenheilk. **29**, 57 (1905). — STERTZ: Klinische und anatomische Beiträge zur Kenntnis der Rückenmarks- und Wirbeltumoren. Mschr. Psychiatr. **20**, 195 (1906). — Zwei Fälle von intramedullärem Gliom. Neur. Zbl. **1906**, 424. — STOOKEY: Adhesive spinal Arachnoiditis simulating spinal cord tumor. Arch. of Neur. **17**, 151 (1927). — A study of bladder and rectal disturbances in spinal cord tumors. Arch. of Neur. **10**, 519 (1923). — Intradural spinal lipoma (Report of a case and symptoms for 10 years in a child aged 11; review of the literature). Arch. of Neur. **18**, 16 (1927). — Compression of the spinal cord due to ventral extradural chondromas: diagnosis and surgical treatment. Arch. of Neur. **20**, 275 (1928). — STOKEY and KLENKE: A study of spinal fluid pressure in the differential diagnosis of diseases of the spinal cord. Arch. of Neur. **20**, 84 (1928). — STRASSNER: Über die diffusen Geschwülste der weichen Rückenmarkshäute, mit besonderer Berücksichtigung der extramedullären Gliomatose. Dtsch. Z. Nervenheilk. **37**, 305 (1909). — STRUWE u. STEUER: Eine Recklinghausen-Familie. Z. Neur. **125**, 748 (1930). — STURSBERG: Über einen operativ geheilten Fall von extramedullärem Tumor mit schmerzfreiem Verlauf. Dtsch. Z. Nervenheilk. **32**, 113 (1907). — Die operative Behandlung der das Rückenmark und die Cauda equina komprimierenden Neubildungen. Zbl. Grenzgeb. Med. u. Chir. **11**, 91, 141, 185, 225, 277 (1908). — SVENSSON: Bidrag till kännedomen om utbredd primär sarkomatos i centrala nervsystemets mjuka hinnor. Nord. med. Ark. (schwed.) **29**, Nr 32 (1897).

TANNENBERG: Über die Pathogenese der Syringomyelie, zugleich ein Beitrag zum Vorkommen von Capillarhämangiomen im Rückenmark. Z. Neur. **92**, 119 (1924). — TASCHENBERG: Zur Klinik der Rückenmarks- und Wirbeltumoren. Münch. med. Wschr. **1921 I**, 612. — TAUBE: Lymphangiom der Pia spinalis. Neur. Zbl. **1887**, 247. — THIELEN: Beitrag zur Kenntnis der sog. Gliastifte. Neuroepithelioma gliomatosum microcysticum medullae spinalis. Dtsch. Z. Nervenheilk. **35**, 391 (1908). — THOMAYER: Zur Diagnostik der Rückenmarkstumoren. Ref. Neur. Zbl. **1908**. — TILNEY and ELSBERG: Sensory disturbances in tumors of cervical spinal cord. Arch. of Neur. **15**, 444 (1926). — TISSIER: Compression lente de la moelle. Bull. Soc. Anat. Paris, V. s. **12**, 304 (1898). — TOBEY and AYER: Dynamic studies on the cerebrospinal fluid in the differential diagnosis of lateral sinus thrombosis. Arch. of Otolaryng. **2**, 50 (1925).

VERAGUTH u. BRUN: Subpialer, makroskopisch intramedullärer Solitärtuberkel in der Höhe des 4. und 5. Cervicalsegmentes. Operation. Genesung. Korresp.bl. Schweiz. Ärzte **40**, 1096, 1147 (1910). — Weiterer Beitrag zur Klinik und Chirurgie des intramedullären Konglomerattuberkels. Korresp.bl. schweiz. Ärzte **46**, 385, 424 (1916). — VINCENT et CHAVANY: Sur le diagnostic des tumeurs médullaires avec rigidité hyperalgique du rachis et des membres inférieures. Des caractères distinctifs de la rigidité rachidienne des tumeurs et celle du mal de POTT. Revue neur. **1924 I**, 592. — VINCENT and DARQUIER: Compression de la moelle. Sur la forme pseudo-néoplasique du mal de POTT. De l'absence des signes radiologiques dans le mal de POTT de l'adulte. Revue neur **1925 I**, 100. — VINCENT et DAVID: Sur le diagnostic des néoformations comprimant la moelle. L'épreuve manométrique lombaire. Presse méd. **1929**, 585. — VINCENT, DENECHAU et RAPPOPORT: Tumeur médullaire, laminectomie, guérison. Sur l'évolution de la paraplégie et de la topographie des troubles sensitifs dans certains psammomes. Revue neur. **1928 I**, 397. — VOLHARD: Über einen Fall von Tumor der Cauda equina. Dtsch. med. Wschr. **1902 I**, 591.

WAGENEN, VAN: Tuberculoma of the brain. Arch. of Neur. **17**, 57 (1927). — WALLGREN: Über Schmerzen bei Caudatumoren. Dtsch. Z. Nervenheilk. **78**, 107 (1923). — WALTHARD: Morbus Recklinghausen mit teilweiser intramedullärer Lokalisation und mit nervös bedingter Hyperthermie im postoperativen Verlauf. Dtsch. z. Nervenheilk. **99**, 124 (1927). — WEIGELDT: Die Goldsolreaktion im Liquor cerebrospinalis. Dtsch. Z. Nervenheilk. **67**, 333 (1921). — WERSILOFF: Zwei Fälle von Rückenmarkskompression. Neur. Zbl. **1898**, 563. — WESTPHAL: Über einen Fall von Höhlen- und Geschwulstbildung im Rückenmark mit Erkrankung des verlängerten Marks und einzelner Hirnnerven. Arch. f. Psychiatr. **5**, 90 (1875). — WHIPHAM: Tumor (Glioma) of the spinal cord and medulla obl., dilatation of the lymphatics, large cavity occupying the position of the central canal (syringomyelia).

Trans. path. Soc. Lond. **32**, 8 (1881). — WOHLWILL: Über ascendierende Sensibilitätslähmung bei Rückenmarkskompression. Neur. Zbl. **1910**, 655. — WOLBACH: Congenital rhabdomyoma of the heart. Report of a case associated with multiple nests of neuroglia tissue in the meninges of the spinal cord. J. med. Res. **11**, 495 (1907). — WOODS: Removal of a tumor from the spinal cord in syringomyelia: its histology and relationship with the ependyma. Arch. of Neur. **20**, 1258 (1928).

Intracranial Tumors.

By **A. J. McLEAN**-Portland (Oregon).

With 138 Figures.

I. Introduction.

An intracranial tumor is any chronic accumulative pathologic mass arising from, or attached to, the interior of the skull, meninges, cranial nerves, cerebral appendages, cerebral vessels, or brain parenchyma. It may be primary neoplasm, metastasis, dysplasia, granuloma, or parasite [1].

Its hospital incidence generally varies from 0.2% to 2.6%; and it probably constitutes the cause of death in 0.15% of general mortality. Hospital incidence varies according to the interest or specialization of the hospital staff; at the Peter Bent Brigham Hospital, Boston, a 250-bed general hospital accommodating CUSHING's special neurosurgical service, about 1700 intracranial tumors had been verified in some 68000 entries, or about 2.4%. At Boston City Hospital, a truly general hospital, the clinical diagnosis (114) occurred 367 times in 295684 entries (1916—1930 inclusive), or 0.124%. In the University of Oregon Pathological Department, from representative general urban material, brain tumor was found 47 times in 6599 autopsies, or 0.71%. REYES (212) gives incidence of primary parenchymal brain tumor among Filipinos as 0.61% in 4,602 cranial examinations, among 13,168 autopsies, or 0.21% in the total group. Methods of collecting United States government mortality statistics up until 1927 make interpretation of incidence somewhat dubious, but figures for the entire registration area (practically the whole of continental United States) make it not improbable that intracranial tumor, as above defined, may constitute 0.12—0.15% of all deaths; direct percentages derived from 1928 statistics (238) with narrower definition than given above show an incidence of 0.06% of all mortality [2].

II. Pathology.

A. Primary neoplasms.

a) Tumors of encephalic parenchyma.

1. General remarks.

Illuminative fundamental research in this field in recent years has been based upon extensions of metallic impregnation methods introduced originally

[1] Hypophysial tumors are treated separately in the following Chapter, this volume; animal parasitic tumors, in the Chapter by HENNEBERG (Berlin) in this volume; neurofibromatosis in the Chapter by GAGEL (Breslau) in Tome XVI; chronic subdural haematoma in the Chapter by EHRENBERG (Falun) in Tome X, and in the Chapter by MARBURG (Wien) in Tome XI; cysts of septum lucidum and of cavum Vergae, in the Chapter by GUTTMANN (Breslau) in Tome VII/2; aneurysms of the scalp in the Chapter by SCHULZE in Tome X; and aneurysms of intracranial internal carotid, basilar artery, etc., in the Chapter by HILLER (München) in Tome XI.

[2] 8.3% of all mortality was due to "cancer and other malignant tumors" (Table 1, p. 8); the percentage of such growths located in the brain is 0.7% (Table J, p. 11); therefore, "cancer and other malignant tumors" occurring in the brain constitute 0.06% of all mortality occurring in the United States in 1928.

by Ramon y Cajal and by his pupil del Rio-Hortega. Considerable clarity has been afforded in a heretofore confused field, by Bailey and Cushing's (22) promulgation of a logically-devised classification of these tumors upon a histogenetic basis, and by their coincidental demonstration of the practical utility of the classification for prognosis. Tumors composed predominantly, or even

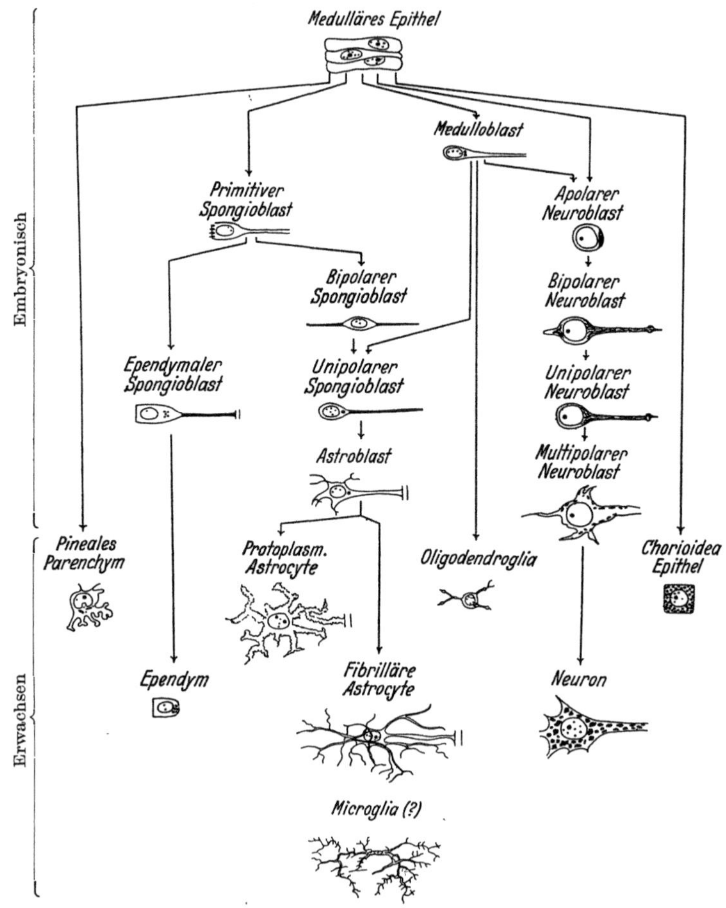

Fig. 1. Geneological chart of types of cell differentiation and development in the central nervous system, according to Bailey (25). The morphologic characteristics of each cell are academically depicted in the drawings given. Various individual tumors of the central nervous system are recognized as composed predominantly of each several type of cell shown, and on the basis of this a more exact prognostication has been rendered possible.

exclusively, of each type of cell in embryonic differentiation have been abundantly identified (Fig. 1).

In general the more primitive tumors are rapidly growing, are difficult of surgically clean removal, and are radiosensitive. Tumors composed of more adult tissue grow more slowly, often may be cleanly removed with present neurosurgical methods, and are affected little if any, by radiation. Tumors may be composed of supporting elements (macroglia, ependyma, oligoglia) or of neuronal elements. Microglia (Stäbchenzellen, Gitterzellen) is the cerebral representative of the reticulo-endothelial system, and is not yet known to undergo primary neoplastic degeneration. To variation in degree of cellular differentiation, therefore, may be ascribed the apparent great variability of clinical malignancy in parenchymatous cerebral tumors.

Cerebral parenchymal tumors are not known to metastasize to extracerebral tissues. Almost all, though, are to some degree invasive microscopically; several of the more embryonic, moreover, may give rise to multiple implantations from the primary growth along the ventricular system or in the spinal subarachnoid spaces (49). Glioblastoma multiforme has been known to invade contiguously overlying temporal muscle after a surgical decompressive operation and to extend into the upper part of the neck, but blood-stream or lymphatic metastases are unknown. In academic sense, therefore, cerebral parenchymal tumors are not malignant.

Many gliomata are subject to cystic degeneration, and in some instances a small placquode of mural glioma constitutes the crucial tissue of an incomparably larger cyst; glial cyst fluid usually coagulates shorly after aspiration. In the more primitive types of glioma, the tumor may outgrow its blood supply and undergo necrosis in large areas. This results in a peritheliomatous, or in a pallisaded, appearance (25); sequential to such necrosis may be apoplectic hemorrhage within the tumor substance. The adventitia of vessels in healthy parts of tumor are frequently enormously stuffed with mononuclear cells and it is interesting to speculate concerning their role, in view of CARREL's theories of monocytic infestation (51, 177) with hypothetic tumor virus. The more slowly growing tumors may undergo partial calcification visible roentgenographically; this is often of an individually characteristic type.

Table 1. Characteristics of parenchymal encephalic tumors[1].

	Percentage occurrence	Age of predilection, years	Average life expectancy, years	Radiosensitivity
Macroglial series:				
Medullo-epithelioma	0.8	? 17—48	$^3/_4$	?
Medulloblastoma	11.8	10	$1^1/_2$	good
Glioblastoma multiforme	31.3	41	1	fair
Neuroepithelioma	0.1	—	—	?
Spongioblastoma polare	3.6[2]	15	$3^5/_6$ +	inert?
Astroblastoma	5.3	42	$2^1/_3$ +	fair?
Astrocytoma				
protoplasmaticum	21.6	29	$5^1/_2$ +	fair?
fibrillare	15.9	23	$7^1/_6$ +	poor
Oligodendroglioma	3.6	28	$5^1/_2$ +	dubious
Ependymoma	4.8	17	$2^1/_6$ +	inert
Neuronal series:				
Neuroblastoma	1.2	? 10—41	2	?
Ganglioneuroma	0.0[2]	? 9	$^1/_2$—1	?

2. *Histologic technique.*

The staining of tumors is more difficult than the staining of normal nervous tissue (126, 58). Methods follow substantially the same outline but minor individual variations of technique often spell a successful impregnation, after

[1] Compiled from various sources, largely from statistics published within the past six years by Dr. HARVEY CUSHING and his collaborators; the "percentage occurrence" does not significantly differ from ELSBERG's series of 500 gliomas (110), or COX's series of 135 tumors (59).

[2] Probably too low to be representative, since third ventricle tumors were not being operatively attacked at the Brigham clinic during much of this period.

discouraging trials of seemingly identical procedures. It is essential that the block of tissue for examination be from healthy vigorous tumor; degenerated areas should be avoided, and not infrequently it is wise to stain a preliminary frozen section with Sudan III to determine presence of fatty globules, indicative

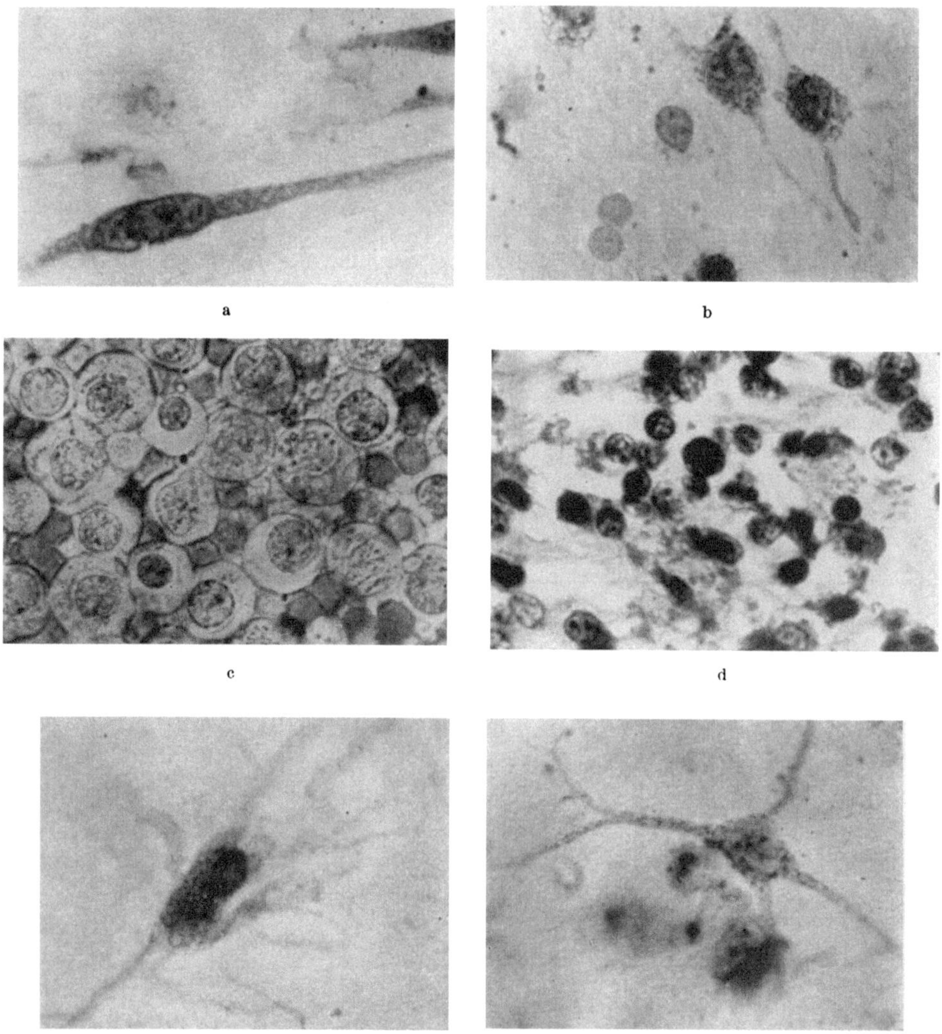

Fig. 2a–f. Supravital preparations of cells from neoplastic cerebral tissue, from Eisenhardt and Cushing (108). a, bipolar spongioblast. b, oligodendroglia. c, olidogendroglial smear. d, fixed specimen of same oligodendroglioma as shown in c, to show lack of cytoplasmic identity by this method. e, protoplasmic astrocyte. f, fibrillary astrocyte.

of degeneration. Histologic technique is not given here in detail; for this, the reader is referred to Spielmeyer's „Technik der mikroskopischen Untersuchung des Nervensystems", 4 th ed.; or preferably to Penfield's chapter, "Neuroglia and Microglia (The Metallic Methods)" pages 359—388, in C. E. McClung's Handbook of Microscopical Technique, P. B. Hoeber, New York, 1929. The

German edition of BAILEY and CUSHING's monograph „Die Gewebsverschiedenheit der Hirngliome und ihre Bedeutung für die Prognose", G. Fischer, Jena 1930, also carries valuable supplementary material concerning histologic methods. It should be stressed that tumor types are seldom entirely pure, and that their cognomens are merely derived from the predominant type of cell comprising the neoplastic overgrowth.

Although histologic staining is usually a matter of leisure, the problem of fixation is not. It has been found possible effectually to modify substantially all the multifarious special fixation methods required initially for metallic staining. Globus' ammonia-hydrobromic acid after-treatment of formalin-fixed material (139) has been an exceedingly useful contribution and has allowed utilization of much otherwise unavailable clinical material. Formalin-fixed material allows an infinitely wider scope of investigation than any other; tissue preserved 15—20 years in this fluid has been satisfactorily used for research investigation.

The brain should preferably be injected in situ with 10% formalin (4% formaldehyde) through the carotid arteries; it should then be removed, with intact dura (except for that adherent to the clivus) and suspended for 4—5 days with vertex downward, in a loose hammock of gauze in a jar of 10% formalin. Gross examination and section can be done at the end of this interval, and blocks taken for histologic investigation. Tumor tissue removed during the course of an operation should be placed at once in an ounce or two of fixative (10% formalin; ZENKER solution) contained in a sterile glass cup kept on the operating table; material removed by electrosurgical "scolloping" is so often found not suited for finer histologic investigations that it may be desirable before electrosurgery be utilized to obtain sufficient material for investigation by use of biopsy rongeur or knife.

In addition to customary methods of routine histologic examination and the greatly productive newer metallic methods (19), EISENHARDT (108) at CUSHING's clinic has used extensively a supravital technique (Fig. 2) on smears of fresh tissue, affording diagnosis of most intracranial tumors within 3—4 minutes. While the method has decided clinical advantages and some histologic ones as well (176), BAILEY, whose experience with brain tumor tissue is probably larger than that of anyone else, finds the method not of general applicability. CUSHING has reproduced (85, 89) many beautiful and informative photomicrographs of preparations made by this means; it is probable, however, that the method may not receive widespread adoption except at large and well-staffed clinics.

3. *Macroglial series.*

Medulloepithelioma: This is a rapidly growing tumor, full of mitotic figures. BENDA [quoted from (22)] in 1898 showed that tumors of this type might be expected to develop only from certain regions of the roof plate or floor plate, or from the pars ciliaris retinae (111), for only in these regions does the medullary epithelium persist in an undifferentiated form.

Age incidence. 17—48 years. *Expectation.* 8 months. *Location.* BAILEY and CUSHING report two: one was from post-infundibular floor plate, and the second was in the pineal region (but separate from the pineal). This latter tumor extended deeply into the vermis, third ventricle, and right cerebral hemisphere but was everywhere sharply demarkated from the brain.

Histologic. Architecture: Tends to grow in bands of cells having a striking resemblance to medullary plate, i. e., it folds on itself occasionally to acquire forms suggestive of the medullary tube or canal (Fig. 3). It tends to invade along VIRCHOW-ROBIN spaces. Mitoses are abundant. It may have in places a definite internal and external limiting membrane, as it does in the retina, but, in the cerebral tumor, cells break through this to form irregular masses. Cellular: Rather large spindle-shaped cells with abundant cytoplasm, without fibrillary material (Fig. 4), cilia, or blepharoplasten; they tend to columnar form when radiating from the numerous small vascular sinuses. Nuclei are oval, somewhat larger than glial nuclei, and are irregularly vesicular.

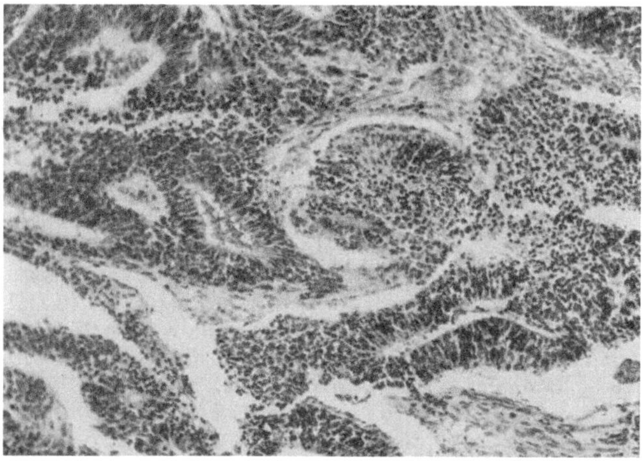

Fig. 3. Medullo-epithelioma, showing tendency to form medullary tubes. Methylene blue-eosin, × 70 From Bailey (25).

Medulloblastoma. This is a soft, rapidly-growing, dark purplish-red tumor (Fig. 5), found almost exclusively in the midline of the cerebellum in children (21). Its common origin is over the roof of the fourth ventricle, and the uvula of the vermis must be split to expose it, although when large its lower pole may present between the cerebellar tonsils. It often appears to have a thin capsule, and its central pulp is occasionally tough and cohesive. Its occurrence in the cerebrum is undoubted but rare; it occurs most often there in late adolescence and early adulthood. Once disturbed, it usually disseminates itself throughout arachnoid and ventricular spaces by inoculation (Fig. 6); this is said to occur also in the case of intact tumor, not disturbed by operation, but I have never observed it.

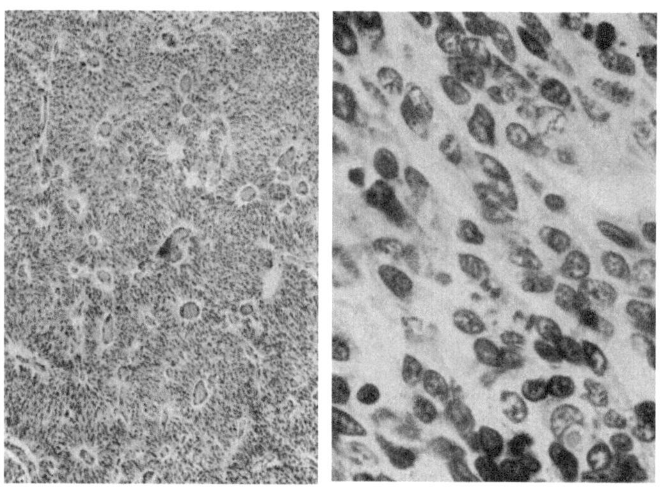

a b

Fig. 4a u. b. Medullo-epithelioma: a, showing cells radiating around vascular sinuses; methylene-blue-eosin, × 80. b, same stain, × 850; there are five mitotic figures in this small field. From Bailey and Cushing (22).

Age incidence. Average 10 years (2—38 years); cerebral 36 years. *Expectancy.* Without operation 3—6 months; with operation 1 year; with operation and radiation 4—6 years. *Radiosensitivity.* Marked response, but probably ultimately unavailing; post-operatively not only the posterior fossa, but the entire spinal canal and ventricular system should be radiated, great care being taken to avoid cachexia. *Embryologic considerations.* It is postulated to arise fom the accepted but hypothetic totipotent indifferent cell of SCHAPER (219), the socalled medulloblast. *Synonyms.* Neurogliocytome embryonnaire (MASSON); glioma sarcomatodes (BORST); neuroblastoma (WRIGHT); "sarcomatosis of meninges" at times; neurospongioma (ROUSSY and OBERLING); neuroepithelioma (EWING).

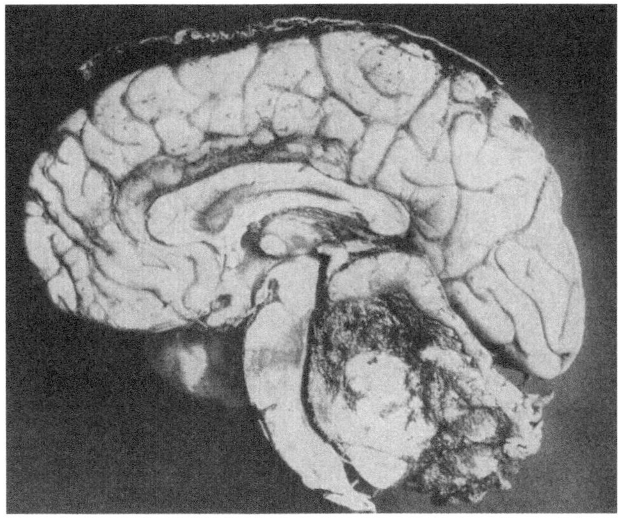

Fig. 5. Midsection of brain to show position of cerebellar medulloblastoma; note the sharp demarcation of tumor from cerebellum and brainstem. From BAILEY and CUSHING (22).

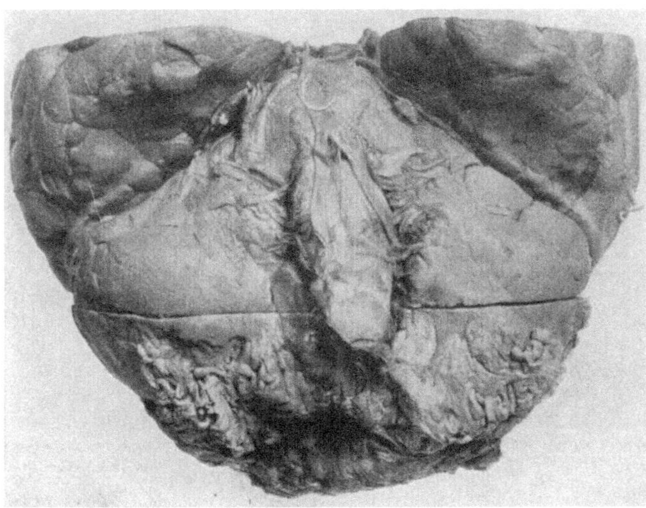

Fig. 6. Medulloblastoma, showing tumor extension throughout the cerebellar leptomeninges. From BAILEY and CUSHING (21).

Histologic. A very cellular tumor, full of mitosis, with numerous capillaries, the tumor cells being so grouped as to leave clear spaces (like the sands on a beach, or the medullary portion of the adrenal) filled with delicate fibrillary material which cannot be stained sharply or impregnated (29). A reticular stroma is sometimes demonstrable by Perdrau's method (Fig. 7), and rarely may be so developed as to give an adenomatous appearance. The cell is often identifiable only by negative characteristics; it is small, its scanty cytoplasm is often carrot-shaped, or is in a narrow ring about the nucleus. This latter is round or slightly ovoid and has abundant chromatin. More adult structures (macroglia, neuroblasts, glial- or neurofibrillae) are occasionally found in the parent tumor, but not in the inoculations.

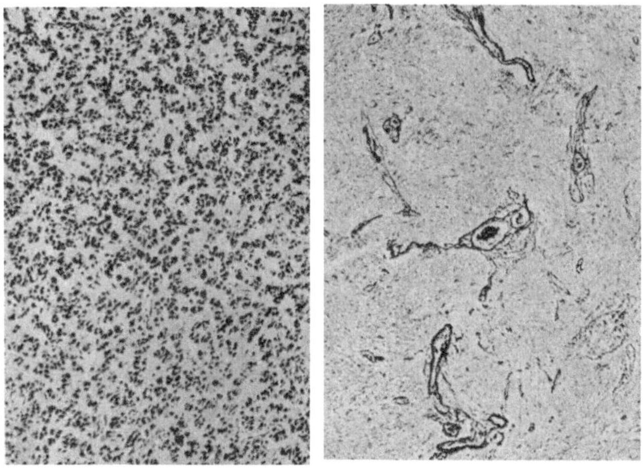

a b

Fig. 7. Medulloblastoma: a, nuclei arranged in palisades; ethyl violet-orange G, × 80. b, connective tissue confined to walls of vascular sinuses; Perdrau, × 80. From Bailey and Cushing (22).

Glioblastoma multiforme. An explosively-growing (Fig. 8), infiltrative glioma of adult life, occurring chiefly in the cerebrum and basal ganglia (Fig. 9), and rarely in the cerebellum. It usually outgrows its blood-supply, undergoes degeneration, and not seldom has intraneoplastic apoplexy; it sometimes forms cysts; it grows too rapidly to calcify. If it reaches the surface of the brain it may

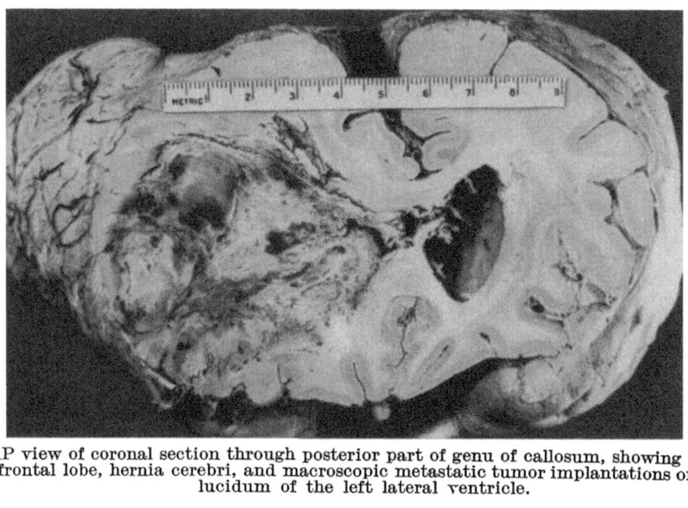

Fig. 8. AP view of coronal section through posterior part of genu of callosum, showing glioblastoma of right frontal lobe, hernia cerebri, and macroscopic metastatic tumor implantations on the septum lucidum of the left lateral ventricle.

spread mushroom-like over it (Fig. 10), giving rise operatively to the misleading appearance of enucleability, but, as cleavage planes are followed, the operator finds that in the depths the growth merges with normal cerebral tissue without recognizable demarkation (Fig. 11). It is claimed that it cannot inoculate the ventricles, but unpublished personal observations do not confirm this (Fig. 8). In gross, the tumor is grayish-red and vascular; its degenerated areas are yellow, or mucinous, or cystic. When in direct contiguity with extracranial soft tissues the tumor extends rapidly into them.

Age incidence. Average, 41 years (12—69 years). *Expectancy*: without operation, 3 months; with operation 12 months; when fortuitous location stirs

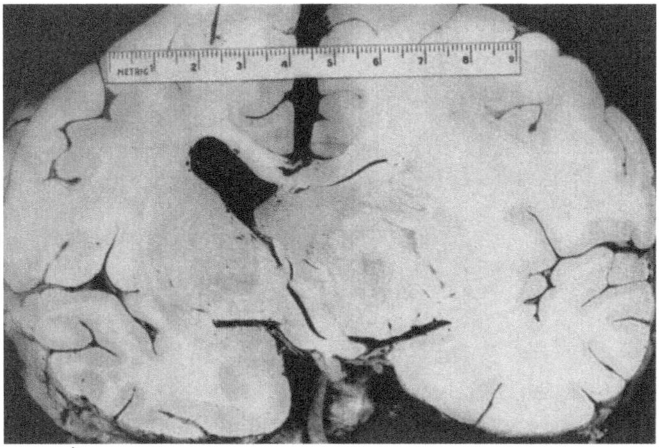

Fig. 9. Glioblastoma multiforme fulminantly invading thalamus, striatum, fornices, and lower median aspect of callosum; there is some very early cystic degeneration in the region of the striatal fiber tracts; the coronal section is through the posterior edge of the optic chiasm.

precocious symptomatology and early operation, cases are on record of 5 years survival. *Radiosensitivity.* Growth is retarded appreciably by roentgen therapy but improvement may be stormy, due to increased space occupancy by cyst formation; the tendency to hemorrhagic degeneration should not be forgotten. *Synonyms.* Spongioblastoma multiforme (138); gliome à petites cellules (MASSON); gliome polimorph (ROUSSY, LHERMITTE and CORNIL); Riesenzellengliom (MEYER); gliosarcoma (EWING, BORST).

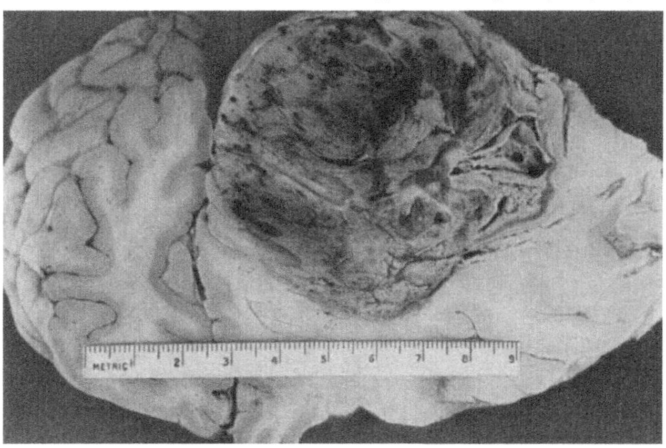

Fig. 10. Glioblastoma of the frontal lobe, as shown by coronal section 2 cm. anterior to the genu of callosum, to show apparent demarcation laterally and macroscopic infiltration in lower medial aspect of growth. KAISERLING fixation.

Histologic. A disorderly exuberance of all types of glial cells, with many multinucleated true giant-cells (Fig. 12). Mitoses, in every form of abnormality, abound. Nuclei vary much in size, shape, and amount of chromatin. The amount of cytoplasm varies enormously, and usually stains lightly. In degenerated areas, pseudo-pallisades (Fig. 13) may appear over large areas and similarly a peritheliomatous appearance may exist; pseudorosettes, due to perivascular cuffs of live cells (frequently with pyknotic nuclei), are often present. The tumor being invasive, normal brain tissue is sometimes included within its substance, and participates in the degeneration. There is a perivascular and adventitial stroma. Hyaline degeneration of vessel walls, and proliferation of endothelium lead to occlusion of vessels and necrosis; fibroblasts appear in the organizing hemorrhage; hyalinization of tumor cells occurs over large areas, leading to pseudo-syncytium.

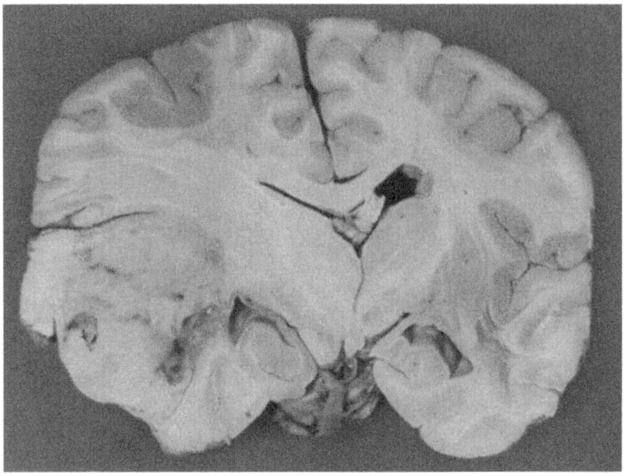

Fig. 11. Glioblastoma of right temporal lobe, to show diffusely invasive character of this type of neoplasm.

Neuro-epithelioma. An exceedingly rare, slowly-growing, circumscribed, calcifying tumor (Fig. 14) which, because of the behavior of its retinal histologic (rod and cone) analogue, might be considered highly malignant, but has not actually been found so in the rare cerebral cases of record. It is grayish pink, and may show tendency to heterotopism. CUSHING's case was cerebral; ROUSSY's case in the region of the aqueduct; only five authentic

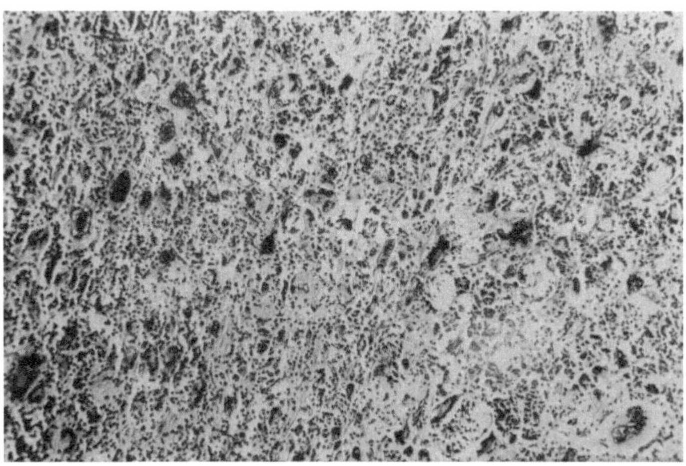

Fig. 12. Photomicrograph of healthy portion of glioblastoma to show general architecture and preponderance of giant cells: gold stains of these latter demonstrate them to be predominantly of the astrocytic series in this tumor, with most bizarre processes, multiple nuclei, etc. Haematoxylin-eosin, × 80.

cases have been reported (46). It is a not uncommon type of spinal cord neoplasm however (128), and is frequent in the retina.

Age. Recorded 30 years. *Embryologic considerations:* The cognomen (213) and representation of this tumor is subject to verbose dispute. Much neuropathologic tissue was formerly designated by this name; the very existence and type of the (cerebral) neoplasm is now questioned. BAILEY (22) gives the

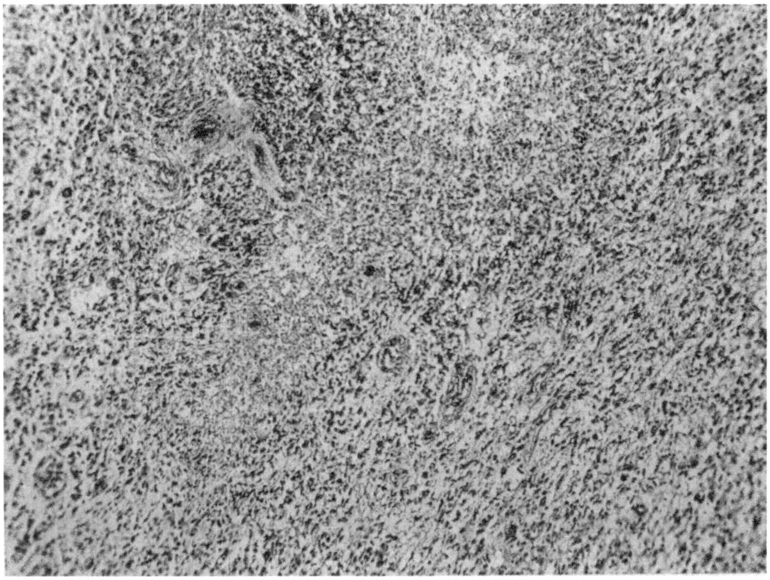

Fig. 13. Photomicrograph of degenerating portion of glioblastoma multiforme, to show pseudo-palisading due to necrosis. Haematoxylin-eosin, × 80.

essential stem-cell as the primitive spongioblast and describes the tissue substantially as given in paragraphs below. The tumor forms true rosettes, similar to some retinal tumors (115); the cells of these latter bear a single cilium with a diplosome at its base (186), and their inner ends not infrequently project into the lumen of the rosette beyond the internal limiting cuticular membrane (244), as do the rod and cone cells. Upon whether rods and cones be regarded as neuronal or glial depends their systemic place, if the analogy between the cerebral and retinal tumors be regarded as valid. The question has customarily been begged by calling them merely epithelial, hence "neuroepithelioma". However, primitive spongioblasts in the olfactory bulb also have only a single diplosome (178) and so have the

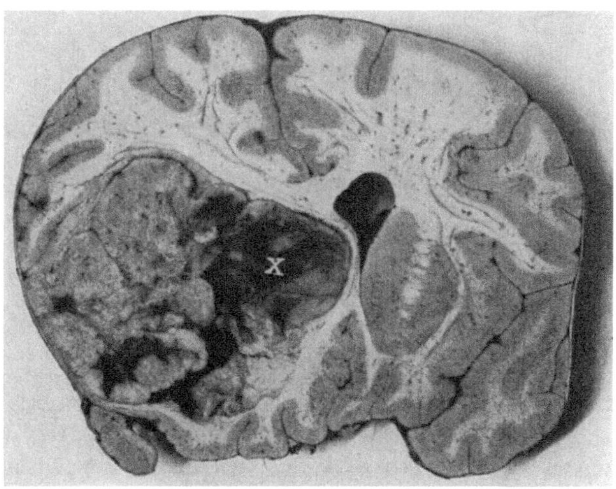

Fig. 14. Coronal section showing large, well-demarcated tumor of left hemisphere diagnosed as neuroepithelioma; the calcified area centers at X. From CUSHING (89).

cells of Müller in the retina, unlike those elsewhere in the developing brain (where primitive spongioblasts bear several cilia and numerous diplosomes). If regarded in this light, the tumor constituent is glial; this corresponds better with the general nuclear and cytoplasmic characteristics of the cell, though they stain only indifferently well with gold sublimate or with Golgi silver chromates. On the basis of either embryologic classification one should anticipate clinically a tissue of considerable malignancy. Such is not the actual finding, for cerebral tumors of this histologic type are demarkated, slow of growth, and even calcify (89). Moreover rosettes are not the sole architectonic property of the primitive spongioblast (22). The field needs critical research.

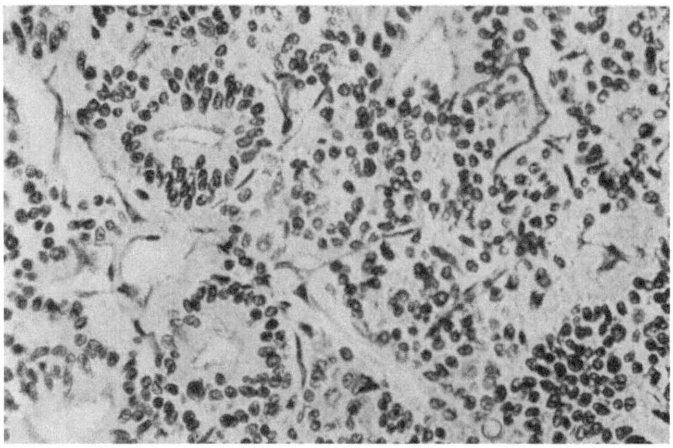

Fig. 15. Photomicrograph of section of tumor shown in Fig. 14, showing typical architecture of neuro-epithelioma; haematoxylin-eosin, × 300. From Cushing (89).

Synonyms. Neuroepithelioma (Flexner); retinocytome à stephanocytes (Mawas); blastoma ependymale (Marburg); neuroepithelioma gliomatosum microcysticum (Rosenthal); neurozytom.

Microscopic. A cellular, fairly well vascularized, tumor tending to form small canals (Fig. 15) or cavities as rosettes (indicative of lowered malignancy) which do not have a limiting basement membrane, but do have a cuticular membrane lining the canaliculi. The tumor has an abundant reticular network. The columnar cells have blepharoplasten aggregated in a row at the free border (Fig. 16), and if fresh, may show cilia; the long process at the opposite pole from the blepharoplasten is difficult to demonstrate because it stains neither as neurofibrillae or gliofibrillae. The tissue intervening between rosettes resembles medulloblastoma in architecture.

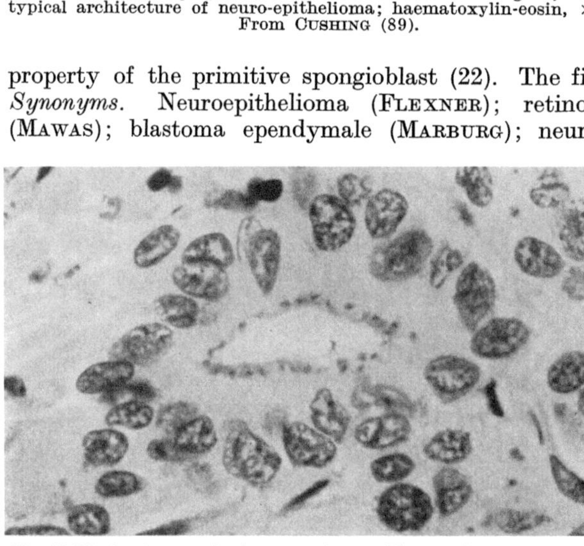

Fig. 16. Photomicrograph of same section as Fig. 15, showing rosette at higher power; ethyl violet-orange G, × 850. From Cushing (89).

Spongioblastoma polare. A relatively slowly-growing, compact, firm tumor occurring in the first half of life, and occurring almost entirely in the diencephalon (gliomata of the optic chiasm are often of this histologic type), metencephalon, or mesencephalon (Fig. 17). It is usually macroscopically readily enucleable, but is unfavorable surgically because of its deep location. It occasionally becomes

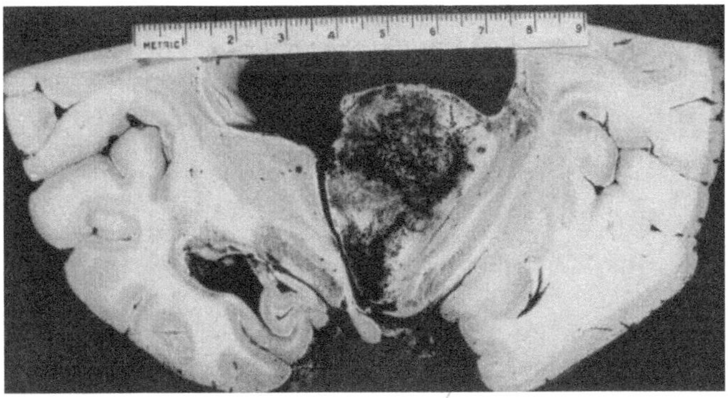

Fig. 17. Spongioblastoma polare: Postero-anterior view of coronal section trough mammillary bodies, showing great compression of right thalamus by tumor springing from its medial aspect.

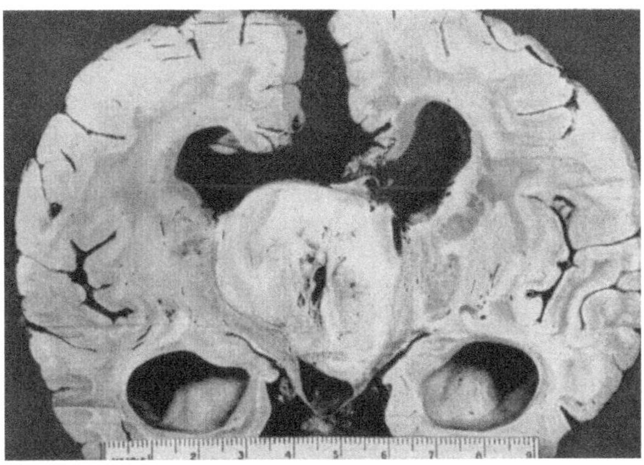

Fig. 18. Spongioblastoma polare: Antero-posterior view of coronal section one centimeter anterior to rostral border of pons, showing ballooned third ventricle underlying the cystic tumor arising from the left thalamic wall. Internal hydrocephalus is present, due to obstruction.

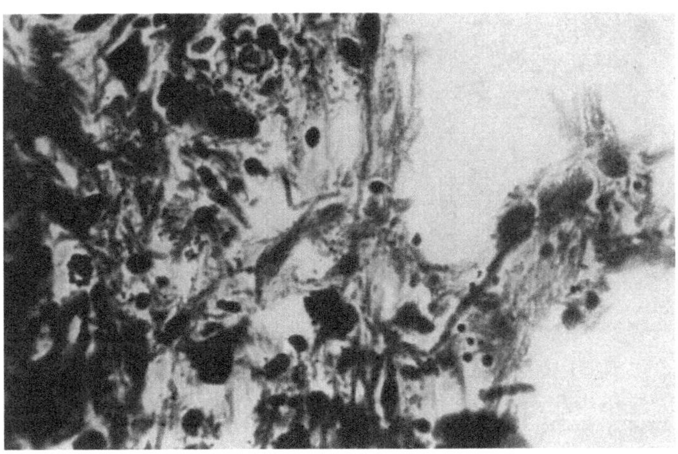

Fig. 19. Photomicrograph of spongioblastoma polare showing impregnation of several unipolar spongioblasts lying in a single section. HORTEGA's lithium silver carbonate, × 600.

cystic, but the cysts seldom attain large size (Fig. 18); instances of partial calcification are also of record. In gross, the tumor may be confused easily with certain types of astrocytoma fibrillare. It does not posess an inordinate blood

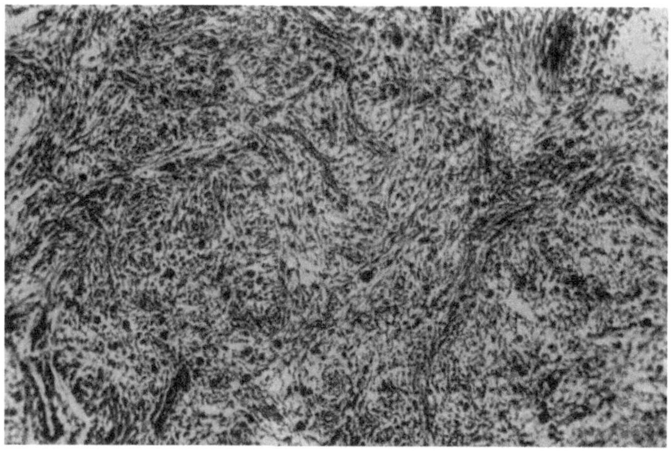

Fig. 20. Photomicrograph of spongioblastoma polare showing cells sweeping about in tangled eddied currents without specific orientation to traversing vessels. Mallory's phosphomolybdic acid haematoxylin, × 90.

supply. Fresh tissue is rather fibrous in consistency. The cut surface of healthy fixed tissue is pinkish-gray, fibrous and granular.

Age incidence. Average 22 years, (3—41 years). *Expectancy.* Without operation 5—8 months; with operation 4 years; optimum record $9^1/_4$ years. *Radiosensitivity.* Conjectural; the usual propinquity of the growth to the narrowed

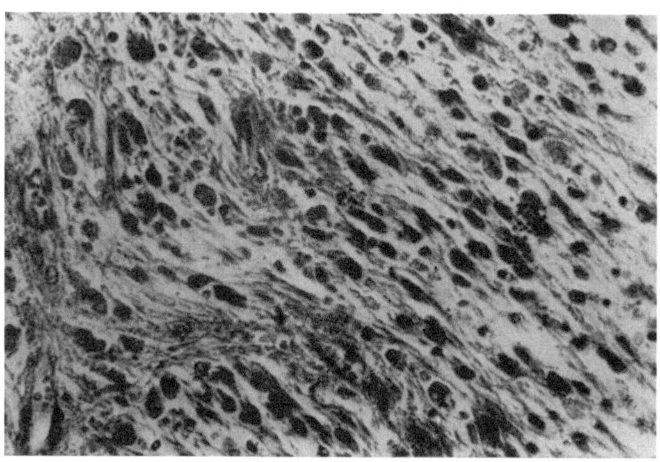

Fig. 21. Photomicrograph of spongioblastoma polare to show lack of orientation to vessels; the tissue is somewhat oedematous, and emphasizes unit structure. Haematoxylin-eosin, × 200.

cerebrospinal fluid passageways of this region should be borne in mind, and also the initial oedema of tumor tissue sequential to radiation; with bilateral subtemporal decompression, I have safely radiated several such patients for over two years. *Embryologic considerations.* The bipolar spongioblast arises from the primitive spongioblast by amitotic division; when, by migration away from the internal limiting membrane the internal process atrophies, the cell becomes a unipolar spongioblast at the base of whose long process lies the extruded centrosome.

Microscopic. The growth is composed of unipolar and bipolar spongioblasts, -pyriform cells with a long process extending from opposite poles of the cell, or with a single long process from the smaller end (Fig. 19), at the base of which

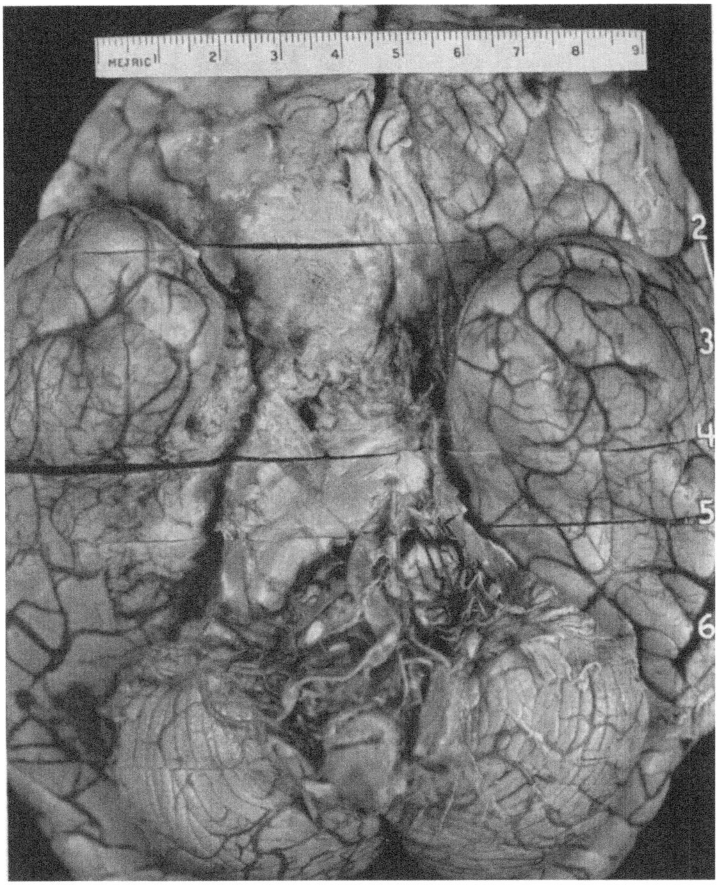

Fig. 22. Base of brain, showing invasive character of astroblastoma spreading throughout the leptomeninges; the optic chiasm is encased, the right substantia perforata anterior is obliterated, the hippocampal fissure filled, and the growth has advanced over the inferior superficial aspects of the frontal and temporal lobes. Note the deep grooves made by the tentorial incisure, leading to the anterior clinoids. From McLEAN (201).

latter lies the extruded centrosome as a single heavy granule in the cytoplasm, surrounded by a clear zone. The cells tend to assume arrangement in tangled eddied currents (Fig. 20) without relation to traversing vessels, and at times may suggest structure of an acoustic neurinoma. The tails of the cells are hard and round (rarely frayed), like wires, and stain intensely with eosin and more faintly with phosphotungstic haematoxylin (Fig. 21). Amitotic division is the rule; mitoses are rare.

Astroblastoma. A slowly-growing subcortical tumor occurring in middle adult life in the prosencephalon (Fig. 22) and less often in the mesencephalon; it is infiltrating and has no tendency to encapsulation (Fig. 23); it is fairly-well vascularized, yet it often tends to degeneration between vessels and to oedema and to cyst formation; extravasation into the tumor is late. The tissue, when fresh, is soft, pallid, or pale yellowish-pink; the cut surface of fixed tissue often has a porcelain-like smoothness (Fig. 23). Small ectopic cortical "rests" of

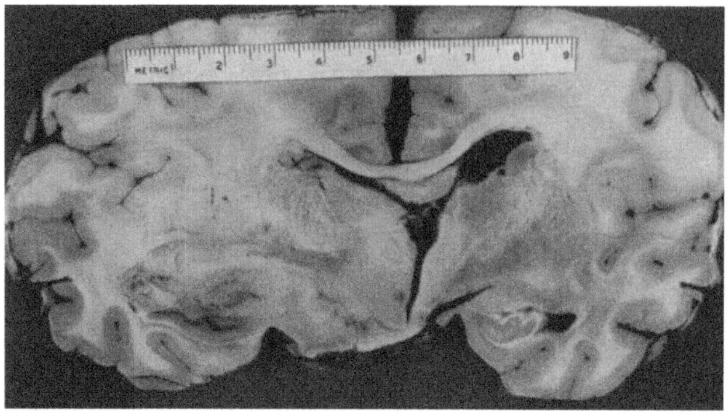

Fig. 23. Coronal section of tumor shown in Fig. 22 to show porcelain-like surface, and diffuse invasion of both walls of the third ventricle; in the inferior part of the ventricle on the right it has penetrated the floor and invaded the temporal horn (which it completely fills) through the hippocampal fissure.

astroblasts sometimes occur unassociated with real tumor, which latter may be of another type and situated elsewhere.

Age incidence. Average 42 years. *Expectancy.* Without operation 10 to 18 months; with operation 28 months; extreme 15 years. *Radiosensitivity.* Responds moderately well to X-ray therapy. *Embryologic considerations.* The

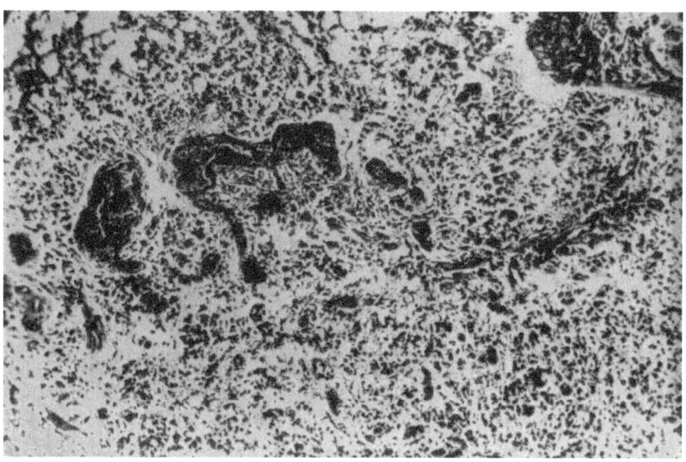

Fig. 24. Photomicrograph of astroblastoma showing general architecture of tumor. Note the great hypertrophy of the vessel walls, the edematous nature of the tumor, and the orientation of the nuclei about the traversing vessels. Haematoxylin-eosin, × 80.

astroblast arises from the unipolar spongioblast. The tail becomes attached to a capillary wall by a "sucker foot" and the perinuclear cytoplasm then sends out short stubby processes from the opposite pole in all directions. *Synonyms.* "neuroblastoma"? (Greenfield).

Microscopic. A well-vascularized tumor of loose structure, the cells of which arrange themselves radially about greatly hypertrophied vessel walls (Fig. 24), and send to the latter a long "sucker foot" process; mitoses are rare; blepharoplasten are not present; the cells have considerable cytoplasm and often 2—3 nuclei; a few feeble processes sprout from the perikaryon opposite the sucker foot (30). Giant cells occasionally occur. The entire cell body may be demonstrated

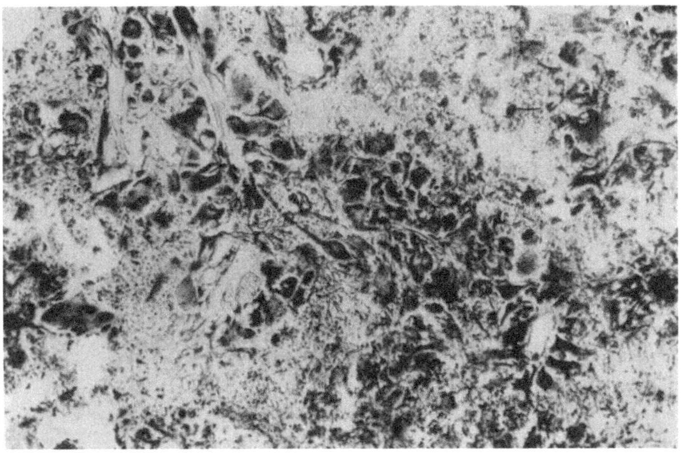

Fig. 25. Photomicrograph of astroblasts in tumor, demonstrating outline and relation to vessels; this is a nest of astroblasts in glioblastoma multiforme. CAJAL's gold sublimate, × 450.

by CAJAL's gold sublimate method (Fig. 25), or the HELD-CAJAL pyridine-silver process. The cell has a triangular or pear-shaped body with a thick process texending from the smaller extremity, and a few delicate processes from the opposite end, giving superficial resemblance to a small BETZ cell in silhouette.

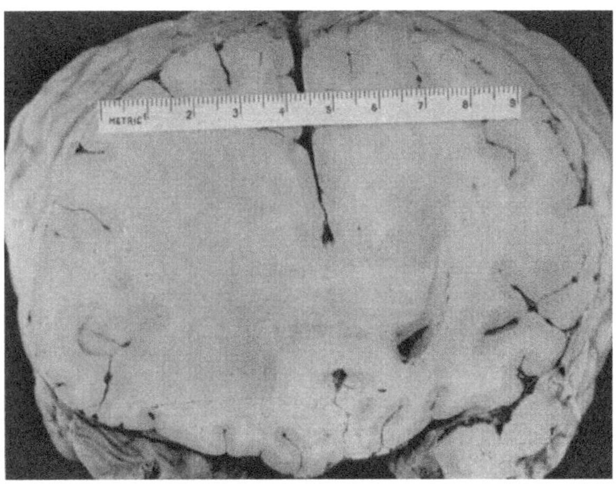

Fig. 26. Astrocytoma protoplasmaticum involving right centrum semiovale and genu of callosum; the tumor bulges into the frontal horn of the lateral ventricle posteriorly; macroscopically its limits are very poorly defined.

Astrocytoma protoplasmaticum. A relatively avascular slowly-growing glioma occurring at all ages, located usually in the telencephalon (Fig. 26) or cerebellum, and ordinarily, but not invariably, in juxtaposition at onset to the gray matter of the nervous system. Those occurring in the cerebellum make themselves manifest most often in childhood. They are pallid, are usually diffusely infiltrative and quite often are cystic. In the sagitto-basal telencephalic region they not infrequently appear circumscribed and often tend there to have a curious soft gelatinous spongy composition (Fig. 27). In fresh tissue, they are soft, white, and oedematous; the cut surface of a fixed preparation is mushy firm (Fig. 28) and may appear studded with mucinous plugs. They are among the most favorable types of gliomata for therapeutic surgical intervention; their recognition at the operating table is not always easy.

Age incidence. Average 29 years (2—58 years). *Expectancy.* With operation, $5^1/_2$ years or more. *Radiosensitivity.* Questionably slight. *Embryologic considerations.* This is an adult cell found in the middle and deep layers of the cerebral

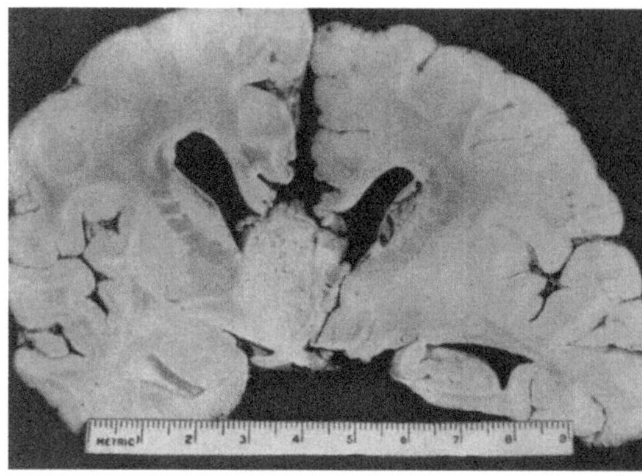

Fig. 27. Astrocytoma protoplasmaticum of right lateral wall of third ventricle; the tumor is of a peculiar sago-like gelatinous consistency, and is, comparatively speaking, fairly well circumscribed.

cortex and in the molecular layer of the cerebellum; "ameboid glia" are injured protoplasmatic astrocytes or injured oligodendroglia.

Microscopic. Not easily identifiable by usual staining methods (Fig. 29). The tissue is a structureless loose tangle, without glial fibrillae, often extensively degenerated, and with mucinous lakes bordered by a few healthy cells.

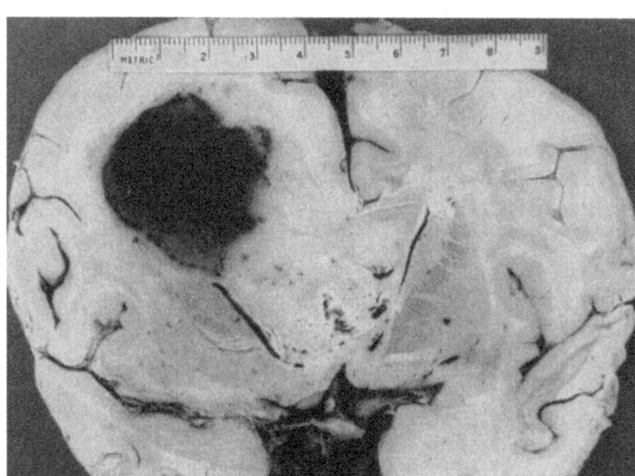

Fig. 28. Coronal section just in front of anterior commissure, showing soft degenerative astrocytoma protoplasmaticum invading left frontal lobe from the region of the genu of the callosum; its downward extension has involved both leaves of the septum lucidum, and the medial parts of the olfactory trigones. There has been agonal hemorrhage into the growth.

Cajal's gold sublimate demonstrates the cell and its processes well. Included normal nerve fibres and altered myelin sheaths may be found traversing the growth; glial fibrillae may be laid down under pathologic conditions; amitotic division is common. The typical cell, when healthy, may be small (Fig. 30) or large (usually the former, in tumors) but possesses a peripheral cytoplasmic zone (ectoplasm) which stains heavily and contains gliosomes (mitochondria);

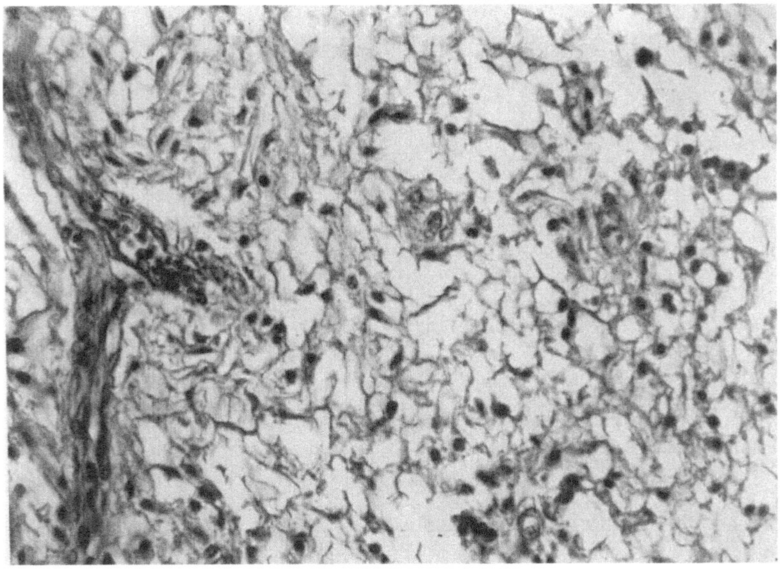

Fig. 29. Photomicrograph of astrocytoma protoplasmaticum, showing generally demonstrable non-characteristic picture with ordinary type of stains; cells are greatly separated by oedema. MALLORY's phosphomolybdic acid hematoxylin, × 300.

at the base of the largest, "sucker-foot" process lies the centrosome surrounded by a clear halo; the nuclei are ovoid and contain many (3—8) coarse chromatin granules united by linin cords.

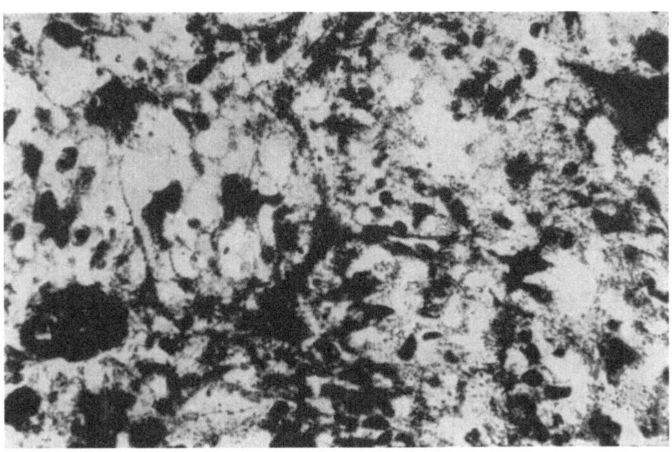

Fig. 30. Photomicrograph of astrocytoma protoplasmaticum, CAJAL preparation; several abnormal macroglia are well-demonstrated, × 350.

Astrocytoma fibrillare. A firm, slowly-growing glioma occurring at all ages and in all subcortical locations (Fig. 31); those in the cerebellum (Fig. 32) have generally a better prognosis (85). They are very often cystic, often multilocular, and they are subject to calcification. They are usually tough, and are frequently macroscopically enucleable. The cut surface of the fixed specimen is whitish-yellow, firm, often finely granular, and of characteristic texture. They are

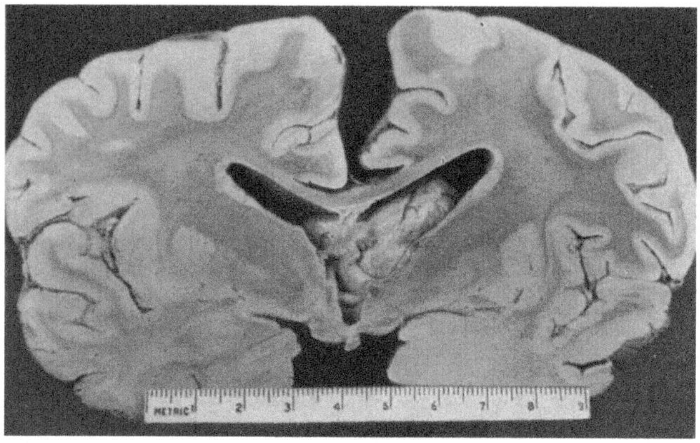

Fig. 31. Coronal section through foramina of Monro, showing unilateral hydrocephalus on the right, due to obstruction of the foramen by an astrocytoma fibrillare arising from the septum lucidum; the left foramen is patent.

among the most favorable of all gliomas for surgical attack; Cushing's operative mortality in this group is 5.2%.

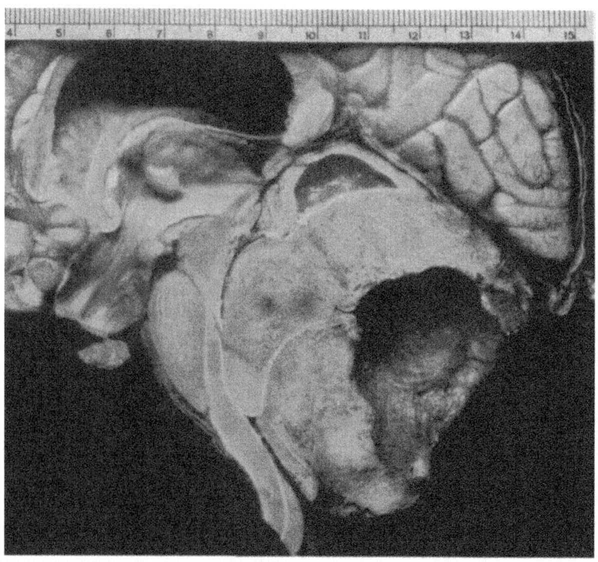

Fig. 32. Brain on midsection, showing partially excavated cerebellar astrocytoma fibrillare; note small superficial cyst projecting through the incisure, the degree of hydrocephalus, and the forward displacement of the entire brainstem. From Cushing (85).

Age incidence. Average 23 years (4—48 years). *Expectancy.* Average 6 years (2 months to 28 years). *Radiosensitivity.* No response. *Embryologic considerations.* This is the final stage of normal development of mature glia; astrocytes react rapidly by clasmatodendrosis (Cajal) to any type of injury, their fragmented processes (Füllkörperchen) occasionally being then mistaken for artifacts. The fibrillae develop during the fourth month of intra-uterine life. *Synonyms*. Astrocytoma (EWING); Sternzellengliom (STROEBE); Astroma (LENHOSSEK).

Microscopic. A massed dense feltwork (Fig. 33) of neuroglial fibrillae, with widely scattered nuclei; a few small vessels; no connective tissue stroma. The

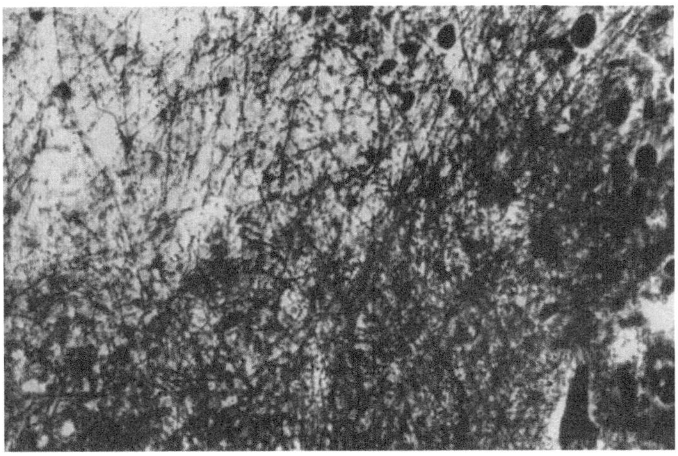

Fig. 33. Photomicrograph of astrocytoma fibrillare, showing diffuse feltwork of fibrillae, sparse viable cells, and many rounded degenerated astrocytes. HORTEGA's 4 th variant, × 300.

typical cell is the fibrillary astrocyte (demonstrable by CAJAL's gold sublimate), a small star-shaped cell body (Fig. 34) with numerous tidy, whip-like, branching

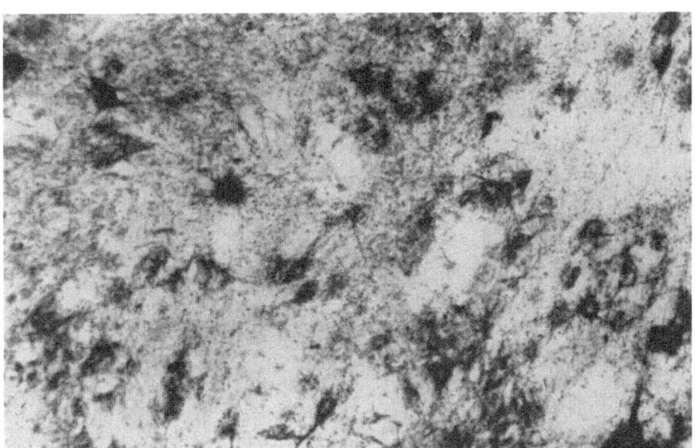

Fig. 34. Photomicrograph of an astrocytoma fibrillare impregnated with CAJAL's gold sublimate, × 350. Several partially-degenerated astrocytes are seen.

processes, the main one of which extends as a "sucker-foot" to a neighboring vessel; a centrosome is present as a single granule at the base of the largest process; there are no gliosomes nor GOLGI apparatus. Neuroglial fibrillae traverse the cell body and processes; the nuclei may be eccentric due to hyaline degeneration of the body of the cell.

4. *Oligodendroglioma.*

A very slowly-growing, tough, characteristically pinkish, circumscribed glioma occurring in the first half of life, and in the cerebral hemispheres subcortically (Fig. 35). It may assume heterotopic appearance, rarely becomes cystic, not infrequently calcifies in a characteristic manner, and may attain immense size before producing clinical symptoms.

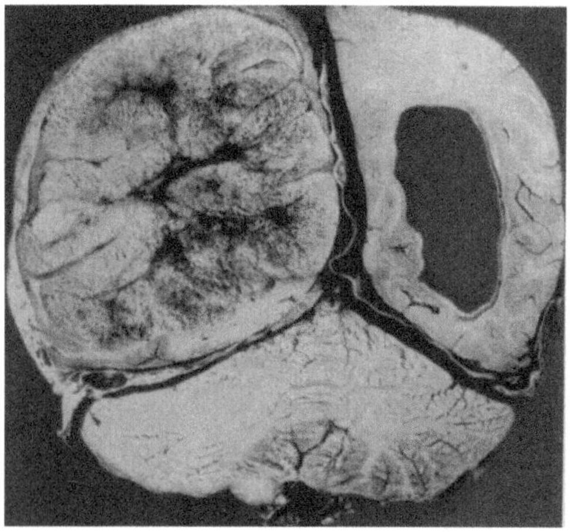

Fig. 35. Large occipital oligodendroglioma; note the semblance in the tumor of sulci and convolutions, suggestive of heterotopism. The downward displacement of the tentorium produced a falsely localizing cerebellar syndrome. From Bailey and Cushing (22).

Age incidence. average 28 years (5—48 years). *Expectancy.* $6^1/_2$—21 years. *Radiosensitivity.* No apparent favorable action seen in a small series of cases. *Calcification.* Almost invariable, and usually characteristic: by X-ray it appears serpiginous, hairpin-like, streaky. *Embryologic considerations.* Oligodendroglia is the primary supporting cell of the long projection tracts of the central nervous system, the satellite cell of neurones, etc. It has no sucker-foot process, is not phagocytic, and its projections are often beaded near its infrequent dichotomies. It probably originates late in embryonic life from indifferent cells, and initially wanders out among the long tracts; it is the intracerebral analogue

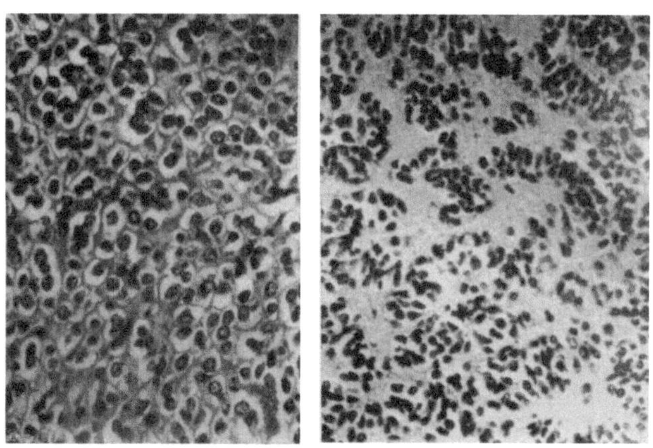

a b

Fig. 36 a and b. Photomicrograph of oligodendroglioma: a, note the characteristic clear zone surrounding the nuclei and the hyaline intercellular material. b, the intercellular material is increased in this field sufficiently to suggest medulloblastoma archilceture. Methylene blue-eosin, × 300. From Bailey and Bucy (28).

of the neurolemma (102). It reacts more sensitively to noxa than do astrocytes; and its complete evolution in tumors is frustrated by the absence of nerve fibers. *Synonyms.* Oligodendrocytoma (Roussy and Oberling); gliome à petites cellules rondes (Roussy, Lhermitte, and Cornil).

Microscopic. A very cellular tumor, with few mitoses, often with calcareous deposits. Small spherical nuclei, with dense chromatin, often surrounded by a clear halo (28), are embedded in a sparse, poorly-staining intercellular fibrillary material (Fig. 36). In the latter are contained occasionally demonstrable protoplasmic astrocytes. The oligodendroglial cytoplasm does not stain by ordinary methods, but HORTEGA's silver carbonate method, or PENFIELD's modification, brings out the small processes (Fig. 37), usually non-dichotomous, bearing small varicose enlargements each usually containing a granule or vacuole. The cells carry no fibrillae and have no perivascular attachments; they are sometimes subject to mucous degeneration (23). The cell bodies are smaller

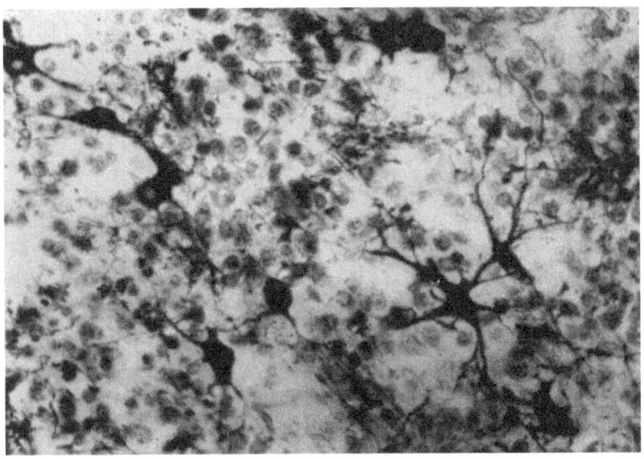

Fig. 37. Photomicrograph of oligodenroglioma, showing one astrocyte and many oligodendroglia, both impregnated non-specifically by minor change in HORTEGA's lithium-silver carbonate technique × 380. From BAILEY and BUCY (28).

than macroglia, and the characteristic spherical nucleus has a very heavy chromatin network.

5. *Ependymoma.*

A slowly-growing, firm, pale, compact tumor occasionally nodular or rugous, arising from ependyma (Fig. 38) of the ventricles or spinal cord. Though slow in development, its location causes clinical signs relatively early and the mean period of presentation is pre-adolescent. It may arise from septum lucidum, lateral ventricles, third ventricle, or floor of fourth ventricle; cortico-sulcal ependymomas are also of record. A very rare papillomatous type may have apparent multiple intraventricular foci of growth, possibly by inoculation (149). Though silent for years, symptoms are usually present 1—2 years before relief is sought. The fresh tissue is yellowish-gray to pale pink; the cut surface of fixed specimens ranges from fibrous to fine granular; cystic degeneration occurs; there is practically never calcification. Histologically it is possible to differentiate ependymoblastomas from ependymomas, the former, as might be expected, appearing at about 13 years, and the latter at about 25 years; their clinical postoperative behavior, however, is substantially identical.

Age incidence. Average, 13 years (4—34 years). *Expectancy.* With operation 11—19 months; extreme 13 years. *Radiosensitivity.* Inert; proximity to ventricles and likelihood of cystic change should be remembered. *Embryologic considerations.* Ependymoblasts arise from primitive spongioblasts whose long processes remain attached to a ventricular wall. They lose their cilia, and the blepharoplasts collect into a group near the nucleus. The foot process tends to radiate to adventitia of vessels. When they lose their peripheral process, they become cuboid cells lining the ventricles, but blepharoplasts persist as

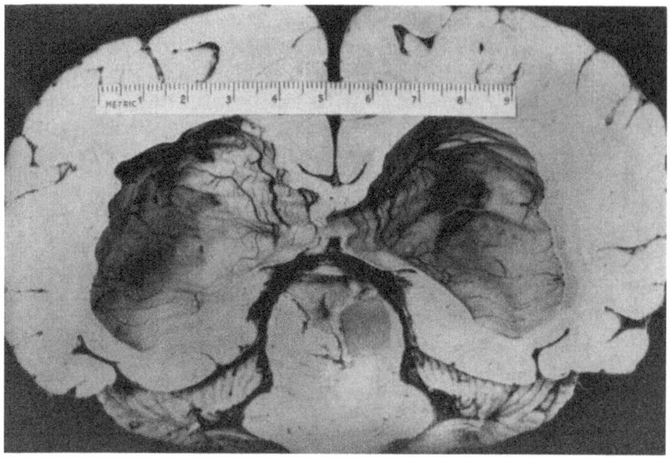

Fig. 38. Coronal section through the anterior vestibule of the aqueduct, showing corrugated ependymoblastoma arising on the right; cerebrospinal fluid pathway was between the corrugations on the floor of the aqueduct, and was finally blocked by the cystic degeneration on the left. The tumor extended posteriorly as far as the acoustic striae. Note the great hydrocephalus, and the trabeculation of the lateral ventricular walls.

2—12 grouped granules or short rods aggregated near the nucleus. *Synonyms.* Ependymal glioma; glioependymome (Masson).

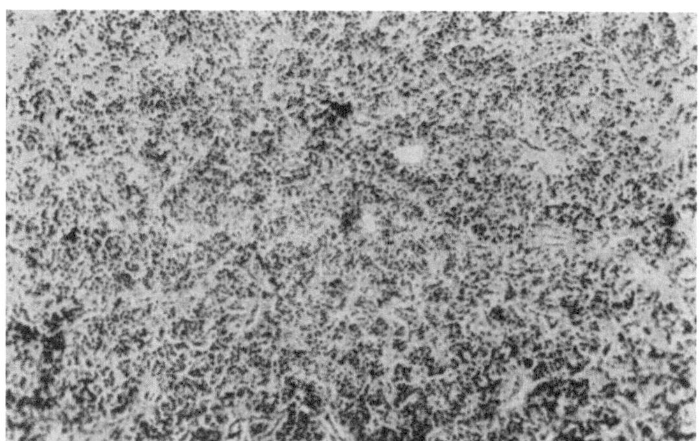

Fig. 39. Photomicrograph of ependymoblastoma, showing typical perivascular arrangement of nuclei, with clear space intervening between nuclei and vessels (Compare with Fig. 40). Haematoxylin-eosin, × 80.

Microscopic. A highly-characteristic structure, more compact than astroblastoma, with many scattered vascular channels, surrounded by clear areas, and these in turn surrounded by close-packed nuclei (Fig. 39); the perivascular clear areas are seen by special stains to be the close-packed tails of the cells. Connective tissue is confined to vessels, and gives rise to characteristic stroma;

mitoses are almost never found (15). Cell outlines are ordinarily polygonal and quite sharp, and blepharoplasten are present (14). Occasionally rosettes and cavities are found, and differentiation from neuro-epithelioma then is possible by the fact that the blepharoplasten (2—12 granules or short rods lying grouped in a clear zone in the cytoplasm near the nucleus) compose a group in ependymoma instead of being distributed along the free margin of the cell, as in primitive spongioblasts. Cilia are rarely present. The tail of the cell stains for neuroglial

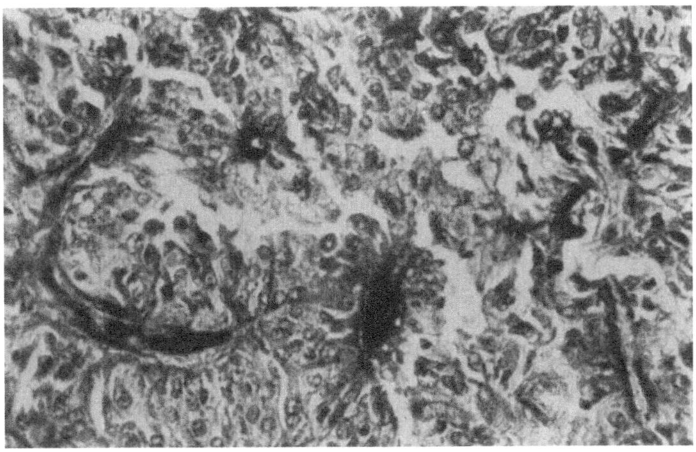

Fig. 40. Photomicrograph of ependymoblastoma showing attachment of tail process of cells to vessel walls; the stain (MALLORY's phosphomolybdic acid haematoxylin) demonstrates the tails of the cells, not visible in Fig. 39, × 300.

fibrils, and the cells orient themselves with sucker foot toward blood vessels (Fig. 40).

6. Neuronal series.

Neuroblastoma. BAILEY regards this tumor as very rare, contrary to usual opinion, and even proposes the discarding of the term (24). It is a relatively benign, slowly-growing, calcifying well-demarkated cerebral tumor which may attain huge size. MARCHAND has reported a case in the Gasserian ganglion. It is a tumor of adult life, and expectancy is ordinarily good, though in CUSHING's 3 cases the average was 25 months.

Embryologic considerations. The neuroblast arises only from germinal cells, and is no longer totipotient; it projects 2 polar processes, one of which is later withdrawn as the cell becomes pyriform; the remaining long thick process develops fibrils which have great attraction for reduced silver (neurofibrillae). From embryologic considerations one would expect the tumor to be of high malignancy but such is not the case, as at present differentiated by research workers. *Calcification.* Very frequent. *Synonyms.* angiolithic sarcoma; (?? medulloblastoma, BAILEY).

Microscopic. A quite-cellular tumor, with long streaming bands of unstained (phosphotungstic haematoxylin; HORTEGA's 4 th variant) material which are processes of unipolar neuroblasts (CAJAL's reduced silver). Each process usually ends in a bulb which is not attached to blood vessels though near them. Rosettes occasionally are found, but are by no means pathognomonic. A more or less definite stroma is formed by sprouts of connective tissue from the walls of blood vessels. The nucleus of the often-globular cell is large and vesicular and should be readily capable of differentiation from the nuclei of glia; the chromatin collects in 1—2 nucleoli; the centrosome is extruded into the cytoplasm where

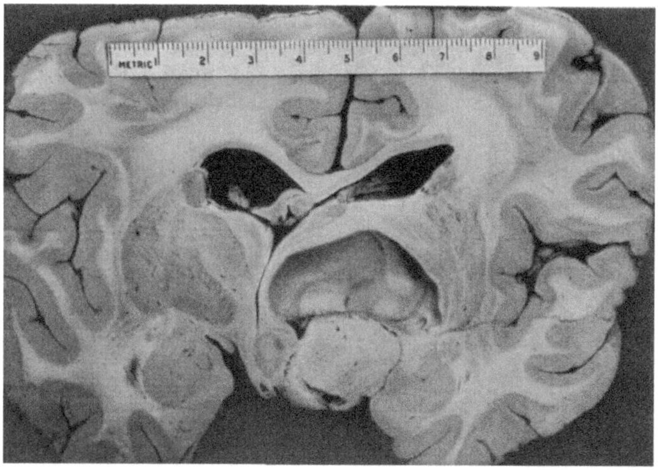

Fig. 41. Coronal section just posterior to chiasm, showing ganglioneuroma arising from basal diencephalon, and capped by a cyst extensively deforming the striatum.

it is found with great difficulty. The cytoplasm does not contain blepharoplasten; it stains heavily by ordinary methods as bipolar spongioblasts do not. The long process contains fibrillae with attraction for reduced silver.

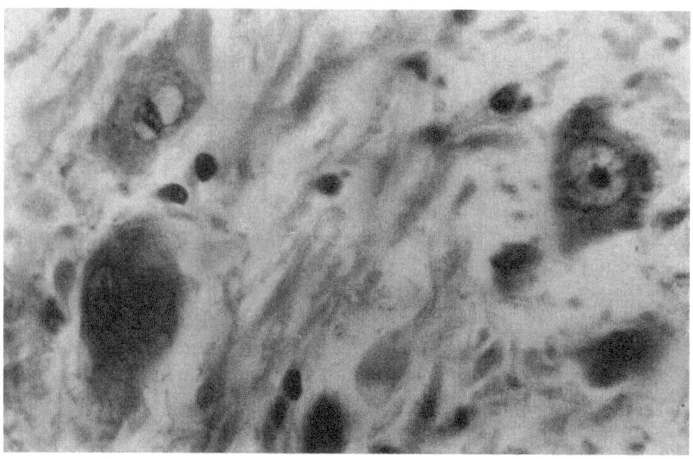

Fig. 42. Photomicrograph of ganglioneuroma, showing various types of ganglion cells, two of them containing Nissl substance ("sensory" granules in one, and "motor" tigroid in the other). Haematoxylin-eosin, × 700. From Foerster, McLean and Gagel (124).

Ganglioneuroma. A rare, slowly-growing, tumor with incidence greatest in the first two decades of life; its site of election is the floor and walls of the third ventricle (Fig. 41), followed by deeper parts of temporal lobe, cerebellum, and cerebral convexity. Its color ranges from white to dusky pallor; its consistency from spongy to hard. Although it often grossly has an appearance of complete enucleability, it is, nevertheless, microscopically infiltrative. Thirty cases are of record (124). Small cysts sometimes form; calcification has not been recorded. In circumscribed form its vascularization is not profuse.

Age incidence. First two decades. *Radiosensitivity.* Probably inert. *Synonyms.* neuroglioma ganglionare (BAUMAN); gliogangliome (MASSON).

Microscopic. In addition to a variable and usually sparse, amount of glial tissue, it contains fairly adult nerve cells, often with NISSL tigroid placques in cytoplasm (Fig. 42). There is a confused tangle of neurofibrillae which sweep about in eddied currents; calcospherites are occasionally present; indisputable myelination has not been found. Mitoses are rare; bi- and trinucleate cells

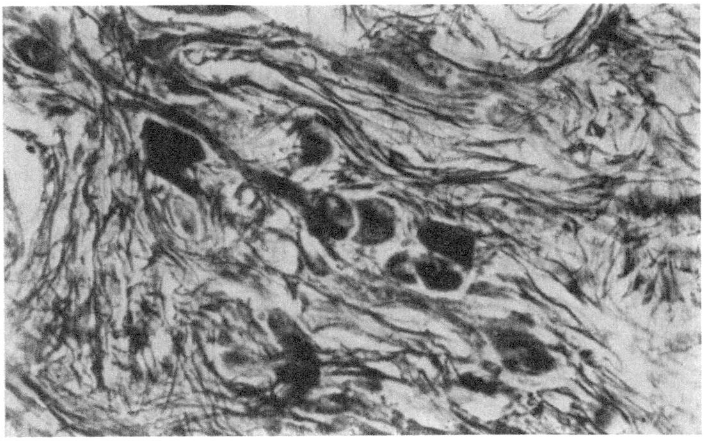

Fig. 43. Photomicrograph of ganglioneuroma, showing neurofibrillae in tangled skeins traversing the growth; myelin could not be demonstrated. BIELSCHOWSKY, × 175.

are not uncommon; neuronophagia is often present. Uni- and bipolar neuroblasts are present (Fig. 43), as well as the predominant NISSL-bearing multipolar neuroblast. The nucleus is large, spherical and clear, except for sparse linin strands and a large heavy nucleolus. The cells orient themselves with no particular relation to blood vessels walls. Rare centrosomes may be demonstrable (3).

b) Tumors of cerebral vessels.

1. Vascular malformations.

These are more commonly found in the cerebral hemispheres and are probably congenital. They commonly present for relief in late adolescence and early adult life (95). They are occasionally accompanied by aneurysms (Figs. 44 and 45) of the scalp (109) and are usually progressive, with ultimate rupture.

Arteriovenous aneurysms. These occur in every part of the brain, but are mostly paracentral, are associated with the middle cerebral artery (Fig. 46), and communicate with venous circulation through the SYLVIAN or ROLANDIC vein, though one instance is known of communication into the vein of GALEN (94). The size of the artery and vein usually correllate, and these together often vary in an inverse manner to the extensiveness of the anastomotic bed. The efferent vein often pulsates, and red arterial clouds may be seen through its thin wall, swirling against the darker venous blood.

Arterial angiomas. These are a pulsating tangle of snarled bright red vessels, and may be primarily cortical, subcortical, or extend wedge-like inward to make contact with a lateral ventricle.

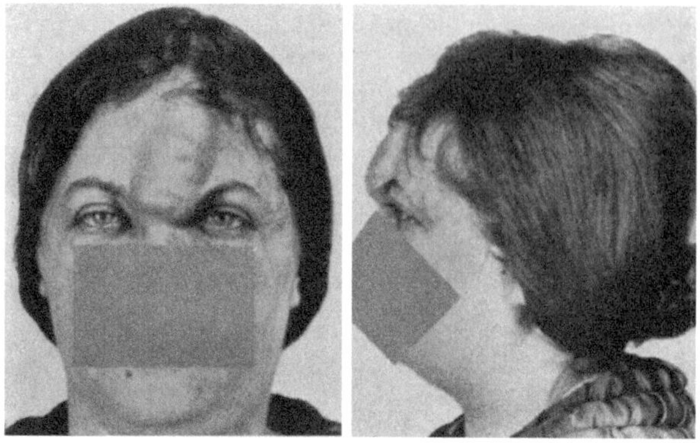

Fig. 44. Arteriovenous aneurysm of scalp, secondary to small parasagittal intracranial (probable) hemangioblastoma. From Dandy (94).

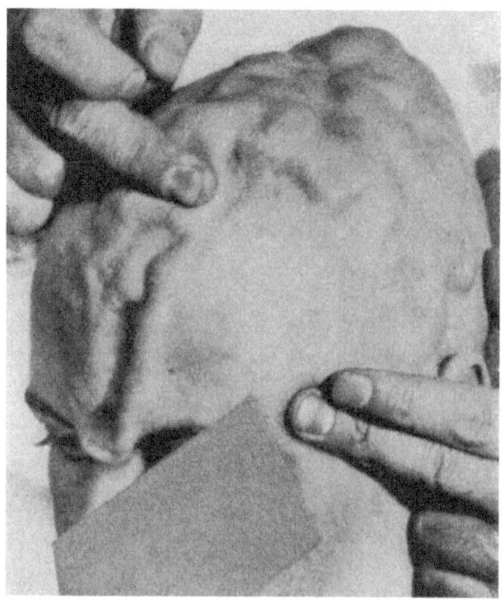

Fig. 45. Same patient as Fig. 44, after scalp has been shaved, showing collapse of immense frontal vein, after venous blood supply has been occluded by pressure. From Dandy (94).

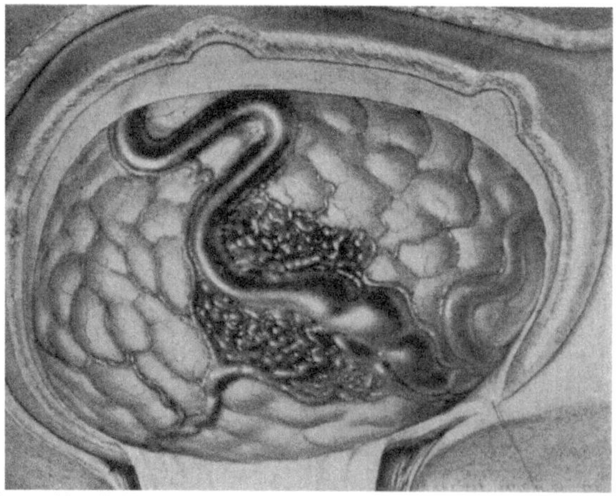

Fig. 46. Sketch of operative field after exposure of arterio-venous aneurysm whose major distribution is in the lower part of the Rolandic fissure. From Dandy (94).

The vessels walls of a true angioma arteriale show an internal elastic lamella; only glia and sclerosed cerebral tissue intervenes between the vessels.

Venous angiomas. True localized solitary sacular varices have been encountered operatively, but are excessively rare.

Venous angiomatous malformations may be clinically distinguished from the arterio-venous aneurysms by their smaller caliber, greater number of individual vessels, lack of pulsation, and absence of arterial clouds. They seldom show an actual increase in vessel size, but rather an increase in number, shape or distribution of vessels; they not infrequently occur in conjunction with

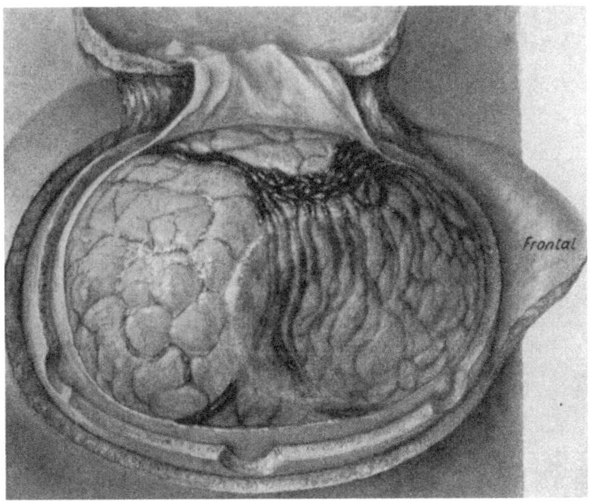

Fig. 47. Sketch of operative field after exposure of venous angioma; the angioma is accompanied by cortical anomaly and a superjacent arachnoid cyst. From DANDY (95).

cortical anomalies (widened thick convolutions; arachnoid cysts; secondary plexuses; absent corpus callosum, etc.) with thickened overlying arachnoid, cerebrospinal fluid lakes (Fig. 47), and atrophy of underlying cerebral substance (95).

Microscopically, though the various layers of the vessels may severally be hypertrophied (intima, muscularis, or adventitia), their walls nevertheless fail to show an internal elastic membrane. Again, the intervening tissue is glial, — often sclerosed cerebral tissue.

Telangiectatic. These angiomas are of no clinical importance (80). They are usually found only at necropsy and are usually upper pontine, though also reported in the cervical cord and thalamus (220).

2. *Angioblastomas.*

These true neoplasms of blood-vessel-forming elements occur preponderantly in the cerebellum (27) and most often apparently arise from a vascular anlage adjacent to the posterior portion of the fourth ventricle (Fig. 48), possibly the *area postremae* (256). They are highly vascular and may be solid, cavernous or cystic (Fig. 49). If cystic, a mural nodule, oftentimes minute, of primary tumor is invariably present (Fig. 50). Occurrence in the cerebrum is rare. In gross they vary from firm yellowish red to spongy purple; the cut surface of fixed tissue varies from multiple punctate red to a carneous honeycomb. They are usually slowly-growing, appear most often in late adult life and respond

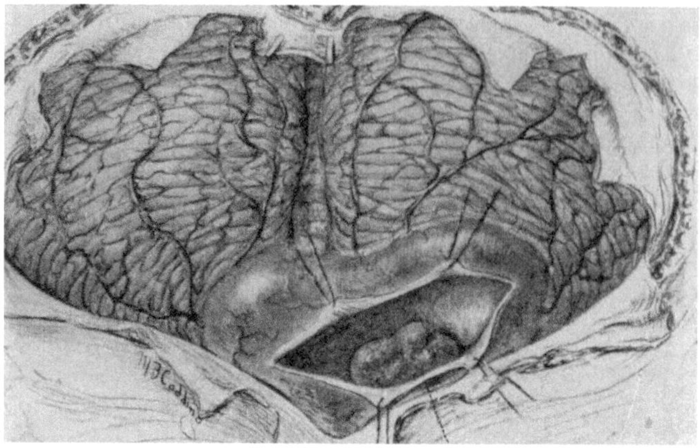

Fig. 48. Cerebellar hemangioblastoma, showing solid nodule of tumor at base of cyst in region of *area postremae*; the cyst fluid is canary yellow, cannot be differentiated from the fluid of glial cysts, and like it, usually clots on standing. From Cushing and Bailey (80).

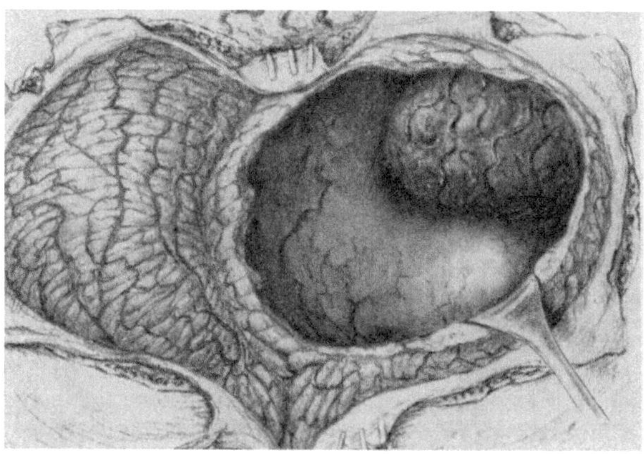

Fig. 49. Cerebellar hemangioblastoma, with larger carneous mural nodule of considerable vascularity; operative sketch of exposed lesion. From Cushing and Bailey (80).

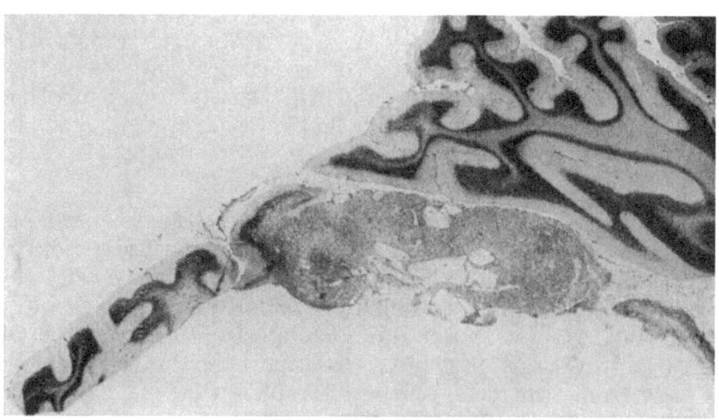

Fig. 50. Photomicrograph of preparation of hemangioblastomatous mural nodule occuring in cyst of cerebellum, showing minute character of the lesion oftentimes found. From Dandy (95).

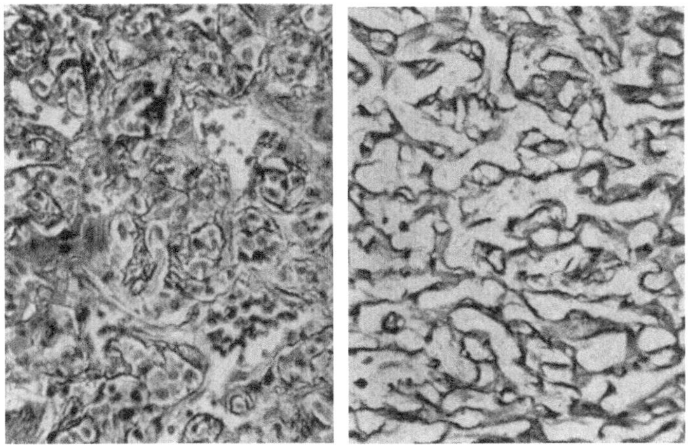

a b

Fig. 51 a and b. Photomicrograph of capillary area in cerebellar hemangioblastoma, haematoxylin-eosin, × 300. b, similar area impregnated by PERDRAU's method to show the reticular framework, × 300. From CUSHING and BAILEY (80).

rather favorably to X-radiation. They constitute 2.0% of cerebral neoplasms (89), and vary greatly in degree of vascularity (from relative bloodlessness to extreme vascularity, the latter condition being more often found).

Histologically the tumors are "characterized by an intercellular network of reticulin (Fig. 51) that permeates the lesions and often incloses the cells individually; it is best shown when the sections are stained by PERDRAU's method. This characteristic, in addition to their general microscopic structure, serves readily to differentiate them from highly vascular gliomas or meningiomas with which they may easily be confused" (27). The blood within the neoplasm is often in direct contact with mural tumor cells lining the irregular sinusoids, no intervening layer of flattened endothelium being present.

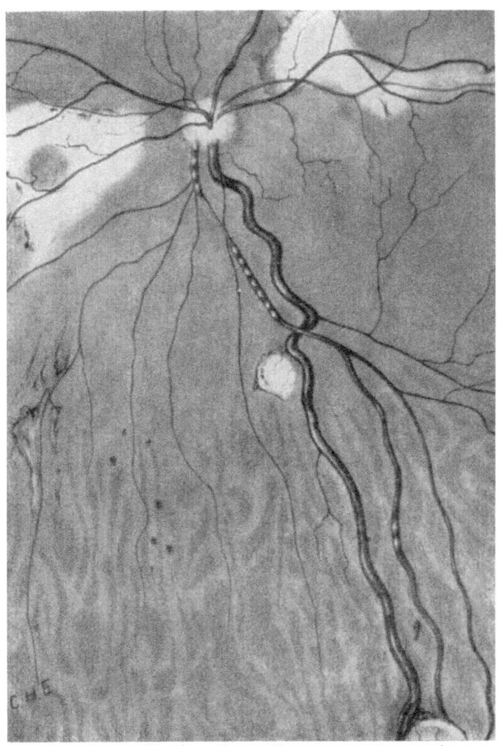

Fig. 52. Drawing of optic fundus exhibiting angiomatosis retinae (von HIPPEL's disease) in a patient with a cerebellar hemangioblastomatous cyst, LINDAU's disease. Note the beaded artery, the immense tortuous vein, the choroiditis, and the angiomatous nodule in the extreme periphery. From CUSHING and BAILEY (80).

3. Angiomatosis (LINDAU's *disease*).

This disease is considered here as a special subdivision of cerebellar hemangioblastomas. It is hereditary and the intracranial manifestations are only part of the evidence of fundamental germ plasm aberration; angiomatosis of the retina, cystic hemangioblastomas of cerebellum, cysts of pancreas or of kidneys, and tumors of epididymis, cauda, spleen, or cartilages, hepatic cavernoma, or hypernephroma, in some multiple combination, usually co-exist. The average age of onset has been 34 years [21—52 years (95)]; life expectancy averages from 2—17 years after clinical onset. The cranial manifestations of the disease are capillary hemangiomata (Fig. 52) of the retina (von Hippel's disease) and cystic hemangioblastoma of the cerebellum; in the past half decade, several cases have been verified during the life of the patient (7, 78, 187, 245).

Microscopically the mural nodule and cyst does not differ from those described in the immediately preceding section.

4. *Angioblastic meningiomas.*

Though described in this section of blood vessel tumors because of vascularity and late characteristics, this tumor should properly be regarded as a

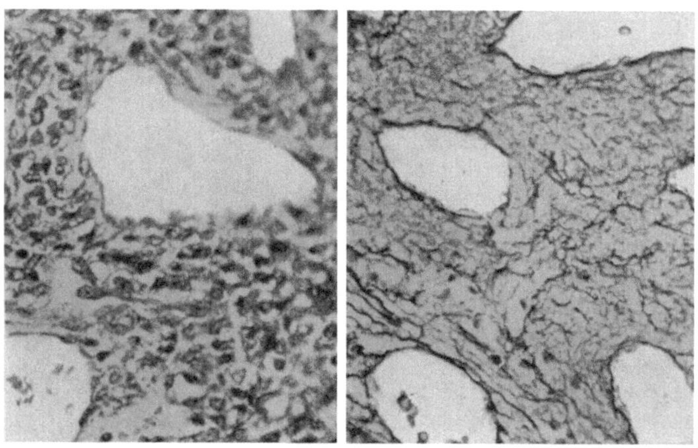

a b

Fig. 53 a and b. Photomicrograph of angioblastic meningioma to show character of the neoplastic cells and their nuclei, and the ubiquity of the reticulin laid down by the cells. Haematoxylin-eosin; Perdrau; × 300. From Bailey, Cushing and Eisenhardt (27).

meningioma deviating toward angioblastic structure (27). It usually becomes manifest in middle adult life. It is encapsulated and arises most often from the superior surface of the tentorium cerebelli or from the falx, though initially it may by invasion present clinically in the posterior fossa just below the transverse sinus. Unlike ordinary meningiomata it proliferates rapidly, and life expectancy, even with repeated surgical attack, is only a few years. In its later stages, it may become aneurysmal, and also actively invade the adjacent brain as sarcomatous tissue. Unlike other meningiomas, it appears to respond somewhat to X-ray treatment.

Microscopically the highly cellular tumor is loose-structured, with numerous open spaces, sinusoids, and vascular cavities which contain a few erythrocytes. Strands of reticulin permeate the tumor in every direction and lie in intimate contact with tumor cells (Fig. 53); there may be a little collagen around the larger vessels. The nuclear membrane is heavy and angular, chromatin scanty, and there are 1—2 prominent nucleoli. At times the vascular spaces are lined only by neoplastic cells; myxomatous areas occur. Cell boundaries are usually sharply outlined in healthy areas (57).

5. *Papillomas of choroid plexus.*

These tumors may occur at any age, but most often in early adulthood. They arise from the choroid epithelium of the ventricles, and not infrequently

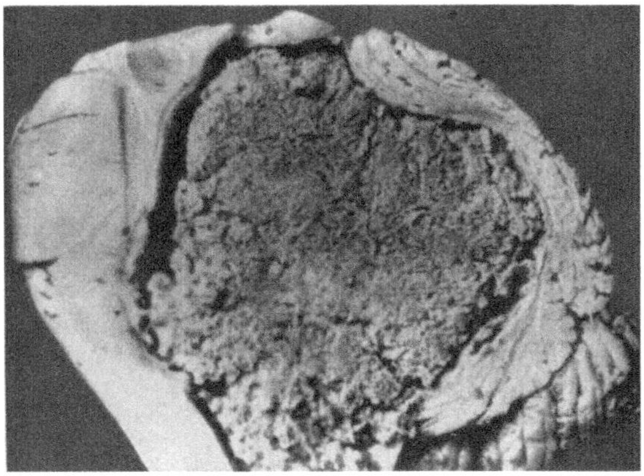

Fig. 54. Papilloma of choroid plexus arising from the roof of the fourth ventricle; note the clear demarcation from nervous tissue; such growths have been successfully removed operatively. From SLAYMAKER and ELIAS (225).

are encysted in the overlying brain by the time they reach clinical size. They are warty, granular, cauliflower-like, reddish-gray, fibrous growths (Fig. 54) capable of being extirpated cleanly (100). In CUSHING's series of 12 cases, 9 were

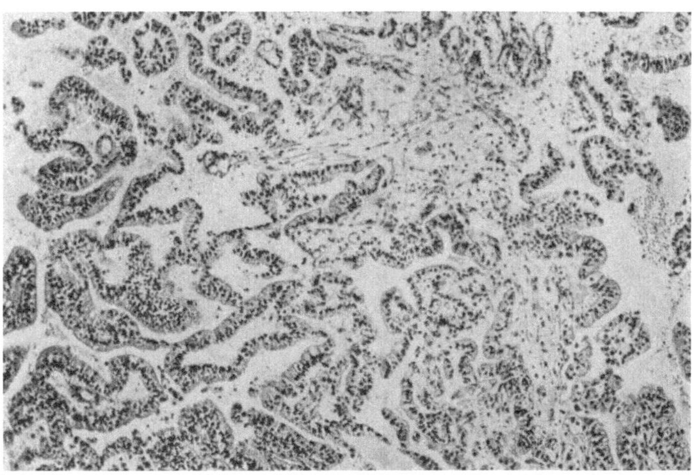

Fig. 55. Photomicrograph of papilloma of choroid plexus showing epithelial encasement of fibrous tissue core. MALLORY's phosphotungstic acid haematoxylin. From DAVIS and CUSHING (100).

in the posterior fossa (of which 6 were in midline, and 3 in the lateral recess), and 3 were cerebral.

Microscopically they show a papillomatous structure, a central artery and vein running through the connective tissue core which is covered by a single layer of cuboid (or rarely columnar) epithelium (218), often limited by an external cuticular membrane (Fig. 55). Corpora amylacea are occasionally present. The cells contain an abundance of mitochondria and no blepharoplasten or cilia. They should not be confused microscopically with the rare papillary ependymoma (149) whose tufts have a glial core and whose cytoplasm contains blepharoplasten. Nuclei are compact; rather dense; round or ovoid; not often vesicular (Fig. 56).

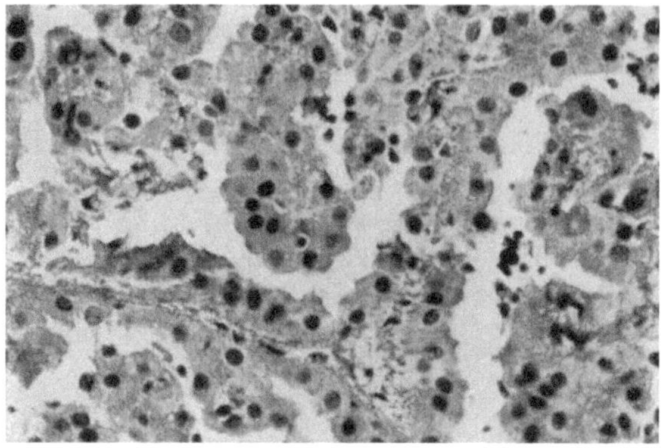

Fig. 56. Photomicrograph of typical papilloma of choroid plexus. Haematoxylin-eosin, × 300. From Cushing (89).

6. *Miscellany.*

Cholesteatomatous endotheliomata (38), fibromas, or endotheliomas, may arise from elements of the choroid plexus, forming tumors which project into the ventricles and reach clinical size; the latter two types are not infrequently subject to calcification. The choroid plexus itself may undergo calcification, particularly in the region of the bend of the lateral ventricle into the temporal horn.

c) Tumors of cerebral appendages.

Hypophysis cerebri: pituitary. Hypophysial lobe tumors and those arising from its vestiges and anlagen are treated separately in the following chapter.

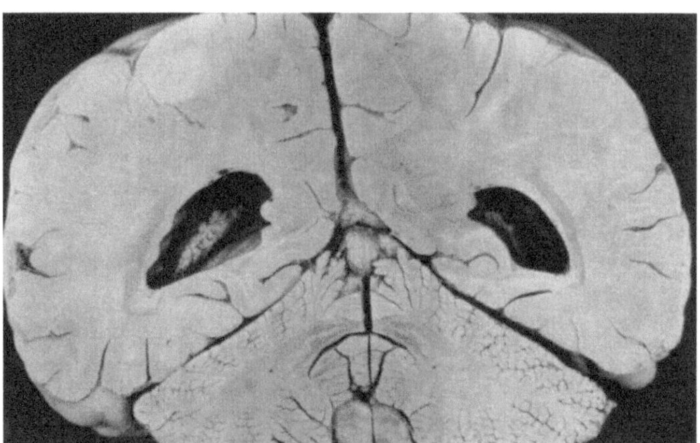

Fig. 57. Coronal section of brain showing firm, sharply-circumscribed, white, slightly lobulated pineoblastoma whose greatest diameters were 22 × 32 mm. Note the swollen and oedematous splenium of the callosum overhanging the tumor.

Epiphysis cerebri: pineal. These are firm, whitish gray, granular-surfaced tumors arising from the pineal body (Fig. 57). They occasionally become cystic, and multiple minor areas of calcification may form within their substance

(Fig. 58). The cut surface of the fixed tumor has a finely granular appearance (Fig. 59). Though surrounded by an excessively vascular arachnoid rete, and in a region of greatest potential vascular possibilities, the tumor itself

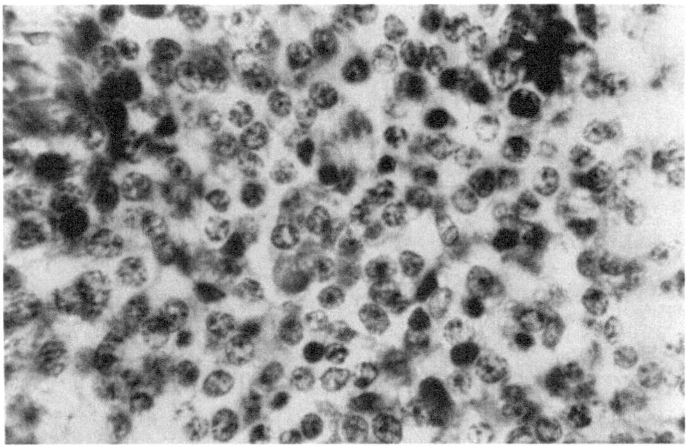

Fig. 58. Photomicrograph of pineoblastoma showing nuclear characteristics, and two calcifications occurring free among healthy cells. Haematoxylin-eosin, × 700.

seldom has an excessive blood supply (Fig. 60). They are usually recovered only 2—3 cm. in diameter, because of the early clinical syndrome induced by even a small enlargement; they rarely become more than 4—6 cm. in diameter.

Age. Average, 15—17 years. *Expectancy.* CUSHING, 12—18 months; CAIRNS, 2 plus years. *Embryologic considerations.* At second month of fetal life the pineal anlage consists of (1) a cellular mass and (2) a fold of the posterior roof

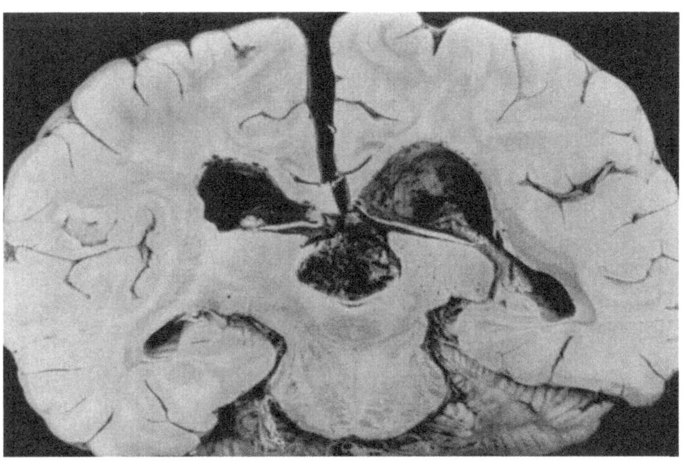

Fig. 59. Coronal section through pineoblastoma, into which multiple punctate agonal hemorrhages have occurred. Note the flattened quadrigeminal plate, the obliterated and slit-like aqueduct, and the degree of internal hydrocephalus present.

of the diencephalon. The cells are round and show no alveolar arrangement. The two parts fuse. In the third month the bud becomes vascularized and the cells develop cilia on the free surface. By the fifth month the bud is 2 mm.

in diameter, the anlagen are completely fused, and the diverticulum now a cavity. At five and a half months the glandular rostral end shows branched tubules lined with cylindrical and cuboid cells. At six and a half months the bud

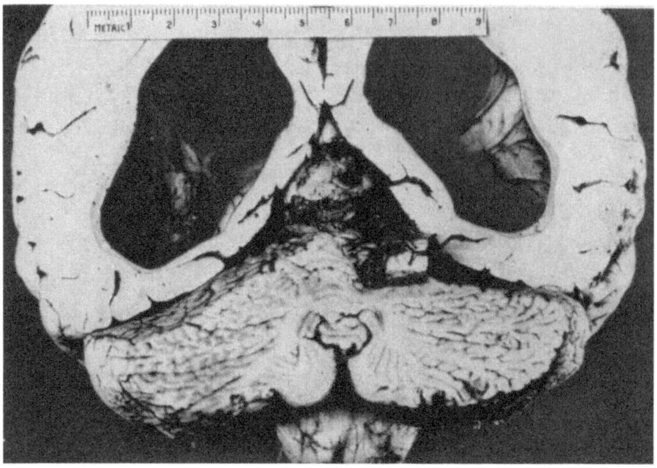

Fig. 60. Coronal section to expose pineal tumor. Note the constriction of the tumor by the tentorial incisure, the adherent vein of Galen, and the degree of hydrocephalus present.

is a mosaic of solid cords of densely staining small cells encircling clear zones of faintly-staining cells which latter are later ($8^1/_2$—9 months) invaded by vascular channels migrating progressively to the periphery of the clear zones.

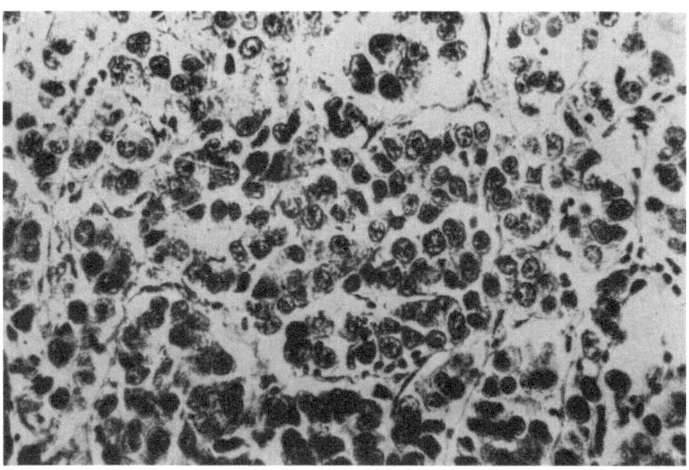

Fig. 61. Photomicrograph of pineoblastoma showing tendency to form lobules demarcated by a framework composed in part of capillaries and vessels. Haematoxylin-eosin, × 325.

The clear cells (with huge vesicular nuclei) have been shown by Hortega to contain numerous blepharoplasten and to have many thick stubby processes, the longer ones of which terminate in bulbs which are in relation to vessels or to the darker staining trabeculae. At eight and a half months an extensive capsular vascularization of the gland appears. During the first to fourth month of post-natal life, the mosaic becomes less pronounced due to overgrowth of the clear areas, and by the fifth month only small islands of dark cells are left, and these rapidly become transformed into elongated cells which GLOBUS and SILBERT (140) identify as fibroblasts and not as glia. From the eighteenth to

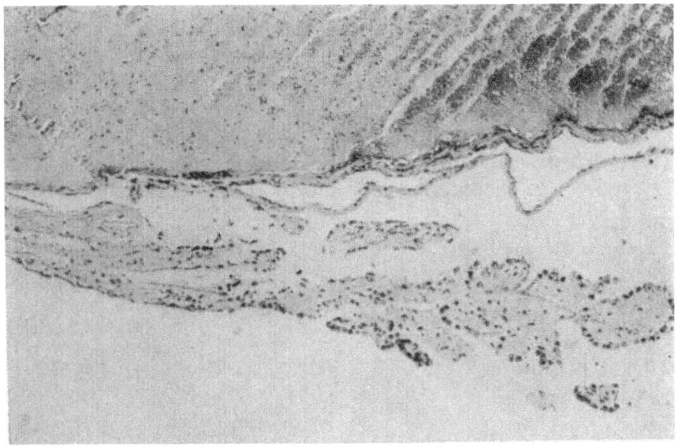

FIG. 62. Photomicrograph of inferior surface of tumor shown in Fig. 63, with tuft of choroid plexus attached; the colloid contents of the cyst, infiltrated with some mononuclear cells, is shown above. Methylene blue-eosin. × 100. From FULTON and BAILEY (133).

twenty-third month of postnatal life an alveolar formation becomes more marked due to trabecular arrangement of the elongated cells; small nests of basophilic or eosinophilic cells appear. From the fifth to eleventh year this advances,

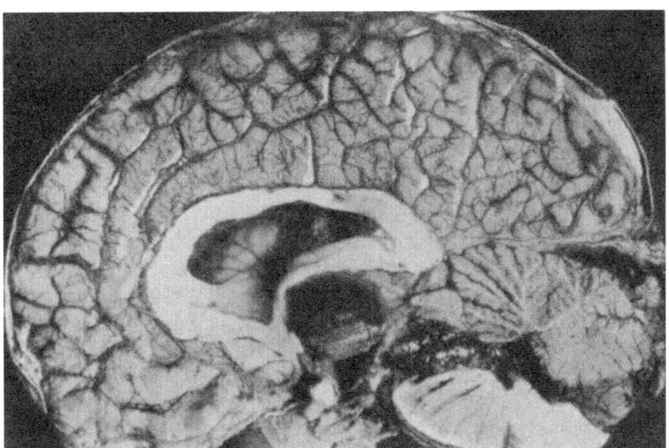

Fig. 63. Median section of brain. Spherical colloid tumor is shown arising from the upper anterior part of the third ventricle. There is also a peduncular hemorrhage. From FULTON and BAILEY (133).

often with colloid formation, cysts, fibrosis, and calcification. It will be observed that most pinealomata correspond to the histologic picture of the fourth postnatal month.

Microscopic. Groups of large parenchymal cells, having a huge spherical nucleus (Fig. 58) and usually containing blepharoplasten and mitochondria in abundance in their scanty cytoplasm, are separated incompletely into islands

(Fig. 61) by areas of lymphoid cells contained in a meshwork of connective tissue reticulum (161). Silver stains (162) may exhibit thick stubby processes, the longer ones ending in bulbous tips, but in the neoplastic cell this demonstration is rather uncommon. On the basis of their differentiation, it may be possible to separate pinealomata from pineoblastomata but their clinical behavior is practically identical; Bailey has considered the pineoblastomata to be really medulloblastomata (24) (for statistical purposes), but this is confusing and is probably unwarranted.

Paraphysis cerebri. The rudimentary paraphysis in man, a nonglandular structure, arises from the midline of the extreme anterior end of the roof of the third ventricle (telencephalic roof plate) just medial to the origins of the

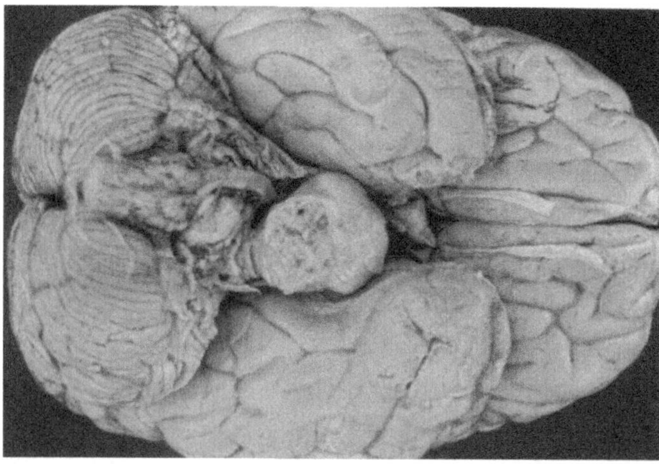

Fig. 64. Acoustic neurinoma arising from eighth cranial nerve on the right side; the tumor is small, but its presentation anteriorly caused precocious symptomatology. There is no capping cyst; the pons is scarcely deformed. The greatly stretched acoustic nerve can be seen disappearing over the edge of the tumor just at its point of contact with the temporal lobe.

choroidal plexus tufts of the lateral ventricles; it projects upward into the velum interpositum, and lies therefore posterior to the anterior commissure and to the vertical part of the fornical pillars (11). Cysts several centimeters in diameter, whose walls are comprised of a single layer of cuboid epithelium and whose contents are a homogeneous colloid material (Fig. 62), sometimes arise from this region and project into the velum interpositum or, more often, as a pedunculated ball into the lumen of the third ventricle (Fig. 63) where they may cause intermittent closure of the foramina of Monro with hydrocephalus; twenty such cases are of record (133).

d) Tumors of cranial nerves.

Tumors not only arise from the proper substance of the intracranial portions of nerves, but may also arise from the envelopes which sheath the latter. Meningiomata of the optic sheath, or of the trigeminus' cavum Meckelii, are considered, along with other meningiomata, in the next section; gliomata, of the optic chiasm (199) have been considered under glial tumors; neurofibromata of the extraocular and other cranial nerves, are considered by Gagel (Breslau) in Tome XVI.

Acoustic tumor. These slowly-growing hard tumors (Fig. 64) arise most often from the peripheral part of the acoustic nerve in the region of the porus acousticus internus, and are not infrequently capped by thick-walled glairy greenish, arachnoid cysts. The lesions themselves are subject to cystic degeneration, but almost never calcify. They occur in adult life, with greatest frequency between 25—55 years. They are nodular and ovoid, and as they increase in size they may produce not only displacement of adjacent cranial nerves and pons (Fig. 65), but also pressure atrophy of the petrous bone. They are diffuse throughout the endoneurium, and cannot therefore be shelled out from the intact nerve, although they possess a definite capsule [over which the

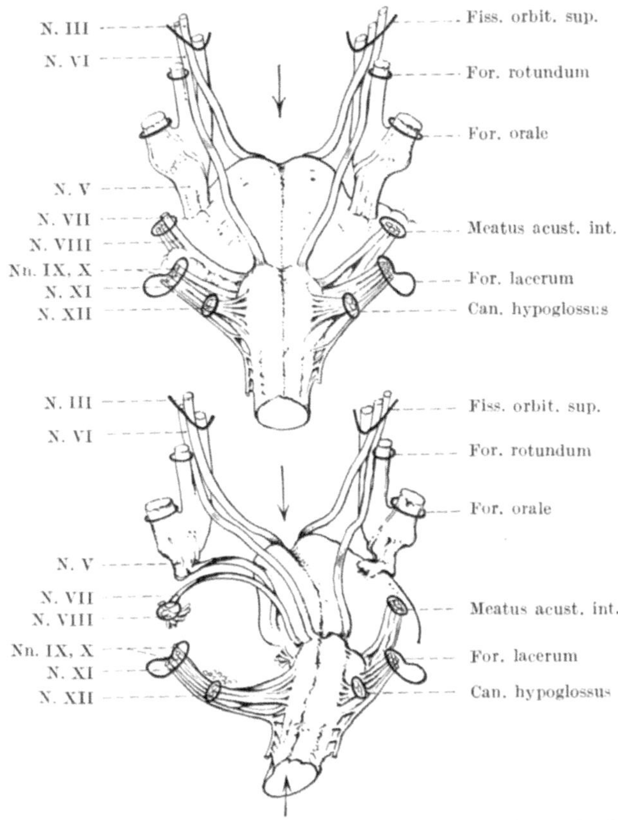

Fig. 65. Showing, from studies of actual cases, the normal relations of the cerebral nerves and their foramina of exit to the brain stem, and the displacement and stretching of these nerves by acoustic tumor. From CUSHING (68).

stretched vestibular and cochlear fibers are tightly applied or superficially embedded (190)]. They vary from a few millimeters in size to half a decimeter or more. The most firm and fibrous parts of a tumor are those deeper juxtapontile portions near the initial seat at the porus.

Normal microscopic anatomy. LHERMITTE and KLARFELD (179) and HENSCHEN (152) have pointed out that both cochlear and vestibular nerves are composed of two morphologic and genetic portions, having a transitional zone in the region of the porus internus, 7—13 mm from the brain stem, the distal segment with axis cylinders, neurolemma, connective tissue, endo- and perineurium; the central segment without neurolemma or endoneurium, and consisting of glial tissue and axones. Goodpasture looks upon the histologic "pseudotypes" found in this tumor tissue as but mere stages of fibrillary differentiation.

Synonyms: steatoma (ancient), fibroma, sacroma, neuroma, glioma, endothelioma, sarcoma fusicellulare (Virchow), neuroma fasciculare (Klebs): gliofibroma (Sternberg), neurofibroma (Henneberg and Koch), endothelial

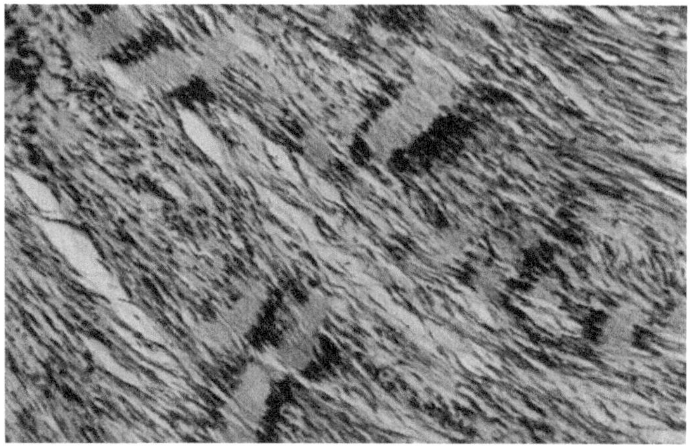

Fig. 66. Photomicrograph of acoustic neurinoma, showing hydropic fibrous area with nuclei arranged in palisade formation. Haematoxylin-eosin, × 200. From Cushing (68).

sarcoma (Mingazzini), gliomes polymorphes angiomateux (Alagna), fibrocystoma (Langdon), neurinoma (Verocay), fibroblastoma (Borst).

Microscopic. Made up of two main types of tissue: (1) dense interlacing fibrous bands, and (2) loose reticular tissue; each occuring in fairly sharply

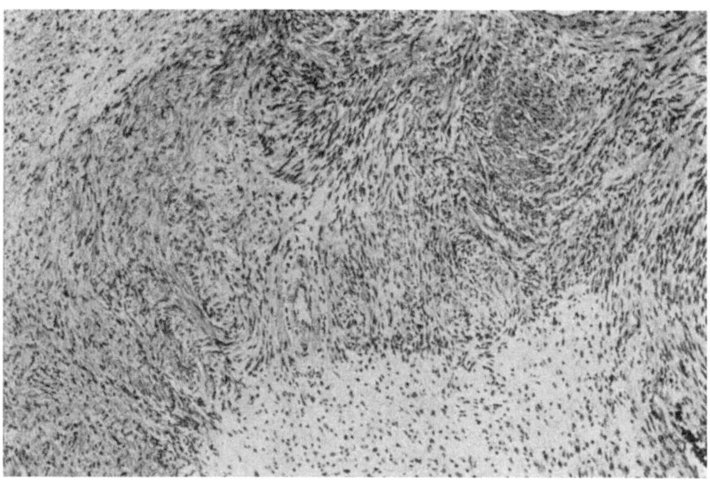

Fig. 67. Photomicrograph of acoustic neurinoma showing interlacing fibrous bands sharply demarcated from reticular areas. Haematoxylin-eosin, × 80. From Cushing (68).

delimited areas. The nuclei of the fibrous strands sometimes (1: 12) have a striking tendency to arrange themselves in more or less orderly fashion (Fig. 66) in pallisades (not pathognomonic) or whorls; the fibrous tissue (Fig. 67) almost never stains quite specifically but the intercellular substance is definitely fibrillary. The cells are elongated and have elongated nuclei. The reticular tissue is in areas between the fibrous bands, appears oedematous and hydropic, with relatively scant round cells of varying size (Fig. 68); these have sparse cytoplasm, and are surrounded by a loose tissue network in which atypical

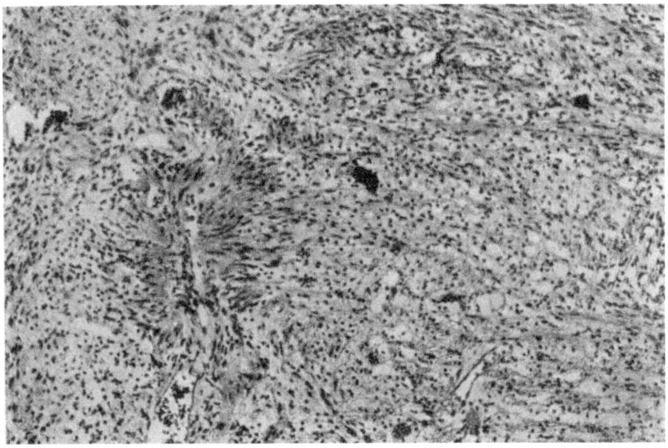

Fig. 68. Photomicrograph of acoustic neurinoma showing patch of fibrous tissue surrounded by area infiltrated with fat cells. Haematoxylin-eosin, × 80. From CUSHING (68).

glial fibrils may be detected by specific methods. Both tissues may become spottily and heavily infiltrated with a fat (probably cholesterin) contained in

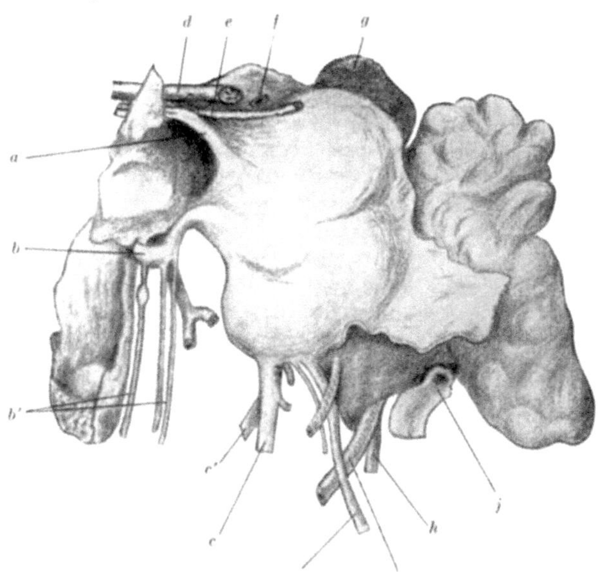

Fig. 69. Gross preparation of tumor of Gasserian ganglion proprius, diagnosed as fibrosarcoma Nerve fibers and ganglion cells traversed the tumor parenchyma in strands. From HELLSTEN (151). *a* Nerv. ophthalmicus, *b* Nerv. maxillaris with Nerv. infraorbitalis, *b'* Nerv. sphenopalatinus, *c* Nerv. mandibularis, *c'* Nerv. lingualis, *c''* Nerv. auriculo-temporalis, *d* Nerv. opticus, *e* Nerv. oculomotorius, *f* Art. carot. interna, *g* Hypophysis, *h* Nerv. vagus, *j* Vena jugularis.

phagocytic cells. Haemosiderin pigmentation is not uncommon in degenerated areas; hydropic or hyaline degeneration is fairly common, the latter particularly about vessels. The tumors are sparsely vascularized as a rule, but occasional pseudoangiomatous areas exist. Traversing nerve fibers are either superficial or capsular.

Gasserian ganglion tumors. These are comparatively slowly growing tumors arising from the substance of the ganglion itself (Fig. 69). Seventy-six cases are of record to 1933 (56), but few have been investigated by modern cytologic methods; many of these undoubtedly are meningiomata arising from the dura of, or about, Meckel's cave (endothelioma; cancer durae matris) and are considered in the following section with other tumors of this type. A few have been diagnosed as sarcomata (myxosarcoma, fibrosarcoma, sarcoma) and may have arisen from interstitial connective tissue within the ganglion substance or roots (151); three have been identified as composed of neoplastic glial or neural elements [gliosarcoma (1911), neuroglioma (1877), neurocytoma (1907)]. Altman (4) has divided primary tumors of the ganglion into (a) neurinomas and (b) neurocytomas, the latter at times metastasizing to regional lymph nodes; he recognizes 26 true primary tumors of the ganglion in the literature. The tumors often attain such considerable size before operative relief is sought that attemps at removal are futile (Fig. 70); extraocular nerves and carotid may be adherent to or imbedded in them. Their previously described cytology withstands present day scrutiny poorly, and a critical re-survey of these growths is needed.

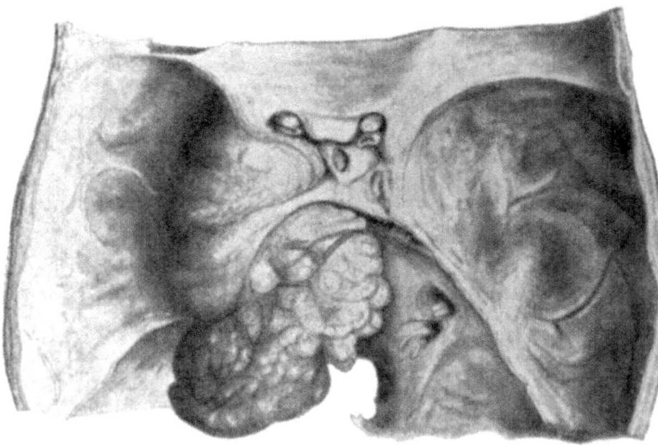

Fig. 70. Sketch of tumor of Gasserian ganglion in situ, showing relations of dura, and the extension of the growth from the middle fossa into the posterior fossa. From Hellsten (151).

Although 17 cases have been exposed operatively, only a few cases of successful removal of an actual growth of the ganglion itself are recorded (e. g. 54); however, moderate-sized meningiomata arising from Gasserian envelopes, and sometimes lightly attached to the ganglion, have been fairly readily removed (130).

e) Tumors arising from meninges.

Meningioma. These are slowly growing encapsulated tumors of adult life, usually of great intraneoplastic vascularity. They probably originate from proliferation of certain phagocytic arachnoid cells occurring in nests within the dura, and particularly in relation to the dural venous sinuses (71). Those occurring about the dural convexity and parietes are usually huge potatolike growths having a small, broad, sturdy dural attachment (Fig. 71), while those of the basal meninges are often broad, flat, placque-like growths a fraction of a centimeter thick. Either may produce changes in adjacent bone, but the meningioma en placque is peculiarly apt to invade Haversian canals and to produce extensive deforming bony overgrowths. Mulberry-like and psammomatous meningiomata (Fig. 72) are most often encountered near the midline basal meninges of the anterior fossa (76). Meningiomata comprise 13.4% (Cushing) to 30.6% (Davidoff) of all intracranial tumors; 92.9% arise from cerebral envelopes, and 7.1% from those of the posterior fossa.

In gross, the common type is a sharply circumscribed, encapsulated, firm, grayish-purple, nodular tumor, which displaces cerebral tissue but from which latter its capsule may receive several large vessels; the parent pedicle of tumor arising from the dura may be relatively small; large vessels course over the capsular surface, and intraneoplastic vascularity is usually phenomenal, profuse and persistent bleeding occurring from any cut surface. Both subjacent scalp and bone may have greatly increased vascularity. The placque meningioma is often only a purplish-red, or yellowish-red, velvety carpet on the inner surface of the dura, either of uniform thickness or else somewhat thinned at the margins of the growth. The hyperostotic bone subjacent to the growth is infected with tumor cells (73), but bone vascularity is usually not greatly increased; the infected bone must also be removed to avoid tumor recurrence. The firm mulberry-surfaced basilar growths of the anterior fossa are often psammomatous when small (2—5 cm) and have only moderate vascularity through their point of attachment; but when larger, however, they also may attain accessory vascularization from adjacent leptomeninges (Fig. 73), and the thick peripheral parts then often acquire a soft yellowish, stringy consistency (Fig. 74) similar to those exuberant meningiomata which sometimes originate broadly from the falx cerebri (vd. angioblastic meningiomas). Their capsule once broken, this latter type of tumor may on occasion implant itself in regional meninges and bone, perhaps in multiple form. The softer types not infrequently undergo mucoid and hyaline degeneration, with acquisition of ray-like or star-shaped deposit of lime salts; such calcifications, in roentgen examination, are readily distinguishable from the fine calcification of psammomatous growths which is usually diffuse, faint, and somewhat hemispheric, or, most often, fan-shaped and faintly rayed.

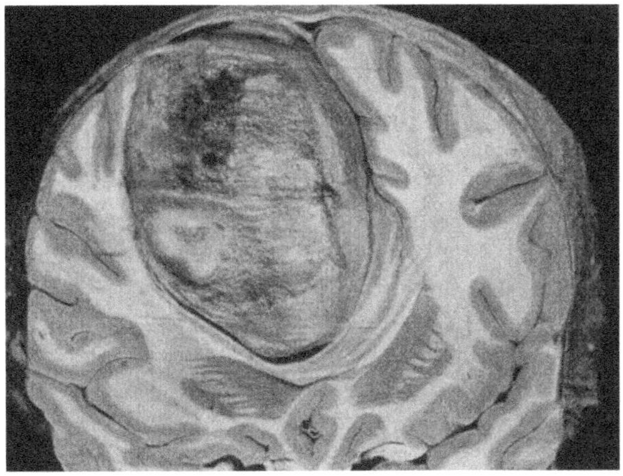

Fig. 71. Coronal section through meningioma of usual mesotheliomatous type, showing dural attachment at sagittal sinus, sharp demarcation from cerebral tissue, great distortion of falx, and corpus callosum. From CUSHING (71).

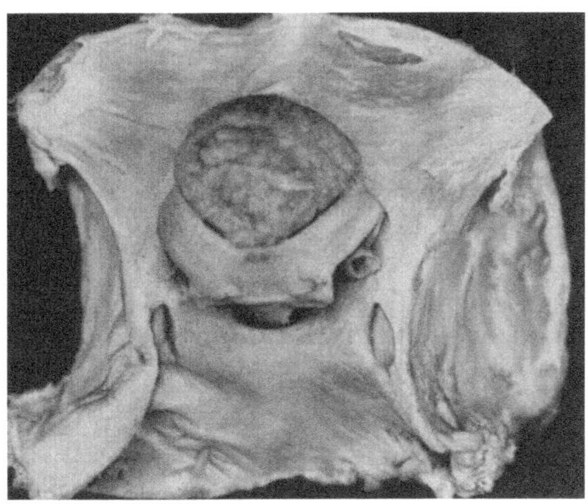

Fig. 72. Meningioma of tuberculum sellae, showing presentation between anterior arms of chiasm; the relation of the carotid and the ophthalmic artery to the optic nerve is well shown on the right. Courtesy of Dr. P. HEINRICHSDORFF.

Bony changes. Sosman (226) lists these as (*1*) erosin and vascularity (*2*) hyperostosis (*3*) spicule formation (*4*) osteoma formation (*5*) enlargement of meningeal channels (*6*) calcification in the tumor itself. *Types.* According to Cushing (27) these types are angioblastic, chondroblastic, osteogenic, fibromatous, sarcomatous; 90% are of the "pure and well-recognized mesotheliomatous type; of the remainder, a few show definite fibromatous, and a few definite sarcomatous, tendencies; or rarely may become angiomatous". Bailey and Bucy (31) differentiate the following types: Mesenchymal, angioblastic, meningotheliomatous, psammomatous, osteoblastic, fibroblastic, melanoblastic, sarcomatous, and lipomatous. *Radiosensitivity.* X-radiation is wholly ineffective

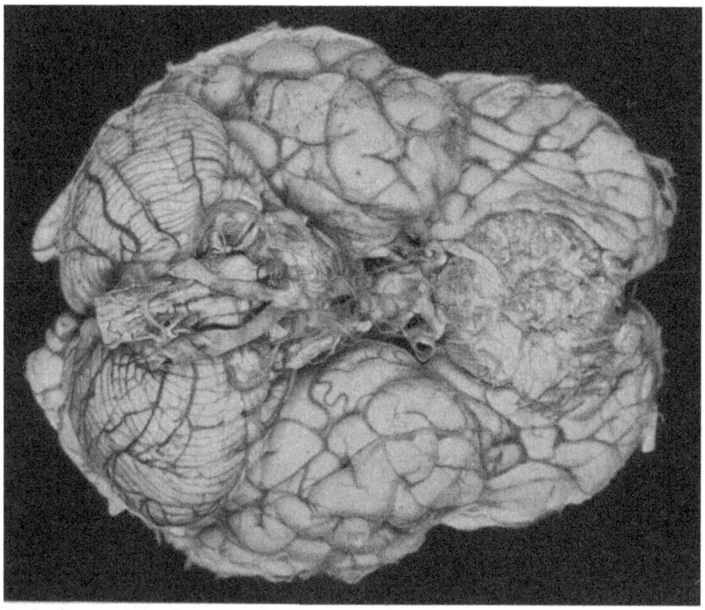

Fig. 73. Meningioma arising from the olfactory groove, viewed from basal aspect of brain; the hemispheric mass projects upward about 5 cm. Note the radial arrangement of the tissue. The superior aspect of the tumor does not differ markedly from that shown in Fig. 72. From Bostroem and Spatz (40).

against these tumors, except for questionable favorable effect upon the angioblastic meningioma. *Aetiologic considerations*: Schmidt (221) in 1902 gave the first clear description of the intradural arachnoid cell nests (Zellzapfen), recognized the relation to arachnoid villi and tufts, and noted that meningiomata are made of cells with morphologic characteristics identic with these rests. Cleland (53) in 1864 had expressed, on slenderer basis the belief that meningiomata arose from leptomeningial (arachnoidal) structure. Aoyagi and Kiyono in 1912 charted the seats of predilection of these arachnoid cell clusters (5) in the meninges and found them along the sinus sagittalis superior, crista galli, sinus transversus; about Nn. oculomotorius, trochlearis, abducens, trigeminus; about the hypophysis, near the sella turcica, and plexus basilaris; at points of penetration of the 3, 7, 9, 10, 11, 12th cranial nerves, and also about the nerve roots of cervical region. In 1908 Wolbach (257) emphasized that, during prolonged intracranial pressure, multiple small cerebral herniations "always enter the dura through fissures occupied by arachnoid villi". Essick (112) has shown that when arachnoid villi are experimentally blocked by sterile or inflammatory particulate matter, the arachnoid cells proliferate abundantly, take on the function of phagocytes, and even become free-moving macrophages

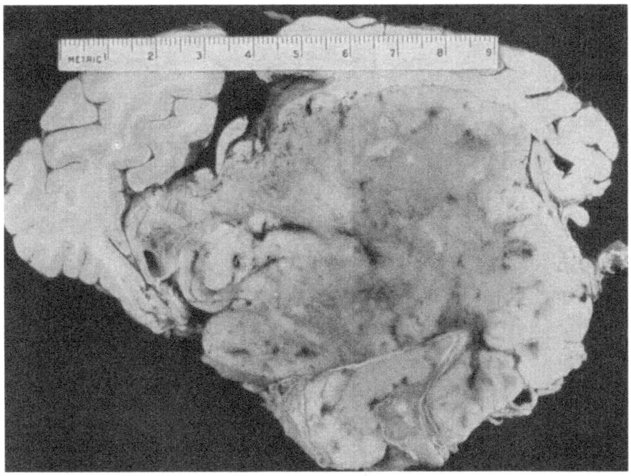

Fig. 74. Coronal section of brain, 2 cm. anterior to optic chiasm, through large olfactory groove meningioma, showing great displacement of cerebral tissue, invasion of orbit (producing exophthalmos), and cross-section of TENON's capsule and contents, embedded in tumor. The central parts of the tumor have degenerated and there are areas of gross calcification.

in subarachnoid spaces. CUSHING has postulated that with traumatic stimulation, or with repeated intermittent herniational stimulation, morbid proliferation within the cell nests may be related to the origin of meningiomatous

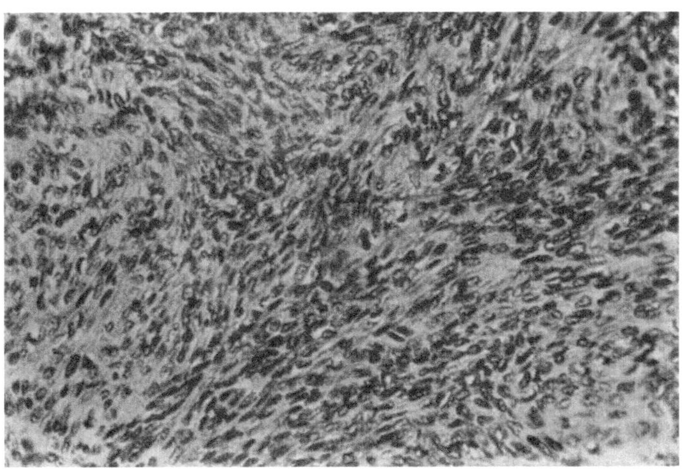

Fig. 75. Photomicrograph of usual mesotheliomatous type of meningioma. Note the coarse nuclear outlines, the frequent paucity of chromatin, and the lack of definition of cytoplasmic outlines. Hematoxylin-eosin, × 300.

neoplasms. *Synonyms.* Leptomeningioma (LEARMONTH); meningeal fibroblastoma (PENFIELD); arachnoidal fibroblastoma (MALLORY); dural endothelioma (CUSHING); fungus durae matris; tumeur cancreuses des meninges (CRUVEILHIER); psammoma (VIRCHOW); sarcome der Dura mater.

Microscopic. Architecture is usually compact (Fig. 75) and the tissue tends to be arranged in sweeping tangled strands and whorls, composed of rows of elongated, nearly parallel cells. A somewhat coarse reticular perivascular tubing springs from the adventitia of vessels and penetrates varying distances into

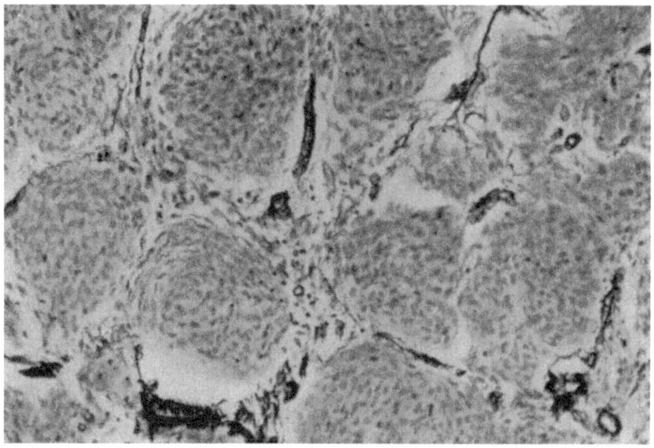

Fig. 76. Photomicrograph of psammomatous type of meningioma stained by Perdrau's method for reticulum, showing lack of intercellular fibrils, and that reticulum is confined to region of bloodvessel walls, where it forms a sort of stroma. × 150. From Bailey and Bucy (31).

the substance of the tumor (Fig. 76). "Fibroglia" are demonstrable in many parts especially in regions abutting mucinous lakes (Fig. 77); these fibrils become incorporated into typical meningioma strands whose units re-incorporate

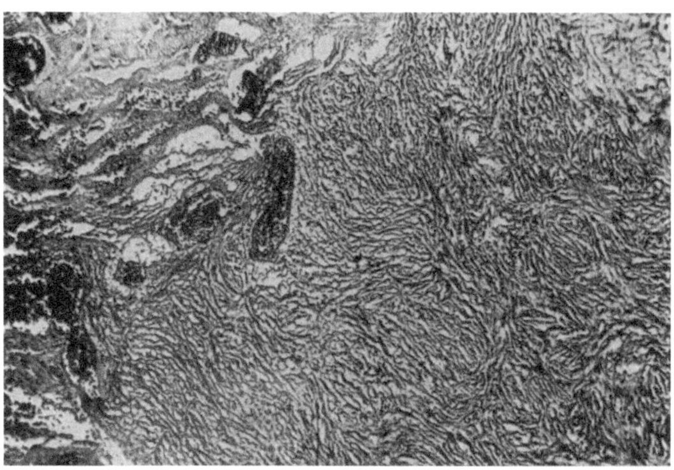

Fig. 77. Photomicrograph of olfactory groove meningioma showing field of fibrillary type abutting a mucinous lake in the periphery of the tumor; the fibrillae incorporate themselves from strand to strand like muscle fibers in the heart. Haematoxylin-eosin, × 70.

themselves from one bundle to another, in a manner analogous to that of muscle strands in the heart. Sparse regions of the tumor may contain broad flowing fields of coarse pink-staining collagenous fibers wholly without nuclei (Fig. 78). These in part stand in relation to obliterated vessels, and haemosiderin-laden clasmatocytes are found among their strands, as well as numerous small wheel-shaped areas of calcification. The cells have a dense cytoplasm, and usually abutt solidly against each other almost like cartilage; unit cell outline frequently may not be demonstrable. Nuclei are elongated, have a dense membrane, are

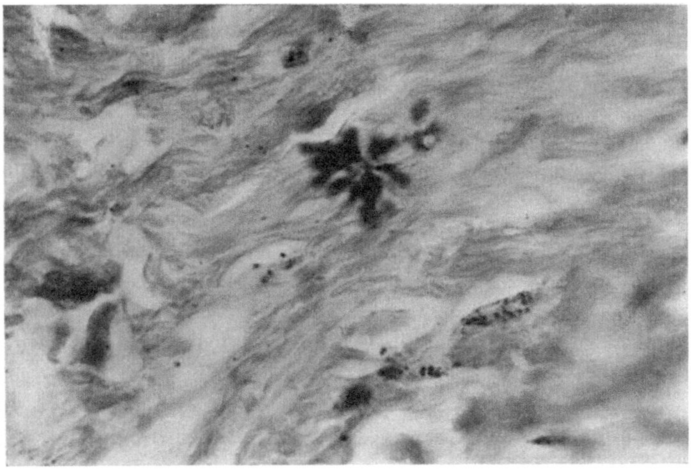

Fig. 78. Showing collagenous area of meningioma, with haemosiderin-laden clasmatocytes, and microscopic deposit of calcium salts. Haematoxylin-eosin, × 900.

vesicular, and have a diffuse linin network aggregated in one or two places into nucleoli.

Epidural lipidosis. This is the principal manifestation of the rare HAND-SCHÜLLER-CHRISTIAN (223) disease, itself one of the group of lipid metaboicl defects [which includes NIEMANN-PICK (phospholipid) disease and GAUCHER's (kerasin) disease] in which excessive amounts of an inutilizable lipid are stored by cells of the reticulo-endothelial system (215). Osseous defects of membranous bones of the skull (Fig. 79), and exophthalmos, are caused by "light yellow or brownish rubbery granuloma-like tissue arising from the dura", particularly about the sella and sphenoid; the tissue is ordinarily flat, but may produce tumor-like projections and may become cystic. The defects in the calvarium demonstrable by X-ray have abrupt sharp edges, and may involve one or both tables of the skull; they are usually multiple; if small, they are round or ovoid, and if large their outlines are wavy and irregular. It should be noted that the dyspituitarism arises from mechanical encroachment upon hypophysis and diencephalic floor by foam-cell granulational proliferation in a region where AOYAGI and KIYONO (5) have shown preponderance of arachnoid cell nests. It is not improbable that further study may

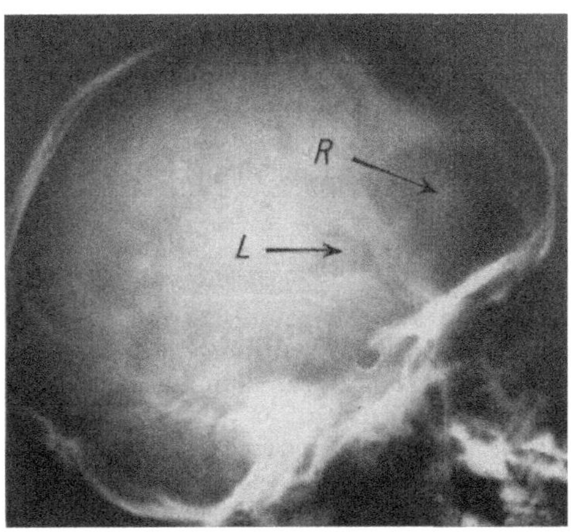

Fig. 79. Lateral roentgenogram of patient with xanthomatosis showing characteristic osseous defects in vault and base of skull. From SOSMAN (229).

show that the actual origin of the tissue here is initially leptomeningial, and represents a generalized response, whereas meningiomata arise from the same source by a proliferation due to irritation of local nature. Deposits also occur subperiosteally in bones outside the calvarium. It is essentially a disease of early childhood, and the course is short, though life is recorded to have been prolonged to the thirtieth year. Christian's initial case regressed following roentgentherapy, and two other apparent cures are reported by Sosman (229), but other clinicians have not found similar success.

Microscopic. Large pale cells of variable size and form, containing 1—2 small nuclei, have a foam-like cytoplasm stuffed with small droplets of a fat-like substance which stains (Sudan III, Scharlach, Nile blue sulphate) and

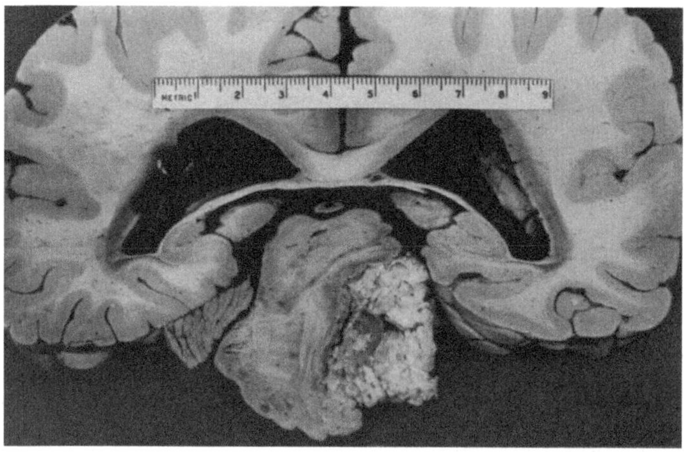

Fig. 80. Coronal section of brain through pineal region, showing cholesteatoma arising from posterior face of left petrous bone. Note the lack of distant distortion produced by the slowly-growing mass; tissues are displaced only minimally beyond the midline. Moderate degree of internal hydrocephalus is present.

refracts like cholesterol or its esters; rarely the cells may contain the actual crystals themselves.

Cholesteatomas. These rare, large, very slowly-growing, benign, pearly glistening tumors (Fig. 80) arise from inclusion rests of the epiblast; as such, they occur not solely in relation to the leptomenix, but also within the substance of the calvarium, as well as elsewhere in the body. Cholesteatomatous deposits may occur in any closed cavity lined with squamous epithelium, but the true pearly tumor (epidermal cholesteatoma) has a membrane composed, from without inward, of a (*1*) stratum durum (connective tissue and collagenous fibers; occasionally absent), (*2*) stratum granulosum (layers of epithelial cells, some with intercellular bridges, and the deeper ones often containing keratohyalin granules), (*3*) stratum fibrosum (corresponding to the cornified layer of the skin), and (*4*) a stratum cellulosum (Fig. 81) composing the bulk of the tumor (made up of cells resembling those of woody plants); the interior contains cholesterin crystals and fatty material (17). If more than the usual Malphigian layer is included in the rest, hair may be present also (dermal cholesteatoma). Their favored seats are (*1*) subdural in the paramedian base of the skull (158) (*2*) the tela choroidea of fourth, third, and lateral ventricles (17), (*3*) the superior aspects of the petrous bone, and (*4*) any part of the calvarium (72). The lustrous pliable capsule merely displaces adjacent structures.

Incidence. Adult, but may occur at any age. *Radiosensitivity.* Nil. *Synonyms.* Tumeurs perlées (CRUVEILHIER); piale Epidermoide (BOSTROEM); cutaneous proliferating cyst (PAGET); margaritoma (VIRCHOW).

Fig. 81. Photomicrograph of scraping from substance of cholesteatoma, showing flat, nucleated polygonal cells with sharp definite outline like that of woody plants. Haematoxylin, × 700.

'Sarcomatosis' of meninges. A diffuse infiltration of the leptomenix, perivascular spaces, and cisternae, by rapidly proliferating cells presumably medulloblasts, with occasionally some slight subpial parenchymal infiltration, and sometimes a small focus of neoplasm in immediate relation to convexity (Fig. 82) or ventricular surface (132). The lesion is usually discoverable in gross only by close examination with hand lens; at times it may be discoverable (Fig. 83) only upon microscopic examination (127). True tumors of this nature are of extreme rarity, and may be confused with diffuse medulloblastoma, ependymoblastoma, lymphosarcoma, metastatic dissemination, etc.

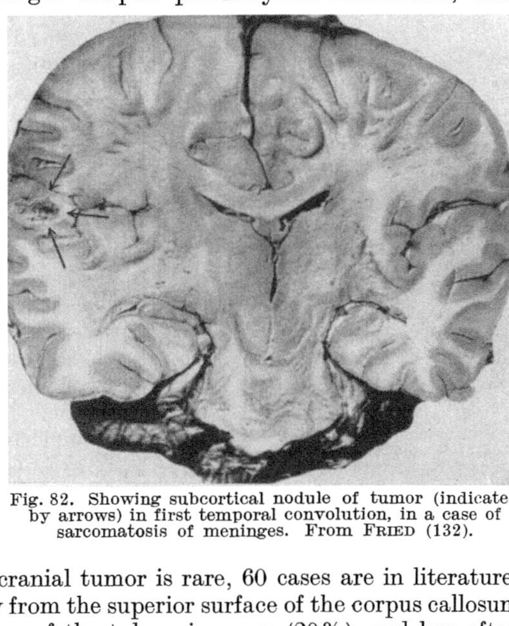

Fig. 82. Showing subcortical nodule of tumor (indicated by arrows) in first temporal convolution, in a case of sarcomatosis of meninges. From FRIED (132).

Radiosensitivity. Theoretically, should respond well. *Incidence:* adolescent or adult, usually the latter. *Synonyms.* ? "Die NONNEsche Krankheit" (OPPENHEIM and BORCHARDT) (12).

Lipoma. Although this intracranial tumor is rare, 60 cases are in literature. It arises most often intracranially from the superior surface of the corpus callosum (28%), next often from the region of the tuber cinereum (20%), and less often from the quadrigeminal region (8%). In gross the tumor is yellowish, obviously of adipose tissue, poorly vascularized, and not infrequently well-encapsulated. Microscopically it does not differ from lipomata elsewhere; the connective tissue stroma of its periphery (sometimes containing collagen fibrils) may intermingle with adjacent nervous tissue without demarkation (39, 113).

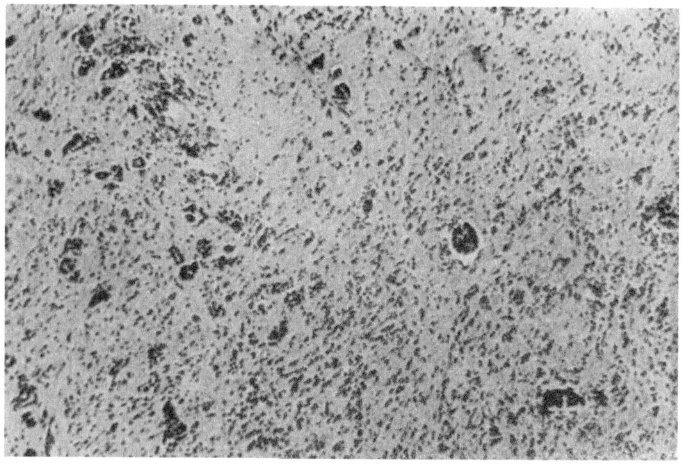

Fig. 83. Photomicrograph of section taken about 1 cm. below the tumor nodule, showing the spaces of His loaded with tumor cells. Methylene blue-eosin, × 80. From Fried (132).

Cisternal arachnoiditis. This obviously non-neoplastic process may give rise to cystic encapsulations falling within the definition initially given for tumor in this chapter; the tumefaction moreover, may give localizing signs indistinguishable from neoplasm. It occurs most often as a localized process in the interchiasmal region; but may also occur in the lateral recesses of the posterior fossa, or about the tentorial incisure. When it is a generalized process it not infrequently causes false localization to the posterior fossa (160). Its aetiology is diversely given: lues (182), subacute epidemic meningitis, thickening after traumatic hemorrhage, or after otitis media, or epidemic encephalitis, influenza, etc. Microscopically, varying degrees of thickening of the pia-arachnoid is found, sometimes with intimate adhesion to underlying cortex; bacteriological stains are negative.

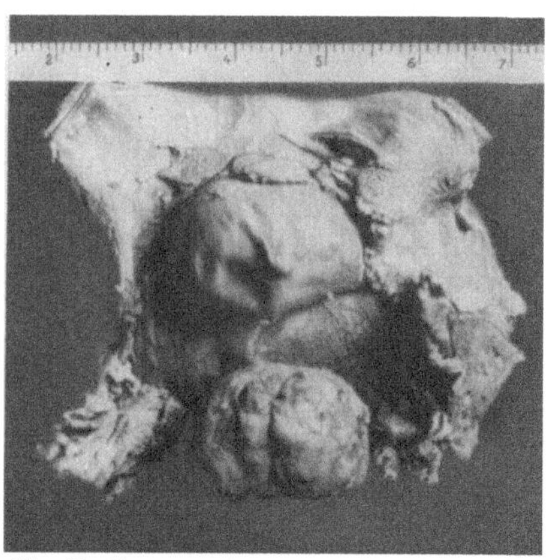

Fig. 84. Gross specimen of base of skull, from posterior end of cribriform plate to foramen magnum, showing two nodules of chordoma herniating upward through weak areas in the dura, though still covered by that membrane. The anterior nodule presents into the sella and has greatly compressed the pituitary body; the posterior nodule arising from the dorsum sellae has indented the pons.

f) Tumors arising from skull.

Chordoma. This is a slowly-growing, indolent, rare tumor arising from vestiges of the notochord; its intracranial seat is within or upon the median basal occipitosphenoid, between the sella and foramen magnum; cases are recorded of involvement individually of occipital parietes, and of facial bones. It ranges in size from microscopic to half a decimeter; it pushes upward, herniating the overlying dura, and may be multiple (Fig. 84); it may present into the sella, infrachiasmally, or anywhere upon the clivus Blumenbachii (150). Metastases from intracranial chordomata are unknown. It rarely calcifies. It is a soft, spongy, avascular growth of milky gray color. *Incidence:* middle and late adulthood. *Analogue.* Ecchondrosis physaliphora (VIRCHOW).

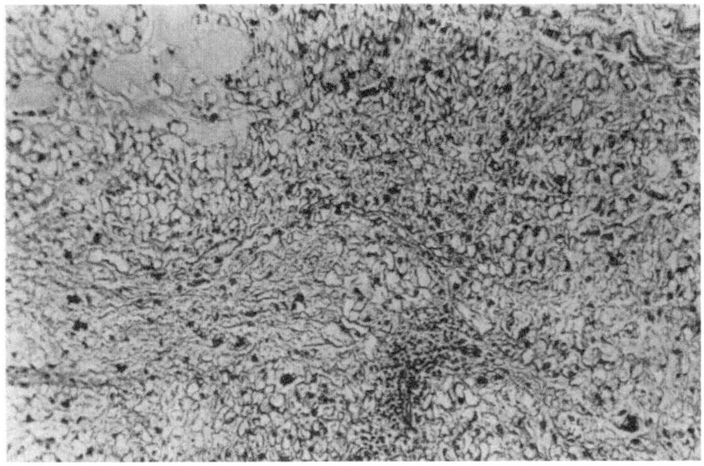

Fig. 85. Photomicrograph of chordoma, to show general type of architecture — an empty loose framework of cells with eccentric nuclei and intensely-staining cytoplasm. Note the perivascular mononuclear infiltration. Haematoxylin-eosin, × 80.

Microscopic. In healthy invasive areas the growth may duplicate the primitive notochord morphologically. Strands of tissue or syncytium one or two cells in diameter are surrounded by a delicate connective tissue sheath (primary),

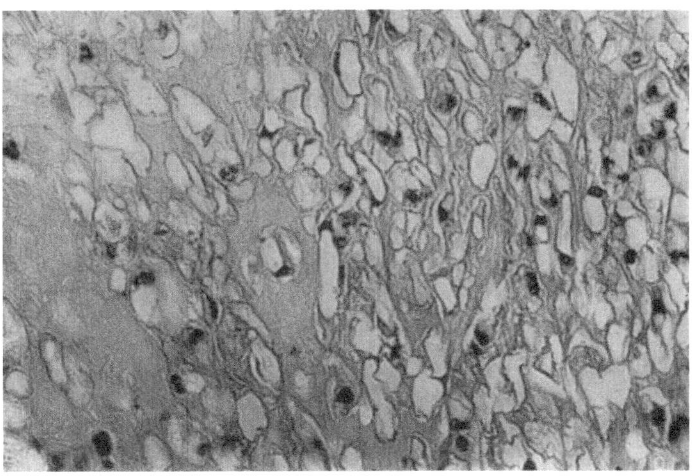

Fig. 86. Photomicrograph of chordoma to show demolition of embryonic type of architecture by increase in material comprising secondary sheaths. Ethyl violet-orange G, × 300.

the former being separated from the latter by an encasing tube of mucin (secondary sheath) secreted by the tumor cells. As the strands thicken, the secondary sheath tends to break up and the central cells to assume a radial arrangement on an erratic connective tissue base, as trabeculae, alveoli, or rarely even suggestive pseudo-papillomata. In most operatively-won tissue the mucoid material has accumulated in such lake-like areas (Fig. 85.) as to destroy largely the primitive architecture, and an empty disorderly framework with rare pyknotic or vesicular nuclei is found. Fine fibrillae similar to collagen are often laid down in the lakes (Fig. 86). The tumor is composed of large polygonal intensely staining embryonic cells, with a grossly vacuolated cytoplasm containing mucin, glycogen, and other vacuole-constituents still unknown.

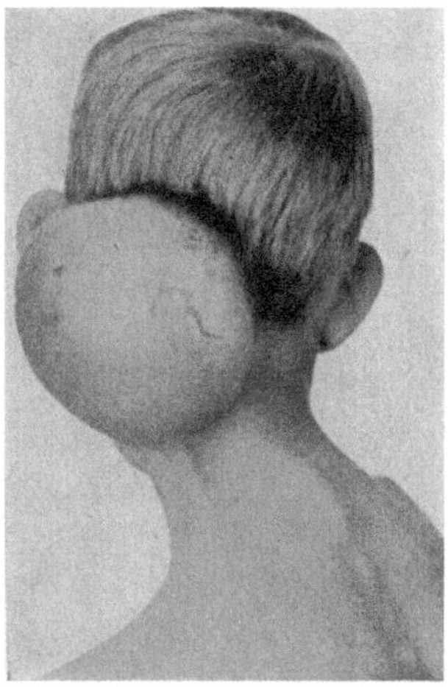

Fig. 87. Large osteoma of occipital bone causing left cerebellar symptomatology. The growth was completely removed without mutilation. From Cushing (89).

Osteoma. True osteomata (not mere exostosis or enostosis) occasionally arise as eburnated masses from the tables of the skull and produce intracranial symptoms by pressure (6); they are often associated with antecedent trauma to the skull in the same region; their histology is not remarkable, nor are their sites characteristic (Fig. 87). Rare (1 : 60,000) eburnated osteomata occasionally arise from the orbito-ethmoid suture, extending downward to produce unilateral exophthalmos, and upward to erode the dura, there producing intracranially capping mucoceles, or even dissecting pneumocephaly (77, 208).

Chondroma. Most often arises in the middle cranial fossa near the midline, possibly in association with the foramen lacerum. Like osteoma, if of sufficient size to produce clinical symptomatology, the chondroma is usually found not covered by dura. Myxomatous degeneration is rare. Histology is not remarkable.

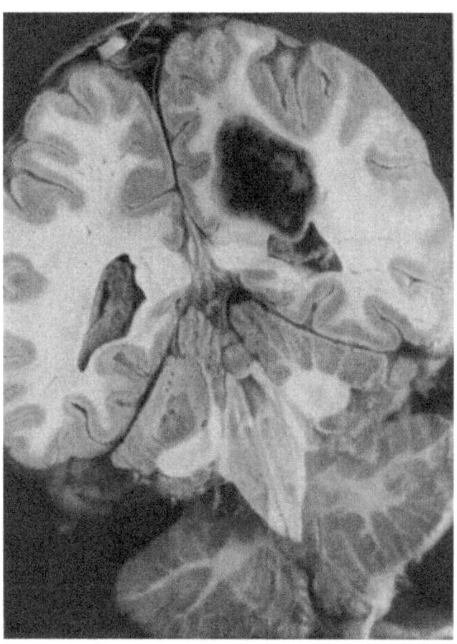

Fig. 88. Bronchogenic carcinoma metastatic to left centrum semiovale and to right cerebellar lobe; terminal hemorrhage has occurred in the cerebral nodule.

Sarcoma. Seldom primary, but may arise independently in the skull in the course of Paget's disease (37).

Hemangioma. So extremely rare as not to justify space here for detailed description (74).

B. Metastases.

The general somatic incidence of malignancy is 9.8%, of which carcinoma constitutes 87% and sarcoma 13%. About 5.6% of all malignant neoplasms metastasize to the brain; 4.7% of carcinomata metastasize to the brain and 12.4% of sarcomata, though in absolute numbers carcinomatous metastases occur 7.7 times more often than sarcoma [deduced from Krasting (174)]. Metastases probably constitute 2.2—4.0% of all brain tumors. In a small series of cases 56% were solitary metastases and 44% multiple (144); the diffuse pachymeningitis carcinomatosa is exceeding rare. Metastases occur most often to the left cerebral hemisphere (Fig. 88).

The onset of symptoms from the metastasis varies from a few weeks to ten years or more; the duration of symptoms before hospital entry averages about five and a half months, and expectation of life after entry, either with or without operation (extirpation or decompression), averages three and a half months, though cases are recorded of 2—7 years of comfortable existence after surgical removal (89, 205).

Metastases from carcinomata of the lung or of the breast easily preponderate, though about half of all cases of melanotic sarcoma also show metastases to the brain. Bronchogenic carcinoma, of course, has shown greatly increased incidence since 1918, and the percentage of such tissue among cerebral metastases is variously given as from 12.2% to 31.4%. Carcinoma of the stomach rarely metastasizes to the brain. The accompanying table of incidence of types is deduced from figures given by GRANT (144).

Carcinoma:	
breast	30.5%
lung	12.2 „
genito-urinary	8.2 „
mouth and sinuses	8.2 „
liver and intestine	4.0 „
unknown	10.2 „
Sarcoma:	
skin and retina	14.3 „
hypernephroma	8.2 „
genito-urinary	2.1 „
myeloma	2.1 „
	100.0%

C. Dysplasias.

For dysplastic and heterotopic overgrowths of the brain, including dermoids of pineal (200) and hypophysial regions, see JOSEPHY (Hamburg) Tome XVI.

D. Granulomas.

Tubercle. The incidence of tuberculoma ("solitary tubercle") seems to fall symmetrically with the diminishing prevalence of other forms of tubercular infection. Older statistics for United States (1894) showed tuberculoma to constitute 32.2% of brain tumor; those about 1916 showed a 5—6% proportion, while current ones (1927) from a neurosurgical clinic (241) show only 1.4%. ZIEHN in 1912 gave a personal estimate of 50% for Germany and quoted SEIDL as having given a figure as high as 86%; but only 1.6% incidence was found, nevertheless, in VON EISELSBERG's material up to 1919. In England 28.9% incidence of tuberculoma is found in intracranial tuberculosis (TREVELYAN-STEWART).

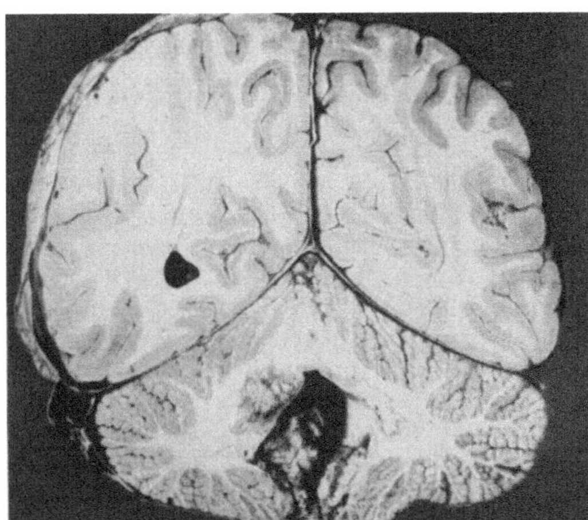

Fig. 89. Solitary tubercle of dentate nucleus and restiform body projecting into dilated fourth ventricle. From VAN WAGENEN (241).

Solitary tuberculoma, often multiple, occurs four times as frequently before 19 years of age as after that time, and this proportion has remained substantially unchanged with passage of time. Tuberculoma occurs 6 times as frequently in the cerebellum (Fig. 89) as in the cerebrum — occurring in the latter location most often in adults. Disturbance of the lesion is apt to be followed by a disseminated tuberculous meningitis, and death usually occurs one to three months postoperatively, although instances of successful removal of calcified lesions are recorded with survival for long periods [five years (89)]. Indubitable instances of cure of solitary tubercle by heliotherapy [six years (241)], as well as undoubted rare spontaneous cures of tuberculous meningitis itself, are of record (60, 255). Not all operatively-exposed progressively-calcifying lesions are solitary tubercle, nor are all yellow nodular lesions tubercular [e. g., xanthoma, vd. (89)].

Macroscopically, at operation, solitary tubercles are less frequently adherent to the dura than gummata; they sometimes have slightly thickened turbid spotty arachnoid overlying them or, more rarely, have oedematous granulation tissue. They involve the brain parenchyma directly, are most often firm or hard and are sometimes calcified. On section they usually present a necrotic center with translucent walls of varying thickness and induration. Microscopically they show characteristic tubercular histology.

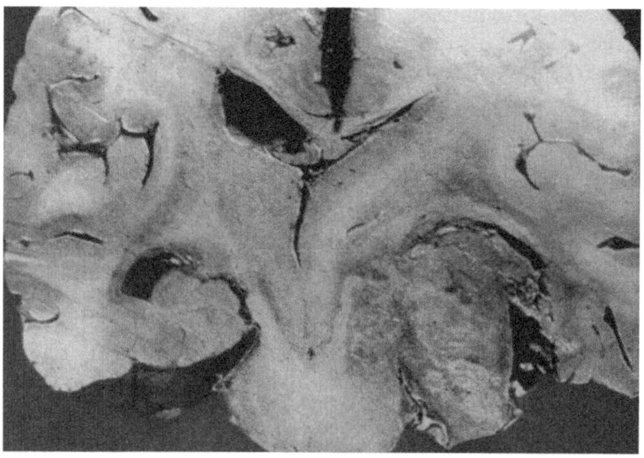

Fig. 90. Coronal section in midpontine region, showing large gumma of left temporal lobe infiltrating the lateral part of the brainstem. From Bagdasar (10).

Gumma. This is ordinarily a slowly growing tertiary lesion requiring 15—20 years to develop, but occasionally it may develop symptomatically within several weeks or a few months. It occurs more often in males (5: 3), preponderates in full adult life (30 to 52 years), and has shown considerably diminished incidence since introduction of modern arsenicals in 1914. Its surgical incidence is given by Cushing as 0.67% (12 : 2023). Bagdasar (10) found blood Wassermann positive in two cases and negative in three; and cerebrospinal fluid Wassermann positive in one, and negative in another. But a positive reaction in blood or cerebrospinal fluid does not mean that other non-specific intracranial neoplasm may not be the cause of intracranial hypertension. A quarter of a century ago Horsley (165) emphasized that surgical attack upon this space-occupying lesion should not be long delayed for medical therapeutics. Unlike tuberculoma, it occurs more often in the anterior and middle fossae (Fig. 90), and may be so vascular when exposed that it is mistaken for meningioma. Prognosis, with operation and subsequent anti-luetic treatment, is good-unlike tuberculoma.

Gummata tend to be larger than tuberculomata. They arise primarily from meninges or adventitia, and usually involve the skull or brain secondarily. The essential lesion is a proliferative panarteritis, with thickening of intima, splitting and swelling of internal elastic lamella, endarteritis, and periarteritis. Sclerosing arteritis, as found in tuberculosis, is rarely present. The central necrotic mass is surrounded by a connective tissue rich in fibroblasts, and this in turn by a peripheral zone infiltrated with lymphocytes, plasma cells, and a few polymorphs; giant cells are not infrequently present in this latter zone. At extreme periphery, cells resembling ameboid glia may be incorporated at points of contact with cerebral parenchyma. Treponemes are practically never demonstrable.

E. Parasitic tumors.

Tumors of animal parasitic origin are separately treated by HENNEBERG (Berlin) in this volume.

III. Diagnosis.

A. Clinical.

In diagnosing a brain tumor three questions are successively considered: (1) Is tumor actually present? (2) Where is it located? (3) What is its nature? The ancient cardinal triad of symptoms, — *headache, nausea and vomiting, failing vision* — are merely indicative of increased intracranial tension from any cause. Tumor may be present in the absence of any, or all, of the cardinal triad; but on the other hand, tumor should be suspected when any member of the triad is present.

a) Is tumcr present?

The triad in general. In determination of actual presence of tumor a rather complete knowledge of the normal and pathologic physiology of cerebrospinal fluid and brain is necessary, for many non-tumorous affections of the brain are capable of giving rise to parts or to all of the cardinal triad. Cumulative hemorrhage, embolism, and aneurysm have been considered in the Chapter by HILLER (München), Tome XI; edematoid chronic infections and degenerative diseases are considered in the early parts of Tome XII by various authors; edematoid encephalitides incident to systemic diseases (nephritis, diabetes, polycythaemia) have been considered in the Chapter by MOSER (Königsberg i. Pr.), Tome XIII; sub-clinical hydrocephalic states in the Chapter by PETTE (Hamburg), Tome X; chronic cumulative posttraumatic states (haematoma, pachymeningitis, cisternal arachnoiditis) have been considered by MARBURG (Wien) in Tome XI. It is not our purpose here to review superficially the differential diagnosis of these individual confusing states, and the reader is referred directly to the articles above cited. Occasional salient features of differentiation, and sign posts of danger, will be alluded to below.

The triad is usually in evidence when any space-occupying process is present. If space-occupancy develops relatively suddenly, e. g. within one to thirty-six or forty hours, the triad does not have time to develop and is replaced by a picture of shock (hemorrhage, embolism, acute abscess, fulminating meningitis, extradural haematoma, acute hemorrhage into a small non-symptomatic degenerating tumor or metastasis). If, on the other hand, space encroachment develops slowly over a long period of years (e. g. four to fifteen or more), intracranial hydrodynamics have an opportunity to accomodate themselves, and the triad is again absent (some dysplasias, certain meningiomata, cholesteatomata, chondromata, some oligodendrogliomata, arteriovenous anomalies). The triad may also on occasion not be present at the time localizing or focal symptoms develop, as in small gliomata or meningiomata in the region of the anterior central convolution or in chordoma, or in pontile gliomata or circumchiasmal neoplasms; but the triad may develop acutely during the course of these lesions if necrosis, hemorrhage, cystic degeneration, juxtaposed arachnoid lakes, or perineoplastic oedema develops. Conversely, small or minute lesions, if located at "silent" but crucial points [as aqueduct (e. g. 75), quadrigeminal plate, foramina of Monro], or diffuse microscopic lesions blocking arachnoid absorptive tufts [as sarcomatosis of meninges (55)], may push the triad into clinical prominence without the slightest localizing evidence.

In general it may be said, however, that the classic triad of symptoms is in evidence at some varying time during the course of development of probably 70—75% of intracranial neoplasms. Diagnosis has often waited, and probably will continue often to wait, upon its development. In its absence, localizing evidence for tumor must be either indubitable or overwhelmingly presumptive, as will be developed in subsequent sections.

Headache. Almost invariably found in some degree, and not infrequently having major localization in the region overlying the growth; it is most often deep-seated, and the scalp itself is not tender. The tenderness frequently elicitable by light percussion of, or by deep pressure upon, the skull similarly localizes to the same region in a fair percentage of cases.

The calvarium, dura, and brain substance are themselves insensitive. The adventitia of all pachymeningial vessels, however, carries a sensitive plexus derived in part from the trigeminus and in part from the sympathetic. The sympathetic plexus is also rich about the median base of the middle fossa and cavernous sinus, and the *nervus tentorii* (recurrens of Arnold) ramifies bilaterally within the tentorial layers; some vagal fibers are also supplied to the basal dura. From observations during operations conducted under local anaesthesia, it is known that these sensory fibers carry at least some degree of local sign. Vessels of the leptomenix, if not actually insensitive, carry only most minimal sensation and no local sign. It is evident, therefore, that (1) traction upon the dura, or, to a less degree, upon the arachnoid, or (2) pressure upon or damage to pachymeningial vessels, or (3) acute disturbance of the dura about the tentorium or about the median base, may be productive of pain. Though not proven, it is not improbable that localized headache may arise from actual local pressure upon the dural structures by a subjacently-embedded, or adherent, lesion.

The headache of undecompressed intracranial tension is usually worse of a morning, worse on sudden changes of posture, worse during constipation, and is aggravated by straining; it is usually a smooth, even, severe aching pain; it seldom throbs. That of generalized intracranial tension is usually suboccipito-frontal; that of sellar, or orbital foraminal, distension is deep median retro-orbital. An immediately subcortical cyst, or an arachnoid lake, not infrequently gives rise to a sensation as if a blow had been received directly over it, when posture is changed quickly. Processes involving the bone often give rise to boring or grinding localized headaches. Cardiovascular hypertensive headache is not infrequently of a helmet-constrictive type, or else suboccipital and nuchal; it is often worse during the later parts of the day. Asthenopic headaches are usually bilateral low frontal and anterior temporal. Glaucomatous headaches are generalized cephalgic, and throbbing orbital; they are aggravated by use of the eyes, and not infrequently relieved by myotics.

Vomiting. This is ordinarily a late symptom. It occurs precociously however in the midline cerebellar tumors of childhood, where it may indeed be the sole presenting symptom for months. Actual emesis is often not preceded by nausea and its unwarned suddenness and force therefore has given rise to the descriptive phrase, projectile vomiting. It usually occurs in the morning, often on an empty stomach; the retching usually makes the headache worse, but after the bout is over the headache is frequently much improved. Vertigenous lesions are apt to give this symptom prominence.

Persistent nausea has the same significance as vomiting; and anorexia may be but masked or larval nausea.

Failing vision. Failing vision from intracranial causes may be due to (1) choked disc or its sequellae, (2) primary optic atrophy, or (3) retrobulbar visual pathway disturbances in the absence of either (1) or (2).

Choked disc. Ophthalmoscopically the earliest stage of choked disc is slight engorgement of retinal veins, obscuration and slight elevation ("rolling") of the nasal border of the optic disc, eradication of the visibility of the lamina cribrosa, and a shallowing of the depth of the physiologic cup. Later, the venous engorgement is augmented by tortuosity of veins with obliteration of the physiologic cup and blurring of disc margins on the temporal as well as the nasal sides of the papilla; the optic disc now begins to take on measurable elevation and exudate is thrown out over its surface, embedding the vessels here in cottony white floculations; exudate may also occur about the veins in proximity to the disc. Flame-shaped small hemorrhages may appear about the vessels, anywhere in the fundus but oftenest about the disc itself. Latest of all, the arteries assume some varying degree of increased tortuosity. As choked disc subsides, the measured elevation of the exudate-covered papilla diminishes, the peripheries of the elevation take on a radially-wrinkled appearance, the venous engorgement disappears (163). If the intracranial tension has been short-lived, the fundus may return to normal appearance. But if more than minimal exudate has been present, this now organizes obscuring permanently the lamina cribrosa in the depths of the incompletely obliterated physiologic cup, giving the disc a permanent degree of pallor, and a haziness of outline, spoken of as secondary atrophy. After subsidence of long-standing choked disc, the organization of the considerable exudate at the disc results in scar tissue in which the entangled retinal fibers are slowly compressed, still further impairing vision irretrievably. The retinal veins not infrequently retain their tortuosity for long periods of time (years) after the subsidence of severe choked disc, and this, together with the hazy outlines of a whitened disc bearing a shallow physiologic cup in which the lamina cribrosa cannot be seen, constitutes the criteria for secondary atrophy. Severe simple secondary atrophies produce concentric constriction of visual fields, oftentimes amounting to "tubular" vision.

Choked disc is measured in diopters. The degree of rapidity with which it develops after onset of intracranial tension is variable; it seldom develops before 12—20 hours; the variability is probably due to the varying strength of the lamina cribrosa in different individuals. In about half of patients presenting for neurosurgical attention, the degree of choking is found to be between 1.5—4.0 diopters at the time of admission; 4.5—6.5 diopters of tension are not long compatible with life in an undecompressed skull; but with decompression a patient may show 6.0—7.0 diopters for many months before exitus. The degree of elevation of discs is frequently unequal in the two eyes, and is usually higher on the side of the tumor, — though this is not invariable; it holds more particularly true for growths occurring in the anterior and middle cranial fossae, and is often true as well for those in the posterior fossa. The usual difference between the two sides, when difference is present, varies from 0.5—2.5 diopters.

Three factors probably enter into the production of the picture of choked disc: 1. The generalized increase in intracranial tension due to space-occupancy by the tumor; this increased tension is transmitted uniformly to the cerebrospinal fluid, including that within the meningeal sheath about the optic nerves (63), so that the optic papilla is actually constricted and pushed forward into the bulb. 2. Compression of the central vein of the retina during its short course within the optic nerve, due to the increased tension about the nerve; visible congestion, tortuosity, exudate, and hemorrhage therefore results in the fundus. 3. An obscure and as yet ill-comprehended kinetic factor having to do with the individualistic variation in size of the dural venous sinuses and the growth's mechanical relationship to the walls of these sinuses; it is this third factor which is most often invoked in attempt to explain disproportion in degree of choking in the two optic discs (106, 136).

The picture of albuminuric retinitis may closely counterfeit that of choked disc, but on close search it is usually possible to ascertain that some or many of the patches of exudate in this condition are located at some distance from visible vessels and are not immediately juxtaposed to veins (or arteries) as is the invariable case in simple choked disc. In hypertensive cardiovascular-renal disease, retinal arteries are usually small, exhibit some fusiform or sacular variation, and show increased tortuosity. *Arterial tortuosity in an optic fundus should always give a neurosurgeon pause.* Nicking of veins by arteries at points where the two cross is a sign of arterial hypertension. A diffusely oedematous fundus, with obscured disc, and vessels which lie hazily in a uniform diffuse retinal oedema, should not be mistaken for choked disc; this may often be found in chronic encephalitides and in early cardiac decompensation with meningovascular signs. Thrombosis of the central vein of the retina may give an aspect almost identic with choked disc, except that actual papillar elevation is seldom present. In a true optic neuritis, the papilla shows considerable hyperemia, and may even be cherry-colored.

Primary optic atrophy. Ophthalmoscopically this is first evidenced by some degree of mild chalky pallor of the temporal side of the optic disc. As the process advances the pallor spreads over the entire disc, the arteries and veins diminish slightly in caliber, and the retinal color itself may blanch to an appreciable, though slight, degree. The outlines of the optic disc remain sharp, or may even appear etched, the physiologic cup retains its normal depth and contour, and the lamina cribrosa is clearly seen throughout in the depths of the cup. No exudates, retinitis, choroiditis, or other fundic disturbance accompanies it.

This may be (1) the end stage of a true optic neuritis, or it may appear insidiously because of a (2) retrobulbar neuritis (nicotine, alcohol, multiple sclerosis, lead, lues, etc.), or because of (3) direct destructive mechanical pressure upon an optic nerve, optic chiasm, or (less often) pre-geniculate optic tracts. It is only with the latter just-mentioned group of mechanical (neoplastic) causes that this chapter deals.

In glaucoma an almost similar picture may be produced, except that the physiologic cup is broadened to include the entire disc and its base is depressed uniformly several diopters below the general retinal surface. The vessels seem to disappear over the edge of the disc and are only dimly seen until minus lenses pick them up again on the floor of the cup. In earlier stages of glaucoma, the cup is merely widened and the central trunk of vessels displaced more or less markedly toward the nasal side of the disc. It may need expert consultation and repeated tonometric measurements to differentiate the two. In thrombosis or embolism of the central artery of the retina, optic atrophy takes place, the arteries become mere threads, and the retina blanches appreciably and permanently.

Lesions of the pre-genicular optic tracts. These may or may not produce clinically a primary optic atrophy. More often, in addition to their characteristic visual field defects, such neoplastic lesions produce choked disc before they become manifest. It should not be overlooked that any neoplastic lesion producing a primary optic atrophy may attain major space-occupancy and superimpose choked disc and its sequelae on an initial primary atrophy. Concerning visual field defects, hemianopsias, macula-sparing, etc., see the Chapter by Brouwer (Amsterdam) in Tome VI; these are not infrequently of profound importance in diagnosis.

Other general clinical signs. In the young, a bulging fontanelle, hydrocephalus, diastasis cranii with Macewen's sign, are indicative of increased intracranial tension. The venules of the upper eyelids may be engorged. Vertigo, dizziness, or tinnitus, especially on changes of posture, are often indicative of intracranial hydrodynamic imbalance. Violent and persistent nose rubbing occurs not infrequently in patients with brain tumor in any location. Drowsiness, stupor, coma, slowed, pulse, and slowed respiration, are indications of advanced intracranial tension and are seldom warrantably encountered in chronic states, nowadays, unless terminal. Convulsive states, either of cerebral or cerebellar type, may sometimes be without localizing significance as far as the actual situation of the neoplasm is concerned.

b) Where is tumor located?

General remarks. In depicting summarily the characteristic symptomatology produced by lesions in different regions of the brain, it should be recognized that tumors rarely affect a sharply-circumscribed area and that the symptomatology presented by a patient may stem from several juxtaposed areas. A single clearcut academic total picture as outlined below is a rare actuality. The following discussions are synoptic only, and the reader is referred to Tomes IV—VI for an exhaustive and scholarly consideration of regional symptomatology. It should be recognized that symptoms may be divided into two groups: absolute and faculatative. The former are obligatory in determining localization; the latter give additional weight for localization when present, but their absence does not speak against a corellative localization indicated by other symptoms originating from the same area.

Frontal lobe. The disturbances of this area may be divided into those affecting the lobe as a whole and those affecting its three major surfaces: the three frontal convolutions of the convexity, the median face, and the orbital face (173).

Destructive lesions of the frontal lobe are apt to produce a slow degeneration of character, judgment, and responsibility analogous to that encountered, with other signs, in luetic paresis. Corrosive indolence, personal slovenliness, fatuous judgment, obstinancy, childish jocularity, and relaxation of social inhibitions are often found, and are apt, for obvious reasons, to be more pronounced in left-sided lesions (242). Deep lesions toward the genu of the callosum often cause varying degrees of apraxia. Due to functional interdependence of the frontal lobe with the contralateral cerebellar lobe, disturbances of coordinative functions also occur (either by stimulation or by release of inhibition). Such coordinative disturbances are most often contralateral to the frontal lesion, but may also be bilateral; they are akinesias [hypometria (253), ataxia], hyperexcitability of labyrinthine canals, spontaneous past-pointing. Cutaneous reflexes are sometimes found absent on the homolateral side, with a homolateral tremor. Other faculative findings are supporting reactions (vd. Chapter by Stenvers (Utrecht) in Tome V); and contralateral forced grasping and groping (224, 172) this latter most often indicative of a high paramedian frontal lesion. Epileptic attacks originating from the posterior part of the first frontal convolution [Vogt's Feld 6aβ; Foerster's frontal adversive field (122)] cause rotation of head, eyes, and trunk to the contralateral side, without aura, and with tonic-clonic movements of the contralateral arm and leg (Tome VI) (Foerster); just below this, in the lower half of the base of the second frontal convolution (Vogt's Feld 8) is the center for conjugate deviation of the eyes to the contralateral side (and slightly upward). Moria-excitement-mania is more apt to be present in irritative-destructive lesions of the orbital aspect of the lobe and back as far as the olfactory trigone. Olfaction may be homolaterally impaired or annihilated by destructive pressure upon the olfactory nerve.

The Foster-Kennedy syndrome, when present, is diagnostic: mental disturbances as outlined above; occasional homolateral anosmia; homolateral primary optic atrophy, and contralateral choked disc (171); — the primary optic atrophy, and failure of superposition of choked disc, being due to direct occlusive pressure of the superjacent tumor upon the dural sheath of the homolateral optic nerve, blocking transmission of cerebrospinal fluid pressure to the optic papilla.

False localizations. Cushing has pointed out that in hydrocephalus the olfactory nerve may be compressed across the sphenoid ridge and give rise to anosmia (67); coryza or rose fever should not be confused during examination; history of antecedent cranial trauma, in which the olfactory bulb is not infrequently avulsed from the cribriform plate, should be ascertained. Roentgenographic calcifications in the falx, most frequently encountered in the anterior regions, should not be mistaken for calcification in tumors. A surety of absence of aurae is necessary for localization to the base of the first frontal convolution.

Forecast of histologic type. Glioblastomata and astrocytomata are most probable intracerebral neoplastic tumors in this region; oligodendroglioma is a poor third. The former two have tendencies to cyst formation, and the latter to its peculiar type of calcification, which is demonstrable roentgenographically. Ependymoma, sometimes of papillary type, may arise deeply, and astrocytoma may project *en masse* into the lateral ventricle. Meningiomata may arise from the convexity, often accompanied by an auscultable bruit [beware! (207)], characteristic extracranial circulatory signs, and sometimes roentgenographic signs. Meningiomata arising from the olfactory groove (76) are not uncommon, giving rise to psychic symptoms (often of a disagreeable kinetic type), unilateral anosmia (occasionally bilateral), not infrequently a Foster-Kennedy syndrome, and a characteristic roentgenographic picture.

Central convolutions. The anterior central convolution carries from above downwards, control of fine isolated movements of somatic musculature commencing with toes and proceeding symmetrically to face, tongue and larynx; Feld 4, in the depths of the Rolandic sulcus is the prime mover; the convolution itself (Feld 6a α) has similar response if the pyramidal tract be intact, but if the tract be interrupted the response here is the same as for the frontal adversive field (vd. ante), according to Foerster. The anterior part of the operculum (Feld 6b), the oro-laryngial area, gives rise to gustatory and laryngial activity. Disturbances of the posterior part of the third frontal convolution (angular gyrus; Brodman's Feld 44 ab) usually gives rise to a motor aphasia (Tome VI) (Foerster). The posterior central convolution (Feld 3, 1, 2) has similar somatotopic distribution for common sensation and its irritation gives rise to crude tingling paresthesiae and sometimes to a fine tremor in the corresponding distribution (121).

Irritation of these areas gives rise to focal Jacksonian epileptic attacks, local and mild if the stimulus be slight but expanding into generalized convulsion if the stimulus be major or long continued. If the somatotopic distribution of the body upon this cortex be visualized, the march of the aura and the convulsive attack can be followed as an expanding stimulation radiating from its point of inception, and hence can usually be distinguished easily from those mass (or "extrapyramidal") convulsive responses originating in other cortical areas heretofore or later mentioned. It follows that, because of the easy physiologic responsiveness of this area, small lesions are more frequently detected in this region than elsewhere in the brain. The usual sequence is: (1) a convulsive series involving some part of an extremity; (2) as the convulsions become more severe and wider in extent, over a period of weeks or years, the extremity becomes paretic or paralysed, accompanied by usual characteristic reflex changes (Babinski, Hoffman, Rossilimo, Oppenheim, etc.). The paralyses are at first transient and mere exhaustion phenomena, but they later become permanent. Lesions involving the posterior central convolutions, with sensory Jacksonian attacks, are less apt to be followed by anaesthesia than are convulsive ones of the anterior convolution by paralysis. Submerged convulsive substrates may often be developed into transiently overt clinical phenomena by use of voluntary pulmonary hyperventilation (117, 214).

Of intracerebral tumors, glioblastoma and astrocytomata are most common here; oligodendroglioma, neuroblastoma, granuloma, are rare; small astroblastomatous nodules have been found operatively in this region as heterotopisms unassociated with actual tumor which is of another glial type. Meningiomata are about as common here as are intracerebral tumors, and should always be considered even in the absence of roentegenographic bony changes. The parasagittal meningioma straddling the sagittal sinus, usually produces the progressive picture of focal epilepsy in one foot, expanding to paralysis, and followed by paresthesiae or focal attacks in the opposite foot; this not uncommon lesion may be suspected even on partial presentation of the above picture. Gummata, rare in the United States, have also been known to occur in this location.

Parietal lobe. This lobe may be thought of as essentially a coordinator of qualities of special and kinaesthetic sensation. In its superior fields, diffusely, (Brodman's Feld 7) are principally localized stereognosis, twopoint discrimination, and muscle and joint sense, for the contralateral half of the body, with very questionable tendency to gross somatotopic distribution. Kinaesthesia is apparently located a little more strongly toward the posterior central convolution, stereognosis probably subcortically, and two-point discrimination cortically and sagittally, — though even such relative attempts at exactness are open to criticism. In its inferior (supramarginal) fields (Brodman's Feld 39 and 40) are located cognitive integrations of special and proprioceptive sensation (18, 41), disturbances in the left hemisphere (69) here leading to various nonmotor aphasic disturbances [global, visual, acoustic, apractic, alexic, etc.; see Tome VI]. Deep subcortical lesions may involve the post-geniculate optic radiation (which here spreads above and lateral to the ventricle), thus producing quadrantic homonymous hemianopsias (with spared macula) — inferior field defects of course indicating superiorly-situated lesions. Direct motor response from stimulation is known only from the superior (paramedian) portions of the lobe (Vogt's Feld 5a and 5b), where, after paresthetic aurae, head, eyes and trunk are turned contralaterally, and there are complex synergic movements of the contralateral arm and leg. If the stimulus originates from Feld 5a, the homolateral leg is quickly involved as well.

Glioblastoma and astrocytoma are the most probable of intracerebral tumors here; oligodendroglioma occurs more often here and in the depths of the temporal lobe than anywhere else; meningiomata are not uncommon both in the region of the Sylvian fissure and parasagittally along the venous sinus. Metastases occur most often in the left lobe. Blood vessel anomalies are prone to manifest themselves in relation to the Rolandic or Sylvian fissures. The rare cerebral medulloblastoma has occurred in this region.

Occipital lobe. Tumors involve this lobe of the brain considerably less frequently than other lobes, but they are usually so situated as to disturb the calcarine cortex or the optic radiation. Consequently contralateral homonymous hemianopsias, with spared macula, are usually found, and if *quantitative* perimetry (Fig. 91) be undertaken with Bjerrum's tangent screen (minimizing fatigue and considerably facilitating accuracy and speed), it will usually be found that defects for form of field can be detected with white discs (1/2000,

2/2000), as readily as for color and with far less tedium (249). Wernicke's hemianopic loss of pupillar reflex to light will not be present in lesions of the post-geniculate pathway, and may be of value in differentiating troubles of the deeper-lying retrochiasmal optic tract from those of the radiation itself in the parietal and occipital lobes. Foerster has shown that sparing of the macula may be expected in all post-geniculate optic pathway disturbances unless the lesion also extends to involve the splenium of the corpus callosum which carries the bilateral decussation of double representation of the macula (120). Visual hallucinations, sometimes Liliputian, may be present in the blind field. Irritation of the area striata (Vogt's Feld 17) gives crude sensation of light only; if at the occipital pole, the lights appear straight ahead and stationary; if further forward, they seem lateral and move centrally. The lower convolution controls the upper visual field, and the upper convolution the lower part of the visual field. Irritation of the occipital eye field (Vogt's 19) causes movement of the eyes toward the contralateral side (see Tome VI, Foerster), and complex hallucinations of figures, pictures, scenes, in motion and usually approaching (121).

Fig. 91. Quantitative perimetry using tangent screen. The junction of each 30° of circumferential arc and each successive ten-degree interval outward from the macula is marked on the screen with a small tuft of black yarn. The patient's distance from the fixation point is 2000 millimeters; her left eye is covered by a comfortable cup attached to a spring clip passing over the head. The visual field of the right eye is being plotted with a 2 millimeter disc. Uniform illumination is maintained by artificial lighting.

Lesions of considerable size in the occipital lobe may so extensively depress the tentorium as to give rise to homolateral cerebellar signs (145), and conversely, invasive lesions of the cerebellum may involve the geniculate body, producing contralateral homonymous hemianopsias, often, however, accompanied by loss of hemianopic pupillary reflex. In the absence of clear neighborhood signs (210), differentiation between primary occipital and primary temporal tumors may be difficult without recourse to procedures to be detailed in a subsequent section.

Glioblastoma, oligodendroglioma, and astrocytomata are probably most common here, but metastases and angioblastic tumors occur about as frequently. The rare angioblastic meningioma arising from the superior surface of the tentorium and involving both occiput and posterior fossae is at present discouraging surgically.

Temporal lobe. Tumors, frequently cystic. occur rather frequently in this lobe, but the area is relatively silent symptomatically. It is claimed that disturbances of the first temporal convolution may give rise to an anomia. Irritation of the first temporal convolution (Vogt's Feld 22) causes aurae of unlateralized thunder, whirring, hissing, whistling (121) and is followed by turning of head, eyes and trunk to the contralateral side and with tonic-clonic movements of the contralateral arm and leg (see Tome VI, Foerster). Contralateral deafness and diminished auditory acuity have been reported by KNAPP (254), but are probably due to disturbance of HERSCHL's transverse auditory cortex extending inward toward the island of REIL. Disturbances of the uncinate region or the hippocampal gyrus give rise to uncinate fits (167) with aurae of disgusting smells or tastes, recession of reality, dreamy states, smacking or tasting movements, salivation, and absence of tonic or clonic movements. The geniculo-calcarine optic radiation sweeps forward inferolaterally about the tip of the temporal

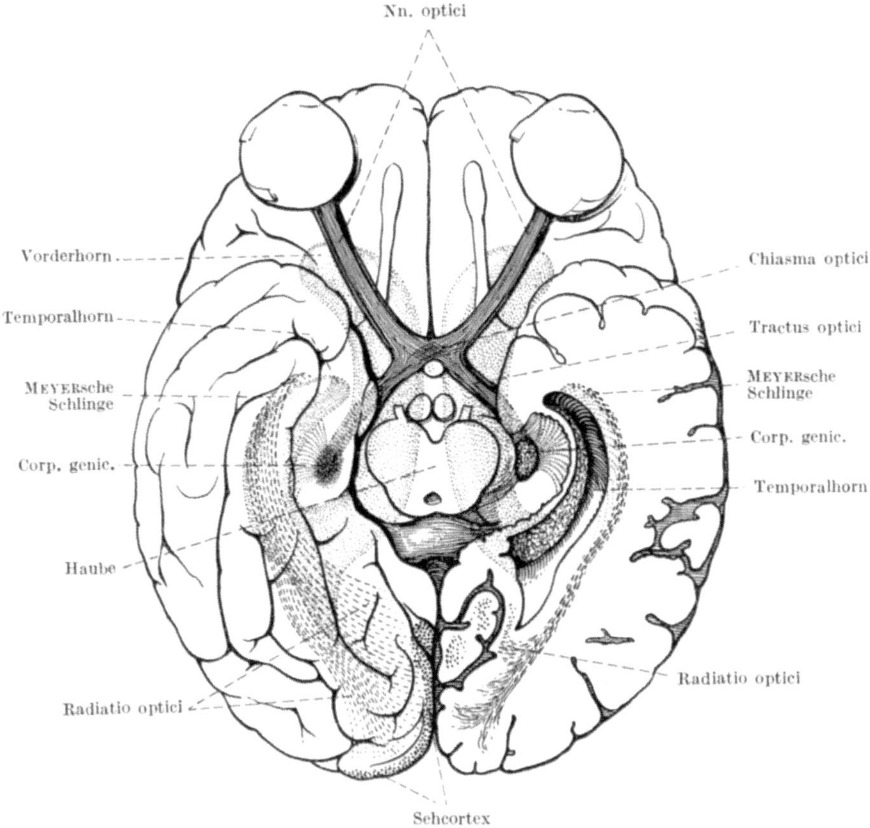

Fig. 92. Diagram of optic radiation, after CUSHING (70), showing in transparency on the left that MEYER's loop reaches as far forward in coronal section as the chiasm, as it swings forward about the temporal horn of the lateral ventricle; in the right hemisphere, the pathway is shown in section. The pathway also extends rather broadly high about the ventricle in the centrum semiovale beneath the parietal and occipital cortex.

horn of the lateral ventricle (MEYER's loop), before it rises to the calcarine cortex (70). Tumors within the temporal lobe are therefore particularly apt to involve this tract (Fig. 92), producing contralateral quadrantic homonymous hemianopsias, often small enough to be mere sharp deep notchings which must be carefully sought for at each 10—15° of arc. Here again, complicated visual hallucinations often occur, and are sometimes Liliputian (159). Tumors of Gasserian ganglion or its envelopes may produce temporal lobe signs, but are usually accompanied by trigeminal anaesthesia (with characteristic findings) and with spontaneous pain in the anaesthetic area.

Astrocytomata, glioblastoma, oligoodendroglioma, and astroblastoma are the probable intracerebral lesions in this neighborhood, particularly the cystic forms of the first two. Meningioma is not uncommon, sometimes arising from the dural convexity in the lower reaches of the Sylvian fissure, but more often of the placque-like type arising from the meningial floor of the middle fosae and producing immense hyperostotic reaction in the temporal fossa and orbit, with gross asymmetry and exophthalmos. The nodular type of meningioma may arise also from the neighborhood of the venous sinus along the sphenoid ridge, producing, in addition to regional neurologic signs, irregularities of the ridge readily detectable in stereoscopic roentgenograms. Rare osteomata, chondromata, or extensions of perichiasmal lesions, or cholesteatomata, may present upward, giving origin to temporal symptomatology.

Basal ganglia. The subcortical central ganglionic masses of the prosencephalon, excluding the diencephalic floor, constitute a clinical unit of two parts, striatum and thalamus, considered in general terms as efferent and afferent

Fig. 93. On the left, the patient is trying to show his teeth, demonstrating a distinct paresis of voluntary motion on the right side. In the picture on the right is shown the beginning of a sponanetous smile, with emotional acceleration on the right side. Many other dissociations of voluntary and emotional facial movements may occur. From Monrad-Krohn (189).

stations respectively, each having fairly characteristic syndromes. The subjacent diencephalic floor and mesencephalon or its pathways are frequently also disturbed or involved by lesions of this region. A greatly diversified and expanding symptomatology, which can be only summarily broached here, is attributed to the basal ganglia.

Probably the most clinically useful general key to the region is (Fig. 93) a dissociated contralateral paresis or paralysis of facial emotional movements, in the presence of intact and symmetrical voluntary facial movements (189). The afferent side of this affect arc is apparently thalamic and the efferent striatal. Another useful key is absence of contralateral associated movements of the upper extremity in walking. Various components and elaborations of the Parkinsonian syndrome may be present (116): posture, tremor (appearing at rest, disappearing on motion), hypertonia (primarily pallidal), hypo- and bradykinesia; in unilateral tumor such signs are contralateral. Other striatal components are massive outbursts of pseudo-affect (34) without emotional content (in contrast to the submerged emotional turbulence, without objective evidence, sometimes found in thalamic lesions), athetosis, and mirror movements (246). It is also possible that the torsions of the body axis originate here (or in the mesencephalon). Choreiform movements in tumor cases are practically unknown.

Direct irritation of the head of the caudate nucleus in man is known to cause tremor of contralateral (occasionally bilateral) extremities. Somatotopic distribution, if it exists here, is still conjectural.

Lesions of the thalamus produce a profound contralateral hemihypaesthesia, often preceded or accompanied by paroxysmal or persistent spontaneous cuticular pain or paresthesiae. Deep sensibility is practically abolished (vibration, muscle and joint sense, stereognosis, weight), superficial sensibility markedly impaired (touch, pain, temperature, cutaneous spatial). There may be homolateral choreoathetoid movements, and some degree of ataxia. Contractures are rare, but irritative tumors of the thalamus sometimes produce persistent characteristic alterations of posture (questionably due to attempts to ameliorate pain) amounting almost to contracture. A curious alert negativism is not infrequently present. The ventrolateral part of the thalamus is primarily concerned with the various modalities of special sensation, and has some somatotopic distribution, the rostral part of the region subserving the oral end of the body and the posterior part subserving the more caudal portions. The anterior and median portions of the thalamus have to do with mimic, affect, and possibly with some visceral innervations.

Spongioblastoma polare and astroblastoma occur most often in this region, although astrocytoma or ependymomata are not rare, and the ubiquitious glioblastoma multiforme is also occasionally found; oligodendroglioma has not been reported. Cholesteatoma, chondroma and Gasserian tumors are among the rarities. The infiltrative astroblastoma may long be mistaken for encephalitis or vascular disease until cerebrospinal fluid block is produced.

Perichiasmal region. This region, so fertile of symptomatology and of pathologic processes, is separately treated in extenso in the following chapter, and hence only its characteristic syndromes are presented, much condensed, here. For somewhat extended consideration, CUSHING's paper (82) should also be consulted, or, in summary, that of DEERY (101) or McLEAN (196).

Pituitary adenomata: These may be divided into three histologic types, each with a characteristic clinical syndrome: neutrophilic, acidophilic, basophilic, in order of clinical frequency (104) All types of strumous enlargement of the anterior lobe of the pituitary have certain mechanical features in common, but the endocrinologic manifestations differ. A strumous enlargement produces mechanically (1) a balloon-like expansion of the sella turcica, detectable roentgenographically and (2) upward pressure upon the chiasm causing (a) bitemporal hemianopsia and (b) primary optic atrophy. If the strumous enlargement be composed of eosinophilic cells, acromegaly results, with amenorrhoea or impotence (153), heightened basal metabolic rate, lowered carbohydrate tolerance, hypertrichosis, characteristic acromegalic skeletal and visceral changes and occasional mild glycosuria. If it be composed of neutrophilic cells, a hypopituitary picture results, with amenorrhoea or impotence, lowered basal metabolic rate, increased sugar tolerance, apathy, fatigability, hypersomnia, recession of secondary sexual characteristics, and a characteristic non-gracile type of adiposity. If it be composed of basophilic cells (86) a recently extricated syndrome is produced: amenorrhoea or impotence, fatigability, painful adiposity of face, neck, and trunk, plethoric skin, purple linea atrophicae, characteristic hypertrichosis, kyphosis, loss in height, normal carbohydrate tolerance, slightly lowered basal metabolic rate, tendency to arterial hypertension. Basophilic adenomata seldom reach strumous size (236).

The posterior lobe (neural) of the pituitary occasionally becomes cystic, but rarely produces clinical symptoms (8, 83).

Chordomata: These tumors arise from embryonic rests of the notochord and occur intracranially beneath the dura at points between the anterior clinoid processes and the foramen magnum (Fig. 84). They not infrequently present into or just behind the sella turcica, and hence are subchiasmal. They are often multiple. Their clinical manifestations are due to mechanical pressure produced upon the chiasm, diencephalic floor, tegmentum, or pons.

Meningiomata of tuberculum sellae: These, presenting upward between the anterior legs of the chiasm (Fig. 72), produce very slowly a primary optic atrophy and bitemporal field defects without roentgenologic alteration of the sella and without neighborhood neurologic symptomatology. They occur in middle-aged persons, and are among the most favorable of tumors for removal (81).

Craniopharyngiomata: These non-malignant tumors arise from congenital squamous epithelial rests which are remnants of the primitive Rathke pouch (50) from which is formed the adult anterior hypophysial lobes; they spring from the superior surface of the pituitary body or from the infundibular stalk. They are subject to calcification (detectable roentgenographically in 85% of cases), and to cystic degeneration, — the cysts sometimes burrowing to astounding locations in the overlying brain. The cyst fluid is characteristically viscid greenish-brown and contains multitudinous glistening cholesterin crystals. These tumors may present pre-chiasmally, sub-chiasmally, or retro-chiasmally, usually producing primary optic atrophy, and some form of hemianopic field defect [bitemporal or homonymous (250)], with a substantially normal sellar outline, above or within which appears calcification. Neighborhood basal diencephalic signs are usually present (Froelich syndrome, diabetes insipidus, narcolepsy, etc.). Their complete removal is hazardous or disastrous, and they are among the most discouraging of neuro-surgical lesions (195).

Gliomata of the chiasm: These produce primary optic atrophy or may actually invade the optic papilla itself; they occur in late adolescence or early adulthood; failure of vision is rapid and loss of fields wholly asymetric, disorderly, and irregular. Due to invasion of the chiasm and nerves, the optic foramina enlarge at the expense of the olivary process (tuberculum sellae), thus tending to throw the sella's shadow (seen by lateral X-ray) into continuity with the foramina, and producing a boat- or dumbbell-shaped sella turcica (185).

Parasellar aneurysms: Aneurysms of the intracranial portion of the internal carotid, or of the arteries of the circle of Willis (233, 103) may present so as to impinge upon the optic chiasm, optic nerves, or optic tracts, producing optic atrophy and field defects; they usually show jerky advance of symptomatology, are frequently accompanied by hypertension, and not rarely show characteristic calcification in the sac walls, visible roentgenographically (227).

Arachnoiditis interchiasmatica cystica: In its luetic, inflammatory, or "idiopathic" form, this may simulate perichiasmal neoplasm, and may be relievable by surgical destruction of the sac.

Teratomas, pituitary carcinoma, osteochondroma, cholesteatoma, mucoceles, may also occur in this region, as pathologic processes of extreme rarity.

Third ventricle and diencephalic floor. This complicated region is regarded as the central ganglion of the autonomic nervous system (35, 87, 175) and has been intensively investigated, with fruitful though still incomplete results, during the past 6—8 years. Its tracts are composed mostly of unmyelinated or finely-myelinated fibers, its nuclei lie just beneath the walls and floor of the ventricle (166). For anatomic and physiologic details see Chapter 11 by R. Greving, Tome I, and Chapter 8 by Karplus, Tome II. Ascribed to the region, on more or less secure physiologic foundation, are water, fat, and carbohydrate metabolism

(119), diabetes insipidus (13, 206), FROELICH syndrome, visceral oedemas (134, 169), emaciation, glycosuria (42); contralateral vasomotor phenomena (cyanosis, vasodilatation, visceral petechiae (180), heightened arterial tone), some cardiac arrhythmias (36); diaphoresis (147); lacrimation, salivation; certain contralateral smooth muscle control (pupil); temperature regulation (232). Supravagal respiratory control only traverses this region, and finds cortical rest in the under surface of the frontal lobe near the olfactory trigone (230). It should be said also that SPIEGEL (231) gives cortical representation for several of these functions, but it is nevertheless indubitably lesions of the third ventricular area

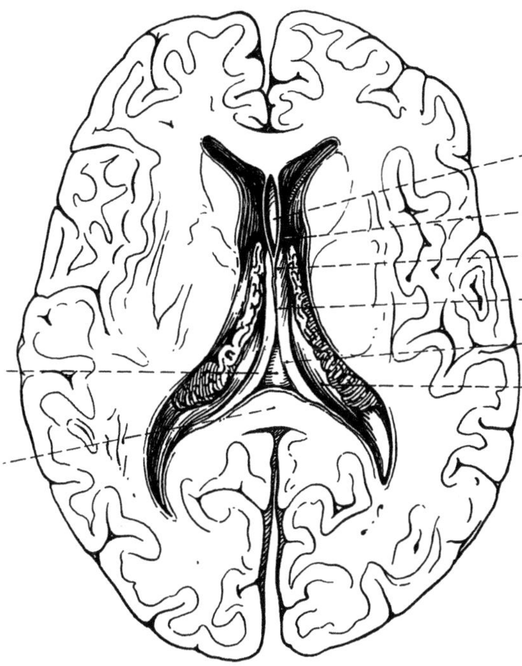

Fig. 94. Showing the location of the cavum septi pellucidi (fifth ventricle), and of the cavum Vergae (sixth ventricle), according to DANDY (98). Cysts may form in either of these cavities, may produce symptomatology, and have been successfully removed.

which bring these autonomic disturbances prominently into the foreground (183). PENFIELD and others have described a form of diencephalic autonomic epilepsy (209) with proved localized lesions confined to this area.

Spongioblastoma polare, astroblastoma, ependymomata, and ganglioneuroma are among the encephalic growths most frequently found in this region; astrocytoma and glioblastoma are practically unknown here. The immediately subjacent craniopharyngioma (vd. ante) is probably the most common producer of the foregoing symptomatology, but encephalic neoplasms themselves are far from uncommon. Rare "endotheliomata" or cholesteatomata (frequently pedunculated) may arise from the choroid plexus of the ventricle and act as a ball valve at the foramina of MONRO (91) or at the entrance to the Sylvian aqueduct, producing intermittent hydrocephalus relievable for a time by alterations of head posture; paraphysial cysts may act in a similar manner. Cysts of the cavum septi pellucidi and of VERGA's ventricle (Fig. 94) are among rarities (98).

Mesencephalic floor; tegmentum. This includes the cerebral crurae, the posterior perforated substance as far forward as the mamillary bodies, the lemnisci, and much of the brachium conjunctivum. Its gray masses are constituted by some hypothalamic centers, the substantia grisea centralis mesencephali, red nucleus, and other minor ganglionic masses. Its tracts and crurae make it the cross-roads of the nervous system. The tegmentum, an ill-defined entity, is usually accepted as extending from mammillary bodies posteriorly to the region of the sixth nucleus, excluding en route, however, nuclei of cranial nerves.

Irritative lesions of the central gray of the mesencephalic floor (and its lower walls) or of the peri-aqueductal central gray (154, 184), cause true narcolepsy and hypersomnia. Lateral anteriorly placed mesencephalic lesions cause marked dysequilibration (often without ataxia), with contralateral and backward fall, evident either on standing or unsupported sitting (191, 192). The cerebellar brachium conjunctivum connects with the contralateral red nucleus (major motor egress for cerebellum) but the rubrospinal tract springing from the latter undergoes almost immediate decussation, so that lesions of the former, or of most of the tract, produce homolateral signs (ataxia, tremor, dysmetria, possible hypotonia), while those of the red nucleus and of the posterior longitudinal bundle produce contralateral signs. Fibers of the third nucleus are in relatively intimate juxtaposition to the red nucleus. Lesions of the corpus Luysi cause contralateral hemiballism (33). The lateral fifth of the cerebral crus contains the temporo-pontine tract; the medially adjacent three-fifths contains the undecussated motor cortico-spinal tract, somatotopically distributed with toes lateral and head medial; the most medial fifth is the fronto-ponto-cerebellar tract, in lesions of which, anywhere throughout its course, supporting reactions may often be elicited. In the medial lemniscus somatotopic distribution is toes dorsad and head ventrad.

Primary encephalic tumors of this region are rare, and are mostly spongioblastoma polare or ependymoma; astrocytoma and astroblastoma also occur; oligodendroglioma, which might theoretically be expected, has not been reported. However, tumors of the quadrigeminal plate, pulvinar, or pineal may invade the region. Of extracerebral tumors, chordoma, cholesteatoma, or meningioma occur at times. Minute occlusive tumors of the aqueduct (75), causing fulminating hydrocephalus without localizing signs, have been reported from various pathologic laboratories. The region is at present surgically hopeless. Clinical interest inheres in the fact that it is encircled by the relatively unyielding incisure of the tentorium (Fig. 95), against which it may be destructively displaced by a contralateral distant tumor lying either in the middle fossa or posterior fossa, thus intermixing a secondary congeries of signs of intricate or baffling diagnostic difficulty in the problem of localization (145). Similarly the posterior cerebral artery, or the superior cerebellar artery, may be sufficiently compressed in this aperture to cause an ischaemic oedema (and neurologic signs) in the field of its distribution.

Mesencephalic roof; pineal. Lesions of the quadrigeminal plate, due to involvement of the anterior colliculi and the posterior commisure, cause complicated synergic dissociations (supranuclear palsies) of the intrinsic and extraocular movements of the eyes, the most clinically useful sign being an inability to deviate the eyes conjugately above a horizontal plane. This is one of the ocular syndromes described by Parinaud, and usually bears his name. It may be found that if the neck is slowly flexed while the patient is regarding a fixed object, conjugate deviation upward may still be possible; but impairment of *voluntary* upward deviation is accepted as indicating trouble in the quadrigeminal region. See also Chapter BIELCHOWSKY (Breslau), Tome IV for other disturbances of associated ocular movements. The posterior colliculi are the major end-stations of the lateral fillet; their functional impairment in man leads to a diminution of auditory acuity which may amount to total deafness (43). The individual colliculi are not known to have lateralization. Pubertas praecox has been reported in about 40% of cases of pineal tumor in boys but it has not been reported for female children (129, 157), and endocrinologic symptoms are not present in pineal tumor occurring in adults. The neurologic signs of

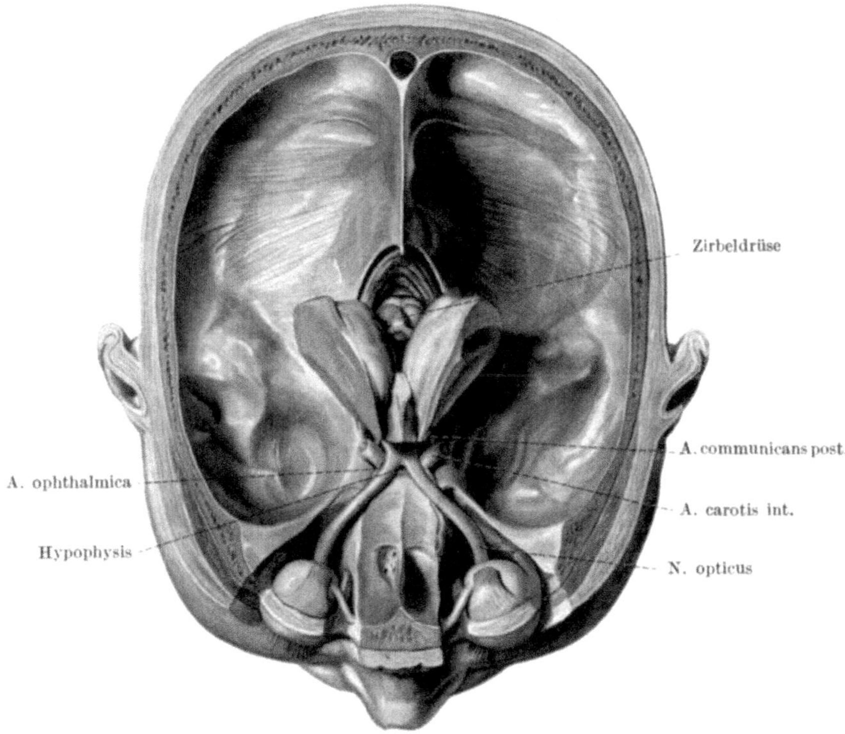

Fig. 95. Showing the topography of the tentorium in relation to the pineal body, the quadrigeminal plate, and the anterior vermis; it should be borne in mind that the splenium arches over this entire area back to the posterior edge of the incisure. From TANDLER and RANZI (234).

pineal tumor are regional, — those of the quadrigeminal plate itself, of the occluded aqueduct (due to downward compression of the plate), of the compressed mesencephalic floor. Roentgenography (vd. infra) may be of capital aid. Surgical daring has recently made the region accessible successfully (200) [1].

Primary astrocytomas, and possibly medulloblastomas, can arise here; and the rare medullo-epithelioma has been reported. Pineal tumors, though rare (1.6% of glial tumors), occur more frequently than other histologic types. Nodular meningiomata sometimes arise from the edge of the tentorial incisure. It should not be overlooked that a full-fledged quadrigemino-tegmental syndrome may burgeon rapidly in the course of increased intracranial tension from any cause whatsoever, if the splenium of the callosum (Fig. 95), or portions of the occipital lobes, herniate in some degree through the snugly fitted tentorial

[1] Although as late as 1926 CUSHING (22) expressed belief that it was "improbable that we shall ever be able successfully to extirpate" pinealomata.

incisure about the mesencephalon. It is, moreover, the counter pressure afforded by the unyielding tentorium which allows the relatively small tumors of this area to become "audible".

Cerebellum. Lesions of the anterior part of the vermis cause a tendency to fall forward, while those of the posterior part cause a tendency to fall backward. In lesions of the lateral lobes there is a tendency to tilt the head laterally downward toward the side of the lesion. Hypermetria and hypotonia in homolateral extremities is found in lateral lobe lesions. Homolateral atactic tremors of cerebellar type (quiet at rest, augmented on action) and homolateral dysdiadochokinesia appear as the deeper lying dentate nucleus is encroached upon. As the still-deeper and more lateral Deiter's nucleus is impaired, nystagmus, past-pointing, severer kinetic dysequilibrations appear, always more severe on the homolateral side. The nystagmus is usually more severe on deviation of the eyes away from the side of the lesion, and the slow component of the nystagmus is almost invariably toward the side of the lesion. Nylen (204) has found "positional nystagmus" [1] to be present in 81% of tumors in the posterior fossa, and warns that extreme caution be shown in making a diagnosis of posterior fossa tumor in its absence. Staggering gait, tendency to deviate toward the side of the lesion in walking, insecure station in tandem posture, positive Romberg sign, are almost invariably present. Stiffness of the neck and tenderness on pressure over the suboccipital region is present in most tumors occurring in the posterior fossa. If the tumor be large, a certain degree of contralateral astereognosis (in the absence of demonstrable affection of deep sensibility) will be sometimes found; neglected cases may show cranial nerve nuclear palsies. Tendon reflexes are variable, but are usually found to be normal or hypoactive in early stages (240), increased later, and often absent terminally. So-called "cerebellar fits", consisting of attacks of tonic extensor rigidity with opisthotonus and respiratory disturbances, may occur in the course of any space-occupying lesion of the mesencephalon or metencephalon (168).

Vertigo and the cardinal triad are apt to present early in the clinical history of cerebellar tumor, due to the relative narrowness of cerebrospinal fluid pathways in this region and the ease with which they may become occluded. These indeed may be the sole presenting symptoms in children for a number of months, when the usual midline cerebellar tumor is present. It should not be overlooked, however, that any case of prolonged "idiopathic" hydrocephalus may, after a lapse of time, show diffuse cerebellar signs for unproved reasons (16); and that heavy sagging neoplasms in the caudal part of the middle fossa may give false localization superficially to the cerebellum (145).

Astrocytomas, often cystic, are the most frequent intracerebellar neoplasms in children; occurring half as frequently are the malignant medulloblastomas. In adults, astrocytomata are most common, these being occasionally cystic. Cystic or non-cystic hemangioblastomata, almost invariably occurring in adults, find their most frequent site in the cerebellum; the ophthalmoscopic deter-

[1] Patient examined for nystagmus sitting, prone, supine, right lateral decubitus, left lateral decubitus. Type I nystagmus (direction changes with altered posture) is commoner in lesions of cerebellum and pons; Type II nystagmus (not altered as to direction, but as to intensity or degree) is commoner in lesions of cerebellopontine angle. "On the basis of both experiment (Bauer, Leidler, Demetriades, Ferrier, Gordon Wilson, de No, Spiegel) and clinical observation (Marburg, Barany, Barre, Ferreri, Vincent, Moran, Reys, Aubry), it may be regarded as probable that the caudal part of Deiter's nuclei and the substantia reticularis are the seat of mainly rotatory nystagmus, the anterior parts, of vertical nystagmus, and middle parts of horizontal nystagmus." 85% of his 40 cases showing vertical nystagmus had lesions placed high toward the incisure. Bechterew's nuclei and the triangular nuclei (Schwalbe) do not affect nystagmus. Positional nystagmus is independent of the functional condition of the labyrinthine canals.

mination of angiomatosis retinae (Fig. 52) in a patient with cerebellar signs clinches a preoperative histologic diagnosis of hemangioblastoma. Ependymomata arising from the roof of the fourth ventricle are not common, but occur; those in this region not infrequently arise from the floor of the fourth ventricle and are therefore palliable only. Astroblastoma and choroid papilloma are rarities, and glioblastoma practically unknown. Metastases occur to the cerebellum about as often as to the cerebrum. Nodular or lobulated meningiomata may arise from the edge of the tentorium.

Lateral recess. Tumors occurring in the cerebello-pontine angle usually produce cranial nerve symptoms first, cerebellar signs second, and tension signs lastly and suddenly. A careful anamnesis, with particular attention to chronology is of greatest importance. In neuromas of the acoustic nerve, tinnitus, advancing unilateral deafness, and minor homolateral trigeminal hypaesthesia (detectable most often as depressed corneal reflex), may exist for years before homolateral ataxia, dysmetria, staggering gait, and nystagmus blossom forth. The onset of bouts comprising the cardinal triad ordinarily brings the patient to seek medical attention. Either coincident with this or shortly subsequently, the cerebellar signs usually exacerbate markedly. Facial palsy is rare, and spasmodic facial tic even more rare. In acoustic nerve tumors caloric testing of the vestibular nerve (with a two-minute douche of warm water at 112^0 F) so invariably shows diminished or totally absent function that it has led some to express belief that these tumors originate from the vestibular portion of the nerve. Absence of this sign should give pause to diagnosis of acoustic neuroma, for if cochlear and vestibular function are normal, the lateral recess signs are due to another etiology than acoustic neuroma. Difficulties in swallowing and articulation, due to ninth, tenth, and twelfth nerve involvement, usually occur tardily (164).

Acoustic neuroma is the most frequent tumor of this region; solitary meningioma may exist in the lateral recess, often arising in relation to the sigmoid or petrous venous sinuses. Neuromas may also occur on other cranial nerves of the posterior fossa but these are rare. Multiple neuromas of cranial nerves, and bilateral acoustic neuromas, are usually VON RECKLINGHAUSEN's disease, and sometimes are associated with diffuse nodular meningiomatosis of the convexity and falx. Cholesteatoma sometimes arises in relation to the posterior face, or the base, of the petrous bone. Circumscript arachnoiditis may also occur in the angle, but this diagnosis is tenable only after a painstaking adequate surgical exploration of the region; it should be remembered that angle tumors are not infrequently capped by arachnoid cysts and that only on opening these and pursuing the exploration further is the actual underlying neoplasm found.

Pons and medulla. The slowly-growing, relatively infrequent tumors of this region (Fig. 96) produce a kaleidoscopic wealth of signs which are myriad combinations of nuclear palsies and projection tract disturbances, a neurologic delight for diagnosis and a neurosurgical despair for therapeusis. Their detailed consideration here is unwarranted; other chapters on the region [e. g.: Chap. KRAMER (Berlin) Tome IV, and Chap. LOTMAR (Bern) Tome V] should be consulted. Lesions of the brachium pontis usually cause tendency to fall to the homolateral side, as does any other disturbance of a lateral cerebellar lobe. Though tumors seldom respect classic syndromes, nevertheless several of the more prominent ones extricated for the region may be stigmatized: WEBER-GUBLER syndrome, extraocular nerves of one side, and hemiplegia of other side of body; BENEDIKT syndrome, oculomotor paralysis of one side and hemiataxia of opposite side; NOTHNAGEL syndrome, oculomotor paralysis of one side, hemiplegia and cerebellar ataxia of other side; MILLARD-

Gubler syndrome, face of one side, hemiplegia of other half of body; cruciate hemianesthesia (fifth and medial fillet); Foville's hemiplegia alternans, paralysis of movement of eyes to one side, with intact convergence, homolateral facial paralysis, and contralateral hemiplegia [1]. An accurate knowledge of the physiology of tracts, their routes, relations, decussations, and of intercalated gray masses, cranial nuclei, and their connections, is necessary for the sharp-etched diagnoses possible.

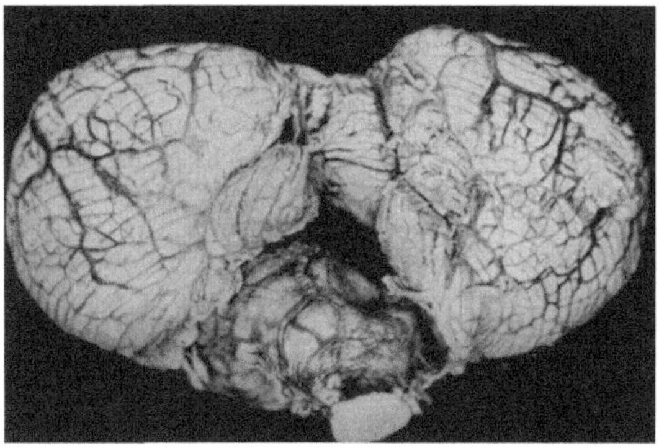

Fig. 96. Glioma of pons, showing extensive invasion of corpus restiforme on the left; seen substantially as exposed at operation.

It should not be forgotten that multiple sclerosis, lues, tuberculoma, lacunar sclerosis, thrombosis or embolism [as, thrombosis of posterior inferior cerebellar artery (141)] may duplicate many tumor pictures; the cardinal triad is seldom present when the patient is first seen. Diagnosis usually rests upon the steady expanding progression of symptoms and signs, localizing sharply to a single area. It may occasionally be overlooked that malignant retropharyngial tumors or metastases (palpable digitally in the nasopharynx) may invade this, or the tegmental, region. Though the tumors are surgically hopeless (44) and are wholly unbenefitted by the operative decompression, exploration for visual identification of the neoplasm is always good judgment before deep roentgen therapy (to which these small lesions are usually quite susceptible for durable palliation) is initiated.

Fig. 97. Showing strangulation of the abducens nerves produced by pressure from lateral branches (drawn away by threads) of the basilar artery. From Bailey and Cushing (21).

c) What kind of tumor is present?

The basis for consideration of this question is contained in (1) the final paragraph of each of the foregoing sections on regional diagnosis, together with (2) a weighing of the chronologic history against (3) information concerning the growth characteristics of histologic types, contained in the survey which comprises the first part of this chapter on intracranial tumors. This information alone may sometimes be insufficient, however, and may require exaction of other data, or, even if decision can be reached, it may be desirable further to substantiate bedside diagnostic accuracy by (4) special procedures to be outlined in the section immediately succeeding this present one.

[1] Isolated palsy of the sixth nerve is almost always utterly without lateralising or localising significance in diagnosis of brain tumor in any location, and (except in pontine lesions) may be profitably ignored. Whether this is solely due to the frequent occurrence intermittently of the condition shown in Fig. 97, and to which Cushing has several times drawn attention, remains obscure.

As examples of the cuneiform correlations preliminary to minute checking of the diagnosis, a few examples may be given. A woman of 42 complains of failing vision and has primary optic atrophy with nearly complete bitemporal hemianopsia. The most probable lesion would be pituitary adenoma, but she has no amenorrhoea or other endocrinologic signs, and furthermore, the sellar roentgenograms show no ballooning. Craniopharyngioma is excluded by lack of suprasellar calcification and by substantially unaltered clinoid processes, — the latter also makes chordoma unlikely. Lack of symptoms or signs of intracranial tension make circumscript arachnoiditis unlikely. Diencephalic floor signs are not present, making improbable any major space-occupying lesion. Anosmia is not present. By exclusion, therefore, one arrives at a diagnosis of meningioma of tuberculum sellae; prognosis excellent. The same complaints in a child, accompanied by a diabetes insipidus, and early superimposed papill-oedema, would make one strongly suspect craniopharyngioma; this would probably be borne out by depressed anterior or posterior clinoids, but if supra-sellar calcifications were not detectable, ventriculography would have to be resorted to to exclude parenchymatous tumor of the diencephalic floor. The prognosis in both these latter is dismal, but of the two the glioma might rationally be subject to roentgen therapy.

A man of 28 complains of staggering gait and headache of one year's duration; he is found to have a 2.5 diopter choked disc. One might suspect an acoustic neuroma, but caloric Barany tests are normal and nystagmus is not present, yet coordination tests show impairment of the left arm and leg, and when his visual fields are taken they show a right upper quadrantic homonymous hemi-anopsia. One therefore suspects a left posterior cerebral parenchymal tumor deforming the tentorium downward. If regional vascularity is increased, one might suspect this to be a nodular meningioma, or possibly an angioblastic meningioma above and below the tentorium (auscultable bruit), but if vas-cularity is absent and stereoscopic roentgenograms show intracerebral calci-fication, occipital oligodendroglioma might be possible. The prognosis of the first one of these would be excellent; the second poor; the third good. Or, if the hemianopsia and calcification were absent, and one found a beaded artery accompanied by a large vein leading to a patch of exudative choroiditis in one optic fundus, one might suspect a superficially placed hemangioblastomatous cyst of the left cerebellar lobe. Such hypothetic instances however, are rather bootless, are given only for illustration, and need not be pursued farther.

Tumors may seem suddenly to alter or expand their characteristics by reason of circumneoplastic oedema due to their tension reaching the threshhold for vascular stasis in the veins of the immediately surrounding brain; it is largely due to this reaction that one sometimes sees such great amelioration, or regres-sion of symptoms following transient dehydration therapy or certain operative decompressions. Certain tumors undergo cystic degeneration and, with onset of this change, there is usually rapid advance in pressure and localizing signs. If a degenerating tumor outgrow its blood supply and necrose, the necrosis may involve still functioning vessels with disastrous intraneoplastic apoplexy.

The neurosurgical necessity for arriving at a pre-operative probable histo-logic (as well as regional) diagnosis lies, however, not so much in prognosis, important as that is, as in anticipation of proper modes of fastidious attack and adequate coping with the instant contingencies most probably arising in the course removal, as will be considered in sections to follow this.

It is unfortunately not needless to say that the *sine qua non* to all correl-lations is not only a complete and thorough general physical and neurologic examination, but a careful, detailed, accurate, plodding history; not only item by item detailing of complaints as to duration, location, character, progression, factors in amelioration, etc., but also an extended review of entire personal history by physiologic systems. Without such pages of tedious but necessary detail, conscientious diagnosis cannot be made, for minutiae, such as a neglected inquiry as to anosmia, or neglect to auscult for bruit, may lead to galling chagrin at the operating table or even to sudden confrontation with catastrophe.

B. Laboratory.

a) Roentgenographic.

Diagnostic antero-posterior, postero-anterior, and lateral stereoscopic X-rays of the skull should be taken with a Potter-Bucky diaphragm grid, with good penetration, in every case of suspected brain tumor. Tube-target distance is ordinarily 80 cm. The lateral stereo should be with the side of suspected pathology next to the plate or film (one of the stereoscopic pair should be centered exactly over the sella, 2 cm above, and 3 cm anterior to, the external auditory meatus). In the AP and PA views, it is important to throw the petrous shadow above the orbital plates; the patient's chin therefore is kept tucked well down onto the chest when these views are taken. An exact anterior posterior orientation is to be sought in both, so that in the finished film the sagittal suture lies throughout in a plane identic with that of the nasal septum. See also Chap. Stenvers (Utrecht) Tome VII/2. Care to watch the patient's respiration while these are being obtained should be taken, since patients with lateral recess tumors or with foraminal herniation (tentorial incisure, or foramen magnum) may have sudden alarming cessation of automatic respiration when the head is rotated sufficiently to obtain lateral views, or when the chin is depressed.

Skull contours. Calvarium: The calvarial outline should be inspected centimeter by centimeter. Meningiomas of the convexity juxtaposed to bone not infrequently produce a limited diffuse hyperostosis (either enostosis or exostosis), sometimes too small to be palpable clinically with certainty (228). On rare occasions the central part of such an area may be destroyed by soft growth, this destructive outline tending to be spiculated, not sharp, and not regular. Meningiomata arising from dura not juxtaposed to bone are roentgenographically invisible; as also are non-diploetic cholesteatomata. Metastases and myeloma produce sharply outlined destructive areas utterly without bony proliferation[1]; these areas are sometimes multiple, particularly in myeloma. Paget's disease produces a diffuse fuzzy thickening, the X-ray appearance sometimes being nominated as "calcified negro hair". Dense, sharply-outlined osteomas occur oftenest in relation to the paranasal air sinuses, particularly at the orbito-ethmoid suture, orbit, or frontal sinuses; larger ones may occur anywhere, but are rare. Syphilis of the skull occurs most often in the frontal region and presents a ragged, moth-eaten appearance in multiple areas, some of which coalesce; some slight tendency to bony proliferation is usually concomittant.

Excessive vascularization should be sought; meningial or diploetic channels may be enlarged in regions overlying meningiomata or vascular tumors; considerable experience is needed for this interpretation. Enlarged parasagittal Pacchionian depressions, either single or multiple, are without significance. A peculiar sandy appearance of diploetic markings, sometimes found in frontal

[1] Metastases from carcinoma of the prostate or of the breast sometimes however cause a mild proliferative bony reaction peripherally; this is particularly true of prostatic metastases.

or parietal regions, and occasionally accompanied by increased diploetic venous channels, is also without significance; it has been attributed to increased parathyroid activity. The bone may be thinned locally by atrophy over a cerebral parenchymatous tumor, though it should not be forgotten that the supraorbital, temporal and suboccipital squamae or bullae are normally much less dense than the rest of the skull. Impressiones digitatae, or "convolutional atrophy", occur (Fig. 98) in prolonged intracranial tension from any cause (222), and are often more pronounced in the region overlying a parenchymatous tumor. When tension is generalized and prolonged, the lateral portions of the bases of the anterior and middle fossae are ballooned downward, and the clivus may then lie abnormally, almost as a straight-line projection of the pre-sellar base. In children, sutural diaschisis is also indicative of hydrocephalus.

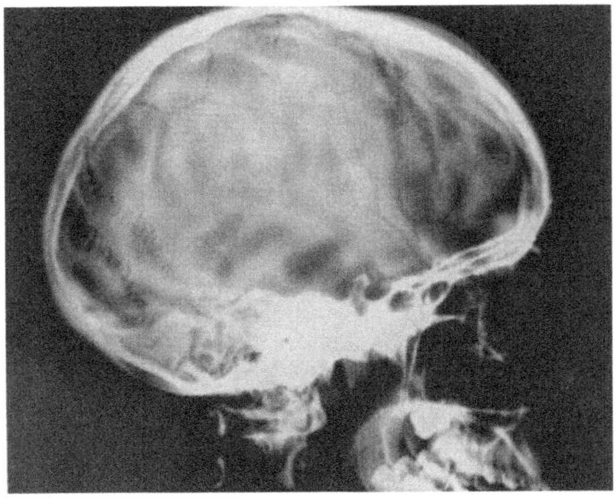

Fig. 98. Lateral roentgenogram of skull showing impressiones digitatae, or convolutional atrophy. A boy of 13 with compensated congenital internal hydrocephalus.

Base: Meningiomata (226) of the olfactory groove usually produce alterations of the cribriform plate, usually destructive (Fig. 99), or of the whole (or lower part) of the crista galli, or else a disorganized proliferative reaction. Meningiomata of the sphenoid ridge produce an irregularity of the sharp edge of the lesser wing of the sphenoid, dividing the anterior from the middle fossa, best seen in PA views. The meningioma en placque often produces marked hyperostosis of the floor of the middle fossa, the orbit, temporal fossa, and the anterior part of the zygoma. Osteochondromas (Fig. 100) are often pedicled and usually arise from the floor of the middle fossa.

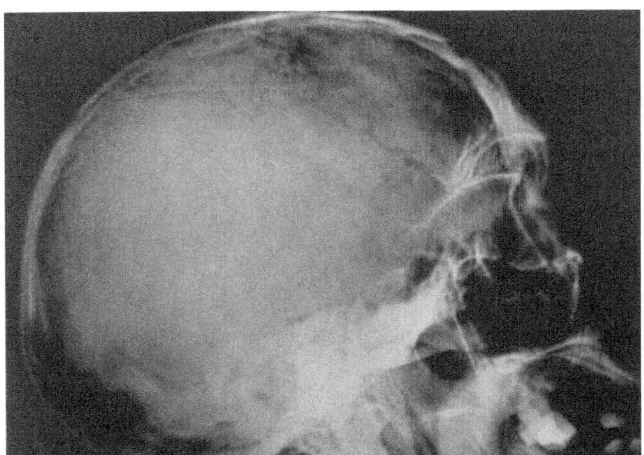

Fig. 99. Lateral roentgenogram of skull showing complete destruction of normal markings of olfactory grooves and cribriform plate; the crista galli is represented by a mere few calcified flecks. Olfactory groove meningioma, same case as Fig. 74.

Sella: The normal adult sella is about 9 × 12 mm. as seen in lateral view. The anterior clinoid processes (from which the roots of the tentorium cerebelli spring) are therein superimposed upon the middle clinoids (which support the anterior end of the dural diaphragma sella). Between and slightly in front of each pair of anterior and middle clinoids there passes obliquely downward the optic nerve which, superior, lateral, and anterior to the middle clinoid, enters the bony optic foramen, the superior border of the latter being level with the top of the anterior clinoid processes. The cancellous bone, of varying thickness intervening between the posterior parts of the two optic foramina, and bearing the middle clinoids, is known as the olivary process; it constitutes part of the postero-superior wall of the sphenoid sinus. The intracranial aspect of the olivary process is known as the tuberculum sellae. The posterior clinoid processes (which yield minor, negligible support to the tentorium) are seen in lateral view as a distinct, somewhat thick, clean-cut, erect line, almost a direct continuation of the clivus Blumenbachii (dorsum sellae), and are usually surmounted by small bony tufts a few millimeters in diameter; these clinoids support the posterior end of the diaphragma sellae. Within the cavernous venous dural sinus lateral to the sella, and inferior to the clinoids, the carotid artery (Fig. 119) runs almost directly forward to emerge upward from the dura tortuously just medial to the anterior clinoid and postero-lateral to the optic nerve. The basilar artery rests above and upon the clivus.

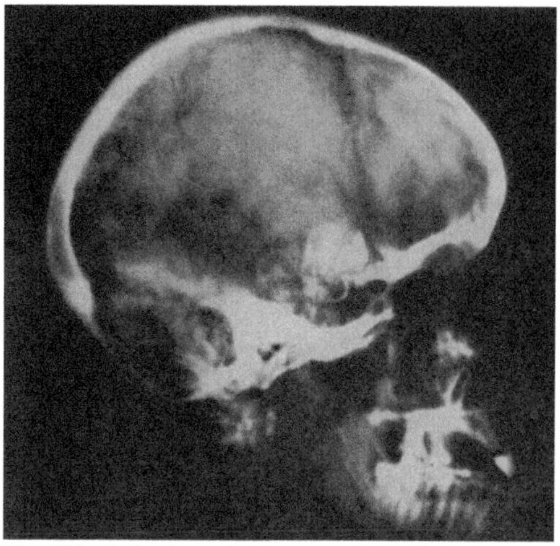

Fig. 100. Lateral roentgenogram of skull showing a sharply outlined cauliflower mass of bone arising from floor of the left temporal fossa; the lesion is a benign osteochondroma. From Sosman (228).

In expanding intrasellar lesions (e. g. pituitary adenomata), the sella increases in size at the expense of the underlying sphenoid sinus (Fig. 101) unless (as sometimes occurs) the latter happens to have a median partition acting as a brace to the sellar floor. In such expansion the sella assumes a ballooned appearance and may become 2×3 cm., or more, in diameter; the posterior clinoids are then usually atrophic or absent or are suggested by only a few flakes of calcification, and are either vertical or pushed backward; the anterior clinoids, if not actually somewhat elevated, usually show at least sharpening of their tips. Asymmetric enlargements (adenoma, chordoma, craniopharyngioma,

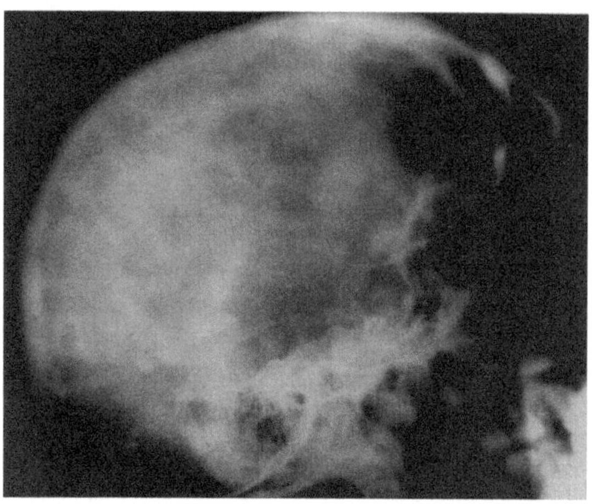

Fig. 101. Lateral roentgenogram of skull in a patient with a large eosinophilic adenoma of the pituitary body. Note the ballooned sella, elevated anterior clinoids, and the atrophic posterior clinoids (represented by a mere few calcified flecks) displaced backward.

aneurysm) may produce the appearance of a double sellar floor, but this is rare. One clinoid process, or one lateral pair, may be more affected than the others. In tumors superjacent to the sella (gliomas, craniopharyngiomas, uncus tumors, sphenoid ridge meningiomas) the sellar volume may be substantially normal, but the clinoid processes are ordinarily depressed, and may show some minor degree of atrophy, the anterior ones sometimes evidencing sharpening of the tips downward. In prolonged intracranial hypertension from any cause, the posterior clinoids may show considerable atrophy, but their residual calcification has normal orientation. In adolescents who have had increased tension from childhood, the sella may even show some slight enlargement (Fig. 102), but this is accompanied by other roentgenographic signs of prolonged hydrocephalus (vd. ante) (67). Tumors which invade the optic nerves or optic sheaths cause a pressure atrophy of the olivary process and enlargement of the optic foramina, so that a boat-shaped or dumbbell-shaped sella results (Fig. 103), the forward extension being under the anterior clinoids; such subolivary excavation is apparently not pathognomonic of tumor however (143, 235, 237) and should be confirmed by direct radiograms of both optic foramina (Rhiese projections).

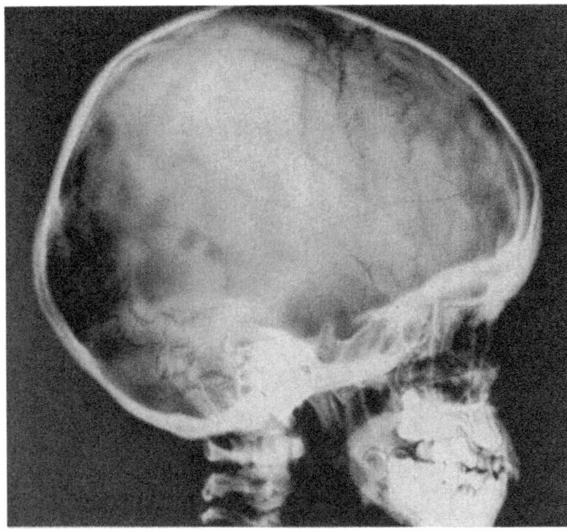

Fig. 102. Lateral roentgenogram of skull showing degree of sellar enlargement which may occur with long-standing internal hydrocephalus.

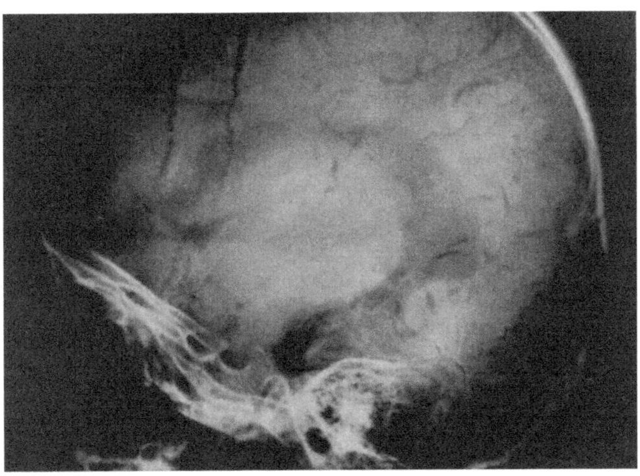

Fig. 103. Lateral roentgenogram of skull showing dumbbell-shaped sella in a patient with glioma of third ventricle which has invaded optic sheaths and enlarged the optic foramina by pressure. This deformity also occurs rarely in other conditions than tumors of the optic nerves or sheaths.

Increased densities. Placque-like calcifications, sometimes of considerable size, or multiple, not infrequently (7%) occur in the falx, particularly anteriorly, and are without significance. The diaphragma sella itself sometimes shows calcification, and may give a "roofed-in" or "closed" sellar appearance (2.3%); this, formerly thought to be significant in idiopathic epilepsy, has been shown repeatedly to be of no diagnostic value whatever. The anterior clinoid processes are sometimes bridged to the floor of the sella by a small bony rim encircling the emerging carotid; this also is without significance. A diffuse faint floccy calcification sometimes occurs in the choroid plexus in adults (5.1%) particularly at the "knees" where the lateral ventricle bends into the temporal horn (Fig. 104); this is ordinarily without significance, but it may require encephalography or ventriculography to demonstrate that the calcification is not within tumor.

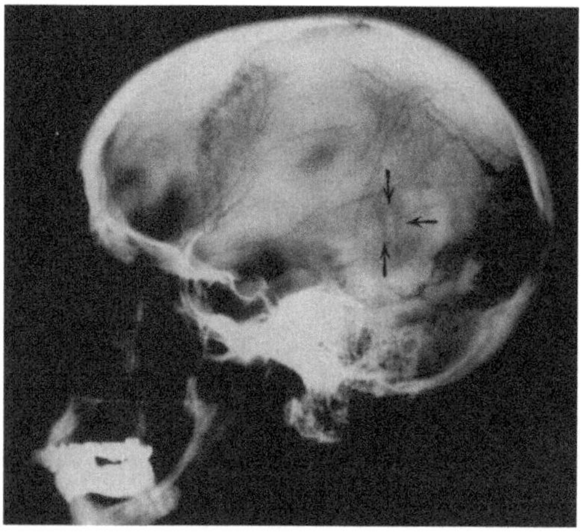

Fig. 104. Lateral roentgenogram of skull, showing benign calcification occurring in choroid plexus of lateral ventricle; it may be difficult to differentiate such calcification from that occurring in tumor, without the aid of ventriculography or encephalography.

Calcification not infrequently does occur within tumor, however, and must be verified as intracerebral in the stereoscopic views (Fig. 105). Intrasellar or suprasellar calcification is usually significant of craniopharyngioma (Fig. 106), but intrasellar calcification may very occasillonay occur in pituitary adenomas also. Craniopharyngioma calcification is usually spotty, multiple, annular, or circinate, and not infrequently (Fig. 107) outlines definite cyst walls (193). Calcification occurs in gliomata (239) only in the more slowly growing types; it is usually diffuse and cottony with vague punctate increases in density; it bears no particular relation to the size of the tumor. That occurring in oligodendrogloma (Fig. 108) is often of a characteristic peculiar, blurred, linear, "hair-pin" type. The psammomatous meningioma may sometimes cast a detectable shadow, and the olfactory groove meningioma often shows a faint ray-like or fan-shaped calcification above and about the crista galli. Tuberculoma may calcify and cast shadows; these are usually solitary and discrete, most often in the posterior fossa; cysticercus may also cast detectable shadows. Calcification may occur in the basilar artery, giving appearance of reduplication of the dorsum sella; it may also occur as multiple fine crescentic flecks (Fig. 109) in

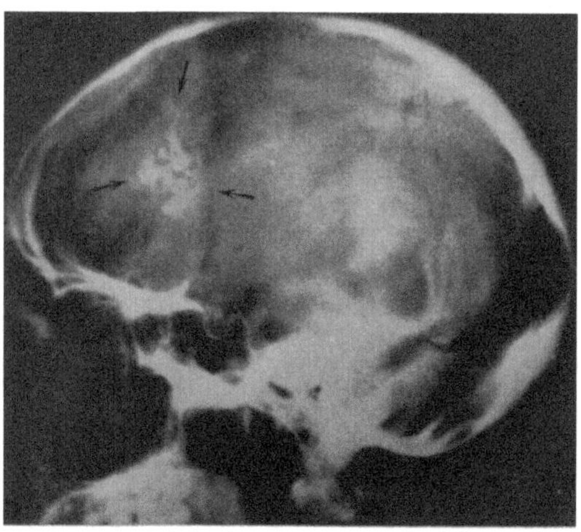

Fig. 105. Lateral roentgenogram of skull, showing calcification occurring in a cystic glioma of the left temporofrontal lobe, successfully removed at operation. From SOSMAN (228).

the walls of an aneurysm (227), — such latter type of calcification never occurring in other lesions. Obviously, however, not all intracerebral calcifications occur in tumors (45, 135); any healed destructive process may conceivably calcify (Fig. 110); but if neurologic localisation and roentgenographic calcification coincide, surgical exploration is always warranted.

Pineal: The pineal body is calcified and casts a roentgenographic shadow in 51% of all cranial roentgenograms of adults (105). In lateral views it lies about 3 cm. obliquely above and behind the apex of the petrous shadow. Tables and graphs for determination of its normal position have been developed by VASTINE and KINNEY (243) and are of indispensable use

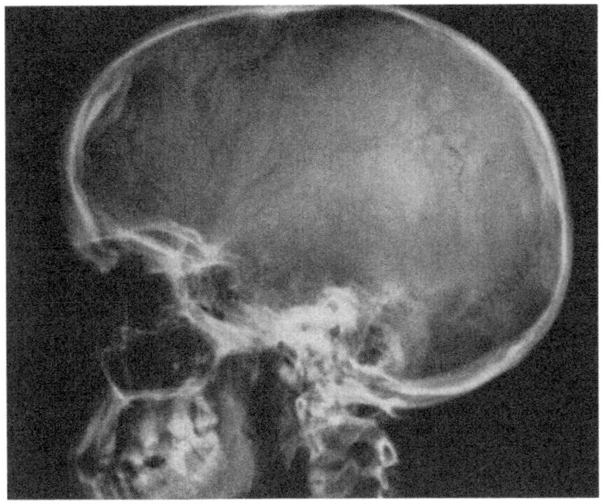

Fig. 106. Lateral roentgenogram of skull, showing diffuse floccy and punctate suprasellar calcification occurring in a verified craniopharyngioma; the sellar outline is normal, but the posterior clinoids are so atrophied as to be practically invisible.

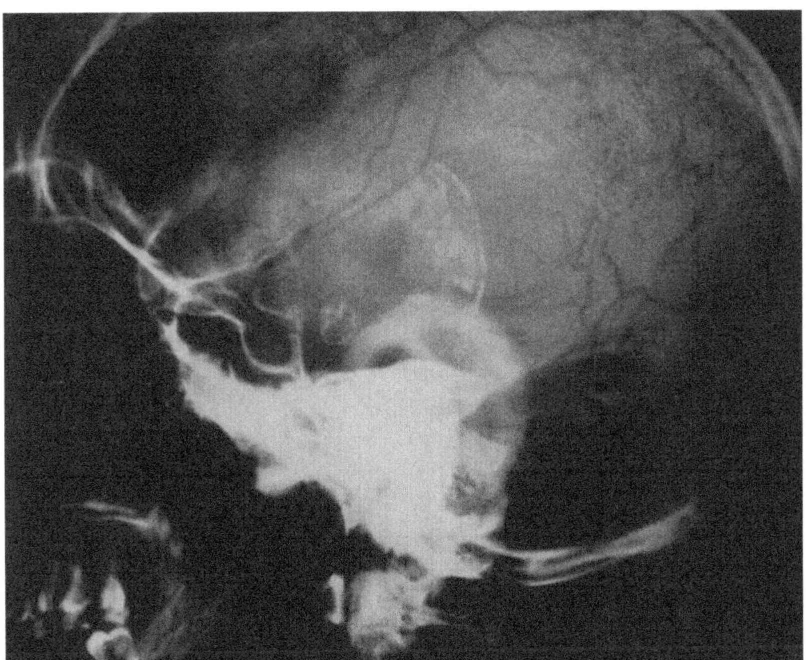

Fig. 107. Lateral roentgenogram of skull, showing shadow of calcified wall of three macroscopic cysts stemming from a basal nodule of craniopharyngioma. The tumor was partially removed at operation, with great amelioration of symptoms. From McLEAN (195).

in obtaining all information possible from the roentgenographic examination (Figs. 111, 112, 113). NAFFZIGER (202) first suggested the "pineal shift" as an accesory mode of localisation of intracranial tumor; Dyke has presented an extended analysis[1] showing that 56.3% of patients with gliomas, and 43.7% of patients with meningiomas, have had the pineal shadow shifted beyond

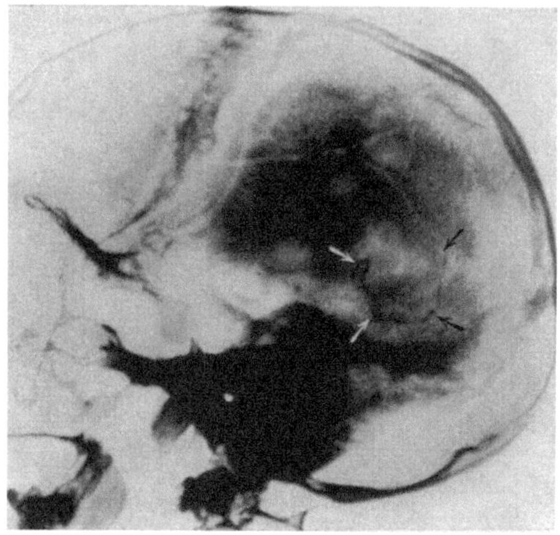

Fig. 108. Lateral roentgenogram of skull, showing typical calcification in oligodendroglioma (indicated by arrows). From Bailey and Bucy (28).

normal limits in a direction away from the space-occupying mass. The determination of the presence of this shift therefore, in a patient with calcified pineal, is of prime importance before more elaborate procedures be undertaken.

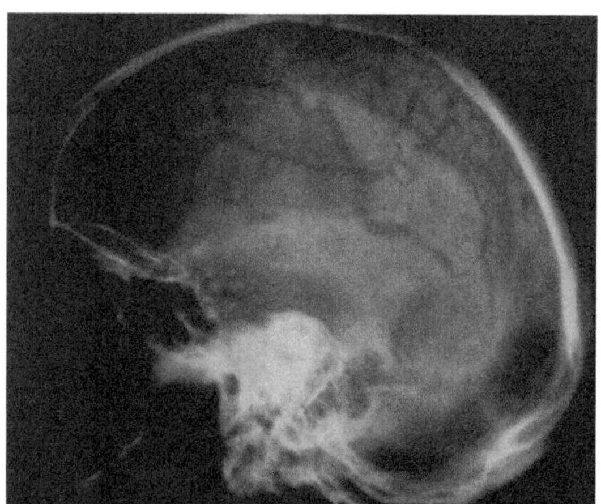

Fig. 109. Lateral roentgenogram of skull, showing typical crescentic flecks of calcification occurring in an aneurysm of the left internal carotid artery, producing trigeminal symptoms.

Decreased densities. Spontaneous pneumocephaly arises in association with the paranasal sinuses. It may occur in fractures traversing the ethmoids or the cribriform plate, or in association with orbito-ethmoid osteoma, and it has

[1] Of 494 cases of verified intracranial tumor of all types, 253 had a visible pineal, and 99 of these, or 39% were found to be displaced from normal limits.

been known to occur intraneoplastically in the degenerated intracranial extension of a pituitary tumor previously operated upon by transphenoidal

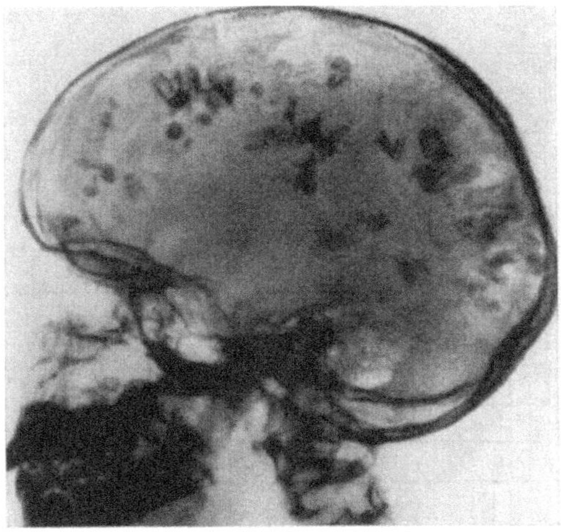

Fig. 110. Lateral roentgenogram of skull, showing multiple calcification occurring in cerebral gyri, and accompanied by epilepsy. From GEYELIN and PENFIELD (135).

route (146). Pneumocephaly's shadow of decreased density has at times been confused with that of cholesteatoma of the diploe, but stereoscopic views should prevent such confusion.

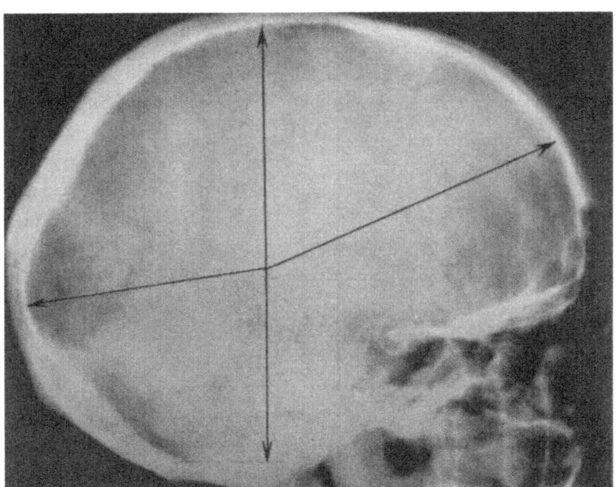

Fig. 111. Lateral roentgenogram of skull, showing points of measurement taken for determination of shift of pineal shadow from its normal position. From VASTINE and KINNEY (243).

b) *Encephalography.*

See Chapter GUTTMANN (Breslau), Tome VII/2. The primary utility of this useful procedure lies in intracranial pathologic conditions not accompanied by choked disc (118). Its routine use, even in mild grades of papilloedema, can only bring disaster.

c) *Ventriculography.*

This is considered here as a laboratory procedure because it is directed toward diagnosis, but it nevertheless involves a preliminary minor operation

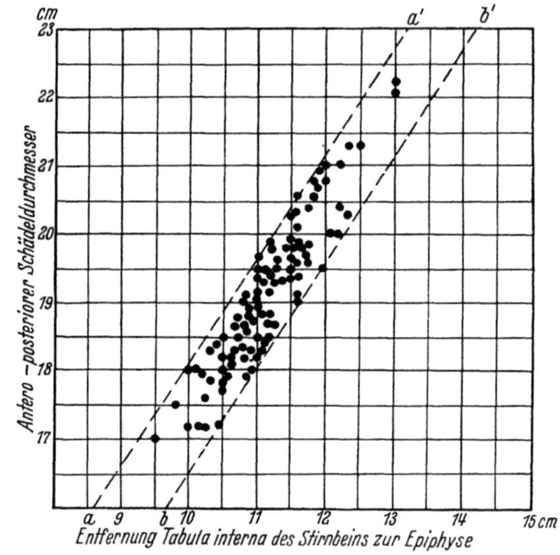

Fig. 112. Table for determination of displacement of pineal shadow in antero-posterior direction. From Vastine and Kinney (243).

with an appreciable mortality (probably less than 6% when strictly interpreted) and is not unnecessarily to be undertaken. The procedure consists of a trans-calvarial tap of the cerebral ventricles, withdrawal of ventricular cerebrospinal fluid, replacement of the fluid with air, roentgenography, and the subsequent interpretation of the visualized ventricular deformities. It was first introduced by Dandy (90) in 1918, by suggestion of Halsted, and constitutes one of the major diagnostic advances of neurology of the present generation. It cannot however be emphasized too often that the procedure should under no circumstances be undertaken unless the patient, surgeon, and clinic are each adequately prepared to *follow up the revealed diagnostic indications within a few hours,* by a determined major surgical attack on the involved region; it is failure to observe this rule which has given the procedure a far higher mortality rate than it in itself warrants. Ventriculography should not be looked upon as a leisurely diagnostic procedure, but only as an immediately pre-operative confirmation of neurologic localization. It finds its major usefulness in "silent" tumors, in confused neurologic regional diagnosis, and in comatose patients.

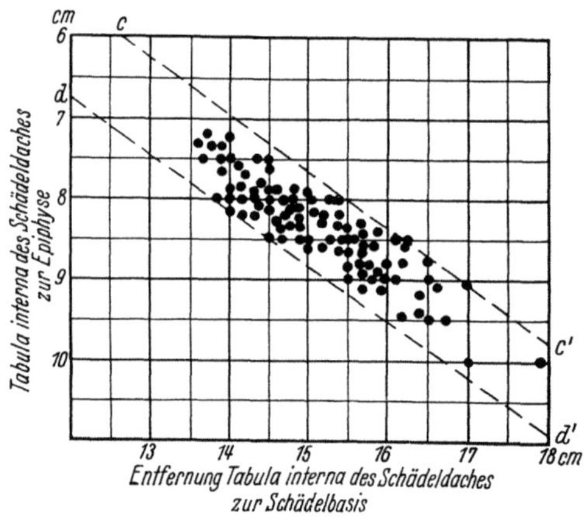

Fig. 113. Table for determination of displacement of pineal shadow in vertical direction. From Vastine and Kinney (243).

Interpretation. A complete and intimate knowledge of the normal size, shape, relations, contours, and connections of the major four cerebral ventricles in lateral, AP, and PA views, is necessary, as well as ability to visualize the cause of the distortions seen. For freedom from confusing technical error, the ventricles should be completely filled with air; whether this be accomplished by the DANDY bilateral occipital tap; or the CUSHING unilateral parietal parasagittal tap, is immaterial, so long as completest filling is obtained. Symmetrical bilateral dilatation of the lateral ventricles, means third ventricular block (91); if the third ventricle be also dilated, the block is in the posterior fossa. Unilateral dilatation of a lateral ventricle with homolateral displacement beyond the midline (Fig. 114) means block at the foramen of MONRO, probably by a third ventricular or basal gangliar tumor (1); unilateral dilatation without shift means degenerative process (old

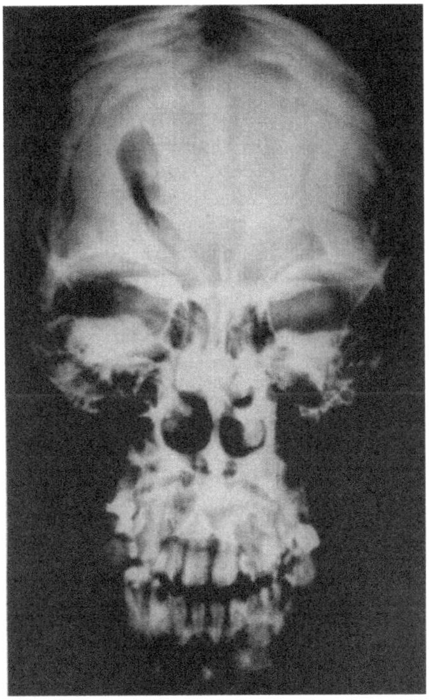

Fig. 114. Anterior-posterior ventriculographic roentgenogram of skull of patient with large astrocytoma protoplasmaticum of left frontal lobe, showing displacement of slightly dilated right lateral ventricle to a position far beyond the midline; the third ventricle is not demonstrated.

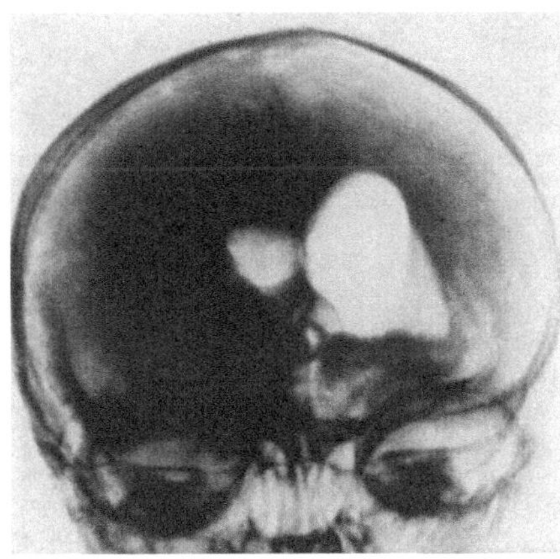

Fig. 115. Anterior-posterior view of skull after ventriculography, demonstrating unilateral enlargement of left cerebral ventricle, without shift of ventricular system from midline. The lesion is an old thrombosis and softening, in the domain of the middle cerebral artery.

thrombotic softening, localized paresis, etc.) in the same hemisphere (Fig. 115). Distortions of ventricular outline, with shift of the ventricular system away from the deformed side, means tumor; distortion of ventricular outline, with shift of the ventricular system toward the side of deformity (121) means meningocerebral scar; distortion without shift, a localized superjacent degenerative process. Displacement of both anterior horns laterally means a midline growth; or laterally and upward, means anterior basal midline tumor; untoward separation of occipital horns means third ventricle, mesencephalic, or falx tumor. Tumors of the pineal region are not infrequently seen as solid silhouettes (Fig. 116) against the diminished density of hydrocephalic occipital horns (41). Various deformities of the third ventricle, visualized primarily in lateral views, are present in third ventricular or basilar tumors (Fig. 117). Obliteration of parts of ventricles may occur when tumor occludes their lumen. The fourth ventricle is practically never visualized by ventriculography, but symmetrical dilatation of the three ventricles anterior to it is accepted as strong presumptive evidence of tumor in the posterior fossa.

Technical. Additional information is obtained during the cerebral tap; the depth at which the ventricle is struck (normal depth, 4.5—5.0 cm. from dura) may indicate hydrocephalic dilatation; the amount of fluid which may be removed fractionally from one lateral ventricle (normal 20 to 30 cc.) may be used as a similar index. The initial tap is always made on the side opposite the lesion. One may find the opposite lateral ventricle shifted away from the tumor, and the homolateral-ventricle may be so displaced, distorted, or obliterated as to make its tapping impossible. In such case, the contralateral ventricle should be completely filled with air fractionally by suitable rotation and manipulation of the head, and the patient should then be X rayed (AP) to determine the position of the air befor the head posture is altered. The head should then be manipulatively rotated repeatedly in attempts to have the air enter the third ventricle and the

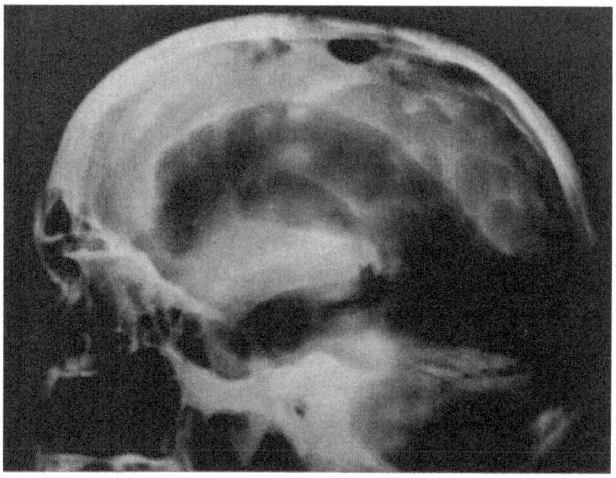

Fig. 116. Lateral roentgenogram of skull after ventriculography, demonstrating marked hydrocephalus, and a tumor of the pineal region sharply outlined in silhouette against the air-filled occipital horns.

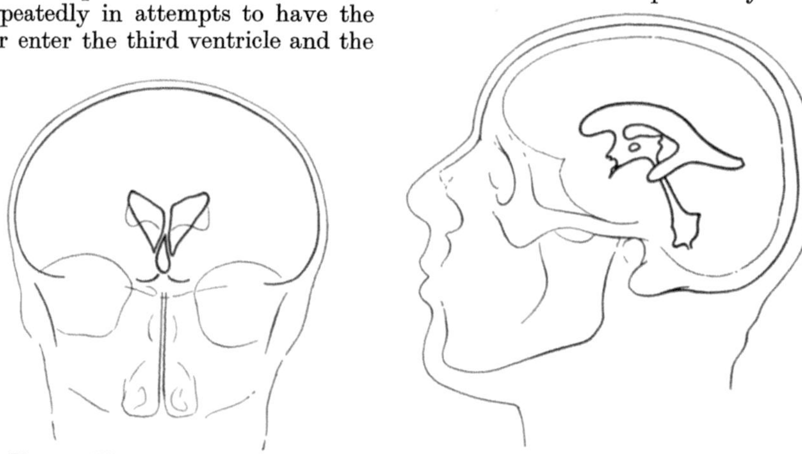

Fig. 117. Diagram illustrating the normal positions of the cerebral ventricles as seen after ventriculography.

opposite foramen of Monro to demonstrate as much of the contralateral ventricle as possible. It should not be forgotten that demonstrable communication of one lateral ventricle with the other, in the presence of hydrocephalus, does not necessarily exclude basilar tumor or block at the foramen of Monro, for the septum pellucidum may atrophy and rupture spontaneously in such circumstances, throwing the lateral ventricles again into communication. The demonstration of the floor of the third ventricle, when only small amounts of air are present, is particularly difficult, and it may be necessary to allow the patient's greatly hyperextended head to project over the edge of the table while lateral roentgenograms are taken. When small amounts of air are present, it should not be forgotten that in hydrocephalus the lateral ventricular walls often bear mural trabeculations, and that air trapped between them at the ventricular shadow margins may simulate the appearance of the sharp edge of a tumor bulging into the ventricle. The interpretation of shadows found in incompletely filled ventricles (ventricular "estimation") is so difficult and so hazardous, even in the hands of the most experienced, that every reasonable and safe effort should be made to replace the cerebrospinal fluid completely with air at the time the ventricles are tapped.

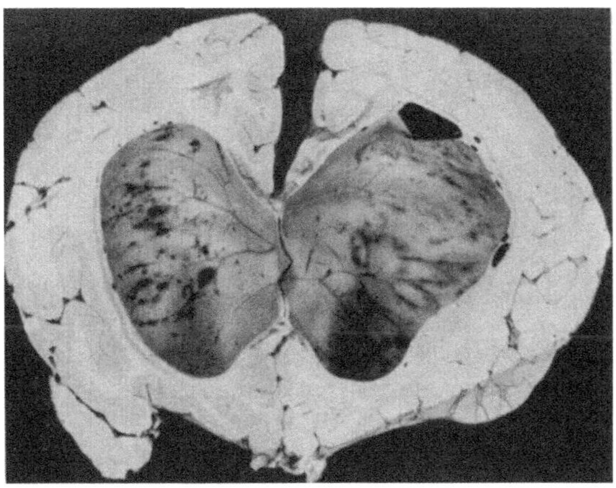

Fig. 118. Coronal section of brain to show subependymal ecchymoses and hemorrhages occurring after too-sudden release of intraventricular cerebrospinal fluid pressure in case of long-standing hydrocephalus.

Clinical. If ventricular cerebrospinal fluid be under considerable tension, it should not be allowed to spurt out, but should be removed slowly. Too sudden disturbance of intracranial hydrodynamics may cause multiple subependymal venous hemorrhages (Fig. 118), and punctate bleedings throughout the centrum ovale, from which, if extensive enough, the patient may succumb later. Intraneoplastic hemorrhage may occur from the same cause, or because the ventricular needle has traversed the growth. The growth may be shifted slightly by the alteration of pressure; this may be of no consequence for several hours, though it may alter the signs if neurologic examination be undertaken (47). Definite surgical attack should almost invariably be undertaken as soon as the wet films can be properly interpreted. If, for any reason major surgical attack must be delayed, the patient should have the same careful post operative routine care (vd. infra) as afforded any other operative cerebral case. With the onset of severe headache, or of vomiting, the ventricles should be re-tapped (repeatedly if necessary) to allow escape of air and relief of tension, and this should not be delayed until irreducible foraminal herniation has rendered such relief useless. Some clinics routinely re-tap their ventriculography patients during the late evening of the operative day, for relief of pressure. It is of course superfluous to observe that the re-tapping should be ventricular and not spinal or suboccipital.

d) Arteriography.

Moniz of Lisbon in 1927 first practised for diagnosis the injections of 4—7 cc. of 25% aqueous sodium iodide into the surgically exposed internal carotid, and the instantaneous taking of roentgenograms while the cerebral arterial tree was thereby momentarily rendered radiopaque. The procedure has usefulness, particularly in demonstration of arteriovenous aneurysms, arterial or venous angiomas or lesions which have a large blood supply in primary relation to the cerebral vasculature and it has been so used by Dott (103). Moniz has used (188) the procedure over 200 times without untoward results and has reported in detail 6 cases of intracranial tumor in which localization by arteriography was possible, the normal positions of the cerebral vessels being altered by the neoplasms in a manner somewhat analogous to ventriculography. The Sylvian arterial group (Fig. 119) and the callosal artery (Fig. 120) are almost always well visualized; the anterior cerebral artery may fail to show (due to retrograde arterial flow through the anterior communicating artery of the circle of Willis) unless the injection into the carotid is done sharply and quickly[1]. The domain of the posterior cerebral artery, and the vasculature of the posterior fossa, are of course not demonstrated.

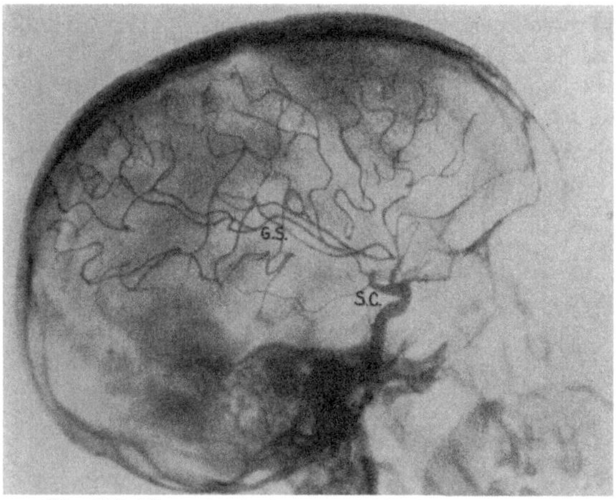

Fig. 119. Normal arteriogram of distribution of middle cerebral artery, after Moniz, Pinto and Lima (188).

e) *Cerebrospinal fluid.*

The cerebrospinal fluid pressure (normal 70—170 mm. water) is usually increased in cases of brain tumor. The increase may at times be demonstrable several months before choked disc appears, but small growths (glioma of pons, intrasellar tumors) or very slowly growing tumors (meningioma, osteoma, oligodendroglioma) may produce no increase in pressure. Tumors with bleeding may cause xanthochromia, and, in intracerebral bleeding, the icteric index of the blood serum is raised promptly (52). The number of pleocytes per cubic millimeter (normal 0—5) is not increased, unless a degenerating tumor comes into contact with a ventricular surface. The total amount of protein per cubic centimeter (9) (normal 10—40 mg. %) is usually increased, except in tumors of the pons or in those deep within the

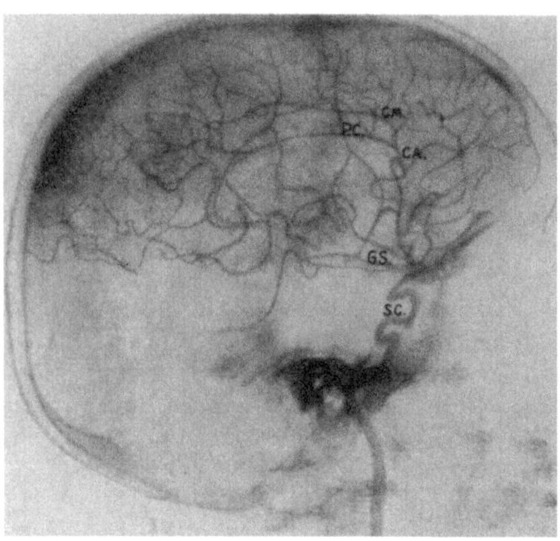

Fig. 120. Normal arteriogram of distribution of anterior and middle cerebral arteries, showing supracallosal artery, after Moniz, Pinto and Lima (188).

[1] The needle should avoid the cardio-respiratory reflexogenic zone of the carotid sinus at the bifurcation of the common carotid. "Thorotrast" (colloidal thorium dioxide solution) has been found more inocuous and satisfactory for intravascular injection than sodium iodide.

centrum semiovale. A positive cerebrospinal fluid WASSERMANN reaction does not exclude the presence of tumor, which may be concomitant; the persistence of localizing signs under vigorous antiluetic treatment during a six weeks' period (165, 182) makes surgical exploration warranted either for tumor or for gumma. The same may be said of a positive LANGE gold sol curve (2); the rupture of the contents of a craniopharyngiomatous cyst into a ventricle may give a paretic gold sol curve, as well as a strongly positive WASSERMANN, both transient (weeks) (198). A valuable table concerning the differential diagnosis of brain tumor, as concerns cerebrospinal fluid, has been compiled by FREEMONT-SMITH (131).

It probably is unnecessary in the present day to point out the urgent necessity for extreme caution, even in experienced hands, in performing a lumbar or

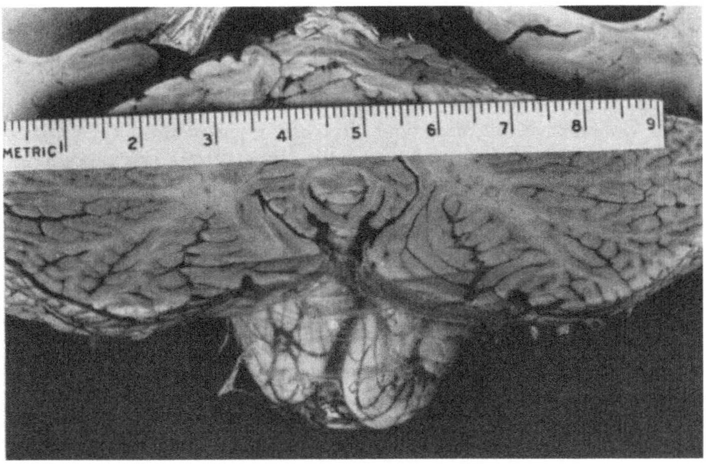

Fig. 121. Showing pressure cone about medulla, caused by molded herniation of cerebellar tonsils through foramen magnum. Release of spinal fluid under these circumstances only wedges the cerebellar tonsils tighter, constricting the medulla sufficiently to cause cessation of respiration.

cisternal puncture in the presence of more than 1.0—1.5 diopters, to note that not more than a few drops of cerebrospinal fluid at a time, with pauses, should be withdrawn under such circumstances, and that the patient's respiration should be watched carefully during and after the procedure. In any appreciable degree of increased intracranial tension, the cerebellar tonsils may herniate into the foramen magnum (Fig. 121) or the mesencephalon may be impacted in the tentorial incisure. In these circumstances sudden withdrawal of cerebrospinal fluid from dependent arachnoid spaces makes the unalleviated intracranial tension force the herniation tighter, compressing rhombencephalic pathways sufficiently to cause permanent cessation of respiration. This ever-present danger should never be minimized or forgotten.

f) Other procedures.

The injection of unabsorbable radiopaque oils into the cerebral ventricles, for their roentgenographic visualization is not only an inadequate diagnostic procedure (for reasons of incomplete filling previously considered), but one contrary to general surgical principles which demand non-retention of any foreign body, however allegedly harmless.

Utilization of the slight difference in electric potential between some subcortical tumors and that of the surrounding brain has been utilized for the localization of tumors by needling deeply through the operatively exposed cortex, the circuit including a sensitive galvanometer. Such repeated blind punctures are not only dangerous, but a sorry substitute for other more direct methods discussed below.

Similarly, the various punctures of the brain with small hollow canulae for removal of deep tissue for biopsy is open to the same objection of danger, incompleteness, and inconclusiveness. Other procedures and examinations, outlined in the foregoing pages, should make this measure obviously redundant except in most unusual circumstances.

IV. Therapeutics.

A. Surgical.

The treatment of intracranial tumor, until the advent of modern neurosurgery, was at best a sorry and dismally discouraging task. Nor were the early results of the birth of neurosurgery in the final years of the last century such as to encourage much more than desperate hope. It is development during the past two decades, showered with diverse improvements at many hands, that has led to a result and to a reasonable hopefulness equal at least to that found in other hazardous branches of surgery. Further *scientific* advance will come when, as Cushing has repeatedly urged (62, 80), pathologic study, neurologic diagnosis, and neurosurgical operation, are centered in a single individual, adequately assisted. But it should also be stressed that *humanitarian* end-results depend finally upon the technical skill, judgment, resourcefulness, and courage of the operator alone, and that without such an individual the scientific achievement is dry dust.

The therapeusis of brain tumor is surgical (either definitive, or palliative); it may in some instances be supported by radiotherapy.

a) The decision to operate.

No criteria can be absolute. Some tumors are far more favorable to operation than others. Granted that the surgical mortality in carcinomatous metastasis to the brain is 36% and also that the prospect of solitary metastasis is remote (1 : 1); yet cases of 7-year post-operative survival (89) are of record, and it is a foolhardy patient or surgeon who would refuse operation in such circumstances, — for advantage both to scientific progress and to the individual is built upon hope and upon maximum result. On the other hand, wisdom and the courage of refusal are often born of tested radicalism; medulloblastoma, with its high operative mortality and widespread recurrence after apparent clean removal, has driven some neurosurgeons to mere biopsy of this neoplasm and to subsequent therapeutic radiation; yet one is faced with recorded survivals of 4 years, and what parent or surgeon would not often accept risk for possibility of such prolongation of life? The decision to operate rests not only upon surgical mortality rates, but upon tumor type, age incidence, survival period (both average and extreme), possibility of successful secondary operation, etc. It furthermore depends decidedly upon the neurosurgical aid available regionally. An identic course of procedure satisfactory for Tiflis might be poor for Berlin, or under some circumstances one satisfactory for Des Moines or Passau might equally, for obvious reasons, be highly unsatisfactory for Boston or Breslau.

Once tumor, position, and type, have been determined, a consideration of operative facilities available, or which can be brought into reasonable availability, must be weighed. These, and the type of operation to be undertaken, are entirely local questions which form the ordeal first of the primary diagnostician and later, more severely, of the surgeon. The handedness of the patient, in tumors of the hemispheres; the relationship of the growth to silent or to indispensible areas; the degree of inevitable damage that must be done; the chronicity of the lesion; the degree of visual disturbance and the extent of its probable subsequent regression toward normal; the benefit to the patient as a member of society or of the family circle; — all must enter into the decision.

Recently the most distinguished neurosurgeon of the present time has released mortality statistics concerning his 30 years' experience at the operating table with intracranial tumors; these are given to contemporary and future neurosurgeons as a "'score' to compete against and ... to improve upon if possible" (89). The entire statistic covers 2.882 tumor cases, of which 2.023 were verified. The table for the final three years (1928—1931), which may be accepted as a creditable best for contemporary neurosurgery, is given below:

Table 2. Mortality percentages of Dr. Harvey Cushing, Boston, 1928—1931 (88).

	Number of patients	Number of operations	Post-operative deaths	Case mortality %	Operative mortality %
Gliomas, various	198	282	31	15.7	11.0
Pituitary adenomas	59	70	4	6.8	5.7
Meningiomas	69	103	8	11,6	7.7
Acoustic tumors	41	45	2	4.9	4.4
Congenital tumors	17	25	4	23.5	16.0
Metastatic and invasive	10	11	4	40.0	36.4
Granulomata	4	5	0	0.0	0.0
Blood-vessel tumors	7	10	1	14.3	10.0
Primary sarcomas	0	0	0	—	—
Papillomas	1	2	0	0.0	0.0
Miscellaneous	6	9	1	16.6	11.1
Unverified tumors	66	73	0	0.0	0.0
Grand Total	478	635	55	11.5	8.7

When one considers that the present operative mortality percentage of a modern American general surgical clinic accepting all classes of cases is about 3.2%, and that two decades ago the operative mortality for neurosurgical operations was reported as from 40%—86%, the 8.7% average mortality given for these conscientious attacks on intracranial tumor is indeed a commendable record.

b) General technical considerations.

Foreword. In surgery, as in all life, there is conflict between the desirable and the possible. In neurosurgery, this may be restated as conflict between desperate courage and cautious sagacity; which of these is the part of true wisdom may be subject to discussion, opinion, or may even reach the plane of ethic. Neither attitude is rigidly mutually exclusive, of course. Upon one's philosophic attitude toward the function of surgery in society, depends the choice of either fundamental outlook to govern one's surgery; this choice is not mere academic infirmity, and its individual decision has far-reaching consequences for others. In American neurosurgery, each attitude has a distinguished protagonist and many followers; what to one group appears warrantable risk appears to the other as bad judgment, and conversely what appears to the latter as warrantable palliation may appear to the other as meretricious shrewdness. Under one attitude a cerebral neoplasm should be attacked in the same gaunt spirit as a neoplasm anywhere else in the body, that is, removed in toto with a sufficient safe margin of normal tissue to insure its complete extirpation;

this at best means total cure, and at its worst may mean social or neurological mutilation for life; among other things, it has contributed a higher mortality rate, frequent brilliant lasting results, lobectomy technique (92), and certain fundamental physiologic knowledge (e. g., 97). Under the other, the growth may be sometimes removed in toto, but more often it is deliberately removed only incompletely by exenteration, or leaves undisturbed residual neoplastic tissue in hazardous locations; at its best it contributes lowered mortality rate, fastidious technique, years of durable palliation for the patient as a useful member of society, and primary public confidence in hazardous surgery; at its worst it means the wan or dogged courage of secondary, quaternary (107), aye, decinary, operations. Properly, the decision for "kill-or-cure" or for durable palliation should be left to the patient, but many of these could not or would not make such a decision, and customarily the neurosurgeon agonizes alone over it. Nothing in the foregoing should be construed as a warrantable cloak for blithe slapdash neurosurgery by untrained enthusiasts; the day of gross finger-dissection, of brutalized tissues, of haphazard closure, of negligent post-operative care, is gone [1]. The decision is honestly and repeatedly made, sometimes for a lifetime, sometimes from hour to hour; its deciding factor is probably not sincerity, but rather a philosophy of life and an ethic for surgery.

Equipment. It is not the purpose of this and subsequent sections to be a compendium of neurosurgical technique, but rather to afford a survey of present-day neurosurgical possibilities and limitations, so that decision for operation may be more intelligently approached and so that some calibration of local facilities may be reached.

The operating room should be an individual one, part of a suite (Fig. 122), should be excellently lighted by daylight along one side (Fig. 123) and yet capable of being darkened completely without raising dust; the floor should be of tile or rubber composition, preferably the latter. An immediately adjacent room should be available for the donor and for a second team for transfusions. The operating room should have good artificial lighting for general purposes; special illumination of the operative field is best accomplished by the surgeon's headlight alone. A completely reliable source of suction, capable of affording a constant negative pressure of at least $1^1/_2$ atmospheres through quarter-inch lines, should be available. Provision for pharyngeal insufflation anaesthesia, rarely used, should be at hand. An electrical drill and burr are a convenience, but not a necessity; this may be either a sterile unit on the operating field, or an unsterile mobile power plant capable of flexible connection to sterile instruments (Fig. 124). An adequate electrosurgical unit, capable of delivery of both cutting and coagulating currents, is an indispensable adjunct (79, 170, 197); all parts of its circuits should be grounded through supply lines; and as a precaution it may be well to have the operator's headlight fed through an insulating transformer itself an integral part of the unit.

The team should consist of operator, first assistant, second assistant, instrument assistant, dry goods assistant, anaesthetist, and two unsterile attendants. A sterile assistant in charge of electrosurgical electrodes, required for

[1] It is unfortunately not unnecessary to urge that in this era of well-controlled local anaesthesia [which can be supplemented when necessary by a host of basal and adjunct anaesthetics (rectal, subcutaneous, intravenous, inhalation)], *speed in operating is not the primary criterion* of a good operation, but that care, gentleness, fastidiousness, and Halstedian principles are the imperatives; neurosurgical operations for tumor take $3^1/_2$ to 7 hours and are not infrequently more fatiguing to the operating team than to the patient. Such necessary busy deliberation and care are not always understood or welcomed by general surgeons, or clinicians, trained in technique for other fields. Only one neurologic operation can be well accomplished in one day.

some apparatuses, is a convenience but not invariably a necessity. A second small team, capable of giving transfusion (99), obtaining muscle from gastrocnemius or quadratus, or fascia from the fascia lata, should be on call at the

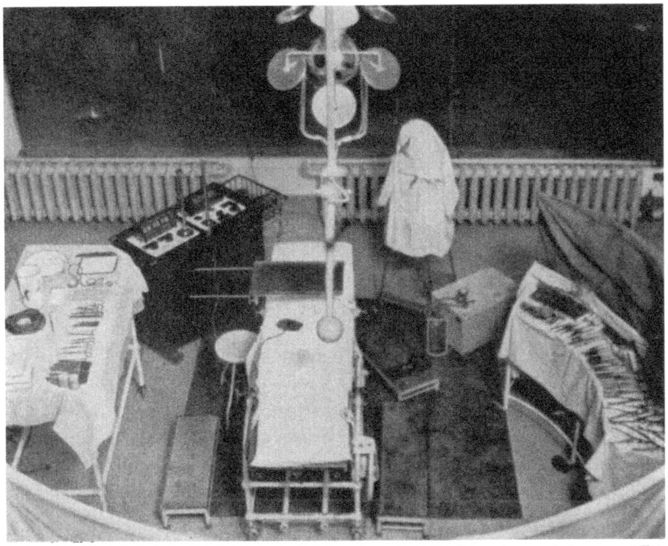

Fig. 122. Arrangement of operating room just prior to beginning of craniotomy. The pad lying on the table is fastened to the patient's body and is connected with the electrosurgical unit. The foot pedal on the right controls the suction machine. A similar pedal on the left controls the electrosurgical unit; the tall handles on the unit are sterile and can be used for adjusting the dials. From SACHS (216).

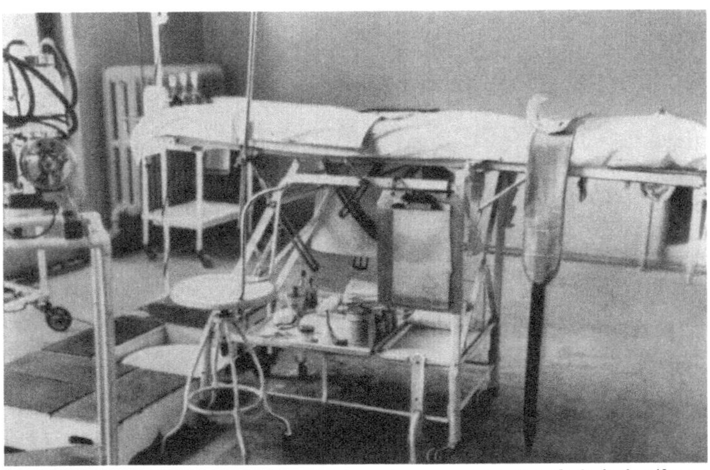

Fig. 123. Another arrangement of operating table and equipment; the chair is for the anaesthetist, and the upright arising from the table edge just in front of her seat, supports a small rectangular wire canopy over which sterile coverings are placed, allowing the anaesthetist free access to the patient's face at all times. The machine on the left is for pharyngeal insufflation anaesthesia.

wish of the operator. A continuously charted record of the patient's pulse, respiration, and systolic and diastolic blood pressures, taken at 5 minute intervals, should be maintained by the anaesthetist (Fig. 125) from the time the patient is placed on the operating table until the close of the operation and the application of the final dressing. One percent novocain infiltration anaesthesia is preferable; it may be supplemented transiently by ether inhalation narcosis, or by avertin (tribromethanol) administered during the course of the

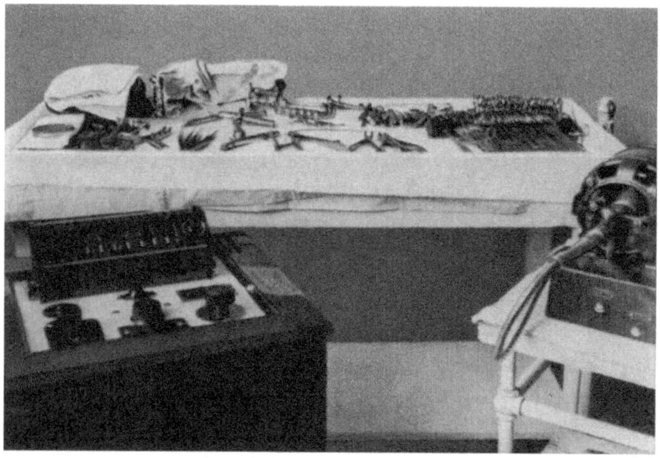

Fig. 124. Instrument table for craniotomy, with part of electrosurgical unit in left foreground, and unsterile mobile electric power plant for Hudson burr in the right foreground.

operation. The position of the patient should be comfortably recumbent for all operations except trigeminal neurectomy; the use of the upright or sitting posture, in operations where the dura is widely opened, is contrary to all sound physiologic factual knowledge.

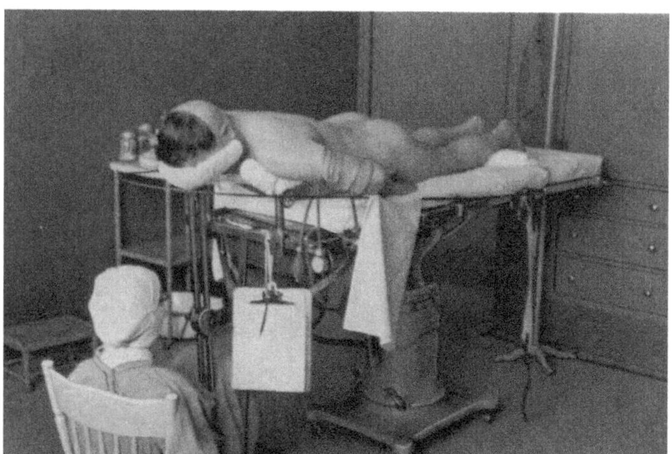

Fig. 125. Patient in position for cerebellar operation, just before coverings are placed. The Bailey headrest is too high and will be adjusted to the posture shown in Fig. 131. Note blood-pressure cuff, anaesthetist's chart, and outrigger canopy under which anaesthetist works.

Pre-operative care. The first 48—60 hours in the hospital should be spent in bed, regardless of the patient's ambulancy, both for relaxation and in order to facilitate the repeated physical and neurologic examinations and the diagnostic laboratory procedures as well. Pulse, respiration, and temperature, should be charted at four-hourly intervals; height and weight obtained; hematology, blood chemistry when indicated, serology, urinalysis, measurement of intake and output of fluids, basal metabolism when indicated in pituitary disorders, and roentgen examinations, are done; lumbar puncture is sparingly used. Blood grouping and cross-matching with a suitable donor is acomplished. Diagnosis, occasionally obvious, may more often require several days or a week to be established. Coal tar derivatives may be used for alleviation of headache. The patient's bowels should be well regulated daily, preferably by saline cathartics and enemata; it should not be overlooked, however, that too vigorous eliminative treatment may reduce perineoplastic intracranial oedema to such extent that regional diagnosis may be hindered or made temporarily completely impossible.

On the day of the operation, no fluids are given after midnight, special nurses are obtained and become acquainted with the patient, a light breakfast of either orange juice or black coffee is allowed, an enema given, and the patient is removed in bed to the operating suite, where, in an adjoining room, the head is shaved by the first assistant. The patient is then placed on the operating table, blood-pressure cuff adjusted (Fig. 125), indifferent electrode of the electrosurgical unit placed in position, and a rectal tube inserted and connected with a fluid drop-observing device through which rectal anaesthesia or fluids may be administered. The scalp is then cleansed with alternate washes of 70% alcohol and 1: 5000 mercuric bichloride solution.

c) Definitive attack.

Osteoplastic flaps. The various parts of the brain, except the suboccipital region, are customarily approached by turning back angular or ovoid flaps of scalp and skull, usually of considerable size; they were first employed by WAGNER (248). The "hinge" or pedicle of the flap is so placed as to conserve best the blood supply to the flap; it almost invariably therefore has its base toward the temporal fossa. Such *osteoplastic* flaps (in contradistinction to the now-largely-outmoded deforming craniectomies or "trepanations") are employed surgically for all intracranial conditions except adherent meningo-astral scar with epilepsy, and its use here as well is being experimented with. During the time the scalp is being incised, the edges of the incision are tourniquetted by pressure from the fingers of assistants (61), until haemostats can be placed upon the galea. Perforator, burr, and GILGI saws (137) are used for cutting the aperture in the skull without injury to the underlying dura and brain. The scalp is left adherent to the bony flap in order to assure the latter's adequate nourishment. Most meticulous haemostasis is maintained throughout. The bony flap is cut through on three sides, and is then broken across, deep in the temporal fossa where the squama is thin, MONTENOVESSI or DE VILBIS forceps being used to carry the necessary bony incision deep into the fossa. If the GIGLI saws be applied obliquely, the edges of the flap are sawed bevelled (Fig. 126) so that, when restored to position, the flap cannot sink inward; this obviates cumbersome and insecure wiring of the flap in position at the close of the operation. Diploetic bleeding is controlled principally by HORSLEY's bone wax. The dural opening is several millimeters less in extent than the bony flap (Figs. 46 and 47); it is made with special dural hook and dural knife with precautions that need not be entered into at this time. Lesions reaching the cortical surface are visually identified. When subcortical, they may sometimes be evidenced by displacements of the Sylvian fissure upward (temporal lobe tumor) or downward (parietal tumor), or of Rolandic fissure forward or backward, or by widening of superjacent gyri and flattening of the sulci; differences in consistency may be evident by palpation or when exploratory ventricular needle is passed. Pial bleeding is controlled by silver clips which are left permanently in place (65, 194). Once identified, a subcortical lesion is approached by electro-surgical incision through the cortex in the nearest silent area; very deep lesions may be approached transventricularly. But these, and other essentially surgical details of technique of actual removal of the neoplasm, need not be dwelt upon in this place. The dura and galea are separately closed by buried interrupted sutures of waxed fine black silk at about 8-millimeter intervals, the free ends being cut exactly on the knot; and the skin is closed with interrupted (non-waxed) sutures of the same material. With such technique and a careful anatomic closure in layers, a neurosurgical scar should be practically imperceptible, even in the exposed forehead, after a few weeks or a month.

Fig. 126. The bony part of a cerebral osteoplastic flap, to show the way in which the edges are sawed bevelled so that the replaced flap may not sink inward.

Subfrontal flap: This unilateral approach is through the forehead, and usually on the right side (Fig. 127). It affords access to the olfactory grooves, anterior falx, orbital plates, pole of the frontal lobe, tuberculum sellae, chiasmal region, sphenoid ridge, and the pituitary fossa. The incision starts in the eyebrow just above the lateral angle of the orbit, extends medially along the supraciliary ridge to just above the inner canthus of the eye; then bends obliquely upward to the midline across the procerus, extends up the exact midline of the forehead to a short distance back of the hairline, and then turns sharply lateralward straight into the medial part of the temporal fossa. Five burr holes are made: in the temporal fossa just lateral to the outer boundary of the supraciliary ridge; in the supraciliary ridge just lateral to the frontal sinus (whose size and position has been determined by roentgenogram), in the midline of the forehead just above the frontal sinus, in the midline just back of the hairline, and in the upper part of the temporal fossa laterally; these are connected by use of the Gigli saw, and the Montenovessi forceps are used to extend the posterior leg of the bony incision into the depths of the temporal fossa, where the flap is broken back. The intact dura is then peeled slowly up from the orbital plate back to the sphenoid ridge, where it is incised for 4.5—5.0 cm., and the incision carried thence forward along the lateral edge of the olfactory groove; this leaves the frontal pole and the under surface of the frontal lobe protected by dura during retraction and manipulation, thereby insuring a minimum of post-operative traumatic moria. When the arachnoid is now opened, the prechiasmal cistern is entered, and 1.5 cm. deeper the chiasm and sella turcica are encountered, the carotid lying lateral to the chiasm and the anterior communicating artery above it [1]; it is the part of wisdom to aspirate with a fine needle any smooth tumorous lesion of the neighborhood before making

[1] Dandy (97) reports that ligation of the left anterior cerebral artery is followed by complete and permanent loss of consciousness; this does not occur when the right side is ligated.

larger incision, for aneurysms, when encountered, are often unexpected. In operations upon meningiomata and osteomata of this region, the proximity of the subjacent ethmoid and sphenoid cells should not be forgotten. The dura is not sutured at the close of the operation; the areolar tissue of the eyebrow is closed in 4—5 layers to obviate ecchymosis.

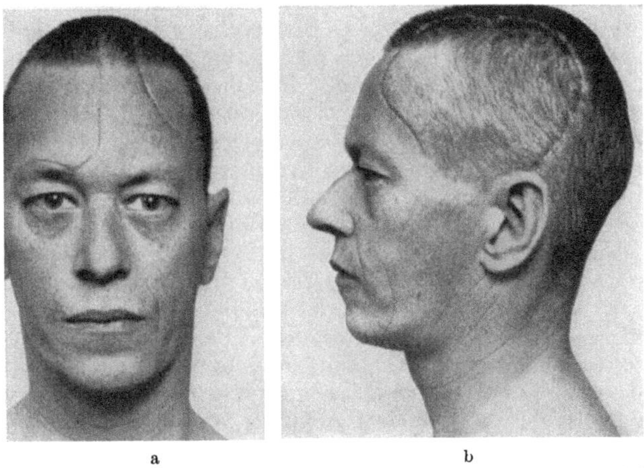

Fig. 127 a and b. Illustrating the incisions for subfrontal and parietal osteoplastic approaches to the cerebrum. From CUSHING (89).

Semifrontal flap: This is a unilateral approach, giving larger exposure and placed a little higher than the foregoing; it utilizes one of the creases of the forehead as the lower leg of the incision (Figure 128), extends to the midline, and thence with sharp angle progresses posteriorly for a varying distance most often to the mid-parietal region, where it curves quickly into the temporal fossa to just above the ear. It also utilizes 5 burr holes connected by use of the GIGLI saw; the bony incisions from the burr holes in the upperparts of the temporal fossa are extended deeper toward the zygoma with MONTENOVESSI forceps, each extension curving inward slightly in such manner as to narrow the bony base (but not the scalp flap on whose width blood supply depends) which must be broken across. The exposed dura is incised a few millimeters from the edges of the bony flap. It gives access to practically the entire convexity of the frontal lobe, the tip of the temporal lobe, and to a considerable part of the lower portions of the anterior central convolution.

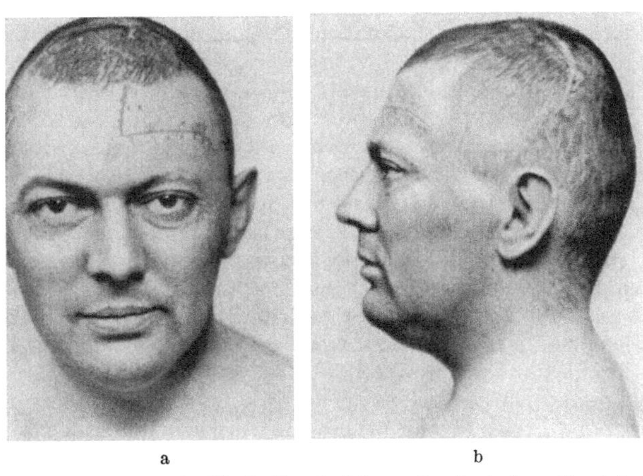

Fig. 128 a and b. Illustrating incision and extent of semifrontal osteoplastic craniotomy, after CUSHING (89).

Parietal flap: This is the exposure ordinarily thought of when a bone flap is designated (Fig. 127 b). As ordinarily laid out, it affords access to the entire medial portions of the convexity from the ascending frontal convolution to the supramarginal gyrus and from the falx to the second temporal convolution. It is ordinarily ovoid with the long axis horizontal, the incision beginning in the temporal fossa just in front of the hairline and extending in a curved line upward to the sagittal suture and thence backward to the posterior parietal region, where it curves downward to the posterior edge of the temporal fossa just above the ear; 5 or 6 burr holes are placed and connected with Gigli saw. This flap affords exposure of probably over half of the neoplastic lesions occurring intracranially. Though the dura is opened a few millimeters lateral to the sagittal sinus, the region of the falx is readily explored by depressing the brain with a spoon retractor, or by ligating some of the suspensory veins attaching the hemisphere to the sinus, but this latter should not be done in the region of the Rolandic fissure unless imperative. Sudden thrombosis, or operative ligation of the sagittal sinus posterior to the Rolandic fissure produces diplegia of lower extremities from which recovery may not be complete. It should not be forgotten that the Rolandic sulcus is often 1.5 cm. deep, and that a truly cortical tumor may not present obviously upon the surface of the hemisphere when the latter is first exposed. By using a toothed retractor in the temporal muscle to retract the bony flap, it is possible to extend the exposure deeply toward, or to, the floor of the middle fossa, by rongeuring away subtemporally the remaining temporal squama. This affords a complete exposure of the first two convolutions of the temporal lobe and even part of its third; care should be taken not to lacerate the juxtacranial temporal fascia underlying the muscle, as persistent post-operative oozing may occur from it and necessitate re-elevation of the flap for clot. In replacing the flap, the temporal muscle should always be closed in several layers, and the temporal fascia itself be closed completely, before the galeal closure is undertaken.

In manipulations of the dura it should be remembered that pachymeningial arteries are exquisitely sensitive; if it is necessary to use a silver clip on an artery in more than one place, the central clip (toward the foramen spinosum) should always be placed first, so as to eliminate subsequent perception of painful sensations from more peripherally placed clips. The meningial vessels frequently deeply grove, or are actually embedded in, the temporal bone; unless great care in elevation of the flap is taken they may not infrequently be annoyingly injured. Suspensory, or "anchoring" veins sometimes occur between the cortex and the dural and diploetic channels in the region of the supramarginal gyrus and in the lower Rolandic area near Broca's convolution; these should be doubly clipped and divided, but if accidentally torn through they may be controlled with the electrocoagulation ball.

Sagittal flap: This rarely used, and bloody, flap straddles the midline, affording exposure of the sagittal venous sinus and the parasagittal area on both sides. It is used only for known bilateral lesions of the falx such as parasagittal meningiomata or gummata; for obvious reasons it is usually placed so as to expose the motor foot and leg areas. The flap is horseshoe-shaped and has its hinge or base posteriorly. There is considerable bleeding from Pacchionian granulations during its elevation, and, in the presence of meningioma the bleeding may be so furious as to force a second stage operation, even with transfusion. None of the other flaps described disturb Pacchionian bodies.

Occipital flap: This seldom-used exposure requires prone decubitus and a cerebellar headrest, as described in the next section. The scalp incision extends from just posterior to the ear, along the line of the transverse sinus to the region of the occipital protuberance, where it turns sharply and proceeds along the midline forward to the midparietal region, where it once again turns sharply to return to the middle portion of the temporal fossa, its base. It affords exposure to lesions of the occipital lobe and pole, to the falx in its posterior part, to the superior surface of the tentorium, and finally to the pineal and quadrigeminal region. For the latter, Foerster (123) incises the exposed dura along the edges of the sagittal and transverse sinuses, doubly ligates and divides the suspensory veins along the falx, divides the tentorium along the sinus rectus, and splits the splenium forward for several centimeters; the vein of GALEN, pineal body, and quadrigeminal plate are then in view. The macula has bilateral representation, and occipital lobectomy may be done without disturbance of macular vision, provided the splenium be not split (120). Ligation of the internal occipital vein in this region may result in a permanent homonymous hemianopsia (148).

Suboccipital approach. This is a bilateral approach (Fig. 129) to all lesions occurring in the posterior fossa; it is not osteoplastic, and therefore also serves as a suboccipital decompression. The patient is necessarily in prone decubitus;

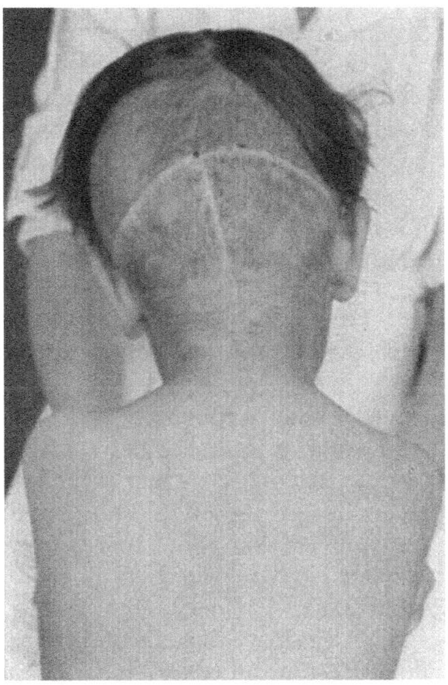

'ig. 129. Illustrating incision for cerebellar crossbow.

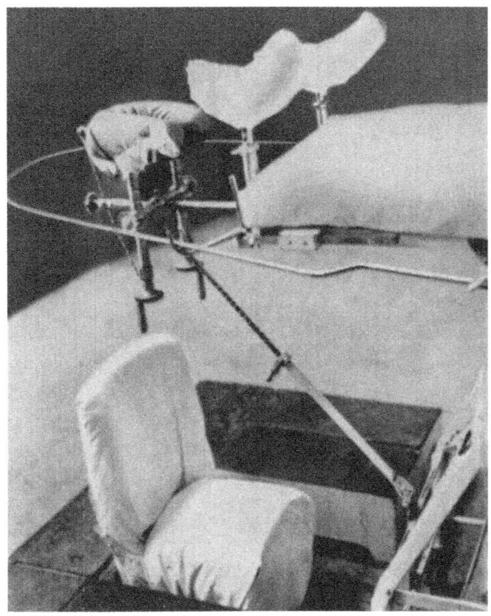

Fig. 130. Showing one type of adjustable cerebellar headrest; there is a multiplicity of controlling adjustments; there is a heavy bridge of gauze extending between the shoulder rests, to support comfortably the upper portion of the patient's thorax.

ι special headrest is therefore required, as well as crutches for the comfortable ·levation of the thorax from table so that respiration (often embarrassed in esions of the posterior fossa) is not impeded either for spontaneous breathing)r for administration of artificial respiration. Various headrests (Fig. 130) have)een devised, but probably the simplest and most satisfactory is that devised)y BAILEY (32), Fig. 131. The step-by-step details of the approach and of)perative technique have been published by CUSHING (68). The incision extends rom mastoid to mastoid in a curvilinear manner, the highest point being about ł cm. above the occipital protuberance; from this point posteriorly a straight ncision is carried caudad exactly in the midline of the ligamentum nuchae to ιbout the fourth cervical spine. The muscle and fascia are separately incised ιlong the superior nuchal line, and freed subperiosteally en bloc from the sub)ccipital region. After a tap of the occipital horn, the bone of the entire sub)ccipital region is removed with burr and rongeurs, and the dura over the)osterior fossa is opened stellately (Fig. 48). It may be necessary to remove ·he arch of the atlas or even of the axis, if cerebellar foraminal herniation is)resent, before the cerebellar tonsils can be freed upward and unembarrassed respiration obtained. If large neoplasm be present in the lateral recess, it may be necessary to amputate electrosurgically a sufficient amount of the overlying lateral cerebellar lobe to afford adequate exposure; this amputation, unless it reaches the dentate nucleus, leaves practically no clinically detectable residuals. The vermis may be incised deeply and the incision be carried far forward without permanent neurologic damage. Suspensory veins attach the superior surface of the cerebellum to several points along the inferior aspect of the tentorium; these, until the advent of electrosurgery, afforded a particular hazard both as regards the exploration of the juxtatentorial surface and as to passive tearing as the cerebellum sagged in the posterior fossa after removal of large growths. Technical details for location and removal of the tumor need not be given here (e. g., 84). The dura is not re-sutured; the ligamentum nuchae is closed in multiple layers (6 to 10) with interrupted sutures of waxed fine black silk whose ends are cut on the knot; the muscle blocs and its fascial covering are separately sutured along the superior nuchal line with the same material, and the galea is then closed further forward; interrupted unwaxed black silk sutures to the scalp itself complete the closure.

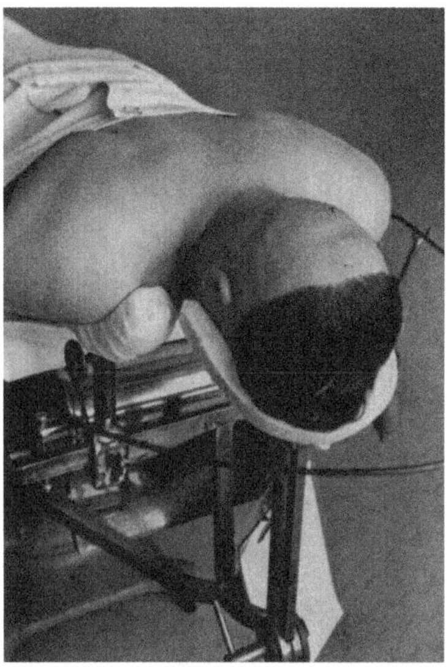

Fig. 131. Patient in position for cerebellar operation, utilizing a Bailey headrest. A single adjustable screw controlled by the anaesthetist allows the head to be supported comfortably and inflexibly in whatever position it is placed by the operator.

Unilateral cerebellar exposures are warranted only in special circumstances (93, 96) and should never be used when a space-occupying lesion is suspected. The direct transverse incision (T-shaped, instead of cross-bow) passing from mastoid to mastoid, often heals less well, and affords considerably lessened security against dreaded cerebrospinal fluid leak (a complication practically unknown with properly closed cross-bow incisions).

Transsphenoidal operation. The approach to the sella turcica through the nose — the route used by the ancient Egyptians when embalming or removing the brain — was considerably more popular in the early days of neurosurgery than now; it has been variously used and described (155, 234). Probably the safest method is the sublabial submucous route along the nasal septum, and across the sphenoid cells, as described years ago by Cushing (66). It should be used only when the sella is ballooned out, when there are no signs of major intracranial extension, and when there is no reason to suspect that the lesion to be encountered will be cystic; long experience has shown the wisdom of these indications. The presumed advantages of the operation, other than the incomplete removal of an indeterminate fraction of the total adenoma, lies in its decompression of the sellar floor, sometimes a not unmixed blessing. A brief discussion of the transphenoidal versus the transfrontal (subfrontal) route has been given by Locke (181); at best the definite indications for the route are small and increasingly infrequent.

d) Decompressive operations.

These procedures must be distinguished from those directed toward the relief of internal hydrocephalus; the purpose of the latter is to short-circuit the cerebrospinal fluid around an organic obstruction, and they comprise no part of the therapeusis of brain tumor as such. The decompressive operations are palliative procedures ("safety valve") only, designed merely to afford additional room within the closed cranium, and to alleviate choked disc, thus saving precious vision. It is unfortunately still true that on occasion every effort to localize a neoplasm may in rare instances be fruitless. The neurosurgeon is then confronted in the patient with the advancing ravages of the cardinal triad; decompressive operations have been devised to offset neoplastic space-encroachment until such time as the growth may identify itself clinically as to location and allow definitive attack; meanwhile, due to the decompression, subsidence of

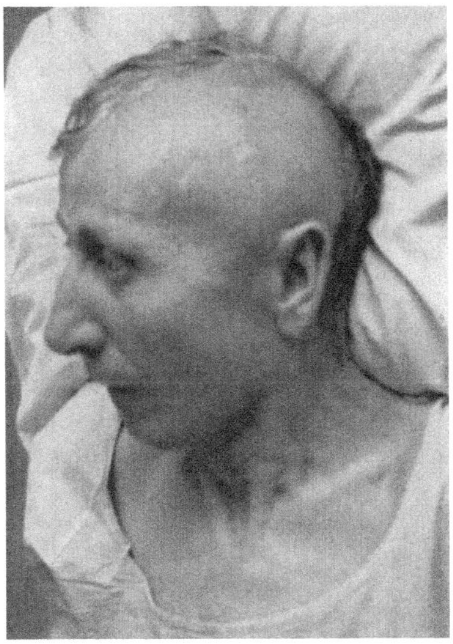

Fig. 132. Illustrating linear incision for subtemporal decompression; it extends from zygoma to the superior border of the temporal fossa. The photograph was taken on the 9th post-operative day.

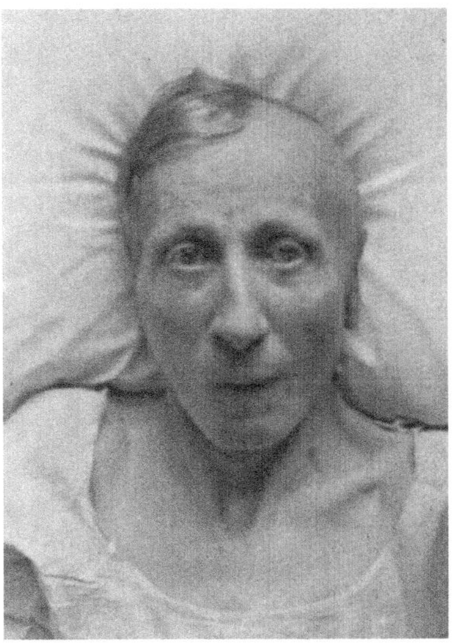

Fig. 133. To show the degree of bulging occurring in mild degrees of tension (2 diopters) after a properly placed subtemporal decompression.

the choked disc has saved vision. The essential features of decompressive operations are the removal of cranial bone underneath a muscle-protected area and the stellate opening of the dura underlying this, thus allowing a well-protected herniation to occur. The day of hideous deforming prolapses over the convexity, with non-suture of the galea, is over.

Subtemporal decompression. Unless suspicion exists that the lesion is left sided, a subtemporal decompression should always be on the right side in a right-handed person. The decompression is 6—8 cm. in diameter under the entire temporal muscle and extends deeply down behind the zygoma; the motor cortex is therefore unaffected, and pareses due to prolapse are practically unknown. The incision is linear, obliquely upward from the zygoma itself, about a centimeter in front of the ear, and extends to the superior border of the temporal fossa (Fig. 132); the fibers of the temporalis are split, and the muscle is freed, with special periosteal elevators and retractors, from the temporal fossa, exercising especial care to see that the fascial and galeal attachments at the superior borders of the fossa are left undisturbed. The bone under the temporal muscle is then removed by burr and rongeur; the dura is opened stellately to the edges of the defect, meningial vessels being staunched with silver clips.

The temporal muscle is closed in several layers and the temporal fascia closed carefully throughout its length; if the fascial attachments of the muscle are torn loose at the edge of the temporal fossa, or if closure be not meticulous, unprotected herniation may occur. The subcutaneous tissues are separately closed by interrupted buried sutures, and the skin is closed in the usual manner (Fig. 133). It should, of course, be unnecessary to add that mere removal of the bone, without opening of the dura, affords not the slightest iota of pressure relief.

Subtemporal decompression may also be accomplished as part of a bone flap operation (64). After the osteoplastic flap has been turned upward, the temporal muscle is freed upward as far as necessary from the bone flap and the bone is rongeured away in an arching manner; the muscle is then also freed from the remaining portions of the temporal squama extending deeply to the parietal base of the middle fossa; this bone is also removed. When the reflected dura of the flap is about to be closed, this is done in the usual manner in its superior portions, but the subtemporal region is left without suture, and the dura here is cut so as to form a stellate opening underneath the bony defect when the flap is lowered into place. The closure then proceeds, with its usual care to suture of the temporal muscle in layers, before the galea and skin are closed separately.

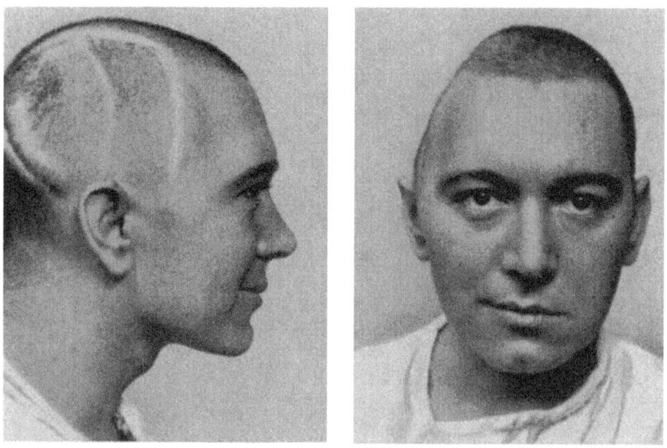

a b

Fig. 134a and b. Illustrating the degree of deformity which may occur after a sacrifice flap as defined in the text. From Cushing (89).

Suboccipital decompression. Every cerebellar exploration for tumor results in effect in a suboccipital decompression.

Sacrifice flap. After repeated subtotal resection of a tumor, or very occasionally when at primary operation a hopelessly large or irremovable growth is encountered, the bony part of the osteoplastic flap may be freed from the scalp flap, removed, and only the latter sutured securely in place over the partially closed dura. This is rarely used; it is a mere contest for time in terminal stages of the individual career of subtotal resection (Fig. 134); it results in effect in the late formation of a disfiguring prolapsis cerebri.

Tentorial. This procedure, proposed by Naffziger for relief of inoperable tumors of the cerebello-pontine angle (203), has other fields of usefulness as well, and is accomplished in effect in all operations utilizing the trans-occipital approach to the pineal region. It consists of radial incision of the tentorium from the incisure outward, either beside the sinus rectus or above the petrous ridges, or both; it results in a freeing of the mesencephalon and aqueduct from destructive pressure of the neoplasm caught within or behind the incisural ring. Under proper conditions it may add years of fairly comfortable life to individuals harboring pineal tumors, or having inoperable gliomata of the quadrigeminal plate or of the diencephalo-mesencephalic floor.

e) *Post-operative care.*

General. Post-operatively the patient should be left undisturbed upon the operating table for an indeterminate period varying from several hours to a quarter or a third of a day; on occasion, more especially in severe cerebellar explorations (lateral recess) it may be necessary that the patient remain undisturbed on the table for several days in a room of the operating suite. Pulse, respiration, and blood pressure readings are charted every five or ten minutes as a continuation of the anaesthesia record; a special nurse experienced in neurosurgical care should be in constant attendance; rectal or axillary temperature should be taken every hour or less for the first half day, and as often thereafter as indicated; "central" hyperthermias (controlled by moderate alcohol sponging) not infrequently arise after cerebellar or diencephalic operations. The patient's responses (ability to squeeze a hand on command, to protrude tongue on command, to open eyes on command) and reflexes should be tested immediately after operation, and at regular intervals thereafter — though not with such frequency as to tire him (211); any falling-off of responses, or an advancing drowsiness within the first 5—6 hours should be regarded with suspicion, as being possibly indicative of post-operative clot formation; after 7—8 hours, clot must be differentiated from oedema. Despite meticulous haemostasis, clot must be carefully watched for, particularly where relief of space-occupancy has been of such degree as to allow the brain to sag away from the parietes; the possibility of this contingency may be minimized by filling such defects with RINGER's solution just before completion of the closure. If clot is presumed to be present, the flap should at once be re-elevated, the material evacuated, and the oozing point dealt with. It may be necessary to remove repeatedly by adequate suction through a soft catheter collections of mucus in the throat of semi-comatose patients; this is particularly likely to be necessary in those with cranial nerve palsies, or in those whose diencephalo-mesencephalic floor has been disturbed. Vomiting, straining, or any form of restlessness that might transiently raise intracranial or vascular tension, should be charted. The surgeon himself should visit the patient at frequent intervals and by personal inspection assure himself that conditions are favorable.

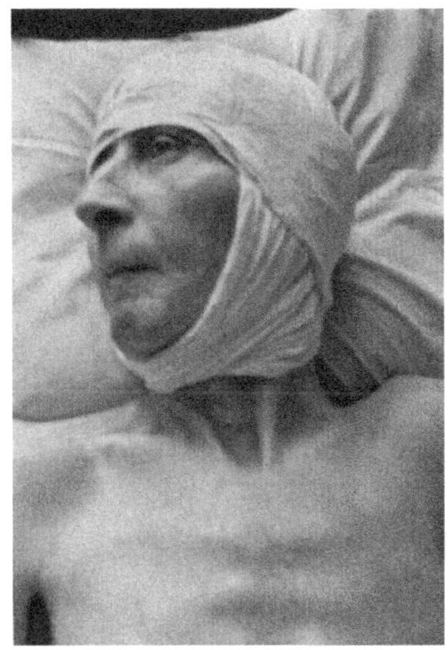

Fig. 135. Post-operative craniotomy dressing. The sterile material overlying the wound is held in place by a stiff crinoline cast which affords protection against unintentional trauma. Note that the cast has been split by knife anteriorly in the midline after it has dried, so that constrictive pressure cannot occur.

When the patient's condition is assured as satisfactory by an adequate period of observation, he is carefully removed directly to his bed in the operating suite, and the same care continued. When, after a period of hours in bed, it is still assured that his condition is satisfactory, he is removed to his ward or room (107), and the same vigilance continued for another 12—18 hours — after which anxiety, but not care, may be relaxed. It is highly important that assistants throughout, as well as the surgeon, should be able to recognize, from the patient's condition and from inspection of his chart, a storm on the horizon long before stimulants and exctiants are needed; and assistants, under the surgeon's direction, should be able to cope skilfully with the indications displayed. Osteoplastic wounds should be inspected routinely on the third day, and stitches removed on the fifth day; cerebellar wounds are dressed for the first time on the 8th or 9th day, and stitches removed at that time. The details of wound care and of nursing need not be dwelt upon in this place.

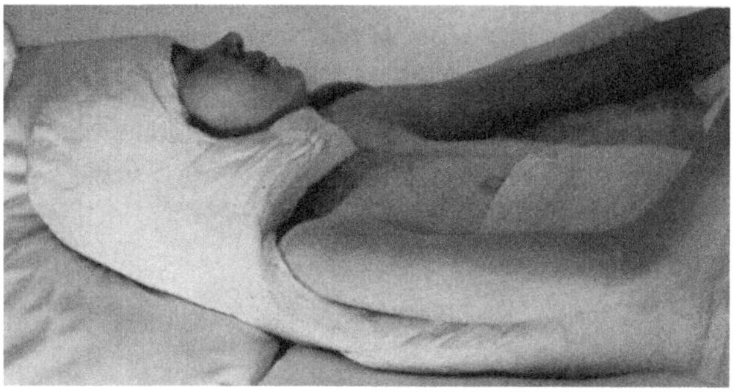

Fig. 136. Crinoline cerebellar cast immobilizing head and neck; this is applied before the patient leaves the operating table, and is allowed to dry before the patient is removed to bed. It is wellpadded, light, and comfortable.

Dressings. If the condition of the patient be dubious at the close of the operation only a temporary sterile dressing is applied, and he is left as undisturbed as possible until he has rallied his physiologic resources. When his condition is satisfactory, the mild disturbance incident to application of the final head cast is warrantable. The line of incision having been covered with silver foil, dry sterile dressings are laid smoothly, the area back of the ears is padded with sterile cotton, and the head is wrapped with a 3-inch roll of 8-ply soft surgical gauze, some turns of which extend under the chin; over this is applied a smooth cast of damp, starch-dextrin impregnated, crinoline (Fig. 135). The protection of the stiff crinoline cast is preferable to that of the heavier and more friable plaster of Paris cast. Various special modifications of the dressing are necessary for certain osteoplastic flaps, particularly the transfrontal (subfrontal) flap; here, after the foil has been applied, a broad strip of sterile thin gutta percha is laid obliquely over the eye of the side operated upon, the sterile dressings laid in place above, and the upper part of the face included in the protection of the dressing and cast.

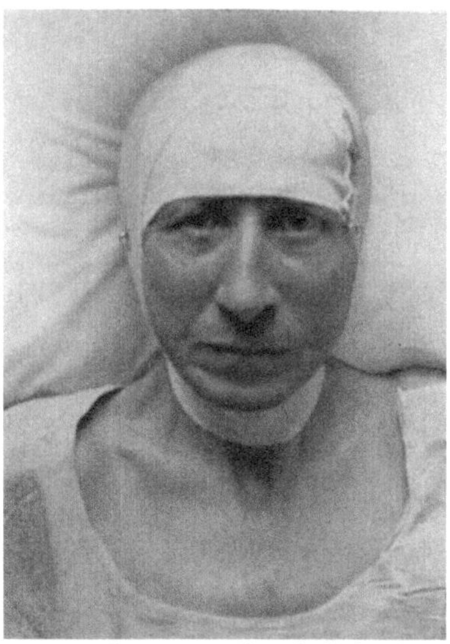

Fig. 137. The woven cotton elastic bandage used to hold cranial dressings in place after initial stages of wound healing have passed; it conforms readily to the contours of the skull, and makes a neat and comfortable dressing.

In the application of a cerebellar cast (Fig. 136), done while the patient is still prone on the table, particular care should be taken to pad well the suboccipital region, the forehead, and the vertebral column; the cast is secured by incorporation of turns under the chin and about the lower epigastrium, care being taken to see that these are not constrictive. If the patient be unusually heavy, or if unruliness be anticipated, a reinforcing layer of plaster of Paris may be incorporated with the crinoline over the vertebral column as far forward as the vertex.

Dressings after the fifth day usually no longer require the protection of a head cast. An elastic woven cotton bandage (Fig. 137) affords a neat and serviceable outer dressing until the 10th or 12th day, by which time all dressings usually may be discarded.

B. Palliative.

Hydration control. Pathologic intracranial tension may be considerably modified by osmotic principles, as demonstrated by WEED (251, 252). This may be accomplished by enteral or by intravenous measures; the former for routine use, the latter for acute control (125). A sagacious manipulation of intracranial tension, and a thorough understanding of principles, is essential for the preoperative preparation of the patient, and imperative in control of his postoperative course; in hopeless, advanced, or inoperable cases it affords almost the sole means of euthanasia. Mild persistent use of saline cathartics, such as magnesium sulphate (to both of whose ions the intestinal mucosa acts as an impermeable membrane) not only aids in combatting constipation (30 cc. of 50% solution) but also withdraws fluid from the bloodstream and hence from cerebrospinal fluid stores. If vomiting or coma precludes oral use, it may be administered in larger dose slowly by rectum with similar results (400 cc. of 25% solution, at gttae 50/min.).

When the need for reduction of intracranial tension is acute, it may be considerably diminished within a quarter of an hour by the slow administration intravenously of hypertonic saline solution (70 cc. of 15% sodium chloride, adult dose). For somewhat more lasting effects and also to afford some nourishment in emaciated or acidotic patients, hypertonic glucose solution may be used (100—200 cc. of 50% solution); it may occasionally be wise to protect the latter dosage with 15—20 units of insulin subcutaneously.

Hydration control is a two-edged sword and may easily be overdone or may lead to a false sense of security. It should never be overlooked that fluid *intake* should be as carefully regarded as fluid *elimination* and that a minimal total intake of 1800—2000 cc. daily should be assured (oral, hypodermoclysis, intravenous, rectal), except in special instances for short periods of time. Cisternal or lumbar punctures for the relief of intracranial tension are not only hazardous but in almost all cases indefensible.

X-radiation. Carefully controlled deep roentgen therapy is of proved therapeutic value in the palliative treatment of some types of cerebral neoplasm; accumulating experience has shown that the hypothesis of BERGONIE and TRIBONDEAU may be regarded as a law, and that the degree of favorable response of tumors to radiation is roughly parallel to the degree of embryonic primitiveness of the histologic elements constituting the neoplasm. This might be anticipated, since it is now known that the initial and major effect of radiation is an inhibition of mitosis; recent clinical experimentation based upon this has been in frequently repeated sub-maximal doses, in contrast to the divided massive doses at present utilized. Whether the former is genuinely more efficacious than the latter has not yet been demonstrated.

Radiation therapy should never be undertaken without preliminary definitive operation or at least a decompression; plentiful examples exist in the literature (26) to confirm the wisdom of this from many angles (247). In the absence of operation, one is not certain to be dealing with brain tumor; one may mistake the localization of the lesion; one may lose time by treating a lesion with a good operative prognosis but very resistant to the roentgen ray; one may aggravate the symptoms and even cause the death of the patient by roentgen treatment. Any lesion known to be cystic should not be treated by roentgenization unless the cyst has at least been operatively evacuated, for the augmented degeneration increases cyst contents and intracranial tension. Medulloblastoma responds well to X-ray; glioblastoma erratically but often well; protoplasmic astrocytoma and astroblastoma respond somewhat; fibrillary astrocytoma, ependymoma, and oligodendroglioma show no apparent response. Pituitary adenomata respond moderately well; craniopharyngiomata not at all. Meningioma (20) and cholesteatoma are inert. Most angioid growths show favorable response, due to the sclerosing action of the roentgenization upon vascular epithelium.

The depth dose (averaging 10 cm.) is usually 80% to 95% of an erythema dose. It is necessarily given through several portals, and averages, for the total of a series, about 1200 milliampere-minutes, usually divided into 4, 6, or 8 sessions at alternate-day intervals. The size of the portal varies, but is usually 10 cm. in diameter, or 10 cm. square; the filter varies with tube-target distance, usually $^1/_2$ mm. rolled copper and 1 mm. aluminum for 70 cm., and $^3/_4$ mm. copper and 1 mm. aluminum for 50 cm. The parotid and lacrimal glands

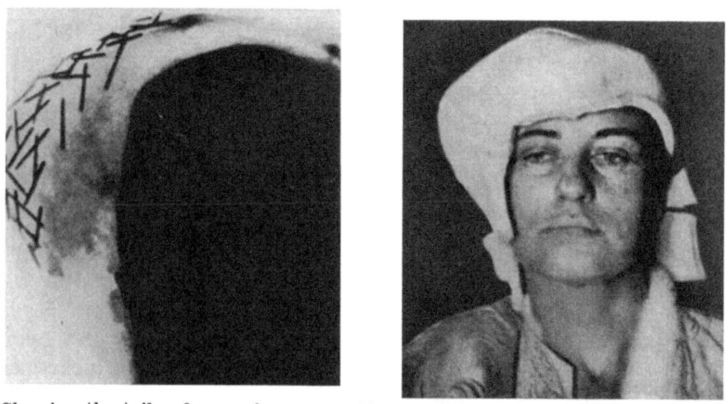

Fig. 138. Showing the tailored cap of sponge rubber used to apply surface radiation with radium salts to a cerebral neoplastic herniation; the X-ray shows the position of the needles containing the radium. From Sargent and Cade (217).

should be well protected with heavy sheet lead. The constants given are only average and illustrative; each machine or institute must have its own calibration. The series of treatments are repeated at about 3-weekly intervals (to allow skin recuperation) until a total of 2—3 series have been received, after which it is customary to wait 3 or 4 months before another therapeutic course is started. Onset of beneficial effects should not be expected until 12—16 days following a roentgen treatment.

Within 8 to 16 hours after a treatment there is usually an oedematous increase in the size of the tumor, sufficient at times to cause anxiety even when decompression is present; this lasts for 30—50 hours. In rapidly growing tumors, intraneoplastic hemorrhage may occur as a sequel to radiation. The tumor may at times shift its position enough to alter permanently the neurologic signs. Dosage should be especially guarded in pituitary tumors, and in those involving the diencephalon or mesencephalon, due to the proximity of the narrowed cerebrospinal fluid pathways and to the fact that minor degrees of swelling or of shift may produce serious block. Profound pituitary cachexia may be produced by over-radiation of pituitary tumors, and, in the generalized radiation of ventricular and spinal pathways necessary in medulloblastoma, a peculiar apathetic cachexia may be produced (29).

Radium. In the past two decades radium has been sporadically tried, and as often abandoned, as a means of effective treatment of cerebral neoplasms. Due to its expensiveness, the difficulty in assembling sufficient amount, and the awkwardness of application, its use has never become popular; it is now undergoing a mild exacerbation of popularity and trial. By empiric inference from other fields, it should be especially effective in destruction of lesions of high vascularity.

The agent used may be radon (exhaustible radium emanation), radium salts themselves, or other radioactive metals such as thorium or actinium (48). It may be applied either as a surface radiation, held in place by a molded cap (Fig. 138) of sponge rubber (217), or by insertion of needles or "bomb" within the neoplasm itself. The latter method involves a secondary operation for removal of the "bomb". SARGENT and CADE are moderately optimistic concerning results in medulloblastoma and astrocytoma, and remark concerning the erratic response of glioblastoma; they found repeated surface application generally more effective than interstitial application. CUSHING has reported ineffective therapeutic action of bomb-application of 5.000 mgm.-hours (radium chloride; silver screening) against oligodendroglioma, even though complete permanent depilation of the scalp resulted therefrom (89).

V. Bibliography.

The foregoing chapter can do little more than afford a rapid survey of this field and possibly stimulate to a broader search for exactitude; the reader is urgently referred to the original articles listed below. No pretense of exhaustive bibliography is made. References are primarily to (1) articles of fundamental scientific advance, (2) comprehensive articles giving key access to pertinent studies through their bibliographies, (3) historic milestones, (4) certain novel contributions.

The *italic numbers* at the close of some bibliographic citations refer to, and acknowledge use of, illustrations from the article cited; the first number refers to the figure in the original article, the second number to the illustration in this present chapter; such illustrations are reproduced only by gracious permission both of author and of publisher.

1. ALBRECHT, K.: Zur Röntgendiagnostik der Tumoren des III. Ventrikels. Mschr. Psychiatr. **79**, 136—151 (1931) (6). — **2.** ALPERS, B. J.: A study of one hundred and two ventricular fluids in cases of brain tumor. Amer. J. Psychiatr. **4**, 509—519 (1925) (1). — **3.** ALPERS, B. J. and F. C. GRANT: The ganglioneuromas of the central nervous system. Arch. of Neur. **26**, 501—523 (1931) (9). — **4.** ALTMAN, F.: Zur Kenntnis der primären Geschwülste des Trigeminus und des Ganglion Gasseri. Beitr. path. Anat. **80**, 361 (1928). — **5.** AOYAGI, T. u. K. KIYONO: Über die endothelialen Zellzapfen in der Dura mater cerebri und ihre Lokalisation in derselben, nebst ihrer Beziehung zur Geschwulstbildung in der Dura mater. Neurologica (Napoli) **11**, 1—12 (1912). — **6.** ARMITAGE, G.: Osteoma of the frontal sinus with particular reference to its intracranial complications, and with the report of a case. Brit. J. Surg. **18**, 565—580 (1931). — **7.** ATKINSON, W. S.: Angiomatosis retinae with cerebellar cyst (LINDAU's disease). Arch. of Ophthalm. **7**, 510—514 (1932) (4). — **8.** ATWELL, W. J.: Functional relations of the hypophysis and the brain. Endocrinol. **16**, 242—250 (1932) (5—6). — **9.** AYER, J. B., M. DAILEY and F. FREEMONT-SMITH: Denis-Ayer method for the quantitative estimation of protein in the cerebrospinal fluid. Arch. of Neur. **26**, 1038—1042 (1931) (11).

10. BAGDASAR, D.: Le traitment chirurgical des gommes cerebrales: leur incidence par rapport aux tumeurs. Revue neur. **2**, 1—32 (1929) (7). *5 : 90.* — **11.** BAILEY, P.: Morphology of the roof plate of the forebrain and the lateral choroid plexus in the human embryo. J. comp. Neur. **26**, 79—119 (1916) (2). — **12.** BAILEY, P.: Contribution to the histopathology of "pseudotumor cerebri". Arch. of Neur. **4**, 401—416 (1920) (10). — **13.** BAILEY, P. and F. BREMER: Experimental diabetes insipidus. Arch. int. Med. **28**, 773—803 (1921) (12). — **14.** BAILEY, P.: A new principle applied to the staining of the fibrillary neuroglia. J. med. Res. **44**, 73—77 (1923) (9). — **15.** BAILEY, P.: A study of tumors arising from ependymal cells. Arch. of Neur. **11**, 1—27 (1924) (1). — **16.** BAILEY, P.: Concerning the cerebellar symptoms produced by suprasellar tumors. Arch. of Neur. **11**, 137—150 (1924) (2). — **17.** BAILEY, P.: Further observations on pearly tumors. Arch. Surg. 8, 524—534 (1924) (3). — **18.** BAILEY, P.: A contribution to the study of aphasia and apraxia. Arch. of Neur. **11**, 501—529 (1924) (5). — **19.** BAILEY, P. and G. HILLER: The interstitial tissues of the central nervous system: a review. J. nerv. Dis. **59**, 337—361 (1924). — **20.** BAILEY, P.: The results of roentgen therapy on brain tumors. Amer. J. Roentgenol. **13**, 48—53 (1925) (1). — **21.** BAILEY, P. and H. CUSHING: Medulloblastoma cerebelli: a common type of midcerebellar glioma of childhood. Arch. Neur. **14**, 192—223 (1925) (8). *14 : 6; 13 : 97.* — **22.** BAILEY, P.

and H. Cushing: A classification of the tumors of the glioma group on a histogenetic basis with a correlated study of prognosis, p. 175. Philadelphia: Lippincott 1926. *45 : 4; 90 : 5; 48 : 7; 100 : 35.* — **23.** Bailey, P. u. G. Schaltenbrand: Die muköse Degeneration der Oligodendroglia. Dtsch. Z. Nervenheilk. **97**, 231—237 (1927). — **24.** Bailey, P.: Further remarks concerning tumors of the glioma group. Bull. Hopkins Hosp. **40**, 354—389 (1927) (6). — **25.** Bailey, P.: Histologic atlas of gliomas. Arch. Path. a. Labor. Med. **4**, 871—921 (1927) (12). *1 : 1; XXV : 3.* — **26.** Bailey, P., M. C. Sosman, and A. van Dessel: Roentgen therapy of gliomas of the brain. Amer. J. Roentgenol. **19**, 203—264 (1928) (3). — **27.** Bailey, P., H. Cushing and L. Eisenhardt: Angioblastic meningiomas. Arch. of Path. **6**, 953—990 (1928) (12). *7 : 53.* — **28.** Bailey, P. and P. C. Bucy: Oligodendrogliomas of the brain. J. of Path. **32**, 735—751 (1929). *2 : 36; 11 : 37; 7 : 108.* — **29.** Bailey, P.: Further notes on the cerebellar medulloblastomas: the effect of roentgen radiation. Amer. J. Path. **6**, 125—135 (1930) (3). — **30.** Bailey, P. and P. C. Bucy: Astroblastomas of the brain. Acta psychiatr. (København.) **5**, 439—461 (1930). — **31.** Bailey, P. and P. C. Bucy: The origin and nature of meningeal tumors. Amer. J. Canc. **15**, 15—54 (1931) (1). *IV, 2 : 76.* — **32.** Bailey, P.: Head rest for exposure of cerebellum. J. amer. med. Assoc. **98**, 1643 (1932). — **33.** Balthasar, K.: Über das Syndrom des Corpus Luys an Hand eines anatomisch untersuchten Falles von Hemiballismus. Z. Neur. **128**, 702—720 (1930). — **34.** Bard, P.: A diencephalic mechanism for the expression of rage with special reference to the sympathetic nervous system. Amer. J. Physiol. **84**, 490—515 (1928) (4). — **35.** Bard, P.: The central representation of the sympathetic system: as indicated by certain physiologic observations. Arch. of Neur. **22**, 230—246 (1929) (8). — **36.** Beattie, J., G. R. Brow and C. N. H. Long: Physiological and anatomical evidence for the existence of nerve tracts connecting the hypothalamus with spinal sympathetic centers. Proc. roy. Soc. Lond. B. **106**, 254—275 (1930). — **37.** Bird, C. E.: Sarcoma complicating Paget's disease of the bone : report of 9 cases, 5 with pathologic verification. Arch. Surg. **14**, 1187—1208 (1927). — **38.** Blumer, G.: Bilateral cholesteatomatous endotheliomata of the choroid plexus. Hopkins Hosp. Rep. **9**, 279—290 (1900). — **39.** Bostroem, E.: Über die pialen Epidermoide, Dermoide und Lipome und duralen Dermoide. Zbl. Path. 8, 1—98 (1897). — **40.** Bostroem, E. u. H. Spatz: Über die von der Olfactoriusrinne ausgehenden Meningiome, und über die Meningiome im allgemeinen. Nervenarzt **2**, 505—521 (1929). *3 : 73.* — **41.** Bremer, F.: Global aphasia and bilateral apraxia due to an endothelioma compressing the gyrus supramarginalis. Arch. of Neur. **5**, 663—669 (1921) (6). — **42.** Brooks, C. M.: A delimitation of the central nervous mechanism involved in reflex hyperglycemia. Proc. Soc. exper. Biol. a. Med. **28**, 524—526 (1931). — **43.** Brunner, H.: Zur Pathologie und Klinik der zentralen Hörleitung. Z. Neur. **132**, 57—94 (1931). — **44.** Buckley, R. C.: Pontile gliomas: a pathological study and classification of twenty-five cases. Arch. of Path. **9**, 779—819 (1930) (4). — **45.** Buckley, R. C.: Intracerebral calculi: report of a case. Arch. of Neur. **23**, 1203—1211 (1930) (6). — **46.** Bucy, P. and W. Muncie: Neuroepithelioma of the cerebellum. Amer. J. Path. **5**, 157—170 (1929).

47. Cairns, H.: Observations on the localization of intracranial tumors: the disclosure of localizing signs following decompression or ventriculography. Arch. Surg. **18**, 1936—1944 (1929) (4). — **48.** Cairns, H. and J. F. Fulton: Experimental observations on the action of radon on the spinal cord. Lancet **2**, 16—17 (1930) (7). — **49.** Cairns, H. and D. S. Russell: Intracranial and spinal metastases in gliomas of the brain. Brain **54**, 377—421 (1931). — **50.** Carmichael, H. T.: Squamous epithelial rests in the hypophysis cerebri. Arch. of Neur. **26**, 966—975 (1931) (11). — **51.** Carrel, A.: The mechanism of formation of sarcoma. J. amer. med. Assoc. **84**, 1795—1796 (1925). — **52.** Cheyney, G.: Value of blood bilirubin estimations in differential diagnosis of cerebrovascular accidents. Amer. J. med. Sci. **180**, 24—30 (1930) (7). — **53.** Cleland, J.: Description of two tumors adherent to the deep surface of the dura mater. Glasgow med. J. **11**, 148—159 (1864). — **54.** Cohen, I.: Tumors involving the Gasserian ganglion. J. nerv. Dis. **78**, 492—499 (1933). — **55.** Connor, C. L. and H. Cushing: Diffuse tumors of the leptomeninges: two cases in which the process was revealed only by the microscope. Arch. Path. a. Labor. Med. **3**, 374—392 (1927) (3). — **56.** Cooper, M. J.: Tumors of the Gasserian ganglion. Amer. J. med. Sci. **185**, 315—325 (1933). — **57.** Corten, M. H.: Über ein Haemangiom sarcomatodes des Gehirns bei einem Neugeborenen. Frankf. Z. Path. **24**, 693 (1921). — **58.** Cox, L. B.: The cytology of the glioma group; with special reference to the inclusion of cells derived from the invaded tissue. Amer. J. Path. **9**, 839—898 (1933). — **59.** Cox, L. B.: Observations upon the nature, rate of growth and operability of the intracranial tumors derived from 135 patients. Med. J. Austral. **1**, 182—196 (1934). — **60.** Cramer, A. et G. Bickel: La méningite tuberculeuse est-elle curable? (Étude d'ensemble, à propos d'une observation recent de guérison). Ann. Méd. **12**, 226 (1922). — **61.** Cushing, H.: Technical methods of performing certain cranial operations. Interstate med. J. **15**, 171—187 (1908) (3). (Pneumatic tourniquet now abandoned). — **62.** Cushing, H.: Some principles of cerebral surgery. J. amer. med. Assoc. **52**, 184—192 (1909) (1). — **63.** Cushing, H. and J. Bordley: Observations on experimentally induced choked disc. Hopkins Hosp. Bull. **20**, 95—101 (1909) (4). —

64. Cushing, H.: A method of combining exploration and decompression for cerebral tumors which prove to be inoperable. Surg. etc. **9**, 1—5 (1909) (7). — **65.** Cushing, H.: The control of bleeding in operations for brain tumors. Ann. Surg. **54**, 1—19 (1911) (7). — **66.** Cushing, H.: Surgical experiences with pituitary disorders. J. amer. med. Assoc. **43**, 1515—1525 (1914) (10). — **67.** Cushing, H.: Anosmia and sellar distension as misleading signs in the localization of a cerebral tumor. J. nerv. Dis. **44**, 415—423 (1916) (11). — **68.** Cushing, H.: Tumors of the nervus acousticus, and the syndrome of the cerebello-pontile angle, p. 296. Philadelphia: W. B. Saunders Co. 1917. *178 : 65; 199 : 66; 20 : 67; 164 : 68.* — **69.** Cushing, H.: A case of motor aphasia in a left-handed individual. Arch. of Neur. **5**, 746 (1921) (6). **70.** Cushing, H.: Distortions of the visual fields in cases of brain tumor: the field defects produced by temporal lobe lesions. Brain **44**, 341—396 (1922) (1). *5 : 92.* — **71.** Cushing, H.: The meningiomas (dural endotheliomas): their source and favoured seats of origin. Brain **45**, 282—316 (1922). *2 : 71.* — **72.** Cushing, H.: A large epidermal cholesteatoma of the parieto-temporal region deforming the left hemisphere without cerebral symptoms. Surg. etc. **34**, 557—566 (1922) (5). — **73.** Cushing, H.: The cranial hyperostoses produced by meningeal endotheliomas. Arch. of Neur. **8**, 139—152 (1922) (8). — **74.** Cushing, H.: Surgical end-results in general: with a case of cavernous hemangioma of the skull in particular. Surg. etc. **36**, 303—308 (1923) (3). — **75.** Cushing, H.: Notes on a series of intracranial tumors and conditions simulating them. Arch. of Neur. **10**, 605—668 (1923) (12). — **76.** Cushing, H.: Meningiomas arising from the olfactory groove and their removal by the aid of electrosurgery Lancet **1927 I**, 1329—1340 (6). — **77.** Cushing, H.: Experiences with orbito-ethmoidal osteomata having intracranial complications. Surg. etc. **44**, 721—742 (1927) (6). — **78.** Cushing, H. and P. Bailey: Hemangiomas of the cerebellum and retina (Lindau's disease): with report of a case. Arch. of Ophthalm. **57**, 447—463 (1928). — **79.** Cushing, H.: Electrosurgery as an aid to the removal of intracranial tumors. Surg. etc. **47**, 751—784 (1928) (12). — **80.** Cushing, H. and P. Bailey: Tumors arising from the blood vessels of the brain, p. 219. Springfield (Illinois): C. C. Thomas 1928. *91 : 48; 84 : 49; 69 : 51; 100 : 52.* — **81.** Cushing, H. and L. Eisenhardt: Meningiomas arising from the tuberculum sellae: with the syndrome of primary optic atrophy and bitemporal field defects combined with a normal sella turcica in a middle aged person. Arch. of Ophthalm. **1**, 1—41, 168—205 (1929) (1, 2). — **82.** Cushing, H.: The chiasmal syndrome: of primary optic atrophy and bitemporal field defects in adults with a normal sella turcica. Arch. of Ophthalm. **3**, 505—551, 704—735 (1930) (5, 6). — **83.** Cushing, H.: Neurohypophysial mechanisms from a clinical standpoint. Lancet **1930 II**, 119, 175 (7). — **84.** Cushing, H.: Experiences with the cerebellar medulloblastomas: a critical review. Acta path. scand. (København.) **7**, 1—86 (1930). — **85.** Cushing, H.: Experiences with the cerebellar astrocytomas: a critical review of seventy-six cases. Surg. etc. **52**, 129—204 (1931) (2). *15 : 32.* — **86.** Cushing, H.: The basophil adenomas of the pituitary body and their clinical manifestations (pituitary basophilism). Hopkins Hosp. Bull. **50**, 137—195 (1931). — **87.** Cushing, H.: Concerning a possible "para-sympathetic center" in the diencephalon. Proc. Nat. Acad. Sci. U.S.A. **17**, 163—180, 239—264 (1931) (4—5). — **88.** Cushing, H.: Bemerkungen über eine Serie von 2000 verifizierten Gehirntumoren mit der dazugehörigen chirurgischen Mortalitätsstatistik. Chirurg **4**, 254—265 (1932) (7). — **89.** Cushing, H.: Intracranial tumors: Notes upon a series of two thousand verified cases with surgical mortality percentages pertaining thereto, p. 150. Springfield (Illinois): C. C. Thomas 1932. *54 : 14; 55 : 15; 56 : 16; 104 : 56; 105 : 87; 65, 66 : 127; 16, 17 : 128; 4, 5 : 134.*

90. Dandy, W. E.: Ventriculography following the injection of air into the cerebral ventricles. Ann. Surg. **68**, 5—11 (1918). — **91.** Dandy, W. E.: Diagnosis, localization, and removal of tumors of the third ventricle. Hopkins Hosp. Bull. **33**, 188—189 (1922). — **92.** Dandy, W. E.: Treatment of non-encapsulated brain tumors by extensive resection of contiguous brain tissue. Hopkins Hosp. Bull. **33**, 188 (1922). — **93.** Dandy, W. E.: Meniere's disease: its diagnosis and a method of treatment. Arch. Surg. **16**, 1127—1152 (1928) (6). — **94.** Dandy, W. E.: Arteriovenous aneurysms of the brain. Arch. Surg. **17**, 190—243 (1928) (8). *26 : 44; 28 : 45; 5 : 46.* — **95.** Dandy, W. E.: Venous abnormalities and angiomas of the brain. Arch. Surg. **17**, 715—793 (1928) (11). *2 : 47; 19 : 50.* — **96.** Dandy, W. E.: An operation for the cure of tic douloureux: partial section of the sensory root at the pons. Arch. Surg. **18**, 687—734 (1929) (2). — **97.** Dandy, W. E.: Changes in conception of localization of certain functions in the brain. Amer. J. Physiol. **93**, 643 (1930) (6). — **98.** Dandy, W. E.: Congenital cysts of cavum septi pellucidi (fifth ventricle) and cavum Vergae (sixth ventricle): diagnosis and treatment. Arch. of Neur. **25**, 44—66 (1931) (1). *3 : 94.* — **99.** Davis, L. E. and H. Cushing: Experiences with blood replacement during or after major intracranial operations. Surg. etc. **40**, 310—322 (1925) (3). — **100.** Davis, L. E. and H. Cushing: Papillomas of the choroid plexus: with report of six cases. Arch. of Neur. **13**, 681—710 (1925) (6). *12 : 55.* — **101.** Deery, E. M.: Syndromes of tumors in the chiasmal region: a review of one hundred and seventy cases receiving a transfrontal operation. J. nerv. Dis. **71**, 383—396 (1930) (4). — **102.** Del Rio-Hortega, P.: The morphology and functional interpretation of oligodendroglia. Mem. Soc. españ. Hist. Natur. **14**, 5 (1928) (12).

Abst.: Arch. of Neur. **23**, 553—557 (1930). — **103.** Dott, N. M.: Intracranial aneurysms; cerebral arterio-radiography; surgical treatment. Edinburgh med. J. **40**, 219—234 (1933). — **104.** Dott, N. M. and P. Bailey: Hypophyseal adenomata. Brit. J. Surg. **13**, 314—366 (1925). — **105.** Dyke, C. G.: Indirect signs of brain tumor as noted in routine roentgen examinations: displacement of the pineal shadow. Amer. J. Roentgenol. **23**, 598—606 (1930) (6).

106. Edwards, E. A.: Anatomic variations of the cranial venous sinuses: their relation to the effect of jugular compression in lumbar manometric tests. Arch. of Neur. **26**, 801—814 (1931) (10). — **107.** Eisenhardt, L.: The operative mortality in a series of intracranial tumors. Arch. Surg. **18**, 1927—1935 (1929) (4). — **108.** Eisenhart, L. and H. Cushing: Diagnosis of intracranial tumors by supravital technique. Amer. J. Path. **6**, 541—552 (1930) (9). *1, 2, 9, 10, 11, 12 : 2.* — **109.** Elkin, D. G.: Cirsoid aneurysm of the scalp: with report of one case. Ann. Surg. **80**, 332—340 (1924) (9). — **110.** Elsberg, C. A.: Some facts concerning tumors of the brain. Bull. N. Y. Acad. Med. **1933**, 9—15. — **111.** Emanuel, C.: Ein Fall von Gliom der Pars ciliaris retinae nebst Bemerkungen zur Lehre von den Netzhauttumoren. Virchows Arch. **161**, 338—364 (1900). — **112.** Essick, C. R.: Formation of macrophages by the cells lining the arachnoid cavity in response to the stimulation of particulate matter. Contrib. to Embryol. **1920**, 272, 377. — **113.** Ewing, J.: Neoplastic diseases, 2. Ed., p. 1054. Philadelphia: W. B. Saunders 1922.

114. Fender, F. F.: Derived from unpublished official statistics; personal communication 1932. — **115.** Flexner, S.: A peculiar glioma (neuroepithelioma ?) of the retina. Hopkins Hosp. Bull. **2**, 115—119 (1891). — **116.** Foerster, O.: Zur Analyse und Pathophysiologie der striaren Bewegungsstörungen. Z. Neur. **73**, 1—169 (1921). — **117.** Foerster, O.: Hyperventilationsepilepsie. Dtsch. Z. Nervenheilk. **83**, 347—356 (1924). — **118.** Foerster, O.: Encephalographische Erfahrungen. Z. Neur. **94**, 512—584 (1924) (9). — **119.** Foerster, O.: Über die Nachbarschaftssymptome der Hypophysentumoren. Med. Klin. **25**, 925 (1929) (6). — **120.** Foerster, O.: Beiträge zur Pathophysiologie der Sehbahn und der Sehsphäre. J. Psychol. u. Neur. **39**, 463—485 (1929). — **121.** Foerster, O. u. W. Penfield: Der Narbenzug am und im Gehirn bei traumatischer Epilepsie in seiner Bedeutung für das Zustandekommen der Anfälle und für die therapeutische Bekämpfung derselben. Z. Neur. **125**, 475—572 (1930). — **122.** Foerster, O.: The cerebral cortex in man: Professor Foerster's lectures. Lancet **1931 II**, 309—312 (8). — **123.** Foerster, O.: Le processus operatoire dans les tumeurs de la region quadrigeminale. Revue neur. **2**, 481 (1931) (10). — **124.** Foerster, O., O. Gagel u. A. J. McLean: Ein Fall von Ganglioneuroma amyelinicum des Hirnstammes. Z. Neur. **143**, 635—650 (1932). *12 : 42.* — **125.** Foley, F.: Resorption of the cerebrospinal fluid by the choroid plexuses under the influence of intravenous injection of hypertonic salt solutions. Arch. of Neur. **5**, 744—745 (1921) (6). — **126.** Foot, N. C.: Comments on the impregnation of neuroglia with ammoniacal silver salts. Amer. J. Path. **5**, 223—238 (1929) (5). — **127.** Ford, F. R. and W. M. Firor: Primary "sarcomatosis" of the leptomeninges. Bull. Hopkins Hosp. **35**, 65—75 (1924). — **128.** Fraenkel, A. u. C. Benda: Zur Lehre von den Geschwülsten der Rückenmarkshäute. Dtsch. med. Wschr. **24**, 442—443, 457—460, 476—478 (1898). — **129.** Frank, R. T.: Premature sexual development in children due to malignant ovarian tumors. Amer. J. Dis. Childr. **43**, 942—946 (1931). — **130.** Frazier, C.: An operable tumor involving the Gasserian ganglion. Amer. J. med. Sci. **46**, 483—490 (1918). — **131.** Freemont-Smith, F.: Cerebrospinal fluid in differential diagnosis of brain tumor. Arch. of Neur. **27**, 691—694 (1932) (3). — **132.** Fried, B. M.: Sarcomatosis of the brain. Arch. of Neur. **15**, 205—217 (1926) (2). *1 : 82; 5 : 83.* — **133.** Fulton, J. F. and P. Bailey: Tumors in the region of the third ventricle: their diagnosis and relation to pathological sleep. J. nerv. Dis. **69**, 1—25, 145—164, 261—277 (1929) (1, 2, 3). *14 : 62; 13 : 63.* — **134.** Fulton, J. F. y P. Bailey: Nueva contribución sobre los tumores del tercer ventriculo. Su asociación con el sindrome de Recklinghausen y con el edema de Quincke. Archiv. argent. Neur. **5**, 1—27 (1930).

135. Geylen, H. R. and W. Penfield: Cerebral calcification epilepsy: endarteritis calcificans cerebri. Arch. of Neur. **21**, 1020—1043 (1929) (5). *4 : 110.* — **136.** Gibbs, F. A.: Intracranial tumor with unequal choked disk: relationship between the side of greater choking and the position of the tumor. Arch. of Neur. **27**, 828—835 (1932) (4). — **137.** Gigli, L.: Über ein neues Instrument zum Durchtrennen der Knochen: die Drahtsäge. Zbl. Chir. **21**, 409 (1894). — **138.** Globus, J. H. and I. Strauss: A primary maligant form of brain neoplasm: its clinical and anatomic features. Arch. of Neur. **14**, 139—191 (1925) (8). — **139.** Globus, J. H.: The Cajal and Hortega glia staining methods: a new stage in the preparation of formaldehyde fixed material. Arch. of Neur. **18**, 263—271 (1927). — **140.** Globus, J. H. and S. Silbert: Pinealomas. Arch. of Neur. **25**, 937—984 (1931) (5). — **141.** Goldstein, K. u. H. Baumm: Klinische und anatomische Beiträge zur Lehre von der Verstopfung der Arteria cerebelli post. inf. Arch. f. Psychiatr. **52**, 335—376 (1913). — **142.** Goldstein, K. u. H. Cohn: Diagnostik der Hirngeschwülste, S. 138. Berlin: Urban & Schwarzenberg 1933. — **143.** Gordon, M. B. and L. L. Bell: Roentgenographic study of sella turcica in abnormal children. Endocrinol. **9**, 265—276 (1925) (8). — **144.** Grant,

F. C.: Concerning intracranial malignant metastases: their frequency and the value of surgery in their treatment. Ann. Surg. **84**, 635—646 (1926) (11). — **145.** Grant, F. C.: Cerebellar symptoms produced by supratentorial tumors: A further report. Arch. of Neur. **20**, 292—308 (1928) (8). — **146.** Guttmann, L.: Über Pneumocephalia intracranialis spontanea. Z. Neur. **128**, 82—95 (1930). — **147.** Guttmann, L.: Die Schweißsekretion des Menschen in ihren Beziehungen zum Nervensystem. Z. Neur. **135**, 1—48 (1931).

148. Harris, W. and H. Cairns: Diagnosis and treatment of pineal tumors: with report of a case. Lancet **1932 I**, 3—8 (1). — **149.** Hart, K.: Über primäre epitheliale Geschwülste des Gehirns. Arch. f. Psychiatr. **47**, 739—771 (1910). — **150.** Hass, G. M.: Chordomas of the cranium and cervical portion of the spine: review of the literature with report of a case. Arch. of Neur. **32**, 300—327 (1934). — **151.** Hellsten, M.: Ein Fall von Ganglion Gasseri-Tumor. Dtsch. Z. Nervenheilk. **52**, 290—305 (1914). *2 : 69; 1 : 70.* — **152.** Henschen, F.: Zur Histologie und Pathogenese der Kleinhirnbrückenwinkeltumoren. Arch. f. Psychiatr. **56**, 21—122 (1915). — **153.** Henderson, W. R.: Sexual dysfunction in adenomas of the pituitary body. Endocrinol. **15**, 111—127 (1931) (3, 4). — **154.** Hess, W. R.: Le sommeil. C. r. Soc. Biol. Paris **107**, 1333—1360 (1931). —**155.** Hirsch, O.: Die operative Behandlung von Hypophysistumoren: nach endonasalen Methoden. Arch. f. Laryng. **26**, 529—686 (1912). — **156.** Hoff, H. u. L. Schönbauer: Hirnchirurgie: Erfahrungen und Resultate, p. 472. Wien: Franz Deuticke 1933. — **157.** Horrax, G.: Studies on the pineal gland: II. Clinical observations. Arch. int. Med. **17**, 627—645 (1916) (5). — **158.** Horrax, G.: A consideration of the dermal versus the epidermal cholesteatomas having their attachment in the cerebral envelopes. Arch. of neur. **8**, 265—285 (1922) (9). — **159.** Horrax, G.: Visual hallucinations as a cerebral localizing phenomenon: with especial reference to their occurrence in tumors of the temporal lobes. Arch. of Neur. **10**, 532—545 (1923) (11). — **160.** Horrax, G.: Generalized cisternal arachnoiditis simulating cerebellar tumor: its surgical treatment and end-results. Arch. Surg. **9**, 95—112 (1924) (7). — **161.** Horrax, G. and P. Bailey: Tumors of the pineal body. Arch. of Neur. **13**, 423—467 (1925) (4). — **162.** Horrax, G. and P. Bailey: Pineal pathology: further studies. Arch. of Neur. **19**, 394—413 (1928) (3). — **163.** Horrax, G. and C. Haight: A study of the recession of choked discs following operations for brain tumor. Arch. of Ophthalm. **57**, 467—473 (1928). — **164.** Horrax, G. and R. C. Buckley: A clinical study of the differentiation of certain pontile tumors from acoustic tumors. Arch. of Neur. **24**, 1217—1230 (1930) (12). — **165.** Horsley, V.: An address on surgical versus the expectant treatment of intracranial tumor. Brit. med. J. **2**, 1833 (1910) (12). — **166.** Huber, G. C. and E. C. Crosby: Somatic and visceral connections of diencephalon. Arch. of Neur. **22**, 187—229 (1929) (8).

167. Jackson, J. H. and J. Purves-Stewart: Epileptic attacks with a warning of a crude sensation of smell and with the intellectual aura (dreamy state) in a patient who had symptoms pointing to gross organic disease of the right temporosphenoidal lobe. Brain **22**, 534—549 (1899). — **168.** Jackson, J. H.: Case of tumor of middle lobe of cerebellum: cerebellar paralysis with rigidity: occasional tetanus-like seizures. Brain **29**, 425 (1906).

169. Kallo, A. et C. Oberling: Sur les troubles circulatoires angioneurotiques du poumon consecutifs a des lesions experimentales des noyaux gris centraux de l'encephale. C. r. Soc. Biol. Paris **102**, 531—532 (1929) (11). — **170.** Kelly, H. A. and G. E. Ward: Electrosurgery, p. 305. Philadelphia: W. B. Saunders 1932. — **171.** Kennedy, F.: The symptomatology of frontal and temporosphenoidal tumors. J. amer. med. Assoc. **98**, 864—866 (1932) (3). — **172.** Kennard, M. A., H. R. Viets and J. F. Fulton: The syndrome of the premotor cortex in man: Impairment of skilled movements, forced grasping, spasticity, and vasomotor disturbance. Brain **57**, 69—84 (1934). — **173.** Kleist, K.: Gehirnpathologische und lokalisatorische Ergebnisse: Das Stirnhirn im engeren Sinne und seine Störungen. Z. Neur. **131**, 442—452 (1930). — **174.** Krasting, K.: Beitrag zur Statistik und Kasuistik metastatischer Tumoren, besonders der Carcinommetastasen im Zentralnervensystem (auf Grund von 12 730 Sektionen der pathologisch-anatomischen Anstalt Basel). Z. Krebsforsch. **4**, 315—379 (1906). — **175.** Kraus, W. M.: The hypothalamus: a segmental structure and a regulator of glandular activity and metabolism. Arch. of Neur. **25**, 824—828 (1931) (4). — **176.** Kredel, F. E.: Intracranial tumors in tissue culture. Arch. Surg. 18, 2008—2018 (1929) (4). — **177.** Kubie, L. S.: A study of the perivascular tissues of the central nervous system, with the supravital technique. J. of exper. Med. **46**, 615 (1927).

178. Lebouco, G.: Contribution à l'etude de l'histogenese de la retine chez les mammifères. Archives Anat. microsc. **10**, 555—594 (1909). — **179.** Lhermitte, J. and B. Klarfeld: Gliome pre-pretuberantial avec metastases: hemiplegie sans degeneration du faisceau pyramidal. Revue neur. **21**, 392—397 (1911). — **180.** Light, R. U., C. C. Bishop and L. G. Kendall: The production of gastric lesions in rabbits by injection of small amounts of pilocarpine into the cerebrospinal fluid. J. of Pharmacol **45**, 227—251 (1932) (6). — **181.** Locke, C. E.: The transsphenoidal versus the osteoplastic cranial approach for pituitary adenomas. Arch. of Neur. **5**, 749—754 (1921) (6). — **182.** Locke, C. E.: Increased intracranial pressure associated with syphilis. Arch. Surg. **18**, 1446—1462 (1929). —

183. Lotmar, F.: Die Stammganglien und die Extrapyramidal-motorischen Syndrome. Monographien Neur. 48, 1—169 (1926).

184. Marinesco, G., S. Dragenesco, O. Sager and A. Kreindler: Recherche anatomocliniques sur la localisation de le fonction du sommeil. Revue neur. 2, 481—498 (1929) (11). — 185. Martin, P. and H. Cushing: Primary gliomas of the chiasm and optic nerves in their intracranial portion. Arch. of Ophthalm 52, 209—241 (1923). — 186. Mawas, J.: A propos de la note de M. Redslob sur le neuroepitheliome gliomateux de la retine. Bull. Assoc. franç. Etude Canc. 13, 78—87 (1924) (1). — 187. Moller, H. U.: Familial angiomatosis retinae et cerebelli — Lindau's disease. Acta ophthalm. (København.) 7, 244 (1929). — 188. Moniz, E., A. Pinto and A. Lima: Arterial encephalography and its value in the diagnosis of brain tumors. Surg. etc. 53, 155—168 (1931). *8 : 119; 2 : 120.* — 189. Monrad-Krohn, G. H.: On the dissociation of voluntary and emotional innervation in facial paresis of central origin. Brain 47, 23 (1924). *3, 4 : 93.* — 190. Morelle, J.: Tumors of the acoustic nerve. Arch. Surg. 18, 1886—1895 (1929) (4). — 191. Muskens, L. J. J.: Konjugierte Deviation von Kopf und Augen bei Hirnstammaffektion. Mschr. Psychiatr. 76, 268—295 (1930) (8). — 192. Muskens, L. J. J.: Lesion du faisceau centro-tegmental et les symptomes de chute avant et en arriere. Leurs relations avec les faisceaux et les centres interesses dans la paralysie des mouvements associes des yeux en haut et en bas. Revue neur. 2, 515 (1931) (10). — 193. McKenzie, K. G. and M. C. Sosman: The roentgenological diagnosis of craniopharyngeal pouch tumors. Amer. J. Roentgenol. 11, 171—176 (1924) (2). — 194. McKenzie, G. G.: Some minor modifications of Harvey Cushing's silver clip outfit. Surg. etc. 45, 549—550 (1927) (10). — 195. McLean, A. J.: Die Craniopharyngealtaschentumoren: Embryologie, Histologie, Diagnose und Therapie. Z. Neur. 126, 639—682 (1930). *8 : 107.* — 196. McLean, A. J.: Chiasmal Syndromes. West. J. Surg. etc. 40, 355—370 (1932) (7). — 197. McLean, A. J.: The characteristics of adequate electrosurgical current. Amer. J. Surg. 18, 417—441 (1932). — 198. McLean, A. J.: (unpublished personal observations, in press; 1935). — 199. McLean, A. J.: Cytoid bodies. Arch. of Ophthalm. 12, 391—403 (1934). — 200. McLean, A. J.: Pineal teratomas: with report of a case of operative removal. Surg. etc. 61, 523—533 (1935). — 201. McLean, A. J.: Autonomic epilepsy: report of a case with necropsy. Arch. of Neur. 32, 189—197 (1934). *1 : 22.*

202. Naffziger, H. C.: A method for the localization of tumors — the pineal shift. Surg. etc. 40, 481—484 (1925). — 203. Naffziger, H. C.: Brain surgery with special reference to exposure of the brain stem. Surg. etc. 46, 241—248 (1928). — 204. Nylen, C. O.: A clinical study of positional nystagmus in cases of brain tumor. Acta oto-laryng. (Stockh.) 15, Suppl., 1—113 (1931).

205. Oldberg, E.: Surgical considerations of carcinomatous metastases to the brain. J. amer. med. Assoc. 101, 1458—1462 (1933). — 206. Olivet, J.: Die diuretischen Hormone des Gehirns. Münch. med. Wschr. 77, 58—59 (1930) (1). — 207. Osler, W.: On the systolic brain murmur of children. Boston med. J. 103, 29—30 (1880).

208. Patterson, N. and H. Cairns: Observations on the treatment of orbital osteoma with report of a case. Brit. J. Ophthalm. 15, 458—467 (1931) (8). — 209. Penfield, W.: Diencephalic autonomic epilepsy. Arch. of Neur. 22, 358—374 (1929) (8). — 210. Putnam, T. J.: Studies on the central visual system. IV: The details of the organization of the geniculo-striate in man. Arch. of Neur. 16, 683—707 (1926) (12).

211. Regan, M. Y.: The nursing of intracranial cases. Amer. J. Nursing 30, 695 (1930) (6). — 212. Reyes, C.: Tumors of the brain among Filipinos. Arch. of Neur. 22, 1217 (1929). — 213. Rosenthal, W.: Über eine eigentümliche, mit Syringomyelie komplizierte Geschwulst des Rückenmarks. Beitr. path. Anat. 23, 111—143 (1898). — 214. Rosett, J.: The experimental production of rigidity, of abnormal involuntary movements, and of abnormal states of consciousness in man. Brain 47, 293 (1924). — 215. Rowland, R. S.: Anomalies of lipid metabolism. Oxford Med. 4, Ch. 7a, 214 (3—109) (1931).

216. Sachs, E.: The diagnosis and treatment of brain tumors, p. 396. St. Louis (Mo.): C. V. Mosby 1931. *174 : 122.* — 217. Sargent, P. and S. Cade: Treatment of gliomata and pituitary tumors with radium. Brit. J. Surg. 18, 501—520 (1931) (1). *381 : 138.* — 218. Saxer, F.: Ependymepithel, Gliome und epitheliale Geschwülste des Zentralnervensystems. Beitr. path. Anat. 32, 276 (1902). — 219. Shaper, A.: Die frühesten Differenzierungsvorgänge im Zentralnervensystem: Kritische Studie und Versuch einer Geschichte der Entwicklung nervöser Substanz. Arch. Entw.mechan. 5, 81—130 (1897). — 220. Schley: Über Hämangiome im Bereich der Brücke. Zbl. Path. 41, 337—341 (1928). — 221. Schmidt, M. D.: Über die Pacchioneischen Granulationen und ihr Verhältnis zur Psammomen der Dura mater. Arch. f. path. Anat. 170, 429—464 (1902). — 222. Schreiber, F.: Intracranial pressure: the correlation of choked disc and roentgenologic pressure signs. Amer. J. Roentgenol. 23, 607—611 (1930) (6). — 223. Schüller, A.: Über eigenartige Schädeldefekte im Jungenalter. Fortschr. Röntgenstr. 23, 12 (1916). — 224. Schuster, P. and J. Casper: Zwangsgreifen und Stirnhirn, sowie einige Bemerkungen über das occipito-frontale Bündel. Z. Neur. 129, 739—792 (1930). — 225. Slaymaker, S. R. and F. Elias: Papilloma of choroid plexus with internal hydrocephalus. Arch. int. Med. 3, 289—294 (1909) (5). *2 : 54.* —

226. SOSMAN, M. C. and T. J. PUTNAM: Roentgenological aspects of brain tumors: meningiomas. Amer. J. Roentgenol. **13**, 1—12 (1925) (1). — **227.** SOSMAN, M. C. and E. C. VOGT: Aneurysms of the internal carotid artery and the circle of Willis, from a roentgenological viewpoint. Amer. J. Roentgenol. **15**, 122—134 (1926) (2). — **228.** SOSMAN, M. C.: Radiology as an aid in the diagnosis of skull and intracranial lesions. Radiology **9**, 396—407 (1927) (11). *15 : 100; 9 : 105.* — **229.** SOSMAN, M. C.: Xanthomatosis. Amer. J. Roentgenol. **23**, 581—597 (1930) (6). *5B : 79.* — **230.** SPENCER, W. G.: The effect produced upon respiration by faradic excitation of the cerebrum in the monkey, dog, cat, and rabbit. Philos. trans. roy. Soc. Lond. B. **185**, 609—657 (1895). — **231.** SPIEGEL, E. A.: Die Zentren des autonomen Nervensystems. Monographien Neur. **54**, 1—174 (1928). — **232.** STRAUSS, I. and J. H. GLOBUS: Tumor of the brain with disturbance in temperature regulation: the hypothalamus and the area about the third ventricle as a possible site for a heat-regulating center: report of three cases. Arch. of Neur. **25**, 506—521 (1931) (3). — **233.** SYMONDS, C. P.: Contributions to the clinical study of intracranial aneurysms. Guy's Hosp. Rep. **1923**, 139—163 (4).

234. TANDLER, J. and E. RANZI: Chirurgische Anatomie und Operationstechnik des Zentralnervensystems, p. 159. Berlin: Julius Springer 1920. *82 : 95.* — **235.** TAYLOR, J.: Changes in the sella turcica in family optic atrophy. Brit. J. Ophthalm. **3**, 193 (1919). — **236.** TEEL, H. M.: Basophilic adenoma of the hypophysis with associated pluriglandular syndrome: report of a case. Arch. of Neur. **26**, 593—599 (1931) (9). — **237.** TIMME, W.: The Mongolian idiot: a preliminary note on the sella turcica findings. Arch. of Neur. **5**, 568—571 (1921).

238. U. S. Government Printing Office: Mortality Statistics 1928, 29. annual report. Washington: D. C. 1930.

239. VAN DESSEL, A.: L'incidence et le processus de calcification dans les gliomes du cerveau. Arch. franco-belg. Chir. **28**, 1—30 (1925) (10). — **240.** VAN GEHUCHTEN, P.: L'abolition des reflexes tendineux dans les tumeurs du IV. ventricule. Contribution à l'etude du mecanisme des reflexes tendineux. J. de Neur. **30**, 201—213 (1930) (4). — **241.** VAN WAGENEN, W. P.: Tuberculoma of the brain: its incidence among intracranial tumors and its surgical aspects. Arch. of Neur. **17**, 57—91 (1927) (1). *20 : 89.* — **242.** VAN WOERKOM, W.: Psychopathologische Beobachtungen bei Stirnhirngeschädigten und bei Patienten mit Aphasien. Eine zusammenfassende Darstellung. Mschr. Psychiatr. **80**, 274—331 (1931) (10). — **243.** VASTINE, J. H. and K. K. KINNEY: The pineal shadow as an aid in the localisation of brain tumors. Amer. J. Roentgenol. **17**, 320—324 (1927) (3). *1 : 111, 112, 113.* — **244.** VERHOEFF, F. H.: A hitherto undescribed membrane of the eye and its significance. Roy. Lond. Ophthalm. Hosp. Rep. **15**, 309—319 (1903). — **245.** VIETS, H. R.: Additional case of hemangioblastoma of retina and cerebellum, with note on Lindau's disease. J. nerv. Dis. **77**, 457—464 (1933). — **246.** VOGT, C. and O. VOGT: Zur Lehre der Erkrankungen des striaren Systems. J. Psychiatr. u. Neur. **25**, 631—846 (1920). — **247.** VON WITZLEBEN, H. D.: Zur Frage der Röntgenbestrahlung von Hirntumoren. Dtsch. Z. Nervenheilk. **111**, 194—208 (1929).

248. WAGNER, W.: Die temporäre Resektion des Schädeldaches an Stelle der Trepanation. Zbl. Chir. **16**, 833—838 (1889) (11). — **249.** WALKER, C. B.: Quantitative perimetry: practical devices and errors. Arch. of Ophthalm. **46**, 537—553 (1917) (11). — **250.** WALKER, C. B. and H. CUSHING: Distortions of the visual fields in cases of brain tumor: Chiasmal lesions, with especial reference to homonymous hemianopsia with hypophyseal tumor. Arch. of Ophthalm. **47**, 119—145 (1918). — **251.** WEED, L. H.: Studies on cerebro-spinal fluid: III. The pathways of escape from the subarachnoid spaces, with particular reference to the arachnoid villi. J. med. Res. **31**, 51—91 (1914) (9). — **252.** WEED, L. H. and J. MCKIBBEN Experimental alterations of brain bulk. Amer. J. Physiol. **48**, 531 (1919). — **253.** WEISZ, S.: Über ein homolaterales Symptom bei Stirnhirnaffektionen. Dtsch. Z. Nervenheilk. **113**, 244—249 (1930). — **254.** WENDEROWIC, E.: Zur Diagnostik der Erkrankungen des Schläfenlappens. Mschr. Psychiatr. **80**, 354—365 (1931) (10). — **255.** WHITAKER, L. R.: A case of chronic tuberculous meningitis simulating brain tumor. Amer. Rev. Tbc. **11**, 175—183 (1925) (5). — **256.** WISLOCKI, G. B. and T. P. PUTNAM: Note on the anatomy of the area postremae. Anat. Rec. **19**, 281—287 (1920) (10). — **257.** WOLBACH, S. B.: Multiple hernias of the cerebrum and cerebellum, due to intracranial pressure. J. med. Res. **19**, 153—173 (1908).

In addition to the specific acknowledgments of use of illustrations designated from certain of the foregoing articles, those listed by number below are taken from a yet-unpublished article, "The Clinical Third Ventricle" by MCLEAN, based upon material from Prof. OTFRID FOERSTER's neuropathological collection in Breslau:

8, 9, 10, 12, 13, 17, 18, 19, 20, 21, 22, 23, 24, 25, 26, 27, 28, 29, 30, 31, 33, 34, 38, 39, 40, 41, 42, 43, 57, 58, 59, 60, 61, 74, 75, 77, 78, 80, 81, 84, 85, 86, 96, 99, 101, 103, 107, 114, 116, 118, 121.

Pituitary Tumors.

By **A. J. McLean**-Portland (Oregon).

With 50 Figures.

Introduction.

Pituitary neoplasms probably constitute 8 to 13 percent of intracranial tumors; incidence in Cushing's series (62) was 22.3% during 30 years but this is inordinately high, due obviously to his known interest in the clinical problems presented by the hypophysis. The tumors of the pituitary gland itself are three: *adenoma, craniopharyngioma*, and *carcinoma* (named in order of their frequency), but there also occur in the region of the sella several other groups of pathologic processes which inevitably must be considered in differential surgical diagnosis. It is customary therefore to regard pituitary neoplasms clinically as but one of the anatomic components of a basic *chiasmal syndrome* which will be discussed later[1].

Orientative.

Anatomic. The normal pituitary gland is a flattened ovoid 7 by 9 by 12 millimeters (greatest transversely) weighing about 0.6 gram (168). It is suspended by an infundibular stalk arising from the center of the tuber cinereum in the floor of the third ventricle just posterior to the optic chiasm. It lies within the sella turcica, which is a small midline chamber found at the basal confluence of the anterior, middle, and posterior fossae of the skull. The gland is invested with pia-arachnoid, and its dural covering — the lining of the sella — is complete everywhere except for the small aperture in the diaphragma sella through which the infundibulum passes. The sellar roof is supported by the middle and posterior clinoid processes, the anterior clinoids serving only to anchor the tentorium rostrally. About four-fifths of the bulk of the human pituitary body (fig. 1) is composed of an epithelial tissue, or *pars buccalis* (anterior lobe, intermedia, and tuberalis), which is derived from Rathke's pouch evaginating from

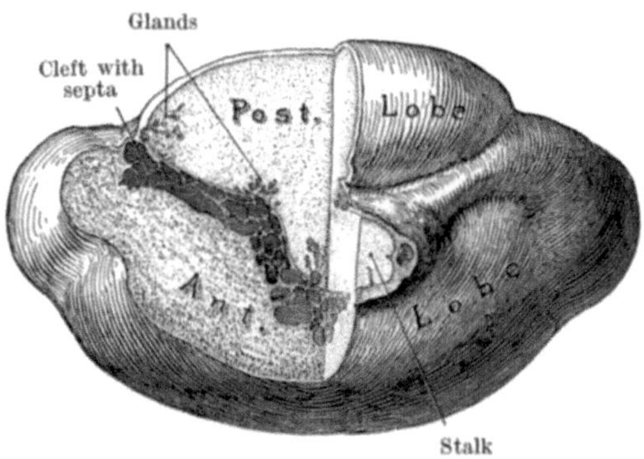

Fig. 1. Pituitary body, demonstrating relations of anterior lobe, posterior lobe, pars tuberalis, and pars intermedia, seen from above. The pituitary cleft, and the breadth of pars intermedia, are exaggerated in this specimen. From Lewis and Lee (129).

[1] The problem presented by this chapter has been one of selection and exclusion. Material is confined solely to that which has direct clinical bearing upon the subject of pituitary tumors. The physiology, endocrinology, chemistry, and opotherapeutics of the pituitary are at present in such yeasty ebullience that no resume of these aspects is valid for more than a few months. See Trendelenberg (202), Bailey (18), Biedl (24), etc., and the chapter by Nothmann (Leipzig) in Tome XV, this Handbuch.

the embryonic stomadeal roof (p. 262). The remaining fifth of its bulk is contributed by a neural part (posterior lobe) derived from the floor of the third ventricle. The gland as a whole receives its relatively generous blood supply by a converging series of small spoke-like pial arteries derived from the circle of WILLIS and also from a pair direct from the internal carotid; they supply principally the rich sinusoids of the anterior lobe. The posterior lobe obtains a small vascular supply from secondary and tertiary branchings of these arterioles, and also from two independent vessels arising symmetrically from the internal carotids (68, 159). The venous return from the hypophysis is by radial venules emptying mostly into the cavernous sinus and basilar vein, but there also exists in the stalk an apparently closed hypophysio-portal system between the posterior lobe and the superjacent nuclei of the diencephalic floor.

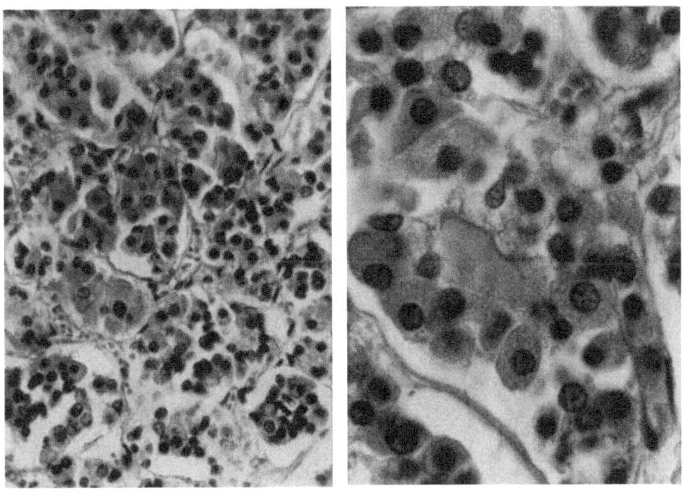

A B

Fig. 2. Photomicrograph of eosinophilic cells of anterior lobe. A region rich in these cells is shown in A (× 100), while nuclear characteristics and cytoplasmic granules are demonstrated in B (× 325); hematoxylin-eosin. Tissues are slightly spread by oedema, and reveal unitary structure well. Courtesy of DR. C. H. MANLOVE.

Histologic. The *anterior lobe* (syn: pars epithelialis; pars distalis; pars glandularis; adenohypophysis) is made up of cuboid polygonal epithelial cells which tend to assume an acinar and cord-like arrangement (often completely lacking in adenomata), with sparse fibrous septa but with an abundant vascularization. Many of the cells elaborate a holocrine secretion which is discharged massively into the sinusoids, and may even be demonstrable at times free in the blood of the sinusoids (166). Nerve fibers are exceptionally sparse. Although the nuclear characteristics of anterior lobe cells are substantially uniform, their cytoplasmic characteristics afford division into three distinctly recognizable types: eosinophilic, chromophobe, and basophilic. The bulk of the cytoplasm of an *eosinophilic* cell (syn: acidophilic; alpha granular) is usually 8 to 10 times that of the nucleus (fig. 2), and contains an abundance of close-packed coarse granules not dissimilar in morphologic appearance to those of eosinophilic polymorphonuclear leucocytes; in some states the apparent integrity of the granules is lost, and the entire cytoplasm merely exhibits characteristic avidity for acidophilic dyes. Eosinophilic cells are diffuse throughout the anterior lobe, but tend to preponderate in the rostral, dorsal, and peripheral parts of the human gland;

they constitute 37% (23—59%) of cells in the male and 43% in the female (170, 172). The *chromophobe* (syn: chief; neutrophil; haupt; mother) cell has perceptibly less bulky cytoplasm, and its finely granular material takes acid or basic

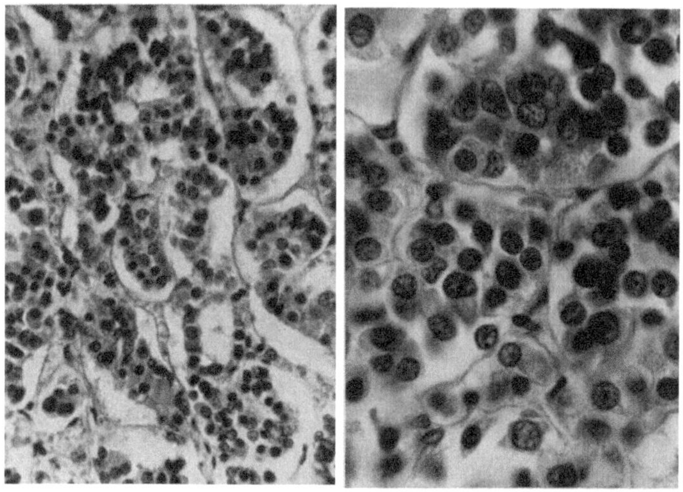

A B

Fig. 3. Photomicrograph of chromophobe cells of anterior lobe. Survey field is shown in A; a few eosinophiles and basophiles are present; the oedema emphasizes lobulo-acinar architecture produced by the stroma; × 100. B shows nuclear characteristics; there are 8 eosinophiles in the field; × 325; hematoxylin-eosin. Courtesy of Dr. C. H. Manlove.

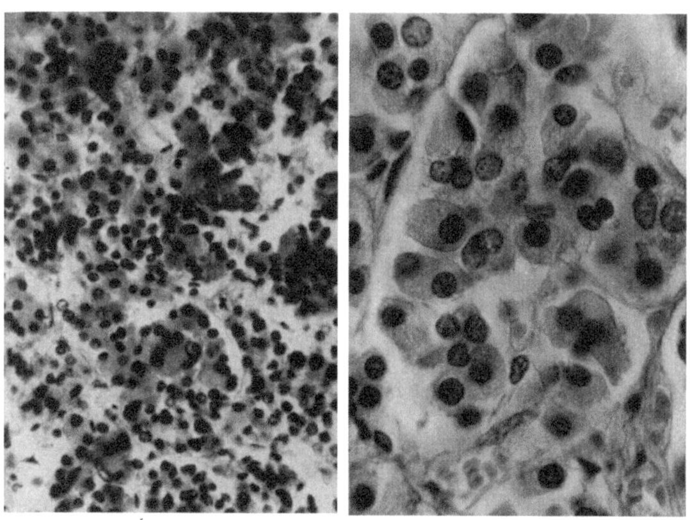

A B

Fig. 4. Photomicrograph of basophilic cells of anterior lobe. An unusual abundance of basophilic cells is shown in A; no eosinophiles are present in the field, but chromophobes are in moderation; × 100. Three eosinophiles are present in B, but most large cells shown are typical basophiles; × 325; hematoxylin-eosin.

dyes equally indifferently, but always rather poorly (fig. 3). It is considered to be the parent cell of both eosinophiles and basophiles (38), and constitutes the major bulk of the anterior lobe, being about 52% (34—66%) of all cells in males and 49% in females. The *basophilic* cell (syn: cyanophilic, beta granular) is about the same size as the eosinophilic, but its granules are fine, take a bluish-purple stain (fig. 4), and tend to concentrate within the cytoplasm lying closest to vascular channels. This cell is found diffusely throughout the anterior lobe also, but tends to preponderance in the region of the infundibular stalk, cleft, and the central portions of the lobe; it constitutes about 11% (5—27%) of parenchymal cells in males, and 7% in females.

The cells of the *pars intermedia* comprise 2—3% of the bulk of the human gland, and increase somewhat with age (167); they line the pituitary cleft and extend as a fragmentary envelope about much of the posterior lobe, sometimes infiltrating the latter extensively in the region of the cleft and stalk (15, 24). Cytologically their nuclei are indistinguishable from those of the anterior lobe, their cytoplasm is basophilic, and its bulk is intermediate in amount between that of chromophobe and basophilic cells of the pars distalis. In the epithelial posterior wall of the cleft, tubulo-racemose glands (171, 129) secreting muco-colloid material into the cleft, penetrate varying short distances into the pars nervosa; rare (1 : 150) patches of ciliated columnar epithelium (169) are found. Non-medullated nerve fibers, descending in the infundibular stalk, often pass through connective tissue apertures between the neuralis and intermedia to ramify among the cells of the latter, and to terminate in end bulbs there.

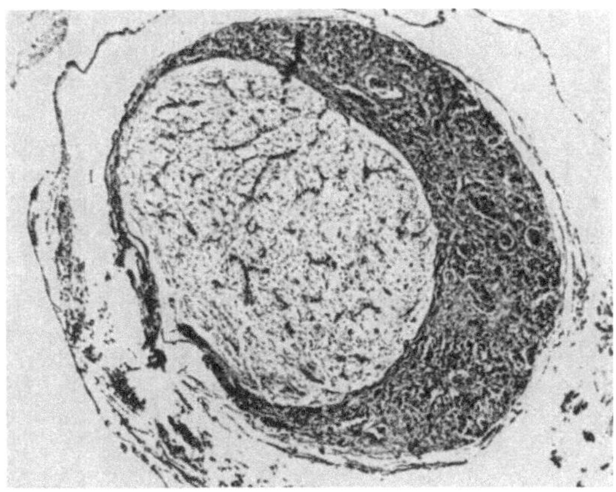

Fig. 5. Cross section of pituitary stalk, showing pars tuberalis encasing the infundibular process. At this level, close to the pituitary body, many of the hypophysio-portal vessels (Popa and Fielding) are in the tuberalis, although they enter the infundibulum at a higher level. From Cushing (65).

The *pars tuberalis* (syn: pars infundibularis; pars premamillaris; processus lingualis) is a tough fibrous sleeve encasing the infundibulum (figs. 5 and 6), extending downward onto the superior part of the anterior lobe, and upward as a broad flange over part of the tuber cinereum; it transmits, in its lower portion, the portal system of Popa and Fielding (160), and not infrequently harbors the squamous epithelial rests to be alluded to later. Striated muscle is occasionally found in the infundibular process of lower animals (123), as well as in the stalk of the pineal. The parenchymal cell is not dissimilar to that of the pars intermedia; it contains no granules, undergoes colloid degeneration frequently, and is embedded in a characteristic dense fibrous stroma.

The *posterior lobe* (syn: pars nervosa; pars neuralis; neurohypophysis) is made up of an unusual glia-like tissue, indistinguishable from that of the infundibulum (112) with which it blends. It contains abundant tracts of non-medullated fibers, stainable intensely with intravitam methylene blue (69), and communicating anatomically with autonomic nuclei in the floor of the third ventricle (especially the nucleus supraopticus and nucleus paraventricularis), but it appears that experimental hypophysectomy does not appreciably alter tigroid configurations in these nervous centers (96); the nerve fibers fray out richly and diffusely in the posterior lobe, sometimes terminating in large reticulated end bulbs. Intermingled among the fibers are great numbers of pituicytes (28), peculiar cells having the morphologic characteristics and habits of the macroglial series of cells (p. 132, this volume), but stainable only by methods for oligoglia and microglia; many pituicytes contain aggregations of coarse greenish-brown pigment, seemingly allied to lipofucsin. Colloidal and hyaline droplets are found in the interstices of the lobe (possibly degenerated end bulbs; possibly apocrine product of basophilic cells), and near the pituitary cleft the coapted layer of pars intermedia gives rise to penetrative racemose acini and to discrete nidi of basophilic cells sequestrated varying distances from the cleft.

Physiologic. *Anterior lobe hormones.* Five to nine apparently distinct principles have been isolated [1] experimentally from the anterior lobe (189, 15, 83),

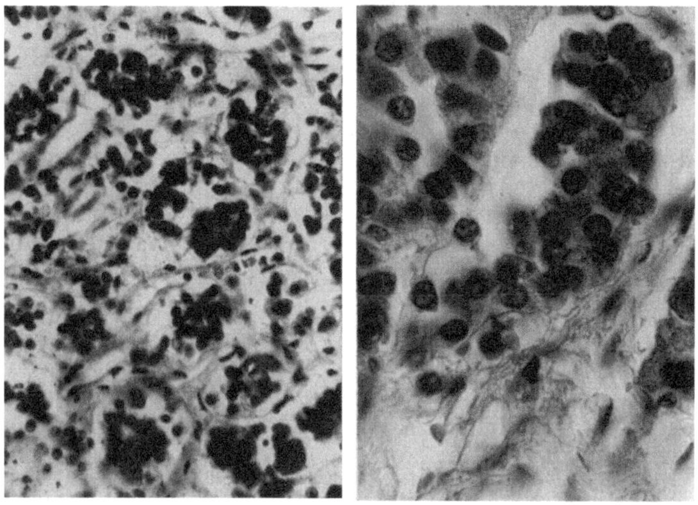

A B

Fig. 6. Photomicrograph of pars tuberalis showing general architectural arrangement in A (× 100); and nuclear and cytoplasmic characteristics in the nidus of cells shown in B (× 325); hematoxylin-eosin.

and most of these interlock with hormones of other endocrine glands in varying degrees of physiologic intimacy. First among pituitary incretions is the *growth promoting* hormone (syn: somatropin, phyone, antuitrin G, tethelin) (163, 7, 18, 84), long identified clinically with the eosinophilic parenchymal cell. The *gonadotropic* hormone (syn: gonadotropin, hebin, antuitrin S, prolan) (40, 198, 201, 190) is usually postulated to be associated with the basophilic cell; it stimulates both primary and secondary sexual development, and current evidence indicates that two physiologically separable hormones are present both in males and females (131). A *pancreotropic* (diabetogenic) hormone has been demonstrated (12, 113, 41) and is used to account for the glycosuria so frequently encountered in acromegaly, and to explain the alterations of sugar tolerance found to accompany pituitary adenomata. A *thyreotropic* (117, 139) and a *parathyreotropic* (42) hormone have been severally isolated, the former causing hypertrophy of the thyroid and working as an effector solely through thyroid mediation; and the latter augmenting the bulk of the parathyroids through increase in the clear

[1] "The present purified products...are purified only in contrast to the earlier souplike preparations... The realization that conclusive determination of...the various hormones must await the securing of uncontaminated principles does not mean...that present studies with cruder products are valueless or should be discontinued...for in no other way can the chemist know whether his...mutilating procedures are destroying or modifying activity" Smith (189).

cells, and causing elevation of the level of serum calcium. A *mammotropic* hormone (syn: galactin, prolactin) (151, 175) inducing and maintaining lactation (though mammary growth itself is caused by an ovarian hormone) is less indisputably established. An *adrenotropic* hormone (115, 13) has been shown to augment adreno-cortical activity; and there is also some evidence that a *fat metabolism* hormone (101) from the pituitary may be present in blood as an ultrafiltrate.

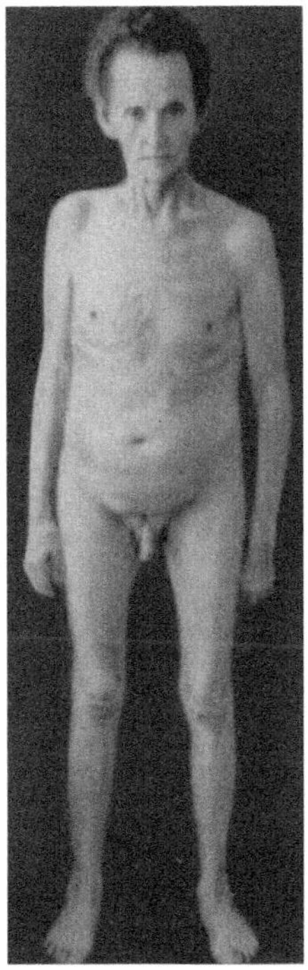

Fig. 7. SIMMOND's syndrome occurring in 65-year old man as functional deprivation from pressure of immense chromophobe adenoma of pituitary, present at least 15 years; profound fatigability, subcutaneous atrophy, absent sexual hirsutes, basal metabolic rate 44 percent below normal.

The once-postulated control of the specific dynamic action of protein through pituitary mechanisms has been exploded (95), and shown to reside in the thyroid, though affected by combined anterior and posterior pituitary extracts (114). The injection of the concept of antihormones (protein antigens) into the study of pituitary activity (39), as well as the demonstration of certain species-specific effects (133), has rendered experimental pursuit of the hormonal problem exceedingly complex.

Pars intermedia hormone (intermedin) has been known for decades to be the effector of pigmentation (melanophore expansion) in lower animals (8, 23) and has been crudely isolated (211, 212). The intimate coaptation of pars intermedia about the posterior lobe, and the consequent universal contamination of extracts of the posterior lobe with intermedin, had generally caused ignoring of the significance of this demonstration, and the consequent erroneous ascription of this hormone's activity (until recently) to one of the fragments of pitressin.

Posterior lobe hormone (physiologic antagonist of insulin), long known as *pituitrin*, contains four factors, and has been broken chemically into two fractions of astoundingly high activity (1, 118) — one, known as *oxytocin* (syn: pitocin, alpha hypophamine), has profound contractile power upon uterine musculature, and the other, known as *pitressin* (syn: vasopressin; beta hypophamine) containing the other three fragments: i. e., vasopressor, antidiuretic (77, 36, 140, 49, 116, 17), and melanophore-expanding (156; 146; 157; see also the preceding paragraph). KROGH (125) believes that pituitrin is principally responsible for the maintenance of capillary tone; while CUSHING and others (67, 122) have amplified this, not without opposition (3, 192), to explain eclampsia and hypertensive states, and have proffered histologic evidence associating these diseases with frequent augmentation of basophilic invasion of pars intermedia into the posterior lobe. Pituitrin is found in blood stream and ventricular cerebrospinal fluid and can be quantitatively titrated there (147, 10, 11); it is present in greater amount in jugular blood than elsewhere in the body; and its concentration in the posterior lobe is 25,000 times stronger than in the immediately superjacent tuber cinereum. The exact source of the hormone is still unknown and subject to controversy; HERRING believes that it originates in the cells of the intermedia invading the posterior lobe, and that it passes as particulate hyaline matter upward in the stalk to rupture through the ependyma into third ventricular cerebrospinal fluid (88), being thence absorbed into the blood stream; CUSHING (65, 66) has always stoutly sponsored this view. A primary absorption directly into the blood stream (147, 204) has also been postulated:

a considerable body of evidence supports both. Although preponderance of opinion has required that the secretion arise from obvious epithelial (intermedia) elements, nevertheless some evidence is at hand that in lower animals (98) the elements of the posterior lobe itself may be responsible for the elaboration of the hormone. Cushing (61) has adduced considerable clinical pharmacologic evidence that posterior lobe hormone has parasympathetic action upon the diencephalic floor (158).

Privative. After hypophysectomy (148, 200, 70) an animal shows loss of weight, cachexia, diarrhoea, subnormal temperature, and hypoglycemia (113, 139); if he survives, a generalized adiposity and sexual aplasia occurs, often with vascular hypotension (60). This induced state is at present believed to be an admixture of pituitary and diencephalic signs. The clinical picture of apparently pure anterior pituitary insufficiency is Simmonds' disease (187, 188, 186, 25, 4), characterized by premature aging, weakness, anorexia, emaciation (179), subcutaneous and bony atrophy, loss of pubic and axillary hair, vascular hypotension, depressed metabolic rate, amenorrhoea or impotentia. It may develop, among other causes, in the late stage of neglected adenomata (60) by reason of lethal compression of normally functioning pituitary tissue (fig. 7).

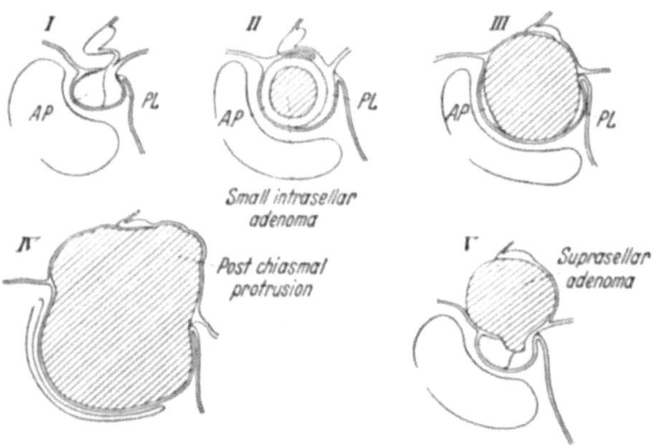

Fig. 8. A series of drawings to illustrate the mechanical effects of an expanding pituitary adenoma: (1) The normal pituitary gland and optic chiasm; (2) small intrasellar adenoma with only slight expansion of sella; (3) larger adenoma beginning to stretch the chiasm — a small amount of functioning anterior lobe still remains; (4) widely expanded sella and greatly stretched chiasm; (5) suprasellar adenoma which has implicated the chiasm without compressing the anterior lobe. *AP* pars anterior; *PL* pars nervosa. From Henderson (106).

Adenomata.

Any strumous enlargement of the pituitary body inevitably produces certain mechanical pressure symptoms, and it is primarily for the relief of these that operative interference is indicated. That the endocrine symptoms, which vary with the type of cell composing the adenoma, are sometimes coincidentally ameliorated to a certain degree by the operation is a derived benefit not to be primarily sought. If abnormal endocrine states be present, in the absence of clinically demonstrable struma [sub-clinical adenomas of the pituitary body apparently exist in about 10% of all individuals (37)], relief is to be sought from (a) hyperfunction, by cautious repeated fractional doses of deep X-radiation therapy, or from (b) hypofunction, by indefinitely prolonged adequate replacement therapy[1]. Both of these latter therapeutic regimens fall outside the scope of this present title.

[1] The extracts used for replacement must be known to be physiologically active. Much enthusiastic clinical work has been made ridiculous by reliance upon unproved commercial extracts, — but striking results have been obtained recently by reliable preparations (e. g.: 105, 31, 66, 87, 152).

Adenomas arise only from the anterior lobe of the pituitary, and constitute probably 70% of tumors of the pituitary body. As they enlarge (fig. 8), they fill the sella tightly, expand its structure, atrophy the cancellous posterior clinoids and push them backward, elevate the diaphragma sella and ultimately thin or perforate it, and then expand above the sella within the cranial chamber. Wedged under the optic chiasm (fig. 9), or caught between its arms, their pressure causes early physiologic interruption of optic nerve impulses, and later produces actual morphologic degeneration of optic fibers. When neglected, the expanding neoplasm elevates the floor of the third ventricle (fig. 10) sufficiently to block cerebrospinal fluid flow, or may even compress the temporal or frontal lobes to a considerable degree (fig. 11). At times the expansion of the benign adenoma may be downward, through the eroded floor of the sella and into the sphenoid sinus (fig. 12), choanae, and superior nasopharynx; expansion in this direction is more likely

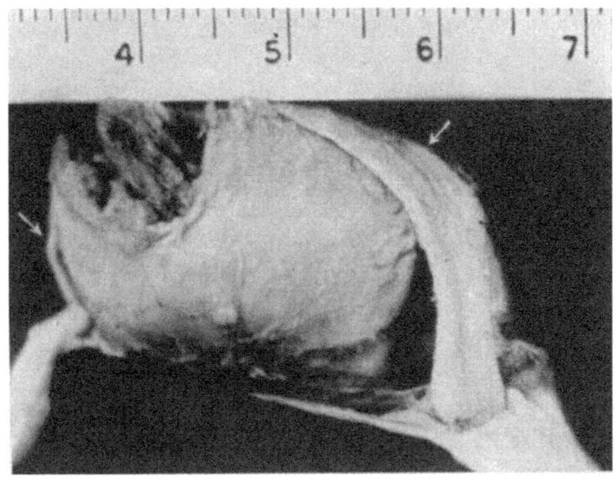

Fig. 9. Intracranial expansion of chromophobe adenoma above the sella, to show the manner in which the chiasm is flattened to a mere tape by the upward pressure of the tumor. From McLean (150).

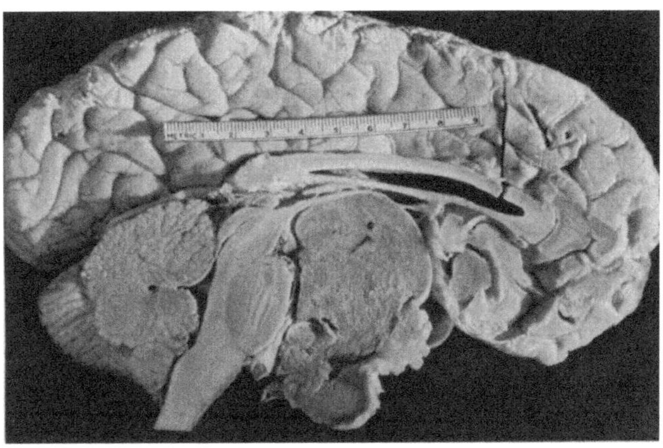

Fig. 10. Sagittal section of brain, showing huge intracranial expansion of neglected chromophobe adenoma, obstructing cerebrospinal fluid circulation by practically total occlusion of the third ventricle; no subsellar expansion is present.

to occur when the sphenoid sinus does not possess a median partition acting as a basal prop to the sellar floor. Adenomas may be either slow or luxuriant in growth; but fortunately their blood supply usually is modest. Their clinical course, uninterrupted by operation, varies from one or two years to several decades or more. They are very occasionally subject to minor spotty intraneoplastic calcification (7%), but cystic degeneration is not uncommon and probably occurs to some degree in 20—30% of cases.

a) Pressure symptoms.

Headache is usually mild and intermittent, but, in intraneoplastic thrombosis, hemorrhage, or cystic degeneration, it may become prostrating; it is

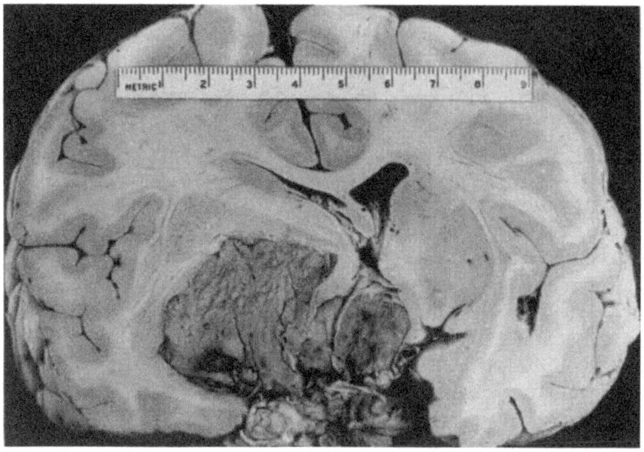

Fig. 11. Coronal section of brain at the leve of foramen of Monro showing asymmetric lateral extension of chromophobe adenoma; such huge suprasellar masses are seldom warrantably encountered in the present day. From McLean (150).

almost invariably median retro-orbital, and the patient usually grasps his nose deeply just above the inner canthi of his eyes to indicate its position; it is a smooth, even aching.

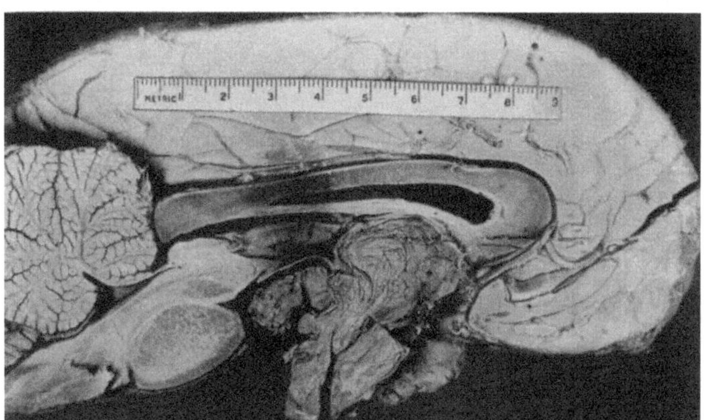

Fig. 12. Sagittal section of brain, showing neglected eosinophilic adenoma of pituitary, with infrasellar (spheno-choanal) extension, as well as intracranial expansion.

The headache is largely due to a slow forced expansion of the sella turcica over a period of months or years; this is a uniform distension, and results in a *ballooned sella*, readily visible in roentgen examination of the skull in lateral stereoscopic view (one of the stereo pair being centered directly over the sella, 2 cm. above and 3 cm. anterior to the external auditory meatus). As the diaphragma becomes elevated and the neoplasm encroaches on the cranial chamber, upward pressure occurs on the optic chiasm, resulting in *primary optic atrophy* visible ophthalmoscopically, and *bitemporal hemianopsia* detectable on perimetric examination. If sellar distension is either acute or extreme, the extra-

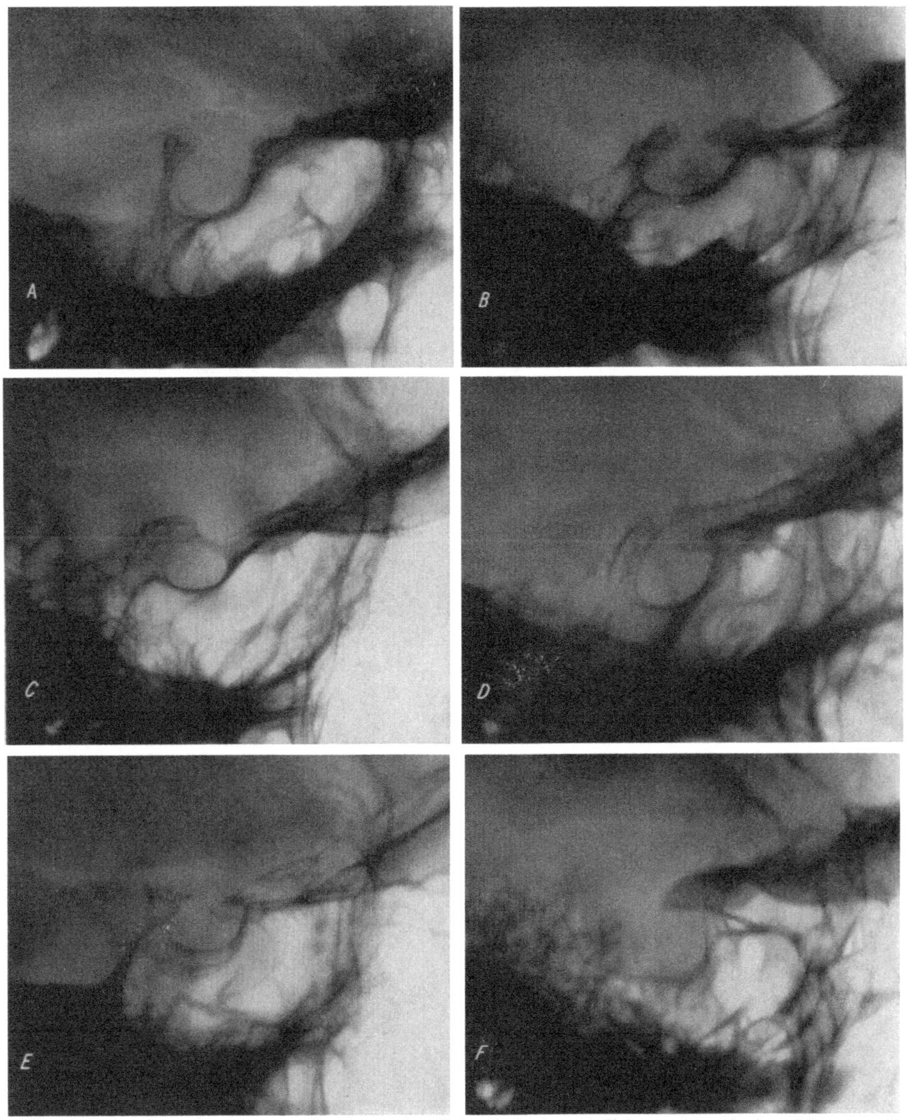

Fig. 13. Lateral roentgenograms of sellae, natural size (tube-target distance 75 cm): A and B, normal sellae. C and D, bridged sellae. E, "double" sellar floor. F, moderate atrophy of posterior clinoids of slightly expanded sella, in a case of parietal lobe glioma of ten years' duration.

ocular nerves in the adjacent cavernous sinus may become sufficiently stretched to give rise to transient or to prolonged mild *diplopia*.

Sellar alterations. The normal adult sella, when seen roentgenographically in lateral view (tube-target distance 75—80 cm) is about 9 by 12 millimeters in diameters (fig. 13, A and B); for a description of its roentgenographic anatomy, see pp. 205—209 in the preceding chapter. In pituitary struma not only is the sella expanded to larger dimensions (20 by 30 millimeters oftentimes), but the posterior clinoid processes become greatly atrophied and thinned, and are

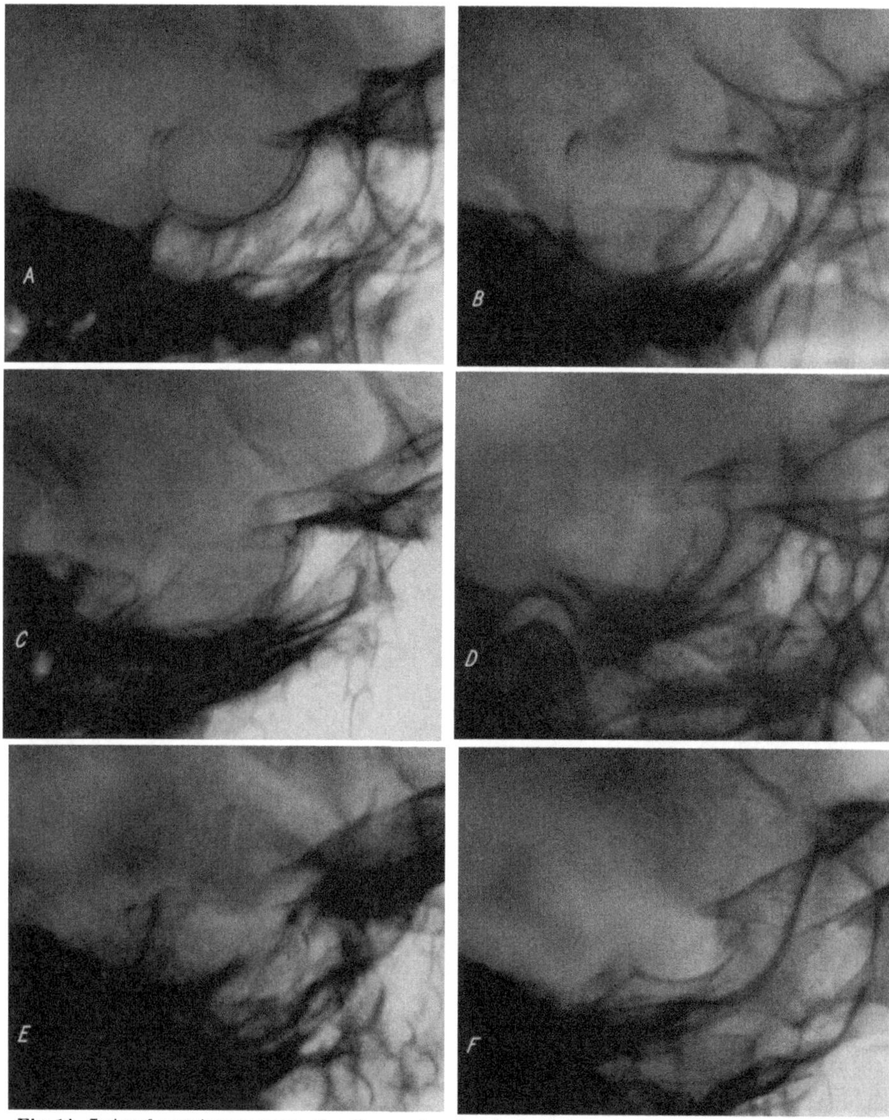

Fig. 14. Lateral roentgenograms of sellae, natural size (tube-target distance 75 cm): A, chromophobe adenoma, showing ballooned expansion (same case as Fig. 21 A). B, ballooned sella, in chromophobe adenoma. C, expanded sella, with almost complete atrophy of posterior clinoids, and sharpening of atrophic anterior clinoids downward, in immense intracranial chromophobe adenoma (same case as Fig. 7). D, ballooned sella, with posterior clinoids represented by a few faint calcified flakes, in cystic adenoma of pituitary. E, expanded sella, with extension of chromophobe adenoma into sphenoid sinus. F, sella in carcinoma of pituitary, see p. 269.

usually erected backward as a few faint flakes (fig. 14, A to D). In long-standing cases, the anterior clinoids may be faintly elevated or may be sharpened upward (fig. 14, B and E), but these latter alterations are never marked, since the anterior clinoids are anchorage for the far greater tentorial pull. Presence of calcification within, or above, the sella should be carefully looked for, stereoscopic roentgenograms being essential for this differentiation, inasmuch as distant irregularities in the inner table of the temporal fossa, and parasellar calcifications in the internal carotid, may cause confusion to the unwary (183).

The accurate interpretation of finer sellar variations requires a rather wide experience (124, 154, 86); deformities characteristic of various clinical processes will be mentioned later in connection with their syndromes. Meantime, it should be said that experience has shown that "bridging" of the anterior clinoid processes to the posterior clinoids (fig. 13, C and D), or of the anterior clinoids to the apparent sellar floor, are normal variations utterly without clinical significance. The so-called "double floor" of the sella (fig. 13, E) seen at times in early adenoma, as well as in apparently normal individuals, is pathognomonic of nothing, and is due merely to obliquity of the non-discontinuous base of the sella.

Primary optic atrophy. The blank chalky pallor of the optic nerve head, characteristic of fully developed optic atrophy, is seldom encountered in pituitary adenomata, except in neglected cases. Patients usually present themselves for relief when the most that can be detected ophthalmoscopically is a fairly definite increase in pallor of the temporal sides of the optic discs, usually equally advanced in both eyes, but at times asymmetric. The edges of the optic disc are sharp and definite, and the lamina cribrosa is almost invariably sharply seen at the base of a physiologic cup of normal depth (2.5—3.5 diopters). With experience, it is customary to utilize the degree of discrepancy between the depth of pallor, and the extensiveness of impairment of visual fields, in order to predict the degree of restitution of normal vision which may be expected to occur following operative intervention (205), for the impairment of fields usually leaps, by months or years, ahead of manifest optic atrophy which itself is irretrievable. The remarks on page 188 of the previous chapter, concerning additional causes for primary optic atrophy (121, 127, 137, 138, 180) should be carried firmly in mind.

Bitemporal hemianopsia. It is an elementary truism of functional neuroanatomy that, due to the incomplete decussation of optic nerve fibers (107), lesions which produce some form of bitemporal hemianopsia can have their anatomic seat only in immediate relation to the optic chiasm (fig. 92, p. 193). This fact is, indeed, with a few minor exceptions, the keystone of the basic chiasmal syndrome to be discussed later. The bitemporal type of hemianopsia was, in another age, likened to the limitation of vision of a horse with blinders on his harness, but is probably best described currently as "corridor" vision — i. e. an inability to perceive happenings which occur lateral to direct regard. This often leads patients into serious trouble in vehicular traffic, and into embarrassment in conversation. Pressure of the enlarging adenoma upward on the chiasm causes vision to be lost first in the superior temporal quadrants of the patient's visual fields (fig. 15). As pressure is enhanced, the inferior temporal quadrants are encroached upon without "sparing of the macula" (206) when fields are plotted perimetrically; following this, inferior nasal quadrants become involved [1], and useful vision is ultimately lost as the segment of macular vision in the superior nasal quadrant becomes obliterated, even though some

[1] Involvement of the inferior nasal quadrant at this stage, rather than the superior nasal quadrant (which one would expect from neuro-anatomy), had always been obscurely explained (150) until recently, when LILLIE (130) confirmed by postmortem histologic examination a significant factor heretofore probably seen only by an occasional neurosurgeon (207, 59), i. e., the indubitable indentation of the superior aspect of the chiasm by pressure from the overlying anterior communicating artery.

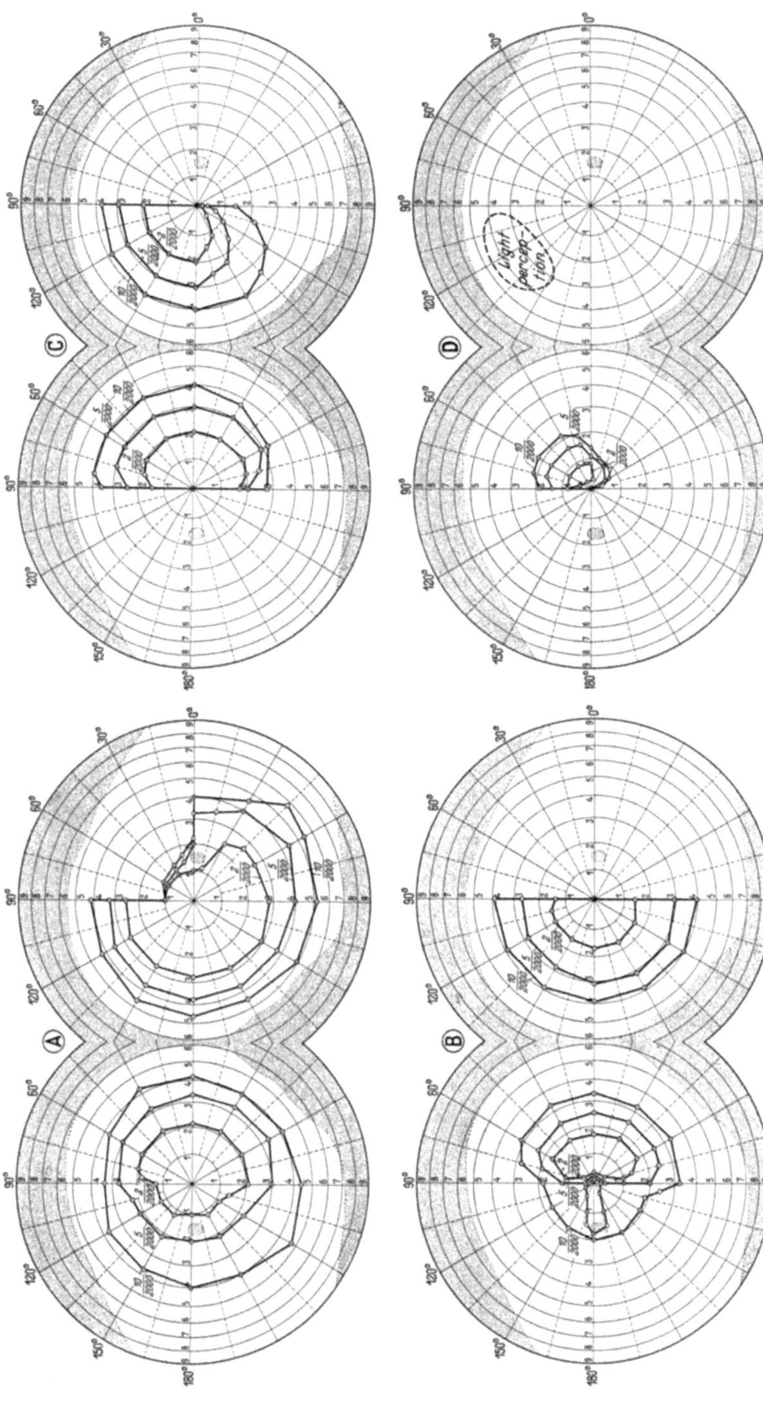

Fig. 15A—D. Perimetric fields showing customary mode of loss of vision in untreated adenoma of the pituitary body, with subchiasmal strumous expansion; one eye is usually more affected than the other.

degree of light-and-form perception may linger for a period as an island toward the periphery of the superior nasal quadrant.

b) Endocrine symptoms.

Eosinophilic. Either hyperfunction without hyperplasia, or adenomatous proliferation (fig. 16), of eosinophilic cells may be responsible for bipartite overgrowth-symptoms: skeletal and visceral. The character which skeletal overgrowth follows depends upon whether the epiphyses of the victim are closed or not, i. e., whether the onset of the disease occurs in childhood or in adult life. Hyperfunction of eosinophilic pituitary cells during childhood allows overdevelopment of the skeleton along normal channels, and the result is *gigantism*

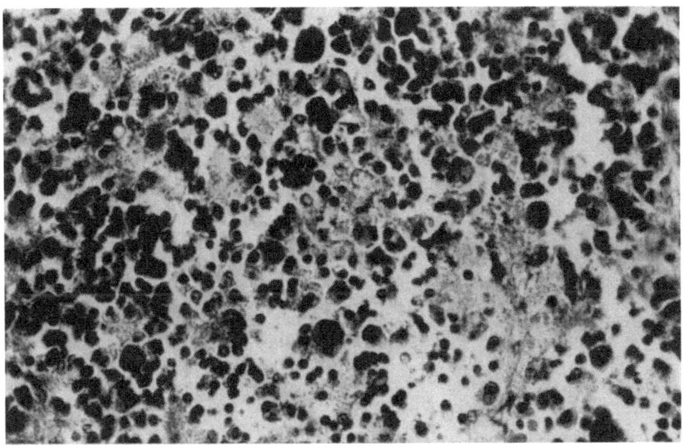

Fig. 16. Photomicrograph of eosinophilic adenoma of pituitary; note abundance of eosinophiles and total absence of normal cytoarchitectonics. Hematoxylin-eosin; × 125.

(fig. 17); such individuals, replete in the literature, are the famous giants of history and circus. The onset of hyperfunction after the epiphyses have closed results in the grotesque skeletal deformities known as *acròmegaly*: prognathic jaw (fig. 18), and consequent broadening of the space between individual teeth (fig. 19); beetling supraciliary ridge; barrel chest; spade-like hands (fig. 20); and knobby deformities at the ends of long bones (57). Accompanying either type of skeletal overgrowth, there occurs a *splanchnomegaly* or enlargement of soft tissues and viscera: the features coarsen, the tongue enlarges, the thyroid, liver, gut, and genitalia, enlarge to varying degrees (66) — from a fifth up to twice normal size [1]. Clinically this is accompanied oftentimes by hyperidrosis, hirsutism in both males and females [2], sexual excitability, lowered carbohydrate tolerance (73), increased basal metabolic rate (16—40%), (56), and occasionally by persistent mild glycosuria which does not yield to insulin.

Such symptoms may progress with ominous steadiness, or may occur in waves over a period of years, or may even depart permanently, leaving a stationary mild hyperpituitarism known as "fugitive" or "arrested" acromegaly (48,78, 20). Intermingled with the troubles of either type, and probably due to destructive pressure of the adenoma upon other cells of the normally functioning gland,

[1] A superb correllated study of four completely autopsied cases (including fully bony framework) is given by Cushing and Davidoff (55).

[2] Lord's (134) experiments may only prove the inactivity of the extract used for his alopecia patients, provided hair cells had not already undergone total atrophy.

occur an increasing number of privative symptoms, which in late or neglected stages of the disease may even overshadow the primary picture: these are amenorrhoea (not infrequently the initial symptom of pituitary trouble), impotentia, asthenia, and various superimposed components of Simmonds' syndrome.

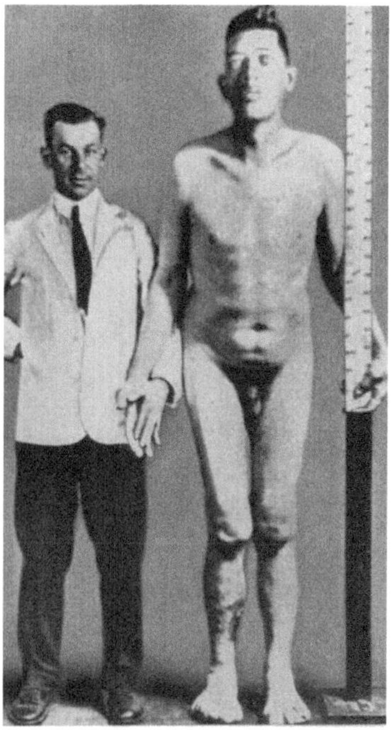

Fig. 17. Gigantism (height 198 cm) due to eosinophilic adenoma of pituitary; see text. From Cushing (55).

Eosinophilic strumas probably constitute 8—10% of pituitary adenomas. Following their timely removal, there occurs not only restitution of vision and relief from pressure symptoms, but oftentimes a grateful degree of recession of splanchnomegalic and metabolic disturbances (57); skeletal changes remain permanently unaltered. The following case, of a time two and a half decades gone, is recounted not only for its striking completeness, but also as an illustration of an outmoded operative procedure:

Illustration: M. W., a 35 year old farmer, complained of failing vision and of acromegaly (55). When he was 13 he had begun to grow with unusual rapidity; at 19, he weighed 200 pounds and was 6 feet 4 inches in height; he was alert, powerful, and had vigorous libido. When 23, he had an obscure illness lasting severely for a month, with polyuria and multiple furunculosis. Onset of a second period of growth occurred when he was 27 years of age, and this was accompanied by intense frontal headache and by pains in his arms and legs; headaches were relieved at times by a profuse muco-hemorrhagic nasal discharge. Periods of diplopia and bitemporal blindness became evident; he was told he had acromegaly. Within 5 years the excessive growth had become crippling; he was weak, drowsy, fatigued easily, had a prodigious appetite, polyuria, was sexually impotent, and was practically blind.

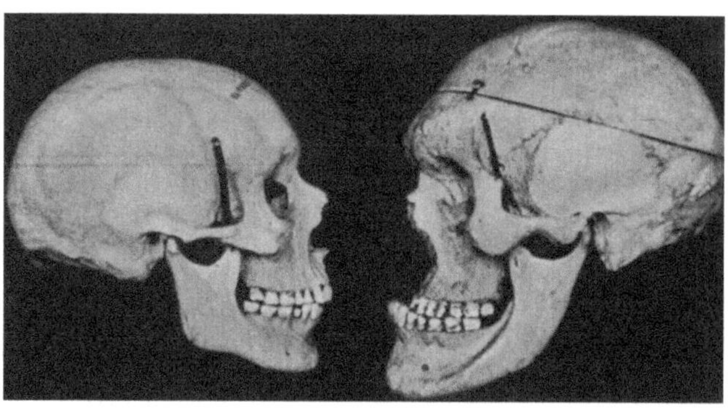

Fig. 18. Prognathism and hypertrophy of supraciliary ridges in acromegaly. Compare with the normal skull on the left. From Cushing (55).

Despite a bowing of his spine for the 6 years before examination, his height had increased 2 inches.

Examination showed an intelligent, responsive Gargantuan male 6 feet 6 inches in height, weighing 269 pounds. He had beetling supraciliary ridges; his mouth and tongue were huge, his nose 5.5 cm in breadth; some prognathism was present, with enormous hands and feet and a barrel chest. His skin was smooth, elastic, and now almost hairless;

his barbae were scant and pubic hirsutes had a feminine configuration. His temperature was found to be subnormal, his pulse rate usually below 70, and his systolic pressure between 75 and 100 mm of Hg. He had a pronounced primary optic atrophy, with practical blindness, and a divergent squint. His carbohydrate tolerance was currently increased. Cranial X-rays showed a hugely ballooned sella 4 by 3 cm in diameters, with atrophic posterior clinoids tilted far backward.

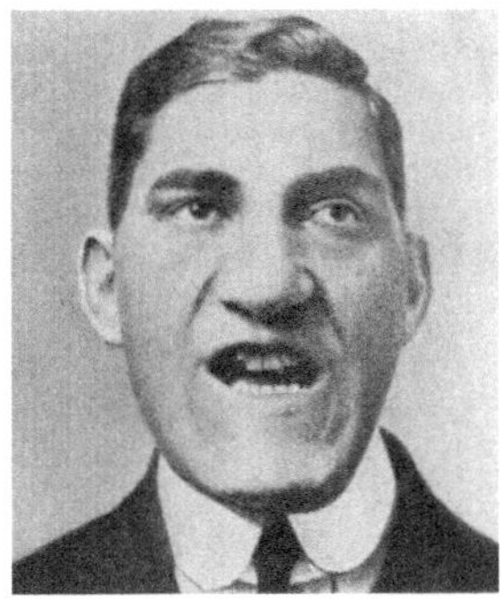

Fig. 19. Facies in acromegaly of 12 years' duration. From CUSHING (57).

A trans-sphenoidal sellar decompression was done December 17, 1910, with operative removal of some eosinophilic adenomatous tissue; slight improvement in vision followed and his headaches vanished for 3 years subsequently. His acromegaly continued to advance however, and 6 months after operation he weighed 281 pounds. By 1914 he was practically crippled by bony exostoses about his joints, so that he was then unable to stand erect (fig. 17); he had episodes of vomiting, somnolence, and headache, but choked disc could not be detected. A subtemporal decompression was done without effect upon his symptoms. His vomiting continued; he had visual hallucinations; and a right hemiparesis slowly developed. A second trans-sphenoidal procedure was ineffective in reaching the sella, though hemorrhagic adenomatous tissue was obtained, and he died the day following operation. At postmortem examination, a huge (4 × 6 cm) suprasellar extension of the tumor was found, and a circumscribed thick auxiliary lappet of the growth extended posteriorly far underneath the thalamus and left temporal lobe. (Compare: fig. 50.)

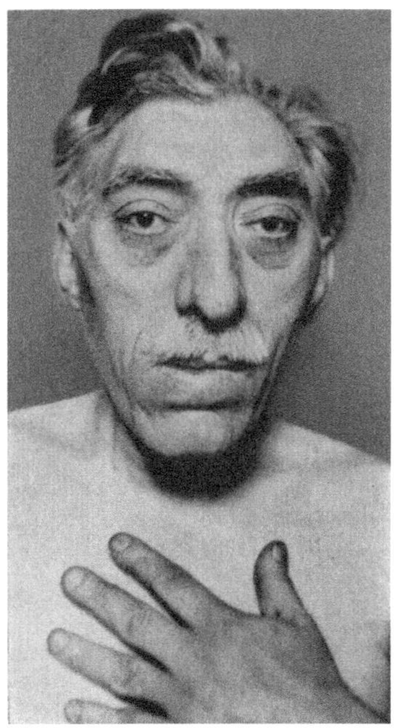

Fig. 20. Acromegaly; note configuration of hand.

Chromophobe. This common type of pituitary struma constitutes probably 85—90% of all pituitary adenomas; it characteristically gives rise to a peculiar clinical picture which has been stigmatized as hypopituitary (46, 47, 53), although it possesses many components which are now recognized as not solely privative. Affected patients usually show a strong tendency toward somatic neuter-genderness; this is evidenced by generalized adiposity (not to be confused with FROEHLICH obesity), involving particularly the torso and mammae (gynecomastia) (fig. 21); genu valgum; diminished libido and potentia, or amenorrhoea (106); recession of secondary sexual characteristics (in men, absence of male suprapubic hirsutes, infrequent shaving, poor axillary-thoracic-thigh hairiness) (78). They also often show hebetude, fatigability, hypersomnia, unusual fondness for sweets, diminished basal metabolic rate (15—30%), and an elevated sugar tolerance curve (100, 85, 82).

Subsequent to surgical removal of a chromophobe adenoma, metabolic changes disappear (second group above); primary and secondary sexual changes improve markedly, but the habitus does not undergo much significant alteration. Pressure symptoms of course vanish.

Illustration: J. P., was referred December 5, 1934, by Dr. E. J. Crowthers of Portland, complaining of rapidly failing vision for the preceding 5 months. He was 32 years old, had a 9 year old son by his first wife; and 2 miscarriages by his second wife, to whom he had been married for 4 years.

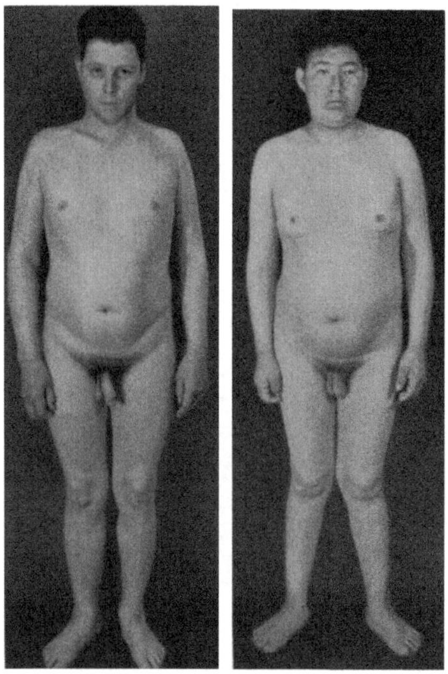

Fig. 21. Habitus in chypopituitarism due to chromophobe adenoma of the pituitary. Note generalized adiposity, gynecomastia (especially marked in the Amerind on the right), absent hirsutes, and lack of normal male suprapubic triangle of hair.

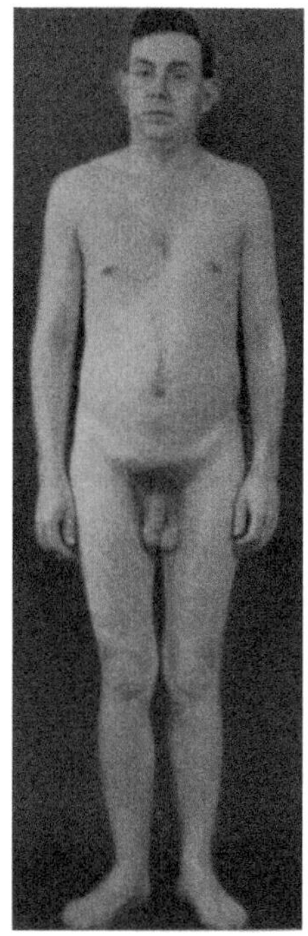

Fig. 22. Chromophobe habitus, of less extreme type; masculine suprapubic triangle is faintly developed.

Except for childhood exanthemata and an allergy to egg protein, he had always been quite well; review of his history by systems was negative. He had always had an excellent appetite, and was moderately fond of sweets; had gained 10 pounds in the previous year and now weighed 183 pounds. He slept 10—12 hours daily; had never shaved more than twice a week in his life; libido and potentia were normal.

In July 1934, 5 months before examination, he had noticed that regarded objects were a little fuzzy around the edges. Focal infection had been suspected, and a tonsillectomy done, with improvement in vision for only a few weeks. He was sent to several consultants who found nothing essentially wrong with his eyes, although his visual fields were not plotted. A moderate secondary anemia was discovered and treated, but his vision continued to fail. In November he had a single attack of throbbing severe headache, with dancing rainbow scotomata, and for 36 hours afterward he had definite diplopia. His pupils had been noticed to be unequal at times for several weeks; he had been unable to read newsprint for $2^1/_2$ months, and could not recognize friends if they were more than 4 feet away. A history of corridor vision could not be obtained.

Examination showed a large-framed diffusely adipose man of hypopituitary habitus, with fine crepe-like skin, but with normal genitalia, breasts and secondary sexual characteristics; barbae and axillary hair were scant, and the male suprapubic triangle of hair was only poorly developed (fig. 22). General physical examination and neurologic examination were negative, except for some asynkinesia of the left arm, and the ocular findings: the right pupil was 7.5 mm in diameter, the left 8.5 mm, and both were slightly eccentric medially; the right optic fundus showed slight but definite "rolling" of the nasal border of the disc to $^1/_2$ diopter elevation; while on the left only a mild increase in pallor of the

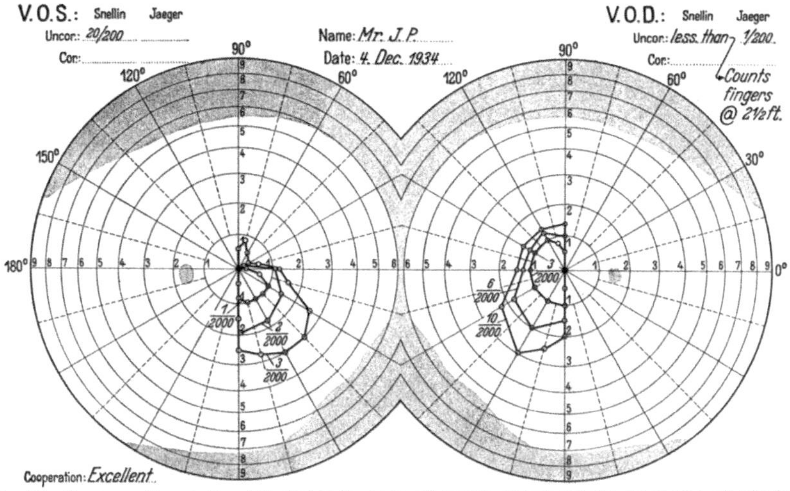

Fig. 23. Pre-operative perimetric fields in case of cystic chromophobe adenoma of pituitary.

temporal side of the disc was present. Acuity in the left eye was only 20/200, while in the right eye vision was reduced to ability to count fingers accurately at but two feet distance; his visual fields (tangent screen) showed an advanced bitemporal hemianopsia without sparing of the macula, and with considerable obliteration of the superior nasal quadrants (fig. 23). Cranial roentgenograms revealed a ballooned sella (fig. 14, D) expanded to $3^1/_2$ times normal size. His basal metabolic rate was 26% below normal.

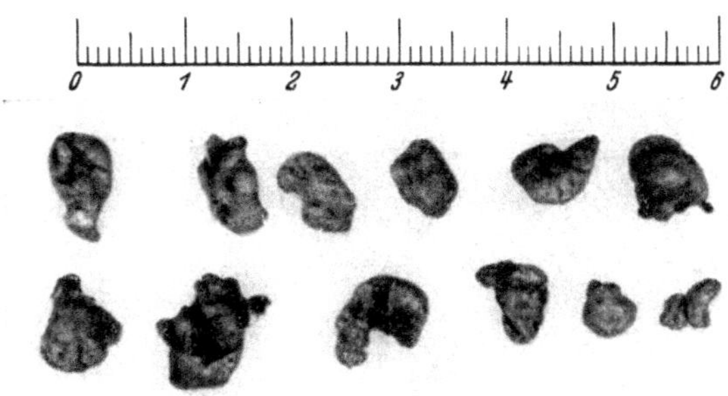

Fig. 24. Surgical specimen of chromophobe adenoma removed by curette from sella during sub-frontal operation.

The optic chiasm was exposed December 13, 1934, by a right subfrontal osteoplastic operation under local anaesthesia. The sellar diaphragm was markedly elevated (12 mm) by a grayish fibrous tumefaction over which the chiasm was tightly stretched, the left optic nerve being more involved than the right. A T-shaped incision was made into the swelling just posterior to the tuberculum, with escape of 4—6 cc of xanthochromic fluid. When the capsular opening had been enlarged, 5—8 cc of adenoma was removed with malleable dull curettes (fig. 24). The patient cooperated well throughout, and had pain only when the capsule was being removed near the posterior clinoids. Histologic examination showed a benign chromophobe adenoma, with some hyperchromatic nuclei but without visible mitotic figures (fig. 25). His convalescence was smooth, and recovery of vision was jubilantly noticeable within 12 hours; he was discharged 3 weeks after operation, with visual acuity 20/20 bilaterally, and with wide visual fields.

In the 14 months since operation, libido and potentia have remained normal, he has lost 11 pounds in weight; the suprapubic triangle of hair has returned; he finds it necessary to shave daily; his appetite is good, his fondness for sweets has diminished, he sleeps only 8—9 hours daily, his basal metabolic rate is plus 6%, and his visual fields remain wide (fig. 26).

Basophilic. These rare adenomas practically never reach strumous size (fig. 27); they probably constitute $^1/_4$—$^1/_2$% of pituitary tumors. The syndrome, recently isolated by Cushing (199, 63), occurs usually in young adults, is still subject to discussion, and may be epitomized as follows: a plethoric (often violaceous), rapidly-acquired, adiposity of lower face, neck and lower torso, with graceful extremities (fig. 28); purple linea striae on lower abdomen; diminished stature; vascular hypertension; impotence or amenorrhoea; hypertrichosis;

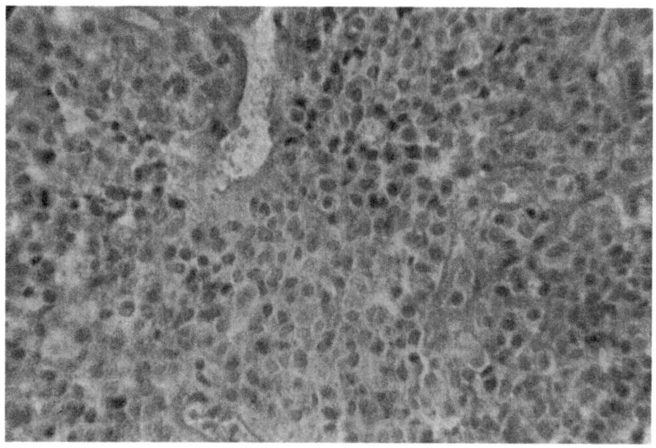

Fig. 25. Photomicrograph of tissue shown in fig. 24; note the poor architectonic development; no mitotic figures are present. Hematoxylin eosin, × 125.

and fatigability. Carbohydrate tolerance is normal, susceptibility to coccic infection is markedly increased, and the basal metabolic rate is lowered only

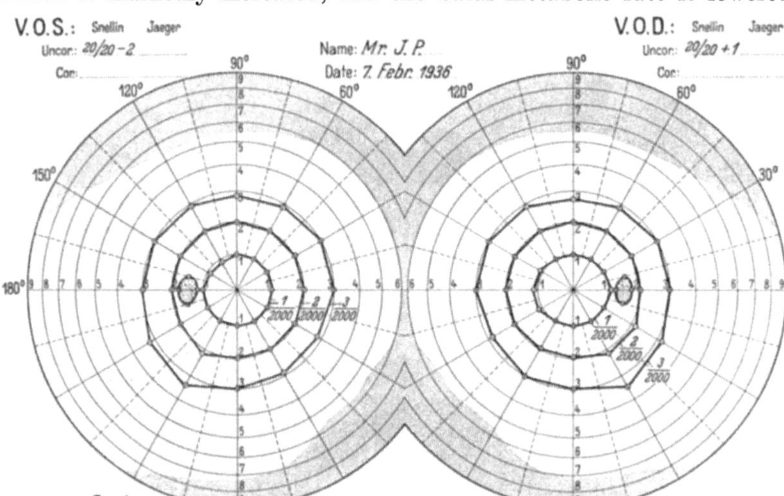

Fig. 26. Post-operative perimetric fields showing complete normality of vision for extent, form, and acuity; same case as fig. 23.

slightly. The aspect of the syndrome creating most discussion is the relation of the basophilic cells to hypertension and to gonadotropic effects. Although a flood of clinical cases has appeared in the literature implicating the pituitary as the sole cause (e. g., 64, 178, 197, 66), the syndrome apparently bears close resemblance to that accompanying some adreno-cortical tumors, and several reports of apparent complete satisfaction of the described clinical picture are recorded in which no basophilic adenoma has subsequently been found (128, 132). The suggestion has also been made that adenomata apparently arising from the pars intermedia may duplicate the syndrome (136).

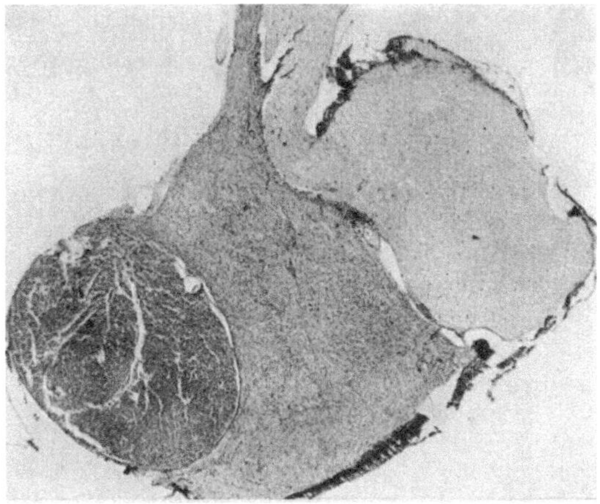

Fig. 27. Basophilic adenoma of pituitary body. The adenoma is to the left, embedded in the anterior lobe; the posterior lobe, encased with intermedia, is on the right. From CUSHING (63).

Illustration: M. S., a housewife of 26 was seen September 18, 1933, complaining of adiposity, fatigability, dyspnoea, amenorrhoea, insomnia, nervousness, oedema of ankles and feet (197). She had always been in good health and of normal build until $2^1/_2$ years before examination when her weight increased in 6 months from 140 pounds to 200 pounds. Although her menstruation had been normal from its onset at 13, it now ceased and sexual frigidity developed, while a nearly total bilateral amblyopia occurred and then improved except for a cataract (subsequently removed) in her left eye. For a year, despite a voracious appetite, her fatigability had amounted practically to prostration, with dyspnea, and oedema of ankles and face. Polyuria and polydipsia developed; she had occasional mild headaches; furunculosis was frequent.

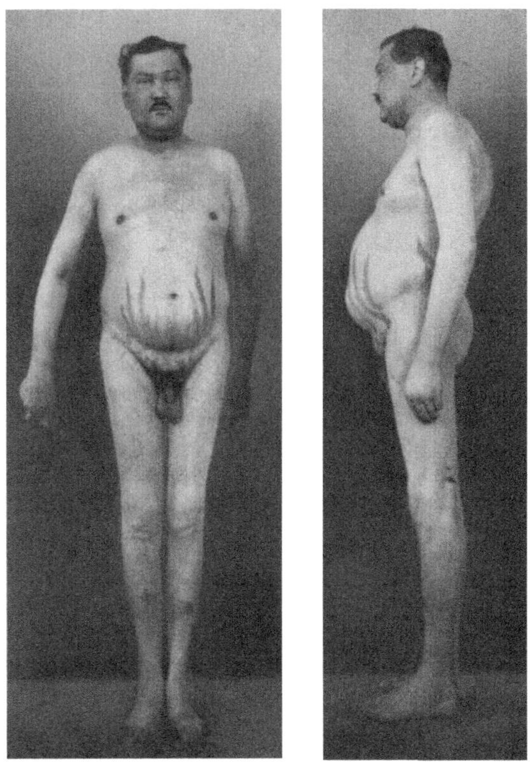

Fig. 28. Habitus in a case of basophilic adenoma of the pituitary, proved by post-mortem examination. From RAAB (164).

Examination showed a woman appearing ten years past her actual age; her face, neck, and abdomen were immensely obese, with purplish linea striae on abdomen, thighs, and shoulders; her face was puffy, her skin dry, and a florid cyanosis of face and neck was present. There was a marked hypertrichosis of face, chest, and lower extremities; her arms and legs were well-formed, graceful, and did not participate in the adiposity. Pulse 128, blood pressure 184/134. Vision in the right eye, and ophthalmoscopic examination of the optic fundus, was normal; the media of the left eye was turbid. Blood microscopy and blood chemistry were within normal limits; urine showed 0 to 2.8% glycosuria; blood Wassermann was 4 plus; spinal fluid showed 240 mm pressure (water), with negative Wassermann and Lange. Basal metabolic rate varied from minus 4% to plus 71% over a 2-month period. Cranial roentgenograms showed mild enlargement of the sella turcica, with very slight erosion of the posterior clinoid processes. She received antiluetic treatment and died November 12, 1933, of an immense ulcerative erysipleatous phlegmon of her right arm and chest wall.

Necropsy showed a cap-like circumscribed hemorrhagic basophilic adenoma encasing the anterior lobe of a slightly enlarged pituitary body; there was also an unusual infiltration of basophil cells found in the adrenals, kidneys, and marrow of the ribs and skull.

Craniopharyngioma.

These interesting, but surgically dismaying, growths arising from neoplastic degeneration of squamous epithelial rests of Rathke's pouch, constitute about 30% of pituitary tumors (149, 81). In gross, they may arise from the antero-superior surface of the gland within the sella, but more often they originate from the infundibular stalk, or from the tuberal flange of the pituitary body.

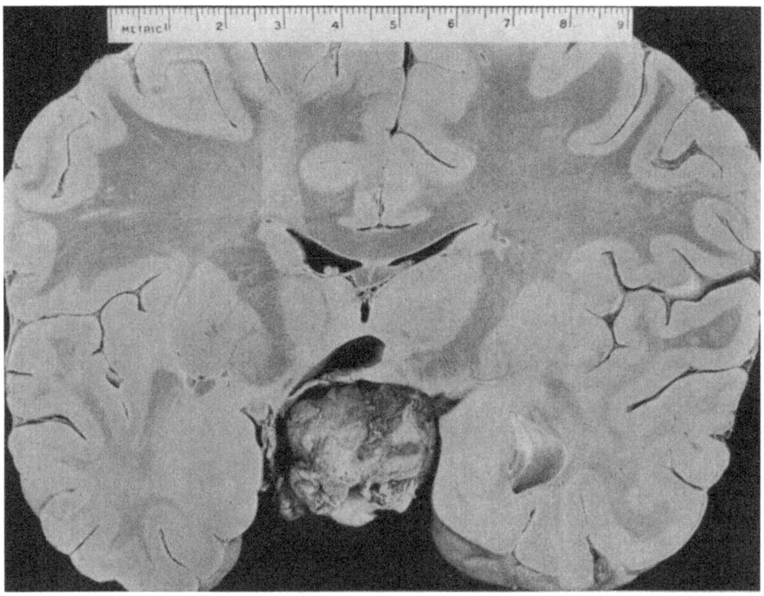

Fig. 29. Solid craniopharyngioma arising from suprasellar portion of pituitary stalk, and distorting the third ventricle. From McLean (149).

They are at first a firm solid nodule (fig. 29), but they rapidly become multicystic, and the cysts (fig. 30) then dwarf the parent nodule (94). Their expanding thin-walled vesicles insinuate themselves upward in any likely fissure and burrow by displacement into astounding locations in the overlying brain. The cyst fluid is usually quite characteristic — turbid brownish-green, like motor oil, in which float myriads of tiny glistening golden cholesterin crystals; the fluid only rarely coagulates on standing. The sodden, degenerating, calcifying, basal nodule usually becomes densely adherent to the major basal vessels of the brain and may even come to embed the carotids and anterior communicating arteries (fig. 31). Small ischaemic necroses of the distended cyst walls allow fractional escape of the irritating cyst fluid into subarachnoid or ventricular spaces, producing maniacal or irrational hallucinatory episodes, followed by striking transient clinical amelioration of all symptoms.

Embryology. Rathke (173) a century ago showed that the anterior lobe of the pituitary is derived from a pouch-like upward evagination of the stomadeal roof (fig. 32); this begins in the 3 mm human embryo, and unites with a downward evagination of the diencephalic floor (destined to be the posterior lobe) occurring in the 8 mm embryo. At about this latter time the stomadeum opens

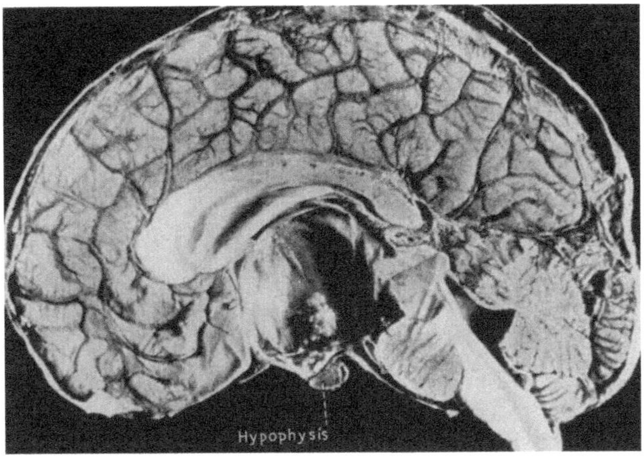

Fig. 30. Cystic craniopharyngioma (with small sodden basal nodule) compressing the hypophysis downward, and practically occluding the third ventricle. From WALKER and CUSHING (206).

and the cylindric buccal epithelium begins its slow transformation into squamous cornification. By the time the hypophysial vesicle's pharyngial stalk has atrophied at the stage of the 21 mm embryo (3d month of intrauterine life), a richly abundant proliferation of the inferior-lateral portions of the pouch has begun to establish the solid adult parenchyma of the anterior lobe, while much earlier (10.5 mm embryo) paired lateral lobes have developed superiorly to unite in front of the pars neuralis, thus independently forming the tuberal portion of the gland. When the meningeal investiture appears at 32 mm, the exaggerated proliferation of the inferior horns of the pouch (144) has by that time pushed the former anterior face of the vesicle to dorso-rostral position (fig. 32 C to F). The most primitive epithelial parts of the gland therefore are those which line the pituitary cleft (this latter is not to be confused with the infundibular diverticulum), surround the infundibular process, and are spread but a short distance over the anterosuperior surface of the pars buccalis. It is in these regions that squamous epithelial rests (fig. 33) are found in 30—70% of all adults (120, 33, 194); and it is from neoplastic degeneration of one or many of these (fig. 34) that craniopharyngiomas arise. Adenomatous rests and adenomatous tumors

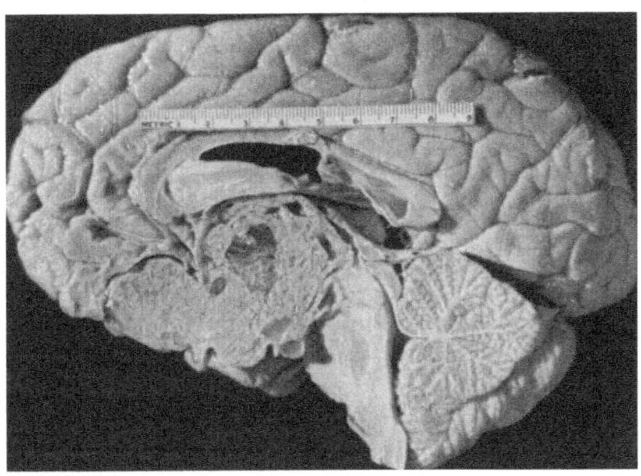

Fig. 31. Huge craniopharyngioma undergoing indolent multicystic degeneration, enwrapped about the carotids, basilar, and anterior communicating arteries.

are sometimes found (103) along the route of the obliterated craniopharyngial duct (fig. 35), but are rare in comparison with craniopharyngiomas.

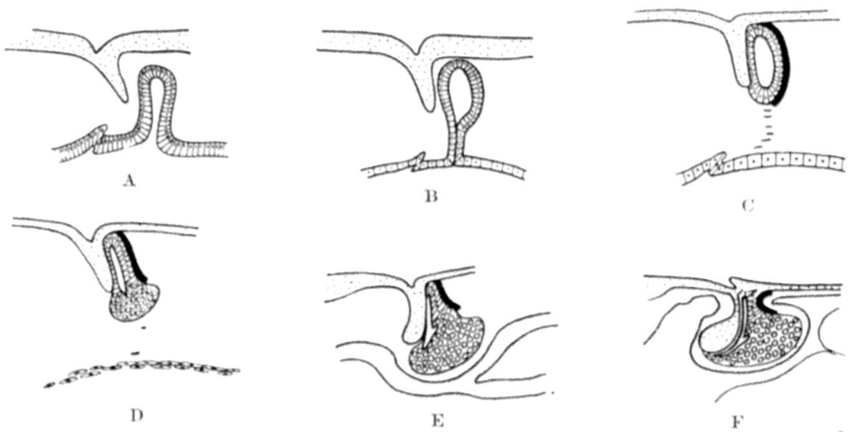

Fig. 32. Diagrams illustrating development of pituitary body from Rathke's pouch; see text. Stipple represents nervous tissue of floor of third ventricle, showing infundibular process and infundibular diverticulum. Note in A that the epithelial tissue is columnar; in B, cubo-columnar; and that in C and D, by the time the epithelial stalk has undergone normal atrophy, the stomadeal epithelium has become squamous. In E and F, the once-anterior face of the primitive pouch (heavy black) has been crowded to a rostro-dorsal position by the exuberant proliferation of the inferior horns of anterior sheet of the pouch, during formation of the bulk of the parenchyma of anterior lobe. From McLean (149).

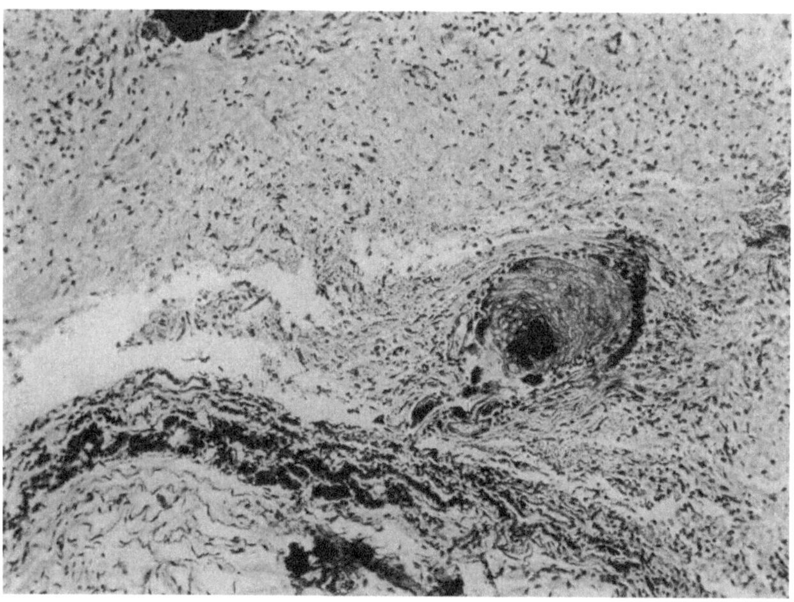

Fig. 33. Solitary squamous epithelial rest embedded in the infundibulum, but surrounded by a sheath of pars tuberalis tissue as a diverticulum from this structure. Hematoxylin-eosin, × 80. From McLean (149).

Histology. The tumor is a solid mass of proliferating squamous epithelium (fig. 36). If the blood supply is adequate, the mass remains solid, but, lacking this, it undergoes fragmentary hyalinization, pearl-formation and calcification

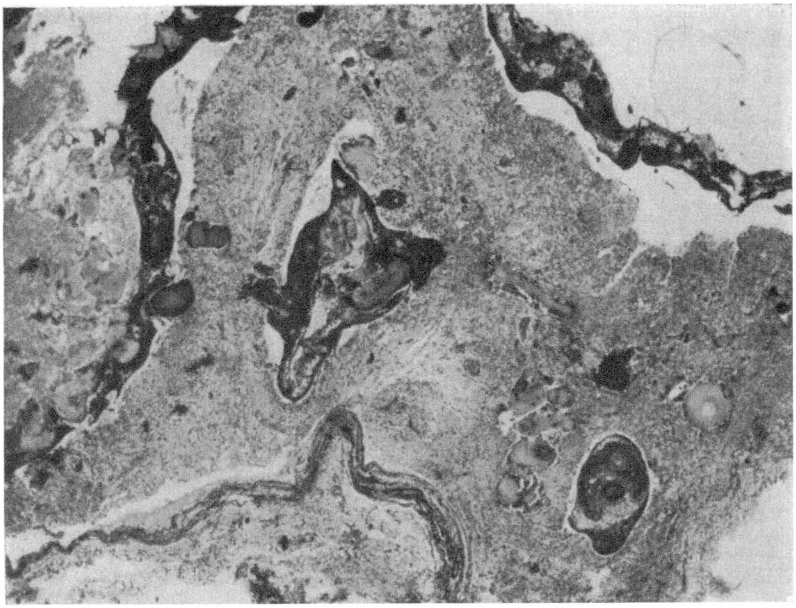

Fig. 34. Multiple squamous epithelial rests in the tuber cinereum, many undergoing independent cystic degeneration; 39 separate nidi are visible in this one section. Pars tuberalis seen as stripe in lower left portion of picture; wall of craniopharyngiomatous macrocyst, occluding third ventricular cavity, seen to right and to left superiorly. Hematoxylin-eosin; × 25. From McLean (149).

(fig. 37), with multiple cystic degeneration. The cyst walls, often only a single sayer of squamous cells, rupture into one another, or become discontinuous in emall areas so that cyst fluid pscapes until the opening is plugged by inwardly-herniating cerebral parenchyma (fig. 38). Sodden islands of hyalinized cells desquamate into the cyst fluid, and become intermingled with cholesterin, erythrocytes, blood pigment, and gitter cells derived from the micro-herniations.

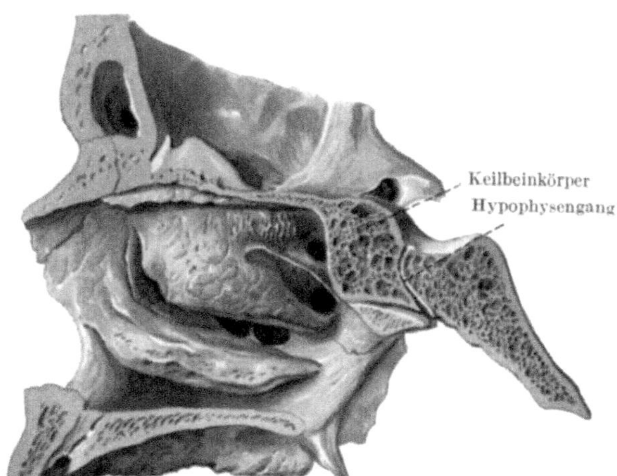

Fig. 35. Median sagittal section of facial bones in an individual without aeration of the sphenoid, showing vomer-sphenoid region and patent craniopharyngial duct. From Tandler and Ranzi (196).

Clinically these tumors [*syn*: adamantinoma (91, 93); ameloblastoma (153); hypophysial duct tumor; craniobuccal pouch tumor; Rathke cyst; suprasellar cyst] are found most often in children, but they may occur at any age. In their first phase, while solid or bearing only small cysts, they present (a) primary optic atrophy; (b) some form of hemianopsia — usually bitemporal, but possibly homonymous (206) if the major presentation be behind the chiasm and in anatomic relation to the optic tract; (c) a substantially normal sella, with visible roentgenographic suprasellar calcification (fig. 39, A to C) in 85% of cases (30,

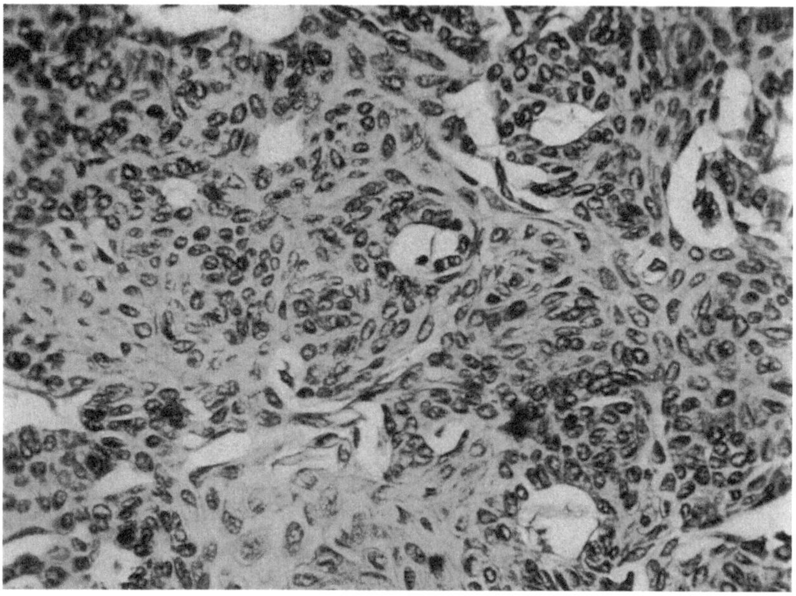

Fig. 36. Photomicrograph showing typical squamous epithelial structure of solid basal nodule of craniopharyngioma. Hematoxylin-eosin; × 325. From McLean (149).

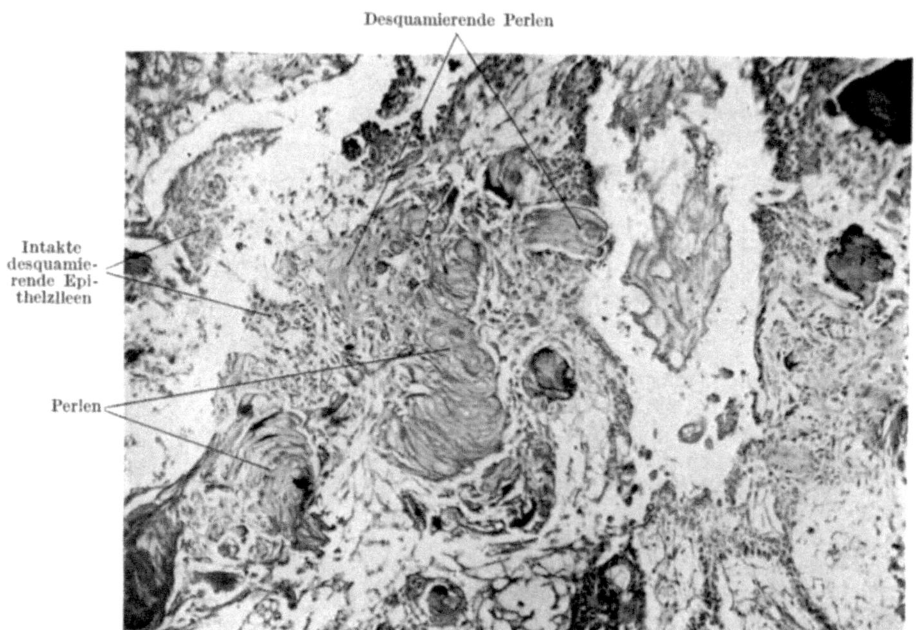

Fig. 37. Photomicrograph showing degeneration of squamous epithelium, pearl formation, and desquamation of material into the cyst cavity of craniopharyngioma. Hematoxylin-eosin; × 80. From McLean (149).

145). In their second phase as they press upward upon the floor of the third ventricle and upon the tuberal nuclei there almost invariably develops (d) diabetes insipidus, and (e) a FROEHLICH adiposo-genital dystrophy (fig. 40) [sexual infantilism (45); pronounced flabby adiposity of torso and proximal parts of extremities; with gracile (or "castrate") hands, feet, and distal extremities]. As the cysts augment and encroach significantly on intracranial volume, (f) choked disc and (g) cerebral-lobe localizing symptomatology (p. 189—202, antecedent chapter) are finally superadded.

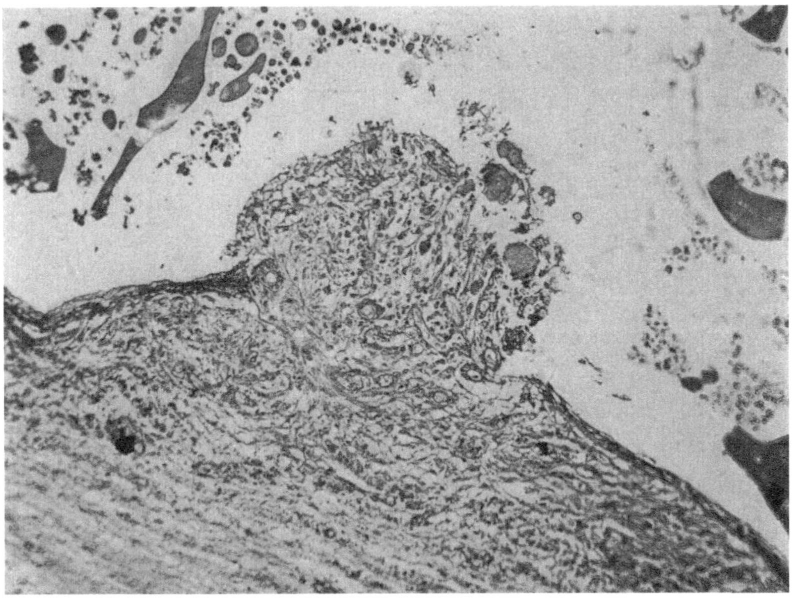

Fig. 38. Photomicrograph of microherniation of cerebral substance into cyst through dehiscence in wall of craniopharyngioma. Hematoxylin-eosin; × 85. From MCLEAN (149).

Illustration: C. K., a precocious adipose boy of 9, referred March 24, 1934, by Dr. WALTER BRODIE, Portland, complained of headaches, vomiting, diabetes insipidus, and irrationality. He had had pertussis when 4 years of age, but no other major febrile illnesses. Though he read a great deal, he had never been known to complain of trouble with vision. In physique he had always been considerably more obese than his brothers; though he still had a pod-like abdomen and chubby thighs, he had recently lost considerable weight. When he was 6 a period of many weeks' illness had occurred, with pounding headaches, projectile vomiting, waking vigil, listlessness, and no known trouble with vision. His parents were told he had an intracranial tumor, but he improved with Christian Science prayer, and was then taken abroad. He continued at intervals to have low supra-orbital and right frontal headaches lasting 10—14 days, usually with onset after a minor fall or when excited. In June and in October of 1933 he had week-long headaches, with persistent polydipsia ("water crazy"; wanted 3—4 glasses of fluid with meals, and drank profusely between meals) and frequent urination (every halfhour, during automobile trips; he arose frequently at night to go to bathroom). In February 1934 he slipped and struck his head on the stairs at home; he complained at once of mild headache, but this augmented to great severity in a few days, and he had repeated projectile vomiting. After several weeks, his condition again improved, but his personality had then changed to acerbitude, listlessness, and vacuity; this was accompanied by profound sweating, and a pin-like rash came out over his body. He became bed-fast, had attacks of extensor rigidity when placed in an upright posture or when he was excited; he remained disoriented, spoke of falling from airplanes, and did not recognize his mother present at the bedside.

Examination showed a plump boy with gracile hands, flabby mammae, scaphoid abdomen, strikingly hypoplastic genitalia. He lay restlessly in bed, sighing and yawning, gritting his teeth, mumbling to himself; he rubbed his nose frequently and violently. His neck was not stiff; Macewen's sign was positive. Cooperation was not sufficient for accurate testing of fields of vision, but from his reactions when a flashlight was before his eyes it was readily evident that a bitemporal hemianopsia existed. Bilateral choked disc (4 diopters) was present, with tortuous engorged retinal veins; there was such a marked degree of pallor in his left disc that an antecedent primary optic atrophy was deemed indubitable. His pupils were equal; there was no nystagmus; marked right lagophthalmos was present. There was a profound right facial paresis of central type, for voluntary and emotional

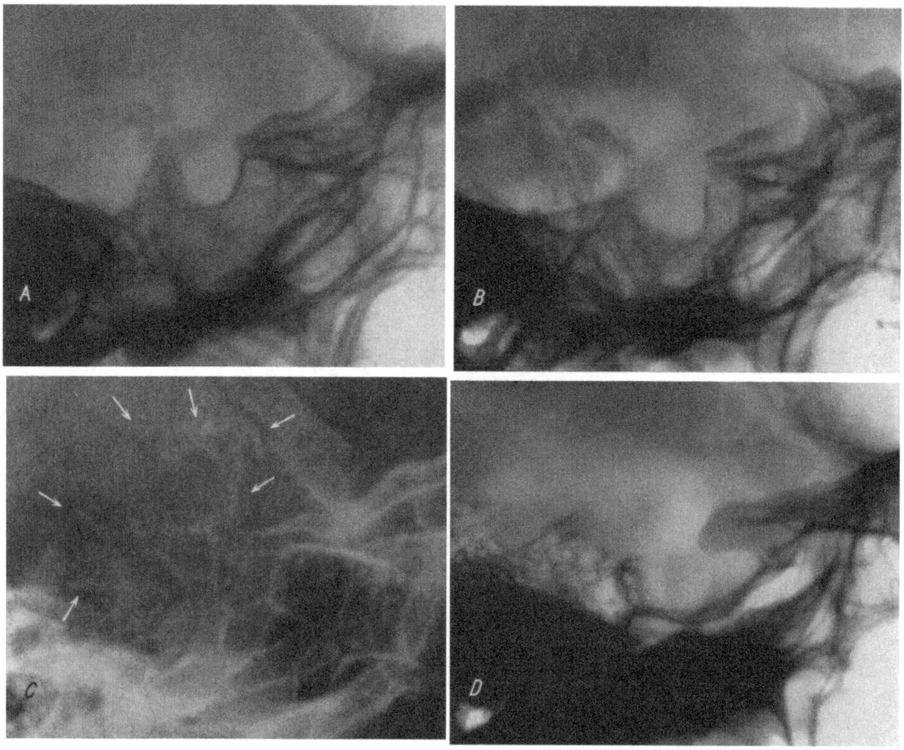

Fig. 39. Sellar deformities, and suprasellar calcification, in craniopharyngiomas, are shown in A to C; A and B are from the same case, but at $3^1/_2$ year intervals — note destruction of posterior clinoids and increase in amount of suprasellar calcification; C shows the not unusual diffuse floccy calcification found in solid nodules of tumor. In D is shown the boat-shaped deformation of the sella (infraclinoidal excavation) almost pathognomonic of tumorous distension of the optic sheaths; same case as Fig. 45; see also Fig. 103, antecadent chapter.

movements. Otoscopic examination and auditory acuity were normal. His tongue protruded slightly to the right. Although all extremities were moved voluntarily, the right half of his body showed poverty of motion, and the grasp of his right hand was weak. There was no demonstrable ataxia, but he was nevertheless unable to stand alone, his head lolling about aimlessly, and he ultimately fell backward; when first placed upright, he had a few seconds of opisthotonus. His left leg was somewhat spastic in walking. No definable analgesia could be demonstrated, and other modalities of sensation could not be tested. Reflexes in his arms were normal; abdominal reflexes absent; cremasterics present; no clonus; tendon reflexes in left leg absent; a positive left Gordon and Oppenheim were present. Roentgenograms showed an unenlarged sella, with absent posterior clinoids, above which there extended backward (fig. 39, B) several spotty areas of diffuse calcification, obviously much increased in amount and extent when compared with roentgenograms taken 3 years previously (fig. 39 A).

Since the examination showed that the presentation of the mass was principally interpeduncular, rather than suprasellar, operation was not advised. After further transient improvement he had two episodes of quadrigeminal impaction in the tentorial incisure (central deafness, opisthotonus, supranuclear palsies, dysequilibration, decerebrate attacks, narcolepsy) and died with hyperpyrexia September 16, 1934.

Adenocarcinoma.

Carcinoma of the pituitary is an excessively rare condition in which non-granular anterior lobe cells actively invade the sellar dura, extend forward subdurally beyond the tuberculum, and posteriorly under the dura of the dorsum sellae to incase and involve the neighboring cranial nerves. When it perforates above the diaphragma, it extends as a flat warty reddish nodular carpet, ultimately showing considerable proliferation in regional leptomeninges. Its activity in bone is minimal, but in at least two cases (78, 99) it has been known to metastasize ultimately to abdominal organs. Rate of growth is ordinarily slow (a decade or more); its nodular masses sometimes require surgical attention; and its inhibition by radiation therapy is only fair. Because of its clinical indolence, the immediate prognosis in untreated cases is better than that borne pre-operatively by pituitary adenomas. Since the sella not infrequently shows only equivocal enlargement, the antemortem diagnosis customarily depends upon surgical findings and biopsy, even when cranial nerve signs are progressively kaleidoscopic over a period of years.

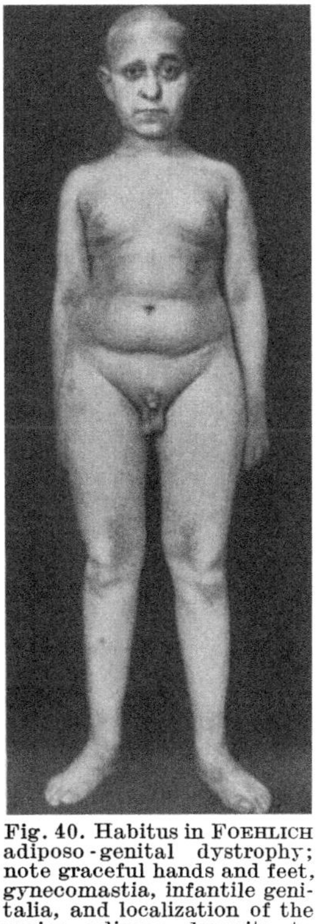

Fig. 40. Habitus in FOEHLICH adiposo-genital dystrophy; note graceful hands and feet, gynecomastia, infantile genitalia, and localization of the major adipose deposits to lower abdomen and thighs; patient is 16 years old. From McKENZIE and SOSMAN (145).

Illustration: J. A., an unmarried school teacher of 34, was referred by Dr. M. J. KEYS, Victoria, B. C., because of failing vision of $1^1/_4$ years duration. In the spring of 1929, three years before examination, she had gone to an optician for glasses because of trouble with her left eye. In February 1931 she had sudden onset of violent fronto-vertical headaches, and vomiting; her left conjunctiva became considerably injected, and her vision regressed. When this subsided spontaneously in a few weeks she found that vision was utterly gone in the upper temporal field of her left eye, and considerably dimmed in the lateral half of her right eye. Her menses, absent for months in 1928, now disappeared permanently. After consultation, exenteration of the ethmoid sinus, and drainage of the sphenoid sinus, was done. The left eye became blind, and a clear temporal hemianopsia developed in the right eye. A second nasal operation produced no improvement, and two months later a persistent cerebrospinal rhinorrhoea started spontaneously from the left nostril. She gained 12 pounds in weight. For a year before examination, she had had occasional petit mal lapses with an epigastric aura, and brief subsequent amnesia. Vision in the upper nasal quadrant of her right eye had diminished by about 10^0 in eight months.

Examination showed a stocky young woman, with relative left anosmia, edematous left nasal mucosa, and a slow, sanguinous, watery, nasal discharge; a flat placque of adenoid-like tissue was present in the right nasopharynx. Neurologic examination disclosed that there was moderately increased pallor of the right optic nerve-head, while on the left the disc was chalky white and had slightly obscured margins, the cup there being only 1.5 diopters deep, and the lamina crobrosa obscured; the retinal veins were slightly engorged, and the arteries normal. She was completely blind in her left eye, and vision in the right eye was 20/25, with temporal hemianopsia and fairly sharp limitation of the nasal field in the upper quadrant (fig. 41). The nasolabial fold was slightly flattened on the right side of her face, and emotional movements were accelerated there. Muscular power and motility were normal throughout the body; all qualities of sensation were normal to objective testing; there were no pathologic reflexes; all coordination tests were well performed. Roentgenograms (fig. 14, F) showed cloudy ethmoid and sphenoid sinuses, quite without aeration except for a small area just underneath the posterior clinoids; the optic foramina were unenlarged; the sella turcica was of normal dimensions, but there was slight erosion of its anterior wall,

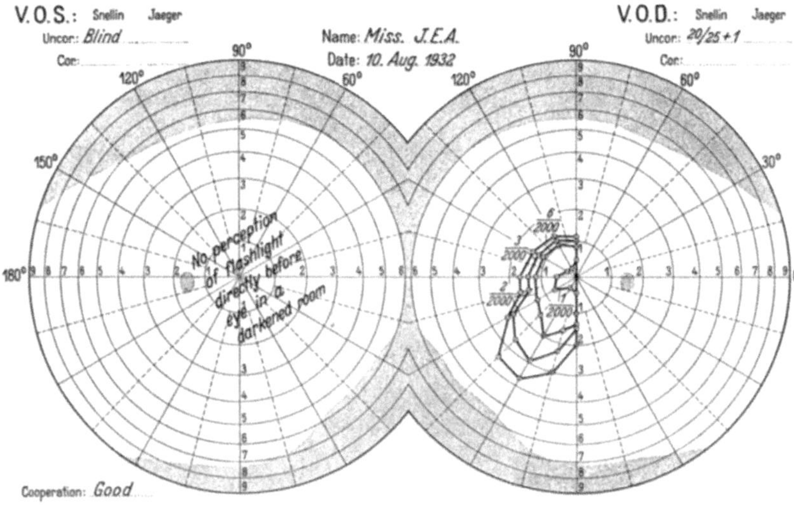

Fig. 41. Perimetric fields in a case of carcinoma of the pituitary body.

and complete destruction of the posterior clinoid processes; the anterior clinoids were sharpened and depressed.

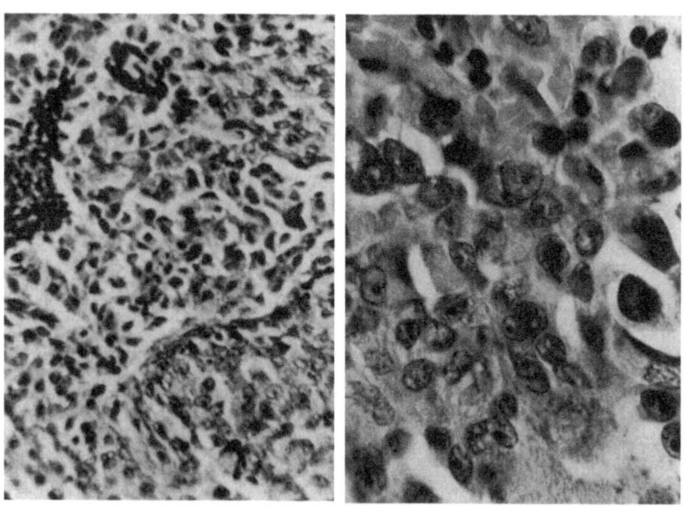

Fig. 42. Photomicrograph of operatively-removed pituitary carcinoma tissue; mitotic figures are moderately abundant. Hematoxylin-eosin; A, × 100; B, × 325.

At a transfrontal operation September 6, 1932, Dr. H. C. NAFFZIGER found a thinned optic chiasm overlying a bulging suprasellar mass; the left optic nerve was a mere strand. The sellar mass was continuous with a ragged dark purplish sheet of tissue in the arachnoid membrane extending not only over the tip of the right temporal lobe but also over the under surface of the frontal lobe and across the midline to such portions of the left cortex as were visible. Tissue was removed by suction from within the sella, and also from the arachnoid of the frontal lobe; it proved histologically to be an adenocarcinoma of the pituitary gland (fig. 42). Convalescence was smooth, and deep roentgen therapy was started on the tenth postoperative day. She was discharged on the 20th day, with vision unimproved. She continued to have epileptiform attacks at intervals, and after a year's time no longer responded to follow-up requests.

Posterior lobe.

Gliomas involving the tuber not infrequently distend the infundibular process to 4—5 mm in diameter, but only most rarely extend into the sellato invade the pars neuralis. Primary tumors of the posterior lobe are practically unknown, but CASPER (34) has reported an undoubted small ganglioneuroma of the pars

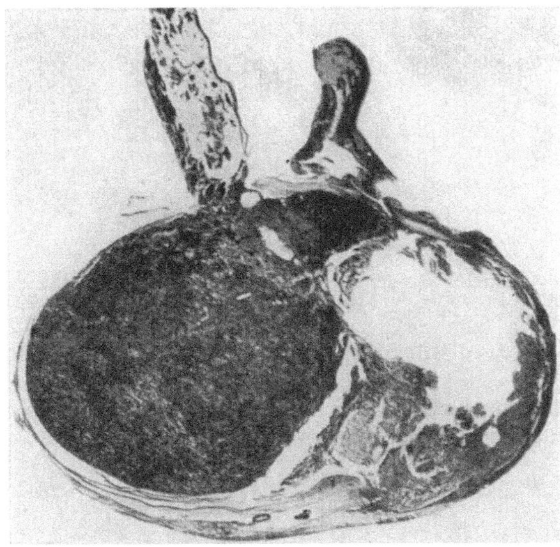

Fig. 43. Photomicrograph of sagittal section of pituitary gland showing irregular ragged cystic destruction of most of posterior lobe. From DE SANTO (75).

neuralis which destroyed the intermedia and infiltrated the pars distalis slightly. Cystic parenchymal degeneration (75) occurs occasionally (fig. 43), but does not give rise directly to tumor symptomatology. CUSHING has correlated the evidence for pars neuralis symptomatology occurring as pressure deprivation in anterior lobe tumors.

Differential diagnosis.

Meningioma of the tuberculum sellae. There may originate from arachnoid cell nests of the dura overlying the cancellous bone of the tuberculum sellae, a slowly growing hemispheric meningioma with a roughened mulberry-like surface (fig. 72, preceding chapter). This, presenting upward between the anterior legs of the optic chiasm, causes a progressive primary optic atrophy and a bitemporal hemianopsia, but, lying anterior to the sella and to the diencephalic floor, it causes neither roentgenographic alteration of the sella nor any localizing neighborhood endocrine or neurologic symptoms. Since meningiomas are slowly-growing, the syndrome [originally described by CUSHING (58)] occurs only in middle or late adult life. These growths are capable of complete surgical removal and to not recur; their prognosis is therefore excellent. Their blood supply is usually only moderate. Surgically, the fragility of the tuberculum and of the cribriform-ethmoid plate, should be borne constantly in mind, and the tumor should be cautiously rocked free of its attachment only after electrosurgical exenteration, and after plication of its capsule, to allow manipulation under direct vision. Their histology does not differ essentially from that of the olfactory

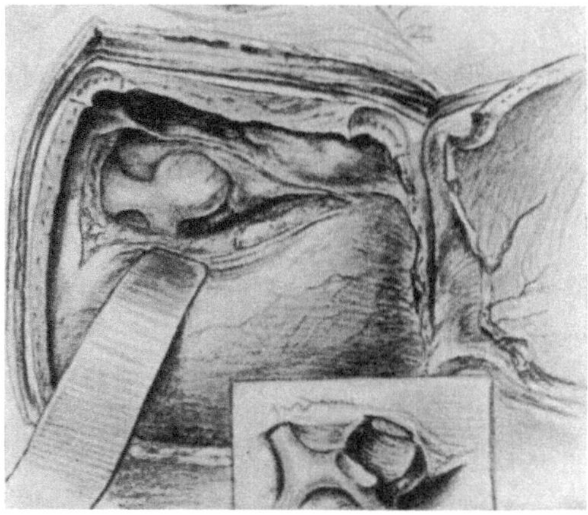

Fig. 44. Operative sketch of glioma of chiasm, principally involving the right optic nerve; transfrontal (subfrontal) operation. From Martin and Cushing (141).

groove meningiomas, to which they are analogous (pp. 173—4 and 196, antecedent chapter).

Glioma of the optic chiasm. Not only is the intra-orbital portion of the optic nerve subject to the gliomatous neoplasia elsewhere described, but the

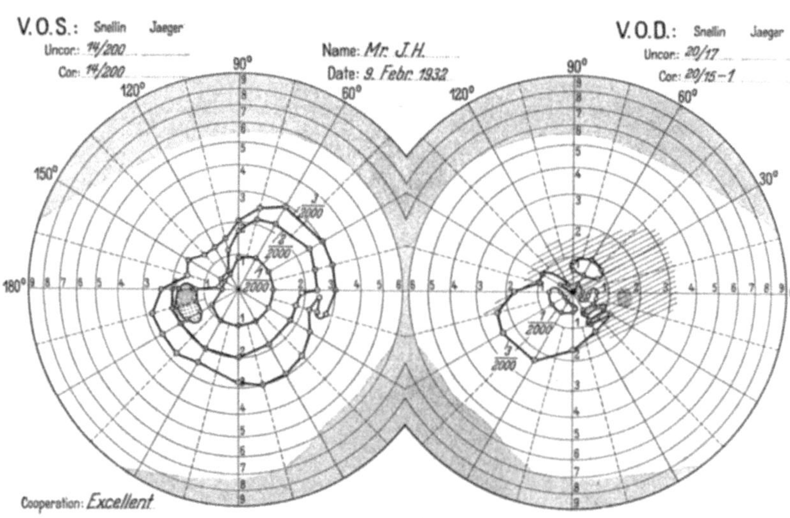

Fig. 45. Perimetric fields in a case of glioma of chiasm; note the wholly irregular loss of vision, and the great diminution of acuity in the left eye, notwithstanding the fairly wide visual field.

intracranial portions of the optic nerves, optic chiasm, and anterior parts of the optic tracts are subject to the same likelihood of localized gliomatous tumefactions (141, 94). These more commonly occur in preadolescents and in very early adult life than in later years; their glial nature is undoubted, but whether they are oligodendroglioma (135) or spongioblastoma polare (119, 90) is still unsettled. They occur grossly as localized whitish-yellow fusiform, cylindroid or globular tumefactions of the optic trunks (fig. 44). Involving the optic neurones early, they produce a rapid asymmetric loss of vision (months), which on perimetric plotting at intervals, usually shows not a vestige of hemianopic relationship in the two eyes (fig. 45), the impairment being quite disorderly. Some degree of primary optic atrophy is frequently present, but one should be sure that actual invasion of the optic papilla by tumor is not mistaken for this, or for early evidence of anomalous choked disc. When the portion of the nerve within the orbital foramen becomes involved (fig. 39, D), headaches and ocular pain may be produced not dissimilar to that found in glaucoma, but RIESE roentgenographic projections of the optic foramina (155) will then usually show a unilateral dilatation on the side of the tumor. Since these tumors in their late stage invade the diencephalon, it would seem wisest to sacrifice remaining vision and to save life by their resection while they are still localized peripherally *before the optic tracts are invaded* [their extirpation at this latter time causing such diencephalic trauma that the patient not unusually succumbs (141)]. Though this resection was advocated several years ago (150) neurosurgery is still, with the exception of the case reported by DOTT (79), hesitant to inflict deliberately this beneficent mutilation.

Arachnoiditis interchiasmatica cystica. This non-neoplastic cystic tumefaction may ape completely many components of the chiasmal syndrome (162), and be capable of differentiation from them only by careful surgical exploration. It is caused by a localized adhesive arachnoiditis (74, 16) impounding cerebrospinal fluid in the interchiasmatic cistern, and its surgical evacuation affords permanent relief (109).

Parasellar aneurysm. Saccular aneurysms of the intracranial portion of the internal carotid [1], anterior communicating, or early parts of the middle cerebral arteries (89) may present subchiasmally so as to duplicate practically the clinical picture of a suprasellar neoplastic mass — a possibility which neurosurgeons keep well in mind and which leads them always first to aspirate with a fine needle any exposed smooth parasellar swelling, before actual incision is made into its capsule. The clinical history of such aneurysms often presents an episodic step-like accretion of signs and symptoms, as the swelling undergoes successive subintimal ruptures and calcifications (191); see fig. 109, p. 210, antecedent chapter. An orbital fissure (fig. 65, p. 169) syndrome (fluctuating painful anaesthesia of ophthalmic division of trigeminus, corneal hypaesthesia, peripheral intrinsic and extrinsic ophthalmopareses) and vascular hypertension are not uncommonly found. The existence of aneurysm should always be suspected, and sought, in so-called spontaneous subarachnoid hemorrhage (97, 195).

The presence of these lesions may be objectively confirmed pre-operatively by arteriography (p. 215—216, antecedent chapter) with thorium dioxide (27). If the sac orifice is found to be in the intracranial carotid before the ophthalmic branch is given off (72), carotid ligation in the neck (or partial occlusion with an autogenous fascial band, depending upon results of compression tests for developed collateral circulation) is indicated. If the sac orifice lies above the ophthalmic branch the latter must also be ligated (72); if the opening lies above the ophthalmic branch and below the origin of the middle cerebral branches,

[1] A rarer type of carotid aneurysm is that which occurs within the cavernous sinus, expanding laterally to huge dimensions and remaining subdural (i. e., covered by a tough dural capsule). Such a one is reported by ZOLLINGER and CUTLER (210); I have recently encountered a replica 4 × 6 × 6 cm in diameter, and have ligated the internal carotid in the neck by successively tighter fascial bands before acute ligation at a third stage, with successful outcome.

it has been approached intracranially (80) and either (a) its lumen occluded by implantation of muscle or (b) its decrepit capsule strengthened with muscle and facial strips.

Invasive gliomas of the diencephalic floor. Gliomas originating in, or extending into, the floor of the third ventricle may at times invade the chiasma or the basal leptomeninges, and extend forward as a cuff about the optic nerves within their dural sheath, distending the latter so as to enlarge the optic foramina, and ultimately even invade the optic papilla itself. In addition to the regional diencephalic signs detectable on neurologic examination (see preceding chapter: pp. 196—197), such lesions almost invariably produce a peculiar roentgenographic picture (also usually found with chiasmal gliomas) in which the sella in lateral view appears secondarily enlarged anteriorly (p. 207) to assume a

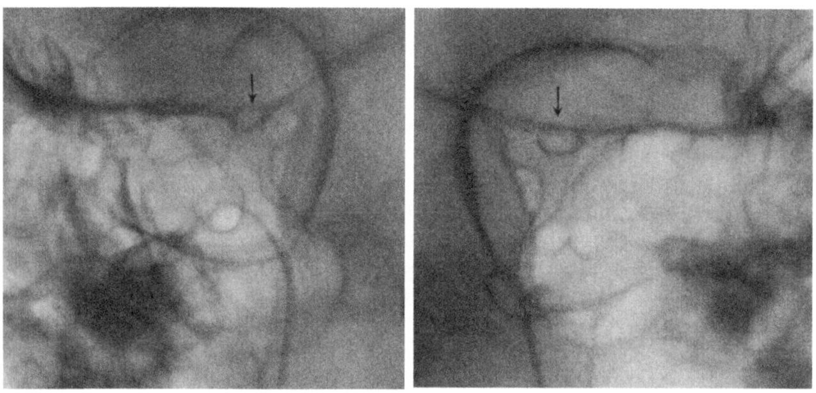

a b

Fig. 46. Roentgenographic Riese projections of normal orbital foramina, demonstrating the clarity with which these structures can be shown. From Pancoast (155).

dumb-bell, hour-glass, or canoe shape (fig. 39, D). Riese projections (fig. 46) then invariably demonstrate distension of the optic foramen or foramina. Due to occlusion of the sheath, choked disc is not present, but primary optic atrophy is found, often accompanied by unilateral blindness or by fields indistinguishable from those accompanying primary glioma of the chiasm.

Chordoma (32, 2, 203, 21). Intracranially this tumor, arising from rests (44) of the primitive notochord (p. 180—182, previous chapter), is an indolent, rather avascular, midline growth with milky gelatinoid pulp, arising from the bone somewhere between the anterior clinoids and the rostral rim of the foramen magnum. It herniates upward through the thinned dura to create knobby masses pressing on the chiasm, pituitary, basal diencephalon, tegmentum, or pontine region. Neither the intracranial tumor, nor those arising from ectopic rests in the facial or occipital bones (6, 177), are known to metastasize; but the similar luxuriant tumor occuring in the sacral region has given rise on rare occasion to distant metastases (209, 161). When presenting into and above the sella, the clinical picture and operative findings may be indistinguishable from those of a chromophobe adenoma, and the true nature of the tumor only be discovered on histologic examination (142).

Retropharyngial tumors. Carcinomas of choanal mucosa, Eustachian orifice, fossa of Rosenmüller, paranasal sinuses, or of the tonsil; retropharyngial sarcomas, osteosarcomas of the basisphenoid; or metastases to the midline base of the skull, may initially present clinically in the sellar region, but they usually show additional cranial nerve signs within a few months. Since the region is particularly confusing roentgenographically, *it is always well to do a digital examination of the choanae* in cases showing sellar or chiasmal signs when they are coupled with a nasal voice and confusing neurologic findings. Some of these tumors may possibly arise from such rests as the "parahypophysis" found in lower animals (68); CUSHING has mentioned the occasional operative encounter of small adenomatous rests in the vomer-sphenoid region when performing the transsphenoidal operation, and such rests have been subject to pathologic study (14, 103).

Sinusitis. Ethmoid or sphenoid sinusitis may produce occasionally an acute retrobulbar neuritis (208, 176), with reddened oedematous optic papilla (35), and alterations of visual acuity and fields; whether the sinusitis may cause actual papillar elevation (choked disc) has long been moot dispute between ophthalmo-rhinologists (29) and neurosurgeons (51, 52). With neurosurgery in its present stage of relatively high development, it is safest to assume for therapeusis that any degree of actual choked disc (see p. 187—188, previous chapter) is due to neoplasm, rather than to inflammation in such paranasal sinuses as are juxtaposed to the optic sheath. With the subsidence of the paranasal inflammatory process, the ophthalmologic picture is often indistinguishable from primary optic atrophy, but the characteristic visual field defect is a concentric contraction, or vague irregular scotomata, rather than the hemianopic types of defect found with neoplastic pressure.

Pseudocerebellar signs. When suprasellar tumors attain large size, they may be hard to differentiate from cerebellar tumors (19) if adequate visual fields cannot be obtained (stupor; juvenile uncooperativeness; blindness). The confusion is at times due to extension of the tumor through the Sylvian aqueduct, or to the extrusion of lobules of tumor through the tentorial incisure to press externally upon the tegmentum and brachium conjunctivum. In such instances the chronology of symptoms, and ventriculography, must be relied upon for differentiation.

The chiasmal syndrome.

A cursory perusal of the foregoing section cannot but make evident certain common features (59, 94), and emphasize minima to which the various lesions usually add characteristic embellishments. True, the embellishments may at times seem to be dismayingly amorphous, but this is a defect inherent in most helpful generalities, including syndromes. At the peril of over-simplification, which the reader must himself recognize and bear in mind, the following discussion of the surgical syndrome is presented: The keystone is *primary optic atrophy, plus some form of visual field disturbance often hemianopic.* This is common to all the pathologic conditions mentioned below. But the remarks on page 188 of the preceding chapter should also be firmly borne in mind, for systemic diseases and sheer ophthalmic affections may not infrequently be responsible for this primary fragment of the syndrome. Leading off with the simpler accretions and modifications of symptoms, one encounters others of increasing neurologic complexity.

Sinusitis: Optic neuritis without papillar elevation; later, primary optic atrophy, with lowered visual acuity, usually more marked on one side; and concentric contraction of involved visual field; often shows intermittent advance. Absence of true choked disc; absence of objective neurologic signs indicating intracranial disturbance. Probable incidence: 5%. *Meningioma of tuberculum sellae*: Primary optic atrophy, plus bitemporal hemianopsia, in a middle aged person with a roentgenographically normal sella, and in the complete absence of other detectable neurologic alterations. Probable incidence: 10%. *Glioma of the chiasm*: Primary optic atrophy, or papillar invasion, with rapid irregular and asymmetric loss of visual fields, in the roentgenographic presence of a normal or a boat-shaped sella, and often with distension of the orbital foramen on Riese projections. Probable incidence: 8%. *Parasellar aneurysm*: Primary optic atrophy frequent, with unilateral blindness or concentric loss of field, and accompanied often by an orbital fissure syndrome, auscultable bruit, and characteristic multiple crescentic calcifications lateral to the sella; often associated with vascular hypertension, and a step-like accretion of symptoms. Propable incidence: 3%. *Pituitary adenoma*: Primary optic atrophy, bitemporal hemianopsia, ballooned sella with erect atrophied posterior clinoids, plus endocrine signs characteristic of the histologic type of adenoma present. Probable incidence: 40%. *Arachnoiditis*: Usually indistinguishable diagnostically from adenoma, and capable of confirmation only by surgical intervention. Probable incidence: 8%. *Chordoma*: Is practically indistinguishable clinically from chromophobe adenoma of the pituitary, when it occasionally presents solely within the sella. Probable incidence: rare. *Invasive glioma of the diencephalic floor*: Same as glioma of the chiasm, plus diencephalic, or basal gangliar, signs. Probable incidence: 2%. *Craniopharyngioma*: Primary optic atrophy, plus some form of hemianopic defect, with a substantially normal sella capped by suprasellar calcification, and often accompanied by diabetes insipidus, adiposogenital dystrophy, and other diencephalic signs; in later stage, choked disc plus cerebral lobe signs. Probable incidence: 25%. *Pituitary carcinoma*: Often with primary optic atrophy, bitemporal hemianopsia, and questionably enlarged sella, but usually with confusing parasellar or cranial nerve signs; usually capable of diagnosis only by surgical exploration. Probable incidence: rare. *Retropharyngial tumors*: Occasionally show sellar signs, plus cranial nerve signs, and can usually be diagnosed by digital choanal examination, if borne in mind. Probable incidence: rare.

Treatment of pituitary tumors.

a) Surgical.

Adenoma. The treatment of circumchiasmal tumefactions is surgical. In the hazardous infancy of neurosurgery only the staunchest pioneers ventured intracranially, and at that time endo-nasal or transsphenoidal approaches to the sellar floor (110, 111, 182, 47, 50) were in vogue because of their relative safety. These procedures however, could remove only a fraction of the tumor (unless it were diffluent), and since the major presentation of these lesions is now known to be intracranial by the time clinical symptoms are produced, the bulk of the tissue necessarily remained behind in the usual operative circumstances. Such operations served, however, to popularize surgical attack, both with the public and with the medical profession, though they are now largely of historical interest only.

The intracranial (subfrontal, or "transfrontal") approach (185) gives completest possible access not only to the sellar mass but also to the intracranial extension which is responsible for symptomatology. Since, in well-trained resourceful hands, the intracranial operation now bears an average mortality of only 7 to 12 percent, this procedure has warrantably come to be accepted widely as the one of choice. For its discussion, see pages 223—224, this volume (54, 92, 78).

In recapitulation, this surgical approach to the chiasmal and sellar region is by an osteoplastic flap through the forehead. It may utilize either (a) the

KRAUSE-CUSHING incision which, in proper hands, leaves a practically invisible scar (fig. 47); or (b) the DANDY-FRAZIER concealed incision (92, 71, 22), which is more awkward surgically but gives assurance of an operative scar solely back of the hairline (fig. 48). Once through the bone, the dura may be (a) directly incised and the frontal lobe retracted, or, far better, the dura is (b) peeled from the ortibal plate back to the sphenoid ridge (fig. 49) where it is incised transversely, and the internal incision then carried forward along the edge of the olfactory groove for a similar distance (fig. 44); this second modification presents

Fig. 47. Photograph of patient 6 weeks after a transfrontal removal of chromophobe adenoma of the pituitary, utilizing the KRAUSE-CUSHING incision; the scar is practically invisible.

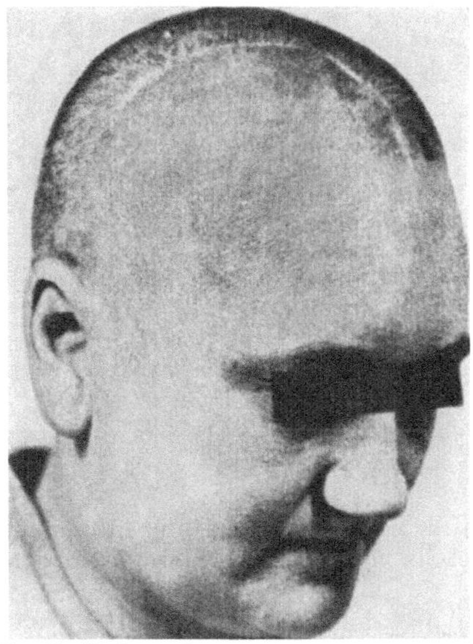

Fig. 48. Photograph of patient showing the scar of the 'concealed incision' back of the hair line (DANDY-FRAZIER technique). From FRAZIER (92).

many surgical advantages, as well as assuring smoother post-operative convalescence. When the arachnoid cistern has been broken through, the chiasm and optic nerves come into view, and the pathologic process usually lies exposed. It behooves the operator to identify and protect both optic nerves, the carotids, and the anterior communicating artery, before launching far upon the extirpation. Should a visible artery be accidentally torn, it should be allowed to bleed directly into the sucker, held by an alert first assistant, until the operator can occlude the spurting vessel by applying a silver clip. In the case of pituitary adenomata, the chiasm is usually tightly elevated, and is pushed either backward or forward by the burgeoning intracranial mass, depending upon the anatomic type of chiasm present (181). After aspiration of the swelling with a fine needle (? aneurysm), the capsule is incised, and the mass exenterated by malleable dull pituitary scoops or by suction; a special pituitary rongeur is occasionally necessary in tough cohesive tumors. Hemostasis is usually found to be not particularly difficult, and is effected by cotton packing, muscle stamps, or electrocoagulation (102).

Lateral osteoplastic approaches to the sella (108) underneath the temporal lobe require so much retraction of cerebral hemispheres, and produce such trauma thereby, that they have been almost completely abandoned. When a large neglected intracranial extension (fig. 50) is present (62), or when the extrasellar mass has extended backward escaping the optic tract and major vessels, it may be attacked by a lateral osteoplastic flap (fig. 127, antecedent chapter)

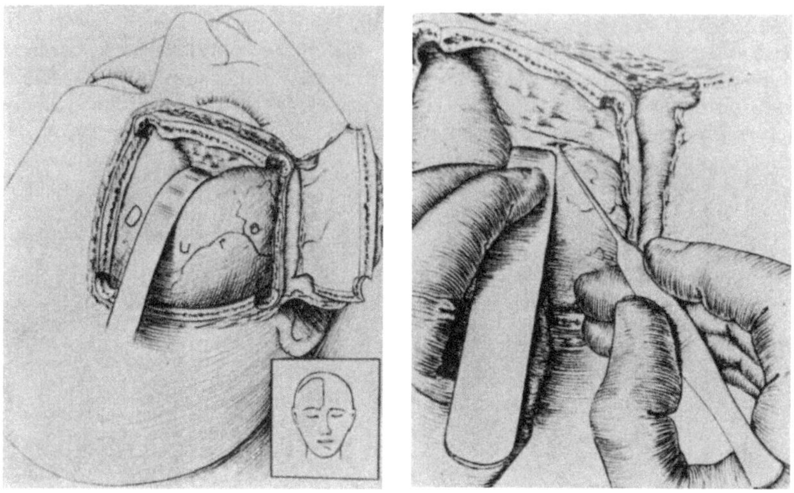

a b

Fig. 49a and b. Illustrating primary stages in the transfrontal approach to the sellar region, utilizing both the Krause-Cushing incision and the principle of protection of frontal lobe by the enveloping dura back as far as the sphenoid ridge. From Cushing (58).

in the same manner as any other deep temporal tumor. Surgical[1] and nursing details need not be recounted in this place.

Fig. 50. Photograph of lateral post-chiasmal extension of chromophobe adenoma removed by temporo-parietal osteoplastic bone flap at a secondary operation, following initial removal of subchiasmal tumor. From Cushing (62).

Craniopharyngioma. Access is the same as for adenomata. The tissue exposed however, is often sodden, densely adhesive to all surrounding structures, and even wrapped about the major vessels. From its superior surface there not uncommonly stem upward one or several large thin-walled cysts displacing overlying structures. The cyst fluid is characteristic, and utterly unlike that

[1] "The surgical treatment of intracranial tumors is still a precarious back-breaking, and heart-rending business to be undertaken only by those who have especially prepared themselves for it." Bailey (22).

found in any other intracranial lesion (vd. ante); its presence alone, when encountered unexpectedly in cystic lesions of cerebral lobes, is diagnostic of the still-undisclosed parent nodule. While the evacuation of the cysts affords only brief relief of symptoms, the removal of their walls and the intravitam fixation of their residual fragments with ZENKER solution affords relief for considerable periods (years). On rare occasion the basal nodule may be found cleanly circumscribed and capable of being rocked carefully free of its attachment, affording total cure; but this happy circumstance is infrequently encountered, and in general these tumors are among the most discouraging for therapeutic attack. Manipulation of the basal nodule not infrequently causes death with diencephalic symptoms (9), or may give rise to an annoying permanent diabetes insipidus (e. g. 5).

Carcinoma. When the chiasm has been exposed, it is found not only to be elevated by purplish gray irregular warty tissue, but this latter is seen to extend into leptomeninges overlying the adjacent diencephalon and even forward onto the orbital face of the frontal or temporal lobes. If localized dural bulgings adjacent to the sella be incised, a similar tissue will usually be found under the membrane; inasmuch as this tissue occasionally may have eroded into ethmoid or sphenoid air cells, operative removal of the subdural extension should be undertaken only cautiously if at all.

b) Palliative.

Pre-operative *therapeutic roentgenization* of pituitary tumors has often been advocated, and some authors, particularly in regions where skilled neurosurgical aid is not readily available, have advocated for their treatment the sole use of radiation therapy. It is true that pituitary *adenomas* do respond beneficially to a certain degree both clinically and histologically (193) to deep roentgen therapy, and that in some clinics post-operative radiation is done almost routinely (78, 143); but the remarks heretofore made concerning the indiscriminate radiation of intracranial tumors without preliminary surgical interference (p. 233, antecedent chapter) hold with equal force for pituitary adenomas. In localities where diagnosis is late, I have seen catastrophe follow catastrophe in roentgenization of adenomas (even when bilateral subtemporal decompression had been done preliminary to radiation, but *without direct surgical attack upon the tumor*). A comparison of the end-results of surgical treatment and of roentgen treatment (104) will show that although appreciable results may be obtained at times by X-radiation (165, 43), the percentage of patients in whom vision is completely restored — and this is the crux of the entire therapeutic attack — is dishearteningly less than that found among those who have been operated upon. When roentgenization is undertaken (76), it should be in fractional doses (eighth-erythema, or 125 roentgens) on alternate days, utilizing successive temporal and frontal portals; a second full-erythema dose should not be given until after a lapse of six weeks. Pituitary cachexia should be guarded against. The radiation of *craniopharyngiomas* is doubly contraindicated, because of the histologic type and because of its cystic degeneration; exacerbation of symptoms is customary following its radiation treatment; and the diabetes insipidus usually accompanying this tumor is utterly unaffected by roentgen therapy (184). The diffuseness of pituitary *carcinoma* makes this indolent rare affection particularly safe for radiation, but, like all adenocarcinomas (76), its inhibition by this treatment is dilatory and mild.

Implantation of *radon* or *thorium* (126) seeds into an adenoma blindly by canula-puncture through a small trephine opening (26) is not only unduly hazardous by reason of possible wounding of major vessels, but, in the availability of adequate neurosurgical interference, becomes an outmoded palliative procedure. If a bone flap is elevated and the sellar region exposed to facilitate implantation of the seeds (174), the surgical removal of the lesion, rather than lodgment of destructive material within it, would presently appear to be the procedure of choice.

Bibliography.

It is utterly impossible in the compass of the necessary brevity of this chapter to coordinate fully, or to sift critically here, the stupendous literature concerning the pituitary body. Consequently, only articles which have direct clinical bearing have been listed below. For amplification of research facets of this complex "headquarters gland of the endocrines" the reader is referred to the bibliographies of articles listed below, — at least some having been selected with the sole idea of affording key-access to pertinent literature.

The *italic numbers* at the close of some bibliographic citations refer to, and acknowledge use of, illustrations from the articles cited; the first number refers to the figure in the original article, the second number to the illustration in this present chapter; such illustrations are reproduced only by gracious permission both of author and of publisher.

1. Abel, J. J.: Unitary versus multiple hormone theory of posterior pituitary principles. J. of Pharmacol. **40**, 139—169 (1930) (10). — **2.** Adson, A. W., J. W. Kernohan and H. W. Woltman: Cranial and cervical chordomas: a clinical and histologic study. Arch. of Neur. **33**, 247—261 (1935) (2). — **3.** Ahlströhm, C. G.: Das Vorkommen basophiler Zellinfiltration in der Neurohypophyse bei hypertonischen Zuständen. Klin. Wschr. **1935 II**, 1456—1459 (10). — **4.** Aitken, R. S. and D. S. Russell: A case of Simmonds's syndrome. Lancet **1934 II**, 802—805 (10). — **5.** Alajouanine, T., T. de Martel, R. Thurel et J. Guillaume: Etude d'un cas de diabète insipide post-operatoire après intervention sur la region infundibulo-hypophysaire. Revue neur. **1**, 65—70 (1934) (1). — **6.** Alezais, H. et Peyron: Contribution à l'étude des chordomes: chordomes de la region occipitale. Bull. Assoc. Etude Canc. **7**, 194—217 (1914). — **7.** Allen, B. M.: Effects of the extirpation of the anterior lobe of the hypophysis of Rana Pipiens. Biol. Bull., Mar. biol. Labor. Wood's Hole **32**, 117—130 (1917) (3). — **8.** Allen, B. M.: Experiments in the transplantation of the hypophysis of adult Rana pipiens to tadpoles. Science (N.Y.) **52**, 274—276 (1920) (9).— **9.** Alpers, B. J.: Hyperthermia due to lesions in the hypothalamus. Arch. of Neur. **35**, 30—42 (1936) (1). — **10.** Altenburger, H. u. L. Guttman: Serobiologische Untersuchungen bei Epileptikern. Z. Neur. **112**, 711—729 (1928). — **11.** Altenburger, H. u. F. Stern: Der Gehalt des Epileptikerliquors an Hypophysenhinterlappensekret. Z. Neur. **112**, 699—710 (1929). — **12.** Anselmino, K. J. u. F. Hoffman: Die pankreatrope Substanz aus dem Hypophysenvorderlappen. Klin. Wschr. **1933 II**, 1435 (9). — **13.** Anselmino, K. J., L. Herold u. F. Hoffmann: Über eine adrenalotrope Substanz des Hypophysenvorderlappens. Arch. Gynäk. **158**, 531—543 (1934). — **14.** Arai, H.: Der Inhalt des Canalis craniopharyngeus. Anat. H. **33**, 411 (1907). — **15.** Atwell, W. J.: Functional relations of the hypophysis and the brain. Endocrinology **16**, 242—250 (1932) (5—6).

16. Bailey, P.: Contribution to the histopathology of "pseudotumor cerebri". Arch. of Neur. **4**, 401—416 (1920) (10). — **17.** Bailey, P. and F. Bremer: Experimental diabetes insipidus. Arch. int. Med. **28**, 773—803 (1921) (12). — **18.** Bailey, P.: Die Funktion der Hypophysis cerebri. Erg. Physiol. **20**, 162—206 (1922). — **19.** Bailey, P.: Concerning the cerebellar symptoms produced by suprasellar tumors. Arch. of Neur. **11**, 137—150 (1924) (2). — **20.** Bailey, P. and H. Cushing: Studies in acromegaly. VII: The microscopical structure of the adenomas in acromegalic dyspituitarism (fugitive acromegaly). Amer. J. Path. **4**, 545—563 (1928) (11). — **21.** Bailey, P. and D. Bagdasar: Intracranial chordoblastoma. Amer. J. Path. **5**, 439—449 (1929) (9). — **22.** Bailey, P.: Intracranial Tumors, p. 475. Springfield (Ill.): C. C. Thomas 1933. — **23.** Bayer, G.: Hypophyse und Chromatophorenreaktion. Endokrinol. **6**, 249—254 (1930) (7). — **24.** Biedl, A.: Physiologie und Pathologie der Hypophyse. Verh. 34. Kongr. inn. Med. Wiesbaden **1922**, 1—81 (4). — **25.** Bostroem, A.: Hypophysäre Kachexie bei Hirnarteriosklerose. Dtsch. Z. Nervenheilk. **117—119**, 27—37 (1931). — **26.** Bourguet, J.: Reponse à la reponse de Mm. Simons et Hirschmann concernant notre travail sur la ponction hypophysaire. Encéphale **27**, 113—128 (1932) (2). — **27.** Bramwell, E.: Upon (1) leaking aneurysm of the cerebral arteries as a cause of third nerve paralysis, with special reference to two cases in which the diagnosis was confirmed by arterial radiography; (2) a note upon the etiology of recurrent and periodic ocular palsy and ophthalmoplegic migraine. Trans. ophthalm. Soc. U. Kingd. **54**, 205—221 (1934). — **28.** Bucy, P. C.: The hypophysis cerebri, Ch. 15, p. 707—738, in Penfield: Cytology and cellular pathology of the nervous system. New York: P. Hoeber 1932. — **29.** Bulson, A. E.:

Choked disk (papilledema) due to disease of the sphenoidal sinus. J. amer. med. Assoc. **97**, 926—929 (1931) (9).

30. CAMP, J. D.: Intracranial calcification and its roentgenologic significance. Amer. J. Roentgenol. **23**, 615—624 (1930) (6). — **31.** CANELO, C. and H. LISSER: A case of diabetes insipidus: controlled with powdered pituitary posterior lobe extract applied intranasally, as snuff: report of a case. California Med. **42**, 178—180 (1935) (3). — **32.** CANTOR, M. and L. D. STERN: Spheno-occipital chordoma: report of a case. Arch. of Neur. **30**, 612—620 (1933) (9). — **33.** CARMICHAEL, H. T.: Squamous epithelial rests in the hypophysis cerebri. Arch. of Neur. **26**, 966—975 (1931) (11). — **34.** CASPER, J.: Über neurogene Geschwülste im Hinterlappen der Hypophyse. Zbl. Path. **56**, 404—411 (1933) (2). — **35.** CERISE, L., J. RAMADIER et H. GUILLON: Cecite unilatérale: empyème clos latent d'une cellule ethmoidale postérieure; ouverture chirurgicale; guérison. Rev. d'Otol. etc. **12**, 499—502 (1934) (7—8). — **36.** CHESTER, W. and L. SPIEGEL: Hereditary diabetes insipidus. J. amer. med. Assoc. **100**, 806—809 (1933) (3). — **37.** CLOSE, H. G.: The incidence of adenoma of the pituitary body in some types of new growth. Lancet **1934 I**, 732—734 (4). — **38.** COLLIN, R.: La neurocrine hypophysaire: Etude histophysiologiques du complexe tubero-infundibulo-pituitaire, p. 102. Paris: Gaston Doin et Cie. 1928. — **39.** COLLIP, J. B.: Inhibitory hormones and the principle of inverse response. Ann. int. Med. **8**, 10—13 (1934). — **40.** COLLIP, J. B.: Interrelationship among urinary, pituitary, placental, and gonadotropic factors. J. amer. med. Assoc. **104**, 556—558 (1935) (2). — **41.** COLLIP, J. B.: Glandular physiology and therapy: Diabetogenic, thyrotropic, adrenotropic and parathyrotropic factors of the pituitary. J. amer. med. Assoc. **104**, 827—832 (1935) (3). — **42.** COLLIP, J. B.: Diabetogenic, thyrotropic, adrenotropic and parathyrotropic factors of the pituitary. J. amer. med. Assoc. **104**, 916—921 (1935) (3). — **43.** CORRADO, M.: Esiti lontani del trattamento roentgenterapico dei tumori sellari e parasellari. Ann. Ottalm. **61**, 1, 401 (1933) (6). — **44.** CORSY, F. et J. SURMONT: Sur l'histogénèse et l'évolution des tumeurs de la notochorde. Bull. Assoc. franç. Etude Canc. **16**, 316—376 (1927). — **45.** CUSHING, H.: Sexual infantilism with optic atrophy in cases of tumors affecting the hypophysis cerebri. J. nerv. Dis. **33**, 704—716 (1906) (11). — **46.** CUSHING, H.: The hypophysis cerebri: clinical aspects of hyperpituitarism and of hypopituitarism. J. amer. med. Assoc. **53**, 249—255 (1909) (7). — **47.** CUSHING, H.: Partial hypophysectomy for acromegaly: with remarks on the function of the hypophysis. Ann. Surg. **1**, 1003—1018 (1909) (12). — **48.** CUSHING, H.: Harvey Lecture: Dyspituitarism, p. 31—45. Philadelphia: Lippincott 1911. — **49.** CUSHING, H.: Concerning diabetes insipidus and the polyurias of hypophysial origin. Boston med. J. **168**, 901—910 (1913) (6). — **50.** CUSHING, H.: Surgical experiences with pituitary disorders. J. amer. med. Assoc. **63**, 1515—1525 (1914) (10). — **51.** CUSHING, H.: Remarks on the acoustic neuromas and on ethmoidal operations for choked disc. Trans. amer. laryng. Assoc. **1920**. — **52.** CUSHING, H.: Accessory sinus disease and choked disk. J. amer. med. Assoc. **75**, 236—237 (1920) (7). — **53.** CUSHING, H.: Disorders of the pituitary gland: retrospective and prophetic. J. amer. med. Assoc. **76**, 1721—1726 (1921) (6). — **54.** CUSHING, H.: Les syndromes hypophysaires au point de vue chirurgical. Revue neur. **38**, 779—808 (1922) (6). — **55.** CUSHING, H. and L. M. DAVIDOFF: The pathological findings in four autopsied cases of acromegaly with a discussion of their significance. Monogr. Rockefeller Inst. med. Res. **22**, 1—131 (1927) (4). *25:17; 88, 18.* — **56.** CUSHING, H.: Studies in acromegaly. IV: The basal metabolism. Arch. int. Med. **39**, 673—697 (1927) (5). — **57.** CUSHING, H.: Acromegaly from a surgical standpoint. Brit. med. J. **2**, 1—9, 48—55 (1927) (7). *22, 23:19.* — **58.** CUSHING, H. and L. EISENHARDT: Meningiomas arising from the tuberculum sellae: with the syndrome of primary optic atrophy and bitemporal field defects combined with a normal sella turcica in a middle-aged person. Arch. of Ophthalm. **1**, 1—41, 168—205 (1929) (1, 2). *75, 76:49.* — **59.** CUSHING, H.: The chiasmal syndrome: of primary optic atrophy and bitemporal field defects in adults with a normal sella turcica. Arch. of Ophthalm. **3**, 505—551, 704—735 (1930) (5, 6). — **60.** CUSHING, H.: Lister Memorial Lecture: Neurohypophysial mechanisms from a clinical standpoint. Lancet **1930 II**, 119, 175 (7). — **61.** CUSHING, H.: Concerning a possible "parasympathetic centre" in the diencephalon. Proc. nat. Acad. Sci. USA. **17**, 163—180, 239—264 (1931) (4—5). — **62.** CUSHING, H.: Intracranial tumors: Notes upon a series of 2000 verified cases with surgical mortality percentages pertaining thereto, p. 150. Springfield (Ill.): C. C. Thomas 1932. *64:50.* — **63.** CUSHING, H.: The basophil adenomas of the pituitary body and their clinical manifestations (pituitary basophilism). Hopkins Hosp. Bull. **50**, 137—195 (1932) (3). *15:27.* — **64.** CUSHING, H.: Further notes on pituitary basophilism. J. amer. med. Assoc. **99**, 281—284 (1932) (7). — **65.** CUSHING, H.: Posterior pituitary activity from an anatomical standpoint. Amer. J. Path. **9**, 539—547 (1933) (9). *4:5.* — **66.** CUSHING, H.: "Dyspituitarism": Twenty years later: with special consideration of the pituitary adenomas. Arch. int. Med. **51**, 487—557 (1933) (4). — **67.** CUSHING, H.: Hyperactivation of the neurohypophysis as the pathological basis of eclampsia and other hypertensive states. Amer. J. Path. **10**, 145—175 (1934) (3).

68. DANDY, W. E. and E. GOETSCH: The blood supply of the pituitary body. Amer. J. Anat. **11**, 137—150 (1911) (1). — **69.** DANDY, W. E.: The nerve supply to the pituitary body. Amer. J. Anat. **15**, 333—343 (1913) (11). — **70.** Dandy, W. E. and F. L. Reichert: Studies on experimental hypophysectomy. I. Effect on the maintenance of life. Hopkins Hosp. Bull. **37**, 1—13 (1925) (7). — **71.** Dandy, W. E.: in Lewis System of Surgery; The Brain, pp. 682. Hagarstown (Md.): Prior Pub. Co., 1933, — **72.** Dandy, W. E.: Treatment of carotid cavernous arteriovenous aneurysms. Ann. Surg. **102**, 916—926 (1935) (11). — **73.** Davidoff, L. M. and H. Cushing: Studies in acromegaly. VI. The disturbances of carbohydrate metabolism. Arch. int. Med. **39**, 751—779 (1927) (6). — **74.** Davis, L. and H. A. Haven: A clinico-pathologic study of the intracranial arachnoid membrane. J. nerv. Dis. **73**, 129, 300 (1931) (2, 3). — **75.** De Santo, D. A.: So-called functional hypopituitarism: Pathological findings and report of a case. Arch. of Neur. **31**, 134—148 (1934) (1). *1:43.* — **76.** Dejardins, A. U.: Radiotherapy (Roentgen rays; radium). J. amer. med. Assoc. **105**, 2065—2071, 2153—2161 (1935) (12). — **77.** Dietel, F. G.: Hypophysenhinterlappensekretbindende Stoffe im Schwangerserum. Klin. Wschr. **1933 II**, 1683—1686 (10). — **78.** Dott, N. M. and P. Bailey: Hypophysial adenomata. Brit. J. Surg. **13**, 314—366 (1925). — **79.** Dott, N. M. and S. Meighan: Intracranial resection of the optic nerve in glioma retinae. Amer. J. Ophthalm. **16**, 59 (1933) (1). — **80.** Dott, N. M.: Intracranial aneurysms; cerebral arterioradiography; surgical treatment. Edinburgh med. J. **40**, 219—234 (1933). — **81.** Duffy, W. C.: Hypophyseal duct tumors: a report of three cases and a fourth case of cyst of Rathke's pouch. Ann. Surg. **72**, 537—555, 725—757 (1920) (11). —

82. Eidelsberg, J.: The pituitary and the sugar tolerance curve. Ann. int. Med. **6**, 201—206 (1932) (8). — **83.** Evans, H. M.: Clinical manifestations of dysfunction of the anterior pituitary. J. amer. med. Assoc. **104**, 464—472 (1935) (2). — **84.** Evans, H. M.: The growth hormone of the anterior pituitary. J. amer. med. Assoc. **104**, 1232—1237 (1935) (4). — **85.** Exton, W. G. and A. R. Rose: The one-hour two-dose dextrose tolerance test. Amer. J. Clin. path. **4**, 381—399 (1934) (9).

86. Farberov, B. I.: Röntgendiagnostik der Tumoren der Gegend der Sella turcica. Fortschr. Röntgenstr. **50**, 445—465 (1934) (11). — **87.** Falta, W. u. F. Högler: Über das Hypophysenvorderlappenhormon. Klin. Wschr. **1930 II**, 1807. — **88.** Florentin, P.: Les diverses voies d'excrétion des produits hypophysaires chez les teleosteens. Rev. franç. Endocrin. **12**, 271—286 (1934) (8). — **89.** Forbus, W. D.: On the origin of miliary aneurysms of superficial cerebral arteries. Hopkins Hosp. Bull. **47**, 239—284 (1930). — **90.** Foerster, O. u. O. Gagel: Ein Fall von sog. Gliom des Nervus opticus — Spongioblastoma multiforme ganglioides. Z. Neur. **136**, 335—366 (1931) (6). — **91.** Frazier, C. H. and B. J. Alpers: Adamantinoma of the craniopharyngeal duct. Arch. of Neur. **26**, 905—965 (1931) (11). — **92.** Frazier, C. H.: Indications for the surgical treatment of primary pituitary lesions with description of approved methods of approach. Pennsylvania med. J. **35**, 88—91 (1931) (11). *3:48.* — **93.** Frazier, C. H. and B. J. Alpers: Tumors of Rathke's cleft: hitherto called tumors of Rathke's pouch. Arch. of Neur. **32**, 973 (1934) (10). — **94.** Frazier, C. H.: A review, clinical and pathological, of parahypophyseal lesions. Surg. etc. **62**, 1—33, 158—166 (1936) (1, 2). — **95.** Fulton, M. N. and H. Cushing: The specific dynamic action of protein in patients with pituitary disease. Arch. int. Med. **50**, 649—667 (1932) (11).

Gagel, O. u. W. Mahoney: Zur Frage des Zwischenhirn-Hypophysensystems. Z. Neur. 148, 272—279 (1933). — **97.** Garvey, P. H.: Aneurysms of the circle of Willis. Arch. of Ophthalm. **11**, 1032—1054 (1934) (6). — **98.** Geiling, E. M. K.: Glandular physiology and therapy: the posterior hypophysis. J. amer. med. Assoc. **104**, 738—741 (1935) (3). — **99.** Gilmour, M. D.: Carcinoma of the pituitary gland with abdominal metastases. J. of Path. **35**, 265—269 (1932) (3). — **100.** Goetsch, E., H. Cushing and C. Jacobson: Carbohydrate tolerance and the posterior lobe of the hypophysis cerebri: an experimental and clinical study. Hopkins Hosp. Bull. **22**, 165—190 (1911) (6). — **101.** Goldzieher, M. A., I. Sherman and B. B. Alperstein: Fat tolerance test in pituitary disease (presence of fat metabolism hormone of anterior lobe). Endocrinology **18**, 505—512 (1934) (7). — **102.** Guleke, N.: Bemerkungen zur frontalen Operation der Geschwülste der Hypophysengegend. Zbl. Chir. **62**, 243—246 (1935) (2).

103. Haberfeld, W.: Die Rachendachhypophyse, andere Hypophysengangreste und deren Bedeutung für die Pathologie. Beitr. path. Anat. **46**, 133—232 (1909). — **104.** Hare, C. and C. G. Dyke: Roentgen therapy of pituitary tumors: Report twenty cases. Arch. of Ophthalm. **10**, 202—225 (1933) (8). — **105.** Hawkinson, L. F.: Simmonds' disease (pituitary cachexia): report of a case in which the patient responded to anterior pituitary-like principle of pregnancy urine. J. amer. med. Assoc. **105**, 20—23 (1935) (7). — **106.** Henderson, W. R.: Sexual dysfunction in adenomas of the pituitary body. Endocrinology **15**, 111—127 (1931) (3—4). *6:8.* — **107.** Henschen, S. E.: Klinische und anatomische Beiträge zur Pathologie des Gehirns, II. Upsala 1892. — **108.** Heuer, G. J.: Surgical experiences with an intracranial approach to chiasmal lesions. Arch. Surg. **1**, 368—381 (1920) (9). — **109.** Heuer, G. J. and D. T. Vail: Chronic cisternal arachnoiditis producing symptoms of involvement of the optic nerves and chiasm. Arch. of Ophthalm. **5**, 334 (1931) (3). — **110.** Hirsch, O.: Die operative Behandlung von Hypophysistumoren: nach endonasalen Methoden. Arch.

f. Laryng. **26**, 529—686 (1912). — **111.** Hirsch, M.: Resultats du traitement endo-nasal de tumeurs hypophysaires. Annales d'Ocul. **170**, 692 (1933) (8). — **112.** Hoenig, C.: Untersuchungen zur Histologie der Hypophyse. Z. Neur. **79**, 197—209 (1922). — **113.** Houssay, B. A.: Die funktionellen Beziehungen zwischen der Hypophyse und dem Pankreas. Endokrinol. **5**, 103—116 (1929). — **114.** Houssay, B. A. et A. Artando: Extrait ante-hypophysaire et action specifique dynamique des chiens thyroprives et thyro-hypophysoprives. C. r. Soc. Biol. Paris **114**, 392—394 (1933). — **115.** Houssay, B. A.: Relaciones entre la hypofisis y las suprarenales. Prensa méd. argent. **20**, 1563 (1933) (7).

116. Jacobson, C.: A study of the haemodynamic reactions of the cerebrospinal fluid and hypophyseal extracts. Hopkins Hosp. Bull. **31**, 185—197 (1920) (6). — **117.** Jannssen, S. u. A. Loesser: Die Wirkung des Hypophysenvorderlappens auf die Schilddrüse. Arch. f. exper. Path. **163**, 517 (1931).

118. Kamm, O., T. B. Aldrich, I. W. Grote, L. W. Rowe, and E. P. Bugbee: The active principles of the posterior lobe of the pituitary gland: I. The demonstration of the presence of two active principles; II. The separation of the two principles and their concentration in the form of potent solid preparations. J. amer. chem. Soc. **50**, 573—601 (1928) (2). **119.** Kiehle, F. A.: Tumor of the optic nerve: report of case. Arch. of Ophthalm. **15**, 686—691 (1936). — **120.** Kiyono, H.: Über das Vorkommen von Plattenepithelherden in der Hypophyse. Virchows Arch. **252**, 118—145 (1924). — **121.** Knapp, A.: Association of sclerosis of the cerebral basal vessels with optic atrophy and cupping: report of ten cases. Arch. of Ophthalm. 8, 637—648 (1932) (11). — **122.** Knepper, R.: Allergie und Eklampsie: Experimentelle Eklampsie im Hyperergieversuch. Klin. Wschr. **1934 II**, 1751—1755 (12). — **123.** Kolmer, W.: Quergestreifte Muskelfaser in der Pars infundibularis der Affenhypophyse. Anat. Anz. **71**, 443 (1931) (3). — **124.** Kornblum, K. and L. H. Osmond: Deformation of the sella turcica by tumors in the pituitary fossa. Ann. Surg. **101**, 201—211 (1935) (1). — **125.** Krogh, A.: Anatomy and physiology of capillaries, 2d ed., p. 422. New Haven: Yale Univ. Press 1929.

126. Lacassagne, A. et W. Nyka: Sur les processus histologiques de la destruction de l'hypophyse par le radon. C. r. Soc. Biol. Paris **117**, 956—958 (1934). — **127.** Lambert, R. K. and H. Weiss: Optic pseudoneuritis and pseudopapilledema. Arch. of Neur. **30**, 580—589 (1933) (9). — **128.** Lescher, F. G. and A. H. T. Robb-Smith: A comparison of the pituitary basophilic syndrome and the adrenal cortico-genital syndrome. Quart. J. Med. **4**, 23—36 (1935) (1). — **129.** Lewis, D. and F. C. Lee: On the glandular elements in the posterior lobe of the human hypophysis. Hopkins Hosp. Bull. **41**, 241—247 (1927) (11). *2:1.* — **130.** Lillie, W. I.: Study of the pathologic changes in the optic nerves and chiasm in comparison with changes in the visual field in association with large pituitary tumors. Trans. amer. ophthalm. Soc. **29**, 433—451 (1931). — **131.** Lipschütz, A.: Las diferencias espificas del sexo que existen entre prehypofisis masculina y femina. Actas y trab. quinto Congr. nac. Méd. (Argent.) **3**, 226—239 (1934). — **132.** Lisser, H. and H. C. Naffziger: Pituitary-adrenal relationships. Ore. State Med. Soc., 65th ann. ses. (Gearhart), 20. Sept. 1935. — **133.** Loeb, L., W. C. Anderson, J. Saxton, S. J. Hayward and A. A. Kippen: Experimental dissociation of the effects of anterior pituitary glands of various species on thyroid and ovary. Science (N. Y.) **82**, 331 (1935) (10). — **134.** Lord, L. W.: Anterior lobe pituitary extract in the treatment of alopecia. Arch. of Dermat. **28**, 381 (1933) (9). — **135.** Lundberg, A.: Über die primären Tumoren des Sehnerven und der Sehnervenkreuzung, S. 163. Inaug.-Diss. Stockholm 1935.

136. MacCallum, W. G., T. B. Futcher, G. L. Duff and R. Ellsworth: Relation of the Cushing syndrome to the pars intermedia of the hypophysis. Hopkins Hosp. Bull. **56**, 350—365 (1935) (6). — **137.** Mahoney, W.: Retrobulbar neuritis due to thallium poisoning from depilatory cream: report of three cases. J. amer. med. Assoc. **98**, 618—620 (1932) (2). — **138.** Mahoney, W.: Further notes on retrobulbar neuritis due to thallium poisoning. Yale J. Biol. a. Med. **6**, 583—597 (1934) (7). — **139.** Mahoney, W.: Hypoglycemia hypophysiopriva. Amer. J. Physiol. **109**, 475—482 (1934) (9). — **140.** Mahoney, W. and D. Sheehan: The effect of total thyroidectomy upon experimental diabetes insipidus in dogs. Amer. J. Physiol. **112**, 250—255 (1935) (6). — **141.** Martin, P. and H. Cushing: Primary gliomas of the chiasm and optic nerves in their intracranial portion. Arch. of Ophthalm. **52**, 209—241 (1923). *8:44.* — **142.** Mathias, E.: Ein Beitrag zur Lehre vom malignen Chordom. Verh. dtsch. path. Ges. **1923**, 198—202 (4) — **143.** Meredith, J. M.: The selection of pituitary cases for surgery. Ann. Surg. **101**, 228—235 (1935) (1). — **144.** Mihalkovics, V.: Entwicklungsgeschichte des Gehirns: Nach Untersuchungen an höheren Wirbeltieren und dem Menschen, S. 195. Leipzig: Wilh. Engelmann 1877. — **145.** McKenzie, K. G. and M. C. Sosman: The roentgenological diagnosis of craniopharyngeal pouch tumors. Amer. J. Roentgenol. **11**, 171—176 (1924) (2). *11:40.* — **146.** McLean, A. J.: The anuran in bio-titration of pituitrin. J. of Pharmacol. **33**, 301—319 (1928) (7). — **147.** McLean, A. J.: The route of absorption of the active principles of the posterior hypophysial lobe. Endocrinology **12**, 467—490 (1928) (7—8). — **148.** McLean, A. J.:

Transbuccal approach to the encephalon in experimental operations upon carnivoral pituitary, pons, and ventral medulla. Ann. Surg. **1928**, 985—993 (12). — **149.** McLean, A. J.: Die Craniopharyngealtaschentumoren (Embryologie, Histologie, Diagnose und Therapie). Z. Neur. **126**, 639—682 (1930). *2:29, 1:32, 30:33, 31:34, 4:36, 9:37, 11:38.* — **150.** McLean, A. J.: Chiasmal syndromes. West. J. Surg. etc. **40**, 355—370 (1932) (7). *4:9, 7:11.*

151. Nelson, W. O.: Studies on the physiology of lactation. Endocrinology **18**, 33 (1934) (2). — **152.** Novak, E. and G. B. Hurd: The use of an anterior pituitary luteinizing substance in the treatment of functional uterine bleeding. Amer. J. Obstetr. **22**, 501 (1931).

153. Oliver, M. and E. Scott: Adamantinoma or ameloblastoma of hypophyseal duct region, with report of a case. Amer. J. Canc. **21**, 501—516 (1934) (7).

154. Pancoast, H. K.: The interpretation of roentgenograms of pituitary tumors: explanations of some of the sources of error confusing the clinical and roentgenological diagnoses. Amer. J. Roentgenol. **27**, 697—712 (1932) (5). — **155.** Pancoast, H. K.: The roentgen diagnostic significance of erosion of the optic canals in the study of intracranial tumors. Ann. Surg. **101**, 246—255 (1935) (1). *5,6:46.* — **156.** Parker, G. H. and H. Porter: The control of the dermal melanophores in elasmobranch fishes. Biol. Bull., Mar. biol. Labor. Wood's Hole **66**, 30 (1934) (2). — **157.** Parker, G. H.: Neurohumors: Novel agents in the action of the nervous system. Science (N. Y.) **81**, 279—283 (1935) (3). — **158.** Penfield, W.: The influence of diencephalon and hypophysis upon general autonomic function (Carpenter lecture). Canad. med. Assoc. J. **30**, 589—598 (1934) (6). — **159.** Popa, G. and U. Fielding: Portal circulation from pituitary to hypothalamic region. J. of Anat. **65**, 88—91 (1930) (10). — **160.** Popa, G. and U. Fielding: Hypophysio-portal vessels and their colloid accompaniment. J. of Anat. **67**, 227—232 (1932) (10). — **161.** Pototschnig, G.: Ein Fall von malignem Chordom mit Metastasen. Beitr. Path. **65**, 356 (1919). — **162.** Puech, P., M. David et M. Brun: Contribution à l'études des arachnoiditis opto-chiasmatiques. Rev. d'Otol. etc. **11**, 641 (1933) (11). — **163.** Putnam, T. J., H. M. Teel and E. B. Benedict: The preparation of a sterile, active extract from the anterior lobe of the hypophysis, with some notes on its effects. Amer. J. Physiol. **84**, 157—164 (1928) (2).

164. Raab, W.: Klinische und röntgenologische Beiträge zur hypophysären und cerebralen Fettsucht und Genitalatrophie. Wien. Arch. inn. Med. **7**, 443—530 (1924). *? : 28.* — **165.** Rand, C. W. and R. G. Taylor: Irradiation in the treatment of tumors of the pituitary gland: report of twenty-three cases. Arch. Surg. **30**, 103—150 (1935) (1). — **166.** Rasmussen, A. T.: Histological evidences of colloid absorption directly by blood-vessels of pars anterior of the human hypophysis. Quart. J. exper. Physiol. **17**, 149—155 (1927) (6).— **167.** Rasmussen, A. T.: The morphology of pars intermedia of the human hypophysis. Endocrinology **12**, 129—150 (1928) (3—4). — **168.** Rasmussen, A. T.: The weight of the principal components of the normal male adult human hypophysis cerebri. Amer. J. Anat. **42**, 1—27 (1928) (9). — **169.** Rasmussen, A. T.: Ciliated epithelium and mucus-secreting cells in the human hypophysis. Anat. Rec. **41**, 273—282 (1929) (2). — **170.** Rasmussen, A. T.: The percentage of the different types of cells in the male adult human hypophysis. Amer. J. Path. **5**, 263—274 (1929) (5). — **171.** Rasmussen, A. T.: The incidence of tubular glands and concretions in the adult human hypophysis cerebri. Anat. Rec. **55**, 139—149 (1933) (1).— **172.** Rasmussen, A. T.: Percentage of different types of cells in anterior lobe of hypophyses in the adult human female. Amer. J. Path. **9**, 459—471 (1933) (7). — **173.** Rathke, H.: Über die Entstehung der Glandula pituitaria. Arch. Anat., Physiol. u. wiss. Med. **5**, 482—485 (1838). — **174.** Rawling, L. P.: A contribution to the surgery of the pituitary region: an account of four cases of pituitary tumour treated by radon seeds. Brit. J. Surg. **19**, 68—77 (1931) (7). — **175.** Riddle, O., R. W. Bates and S. W. Dykshorn: New hormone of anterior pituitary. Proc. Soc. exper. Biol. a. Med. **29**, 1211—1212 (1932) (6). — **176.** Ros, D. A.: Atrofia optica de etiologia hipofisaria y esfenoetmoidal. Med. ibera **2**, 557—561 (1930) (11). — **177.** Rubaschow, S.: Zur onkologischen Kasuistik: Chordom mit ungewöhnlichem Sitz. Zbl. Chir. **56**, 137—138 (1929). — **178.** Russel, R. S., H. Evans and A. C. Crooke: Two cases of basophil adenoma of the pituitary gland. Lancet **1934 II**, 240—245 (8).

179. Salus, F.: Umwandlung einer postencephalitischen Fettsucht mit Narkolepsie und Diabetes insipidus in Magersucht. (Ein Beitrag zur Frage der hypophysärdiencephalen Syndrome.) Med. Klin. **1934 II**, 1160—1162 (8). — **180.** Scarlett, H.: Occlusion of the central artery of the retina. Ann. Surg. **101**, 318—323 (1935) (1). — **181.** Schaeffer, J. P.: Some points in the regional anatomy of the optic pathway, with especial reference to tumors of the hypophysis cerebri and resulting ocular changes. Anat. Rec. **28**, 243—279 (1925). — **182.** Schloffer, H.: Erfolgreiche Operation eines Hypophysentumors auf nasalem Wege. Wien. klin. Wschr. **1907 I**, 621, 1075. — **183.** Schwartz, C. W.: Some evidences of intracranial disease as revealed by the roentgen ray. Amer. J. Roentgenol. **29**, 182—193 (1933) (2). — **184.** Selle, W. A., J. J. Westra and J. B. Johnson: Attempts to reduce symptoms of diabetes by irradiation of hypophysis. Endocrinology **19**, 97 (1935) (1—2). **185.** Silbermark, M.: Die intrakranielle Exstirpation der Hypophyse. Wien. klin. Wschr.

1910 I, 467. — **186.** Silver, S.: Simmonds' disease (Cachexia hypophyseopriva): Report of a case with postmortem observations and a review of the literature. Arch. int. Med. **51**, 175—199 (1933) (2). — **187.** Simmonds, M.: Über Hypophysisschwund mit tödlichem Ausgang. Dtsch. med. Wschr. **1914 I**, 322. — **188.** Simmonds, M.: Atrophie des Hypophysisvorderlappens und hypophysäre Kachexie. Dtsch. med. Wschr. **1918 I**, 852. — **189.** Smith, P. E.: General physiology of the anterior hypophysis. J. amer. med. Assoc. **104**, 548—553 (1935) (2). — **190.** Smith, P. E.: The hypophyseal gonadotropic hormones. J. amer. med. Assoc. **104**, 553—556 (1935) (2). — **191.** Sosman, M. C. and E. C. Vogt: Aneurysms of the internal carotid artery and the circle of Willis, from a roentgenological viewpoint. Amer. J. Roentgenol. **15**, 122—134 (1926) (2). — **192.** Spark, C.: Relation between basophilic invasion of neurohypophysis and hypertensive disorders. Arch. of Path. **19**, 473—501 (1935) (4). — **193.** Stöckl, E.: Über histologische Veränderungen im Vorderlappen einer menschlichen Hypophyse nach Röntgenbestrahlung. Zbl. Gynäk. **58**, 1160—1165 (1934) (5). — **194.** Susman, W.: Embryonic epithelial rests in the pituitary. Brit. J. Surg. **19**, 571—576 (1932) (4). — **195.** Symmonds, C. P.: Contributions to the clinical study of intracranial aneurysms. Guy's Hosp. Rep. **73**, 139—163 (1923) (4).

196. Tandler, J. u. E. Ranzi: Chirurgische Anatomie und Operationstechnik des Zentralnervensystems, S. 159. Berlin: Julius Springer 1920. *57:35*. — **197.** Teachenor, F. R.: Pituitary basophilism, with the report of a case. West. J. Surg. etc. **43**, 127—133 (1935) (3).— **198.** Teel, H. M. and H. Cushing: The separate growth-promoting and gonad-stimulating hormones of the anterior hypophysis: an historical review. Endokrinology **6**, 401—420 (1930). — **199.** Teel, H. M.: Basophilic adenoma of the hypophysis with associated pluriglandular syndrome: report of a case. Arch. of Neur. **26**, 593—599 (1931) (9). — **200.** Thompson, K. W.: A technique for hypophysectomy of the rat. Endocrinology **16**, 257—263 (1932) (5—6). — **201.** Thompson, K. W. and H. Cushing: Experimental pituitary basophilism. Proc. roy. Soc. Lond. B **115**, 88—100 (1934). — **202.** Trendelenburg, P.: Die Hormone: ihre Physiologie und Pharmakologie, S. 531. Berlin: Julius Springer 1929.

203. Van Wagenen, W. P.: Chordoblastoma of the basilar plate of the skull and ecchordosis physaliphora spheno-occipitalis: suggestions for diagnosis and surgical treatment. Arch. of Neur. **34**, 548—563 (1935) (9). — **204.** van Dyke, H. B., P. Bailey and P. C. Bucy: The oxytocic substance of cerebrospinal fluid. J. of Pharmacol. **36**, 595—609 (1929). — **205.** Vincent, C.: Ce que les ophthalmologistes peuvent attendre des neurochirurgiens dans les compressions du chiasme et des nerfs optiques. Annales d'Ocul. **169**, 558 (1932) (7).

206. Walker, C. B. and H. Cushing: Studies of optic-nerve atrophy in association with chiasmal lesions. Arch. of Ophthalm. **45**, 407—437 (1916) (9). *5:30*. — **207.** Walker, C. B. and H. Cushing: Distortions of the visual fields in cases of brain tumor: chiasmal lesions, with especial reference to homonymous hemianopsia with hypophyseal tumor. Arch. of Ophthalm. **47**, 119—145 (1918). — **208.** Walker, C. B.: The value of quantitative perimetry in the study of post-ethmoidal sphenoidal sinusitis causing visual defects. Boston med. J. **185**, 321—326 (1921) (9). — **209.** Willis, R. A.: Sacral chordoma with widespread metastases. J. of Path. **33**, 1035—1043 (1930).

210. Zollinger, R. and E. C. Cutler: Aneurysm of the internal carotid artery: report af a case simulating tumor of the pituitary. Arch. of Neur. **30**, 607—611 (1933) (9). — **211.** Zondek, B. u. H. Kohn: Hormon des Zwischenlappens der Hypophyse (Intermedin). Klin. Wschr. **1932 II**, 1293. — **212.** Zondek, B.: Chromatophorotropic principle of the pars intermedia of the pituitary. J. amer. med. Assoc. **104**, 637 (1935) (2).

Die tierischen Parasiten des Zentralnervensystems.

Von R. HENNEBERG-Berlin.

Mit 20 Abbildungen.

I. Der Cysticercus cellulosae.

Der Cysticercus cellulosae ist die geschlechtslose Jugendform des hakentragenden Bandwurmes, der *Taenia solium.* (Die Finne der Taenia saginata, die Rinderfinne, ist beim Menschen noch nicht mit Sicherheit[1] nachgewiesen worden.) Die Schweinefinne findet sich am häufigsten im Muskelbindegewebe des Hausschweines, doch wurde der Parasit auch beim Wildschwein, Schaf, Hund, Katze, Ratte, Bär, Gazelle, Reh und Affen gefunden.

Beim Menschen stellt der Cysticercus cellulosae den bei weitem am häufigsten Hirnparasiten dar. Der *Wurm* entwickelt sich aus den in den Magen gelangten Eiern der Taenia solium. Unter der Einwirkung des Magensaftes werden die Taenienembryonen frei, dringen in die Blut- oder Lymphbahn ein und gelangen auf diesem Wege in die verschiedenen Organe, wo sie anscheinend durch aktive Bewegung aus den Capillaren in das Gewebe eindringen. Die Entwicklung bis zur Finne dauert etwa $2^1/_2$ bis 4 Monate.

In der Mehrzahl der Fälle, besonders in solchen, in denen nur 1 oder wenige Cysticerken sich im Körper vorfinden, dürfte die Infektion durch den Genuß nicht gekochter Feld- und Gartenfrüchte (Düngung mit menschlichen Fäkalien) stattfinden. In selteneren Fällen kommt eine Selbstinfektion zustande. Bei Personen, die eine Taenia solium beherbergen, können reife Proglottiden durch Brechbewegungen in den Magen geraten. (Ein Patient STERNS erbrach Bandwurmteile.) Durch Unreinlichkeit können namentlich auch bei Geisteskranken (Koprophagie) Eier der beherbergten Taenie in den Mund gelangen. Die Selbstinfektion stellt aber zweifellos einen seltenen Infektionsmodus vor, da nur selten das gleichzeitige Vorhandensein von Cysticerken und einer Taenia solium bei ein und derselben Person nachgewiesen werden konnte (BRECKE, PICHLER, ROTH und IWANOFF, MINOR, RAUTENBERG, DE RENZI, PARONA, KRÜDENER, OSTERWALD, STERN). Beweisend sind nur Sektionsfälle. Der Bandwurm produziert ein Gift, das auch cerebrale Symptome bedingen kann (PEIPER, MARCO, FESTA). STREBEL beobachtete bei einem Patienten mit Taenia solium Sehnervenentzündung und bezog diese auf Giftwirkung. Einen gleichartigen Fall sah HENNEBERG, der jedoch Gehirncysticerkose für wahrscheinlicher hielt. Für die Seltenheit der Autoinfektion (relative Immunität gegen Superinvasion) dürfte auch die Tatsache sprechen, daß an manchen Orten (Berlin, Leipzig),

[1] Rinderfinnen wurden beim Menschen von ARNDT, BITOT, SABRAZES, VÖLKERS, PERRONCITO und FONTANO gefunden. Diese Befunde sind jedoch nach MOSLER und PEIPER nicht einwandfrei, da es sich um Mißbildungen von Cyst. cell. gehandelt haben kann. Über das Vorkommen von Finnen anderweitiger Bandwürmer im Zentralnervensystem des Menschen ist nichts bekanntgeworden. Lediglich die Finne von Taenia coenurus, ein Hundebandwurm, dessen Blase im Gehirn der Schafe und Kälber vorkommt und bei den genannten Tieren die bekannte Drehkrankheit hervorruft, wurde 1911 in einem Falle beim Menschen beobachtet (BRUMPT 1913). Im beobachteten Falle bedingte die Invasion des Wurmes ein tödliches Hirnleiden.

in denen die Taenia solium in den letzten Jahren überhaupt nicht mehr beobachtet wurde, Cysticerken noch relativ häufig gefunden werden. Die Tatsache läßt sich in dem Sinne deuten, daß auf dem Lande die Taenia solium noch häufiger vorkommt, und die Eier derselben mit den ländlichen Erzeugnissen in die Stadt gelangen. Allerdings handelt es sich bei dieser Annahme lediglich um eine Vermutung.

Man darf nicht außer acht lassen, daß ein Bandwurm während seiner Lebensdauer eine ungeheuere Menge von Eiern — nach LEUCKARTs Schätzung 100 Millionen — produziert, daß ein Ei aber evtl. genügt, um ein schweres Gehirnleiden hervorzurufen.

Die Verbreitung des Cysticercus cellulosae, bzw. der Taenia solium, ist eine sehr ungleichmäßige. In der englischen, amerikanischen und französischen Literatur findet man nur spärliche Arbeiten über das Vorkommen des Cystercercus beim Menschen. In Amerika soll es sich nach DIAMOND in Fällen von Cysticerkose in der Regel um eingewanderte Deutsche handeln, auch GOODLIFE betont die Seltenheit des Parasiten in der Neuen Welt. Die Seltenheit des Cysticercus in den betreffenden Ländern scheint in erster Linie von dem Umstand abhängig zu sein, daß in jenen Gegenden rohes oder schwach geräuchertes und gepökeltes Schweinefleisch nur selten gegessen wird. In Ländern, in denen Schweinefleisch von dem größten Teil der Bevölkerung überhaupt nicht gegessen wird (Orient), erklärt sich das Fehlen der Taenia solium und des Cysticercus ohne weiteres. Neuerdings ist der Parasit in Abessinien, Südafrika, Vorderindien, Ceylon, Philippinen, Texas, Costarica, Brasilien und Argentinien beobachtet worden. Auch in Argentinien und Costarica fiel auf, daß der Cysticercus im Verhältnis zur Taenia relativ häufig ist. Auch in den verschiedenen Teilen Deutschlands ist die Häufigkeit des Cysticercus eine sehr verschiedene. Während in Berlin zu Zeiten bis zu 2% der sezierten Leichen mit Cysticerken behaftet waren und in Breslau 1880—1903 1 Fall von Gehirncysticercus auf 146,5 Sektionen kam (JACOBY), fand man in München bei 14 000 Sektionen nur zweimal Cysticerken (BOLLINGER). Schließlich hat die Häufigkeit des Cysticercus in den letzten Dezennien eine so konstante und wesentliche Abnahme erfahren, daß man berechtigt ist, den Cysticercus cellulosae, bzw. die Taenia solium, als einen aussterbenden Parasiten des Menschen zu betrachten. In Berlin (BENDA) und Leipzig (BAHRDT) ist eine Taenia solium in den letzten Jahren nicht mehr beobachtet worden, auch in Finnland ist der Parasit sehr selten (SIEVERS). Diese Abnahme des Parasiten findet ihre Ursache anscheinend in verschiedenen Momenten. Die Einführung der Fleischbeschau, die Trichinenfurcht des Publikums und die bessere Unterbringung der Schweine sind wahrscheinlich gleichzeitig wirksam gewesen. Auf Rechnung des letzteren Faktors ist die starke Abnahme der Cysticerkose bei den Schweinen zu setzen. In Preußen kam 1876—1892 1 finniges Schwein auf 305 gesunde, 1899 1 auf 2102, in Berlin 1883 1 auf 166, 1902 1 auf 3333.

Das *Seltenerwerden* des Cysticercus beim Menschen hat sich besonders deutlich an den Sektionsergebnissen in Berlin erkennen lassen. Zu RUDOLPHIs († 1832) Zeiten fand man in 2% der sezierten Leichen Cysticerken. Auch noch in den 60er Jahren schätzte VIRCHOW die Häufigkeit des Parasiten auf 2%. In den folgenden Jahren war jedoch die Abnahme unverkennbar. 1875 fanden sich Cysticerken in 1,6%, 1881 in 0,5% der Leichen. ORTH hat weitere Zahlen bekanntgegeben und auf die fortdauernde Abnahme des Cysticercus hingewiesen. 1882 fanden sich 0,26%, 1898 0,2% , 1900 0,15%, 1903 0,16% der Leichen in der Charité mit Cysticerken infiziert. (Für Hamburg gibt SIMMONDS 0,025%, für Zwickau HEILMANN 0,12% an.)

Noch deutlicher beweisen die Mitteilungen HIRSCHBERGs über die Häufigkeit der Augenfinne in Berlin das allmähliche Aussterben des Cysticercus als Parasit des Menschen. Während in den Jahren 1853—1885 auf etwa 1000 Augenkranke ein Fall von Augencysticercus kam, ist seit 1895 ein derartiger Fall in Berlin überhaupt nicht vorgekommen. Während des Krieges und nach demselben hatte der Cysticercus wie auch andere parasitäre Würmer in Deutschland zweifellos zugenommen. Deutsche Soldaten infizierten sich besonders im Osten. Fälle von Augenfinnen, die vor dem Kriege kaum mehr beobachtet wurden, kamen wieder vor. So konnte LÖHLEIN in einer Sitzung der Med. Gesellschaft in Jena 4 Fälle demonstrieren. Kriegsdienstbeschädigung aus Anlaß von Cysticerkose wurde wiederholt angenommen, so in Fällen von FRAENKEL und WALKHOFF, JACOBY und BUSSE und HENNEBERG.

Die *Lebensdauer* des Cysticercus scheint in der Regel eine ziemlich begrenzte zu sein. Wir finden sehr häufig abgestorbene und verkalkte Cysticerken, ohne daß wir in der Lage wären, zu behaupten, daß äußere Bedingungen das Absterben der Parasiten veranlaßt hätten. Es scheint sich also um ein physiologisches Absterben der Schmarotzer zu handeln. Die in klinischer Hinsicht nicht unwichtige Frage, in welchem Lebensalter in der Regel das Absterben eintritt, vermögen wir zur Zeit nicht mit einiger Sicherheit zu beantworten.

STICH schätzte die Lebensdauer der Cysticerken auf 3—6 Jahre. Es liegt auf der Hand, daß zum wenigsten der Cysticercus im Gehirn oft ein viel höheres Alter erreicht. Beweiskräftig für diese Annahme sind jedoch nur Fälle, in denen klinisch lange Jahre hindurch cerebrale Symptome bestanden und in denen bei der Sektion lebende Cysticerken aufgefunden wurden, die im Hinblick auf ihre Lokalisation das Krankheitsbild bedingt haben mußten. So betrug in einem von ZENKER mitgeteilten Falle die Krankheitsdauer und das Alter des Cysticercus 17 Jahre. Eine derartig lange Lebensdauer bei einem in einem gewissen Entwicklungsstadium verharrenden parasitären Wurme kann nicht befremden. Wir wissen. daß eingekapselte Trichinen beim Menschen noch nach über 30 Jahren lebend angetroffen wurden (ZENKER) und daß Echinococcusblasen ein ähnliches Alter erreichen können. Immerhin dürfte der Cysticercus auch im Gehirn sehr oft bereits nach einigen Jahren zum Absterben kommen, das nicht seltene Vorkommen von verkalkten Cysticerken auch bei jüngeren Personen weist darauf hin.

Das *Absterben* der Cysticerken bedeutet nun für den die Parasiten beherbergenden Patienten vielfach oft nicht einen besonderen Gewinn. Eine Resorption der Chitinmembranen findet anscheinend nur sehr langsam statt, die Reste des Parasiten schrumpfen und imprägnieren sich mit Kalksalzen. Die Kapsel wird kernarm und fibrös. In diesem Stadium dürften die Cysticerken jahrzehntelang unverändert bleiben, und wir besitzen keine Anhaltspunkte für eine Abschätzung des Alters derselben. Von derartigen abgestorbenen Cysticerken können nun noch dauernd Reizerscheinungen ausgehen. In den Ventrikeln kann dadurch chronische Ependymitis und Hydrocephalus bedingt werden. In den Häuten, namentlich an der Hirnbasis, aber auch in der weichen Rückenmarkshaut (s. unten) können die Reste abgestorbener Cysticerken zu schweren progressiven Entzündungen führen. Der Umstand, daß in solchen Fällen die Parasitenreste nicht durch Abkapselung unschädlich gemacht werden, bedarf einer besonderen Erklärung. Es drängt sich die Vermutung auf, daß in solchen Fällen noch ein weiteres die Entzündung unterhaltendes Moment hinzukommt. Man könnte an eine dauernde Toxinproduktion der abgestorbenen Massen denken. Daß die Cysticerken ein Toxin produzieren, wurde bereits mehrfach, u. a. von MARCHAND, angenommen. Näher scheint uns die Vorstellung zu liegen, daß es sich in den in Rede stehenden Fällen um eine sekundäre Infektion mit unbekannten Entzündungserregern handelt. Diese werden vielleicht bei der Einwanderung der Parasiten von diesen mitgeschleppt. Eine Stütze für eine derartige Annahme darf man wohl in der von MEHLHOSE gemachten Beobachtung erblicken, die dahin geht, daß der Inhalt der Cysticerken- (auch der Echinokokken-) Blasen keineswegs steril ist, sondern Mikroorganismen verschiedener Art enthält. Diese Mikroorganismen bringen den Parasiten anscheinend zum Absterben und führen dann zu chronischer Entzündung in seiner Umgebung. Denkbar ist freilich auch, daß das entzündete Gewebe in der Umgebung des Parasiten einen günstigen Boden für die Ansiedelung irgendwelcher zufällig im Blut kreisender Mikroorganismen bildet.

Eine *Statistik*, die Cysticerkenreste mitberücksichtigt, gibt naturgemäß über die Häufigkeit des parasitären Wurmes zu einer bestimmten Zeit keinen exakten Nachweis. Zur Zeit muß der Cysticercus noch in manchen Gegenden des nördlichen und östlichen Deutschlands als ein relativ häufiger Parasit bezeichnet werden.

Im Gegensatz zu der Lokalisation der Finnen beim Schwein, wo der Hauptsitz das intramuskuläre Bindegewebe ist, scheint beim Menschen der Cysticercus sich am häufigsten im *Gehirn* anzusiedeln. Nach DRESSEL handelt es sich in 82% der Fälle um Gehirncysticerken. Allerdings ist dabei nicht außer acht zu lassen, daß im Gehirn der Parasit sich am leichtesten auffinden läßt und ein einzelner Cysticerk, der in der Muskulatur eine völlig bedeutungslose Affektion darstellt, im Gehirn sich leicht klinisch bemerkbar macht und unter Umständen eine tödliche Krankheit bedingen kann.

Der *Sektionsbefund* bei Gehirncysticerken ist ein recht verschiedener. Am häufigsten handelt es sich um einige *abgestorbene Parasiten* in der Pia, seltener in der Hirnsubstanz, von Erbsen- bis Bohnengröße. Ihr Aussehen ist ein unrein weißes oder gelbes. Auf dem Durchschnitt ist die Kalkeinlagerung bereits makroskopisch zu erkennen. Die graurötliche Kapsel ist angefüllt mit einer weißen krümeligen Masse. Sitzen die Parasiten in der Pia, so drängen sie sich in die Hirnsubstanz ein oder liegen in den Furchen, beim Abziehen der Hirnhaut bleiben sie als knopfförmige oder polypöse Gebilde an der Pia hängen. Gefärbte Schnitte (Abb. 1) lassen erkennen, daß der abgestorbene Parasit aus einer feinkörnigen, durch Hämatoxylin blauschwarz gefärbten Masse besteht, der gröbere Konkretionen und Schollen (gelegentlich auch Cholestearintafeln) beigemengt sind. Die Bindegewebskapsel ist kernarm, außen liegt ihr ein lockeres, zellreiches Bindegewebe an. Hier finden sich oft reichlich Plasmazellen. Riesenzellen können fehlen. Das anliegende Hirngewebe ist sklerosiert, der dichte Gliafilz ist von kernarmen Bindegewebsfasern durchzogen. In anderen Fällen vermißt man die Kalkimprägnation. Der Parasit stellt eine schwach färbbare amorphe Masse dar. Stellenweise erkennt man Reste der Cysticerkenmembran, die auf dem Querschnitt als strukturlose und glasige Bänder erscheinen, aber die eigenartige Buckelung, die die Cuticula älterer Cysticerken aufweist, noch mehr oder weniger deutlich erkennen lassen (Abb. 2).

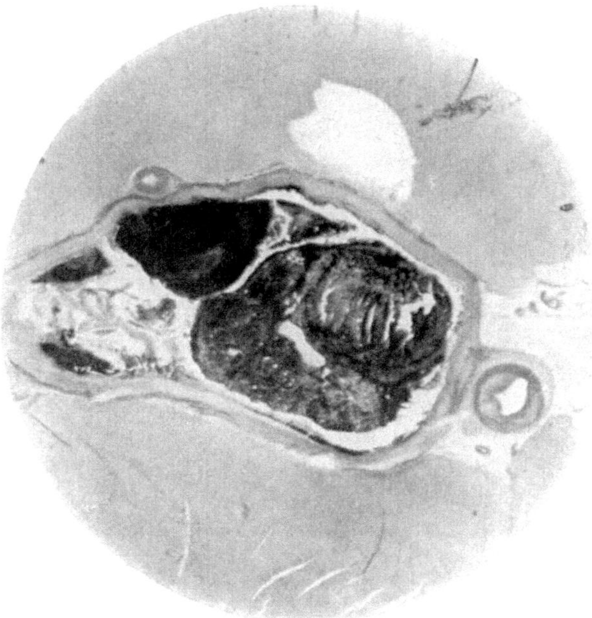

Abb. 1. Verkalkter Cysticercus der Pia. Endarteriitis der der Kapsel anliegenden Gefäße. (v. GIESONsche Färbung.)

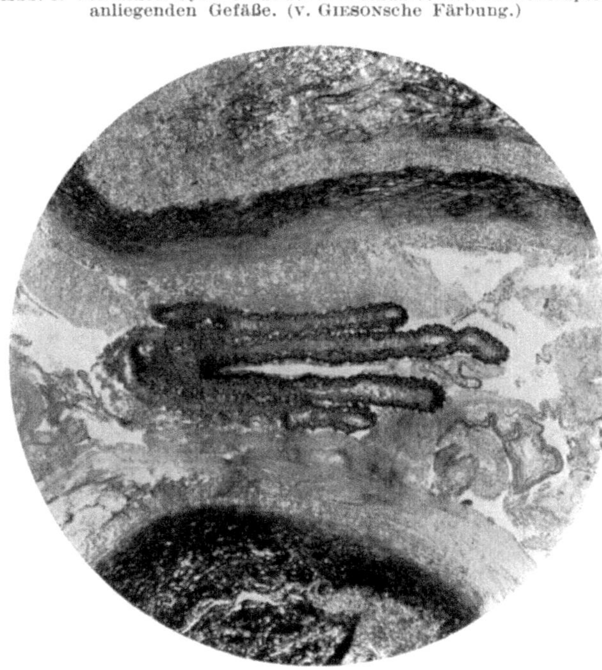

Abb. 2. Cysticerkenreste in Form von gekerbten Bändern und amorphen Schollen. Kapsel mit einer sehr derben, fibrösen mittleren Schicht. (v. GIESONsche Färbung.)

Jugendliche, noch nicht deutlich abgekapselte Cysticerken dürften in der Regel bei der Sektion übersehen werden. Relativ frühzeitig kommen solche Fälle zur Sektion, in denen die Invasion eine derartig massenhafte ist, daß der Tod bald eintritt. Derartige Fälle sind von PREOBRASCHENSKY und JACOBSOHN,

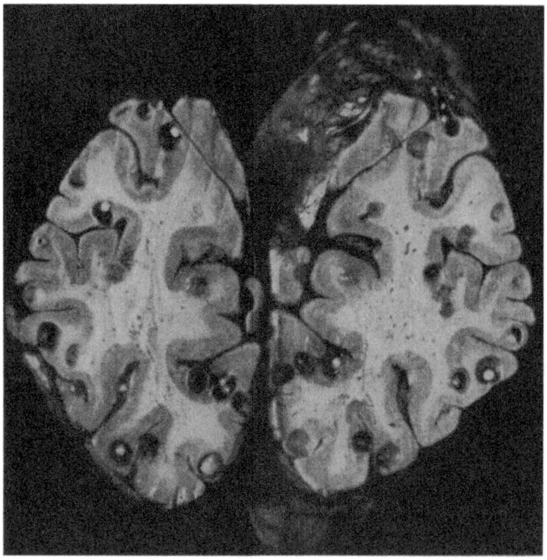

Abb. 3. Schnitt durch den linken Hinterhauptslappen. Massenhafte Invasion. (Befund von P. SCHRÖDER.)

PAUL SCHRÖDER (WALLBRAUN), STICH, VERSÉ, ABBOTT, LASAREFF und ANTONOW beschrieben worden. Man hat angenommen, daß die betreffenden Kranken selbst eine Taenia solium hatten und daß durch den Brechakt Glieder in den Magen gelangten. Erwiesen ist ein derartiger Vorgang nicht. Ein Bandwurm wurde in den in Rede stehenden Fällen nicht gefunden. Mir ist es viel wahrscheinlicher, daß die betreffenden Patienten zufällig ein ganzes Bandwurmglied mit reifen Eiern verschluckten. Bei der Sektion fand man in den angeführten Fällen Hunderte bis Tausende etwa hanfkorngroße Blasen im Gehirn, bisweilen auch in anderen Organen (Abb. 3). Die Kapsel erweist sich noch als sehr zart (Abb. 4). Stellenweise besteht sie lediglich aus wenigen Bindegewebsfibrillen mit vereinzelten Kernen. Den Parasiten liegt eine schmale zellreiche Zone an, die noch keine Riesenzellen enthält. Die Patienten zeigten ein unbestimmtes cerebrales Krankheitsbild mit im Vordergrund stehenden psychischen Symptomen. In dem Falle SCHRÖDERS lag ein an Delirium tremens erinnerndes Syndrom vor. Fehldiagnosen bildeten die Regel.

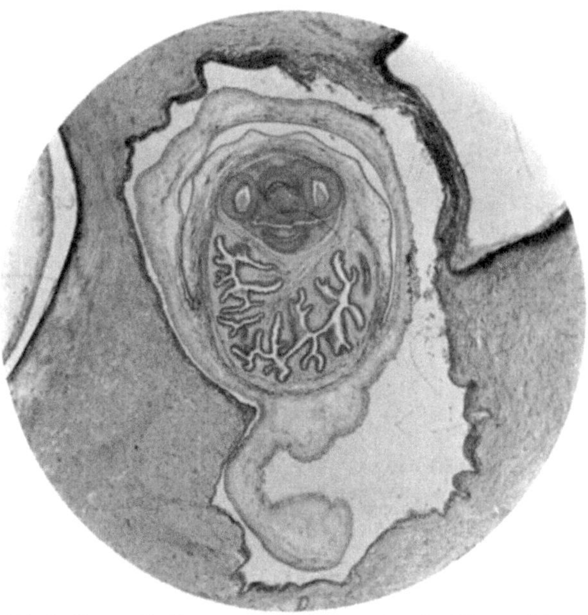

Abb. 4. Junger Cysticercus im Marklager des Großhirns. Dünne fibröse Kapsel. (Nach einem Präparate von JACOBSOHN-LASK.)

Was die Genese der Kapselwand anbelangt, so hat JACOBSOHN[1] ausgeführt, daß die Kapselwand des Cysticercus (ebenso wie die des Distomum pulmonale) in der Regel aus der Gefäßwand hervorgehe. Er nimmt an, daß die Parasiten in kleinen Gefäßen (Arterien oder Venen) stekkenbleiben und diese bei ihrem weiteren Wachstum ausdehnen. Die Kapsel würde somit eine aneurysmatische Erweiterung des Gefäßes darstellen. Diese Annahme JACOBSOHNS gründet sich darauf, daß eine große Ähnlichkeit zwischen dem Bau der geschichteten Kapselwand und einer Gefäßwand besteht, daß verstopfte Gefäße in die Kapselwand einmünden, ferner auf das angebliche Vorkommen von elastischen Fasern in der Kapselwand. Diese Auffassung JACOBSOHNS dürfte nur sehr seltenen Fällen

[1] Vorher haben schon MOSLER und PEIPER behauptet, daß der Cysticercus zuweilen in dem Aneurysmensack einer Arterie sitze, diese Annahme dürfte auf einer falschen Deutung der weiter unten beschriebenen Befunde von an Arterien haftenden Cysticerkenkapseln basieren.

gegenüber zu Recht bestehen. Es muß zunächst auffallen, daß man neben den Parasiten niemals Blut oder Thromben findet. Ebensowenig lassen sich ischämische Erweichungen in der Nachbarschaft der Cysticerken nachweisen, die man erwarten müßte, wenn es sich um Gefäßverlegungen durch den Parasiten handelte. Des weiteren haben Experimente an Tieren ergeben, daß die jungen Cysticerken zunächst frei im Gewebe liegen und erst im späteren Stadium eine Kapsel erhalten. Ventrikelcysticerken und Augenfinnen zeigen in der Regel keine Kapselbildung. Offenbar vermögen die jungen Cysticerken das Gewebe, insonderheit auch die Gefäß- bzw. Capillarwandung zu durchdringen. Die Ähnlichkeit der Kapseln mit Gefäßwandungen ist unseres Erachtens nur eine äußerliche.

Bei älteren Cysticerken im Hirngewebe oder in den Meningen umgibt den Parasiten eine geschichtete Kapsel, die im wesentlichen immer den gleichen histopathologischen Befund aufweist. Die Kapselbildung ist das Produkt eines chronischentzündlichen Prozesses.

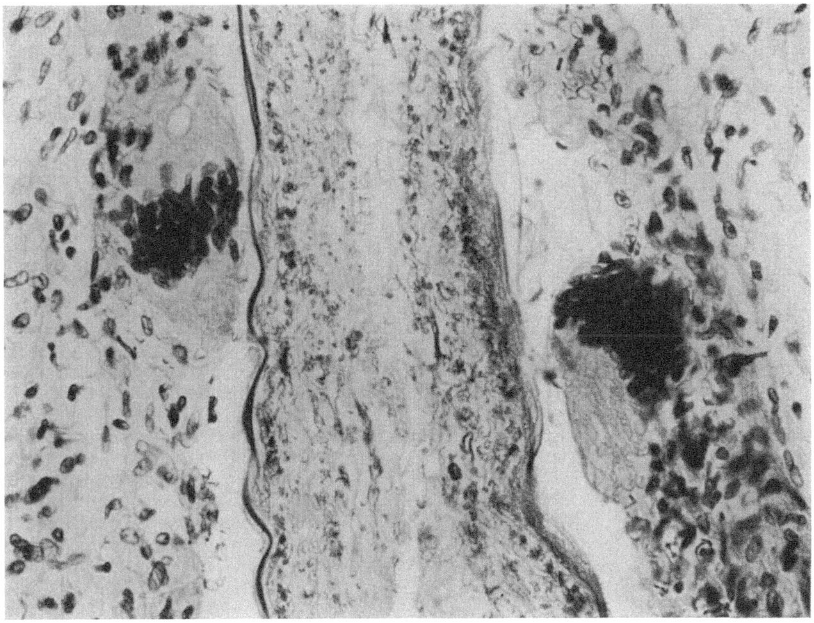

Abb. 5. Zusammengefallene Cysticercusblase. Die Cuticula zeigt links unten Stäbchenbesatz. In der zellreichen inneren Kapselschicht Riesenzellen.

In der Regel ist die Schichtung der Kapsel deutlich, sie ist besonders augenfällig, wenn der Parasit noch keine regressiven Veränderungen erkennen läßt. Auf die Parasitenmembran folgt nach außen zunächst eine zellreiche Schicht. Epitheloide Zellen und Riesenzellen (Abb. 5) herrschen in derselben vor. Körnchenzellen, Plasmazellen, Lymphocyten und Leukocyten treten für gewöhnlich stark zurück. Die oft sehr kernreichen Riesenzellen können streckenweise eine kontinuierliche Lage bilden, sie zeigen den Charakter von Fremdkörperriesenzellen, sie können wie die epitheloiden Zellen Syncytien bilden und phagocytäre Eigenschaften erkennen lassen (Lasarew). Die meisten Autoren sind geneigt, den Ursprung der epitheloiden und Riesenzellen in der Glia zu suchen (v. Kahlden, Omorokow, Lasarew), andere Autoren (Herzog) vermuten, daß sie Abkömmlinge von Gefäßendothelien darstellen bzw. bindegewebiger Herkunft sind (Opalski). Diese innere zellreiche Schicht kann einem weitgehenden Degenerationsprozeß anheimfallen. Namentlich bei völlig abgestorbenen Parasiten sieht man an Stelle der Zellschicht einen mehr oder weniger amorphen Detritus. Die Schicht kann auch völlig verschwinden, so daß die zweite Schicht dem Parasitenrest anliegt. Diese zweite Schicht kann als Bindegewebsschicht bezeichnet werden. Sie besteht aus geschichteten kollagenen, bald feineren, bald dickeren Fasern, zwischen denen Fibroblasten erkennbar sind, die einen Zusammenhang mit adventitiellem Bindegewebe erkennen lassen. Bei verkalkten Cysticerken zeigen die Bindegewebslagen oft ein hyalines Aussehen, die Kerne sind sehr spärlich, die Gefäße können obliteriert sein. Die Bindegewebsschicht geht nach außen ohne scharfe Grenze in die Zone der Infiltratzellen bzw. der rundzelligen Infiltration über. In ihr finden sich sehr zahlreiche Plasmazellen, Mastzellen, eosinophile

Lymphocyten und Gliakerne. Zwischen diesen Zellen sieht man Glia- und Bindegewebsfasern, sowie Gefäße mit perivasculärer Infiltration. Liegt der Parasit im Hirngewebe, so schließt sich an die Infiltrationszone eine mehr oder weniger breite Schicht an, in der sich eine deutliche Gliareaktion erkennen läßt. In derselben sind die nervösen Elemente regressiv verändert bzw. geschwunden. Die Gliafasern sind stark vermehrt, es finden sich plasmareiche Gliazellen, Astrocyten usw. Diese Gliareaktion klingt allmählich nach außen ab. An Präparaten mit Markscheidenfärbung sieht man gelegentlich auch in größerer Entfernung von dem Parasiten noch eine Aufhellung des Marklagers.

Bei nicht abgestorbenen, gut fixierten Blasen sieht man bei starker Vergrößerung nicht so selten einen Stäbchenbesatz (Abb. 5) der Cuticula (Borsten sind bei Cestoden nicht selten, die Haken sind differenzierte Borsten). Dieser wurde von HENNEBERG, später von KOCHER und WEINBERG beschrieben. Bei älteren Exemplaren mit regressiven Veränderungen fehlt er regelmäßig. Oft ist die Blase mehr oder weniger zusammengefallen. Es kann dann zu einer Verklebung oder Verwachsung der Innenflächen der Membran kommen, so daß auf dem Querschnitt Bänder erscheinen, die beiderseits von einer Cuticula begrenzt sind (Abb. 5). Die Cuticula zeigt oft eine starke Buckelung bzw. Einkerbung der Oberfläche. Die sich zwischen den Einkerbungen erhebenden Prominenzen sind halbkugelig oder lappig und zeigen eine stark lichtbrechende Kontur. Liegen die Cysticerken in der Pia, so beteiligt sich diese an der Kapselbildung. Man findet gelegentlich eine hochgradige kleinzellige Infiltration des pialen Gewebes, die sich namentlich auch auf die Gefäßwandungen erstreckt. Die der Kapsel anliegende Hirnsubstanz zeigt nur sehr selten tiefgreifendere Veränderungen. Bei jungen Cysticerken vermißt man reaktive Veränderungen fast völlig. In der Umgebung älterer Blasen findet sich eine meist nur wenige Millimeter breite Zone, in der sich infiltrative Entzündung, Erweichung, Atrophie oder Sklerose konstatieren läßt (Abb. 6).

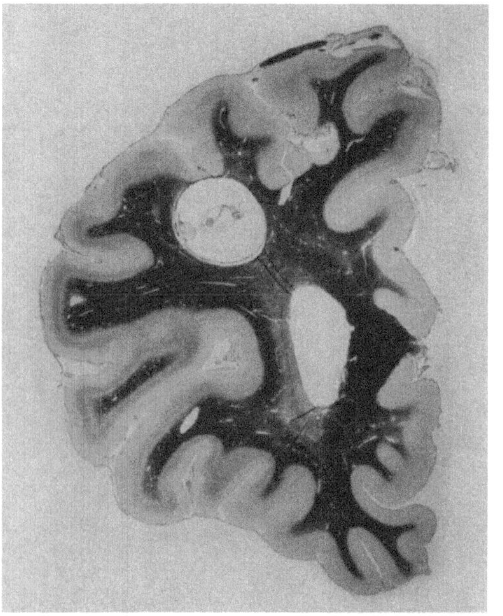

Abb. 6. Cysticercusblase im Mark des Stirnhirns. Zarte Kapsel. Markscheidenfärbung. (Nach einem Präparat von HALLERVORDEN.)

Vereiterung eines Cysticercus ist offenbar sehr selten. BLEIER, DIENHOLT und BRENNER berichten über einen Fall, in dem ein kindsfaustgroßer Cysticercus des rechten Schläfenlappens durch eine Otitis media infiziert worden war, seine Höhle hatte sich mit grünlichem Eiter gefüllt.

Auf die anatomischen Besonderheiten, die der sog. Cysticercus racemosus, die basale und spinale Cysticerkenmeningitis und die Ventrikelcysticerken bieten, wird weiter unten eingegangen werden.

Das **Krankheitsbild,** das durch die Invasion von Cysticerken in das Gehirn bedingt wird, ist ein sehr mannigfaltiges. Im allgemeinen läßt sich nur sagen, daß in der Regel das Krankheitsbild einer organischen Hirnaffektion vorliegt, das nur sehr wenig Charakteristisches und nichts Pathognomonisches darbietet. Wenn wir von rindenepileptischen Anfällen absehen, fehlen sehr häufig ausgesprochene dauernde Herdsymptome, eine Erscheinung, die im Gegensatz zu andersartigen herdförmigen Hirnaffektionen bis zu einem gewissen Grade als charakteristisch bezeichnet werden kann.

Der *Symptomenkomplex* ist abhängig von der Menge der eingewanderten Parasiten, von dem Entwicklungsstadium derselben, von ihrer Lokalisation, von den Gehirnveränderungen, die sie bedingen und schließlich anscheinend auch von einem individuellen Faktor, d. h. von der Reizbarkeit des Gehirns einem Fremdkörper gegenüber, wie ihn der Cysticercus darstellt.

Im Interesse der Diagnostik und einer systematischen Besprechung der Symptomatologie erscheint es zweckmäßig, die durch die Gehirncysticerkose bedingten Symptomenkomplexe in *Gruppen* zu sondern, wie dies bereits GRIESINGER getan hat. Eine Durchsicht der von GRIESINGER zusammengestellten Kasuistik läßt vielen Fällen gegenüber den Verdacht aufkommen, daß das gekennzeichnete Krankheitsbild nicht oder nicht ausschließlich von den bei der Sektion gefundenen Cysticerken abhängig war. Mit Bezug auf Gruppe 4 (psychische Störungen) macht denn auch bereits GRIESINGER die Bemerkung, daß in mehreren Fällen wohl noch anderweitige Ursachen zur Entstehung der Psychose mitgewirkt hätten. Jedenfalls haben unsere Kenntnisse über die Folgeerscheinungen herdförmiger Hirnaffektionen seit den Untersuchungen GRIESINGERS so erhebliche Fortschritte gemacht, daß die Einteilung GRIESINGERS, die sich im wesentlichen auf Allgemeinsymptome bezog, zur Zeit nicht mehr zweckdienlich erscheinen kann. *Unseres Erachtens* empfiehlt es sich nicht, bei der Einteilung einem Einteilungsprinzip streng zu folgen, sondern folgende Gruppen zu bilden:

1. Fälle, in denen die Cysticerken symptomlos bestanden und einen zufälligen Sektionsbefund darstellen.
2. Fälle, in denen ein cerebrales oder psychisches Krankheitsbild bestand, in denen jedoch die Symptome nicht ohne weiteres als abhängig von den Cysticerken bezeichnet werden können.
3. Fälle, in denen klinisch anscheinend eine genuine Epilepsie vorlag.
4. Fälle, in denen klinisch Rindenepilepsie im Vordergrunde stand.
5. Fälle, in denen Cysticerken ein einzelnes anderweitiges Herdsymptom (bzw. Symptomenkomplex) dauernd bedingten.
6. Fälle, in denen ganz vorwiegend psychische Störungen bestanden.
7. Fälle von basaler Cysticerkenmeningitis.
8. Cysticerken im Seitenventrikel, im III. und IV. Ventrikel.
9. Cysticerken am Rückenmark und die spinale Cysticerkenmeningitis.

Es bedarf nicht der Ausführung, daß sich nicht alle Fälle von Gehirncysticerken dieser Gruppierung fügen. Der Umstand, daß die Cysticerken sehr oft in Mehrzahl vorhanden sind, macht eine Einteilung, die allen Fällen gerecht wird, überhaupt unmöglich. Es ist ferner hervorgehoben, daß in vielen Fällen dem ausgesprochenen Symptomenkomplex eine Zeitlang sehr unbestimmte Krankheitserscheinungen wie Kopfschmerz, Schwindel, Reizbarkeit, allerlei nervöse Beschwerden voraufgehen können. In dieser Phase dürfte in der Regel das Leiden verkannt und die Diagnose auf einen neurotischen Zustand gestellt werden.

Eine Durchsicht der in der Literatur niedergelegten Kasuistik des Gehirncysticercus — dieselbe gehört infolge des Seltenerwerdens des Parasiten größtenteils schon der älteren Literatur an — ergibt, daß man früher sehr oft *psychische und cerebrale Symptome* ohne hinreichende Begründung auf Cysticerken bezog, die bei der Sektion sich vorfanden. Bei der Häufigkeit des Gehirncysticercus (bis zu 2% der Sektionen ergab einen positiven Befund) wurden naturgemäß auch häufig neben anderweitigen Gehirnveränderungen Cysticerken gefunden. Darauf gründete sich dann die Ansicht, daß die Anwesenheit von Cysticerken im Gehirn zu allerlei Hirnkrankheiten disponiere. Man glaubte z. B., daß die Cysticerken bei ihren Wanderungen durch das Hirngewebe gewisse Veränderungen hinterließen, die den Ausgangspunkt für Gehirnerkrankungen bilden könnten. Zur Zeit wissen wir, daß derartige Annahmen irrtümlich waren, und eine kritische Durchsicht der Literatur ergibt auch keine

Anhaltspunkte für eine derartige Wirkungsweise des Parasiten. Ein Hirnabsceß ist z. B. wohl niemals im Zusammenhange mit einem Cysticercus beobachtet worden.

Überhaupt ist bei der Beurteilung des Zusammenhanges eines cerebralen Leidens mit einem vorgefundenen Cysticercus Vorsicht geboten. Die Durchsicht der Kasuistik legt die Vermutung nahe, daß die Toleranz Gehirncysticerken gegenüber eine sehr verschiedenartige sein kann. Fälle, in denen Cysticerken auch in erheblicher Anzahl und Größe gefunden wurden, die klinisch sich nicht bemerkbar gemacht hatten, sind oft veröffentlicht worden (vgl. u. a. GRIESINGER). Andererseits gibt es Fälle, die geradezu als perniziös bezeichnet werden können (MANASSE, MERKEL, SOLTMANN). In dem Falle, über den MANASSE berichtete, wurde nach einem Krankheitsverlauf von 48 Stunden durch einen weinbeergroßen Cysticercus des linken Thalamus der Tod bedingt.

Die ältesten Beobachtungen von Gehirncysticerkose (RUMLER 1588, PANAROLUS 1650) beziehen sich auf Fälle von **Cysticerkenepilepsie.** 1862 veröffentlichte GRIESINGER seine grundlegende Arbeit über diesen Gegenstand. Er macht noch keinen scharfen Unterschied zwischen genuiner Epilepsie und Rindenepilepsie, seine Ausführungen lassen jedoch erkennen, daß er das Vorkommen beider Anfallsformen bei Gehirncysticerkose kennt. Als charakteristisch für die Cysticerkenepilepsie hält GRIESINGER einen rasch progressiven Verlauf und die Häufigkeit eines Überganges in einen tödlichen Status epilepticus, ein solcher trat in der Hälfte der von ihm zusammengestellten Fälle ein. Die Ursachen für den perniziösen Verlauf der Cysticerkenepilepsie glaubte GRIESINGER in einem raschen Wachstum der Parasiten sehen zu müssen. Des weiteren erachtete GRIESINGER folgende Momente hinsichtlich der Diagnose für bedeutungsvoll: Unwahrscheinlichkeit einer anderen Hirnaffektion, Beginn der Epilepsie in höherem Alter (über 40) und das Fehlen von Lähmungserscheinungen im Beginn des Leidens. Auf Grund dieser Anhaltspunkte stellte GRIESINGER in einem Falle die richtige Diagnose. Es handelte sich um einen Fall von Status hemiepilepticus, der etwas Charakteristisches nicht bot, und wir müssen heute sagen, daß die Diagnose nur zufällig eine zutreffende war. Neben Anfällen, die der gewöhnlichen Epilepsie — nicht selten handelt es sich auch um petit-malartige Zustände ohne Krampfsymptome — entsprechen und solchen vom Typus der JACKSONschen Epilepsie (nicht so selten kommen verschiedene Anfallsformen bei ein und demselben Patienten zur Beobachtung) kommen bei der Gehirncysticerkose atypische Krampfzustände mannigfaltiger Art vor. Auch diese Anfälle können als pathognomonisch keineswegs bezeichnet werden. Es handelt sich bald um koordinierte, unwillkürliche Bewegungen, bald um (bisweilen lange anhaltende) Zuckungen einzelner Muskelgruppen, besonders der Kopf- und Halsmuskulatur[1]. Auch Anfälle von tonischem Krampf (Trismus, Opisthotonus), von Zittern, Schluchzen und Singultus werden beobachtet (OPPENHEIM). Die Krampferscheinungen, die bald mit, bald ohne Bewußtseinsstörungen einhergehen, zeigen hinsichtlich ihrer Lokalisation und ihrer Intensität auch in ein und demselben Falle bisweilen eine große Mannigfaltigkeit. In dem Falle z. B., den FISCHER veröffentlichte, waren die Anfälle einem beständigen Wechsel unterworfen. Die verschiedenen Arten der Anfälle traten in Serien auf, und zwar so, daß innerhalb einer Serie nur Anfälle des gleichen Typus vorkamen, ein Typus schwand dauernd, wenn ein neuer einmal aufgetreten war. Derartige „*hysteriforme*“ *Anfälle* kombinieren sich gelegentlich mit rein hysterischen Symptomen und mit Anfällen von völlig hysterischem Charakter. Es liegt auf der Hand, daß dadurch Krankheitsbilder entstehen, die sich sehr leicht einer richtigen Beurteilung entziehen.

Während früher es als ein häufiges Vorkommnis galt, daß genuine *Epilepsie* durch eine Invasion von Cysticerken in das Gehirn bedingt wird, finden

[1] REICH bezog einseitige Krämpfe der äußeren Kehlkopfmuskulatur auf einen kleinen, verkalkten Cysticercus in der Gegend des Operculum frontale.

sich in der neuen Literatur nur spärliche Angaben über Cysticerkenepilepsie. Es hat den Anschein, daß man früher die Häufigkeit der Cysticerkenepilepsie überschätzt hat. Man gelangt zu dieser Annahme, auch wenn man berücksichtigt, daß die Häufigkeit des Parasiten außerordentlich abgenommen hat. Ein großer Teil der früher schlechthin als Epilepsie bezeichneten Fälle dürfte zur Zeit als symptomatische Epilepsie erkannt werden, doch ist zuzugeben, daß typische epileptische Anfälle lange Zeit hindurch das einzige Symptom einer bestehenden Hirncysticerkose sein kann. Eine Diagnose dürfte in solchen, immerhin seltenen Fällen kaum möglich sein. In anderen Fällen dürfte es sich lediglich um zufällige Cysticerkenbefunde bei Epileptischen gehandelt haben. Nicht selten finden sich denn auch in den mitgeteilten Krankengeschichten Anhaltspunkte für die Auffassung, daß die Cysticerken akquiriert wurden, als die Epilepsie bereits bestand (Moltschanoff, Giammi).

In dem Falle von Salinger und Kallmann hat es sich sehr wahrscheinlich um eine Kombination von genuiner mit einer Cysticerkenepilepsie gehandelt. Der Kranke hatte bereits in der Jugend Anfälle, die im 20. Lebensjahr wieder hervortraten. Später infizierte er sich mit Lues und es entwickelte sich das Krankheitsbild einer Paralyse. Es liegt auf der Hand, daß unter so komplizierten Bedingungen eine Diagnose nicht möglich war.

Dürfte so in manchen Fällen ein ätiologischer Zusammenhang zwischen Cysticercus und *genuiner Epilepsie* nicht bestanden haben, so ist man doch nicht berechtigt, das Vorkommen von genuiner Epilepsie bei Cysticerkose überhaupt zu bezweifeln[1]. Jedenfalls wird man eine gewisse angeborene oder erworbene Disposition bei den durch die Anwesenheit von Cysticerken im Gehirn epileptisch gewordenen Individuen annehmen müssen, denn Fälle, in denen Gehirncysticerken nicht zur Epilepsie führten, sind häufig. Heredität und Alkoholismus dürften dabei in erster Linie in Frage kommen. Die Annahme liegt nahe, daß bei einem derartig disponierten Individuum die epileptische Veränderung, die der genuinen Epilepsie zugrunde liegt, durch die Anwesenheit der Cysticerken im Gehirn hervorgerufen wird. Derartige Fälle sind von Henneberg u. a. mitgeteilt worden. Eine Möglichkeit, solche Fälle ohne weitere Anhaltspunkte mit einiger Sicherheit zu erkennen, liegt kaum vor. Immerhin wird man an Cysticerkenepilepsie denken müssen, wenn die Epilepsie spät auftritt, ätiologische Momente wie Lues, Arteriosklerose, Trauma, Alkoholismus usw. nicht vorliegen und eine Verschlechterung in Schüben sich geltend macht. Oft liegen übrigens die Verhältnisse so, daß zu einer anscheinend genuinen Epilepsie sich im weiteren Krankheitsverlauf anderweitige cerebrale Symptome, insbesondere Herderscheinungen, hinzugesellen, oder es bestehen von vornherein solche neben Anfällen vom Typus der genuinen Epilepsie, in solchen Fällen wird man allerdings nicht mehr von genuiner Epilepsie reden. Hingewiesen sei schließlich noch einmal auf Fälle, in denen bei einem anscheinend gesunden Individuum plötzlich allgemeine Krämpfe auftreten und rasch den Exitus herbeiführen (Griesinger, Marchand u. a.). Solche Fälle sind selten im Vergleich zu den Fällen, in denen lange Jahre hindurch Cysticerkenepilepsie bestand. So bestanden im Falle Guillains die Anfälle 26, im Falle Lehmanns 13, im Falle Bulgaris' 12, im Falle Burzios 2 Jahre lang. Nach langem Bestehen der Epilepsie kann der Tod plötzlich in Anfällen eintreten (Fraenkel und Walkhoff). Erregungs-, Verwirrtheits- und Dämmerzustände kommen wie bei genuiner Epilepsie vor. Von den Autoren wird nicht selten die Epilepsie, auch die Jacksonschen Anfälle, auf eine Toxinwirkung zurückgeführt.

[1] Arthur berichtet, daß im englischen Kolonialheer die Cysticerkenepilepsie relativ häufig ist, fast immer findet sich in den Fällen Eosinophilie.

BULGARIS spricht von Cysticerkentoxinämie. In manchen Fällen spielt wahrscheinlich ein Hydrocephalus eine Rolle (CROVERI und MARCOLONGO).

Viel durchsichtiger liegen in der Regel die Verhältnisse in Fällen, in denen der Cysticercus das Krankheitsbild der **Rindenepilepsie** bedingt. GRIESINGER berichtete bereits 1862 über einen sehr charakteristischen derartigen Fall und zog aus demselben den Schluß, daß die Gegend des Parazentrallappens einen Einfluß auf die Bewegung des Beines habe. Später sind derartige Fälle oft mitgeteilt worden, u. a. neuerdings von POSSELT und MAYDL, BROCA-WAQUET, LÉON u. a. Irgendwelche Besonderheiten bieten die Fälle von Cysticerken-Rindenepilepsie nicht [1]. Die Diagnose wird selten mit einiger Sicherheit gestellt werden können, am ehesten noch in solchen Fällen, in denen Hautcysticerken (POSSELT, OPPENHEIM, GRÜNSTEIN u. a.) oder eine Taenia solium auf die Ätiologie des Leidens hinweist. Im Gegensatz zu den Fällen von JACKSONscher Epilepsie, denen ein Tumor zugrunde liegt, verlaufen die durch Cysticerken bedingten Fälle meist nicht oder wenig progressiv. In solchen Fällen muß man immer an einen Cysticercus denken, wenn das Leiden jahrelang andauert, ohne daß weitere Symptome hinzutreten. Bisweilen sind aber die Fälle von Cysticerken-Rindenepilepsie gerade durch einen perniziösen Verlauf ausgezeichnet. HENNEBERG beobachtete einen 57jährigen, früher stets gesunden Mann, der plötzlich an Status hemiepilepticus erkrankte und in wenigen Tagen, nach etwa 100 Anfällen, zugrunde ging. Bei der Sektion fand sich ein einziger Cysticerk im Fuß der 1. Stirnwindung. Die Anfälle begannen in diesem Falle nicht im Bein, sondern im Facialisgebiet. Man muß annehmen, das daß dem Parasiten unmittelbar anliegende Beinzentrum sich an den allmählich zunehmenden Reiz gewöhnt hatte, so daß die weiter entfernt liegenden Zentren lebhafter auf die Reizwirkung reagierten.

In manchen Fällen stellen sich neben rindenepileptischen Anfällen frühe oder später allgemeine Krampfanfälle ein (PARONA, POSSELT u. a.). Auch abgestorbene und völlig verkalkte Blasen können Rindenepilepsie bedingen (COHN u. a.).

In Fällen von lokalisierter Cysticerkenepilepsie ist bereits oft operiert worden. Die Kasuistik läßt erkennen, daß in der Regel die richtige Diagnose vor der Operation nicht gestellt worden war. (In einigen Fällen [BEHRMAN, DENNY-BROWN, BERGHOLD] ermöglichte das Röntgenbild die Diagnose, s. u.) Veröffentlicht wurden Fälle von v. MIKULICZ und TIETZE, MAYDL, FISCHER, TROJE, GOHL und JAKOBI, WINKLER, WALKER und HALL, FED. KRAUSE, BROCA und WAGNER, DONATH, FÖRSTER, GOLDSTEIN, PFEIFER, BOURGET, GUCCIONE, BUCCI, M. BORCHARDT, MONIR, CHRISTOPHE, HORÁK u. a. Der Parasit bzw. die Parasiten fanden sich fast durchweg in der motorischen Region. Völlige Heilung trat nur in einer kleinen Anzahl der Fälle ein (MAYDL, BROCA und WAQUET, GOLDSTEIN, CASSIRER und BORCHARDT, MINTZ, ARCE). Infolge der Multiplizität des Parasiten war der Verlauf in der Regel ein ungünstiger. In einem Falle von WIMMELMANN fand sich eine kleine extradurale Blase, nach der Operation trat wesentliche Besserung ein. Die Deutung des Falles gibt zu Zweifeln Anlaß. Treten nach der Operation Anfälle wieder auf oder wird die Operation abgelehnt, so wird man Bromsalze und Luminal verordnen. Röntgenbestrahlung (nach dem Vorschlag von LÖWENTHAL) kann versucht werden. Es ist denkbar, daß der meningitische bzw. encephalitische Prozeß in der Umgebung des Parasiten günstig beeinflußt wird. Bestehen Anzeichen dafür, daß ein Hydrocephalus in dem Krankheitsbild eine Rolle spielt, kommt Behandlung mit Lumbalpunktionen in Frage. Auf die Möglichkeit einer spontanen

[1] Neuritis optica wird in solchen Fällen (und in Fällen von Cysticerkenepilepsie) in der Regel vermißt, sie kommt fast nur in solchen Fällen von Cysticerkose vor, in denen es zur Entwicklung eines Hydrocephalus gekommen ist.

Heilung bzw. Besserung durch Absterben der Parasiten haben OPPENHEIM und GRÜNSTEIN hingewiesen, doch hat die Erfahrung gezeigt, daß auch abgestorbene und verkalkte Blasen Rindenepilepsie bedingen können.

DE RENZI will von einer lang dauernden Behandlung mit Extractum filicis maris eine Wirkung gesehen haben.

Wie schon GRIESINGER hervorgehoben hat, ruft der Cysticercus nur selten dauernde ausgesprochen cerebrale Ausfallssymptome hervor. Es hängt dies offenbar damit zusammen, daß die Blasen relativ selten im Hirngewebe selbst sitzen und letzteres mehr verdrängen als zerstören. Hierdurch erklärt es sich, daß dauernde Hemiplegie (ASKANAZY), Hemianopsie usw. bei Cysticerkose nur selten vorkommen. Öfters sind dagegen aphasische Symptomenkomplexe beobachtet worden. Sie sind bedingt durch Cysticerken, die sich in der Fossa Sylvii ansiedeln und die anliegende Hirnrinde in großer Ausdehnung schädigen. GEELVINK sah motorische Aphasie, ASKANAZY sensorische. In dem intra vitam durch Hirnpunktion diagnostizierten Falle PFEIFFERS bestand corticale sensorische Aphasie, rechtseitige ideokinetische Apraxie, Dyspraxie der linken Hand und ganz geringe rechtsseitige Hemiparese. Komplizierte Symptomenkomplexe lagen auch in den Fällen von REINHARD und A. PICK vor, es handelte sich u. a. um optisch motorische Störungen (Störungen der Tiefenlokalisation).

Psychische Störungen sind in Fällen schwererer Gehirncysticerkose in der Regel vorhanden. Es handelt sich um Zustandsbilder, die nichts Charakteristisches bieten und auch bei anderen organischen Gehirnaffektionen vorkommen. So beobachteten MARTINOTTI und TIRELLI neben Epilepsie agitierte „Melancholie, bzw. Tobsucht“, BLACK Manie und Demenz, LIEBSCHER halluzinatorische Erregung mit Größenideen und apathischen Zuständen, ZIVIERI „Katatonie“ und Demenz, PREOBRANSCHENSKY halluzinatorische Verwirrtheit mit Wahnbildung, HOPPE, METTKE, GONZALES, Salinger und KALLMANN u. a. paralyseähnliche Krankheitsbilder. In den meisten derartigen Fällen dürfte der Nachweis, daß die psychischen Störungen Begleiterscheinungen einer gröberen Hirnläsion sind, leicht zu führen sein. Doch kommen auch Fälle vor, in denen im wesentlichen das Bild einer funktionellen Psychose besteht. Die Beurteilung der vorliegenden Kasuistik ist dadurch erschwert, daß in vielen Fällen die Möglichkeit besteht, daß es sich um ein zufälliges Zusammentreffen von Psychose und Hirnparasit handelte, oder daß die betreffenden Kranken sich erst während des Bestehens der Psychose mit Cysticerken infizierten.

Bereits ULRICH wies auf den Zusammenhang zwischen Geisteskrankheit, Unreinlichkeit und Gehirncysticerkose hin. WENDT berichtete über einen Geisteskranken, der nicht selten seinen Kot verschluckte. Die Sektion ergab im Hirn über 30 Cysticerken, im Darm eine Taenia solium; über einen ähnlichen Fall berichtete HEBOLD. In dem angedeuteten Sinne ist auch das gelegentliche Zusammentreffen von Dementia paral. oder senilis und Gehirncysticerkose zu beurteilen. Nur sehr selten sind Fälle beobachtet worden, in denen bereits die Invasion zahlreicher Taenienembryonen in das Hirn zu einem psychischen und cerebralen Krankheitsbild führten. Am überzeugendsten ist das Fall OTTOS. Die betreffende Patientin, deren Hirn bei der Sektion von etwa 400 kleinen Cysten durchsetzt gefunden wurde, erkrankte akut mit Kopfschmerz, Schwäche, hochgradiger Unruhe, der bald ein mehrtägiger soporöser Zustand folgte. Danach erholte sich die Patientin zunächst vorübergehend, dann entwickelte sich eine remittierend verlaufende Psychose, deren Symptome: Delirien, heftige Erregungszustände, Apathie, Angst, Vergeßlichkeit waren. Der Tod trat sehr plötzlich ein. Fälle, in denen das Krankheitsbild einer „funktionellen Psychose“ im Vordergrund stand, teilten MESCHEDE (dämonomanische, chronische Paranoia), GIANNI (Verfolgungswahn mit Halluzinationen), HENNEBERG, GIRANDET, BECOULET (Depressionszustand), WILLIAMS („Manie“) mit.

Eine Prädilektionsstelle für die Ansiedelung von Cysticerken bildet die *Hirnbasis*. Die in diese Gruppe gehörigen Fälle bieten in mehrfacher Hinsicht ein besonderes Interesse. Die Cysticerken, die sich an der Hirnbasis entwickeln, zeigen sehr oft einen besonderen Habitus, sie bedingen schwere meningitische und arteriitische Veränderungen und dadurch ein Krankheitsbilrd, das besonders auch in differentialdiagnostischer Hinsicht manches Bemerkenswerte bietet.

Fälle von **basaler Cystikerkenmeningitis** finden sich in der Literatur in der Regel unter der Bezeichnung: **Cysticercus racemosus** veröffentlicht. Der Cysticercus zeigt an der Hirnbasis, sobald er eine größere Ausdehnung gewinnt, in der Regel eine eigenartige Wachstumsart (Abb. 7), die so abweichend von der gewöhnlichen Konfiguration der Cysticerkenblasen ist, daß VIRCHOW, der diese Form zuerst 1860 beschrieb, Bedenken trug, die Gebilde als Cysticerkenblasen

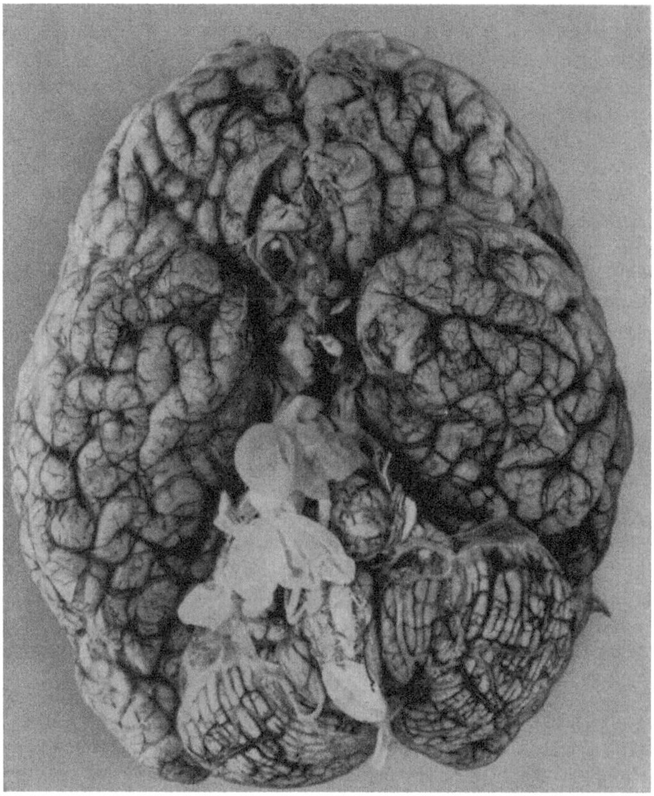

Abb. 7. Racemoser Cysticercus an der Hirnbasis. (Befund von HALLERVORDEN.)

anzusprechen; er bezeichnete sie daher als Traubenhydatiden der weichen Hirnhaut. Abgebildet hat den Cysticercus racemosus zuerst VON SIEBOLD. ZENKER wies 1882 in einem derartigen Gebilde einen Finnenkopf vom Bau des Scolex des Cysticercus cellulosae nach und schuf die Bezeichnung: Cysticercus racemosus. Daß die in Rede stehenden Gebilde der Taenia solium angehören, ist seit ZENKERS Untersuchungen nicht mehr in Zweifel gezogen worden. In einem Falle BITOTS soll es sich allerdings um den Cysticercus der Taenia saginata gehandelt haben. An dem vorgefundenen Kopf fanden sich keine Haken. Eine völlige Beweiskraft besitzt diese Beobachtung jedoch nicht, da die Möglichkeit vorliegt, daß es sich um eine Anomalie oder um eine Degeneration eines Cysticercus der Taenia solium gehandelt hat. Jedenfalls steht die Beobachtung BITOTS völlig vereinzelt da.

Nach ZENKER, der sich auf 15 vorwiegend aus der Literatur zusammengestellte Fälle bezieht, stellt der Cysticercus racemosus eine Form des Cysticercus cellulosae dar, die durch abnorme Größe und Form ausgezeichnet ist. Er findet sich am häufigsten in den Subarachnoidealräumen der Hirnbasis, seltener an der Konvexität und in den Ventrikeln. ZENKER unterscheidet buchtige, mehrblasige, acinöse und traubige Formen. Häufig kombinieren sich die genannten Formen, so daß sehr komplizierte, verzweigte Gebilde zustande kommen können, die eine Länge bis zu 20 cm, nach HELLER bis zu 25 cm erreichen können. Zweckmäßig ist es, nur die großen Formen als Cysticercus racemosus zu bezeichnen. Für die buchtigen Exemplare empfiehlt MARCHAND die Bezeichnung Cysticercus lobatus, für die mit Nebencysten: Cysticercus multilocularis.

Die abnorme Größen- und Formentwicklung des *Cysticercus racemosus* beruht nach ZENKER nicht auf einer passiven Ausdehnung der Blasen infolge von Diffusionsvorgängen, sondern auf einem abnormen Wachstum des lebenden Wurmes. Jedenfalls ist eine Vorbedingung für dasselbe, daß der Cysticercus nicht nach allen Richtungen abgekapselt ist und einen Spielraum für seine Entwicklung findet. In den Subarachnoidealräumen an der Basis des Hirns findet sich daher die racemose Form am häufigsten, Andeutungen einer racemosen Gestaltung sieht man jedoch auch häufig bei Cysticerken der Konvexität und der Ventrikel. Die Abbildung GRIESINGERS läßt z. B. eine sehr buchtige Form an der Konvexität erkennen. Jedenfalls weist das gewöhnliche Vorkommen des Cysticercus racemosus an der Basis darauf hin, daß in erster Linie mechanische Verhältnisse die abnorme Form hervorrufen. Der Cysticercus durchwuchert die präformierten Hohlräume an der Hirnbasis und paßt sich deren Gestalt an. Schrumpfungen der durch den Entzündungsprozeß neugebildeten Bindegewebszüge werden weitere Einschnürungen und Deformierungen zur Folge haben. Es würde sich somit weder um eine Mißbildung, noch um eine Degenerationsform, sondern um eine mechanisch bedingte Wachstumsanomalie bzw. um eine Anpassung an besondere Raumverhältnisse von seiten des Parasiten handeln. Es bleibt jedoch zweifelhaft, ob in ausreichender Weise unter dieser Annahme die Wachstumsanomalie zu erklären ist. Man findet nämlich auch schon bei kleinen Exemplaren eine sehr ausgesprochene racemose Form. So fand HENNEBERG ein etwa 2 cm langes Exemplar, das eine völlig baumförmige Verzweigung zeigte; andererseits sieht man auch gar nicht selten Cysticerken von gewöhnlicher Form und Größe an der Hirnbasis, während gelegentlich auch in den Ventrikeln Cysticerken gefunden werden, die eine racemose Form zeigen. (Nach VIRCHOW und MARCHAND soll wie beim Echinococcus auch beim Cysticercus eine echte Blasenproliferation vorkommen, es sollen in der Wandung der Blasen sich Tochterblasen bilden können, die später nach außen oder nach innen vorwachsen. Durch neuere Untersuchungen wird diese Annahme nicht gestützt.)

Im Sinne einer Degeneration wurde der Umstand gedeutet, daß in den Cysticerkenblasen um so seltener die Auffindung eines Kopfes gelingt, je mehr sie den racemosen Typus aufweisen. Es ist jedoch zu beachten, daß die Auffindung des Kopfes in den vielverzweigten Gebilden, die sich selten vollständig aus dem stark verdickten Gewebe der Arachnoidea herauspräparieren lassen, sehr erschwert ist und ein Kopf sich leicht der Feststellung entzieht. Es kommen übrigens auch Cysticerken von normaler Form vor, die einen Kopf vermissen lassen (Acephalocysten). Nach einigen Autoren soll dem Cysticercus racemosus das Exkretionssystem fehlen (BITOT, SABRAZÈS), auch dies wurde als der Ausdruck einer Degeneration aufgefaßt. Diese Annahme hat sich nicht bestätigt. HENNEBERG konnte sogar in den stark regressiv veränderten Parasitenmembranen ein Kanalsystem nachweisen.

Ein neuropathologisches Interesse gewinnt der Cysticercus racemosus dadurch, daß er an der *Hirnbasis* eine chronische Entzündung der Hirnhaut hervorruft, von der im wesentlichen die klinischen Erscheinungen abhängig sind.

Bereits VIRCHOW hob hervor, daß die Arachnoidea in der Umgebung der „Traubenhydatiden“ eine verdickte und fast sehnige Beschaffenheit zeige. Die Veränderungen sind besonders über dem Pons, in den Kleinhirnbrückenwinkeln und in der Umgebung des Chiasmas ausgesprochen.

Der makroskopische Befund der basalen Cysticerkenmeningitis ist ein eigenartiger und kann unter Umständen selbst einen erfahrenen Obduzenten irreführen. Die zusammengefallenen Parasitenblasen können derartig von fibrösen

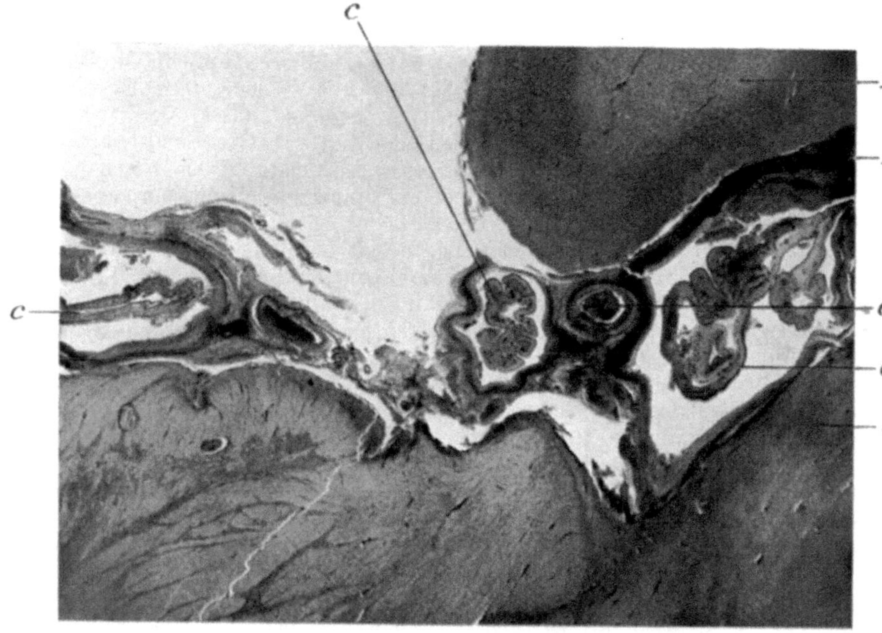

Abb. 8. Basale Cysticerkenmeningitis. Hirnbasis zwischen Pons und Temporallappen. *a* Arterie mit peri- und endarteriitischen Veränderungen, *c* Cysticerkenmembranen, *f* Temporallappen, *k* kleinzelliges Exsudat, *i* infiltrierte Pia.

Massen überdeckt sein, daß sie ohne Präparation nirgends erkennbar sind. Anatomische Fehldiagnosen auf Arachnitis chron., fibrosa bzw. gummosa können vorkommen.

Eine genauere Kenntnis der feineren anatomischen Veränderungen, die sich bei der basalen Cysticerkenmeningitis vorfinden, haben wir, insbesondere durch die Untersuchungen von ROSENBLATH, ASKANAZY, SZCYBALSKY, HENNEBERG, SCHOB u. a. gewonnen.

Die weiche Hirnhaut zeigt besonders über der Brücke und im Bereich der Fossa Sylvii das Bild einer chronisch fibrösen Entzündung. Zwischen den Bindegewebslagen finden sich kleinzellige Infiltrate, die an die gummösen erinnern, doch zeigen sie keine Tendenz zur Nekrose und zum Übergreifen auf das Gehirngewebe. Die in dasselbe eintretenden Gefäße lassen jedoch kleinzellige Infiltrationen erkennen. Zwischen den verdickten Blättern der weichen Hirnhaut liegen bald mehr, bald weniger abgekapselt, stark regressiv veränderte, zum Teil verkalkte Cysticerkenreste in Gestalt von bei VAN GIESONscher Färbung intensiv gelb bis rotbraun gefärbten, oft gefalteten Bändern mit gekerbten Konturen oder in Gestalt von Klumpen von hyalinem Aussehen. Liegen noch Gebilde mit einem Hohlraum vor, so ist dieser vorwiegend von einer schwach färbbaren, in Schollen zersprengten homogenen Masse erfüllt (Abb. 8). Die Cysticerkenreste können oft schwer auffindbar sein, so daß die Ursache der chronischen Leptomeningitis dem Untersucher zunächst unklar bleiben kann (VERSÉ). Die den Cysticerkenresten anliegende zellreiche Schicht setzt sich aus Riesenzellen, leukocytären, lymphocytären, spindelförmigen und epitheloiden Elementen zusammen. Nach außen folgen kernarme, fibröse Lagen, zwischen denen sich kleinzellige Infiltrate, sowie Plasma und Mastzellen finden. Sudanpräparate zeigen eine starke Fetteinlagerung in diesen zelligen Elementen (SCHOB). Die Gefäßveränderungen betreffen ganz vorwiegend die Arterien, sie sind am stärksten da entwickelt, wo sie Cysticerkenresten anliegen. Die Intimawucherung entspricht dem Bilde der luischen Endarteriitis obliterans, doch ist die Verdickung meist ungleichmäßig und führt selten zu einem völligen Gefäßverschluß. Das neugebildete Intimagewebe zeigt wenig Tendenz zu regressiven Veränderungen. Wie bei Lues kommt es gelegentlich zur Bildung eines doppelten oder mehrfachen Lumens. Oft sieht man Neubildung und Auffaserung der Elastica. Riesenzellen finden sich gelegentlich in der Intima und Media. An den Stellen der Intimawucherung ist die Media atrophisch, gelockert oder durch ein fibröses, manchmal kleinzellig infiltriertes Gewebe ersetzt. Die Adventitia ist verdickt und kleinzellig infiltriert. Nicht selten finden sich mit der Adventitia zusammenhängende, oft nur hanfkorngroße Knoten, die Bindegewebskapseln um weitgehend regressiv veränderte Cysticerken darstellen. An den Venen sind die Veränderungen weit weniger ausgesprochen. LEHMANN beschrieb Endothelveränderungen (Endophlebitis cysticercosa).

Neben den beschriebenen Veränderungen an den Häuten und den Gefäßen der Basis findet man in den meisten Fällen noch vereinzelte Cysticerken in der Hirnsubstanz, in der Pia der Konvexität oder in den Ventrikeln. Bemerkenswert ist, daß man stellenweise auch in größerer Entfernung von den Parasiten, wenn auch weniger ausgesprochene, chronisch entzündliche Veränderungen in den Häuten und Gefäßen findet. Fast regelmäßig — auch in Fällen, in denen sich in den Plexus und in den Ventrikeln keine Parasiten finden — besteht eine beträchtliche Erweiterung der Hirnhöhlen mit oft hochgradiger Ependymitis. Die Entstehung des Hydrocephalus bei basaler Cysticerkenmeningitis dürfte in erster Linie auf Rechnung des meningitischen Verschlusses des Foramen Magendi und der Aperturae laterales des IV. Ventrikels zu setzen sein, wobei sich eine nebenherlaufende Toxinwirkung nicht ausschließen läßt. Eine Kompression der venösen Abflußwege spielt im späteren Stadium eine Rolle.

Die Veränderungen an den Häuten und an den Gefäßen ähneln denen, die man bei anderweitigen chronischen Entzündungsprozessen, insbesondere aber bei der syphilitischen Leptomeningitis sieht. Allerdings zeigt das kleinzellige Infiltrat in der Regel nicht oder nur andeutungsweise die Tendenz, von den Meningen auf die Hirnsubstanz überzugreifen. Die beschriebenen Veränderungen bilden naturgemäß nicht einen für basale Cysticerkenmeningitis spezifischen Befund. Die Veränderungen, die man in der Umgebung von Cysticerken an der Konvexität findet, zeigen im wesentlichen das gleiche Bild, nur in weniger hochgradiger Entwicklung. Man findet schwere periarteriitische und entarteriitische Veränderungen an Gefäßen der Konvexität, die einem Cysticercus anliegen.

Die basale Cysticerkenmeningitis stellt ein bösartiges Leiden dar, das den Tod nach längerem — eine Krankheitsdauer bis zu 16 Jahren (HAHN) und 17 Jahren (BERGHOLD) wurde beobachtet — Siechtum zur Folge hat. Das Absterben der Cysticerken führt keineswegs zu einer Heilung oder wesentlichen Besserung. Die chitinösen Membranen sind offenbar außerordentlich widerstandsfähig und fallen nur sehr langsam der Resorption anheim. Sie üben nach dem Absterben des Parasiten als Fremdkörper einen dauernden Reiz aus und veranlassen einen chronischen Entzündungsprozeß, der nicht zur Ausheilung gelangt. Daß dabei wahrscheinlich eine sekundäre Infektion mit Mikroorganismen eine Rolle spielt, wurde bereits ausgeführt. ROSENBLATH berichtet, daß die entzündlichen Veränderungen um die abgestorbenen Parasiten schwerer waren als in der Umgebung der lebenden. An anderen Hirnstellen werden Cysticerken durch Abkapselung und schließlich eintretende Verkalkung viel häufiger relativ unschädlich gemacht. Daß dies an der Hirnbasis seltener geschieht, hängt wahrscheinlich damit zusammen, daß die Parasiten hier besonders günstige Existenzbedingungen finden, ein rascheres Wachstum gewinnen, wodurch eine vollständige Abkapselung erschwert wird, ein Umstand, der, wie bereits erwähnt, im Zusammenhang mit den vorliegenden Raumverhältnissen die racemose Formentwicklung veranlaßt.

Bei dem klinischen Symptomenkomplex, den die basale Cysticerkenmeningitis bedingt, handelt es sich um ein chronisches, langsam progressives Hirnleiden, das am meisten Ähnlichkeit mit der basalen Hirnlues bietet, wenn auch ausgesprochene Hirnnervenlähmungen verhältnismäßig selten sind. Im einzelnen ergibt die vorliegende Kasuistik folgendes: Kopfschmerz, Erbrechen, Schwindel, epileptiforme Anfälle, psychische Störungen und cerebellare Ataxie bilden in der Regel die Hauptsymptome. Neuritis optica scheint ein fast regelmäßiger Befund zu sein.

Hemianopsie stellt ein Symptom dar, das bei basaler Cysticerkenmeningitis nicht oft konstatiert wurde. In einem von HENNEBERG beschriebenen Fall mit Hemianopsie fand sich am Chiasma ein auffälliger Befund. Der vordere Recessus des III. Ventrikels war infolge von Hydrocephalus stark nach unten vorgetrieben und lagerte sich als ein bohnengroßer Tumor auf das atrophische Mittelstück des Chiasmas. CHOTZEN beschrieb einen ähnlichen Befund. Bei Hydrocephalus verschiedener Genese werden derartige Veränderungen nicht so selten beobachtet.

Hyperästhesie der Haut fand WOLLENBERG in 4 von 6 Fällen, ferner SCHOB. In einem Falle HENNEBERGS war die Hyperästhesie so auffallend, daß die Diagnose zunächst auf eine Polyneuritis gestellt wurde, eine Fehldiagnose, die um so näher lag, als der psychische Zustand (KORSAKOFFsche Psychose) die Diagnose zu stützen schien.

Vollständige und dauernde Lähmungen einzelner Hirnnerven sind offenbar selten. In der Regel findet man nur eine leichte Abducens- und Facialisschwäche (GUILLAIN sah klonisches Zucken der Augenlider und der Lippe). Dazu kommen leichte Reiz- und Ausfallserscheinungen von seiten des Trigeminus (Schmerzen, Hypästhesie, Herabsetzung des Cornealreflexes usw.) oder des Hypoglossus und Glossopharyngeus (BENDA). Dauernde schwere Erscheinungen von seiten des Oculomotorius sind nur selten beobachtet worden. So bestand z. B. in einem Falle CLARKES Ptosis, Mydriasis und Pupillenstarre links, später Ophthalmoplegie links und Parese des Rectus int. rechts. Es fand sich an der Hirnbasis keine typische Cysticerkenmeningitis, sondern nur eine einzelne Blase, die auf den Oculomotorius einen Druck ausgeübt hatte. MARCHAND beobachtete dagegen in einem Falle von typischer basaler Cysticerkenmeningitis eine rasch zurückgehende totale Ophthalmoplegie. Nystagmus sah CHOTZEN, ferner Ptosis und Pupillenstarre. Herabsetzung der Lichtreaktion und Pupillendifferenz sind nicht selten. KUFS fand in einem Falle Pupillenstarre bei negativer Wa.R.

Noch seltener scheint der Acusticus in Mitleidenschaft gezogen zu werden. Taubheit fand sich in den Fällen von BENDA und HENNEBERG. Abnahme des Gehörs, Zischen und Brausen vor den Ohren bestand bei einer Patientin WESTPHALS (Sektionsbefund: Cysticerken an der Basis, in der Hirnrinde und im IV. Ventrikel), auch BENDA und SCHWABACH, sowie SCHOB und GÜTTICH konstatierten Hörstörungen. GÜTTICH nahm Neurolabyrinthitis infolge von Cysticerkenmeningitis an.

Ganz vereinzelt sind die Beobachtungen, die sich auf eine Läsion des Olfactorius und des Hypoglossus beziehen. Im Falle MARCHANDS bestand Herabsetzung des Geruchsinns, besonders rechts. Bei der Sektion fand sich eine durch einen Cysticercus bedingte Druckerweichung des rechten Olfactorius. Anosmie lag auch im Falle CHOTZENS vor. In einem von VIRCHOW zitierten Fall DUPUYTRENS bestand *halbseitige Atrophie der Zunge,* die dadurch bedingt war, daß eine Cyste in das Foramen condyloides eingedrungen war.

Eine weitere Reihe von Herdsymptomen kann durch den in ausgesprochenen Fällen von basaler Cysticerkenmeningitis stets vorhandenen Hydrocephalus bedingt werden, so Seelenblindheit (RICHTER), Agraphie, Alexie, optische Aphasie (ROSENBLATH), Artikulationsstörungen, transitorische Amaurose, Hemianopsie, Hemiparese, Spasmen, Reflexsteigerung an den Extremitäten, statische

Ataxie usw. Erwähnt sei, daß im Falle JAKOBYS Glykosurie bestand. Auch hypophysäre Symptome kann der Hydrocephalus zur Folge haben (GOLDSTEIN). Nach BEIBLINGER können solche durch Übergreifen des entzündlichen Prozesses auf die Hypophyse bedingt werden, auch KUFS machte eine derartige Beobachtung.

Die psychischen Störungen, die wir bei der basalen Cysticerkenmeningitis finden, unterscheiden sich in nichts von denen, die bei Neubildungen des Gehirns, bei Lues cerebri und bei Hydrocephalus vorkommen. Relativ oft zeigen die Kranken das Bild des KORSAKOFFschen Syndroms in mehr oder weniger ausgesprochener Weise. Im terminalen Stadium besteht weitgehende Verblödung, Apathie, Schlafsucht oder ein stuporöser Zustand. Bei Kranken im vorgerückten Lebensalter liegt die Fehldiagnose auf Dementia arteriosclerotica bzw. senilis (TAKÁCS) nahe. Das Krankheitsbild kann auch dem einer dementen Paralyse sehr ähneln (KUFS). Derselbe Autor beschreibt einen Fall, in dem 1 Jahr lang eine schwere Angstpsychose vorzuliegen schien.

Die Diagnose bietet oft erhebliche Schwierigkeiten. Fehldiagnosen (Lues, Tumor, Hydrocephalus, Arteriosklerose) waren früher auch in den Kliniken die Regel. Pathognomonische Symptome bietet das Krankheitsbild der basalen Cysticerkenmeningitis nicht. Fälle, in denen Cysticerken der Haut oder des Auges, oder das Vorhandensein einer Taenia solium die Diagnose nahelegen, sind äußerst selten. (In 87 Fällen von Cysticerken, die DRESSEL 1863 den Sektionsprotokollen der Charité entnahm, fand sich keinmal eine Taenia solium im Darme.) Nach WOLLENBERG sind bis zu einem gewissen Grade für die Cysticerkenmeningitis das Fehlen eigentlicher Lähmungserscheinungen im Bereich der Extremitäten und der Mangel an Stabilität sämtlicher Symptome (diese macht sich insonderheit auch im Verhalten der Pupillen und der Patellarreflexe geltend) bis zu einem gewissen Grade charakteristisch. Neben dem Fehlen der Hemiplegie kann vielleicht die Seltenheit einer Oculomotoriuslähmung für die basale Cysticerkenmeningitis am ehesten noch als charakteristisch hingestellt werden. Es bedarf jedoch nicht der Ausführung, daß die genannten Momente nicht für die Stellung der Diagnose ausreichen.

Zur Sicherstellung der Diagnose (nicht nur der basalen Cysticerkenmeningitis, sondern der Cysticerkose überhaupt) kann unter Umständen die Lumbalpunktion und die Hirnpunktion führen. HARTMANN fand in einem Falle im Lumbalpunktat eine 7 cm lange Cysticerkenmembran, mehrere kleine Blasen (STERTZ). PFEIFER erhielt durch die Hirnpunktion ein Stück einer Cysticerkenmembran. Läßt das Röntgenbild charakteristische Kalkschatten (s. u.) erkennen, so kann dieser Befund für die Diagnose ausschlaggebend sein (Liquor und Blutbefund s. u.).

Der Therapie sind bei basaler Cysticerkenmeningitis sehr enge Grenzen gezogen. Eine Entfernung der Parasiten an der Hirnbasis auf chirurgischem Wege ist ausgeschlossen, immerhin wäre es möglich, Cysticerkenblasen, die in der Gegend des Kleinhirnbrückenwinkels liegen, auf operativem Wege zu erreichen. In einem Falle von ALURRALDE und SEPICH wurde eine subtemporale Kraniektomie gemacht und eine Blase entfernt. In einem Falle von Cysticerkenmeningitis, über den P. MEYER berichtete, wurde eine Entlastungstrepanation vorgenommen, die anscheinend lebensverlängernd wirkte. Pat. lebte nach der Operation, die zu einem starken Prolaps führte, noch 11 Jahre. In dem Falle von WINKEL scheint die vorgenommene Palliativtrepanation den Verlauf nur wenig beeinflußt zu haben. Man kann versuchen, den Hydrocephalus durch wiederholte Lumbalpunktionen bzw. durch Ventrikelpunktion und Balkenstich zu bekämpfen. Durch Darreichung von Jodkalium, durch

Schmierkuren und Röntgenbestrahlung läßt sich vielleicht die chronische Entzündung der Häute und des Ependyms günstig beeinflussen.

Eine besondere Besprechung verdienen des weiteren die Fälle, in denen sich *Cysticerken in den Gehirnventrikeln* ansiedeln. Die *Lokalisation* des Cysticercus cellulosae in den *Gehirnventrikeln* ist eine relativ häufige. Unter 128 Fällen von Gehirncysticerkose, die SATO zusammengestellt hat, fanden sich 48 Fälle von Ventrikelcysticercus. In diesen 48 Fällen handelt es sich 33mal um einen einzelnen Parasiten in einem der Ventrikel, und zwar in 22 Fällen um Cysticerken in dem IV. Ventrikel. Die Lokalisation des Cysticercus im IV. Ventrikel ist somit von einer auffallenden Häufigkeit, die einer besonderen Erklärung bedarf.

Daß die Ventrikelcysticerken durch eine aktive Wanderung aus den Subarachnoidealräumen in die Hirnhöhlen gelangen, ist wenig wahrscheinlich,

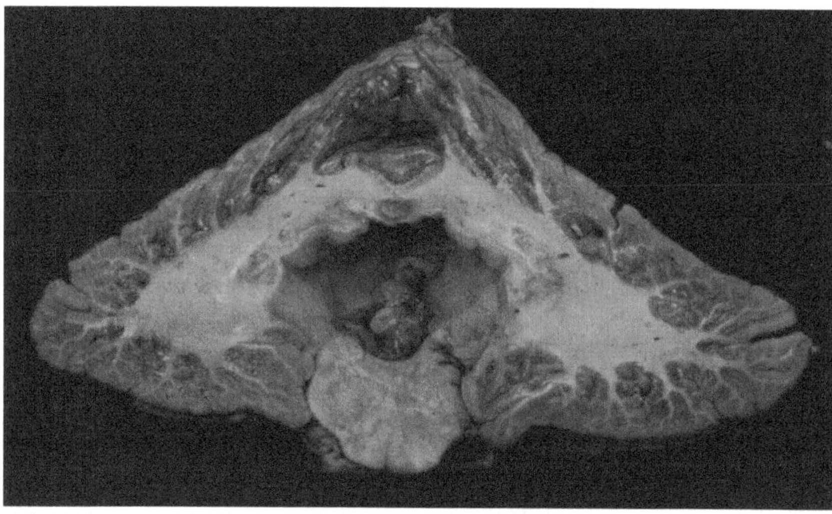

Abb. 9. Racemoser Cysticercus im hydrocephalisch erweiteren IV. Ventrikel. Ependymitis. (Befund von P. SCHROEDER.)

zumal sie sich gegen den Flüssigkeitsstrom bewegen müßten. Es liegt vielmehr nahe, anzunehmen, daß sie aus dem besonders gefäßreichen Plexus choroides stammen. Die Durchsicht der Literatur ergibt, daß Cysticerken in dem Plexus und in der Tela chorioidea relativ häufig gefunden werden. Nimmt man nun an, daß die Ventrikelcysticerken aus dem Plexus in die Ventrikel gelangen, so erklärt sich die relative Häufigkeit der Lokalisation der Parasiten im IV. Ventrikel in einfacher Weise. Es ist erwiesen, daß eine Bewegung des Liquors statthat, die von den Seitenventrikeln durch das Foramen Monroi, durch den III. Ventrikel und den Aquaeductus in den IV. Ventrikel führt, aus diesem fließt der Liquor durch das spaltförmige Foramen Magendii und die sehr engen Aperturae laterales in den Subarachnoidealraum ab. Man kann sich vorstellen, daß die jungen Cysticerken durch diese Strömung allmählich in den IV. Ventrikel geschwemmt werden und hier infolge ihrer Größenzunahme und der Enge der aus dem IV. Ventrikel führenden Wege festgehalten werden.

Die Kasuistik des Rautengrubencysticercus hat in den letzten Jahrzehnten eine erhebliche Vermehrung erfahren. In der Zusammenstellung GRIESINGERS (1862) finden sich nur 3 Fälle erwähnt. BRECKE stellte 1886 6 Fälle zusammen. Zur Zeit sind etwa 100 Fälle bekannt gegeben worden.

Der pathologisch-anatomische Befund beim Rautengrubencysticercus (Abb. 9) weist manche Besonderheiten auf. Die Parasitenblasen können ungewöhnlich groß sein — in dem Falle BRECKES handelte es sich um eine hühnereigroße Cyste, in dem KEMKES um eine walnußgroße — oder sie erreichen kaum die Größe eines Kirschkerns (HENNEBERG, OPPENHEIM, WILLE). Es ist von Interesse, zu konstatieren, daß das Krankheitsbild durch die Ausdehnung des Parasiten kaum beeinflußt wird. Selten handelt es sich um ein Konvolut von Blasen, um racemose Formen bzw. um mehrfache Exemplare (VIRCHOW, GRIESINGER, ROTHMANN, GUARMERIO).

Die Cysticerken liegen im Ventrikel verhältnismäßig selten (in etwa $^1/_4$ der Fälle) frei. In den Fällen von HENSEN, v. KAHLDEN und MARCHAND lag ein

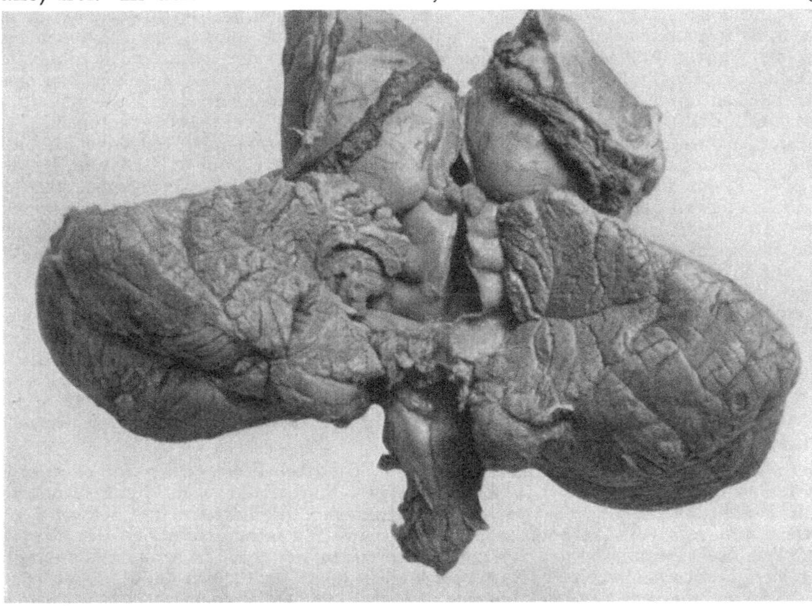

Abb. 10. Hirnstamm. Photographie nach einem in Formol gehärteten Präparat. Die Kleinhirnhemisphären sind nach Spaltung des Wurmes auseinandergelegt. Der erweiterte Aquäductus ist durch einen in der Medianebene durch die Vierhügel gelegten Schnitt eröffnet. Der hintere Teil der Rautengrube wird von einem abgestorbenen Cysticercus und die ihn umgebende gliöse Wucherung ausgefüllt.

Recessus der freien Blase in dem Aquaeductus Sylvii. In anderen Fällen sind sie mit zarten Membranen an die Ventrikelwandung angeheftet, so daß sie leicht hin und her bewegt werden können. Stirbt der Cysticercus ab — in etwa $^1/_7$ der Fälle handelte es sich um abgestorbene Parasiten —, so kann er von gliösem Granulationsgewebe überwuchert werden, er bildet dann eine der Ventrikelwandung breit aufsitzende Geschwulst (CRAMER-STAMM, SATO, HENNEBERG [Abb. 10], KULKOW und STERNBERG). In derartigen Fällen zeigt der Cysticercus auch eine Bindegewebskapsel, letztere ist jedoch weit zarter als bei Cysticerken der Hirnsubstanz oder der Arachnoides. In manchen Fällen ist die Überwucherung des abgestorbenen Cysticercus eine so vollständige, daß erst am mikroskopischen Präparat die Natur der Neubildung erkannt werden kann. Es scheint zunächst eine gliomatöse Neubildung vorzuliegen. (Manche in der Literatur niedergelegten Fälle von Tumor des IV. Ventrikels bzw. von narbigem Verschluß desselben dürften sich auf verkannte, verödete Cysticerken beziehen.) Ob übrigens alle festen Cysticerken des IV. Ventrikels ursprünglich frei waren, erscheint uns zweifelhaft. Wir sahen einen Fall, in dem sich der Parasit offenbar in der subependymären Schicht entwickelt hatte. Das Verhalten des Ventrikelepithels wies darauf hin, einen ähnlichen Befund beschrieb PICHLER.

Eine Erweichung des umliegenden Hirngewebes fand sich nur in dem Falle MENNICKEs. An der Stelle der Striae ac. r. fand sich in den Ventrikelboden eingebettet eine etwa 1 cm lange Geschwulstmasse, in deren Umgebung die Hirnsubstanz sehr weich und ekchymotisch war. Die ganze r. Kleinhirnhemisphäre war stark ödematös, an einer Stelle lag eine völlige Erweichung vor. Die Geschwulstmasse erwies sich als ein abgestorbener Cysticercus. Für gewöhnlich zeigt die anliegende Hirnsubstanz nur geringfügige Veränderungen in Gestalt von Ödem oder Degeneration und Atrophie der unmittelbar unter dem Ependym verlaufenden Nervenfasern.

Auch in den Fällen, in denen der Cysticercus frei oder nur leicht angeheftet ist, kommt es zu Veränderungen des Ependyms [1], diese zeigen im wesentlichen den Charakter der gewöhnlichen chronischen Ependymitis, wie sie bei chronischen, mit Hydrocephalus einhergehenden Hirnkrankheiten sehr häufig gefunden wird. Die gliösen Granulationen sind jedoch bei Ventrikelcysticerken erheblich viel größer als bei der Ependymitis granularis; sie bilden bis erbsengroße Excrescenzen (HERTZOG, HAHN u. a.), die sich von dem ependymären Gliom durch ihren Reichtum an Fasern unterscheiden. In dem Falle von VERSÉ war es durch die Wucherungen zu einer Septierung des IV. Ventrikels gekommen.

In der Gliawucherung in der Nähe der Raphe fand STIEDA mit Ventrikelepithel ausgekleidete drüsenähnliche Hohlräume. Einen ähnlichen Befund erhob v. KAHLDEN, HENNEBERG u. a. Es handelt sich um kleine, in der Nähe der Raphe liegende Seitensprossen des sich zum IV. Ventrikel erweiternden Zentralkanales. Sie finden sich auch im normalen Gehirn. Durch die Wucherung der ependymären Glia in Fällen von Ventrikelcysticercus werden diese schlauchförmigen Bildungen in die Länge gezogen, und es ist anzunehmen, daß dabei eine mäßige Vermehrung der Epithelzellen stattfindet. Im Bereich der Ependymgranulationen geht das Epithel fast durchweg verloren. Es kann sich jedoch in den Einsenkungen zwischen den gliösen Granulationen erhalten, auch werden Epithelreste nicht selten von der Glia überwuchert. Einen derartigen Befund beshreibt u. a. HENSEN. Es handelt sich im wesentlichen um dieselben Veränderungen des Ventrikelepitheles, die als Befund bei Ependymitis granularis seit langer Zeit bekannt sind. Ist der Cysticerk abgekapselt, so bietet die Beschaffenheit der Kapsel meist keine Besonderheiten, die fibröse Schicht kann schwach entwickelt sein oder fehlen. Anders zu beurteilende Riesenzellen finden sich in den Ependymgranulationen.

STIEDA fand zwischen den Epithelzellen des Ependyms Riesenzellen, die er von den Epithelzellen herleitet und mit den KÖLLIKERschen Epithelknospen in der Placenta vergleicht. MENNICKE glaubt, die von ihm vorgefundenen Riesenzellen, die Vacuolen und Überreste von roten Blutkörperchen enthielten, auf Wucherungsvorgänge der Capillarendothelien des Granulationsgewebes zurückführen zu können. In einigen Riesenzellen fanden sich Cysticerkenhaken. v. KAHLDEN fand in den Gliageweben der Ependymgranulationen Anhäufungen von epithelähnlichen Zellen, die er als gewucherte Gefäßwandzellen auffaßt, ferner Riesenzellen, die anscheinend Abkömmlinge der gewucherten Gliazellen des Granulationsgewebes waren. Ihre Entstehung verdanken sie nach v. KAHLDEN entweder dem Reiz der Parasitenblasen oder dem des nekrotischen Gewebes, das dem Granulationsgewebe stellenweise auflag. Die sichere Entscheidung der Frage, aus welchen Elementen die Riesenzellen des Ependyms hervorgehen, dürfte kaum möglich sein. Da wir Riesenzellen jedoch in der Umgebung von Cysticerken finden an Stellen, an denen die Entstehung aus Epithelzellen und aus Gliazellen nicht in Frage kommen kann, bleibt am wahrscheinlichsten die Annahme, daß sie Abkömmlinge von Bindegewebszellen darstellen.

Der Rautengrubencysticercus ist, wie die von HENNEBERG vorgenommene Zusammenstellung ergibt, bei Männern fast doppelt so häufig als bei weiblichen Individuen. Es stimmt diese Tatsache mit den Erfahrungen, die bereits ältere Autoren bezüglich des Vorkommens des Cysticercus beim Menschen überhaupt gemacht haben, überein.

Was das Alter der an Cysticercus des IV. Ventrikels gestorbenen Personen anbelangt, so zeigte sich, daß die Kranken durchschnittlich in relativ jugendlichem Alter (34,9 Jahr) standen. Bei Kindern wurde der Rautengrubencysticercus nur sehr selten (ROGER, DAVAINE) beobachtet. Daß bei Kindern Cysticerken überhaupt selten sind, wird schon von älteren Autoren bemerkt. Diese

[1] Auffallenderweise wurde in einigen Fällen eine Ependymitis völlig vermißt, so in einem Falle MARCHANDS.

Tatsache ist auffallend; man sollte erwarten, daß Kinder infolge ihrer Unsauberkeit und der Neigung, unreine Dinge in den Mund zu bringen, sich besonders leicht mit Taenieneiern infizieren. Vielleicht hängt die Seltenheit der Cysticerkose bei Kindern mit der Beschaffenheit des Magensaftes derselben zusammen.

Die Gesamtdauer des Leidens, d. h. die Zeit von dem ersten Auftreten cerebraler Symptome bis zum Exitus, beträgt, wenn man die wenigen Fälle von perakutem und von ganz ungewöhnlich langsamem Verlauf unberücksichtigt läßt, etwa 9 Monate. Einen sehr protrahierten Verlauf nahm das Leiden in den Fällen von Sato (Fall 4), Hensen, Czyhlarz und Neisser. Die ersten cerebralen Symptome traten in diesen Fällen 20, 16, 5 und 4 Jahre vor dem Tode in Erscheinung.

Was den Verlauf des durch den Rautengrubencysticercus bedingten Hirnleidens anbelangt, so wird insbesondere von Bruns und Oppenheim ein auffallender Wechsel zwischen Perioden völligen Wohlbefindens und Phasen, in denen schwere Krankheitserscheinungen bestehen, als typisch bezeichnet. Oppenheim hebt ferner als charakteristisch hervor, daß in den einzelnen Krankheitsperioden immer wieder der gleiche Symptomenkomplex erscheint im Gegensatz zu anderweitigen, in differentialdiagnostischer Beziehung in Frage kommenden Hirnaffektionen wie Lues cerebri, Sclerosis multiplex, Tumor der hinteren Schädelgrube usw.

Überblickt man die gesamte vorliegende Kasuistik, so ergibt sich, daß der Verlauf des in Rede stehenden Hirnleidens sehr erhebliche Verschiedenheiten aufweist. Zunächst sind Fälle beschrieben worden, die klinisch perakut verliefen. Die anscheinend gesunden Personen kollabierten plötzlich, der Exitus tritt unter dem Bilde der Herz- oder Respirationslähmung ein. Derartige Fälle sind von Rothmann, Schöppler u. a. veröffentlicht worden. Es bleibt allerdings in solchen Fällen, in denen die Anamnese von den Kranken selbst nicht erhoben werden kann, immer zweifelhaft, ob nicht doch vor der perakut verlaufenden Erkrankung schon cerebrale Symptome, namentlich Kopfschmerz und Schwindel, bestanden haben. In einem Falle Willes (Fall 1) dauerte die Krankheit 3 Tage. Allerdings hatte der Patient 4 Monate vorher einen kurzdauernden Anfall von Schwindel und Erbrechen gehabt. Eine große Reihe von Fällen verlief subakut, d. h. die Krankheitsdauer betrug einige Wochen bis mehrere Monate. Das Leiden zeigte dabei entweder einen mehr gleichmäßig progressiven Charakter, so in Fällen von Kemke, Sato, Brecke und Henneberg, oder es handelte sich um einzelne Schübe bei relativ beschwerdefreien Zwischenzeiten (Fälle von Nebelthau, v. Kahlden, Askanazy). Ein ausgesprochen chronisch-intermittierender Verlauf, in dem das cerebrale Leiden von längeren beschwerdefreien Phasen unterbrochen wird, ist nicht häufig. Beobachtet wurden derartige Fälle von Bruns, Sato, Oppenheim, Hensen und v. Stenitzer.

In fast allen Arbeiten über den Cysticercus des IV. Ventrikels findet sich unter Hinweis auf Sektionsbefunde die Bemerkung, daß ein Cysticercus in der Rautengrube vorhanden sein kann, ohne irgendwelche Symptome zu machen. Diese Tatsache ist eigentlich selbstverständlich und bedarf kaum der Erörterung. Wir wissen, daß das Leiden, das durch den Rautengrubencysticercus bedingt wird, in der Regel ein kurzdauerndes ist, d. h. die Phase, in der klinische Symptome hervortreten, ist, wenigstens für gewöhnlich, eine kurzdauernde im Vergleich zu dem Stadium, in dem der Cysticercus latent besteht. Es vergehen zunächst Monate, bis der in den IV. Ventrikel geschwemmte Parasit eine Größe erlangt hat, die ihn befähigt, überhaupt Störungen hervorzurufen. Das vollentwickelte Krankheitsbild ist aber in erster Linie von dem chronischen

Hydrocephalus abhängig. Die Entwicklung des letzteren dürfte jedoch in der Regel längere Zeit bedürfen. Stirbt ein Individuum nun vor dem Hervortreten der klinischen Symptome an einer interkurrenten Krankheit, so bestand allerdings der Rautencysticercus symptomlos. Derartige Befunde können naturgemäß uns nicht zu der Annahme berechtigen, daß der Rautengrubencysticercus bisweilen überhaupt symptomlos verläuft, oder daß das Leiden zu einer Art von Ausheilung gelangen könne. Fälle, in denen der Rautengrubencysticercus einen zufälligen Sektionsbefund darstellte, sind von HAMMER, ROGER, DAVAINE, MARCHAND, DAMASCHINO, BOLLINGER und HENNEBERG mitgeteilt worden.

In keinem dieser Fälle wies der vorgefundene Cysticercus eine Beschaffenheit auf, die uns zu der Annahme berechtigt, daß der Parasit für seinen Wirt bereits gefahrlos geworden war. Auch dürften wohl in manchen Fällen schon Symptome leichterer Art bestanden haben, die übersehen worden sind. Der Cysticercus stellt im IV. Ventrikel eine sehr viel gefährlichere Affektion dar als Cysticerken an anderen Hirnstellen. Auch der abgestorbene Parasit führt im IV. Ventrikel, wie noch des näheren ausgeführt werden wird, zu dauernden und progressiven Veränderungen, die schließlich den Tod zur Folge haben.

Die Symptomatologie des Rautengrubencysticercus ist eine ziemlich einförmige. Die Tatsache erklärt sich in einfacher Weise daraus, daß die Symptome in erster Linie von dem Hydrocephalus abhängig sind und nicht von dem Parasiten, der hinsichtlich seiner Größe, seines Zustandes und seiner Lokalisation in den einzelnen Fällen manche Verschiedenheiten aufweist. Immerhin ergibt ein Vergleich der vorliegenden Beobachtungen manche Differenzen der beobachteten Symptomenkomplexe, und es ist nicht ohne Interesse, zu sehen, wie auf Grund nicht zu übersehender, individueller Bedingungen die gleiche anatomische Läsion zu sehr abweichenden cerebralen Krankheitsbildern führt. So finden wir in dem einen Fall Anfallszustände mannigfaltiger Art, während sie in einem anderen völlig fehlen, bei dem einen Patienten liegen psychische Störungen tiefgreifender Art vor, während sie bei anderen nicht einmal andeutungsweise bestehen usw.

Kopfschmerzen, Schwindelgefühl und Erbrechen stehen fast immer im Vordergrunde des Krankheitsbildes. Diese Symptome sind in der Regel von einer Intensität, wie wir sie für gewöhnlich nur bei Geschwülsten der hinteren Schädelgrube in Erscheinung treten sehen. Übelkeit und Erbrechen können zunächst ganz im Vordergrund stehen. Dieser Umstand gab zur Fehldiagnose „Magenleiden" Veranlassung.

Hinsichtlich ihrer Lokalisation bieten die Kopfschmerzen, die in der Regel anfallsweise oft mehrmals am Tage auftreten bzw. sich hochgradig steigern, kaum etwas Charakteristisches. In einem großen Teil der Fälle wurden sie im Hinterkopf bzw. Nacken empfunden, oder sie strahlten vom Hinterkopf nach der Stirn, bisweilen auch nach der Schulter aus. Ausgesprochener Vorderkopfschmerz bzw. Schmerzen in den Augen wurden nur selten beobachtet (ULRICH, STIEDA). In den Schmerzanfällen wird der Kopf nicht selten von den Patienten ängstlich festgehalten, da jede Bewegung den Kopfschmerz vermehrt. Eine eigentliche Nackensteifigkeit fehlt aber in der Regel oder ist nur andeutungsweise vorhanden. In einem Falle von HENNEBERG zeigte die Patientin eine auffallende Kopfhaltung. Im Sitzen hielt sie den Kopf stark nach vorn gestreckt und gleichzeitig etwas in den Nacken gezogen. Ähnliche Haltungsanomalien des Kopfes werden ziemlich häufig (BRECKE, WILLE, BRITTAN, PULVERMACHER, NEBELTHAU, KÖHLER, SATO, STERN, KULKOW und STERNBERG) erwähnt. In einem Falle von MINTZ hielt der Patient den Kopf stark auf die Brust gesenkt.

Es ist leicht ersichtlich, daß derartige Haltungsanomalien des Kopfes keine Zwangshaltungen im engeren Sinne des Wortes darstellen. Es handelt sich um Stellungen, die bald mehr willkürlich und bewußt, bald mehr automatisch von den Patienten eingenommen und festgehalten werden, weil er bei den gekennzeichneten Kopfhaltungen — vielleicht infolge eines besseren Abflusses des venösen Blutes — eine gewisse Erleichterung wahrnimmt bzw. Bewegungen, die die Beschwerden vermehren, am leichtesten zu vermeiden vermag. Für den Rautencysticercus bilden die in Rede stehenden Haltungsanomalien nichts Charakteristisches, wenn sie auch relativ häufig bei diesem Leiden vorkommen mögen. Bei Tumoren der hinteren Schädelgrube sieht man nicht selten ähnliche Haltungsanomalien des Kopfes.

Eine circumscripte Klopfempfindlichkeit des Kopfes wird nur selten erwähnt, desgleichen gilt das von einer Druckempfindlichkeit der Wirbelsäule (HENNEBERG, NEBELTHAU).

Ein besonderes Interesse bietet der Umstand, daß Kopfschmerz, Schwindel und Erbrechen in manchen Fällen (so in ausgesprochener Weise in den Fällen von MINTZ und SCHAEFFER) bei Bewegungen und Lageveränderungen des Kopfes eine starke Zunahme zeigten bzw. sofort in Erscheinung traten. BRUNS beobachtete einen 40jährigen Mann, der anfallsweise an heftigem Kopfschmerz, Nackensteifigkeit, Erbrechen und Schwindelgefühl litt. In den Zwischenzeiten befand sich Patient wohl, er mußte sich jedoch vor schnellen Umdrehungen des Kopfes und auch Wendungen des ganzen Körpers hüten, denn bei derartigen plötzlichen Bewegungen traten sofort lebhafte Schwindelerscheinungen mit Neigung zum Hinstürzen auf. BRUNS nahm an, daß das Auftreten von starken Schwindelanfällen mit Hinstürzen und Übelkeit bei brüsken Kopfbewegungen ein Symptom sei, das auf das Vorhandensein eines freien Cysticercus im IV. Ventrikel hinweise, und zwar offenbar unter der Vorstellung, daß durch die Körperbewegung eine passive Ortsveränderung der Cysticerkenblase im Ventrikel bedingt würde, und daß durch die Ortsveränderung die genannten Symptome irgendwie hervorgerufen würden.

Die in Rede stehende Erscheinung hielt auch OPPENHEIM in diagnostischer Beziehung für sehr wertvoll und bezeichnet sie als „BRUNSsches Symptom". Später hat OPPENHEIM sich dahin ausgesprochen, daß das Phänomen zwar in voller Ausprägung ganz vorwiegend beim Rautengrubencysticercus vorkomme, aber doch wohl gelegentlich auch bei Tumoren in der Gegend des IV. Ventrikels zu konstatieren sei. Es sei ferner zweifelhaft, ob das Symptom für einen freien Cysticercus im Gegensatz zu einem festhaftenden charakteristisch sei. Auch bei Cysticerken, die locker angeheftet sind und bis zu einem gewissen Grade flottieren, sei eine gewisse Lokomotion infolge von Kopfbewegungen wohl möglich. Durch eine derartige Lageveränderung des Parasiten könne z. B. plötzlich der Eingang des Aquaeductus Sylvii verschlossen werden. Übrigens hebt OPPENHEIM ausdrücklich hervor, daß das BRUNSsche Symptom in schwächerer Ausbildung selbst bei Neurasthenie nicht ungewöhnlich sei. Eine Durchsicht der Kasuistik ergibt, daß nicht so selten Symptome erwähnt werden, die mit dem BRUNSschen Symptom in Zusammenhang gebracht werden können, so von BRECKE, HENSEN, v. STENITZER, RAUTENBERG, STEIN, KÖHLER, WILLE, OSTERWALD, SCHAEFFER, HOFF u. a. In den erwähnten Fällen bestand durchweg die Erscheinung, daß cerebrale Allgemeinsymptome durch eine Lageveränderung des Kopfes hervorgerufen bzw. verstärkt wurden. In vielen Krankengeschichten findet sich jedoch ein Hinweis auf eine Abhängigkeit der Krankheitserscheinungen von der Kopfhaltung oder Kopfbewegung nicht. CZYHLARZ hebt ausdrücklich hervor, daß in dem von ihm beobachteten Falle das Schwindelgefühl durch Bewegungen nicht beeinflußt wurde. In einem unserer Fälle wurde wiederholt der BRUNSsche Versuch angestellt, und zwar immer mit negativem Resultat.

Es fragt sich nun, ob das BRUNSsche Symptom überhaupt etwas für den freien Rautengrubencysticercus Charakteristisches darstellt, und ob es in den Fällen, in denen es konstatiert werden kann, mit einiger Wahrscheinlichkeit in Zusammenhang mit einer passiven Lageveränderung des Parasiten im IV. Ventrikel gesetzt werden kann. Es ist uns wenig wahrscheinlich, daß durch Kopfbewegungen eine Cysticercusblase im IV. Ventrikel in erheblichere passive Bewegung versetzt wird und dadurch Symptome bedingt. In der Regel dürften auch die völlig freien Blasen einen gewissen Halt an den nach allen Richtungen trichterförmig zusammenlaufenden Ventrikelwandungen, insbesondere an den Ependymgranulationen derselben finden, zumal das spezifische Gewicht der Blasen nur um weniges das des Liquors übertrifft. Sind die Blasen groß, und füllen sie den Ventrikelraum mehr oder weniger aus, so dürfte ein passives Hin- und Herrollen infolge von Kopfbewegungen überhaupt nicht möglich sein. Auch die von v. STENITZER, OPPENHEIM u. a. vertretene Annahme, daß der Parasit infolge einer passiven Lageveränderung plötzlich das Foramen Magendii oder die Mündung des Aquaeductus Sylvii verlegt und dadurch das plötzliche Auftreten schwerer cerebraler Symptome bedingt, erscheint wenig annehmbar. Es ist sehr unwahrscheinlich, daß an den betreffenden Stellen eine so beträchtliche Strömung des Liquors besteht, daß eine Behinderung derselben sofort zu einer Stauung, die sich sogleich klinisch geltend macht, führen könnte.

Nun zeigen nicht wenige Fälle, daß das BRUNSsche Symptom bei freiem Ventrikelcysticercus völlig fehlen kann, andererseits finden wir das in Rede stehende Symptom, wenn auch nicht in voller Ausprägung, bei den verschiedensten Affektionen (Neurosen, Anämie, Tumoren, Hydrocephalus acquisitus). Die Vorstellung liegt daher nahe, daß das Symptom, wenn es beim freien Rautengrubencysticercus vorkommt, überhaupt nicht auf Rechnung einer passiven Lokomotion des Parasiten zu setzen ist. Eine wesentliche Bedeutung für die Diagnose des Rautengrubencysticercus als solchen, insbesondere eine solche für die Differentialdiagnose zwischen freiem und festem Cysticercus im IV. Ventrikel dürfte dem Symptom daher kaum zukommen. Die wirkliche Ursache des Symptoms ist wahrscheinlich in (durch die Bewegung veranlaßten) Veränderungen des Blutdruckes und der Blutzirkulation und Reizung des Vagus bzw. der Vestibulariszentren zu suchen, die in dem durch den chronischen Hydrocephalus usw. bereits schwer geschädigten Gehirn von einer abnorm intensiven Wirkung sind.

Über den Augenhintergrund finden sich in vielen Krankengeschichten keine Notizen. Da in den meisten besser beobachteten Fällen Augenhintergrundveränderungen konstatiert wurden, so darf man wohl annehmen, daß in vollentwickelten Krankheitsfällen Stauungspapille ein häufiger Befund ist, allerdings ist dieselbe nur selten eine schwere wie in dem Falle SATOS, in dem eine hochgradige Prominenz der Papillen vorlag. Häufig waren die Veränderungen nur geringfügig. Nur in wenigen Fällen kam es zu schweren Sehstörungen, ein Patient, über den BRECKE berichtet, erblindete plötzlich, es fanden sich ausgedehnte Blutungen in der Retina, Amaurose bestand ferner in dem Falle STIEDAS und MENNICKES (kurz vor dem Tode), in letzteren beiden Fällen wird der Augenspiegelbefund nicht mitgeteilt, v. STENITZER konstatierte neuritische Atrophie.

Das Verhalten der Pupillen ist in den weitaus meisten Fällen ein normales. Pupillendifferenz bestand in Fällen von STAMM und HENNEBERG, auffallend weit waren die Pupillen in dem Falle NEBELTHAUS und KÖHLERS, in dem Falle HENSENS waren die Pupillen zunächst eng, im letzten Stadium des Leidens weit und reaktionslos, Mydriasis und mangelhafte Reaktion erwähnten MENNICKE und WILLE, träge Reaktion v. STENITZER, BRECKE, STERN u. a.

Schwere und dauernde Reiz- und Ausfallserscheinungen von seiten der übrigen Hirnnerven kommen beim Rautengrubencysticercus anscheinend nur äußerst selten vor. Leichte und flüchtige Paresen werden dagegen nicht so selten erwähnt. Am häufigsten scheinen leichte Paresen des Oculomotorius und des Abducens vorzukommen (STAMM, CRAMER, CZYHLARZ, SATO, BRUNS, RIEGEL, OPPENHEIM, STERN, KÖHLER, NOHL), Ptosis (vorübergehend) erwähnt v. STENITZER. Nystagmus leichten Grades HENSEN, NEBELTHAU, KÖHLER, NEISSER, MARCHAND, OPPENHEIM, STERN, OSTERWALD, KULKOW und STERNBERG. In einem Fall (HENNEBERG) bestand Nystagmus in ausgesprochener Weise dauernd. Facialisschwäche passagerer Natur lag in den Fällen von OPPENHEIM, STERN, NOHL und v. STENITZER vor. OPPENHEIM konstatierte auch leichtes Abweichen der Zunge nach links, das gleiche SIEBS und STERN.

Die Sprachstörungen, die GIANULLI und DOUTY beschreiben, sind zweifellos auf Rechnung von Komplikationen zu setzen. STAMM bezeichnet in seinem Falle die Sprache als „erschwert". Eine ausgesprochene, wohl auf Rechnung einer leichten Kernläsion zu setzende Sprachstörung bestand in einem Fall HENNEBERGS. Die Sprache war langsam, skandierend, nasal, die Zunge zeigte ein starkes fibrilläres Zittern.

Erscheinungen von seiten des Acusticus wurden nur einige Male konstatiert (NOHL, MEYER, SATO).

Symptome von seiten des Trigeminus sind sehr selten. MEYER fand leichte Herabsetzung der Sensibilität im Bereich der linken Gesichtshälfte. OPPENHEIM konstatierte geringe Deviation des Unterkiefers nach links beim Öffnen des Mundes, in dem Fall v. STENITZERS war der Cornealreflex herabgesetzt, der Lidschlag war auffallend selten. Einseitiges völliges Fehlen des Cornealreflexes wurde von HENNEBERG konstatiert.

Gehstörungen im Sinne der vestibularen Ataxie wurden nicht selten beobachtet, so in besonders hochgradiger Form von BRUNS, CZYHLARZ, NEBELTHAU, HENSEN, v. STENITZER und STERN. Das ROMBERGsche Symptom lag in den Fällen von NEBELTHAU, SATO und STERN vor. Der Patient v. STENITZERS vermochte weder zu gehen noch zu stehen, fiel nach hinten und zeigte ein grobes Zittern der Beine. Auch in Fällen von SIEBS und HENNEBERG vermochten die Kranken schließlich ohne Unterstützung sich überhaupt nicht aufrecht zu halten.

Respirations- und Pulsanomalien werden, wenn man von terminalen Erscheinungen absieht, nur selten erwähnt. Pulsverlangsamung bestand in den Fällen von STIEDA, SATO (4), CRAMER, MENNICKE und WILLE. Pulsarrythmie konstatierte CZHYLARZ, Tachykardie STERN u. a.

Ein äußerst seltenes Symptom des Rautengrubencysticercus sind Urinveränderungen im Sinne eines Diabetes bzw. einer Glykosurie (MICHAEL, ALT). Im Fall 3 BRECKES bestand Diabetes insipidus. Da es sich in diesen Fällen nur um ganz vereinzelte Beobachtungen handelt, liegt es nahe, die Urinveränderungen auf Rechnung von Komplikationen zu setzen.

Nur in vereinzelten Fällen hat man bisher Lähmungserscheinungen an den Extremitäten bei Rautengrubencysticercus auftreten sehen. OPPENHEIM beobachtete einen Kranken mit Lähmung aller Extremitäten, diese bildete sich so weit zurück, daß nur eine Paraplegie bestehen blieb. Des weiteren bestand Incontinentia urinae et alvi und Verwirrtheit. Das Krankheitsbild erinnerte somit an den Symptomenkomplex einer Myelitis cervicalis. Der Fall PULVERMACHERS begann mit linksseitiger Hemiparese und Spracherschwerung. Eine Schwäche der Beine bestand in einem Falle ULLRICHS. Die Paraplegie bildete sich vorübergehend zurück.

Von sehr verschiedenem Charakter sind die Anfallszustände, die bei an Rautengrubencysticercus leidenden Patienten, wenn auch nicht gerade häufig, beobachtet wurden. In ein und demselben Falle kommen Anfälle heterogener Art vor. Es handelt sich bald um epileptiforme bzw. rindenepileptische, bald um hysterische bzw. hysteriforme Zufälle, bald um solche, die sich weder dem einen noch dem andern Typus in ungezwungener Weise zuordnen lassen. Einen epileptischen bzw. einen epileptiformen Charakter trugen die Anfälle in Fällen von ULRICH, BREKCE, KÖHLER u. a. In dem Falle v. STENITZER bestanden allgemeine Krampfanfälle, daneben lokalisierte Krampfbewegungen in Gestalt von langsam ablaufenden grobschlägigen Zuckungen an der linken Hand, besonders am Mittel- und Ringfinger (ohne Bewußtseinsverlust). Auch der Patient ANDREWS zeigte kurz vor dem Tode leichte Konvulsionen, an die sich ein komatöser Zustand anschloß. Einen ausgesprochen hysteriformen Charakter zeigten die Anfälle in 2 Fällen von BRUNS. Eine Patientin litt an Krampfanfällen, „die offenbar ohne Bewußtseinsverlust abliefen und tonische waren: besonders befielen sie die Streckmuskeln des Rumpfes und des Kopfes, so daß ein Opisthotonus, eine Art Arc de cercle herauskam". Die Diagnose wurde auf Hysterie gestellt, insbesondere auch, weil eine Suggestionstherapie zeitweilig von Erfolg war. In einem zweiten Falle, über den der genannte Autor berichtet, lagen Anfälle von dem gleichen Typus vor. OPPENHEIM sah ein ausgesprochenes hysterisches Gebahren bei einer Patientin mit Cysticercus im Dach des IV. Ventrikels.

Von besonderem Interesse sind Anfälle, die ohne Bewußtseinsverlust einhergehen, in denen die Patienten völlig koordinierte Bewegungen mit einer Extremität oder mit dem Rumpf ausführen. Derartige Anfälle bestanden in Fällen von HENNEBERG und CZYHLARZ. Wir dürfen vermuten, daß sie eine Folge von erhöhten Hirndruck sind.

Wenn man absieht von Zuständen der Benommenheit, Apathie und Koma in der terminalen Phase des Leidens, so sind psychische Störungen eine nicht häufige Erscheinung bei Cysticercus des IV. Ventrikels. In dem Falle STAMMS lag ein Symptomenkomplex vor, der zur Diagnose: Dementia paralytica Veranlassung gab. Patient äußerte zusammenhangslose und wechselnde Größenideen und Verfolgungsvorstellungen und machte einen dementen Eindruck. Bemerkenswert ist, daß der Patient ein von Jugend an abnormer Mensch war. Ein höherer Grad von Demenz bestand in dem Falle ULLRICHS, NEISSERS und CRAMERS. Starke Abnahme des Gedächtnisses zeigte der Patient CZYHLARZ. Ein etwa 14 Tage lang andauernder Zustand deliriöser Verwirrtheit lag in einem Falle BRECKES vor. Der betreffende Patient war völlig amaurotisch. In dem Fall v. STENITZERS lag zunächst Apathie und Hemmung, später ein Zustand deliriöser Unruhe vor.

Sucht man das Krankheitsbild, das ein Cysticercus im IV. Ventrikel hervorruft, aus dem anatomischen Befund zu erklären, so ergibt sich, daß die Symptome des Leidens, insbesondere Kopfschmerz, Erbrechen und Schwindel nicht von dem Parasiten und seiner Einwirkung auf die nächste Umgebung abhängig sind, sondern auf Rechnung des Hydrocephalus zu setzen sind. Dies geht schon aus der Tatsache hervor, daß sämtliche Symptome, die wir beim Rautengrubencysticercus beobachten, auch beim Hydrocephalus (bzw. Meningitis serosa chron.) vorkommen. Selbst der remittierende, bzw. intermittierende Verlauf, der manche Fälle von Rautengrubencysticercus auszeichnet und eine Abhängigkeit der Symptome von der Kopfhaltung wird beim Hydrocephalus acquisitus beobachtet.

Der Hydrocephalus infolge von Cysticercus im IV. Ventrikel wird von den meisten Autoren als Stauungshydrocephalus aufgefaßt (BRECKE, HENSEN).

Es erscheint jedoch sehr zweifelhaft, ob in der angedeuteten Weise der Hydrocephalus eine ausreichende Erklärung findet. Die Durchsicht der in der Literatur sich findenden anatomischen Befunde zeigt, daß der Hydrocephalus eine Erscheinung ist, die von der Größe, von der Lage und von dem Zustande des Parasiten im wesentlichen unabhängig ist, insonderheit wurden mehrfach Fälle beobachtet, in denen beträchtlicher Hydrocephalus durch kleine Cysticerken hervorgerufen wurde. Wir dürften daher nicht fehlgehen, wenn wir in chronisch-entzündlichen Veränderungen des Ependyms und der Plexus die wesentliche Ursache des Hydrocephalus internus beim Rautengrubencysticercus erblicken. Solche werden infolge einer mechanischen und chemischen Reizwirkung des Parasiten zunächst nur im Bereiche des IV. Ventrikels zur Entwicklung kommen. Infolge der Kommunikation sämtlicher Hirnhöhlen wird sich jedoch der Prozeß bald auf die übrigen Ventrikel ausdehnen. Ist erst einmal infolge der Reizwirkung ein Hydrocephalus entstanden, so führt dieser zu weiteren Schädlichkeiten (Zirkulationsstörungen im Bereich des Plexus. Reizung des Ependyms, vielleicht auch durch Toxine), die ihn zu steigern geeignet sind. Daß es aber in erster Linie zunächst irritative Vorgänge sind, denen der Hydrocephalus seine Entstehung verdankt, darauf weisen auch die Fälle hin, in denen Cysticerken in einem Seitenventrikel vorlagen. Auch in diesen Fällen kommt es zu Ependymitis und Hydrocephalus in den übrigen Ventrikeln (vgl. die Fälle von Aron, Delaye, Voppel, Klob, Rugg, Goldschmidt, Mennicke, Brecke (Fall 8), Hammer, Fischer, Lloyd, Rautenberg, Patrassi). Das gleiche gilt von Fällen, in denen sich im III. Ventrikel (Allen, Barré u. a.) ein Cysticercus fand, in diesen ließe sich allerdings der Hydrocephalus der Seitenventrikel auf Stauung infolge Verlegung des Aquaeductus Sylvii zurückführen, es fand sich jedoch auch ein Hydrocephalus des IV. Ventrikels und Ependymitis. Derartige Fälle sind von Merkel, Joire, Meyer, Kratter und Böhmig und Pförringer mitgeteilt worden[1].

Den großen Wechsel in den klinischen Erscheinungen bezieht Bruns, Hensen u. a. auf die Stauung und Wiederfreilassung der Ventrikelflüssigkeit durch die Cysticercusblase. Gegen diese Auffassung spricht der Umstand, daß ein intermittierender Verlauf auch in Fällen von festsitzendem Ventrikelcysticercus und, wie bereits hervorgehoben, auch in Fällen von „idiopathischem" Hydrocephalus beobachtet wird. Die Schwankungen in dem Befinden der Patienten mit Rautengrubencysticercus dürften sich wohl in einfacher Weise auf Exacerbationen und Remissionen des chronisch-entzündlichen Prozesses zurückführen lassen.

In Fällen von Rautengrubencysticercus wird oft (nach Stern in 64% der Fälle) ein plötzlicher Exitus beobachtet. Derselbe erfolgt in der Regel unter dem Bilde der Respirationslähmung. Die Patienten hören plötzlich oder nach Anfällen von Respirationsschwäche auf zu atmen, während das Herz noch viele Minuten lang (bei künstlicher Atmung $^1/_4$ Stunde und länger) weiter schlägt. Etwas Pathognomonisches bietet diese Todesart nicht, sie wird bei anderen

[1] Die Symptomatologie bei Cysticercus des Seiten- und des III. Ventrikels bietet dem Rautengrubencysticercus gegenüber in der Regel keine Besonderheiten. Erwähnt seien folgende ungewöhnliche Beobachtungen. In einem Falle Rautenbergs war durch Wucherungen des Plexus ein Abschluß und lokaler Hydrocephalus des linken Unterhorns entstanden. Hierdurch wurde der Symptomenkomplex eines Tumors des linken Schläfenlappens bedingt. In dem Falle Lloyds (Blase im rechten Seitenventrikel) bestand linksseitige Hemiparese infolge rechtsseitigen Hydrocephalus. Fischer (Cysticercus im linken Seitenventrikel) beobachtete, daß die Pupillen des Patienten beim Aufrichten weit und starr wurden, während sie sonst eng waren und Reaktion zeigten. Heilmann veröffentlichte einen Fall von Cysticercus im Foramen Monroi, es bestand Hydrocephalus der Seitenventrikel. Pat. litt an Anfällen von Bewußtlosigkeit. Der Tod erfolgte im Anfall (Fehldiagnose: Kohlenoxydvergiftung). Im Falle von Croveri und Marcolongo (Seitenventrikel) bestand lange Zeit anscheinend genuine Epilepsie.

Hirnaffektionen, insbesondere bei Tumoren der hinteren Schädelgrube, nicht selten beobachtet. Bernhardt, der zuerst auf die Häufigkeit des plötzlichen Todes bei Kleinhirntumoren hinwies, fand in 22% der vorliegenden Kasuistik diese Erscheinung erwähnt. Er nimmt an, daß Druckschwankungen in der Nähe der das Respirationszentrum enthaltenden Medulla oblong. und akute Lähmungen dieses Zentrums es sind, wodurch die Plötzlichkeit des Todes bedingt wird. Die Ursache der plötzlichen Respirationslähmung bei Rautengrubencysticercus wird von den Autoren in verschiedenen Momenten erblickt. Von einigen werden plötzliche Gestaltveränderungen der Parasitenblase und aktive Bewegungen derselben, die zu einer Druckwirkung auf die Medulla oblong. führen, angeschuldigt, von anderen eine passive Lageveränderung, die zum Verschluß der Zugänge zum IV. Ventrikel führt. Da der plötzliche Exitus bei kleinen und großen, bei festsitzenden und freien Cysticerkenblasen beobachtet wurde und auch bei Cysticerken in dem dritten und im Seitenventrikel vorkommt, liegt es nahe, die Ursachen der Respirationslähmung in dem Hydrocephalus zu suchen, um so mehr, als auch beim „idiopathischen" Hydrocephalus ein plötzlicher Exitus beobachtet wird. Man muß somit annehmen, daß der plötzliche Exitus eine Erscheinung des gesteigerten Hirndruckes darstellt.

Aus der gegebenen Zusammenstellung der bei Rautengrubencysticercus beobachteten Symptome ergibt sich, daß eine Diagnose nur in den Fällen möglich ist, in denen das Krankheitsbild die für den Rautengrubencysticercus als mehr oder weniger charakteristisch zu bezeichnenden Eigentümlichkeiten (Schwindel und Erbrechen bei Lageveränderungen des Kopfes, remittierender bzw. intermittierender Verlauf) darbietet. Nur in einem Teil der Fälle liegen diese jedoch vor und es gelang bisher nur in einzelnen intra vitam die richtige Diagnose mit einiger Sicherheit zu stellen (Bruns, Oppenheim, Löwenthal). Weitere diagnostische Anhaltspunkte können durch das Röntgenbild, durch die Encephalographie bzw. Ventrikulographie (Heymann), durch Liquor- und Blutuntersuchung (siehe weiter unten) gewonnen werden. In einem Falle von Lehmann war die Encephalographie insofern ergebnislos, als es nicht gelang, die Ventrikel zu füllen. Die Füllung gelang durch Ventrikelpunktion und zeigte eine symmetrische Erweiterung der Seitenventrikel und des III. Ventrikels Bei der Sektion ergab sich, daß die Blase im IV. Ventrikel geplatzt war. Man kann vermuten, daß der Eingriff für den Patienten nicht indifferent gewesen ist.

Fehldiagnosen werden nach wie vor häufig bleiben, sie werden je nach dem Symptomenkomplex verschieden lauten, d. h. Hysterie, Neurasthenie, traumatische Neurose, Epilepsie, Hemikranie, Dementia paralytica und senilis, traumatische Spätapoplexie (Stern), Kleinhirntumor bzw. Tumor der hinteren Schädelgrube, Acusticusneurinom, Solitärtuberkel des Kleinhirns, Hydrocephalus acquisitus, Meningitis serosa bzw. tuberculosa, Lues cerebri, Myelitis cervicalis, Hyperemesis gravidarum (Versé), gastrointestinale Störungen (Mintz) und „Magenleiden". Die Diagnose *Urämie* dürfte schwer zu vermeiden sein in Fällen, in denen eine Komplikation mit Nephritis vorliegt, sie wurde in einem in der Charité vor einigen Jahren beobachteten derartigen Falle gestellt. In einem Falle Satos lautete die klinische Diagnose: Nephritis chronica.

Andererseits wird auch nicht in allen Fällen, in denen das von Bruns und Oppenheim gezeichnete Krankheitsbild vorliegt, die Diagnose Rautengrubencysticercus zu Recht bestehen. Tumoren des Kleinhirns mit geringer Wachstumstendenz (Cysten), Tumoren des IV. und III. Ventrikels, die vom Ependym bzw. vom Plexus ausgehen, werden gelegentlich das gleiche Krankheitsbild bedingen, dasselbe gilt von manchen Fällen von Hydrocephalus acquisitus. Auch Cassirer bezweifelt, daß der für den C. als charakteristisch geschilderte Symptomenkomplex immer auf einen C. im IV. Ventrikel hinweist. Man kann nur einen raumbeengenden Prozeß in der Nähe des Ventrikels annehmen. CASSIRER beobachtete das Syndrom in einem Falle von Cyste in der Gegend der Corpora restiformia, in dem auch plötzlicher Exitus eintrat, ferner in einem Fall von Kleinhirncyste.

In therapeutischer Hinsicht wurde auch in den Fällen, in denen die Diagnose. wenigstens vermutungsweise gestellt worden war, nur wenig unternommen, Man beschränkte sich auf eine symptomatische Behandlung oder ordnete Brom, Jod oder Quecksilber an. Daß durch Jod und Quecksilber der Hydrocephalus, der beim Rautengrubencysticercus immer vorliegt, in günstigem Sinne beeinflußt werden kann, ist nicht von der Hand zu weisen. BRUNS hielt einen operativen Eingriff in solchen Fällen für geboten, in denen das Vorliegen eines freien Cysticercus anzunehmen ist. Nur in solchen Fällen würde bei einer Entleerung der Hirnflüssigkeit durch Anstich des IV. Ventrikels die Cysticerkenblase sich auch entleeren. OPPENHEIM sprach sich gegen einen operativen Eingriff aus in Hinblick auf die enorme Gefährlichkeit des Eingriffes und der Möglichkeit der Spontanheilung. Was zunächst die spontane Heilung oder Besserung des Leidens anbelangt, so geht aus der Literatur hervor, daß eine solche, wenn der Cysticercus im IV. Ventrikel überhaupt erst einmal schwerere Symptome gemacht hat, nicht zu erwarten ist. Es sind zwar, wie bereits hervorgehoben wurde, eine Reihe von Fällen mitgeteilt worden, in denen die Sektion einen Cysticercus im IV. Ventrikel aufdeckte, der intra vitam Erscheinungen nicht gemacht hatte. Aber allen diesen Fällen gegenüber gewinnt man den Eindruck, daß nur der Tod an einer interkurrenten Krankheit die Entwicklung des Hirnleidens abgebrochen hat. Man gewinnt ferner auf Grund der vorliegenden Beobachtungen nicht die Überzeugung, daß der festsitzende Cysticercus eine weniger infauste Veränderung darstellt als der freie. Die festsitzenden Cysticerken — in der Regel sind diese abgestorben — führen ebenso wie die frei beweglichen zur chronischen Ependymitis und zum Hydrocephalus. Auch der plötzliche Exitus scheint bei ihnen nicht seltener zu sein wie bei den freien (SATO, STAMM, HENNEBERG). Es ergibt sich somit, daß nur die operative Therapie eine aussichtsvolle sein kann.

Aus neuester Zeit liegen nunmehr einige Berichte über operativ behandelte Fälle vor, und zwar handelte es sich um Fälle, in denen die Diagnose mit mehr oder weniger weitgehender Sicherheit vor der Operation gestellt worden war. In einem von KRAUSE operierten Fall wurden nach Eröffnung des IV. Ventrikels mehrere Blasen entfernt, Pat. starb nach einigen Wochen unter den Erscheinungen einer Meningitis. Die Sektion ergab ausgedehnte Cysticerkenmeningitis. Das Röntgenbild hatte in der mittleren Schädelgrube Schatten gezeigt, die durch verkalkte Cysticerken bedingt waren. MINTZ operierte in 2 Fällen von Rautengrubencysticercus. Bei der Operation drängten sich im ersten Falle nach Eröffnung der Dura zwei zusammenhängende Blasen aus der hinteren Schädelgrube. Bei der zweiten Operation wurde der Wurm des Kleinhirns durchtrennt, eine pflaumengroße Blase entleerte sich mit Liquor aus dem IV. Ventrikel. Die Operation wurde gut vertragen. Der Patient starb nach einigen Tagen an purulenter Meningitis. In einem zweiten Falle von MINTZ starb der Patient an Schädelphlegmone bevor die Operation durchgeführt war. HOFF stellte kürzlich einen Patienten vor, dessen Befinden 2 Wochen nach der Operation durch SCHÖNBAUER ein gutes war. Auf Grund dieser Erfahrungen wird man zum mindesten nicht behaupten können, daß die Operation schwieriger oder gefährlicher als anderweitige Operationen im Bereich der hinteren Schädelgrube (Entfernung von Kleinhirntumoren bzw. Acusticusneurinomen) sei. Entschließt man sich nicht zur Operation, so besteht die Möglichkeit, durch Ventrikelpunktion (Balkenstich) den Hydrocephalus zu bekämpfen und die Gefahr eines plötzlichen Exitus hinauszuschieben, zum wenigsten dürften sich die Beschwerden des Patienten auf diese Weise lindern lassen. Daß die Lumbalpunktion neben der Ventrikelpunktion beim Rautengrubencysticercus ein rationelles Verfahren darstellt, bedarf kaum der Ausführung. Alle Symptome des Leidens sind von dem Hydrocephalus abhängig und die weitgehenden Besserungen, die nicht selten den Verlauf der Krankheit unterbrechen, sind nicht auf Veränderungen des Parasiten, sondern auf eine Rückbildung des Hydrocephalus zu setzen. Günstige Erfolge durch die Lumbalpunktion sind beim sog. idiopathischen Hydrocephalus acquisitus so häufig, daß man die therapeutische Wirkung in derartigen Fällen nicht in Zweifel ziehen kann. Die Lumbalpunktion dürfte somit auch in Fällen von Hydrocephalus infolge von Cysticercus im IV. Ventrikel ein erlaubtes und nicht aussichtsloses Verfahren darstellen. Vorbedingung eines günstigen Erfolges ist, daß die Kommunikation zwischen Ventrikelhöhle und spinalem Subarachnoidealraum nicht verlegt ist. Große Vorsicht ist allerdings bei der Punktion anzuraten (sehr langsames Abtropfen, Messung des Druckes), da mehrfach ein plötzlicher Exitus bald nach der Punktion beobachtet wurde (Krönig, Grund). Gut vertragen wurde die Lumbalpunktion in den Fällen von Henneberg, Mintz, Schaeffer u. a.

Cysticercus des Rückenmarkes und seiner Häute. Im Rückenmark und in den Häuten desselben siedelt sich der Cysticercus weit seltener als im Gehirn an. Allerdings ist über die Häufigkeit des Rückenmarkscysticercus schwer ein Urteil zu gewinnen, weil dasselbe häufig bei der Sektion unberücksichtigt bleibt. Immerhin wird oft von den Autoren erwähnt, daß in Fällen von Gehirncysticercus das Rückenmark von den Parasiten verschont blieb. Selbst in dem Falle von Preobraschensky, in dem sich das Hirn von Tausenden von Cysten durchsetzt fand, konnten am Rückenmark Parasiten nicht aufgefunden werden. Der Grund, warum sich im Rückenmark so selten Cysticerken ansiedeln, ist nicht ohne weiteres ersichtlich, wahrscheinlich spielt die Art der Vascularisation dabei eine Rolle.

Am seltensten findet sich der Parasit in dem Rückenmarksgewebe selbst. Walter fand in einem Falle im Vorderhorn des III. und IV. Cervicalsegments einen etwa 6 mm im Durchmesser großen Cysticercus. Es scheint sich um einen zufälligen Befund bei vorgeschrittener Tabes gehandelt zu haben. Im Falle Pichlers zeigte sich neben zahlreichen Cysticerken im Hirn im XI. Dorsalsegment eine Blase, die die Gegend der Hinterstränge und die Basis der Hinterhörner einnahm und zu starken Verdrängungserscheinungen geführt hatte. Eine zweite Blase fand sich im I. Lumbalsegment im rechten Hinterhorn und dem anstoßenden Teile des Seitenstranges. Die Veränderungen in der Umgebung der Parasiten wichen nicht von den im Hirn zu beobachtenden ab. In beiden zitierten Fällen wurden spinale Symptome, die auf die Parasiten bezogen werden konnten, intra vitam nicht konstatiert. In dem von Wallbraun beschriebenen Falle von schwerer allgemeiner Cysticerkose fand sich nur eine Blase im Rückenmark (Vorderhorn des unteren Cervicalmarkes, Abb. 11).

Am häufigsten finden sich vereinzelte Cysticerkenblasen in den Maschen der Arachnoidea spinalis; in der Regel liegen sie den hinteren Wurzeln an und führen zu mäßigen Verdickungen der weichen Häute. Sehr selten liegen die Parasiten extradural (Schmauss). Über einen Fall von Schädigung des Rückenmarkes durch extradurale Cysticerkenblasen hat Busse berichtet. Der Patient litt an sehr heftigen Rückenschmerzen, zeigte später das Bild einer Kompression des Rückenmarkes in Höhe der oberen Lumbalsegmente. Die Myelographie ergab Stop am 6. und 7. Brustwirbel. Im Blut bestand Eosinophilie, der Liquor war xanthochrom. Bei der Operation fanden sich zahlreiche, haselnußgroße Blasen extradural in der Höhe des 4.—11. Brustwirbels. Der Operationserfolg war ein guter.

In den meisten Fällen von spinaler Cysticerkose (ROKITANSKY, GRIBBOHM, WESTPHAL, LEYDEN, HEBOLD, WOLLENBERG, BOEGE, DIAMOND, RICHTER, BENDA) handelt es sich um klinisch bedeutungslose Befunde. Nur in wenigen Fällen kam es infolge von Ansiedelung zahlreicher Blasen zu spinalen Symptomen. In einem Falle HENNEBERGS quollen bei der Sektion aus den Wurzeleintrittsstellen zahlreiche Cysticerkenblasen hervor. Die Arachnoidea erwies sich von bis kirschgroßen Blasen durchsetzt, die zusammenhängende Lagen bildeten, die sich bis auf die Hirnbasis fortsetzten und hier das Bild der basalen Cysticerkenmeningitis bedingten. Von den klinischen Symptomen konnten auf die Rückenmarkscysticerken bezogen werden: Schwäche eines Beines, Kreuzschmerzen, Gürtelgefühl und Zittern der Brustmuskulatur. In anderen Beobachtungen (HIRT, OPPENHEIM, WOLLENBERG) handelte es sich um tabiforme

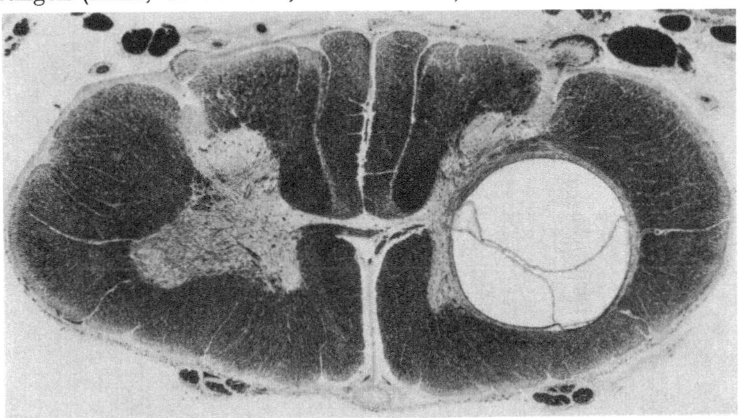

Abb. 11. Cysticercus im Vorderhorn des unteren Cervicalmarkes. Die Blase ist zusammengefallen. Markscheidenfärbung. (Nach einem Befund von P. SCHROEDER [WALLBRAUN].)

Erscheinungen, denen gegenüber es unsicher bleibt, ob sie allein von den vorgefundenen Cysticerken abhängig waren. Vereinzelt steht der Fall MINORS da, in dem ein großer Cysticercus am Dorsalmark zu dem Bilde einer Kompressionsmyelitis geführt hatte und ein operativ behandelter Fall von KORBSCH, in dem das klinische Bild eines Rückenmarkstumors bestand und ein erbsengroßer abgestorbener Cysticercus in der Höhe des I. Lumbalsegmentes gefunden wurde. Der Liquor war xanthochrom und eiweißreich.

In äußerst seltenen Fällen kommt es am Rückenmark zu Veränderungen, die durchaus der Cysticerkenmeningitis der Hirnbasis entsprechen. Über einen solchen Fall von chronischer *spinaler Cysticerkenmeningitis* hat HENNEBERG berichtet. Neben Hydrocephalus internus, schwerer Ependymitis, Verdickung der weichen Hirnhaut an der Basis und neuritischer Opticusatrophie fanden sich schwere chronische, entzündliche Veränderungen im Bereich des ganzen Rückenmarkes, die in sehr weitgehendem Maße einer Leptomeningitis gummosa ähnelten, wodurch auch eine Fehldiagnose in diesem Sinne bedingt wurde. Am Cervicalmark lag das Bild einer Pachymeningitis cerv. hypertrophicans vor. Die Arachnoidea des Dorsalmarkes ist in ein mehrere Millimeter dickes, kernreiches Granulationsgewebe umgewandelt, in dem die total degenerierten hinteren Wurzeln eingebettet sind (Abb. 12). In dem Granulationsgewebe eingebettet (ebenso in den verdickten Häuten der Hirnbasis) finden sich zahlreiche Reste von sehr weitgehend regressiv veränderten Cysticerken in Gestalt von hyalinen, gekerbten Bändern und amorphen Massen. Eine besondere Anhäufung der Cysticerkenreste findet sich im Bereich der Cauda equina. Von den spinalen gummösen Neubildungen unterscheidet sich der Befund nur wenig. Die Gefäßveränderungen sind weniger ausgesprochen, das Granulationsgewebe zeigt wenig Tendenz zur Nekrose und zum Übergreifen auf das Rückenmarksgewebe, auch treten die kleinen dunkeln Kerne, die im gummösen Infiltrat vorherrschen, in dem vorliegenden Falle mehr zurück. Klinisch machte sich die spinale Affektion nur wenig geltend; es bestand das Krankheitsbild eines Tumors der hinteren Schädelgrube, d. h. Taubheit, Nackensteifigkeit, Erbrechen, Neuritis optica, epileptiforme Anfälle, zuletzt völlige Verblödung und Kontraktur der Extremitäten bei fehlenden Sehnenreflexen. Einen weiteren spinalen Fall haben Ferga und Dazzi beschrieben, dessen Deutung dadurch jedoch sehr

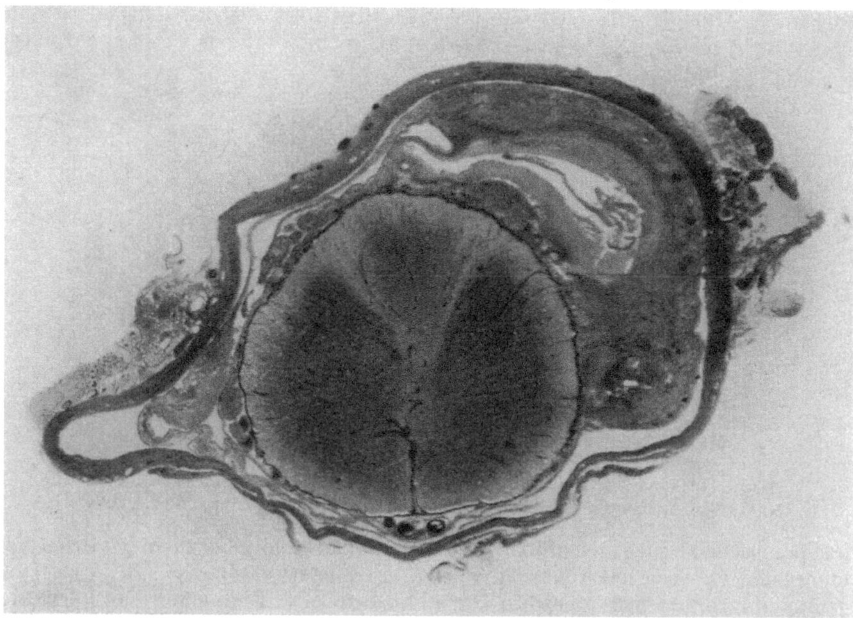

Abb. 12. Spinale Cysticerkenmeningitis. Schnitt aus dem Dorsalmark mit Dura. In dem von der Arachnoidea ausgehenden Granulationsgewebe abgekapselte Reste von Cysticerkenmembranen. Degeneration der hinteren Wurzeln und ihrer intramedullären Fortsetzungen.

erschwert ist, daß Lues mit positivem Wassermann gleichzeitig bestand. Klinisch fand sich u. a. Symptomen Pupillenstarre, mamilläre Zone, psychische Veränderungen, die an Paralyse erinnerten. Die Sektion ergab einen racemosen Cysticercus des Lendenmarkes sowie zahlreiche kleine Blasen über das Mark verteilt. Die Verf. kommen zu dem Ergebnis, daß die intra vitam gestellte Diagnose: Taboparalyse nicht zutreffend war, sondern daß der gesamte klinische Symptomenkomplex durch die Cysticerkose bedingt wurde.

Was die Diagnose der spinalen Cysticerkose anbelangt, so kann die Lumbalpunktion, wie die Beobachtungen von Hartmann und Stertz zeigen, sehr wertvolle Dienste leisten. In therapeutischer Hinsicht kann in Fällen wie der Minors ein operativer Eingriff am Platze sein.

Im Vorstehenden wurden Lokalisationen des Cysticercus, die mehr oder weniger charakteristische klinische Syndrome bedingen, besprochen. Es liegt auf der Hand, daß an jeder Stelle des Zentralnervensystemes der Parasit zur Ansiedelung gelangen kann. Die Symptome, die im einzelnen Falle in Erscheinung treten, ergeben sich aus der Lokalisationslehre, im Rahmen des vorliegenden

Artikels können sie nicht erörtert werden. Verwiesen sei auf den allgemeinen Teil des Handbuches und auf das Kapitel über die Hirntumoren. Im Nachstehenden sei über die Diagnose noch das Folgende ausgeführt.

Die Syndrome, die wir bei der Cysticerkose des Zentralnervensystems finden, sind dadurch ausgezeichnet, daß schwere Ausfallserscheinungen in der Regel fehlen; so ist Hemiplegie nur sehr selten beobachtet worden (HALPERN), auch Hemianopsie (HENNEBERG, CHOTZEN, UGURGIERI) kommt nicht oft vor. Die Krankheitsbilder weisen, wie bereits OPPENHEIM u. a. ausgeführt haben, oft Züge von Neurosen und Psychosen, Lues cerebrospinalis, basaler Hirnlues, Hirntumor, Hirnarteriosklerose und multipler Sklorose auf. Für die Diagnose ist es zunächst von großer Wichtigkeit, eine Neurolues durch die serologische Untersuchung ausschließen zu können. Die Multiplizität der Krankheitsherde, das Schwanken der Symptome, der nicht selten rasche Wechsel des Gesamtbefindens und der Intensität der Beschwerden hat die Lues cerebrospinalis mit der Cysticerkose gemein. Kann man eine Neurolues ausschließen, so ist die Cysticerkose in Erwägung zu ziehen. Was die Differentialdiagnose dem Hirntumor gegenüber anbelangt, so ist besonders zu beachten, daß bei Cysticerkose ein stetig progressiver Verlauf in der Regel vermißt wird. Eine JACKSONsche Epilepsie, die viele Jahre fortbesteht, ohne daß weitere cerebrale Symptome hinzutreten, ist immer verdächtig auf Cysticerkose. Liegen Symptome vor, die auf multiple Herde hinweisen, so ist an Cysticerkose zu denken, wenn Sclerosis multiplex, Lues und vasculäre Prozesse unwahrscheinlich sind bzw. ausgeschlossen werden können.

Der Befund von Hautcysticerken kann von großer diagnostischer Bedeutung sein. Es hat sich jedoch gezeigt, daß Fälle von Gehirncysticerkose, in denen Hautfinnen nachweisbar sind (POSSELT, OPPENHEIM, RIZZO, STEPIEN und GRZYBOWSKI, BURZIO) sehr selten sind. Vereinzelte Hautfinnen entziehen sich zudem sehr leicht der Beachtung. BUSSE hat über einen Chinesen berichtet, bei dem etwa 100 Hautcysticerken vorlagen. Einige Monate nach dem Auftreten derselben erkrankte der Patient mit epileptischen Anfällen, er starb nach einigen Jahren. Das Blut war stark eosinophil, im Liquor waren die Zellen stark vermehrt, ebenso das Eiweiß. Offenbar handelte es sich um einen Fall von Cysticerkenepilepsie. In ganz vereinzelten Fällen wies eine Augenfinne auf die Natur des vorliegenden Hirnleidens hin. So bestand im Falle von POGGIO zunächst Erblindung eines Auges infolge einer Augenfinne, dann JACKSONsche Epilepsie. Bei der Operation wurden zwei kleine Blasen aus der motorischen Region entfernt.

Von großer Wichtigkeit für die Diagnose ist das Röntgenbild. Lassen sich multiple kleine und ziemlich stark umgrenzte Schatten nachweisen, so liegt der Verdacht, daß es sich um verkalkte Cysticerken handelt, sehr nahe. Wahrscheinlich genügt schon eine wenig hochgradige Kalkspeicherung in den Resten der abgestorbenen Parasiten, um einen deutlichen Schatten zu geben. Es hat auch den Anschein, daß abgestorbene Cysticerken regelmäßig der Kalkinkrustation anheimfallen. Der Grad derselben kann allerdings ein sehr verschiedener sein. Die Intensität des Schattens ist daher verschieden. Die Schatten werden von ALBRECHT als scharf begrenzt, rundlich und erbsengroß charakterisiert. SCHÜLLER kennzeichnet sie als polyedrisch bzw. zackig und scharf umschrieben und sagt, daß sie von homogener Dichte seien. Im Gegensatz dazu seien kalkhaltige Tumoren mehr fleckig, granuliert und unscharf. Eine Betrachtung einer größeren Anzahl von Präparaten von verkalkten Cysticerken ergibt, daß die Röntgenbilder recht verschieden ausfallen müssen, je nach Größe des abgestorbenen Parasiten, nach der Intensität der Kalkinkrustation und nach dem Verhalten der Umgebung. Nicht so selten sieht man auch außerhalb der Kapsel des verkalkten Parasiten im Gewebe besonders in der Umgebung der Capillaren erhebliche Kalkniederschläge. Gute Abbildungen von Cysticerkenschatten finden sich in den Arbeiten von O'SULLIVAN und HEYMANN [1] (Abb. 13).

In dem Falle von SALINGER und KALLMANN (1930) fanden sich im Röntgenbild mehrere etwa bohnengroße Kalkschatten, ferner zwei runde, schrotkugelförmige. Trotz dieses Befundes wurde Cysticerkose nicht diagnostiziert, weil das Fehlen der Eosinophilie und die negative spezifische Reaktion gegen Cysticerkose zu sprechen schien. Bei der anatomischen Untersuchung erwiesen sich die Blasen nur schwach mit Kalk inkrustiert.

In diesem Falle wurde die Beurteilung dadurch sehr erschwert, daß die ersten Krankheitserscheinungen nach einer Gehirnerschütterung in Erscheinung traten. Nacheinander wurden folgende Diagnosen: Neurasthenie mit Aggravation, seröse Meningitis, Hydrocephalus nach Trauma, unklare organische Gehirnerkrankung gestellt, vorübergehend wurde auch Paralyse angenommen. Aus Anlaß dieser Beobachtung haben die Autoren die Frage erörtert, ob durch ein Kopftrauma eine Gehirncysticerkose verschlimmert bzw. in ihrem Verlauf beeinflußt werden kann. Sie kommen bezüglich ihres Falles zu dem Ergebnis, daß ein ursächlicher Zusammenhang zwischen Unfall und dem parasitären Hirnleiden nicht anzunehmen sei. Prinzipiell glauben die genannten Autoren, daß ursächliche Beziehungen zwischen einer Cysticerkenaussaat und einer Unfallschädigung im Sinne einer Verschlimmerung im Bereich der Möglichkeit liegen. Wenig wahrscheinlich ist, daß Cysticerken infolge eines traumatischen Reizes „zur Bildung von Tochterblasen" angeregt werden. Selbstverständlich erscheint, daß durch ein erhebliches Trauma ein Hydrocephalus bzw. eine bestehende Meningitis verschlimmert werden kann. FÖRSTER sah die auf die motorische Region deutenden Symptome nach einem Trauma zum Vorschein kommen, ferner fiel es ihm auf, daß die Perkussion der entsprechenden Schädelhälfte Zuckungen im kontralateralen Fascialis auslöste.

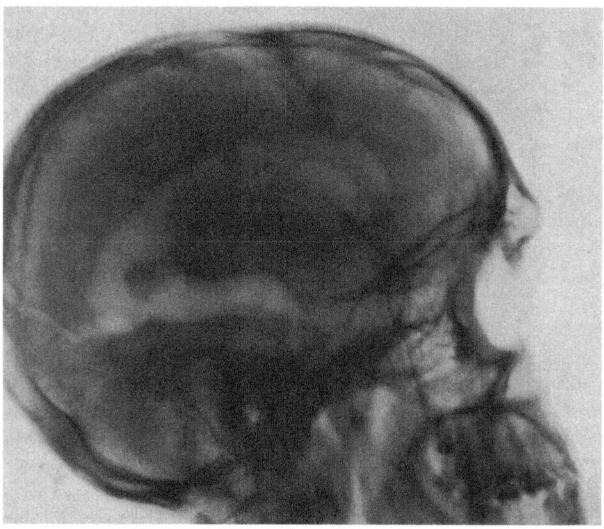

Abb. 13. Verkalkter Cysticercus im Hinterhorn des erweiterten Seitenventrikels. (Befund von E. HEYMANN.)

Im allgemeinen wird man eine Verschlimmerung einer Hirncysticerkose durch Kopftrauma als unwahrscheinlich bezeichnen müssen. Die Annahme einer „Aussaat" des Parasiten infolge eines Traumas ist völlig abwegig, ebenso die eines Wachstumreizes durch Trauma. Zugeben wird man jedoch, daß ein durch Cysticerkose bereits geschädigtes Hirn durch ein erhebliches Trauma eine weitere Schädigung (Zunahme eines schon bestehenden Hydrocephalus) erfahren kann.

[1] Weitere Literatur über den Röntgennachweis verkalkter Cysticerken bei SAUPE u. FÜRNROHR: Lehrbuch der Röntgendiagnostik von RIEDER u. ROSENTHAL. Leipzig 1918.

In neuester Zeit hat die Blut- und Liquoruntersuchung eine wesentliche diagnostische Bedeutung gewonnen. Bei Helminthiasis jeder Art ist Vermehrung der eosinophilen Zellen fast die Regel. Sie wird auch bei den gewöhnlichen Darmparasiten (Oxyuris, Ascaris, Taenia saginata) sehr oft beobachtet, kommt aber unter sehr vielen anderen Bedingungen (Asthma bronchiale, Hautkrankheiten, nach Infektionskrankheiten usw.) vor. Der Befund der Eosinophilie[1] ist demnach sehr vieldeutig. Dazu kommt, daß keineswegs bei Cysticerkose in allen Fällen der Blutbefund ein positiver ist (KROLL, RIZZO u. a.). Auf Grund eines negativen Befundes kann daher niemals die Diagnose auf Cysticerkosis ausgeschlossen werden. Was die Häufigkeit der Eosinophilie im Blut bei Cysticerkose des Zentralnervensystems anbelangt, so fand BUSSE auf Grund der vorliegenden Kasuistik, daß nur in 50% der veröffentlichten Fälle ein positiver Befund erhoben werden konnte. (Bei Errechnung dieser Zahl sind die Fälle von Echinococcus mit einbezogen.) Hochgradige Eosinophilie im Blut ist bei Cystocerkose nicht zu erwarten. Die Autoren fanden bis 12% (SCHENK) eosinophile Zellen (im normalen Blut finden sich 2—4%).

Wesentlich häufiger ist im Liquor bei Cysticerkose Eosinophilie nachzuweisen. Sie ist fast die Regel. Nur in einzelnen Fällen (SCHAEFFER, HOFF, KULKOW) wurde sie vermißt. Sie fand sich auch beim Rautengrubencysticercus (GRUND). Der Befund ist darum von größerer Bedeutung für die Diagnose als der Blutbefund, da bei andern Affektionen des Zentralnervensystems das Vorkommen eosinophiler Zellen im Liquor keine Rolle spielt. Nach BUSSE machen bereits vereinzelte eosinophile Zellen (einige Prozente) eine parasitäre Erkrankung recht wahrscheinlich. Auch RIZZO betont die große diagnostische Bedeutung der Liquoreosinophilie. Blut- und Liquoreosinophilie weisen jedoch im günstigsten Falle nur auf Vorhandensein eines Parasiten im Bereich des Zentralnervensystemes hin. Über die Art des Parasiten sagt der positive Befund nichts aus. Findet man neben starker Eosinophilie im Liquor auch multiple Kalkherde im Röntgenbild oder Hautfinnen, so ist die Diagnose Hirncysticerkose gesichert (RIZZO, STEPIEN und GRZYBOWSKI).

Die weiteren Liquorbefunde bei Cysticercosis cerebri bzw. cerebrospinalis bieten nichts besonderes, jedenfalls nichts pathognomonisches. Der Liquorbefund ist der gleiche wie bei chronischen Entzündungen im Bereich des Gehirnes und Rückenmarkes, besonders ausgesprochene Befunde sind bei ausgedehnten meningitischen Veränderungen in den Häuten (basale Cysticerkenmeningitis) zu erheben. Der Liquordruck kann erheblich gesteigert sein, der Liquor ist meist klar, sehr selten leicht getrübt bzw. flockig. Das Gesamteiweiß ist vermehrt, die Reaktion nach NONNE-APELT und PANDY positiv.

Zellvermehrung im Liquor wurde sehr oft festgestellt; in der Regel handelte es sich um Lymphocyten. Sie ist offenbar in erster Linie eine Folge des chronisch entzündlichen Prozesses in der Umgebung der Parasiten. Dieser sich in den Häuten bzw. in der Kapsel der Blasen abspielende Prozeß wird in der Regel auf Rechnung von Toxinen, die der lebende bzw. abgestorbene Parasit abgibt, gesetzt. Mit der Möglichkeit, daß es sich um eine sekundäre bakterielle blande Meningitis handelt, muß gerechnet werden. Denkbar ist, daß der Parasit von vornherein Entzündungserreger mit sich schleppt oder daß er durch seine Ansiedlung eine Konstellation schafft, die der Ansiedlung von Bakterien aus dem kreisenden Blut Vorschub leistet. Die Wa.R. erwies sich in einzelnen Fällen, in denen nach Ansicht der betreffenden Autoren eine Komplikation mit Lues nicht vorlag, als positiv (SCHAEFFER und CUEL, URECHIO und POPEN, REDULIE). KUFS fand eine typische Lueszacke bei Mastixreaktion, Verhalten der Goldsol-

[1] Literatur über Eosinophilie bei NAEGELI: Blutkrankheiten. S. 164. Berlin 1931.

kurve wie bei Paralyse beobachteten PULGRAM, RIZZO, KULKOW, und zwar bei negativer Wa.R., GUILLAIN konstatierte positiven Ausfall der kolloidalen Benzoereaktion und mißt diesem Befund eine besondere diagnostische Bedeutung bei.

Über die Komplementbindungsreaktionen mit Cysticerkenantigen fehlen noch ausreichende Erfahrungen, weil dasselbe nur selten zur Verfügung steht. Des öfteren hat man menschliche Echinokokkenflüssigkeit auch bei Cysticerken in Anwendung gebracht. BEUMER und BUSSE berichteten über Fälle, in denen der Liquor mit Echinokokkenantigen eine komplette Hemmung der Hämolyse ergab. Es steht dahin, ob es sich hierbei um eine Gruppenwirkung des Antigenes oder um irgendwelche Zufälligkeiten handelt. Über positive Befunde haben des weiteren HOFF und FLEURY SILVEIRA berichtet. Ein negatives Ergebnis hatten u. a. SALINGER und KALLMANN.

Cutane und subcutane Immunoreaktionen sind anscheinend beim Cysticercus weit weniger konstant positiv als beim Echinococcus. Über positive Befunde berichteten BOTTERI, doch handelte es sich um Fälle von Muskel-, Haut- und Augenfinnen. Auf die Impfung mit Cysticerkenflüssigkeit zeigt sich eine sehr deutliche Frühreaktion mit sekundärer Quaddelbildung und eine Spätreaktion mit subcutanem Ödem. Die Fälle reagierten auf Hydatidenflüssigkeit nicht.

II. Der Echinococcus.

(Echinococcus polymorphus seu unilocularis.)

Der Echinococcus oder Blasenwurm ist das Jugendstadium (cystöse Finne) des Hundebandwurms, der Taenia echinococcus (SIEBOLD). Der 4—5 mm lange Wurm kommt beim Menschen nicht vor, er lebt im Darm des Haushundes, des Wolfes und Schakals. Gelangen die durch die reifen Endproglottiden abgestoßenen Eier in den Magen des Menschen oder der Haustiere, besonders des Rindes, Schafes und Schweines (bei 23 weiteren Säugetieren wurde der Echinococcus beobachtet), so werden die Embryonen frei, sie durchbohren anscheinend aktiv die Darmwand, gelangen in den Blut- bzw. Lymphstrom und werden auf diese Weise in die verschiedenen Organe oder Körperhöhlen eingeschwemmt. Da die meisten Embryonen aus dem Darm in die Pfortader gelangen müssen, erklärt sich die besonders häufige Ansiedelung des Parasiten in der Leber ohne weiteres. Der sich aus dem Embryo im Verlauf von mehreren Monaten entwickelnde Echinococcus stellt eine durchscheinende, ziemlich dickwandige, weißliche Blase dar. Sie enthält eine fast wasserhelle Flüssigkeit (von spez. Gew. 1009—1015), die Kochsalz, Bernsteinsäure, Zucker, jedoch keine durch Kochen ausfällbaren Eiweißkörper enthält. Die Wand besteht aus einer geschichteten, chitinösen Cuticula und einer dünnen, körnigen Parenchymschicht, aus der letzteren entwickeln sich (nicht immer) gestielte Bläschen (Brutkapseln), die mit vier Saugnäpfen versehene, 30—38 Haken tragende, einstülpbare Köpfe (Skolices) enthalten. Bleibt die Bildung von Köpfen aus, so spricht man von Acephalocysten. Es können sich ferner zwischen den Lamellen Blasen (Tochterblasen) entwickeln, die entweder schließlich in die ursprüngliche Blase eingeschachtelt liegen (Echinococcus hydatidosus seu endogenus) oder nach außen wachsen (Echinococcus exogenes, granulosus, veterinorum). Die primäre Blase (Mutterblase) kann infolge des Druckes des Inhaltes zugrunde gehen, in solchen Fällen findet man einen Bindegewebssack, der sehr zahlreiche (bis 1000) Blasen enthält. Gelangen die in den Blasen gebildeten Skolices in den Darm des Hundes, so wachsen sie zur Taenia echinococcus aus.

Außer der gekennzeichneten hydatidösen oder unilokulären Form kommt ein zweiter Typus des Echinococcus, der Echinococcus alveolaris (multilocularis oder ulcerosus) vor. Diese ganz vorwiegend in der Leber lokalisierte Form weicht so stark von dem gewöhnlichen Typus ab, daß sie zunächst völlig verkannt wurde. Man deutete sie als kolloiden Krebs (Alveolarkolloid). Erst durch ZELLER und VIRCHOW (1855) wurde die parasitäre Natur erkannt. Der Alveolarechinococcus stellt ein Konglomerat von kleinen, oft stark zusammengefalteten, kommunizierenden Bläschen dar, die von fibrösen Septen voneinander getrennt sind (ein pseudoalveoläres Wachstum kommt nach VIERORDT, ELENEWSKY, DÉVÉ und YAMATO häufig im Knochen zustande). Skolices finden sich in den Bläschen nur selten vor. Das Konglomerat kann sich zentral bis zur Erweichung stark regressiv verändern. Diese alveoläre Form ist verschieden beurteilt worden, man hat sie bald als Degenerationsform (MITA), bald als Varietät (HELM, BRINTEINER, JENCKEL, PARODI), bald im Hinblick auf die verschiedene geographische Verbreitung als besondere Spezies hingestellt (HUBER, POSSELT). In Island, Südamerika und Australien, wo die gewöhnliche Form häufig ist, wird sie nicht beobachtet, sie kommt in Bayern, Württemberg, Tirol, in der Schweiz und in Rußland, sehr selten auch in Frankreich, Bulgarien, Japan und Nordamerika vor.

Wiederholt ist neuerdings behauptet worden, daß der Echinococcus nicht eine einheitliche Art darstellt. CAMERON (1927) glaubte nicht weniger als 4 Spezies Echinococcus beim Menschen und bei den Haustieren unterscheiden zu können. Er unterschied die Arten auf Grund von mehr oder weniger ausgesprochenen Verschiedenheiten der Skolices.

Die Verbreitung der Echinokokkenkrankheit in den einzelnen Ländern ist eine sehr ungleichmäßige. Die Häufigkeit der Erkrankungsfälle beim Menschen läuft im allgemeinen der Häufigkeit des Parasiten bei den Haustieren proportional (PEIPER). In Deutschland kommen die meisten Fälle in Mecklenburg [1] und in Vorpommern zur Beobachtung, im Einklang steht damit die Tatsache, daß hier bei den Haustieren der Echinococcus häufig ist. Relativ häufig ist der Parasit beim Menschen ferner in Schlesien (FREUND), Thüringen (KREVET) und Württemberg (LIEBERMEISTER), sehr selten ist er in Elsaß-Lothringen und Unterfranken. Viel häufiger als in den genannten Bezirken Deutschlands wird der Parasit in Island, in der Normandie, Rumänien, Dalmatien (PERICIC), Griechenland und in der Krim gefunden. In der holländischen Provinz Friesland ist nach SNAPPER der Echinococcus sehr häufig. Durch Schlachtabfälle infizieren sich 12% der Hunde mit der Taenie. Von den außereuropäischen Ländern ist besonders Australien, Neuseeland, Argentinien und Nord- und Südafrika von den Parasiten heimgesucht, in China ist er sehr selten, in Ost-Sibirien und Nordjapan soll er fehlen.

Nach NEISSERS Zusammenstellung ist der Echinococcus beim weiblichen Geschlecht häufiger als bei Männern, es kommen nach NEISSER auf einen echinococcuskranken Mann 1,8 Frauen (nach FINSENS Statistik 1 Mann auf 2,4 Frauen). In Argentinien sind auffallend oft Kinder befallen.

Die Lokalisation des Echinococcus im Gehirn ist verhältnismäßig selten. Im ganzen dürften sich etwa 150 Beobachtungen in der Literatur finden. Fast durchweg handelt es sich beim Gehirnechinococcus um die gewöhnliche hydatidöse Form des Parasiten. Fälle von primärem multilokulärem Hirnechinococcus beschrieben ROTH, BIDER und v. HIBLER, multilokuläre Metastasenbildungen fanden sich in den Fällen von HAUSER, KOZIN (MELNIKOW-RASWENDENKOW), LUKIN, SABOLOTNOW (zitiert bei ELENEWSKY), ELENEWSKY, EICHHORST, BARTSCH und POSSELT.

[1] Nach der Sektionsstatistik GERLACHS hat jedoch der Echinococcus seit 1861 dauernd an Häufigkeit abgenommen und zwar von 1,98% bis auf 0,31% (1929).

Aus der Statistik von Teichmann, die die gesamte Kasuistik bis 1898 berücksichtigt und sich auf 2452 Fälle bezieht, ergibt sich, daß die Lokalisation des Echinococcus im Zentralnervensystem hinsichtlich ihrer Häufigkeit erst an siebenter Stelle steht und in 4% der Fälle vorkommt. Die Lokalisation in der Leber ist etwa 11,5, die in der Lunge etwa 22mal so häufig. Die Zusammenstellungen anderer Autoren zeigen etwas abweichende Zahlenverhältnisse. Neisser fand unter 983 Fällen 6,9% Hirnechinokokken, Madelung unter 196 in Mecklenburg und Vorpommern beobachteten Fällen nur 0,51%, Becker unter 327 Fällen der gleichen Gegend 1,22%, Cobbert unter 327 Fällen 22 Hirnfälle, Mollow unter 111 Fällen nur einen, Marcelic (Dalmatien) unter 50 Fällen 0,5%, Percic (Dalmatien) 1%, Vegas und Cranwell (Argentinien) unter 970 Fällen 2,37%, Thomas (Australien) unter 800 Fällen 9,87%, Cobbold unter 327 Fällen 6,7%. Die Häufigkeit der Lokalisation des Parasiten im Hirn schwankt somit zwischen 0,5 und 9,87%, die größte relative Häufigkeit wird in Australien beobachtet.

Die an Echinococcus leidenden Patienten stehen meist im mittleren Lebensalter. Nach den Statistiken von Neisser, Thorstensen u. a. kommt der Echinococcus bei Kindern unter 10 Jahren nur selten vor, d. h. in 5,8 bzw. 8%. Bemerkenswert ist, daß das Durchschnittsalter der an Gehirnechinococcus erkrankten Personen ein auffallend geringes ist. Diese Tatsache trat besonders in Argentinien hervor, nach Vegas und Cranwell standen die Kranken (15 Fälle) im Alter von 5—15 Jahren, nur einmal handelte es sich um eine über 15 Jahre alte Person. Von den 79 Fällen der Thomasschen Statistik betrafen 15 Fälle Kinder unter 10 Jahren, 27 Fälle Personen im Alter von 11—20 Jahren, über 40 Jahre waren nur 7 Patienten. Der Umstand, daß der Hirnechinococcus im allgemeinen jugendliche Individuen betrifft, erklärt sich vielleicht dadurch, daß die Infektion mit Taenieneiern in den meisten Fällen in der Kindheit (wegen mangelnder Vorsicht im Verkehr mit Hunden) stattfindet. Der Parasit entwickelt sich in den meisten Organen nur sehr langsam zu einer das Leben gefährdenden Affektion, ist er jedoch im Hirn lokalisiert, so werden sich verhältnismäßig früh Symptome geltend machen, vielleicht verläuft auch im Gehirn die Entwicklung schneller als in anderen Organen. In Argentinien ist die Besiedelung des Echinococcus im Hirn anscheinend relativ häufiger als in anderen Ländern.

Die Echinococcusblasen erreichen im Hirn in der Regel keine besondere Größe. Hühnerei- bis faustgroße Exemplare wurden nur selten angetroffen (Vergo, Franke). In einzelnen Fällen war eine ganze Hemisphäre in einen viele Blasen enthaltenden Sack umgewandelt (Rendtdorf, Yates, Kotsonopulos). Die Parasitenmembran erscheint bald derb und weiß (wie gekochtes Hühnereiweiß), bald zart und schleierartig durchsichtig.

Über die Veränderungen, die der Parasit im Gehirn in seiner Umgebung hervorruft, liegen nur wenige eingehende Untersuchungen vor. Aus diesen geht hervor, daß die Befunde im wesentlichen denen bei Gehirncysticerkose gleichen. Es bildet sich in der Umgebung des Blasenwurmes eine reaktive Entzündung, die zur Abkapselung führt. Am meisten ausgesprochen sind diese encephalitischen Veränderungen in den Fällen von multilokulären Echinococcus des Gehirnes.

Der multilokuläre Echinococcus des Gehirnes stellt einen recht seltenen Befund dar. Eichhorst fand 1912 7 Fälle in der Literatur, seitdem sind nur einige weitere Fälle hinzugekommen. Die betreffenden Patienten waren vorwiegend Männer im mittleren Lebensalter, von Beruf meist Bauern oder Schlächter. Das Krankheitsbild bietet wenig Charakteristisches, es erinnert an das eines Tumors bzw. einer Lues cerebri. Relativ häufig ist das Stirnhirn und das Kleinhirn befallen. Der Krankheitsverlauf ist ein intermittierender bzw. remittierender. Gute Remissionen sah v. Hibler nach Schmierkuren eintreten. Stauungspapille bzw. Neuritis optica sowie ausgesprochene Hirndrucksymptome wurden nur selten beobachtet. Psychische Störungen (Delirien, Demenz) sowie epileptiforme und rindenepileptische Anfälle lagen relativ häufig vor. Die Diagnose wurde wohl bisher in keinem Fall intra vitam gestellt. An einen multilokulären Echinococcus muß gedacht werden, wenn neben einer Lebergeschwulst cerebrale Symptome und Eosinophilie feststellbar sind.

Ein primärer Parasit fand sich nur in einzelnen Fällen (Bider, Roth, v. Hibler). In den Fällen von sekundären oder metastatischen multilokulären Echinococcus läßt sich nicht immer auf Grund des Sektionsbefundes feststellen, welches

Organ primär befallen war, auch die Reihenfolge der Metastasenbildung bleibt oft unklar. Wesentlich ist, daß in allen Fällen mit Ausnahme der von HAUSER und von v. HIBLER beschriebenen die Leber befallen war. v. HIBLER nahm an, daß gleichzeitig mehrere Embryonen aufgenommen worden sind und in die verschiedenen Organe gelangten. EICHHORST vermutet, daß von der Lungenmetastase aus das Hirn besiedelt wurde. BARTSCH und POSSELT halten einen primären Sitz in der Leber und eine Metastasierung auf dem Blutwege für wahrscheinlich.

Im Gehirn bildet der Parasit bis hühnereigroße, selten größere (Fall von BARTSCH und POSSELT), bisweilen multiple grau-gelbliche Geschwülste, die

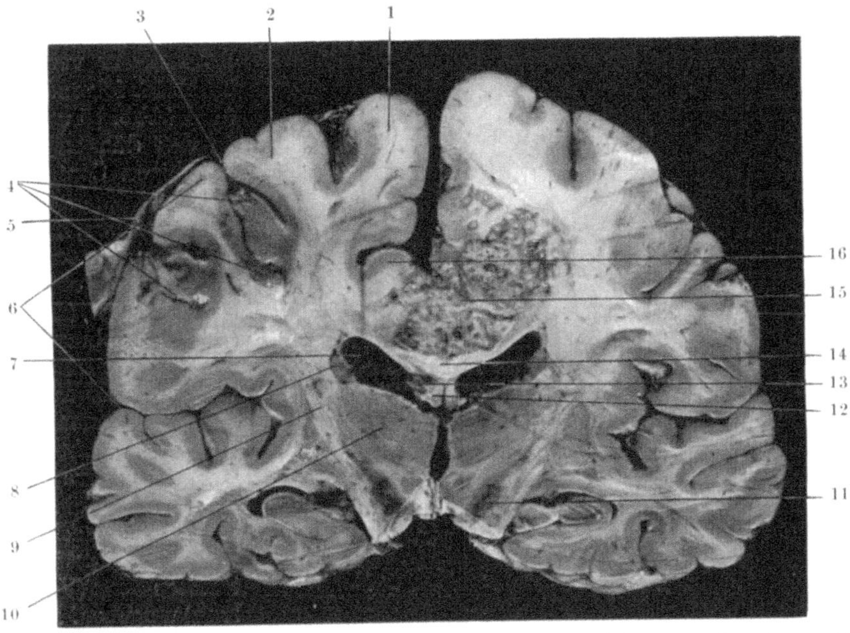

Abb. 14. Frontalschnitt 2,4 cm hinter der Sehnervenkreuzung (Ansicht von rückwärts). 1 obere Stirnwindung; 2 vordere Zentralwindung; 3 Zentralfurche; 4 Echinococcusansiedelung; 5 verwachsene weiche und harte Hirnhaut; 6 hintere Zentralwindung; 7 linke Seitenkammer; 8 Schweifkern; 9 innere Kapsel; 10 Sehhügel; 11 Substantia nigra; 12 Fornix; 13 Einbruch des Ech. alv. in die Seitenkammer; 14 Balken; 15 Echinococcusansiedelung; 16 Gyrus cinguli. (Nach BARTSCH und POSSELT.)

bei oberflächlicher Betrachtung Solitärtuberkeln ähnlich sehen (Abb. 14). Bei näherer Betrachtung sieht man, daß die Geschwülste aus stecknadelkopf- bis kirschgroßen, mit gallertigen Massen ausgefüllten, rundlichen, vielfach zusammenhängenden Hohlräumen bestehen, die voneinander durch Bindegewebslagen getrennt sind (Abb. 15). An Schnitten erkennt man, daß die zusammenhängenden Hohlräume mit zusammengefalteten geschichteten Membranen ausgefüllt sind, diese zeigen eine schwach entwickelte Parenchymschicht, nicht selten finden sich auch Skolices mit auffallend schlanken Haken. Abnorme Befunde wurden nicht selten an den Parasiten gefunden und als Entartungserscheinungen gedeutet. BIDER und v. HIBLER beschrieben auffallende Cuticulaverdickungen, BIDER auch abnorme Köpfe. BARTSCH und POSSELT schilderten übermäßige Cuticulawucherung, die zu sehr starker Auffaltung geführt hatte. Eine abnorm schwache Cuticula konstatierte KOZIN. BARTSCH und POSSELT beobachteten interlammelläre Sprossungen, auch v. HIBLER beschrieb eigenartige intramurale Alveolarunterabteilungen.

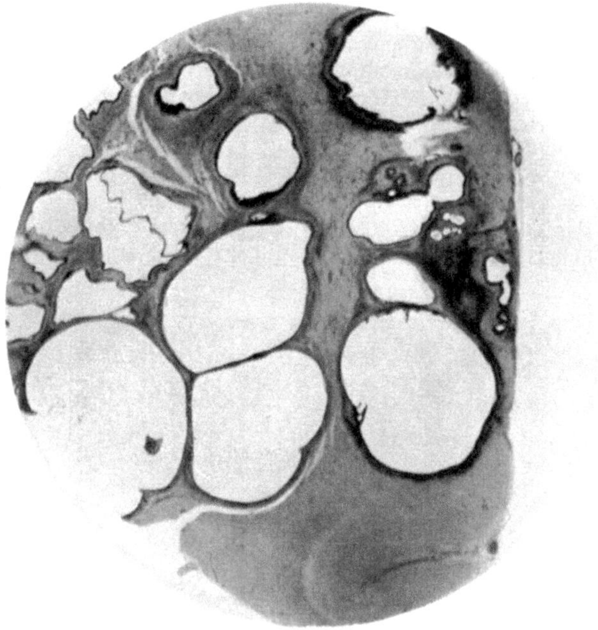

Abb. 15. Multilokulärer Echinococcus der Rinde und des Markes. In einer Cyste links unten ist die Parasitenmembran abgehoben. Kleinzellige Infiltration des Kapselgewebes besonders in der Rinde. (Nach einem GIESON-Präparat ELENEWSKYS.)

Abb. 16. Gehirnechinococcus. Geschichtete Parasitenmembran. Dreischichtige Kapsel: zellreiche Schicht mit leukocytärer Infiltration, fibröse kernarme Schicht, kernreiches junges Bindegewebe.

Der Aufbau der Kapsel entspricht im wesentlichen den beim Cysticercus zu erhebenden Befunden. Schwach entwickelte Abkapselung beschreibt v. HIBLER. Sie fehlte stellenweise völlig, die Membranen waren von gliösem Gewebe umgeben. An Schnitten, die ich Herrn ELENEWSKY verdanke, erhob ich folgenden Befund (Abb. 15 und 16): In den dünnen bindegewebigen Septen, die die Hohlräume voneinander trennen, läßt sich fast überall noch Gliagewebe nachweisen. Die sehr zarten (atrophischen) Membranen liegen der Kapsel für gewöhnlich fest an. Die kleinsten Cysten zeigen in ihrer Umgebung nur geringe reaktive Veränderungen, sie sind vielfach von einer schwachgefärbten, fast strukturlosen Zone (Verquellung) umgeben. Für gewöhnlich folgt auf die Membran eine zellreiche Schicht, in der bald vorwiegend radiär gestellte spindelförmige Elemente, bald bisweilen zusammenhängende Lagen bildende Riesenzellen vorherrschen. Diese Schicht zeigt häufig eine starke kleinzellige (zerfallende Leukocyten) Infiltration. Nach außen folgt eine kernarme Bindegewebsschicht, deren Fasern konzentrisch sich um die Hohlräume legen. Nach außen von dieser Schicht findet sich ein immer mehr sich auflockerndes, sehr kernreiches junges Bindegewebe, im Bereich desselben zeigen die Gefäßwände starke Infiltrationen. Das nun folgende Hirngewebe ist mäßig rarifiziert, es finden sich verstreute Körnchenzellen, nirgends Erweichung. HAUSER fand neben größeren Konglomeraten kleine Knötchen mit nekrotischen Membranreste einschließendem Zentrum, sie liegen kleinen Gefäßen mit verdickter Adventitia an.

Die ependymären Veränderungen beim Echinococcus der Gehirnventrikel haben L'HERMITTE und DÉVÉ des näheren beschrieben.

Öfters als beim Cysticercus scheint es in der Umgebung der Echinokokken zur Erweichung des Hirngewebes zu kommen. In einem Falle CASTROS scheint eine starke hämorrhagische Erweichung der anliegenden Hirnsubstanz vorgelegen zu haben. Von sonstigen Befunden, die bei Echinokokken des Zentralnervensystems gemacht wurden, sei erwähnt: NANNYN konstatierte den Zusammenhang der Bindegewebskapsel kleiner Echinokokken mit dem adventitiellen Bindegewebe anliegender kleiner Gefäße, wie dies nicht selten auch bei Cysticerken zu sehen ist.

In klinischer Hinsicht bietet der Hirnechinococcus dem Hirntumor gegenüber nur wenig Besonderheiten. Gewisse Eigentümlichkeiten, die bei Hirncysticerkose in Erscheinung treten: die Seltenheit ausgesprochener Lähmungen, die Häufigkeit von Epilepsie und rindenepileptischer Anfälle, das Krankheitsbild der basalen chronischen Meningitis mit Hydrocephalus spielen beim Echinococcus keine Rolle. Es hängt dies mit der Größe der Blasen zusammen, die tief in das Marklager der Hemisphäre hineinreichen und dadurch dauernde schwere Ausfallserscheinungen bedingen, bzw. mit der Tatsache, daß die Lokalisation des Parasiten an der Hirnbasis eine sehr seltene ist.

Nur in wenigen Fällen machte der Hirnechinococcus keine bzw. nur sehr unbestimmte Symptome (ESPINA, JOSÉ, SANDES, RÖSCH u. a.). In den weitaus meisten Beobachtungen lag ein Krankheitsbild vor, wie wir es bei größeren Tumoren der Großhirnhemisphären zu sehen gewohnt sind.

Am ehesten scheint es noch bei Kindern infolge von Hirnechinococcus zu einigermaßen charakteristischen Zügen in dem Krankheitsbild zu kommen. MORQUIO hebt hervor, daß das Leiden in der Regel mit Konvulsionen und Hemiparese beginnt. Charakteristisch sei ferner das Fehlen von Sensibilitätsstörungen, das Zurücktreten von Kopfschmerz, ein guter Ernährungszustand, Zunahme des Kopfumfanges, Klaffen der Coronarnaht, Offensein der Fontanelle. In den weitaus meisten Fällen sollen die Symptome auf einem Sitz der Cysten in der Gegend des Sulcus Rolandi hinweisen. Es ist zuzugeben, daß in Gegenden, in denen der Echinococcus häufiger und insonderheit bei Kindern vorkommt (Argentinien), man bei dem gekennzeichneten Symptomenkomplex an Echinococcus denken wird; es bedarf jedoch nicht der Ausführung, daß ein in der motorischen Gegend sich entwickelnder Tumor ein gleiches Krankheitsbild bedingen kann.

Im übrigen werden von den Autoren noch folgende Momente hervorgehoben, die für die Symptomatologie des Hirnechinococcus bis zu einem gewissen Grade als charakteristisch bezeichnet werden können. VEGAS und CRANWELL betonen, daß beim Echinococcus des Hirns der Kopfschmerz ziemlich genau auf die Gegend, in der der Parasit sitzt, lokalisiert ist. MINGAZZINI fand dies in einem Falle bestätigt. Diese Erscheinung, die für die klinische Lokalisation von Bedeutung ist, findet ihre Erklärung offenbar darin, daß der Echinococcus mehr wie Tumoren die Tendenz zeigt, gegen die Dura und Schädelkapsel anzudrängen, womit wiederum zusammenhängt, daß so häufig bei Echinococcus eine Verdünnung bzw. Usur des Knochens zu konstatieren ist. In einem Falle MINGAZZINIS nahm Kopfschmerz und Verwirrtheit im Liegen zu. Verf. glaubt, daß die im Scheitellappen lokalisierte Cyste bei horizontaler Lage stärker auf die Meningen drückte. Auch sonst wird vermerkt (Oppenheim), daß bei Bewegungen des Kopfes der Kopfschmerz eine Verstärkung erfährt.

Das sog. Hydatidenschwirren (Blatin) ist offenbar ein sehr seltenes Symptom, das bei der Diagnose des Hirnechinococcus, soweit wir sehen, kaum jemals eine Rolle gespielt hat. Mehrfach äußerten Kranke, daß sie das Gefühl, als ob sich im Kopf etwas bewege, hätten. Ob diese Empfindung auf wirkliche Bewegung von Blasen zu beziehen ist, bleibt recht zweifelhaft.

Vielmehr wie die meisten echten Geschwülste des Hirnes zeigt der Echinococcus die Tendenz, die Schädelknochen zu affizieren. Es kommt zunächst häufig vor, daß der dem Echinococcus anliegende Schädelknochen verdünnt wird. Besonders bei jugendlichen Personen wurde dies beobachtet, aber auch nicht selten bei Erwachsenen konstatiert. Die Verdünnung des Knochens kann so weit gehen, daß bei Druck mit dem Finger ein eigenartiges Gefühl von Knistern, das sog. Pergamentknistern, sich bemerkbar macht. Bei Kindern kommt es ferner zu einem Klaffen der Schädelnähte und Offenbleiben der Fontanellen und schließlich zu Vorwölbungen des Schädels an der Stelle, gegen die der Echinococcus andrängt. Einen derartigen Befund erhob u. a. Francke, Verco, Mudd und Thomas. In dem Falle Franckes machte sich bei Beklopfen der betreffenden Schädelstelle die unter der Bezeichnung „Scheppern" bekannte Veränderung des Perkussionsschalles geltend. Auch Morquio mißt dem Schettergeräusch eine diagnostische Bedeutung bei, in dem von ihm beschriebenen Falle war der Schädel pergamentartig verdünnt. In einem von Reunie und Crago beschriebenen Fall von Echinococcus des (linken) Stirnhirnes (Hemiplegie, Ptosis, Internuslähmung, Aphasie, Stupor, Neuritis opt.) bestand eine eigentümliche perkussorische Resonanz des Schädels, zudem war die Kopfschwarte über der betreffenden Stelle auffallend zart. Eine ähnliche Beobachtung machte Estèves.

In einer Reihe von Fällen führte die Usur des Schädelknochens schließlich zu einer völligen Durchlöcherung desselben. Es macht sich in solchen Fällen eine fluktuierende Stelle am Knochen geltend, an der sich eine elastische Geschwulst hervordrängt. Bei Druck auf diese kann es zu verstärkten Hirndruckerscheinungen und epileptiformen Zufällen kommen (Estèves). In einigen Fällen traten durch die Perforationsöffnung des Knochens Parasitenblasen unter die Haut und gelangten nach Drucknekrose bzw. nach Incision der letzteren nach außen.

Der viel zitierte Fall Westphals (1873) nahm einen derartigen Verlauf. Er betraf einen 17jährigen Mann, der folgende Symptome darbot: Kopfschmerz, Erbrechen, Lichtscheu, Erblindung r. durch neuritische Atrophie, Hemiparese l., Exophthalmus r., remittierender Verlauf, nach $^3/_4$ Jahren ödematöse Schwellung der Lider und der Wange r., Usur des Os front. r. über dem Augenwinkel, nach Incision entleerten sich innerhalb von 2 Monaten etwa 90 Blasen von Erbsen- bis Mannesfaustgröße, danach fast völlige Heilung. Die Blasen saßen wahrscheinlich extradural, vielleicht war der primäre Sitz die Orbita (Exophthalmus). Ähnliche Beobachtungen sind von Reeb, Moulinié, Réer, Clémenceau, Mudd, Holschen, Morquio, Castro, Fricke und Estèves mitgeteilt worden. Auch in die Orbita können die Blasen durchbrechen. In einem Falle Judins bestand Exophthalmus und Sehnervenatrophie, bei der Operation fanden sich Blasen unter den Augen, die nach Usur der Decke vom Stirnhirn aus in die Augenhöhle eingetreten waren.

In manchen Fällen standen psychische Störungen im Vordergrund, es wurde beobachtet Vergiftungswahn neben Epilepsie von Saunders, geistige Schwäche von Bazzani, Livon, Morgan, Rendtorf, Delirien, später Demenz von Rösch. In einigen Fällen bestand ein an Dementia paral. erinnerndes Syndrom, auch „Moria" kam bei Sitz des Parasiten im Stirnhirn zur Beobachtung (Franke), in einem anderen Falle von Echinococcus im linken Stirnhirn (Marczell) bestand örtliche und zeitliche Desorientierung, Demenz und Erregung.

Was die Lokalisation des Echinococcus im Hirn anbelangt, so lassen sich Prädilektionsstellen für den Parasiten kaum feststellen. Immerhin muß es auffallen, daß in der Medulla oblongata, im Pons und im Thalamus der Parasit wohl noch nicht beobachtet wurde, während er im Bereich der motorischen Region relativ häufig gefunden wurde. Auch an der Hirnbasis (ROGER, VEGAS und CRANWELL, STEFFEN) sind Echinokokken sehr selten, was immerhin auffällig ist, weil Cysticerken sich hier besonders häufig finden. Des weiteren sind Fälle von Kleinhirnechinococcus recht selten. NEISSER führt drei Beobachtungen an. Weitere Fälle beschrieben MIGNOT, GALLIARD, SONNENBURG, HAYNES und v. HIBLER (multilokuläre Form), SIMONS.

Sitzt der Echinococcus in einem Ventrikel (Kasuistik bei Artom), so kommt es zu denselben Krankheitsbildern wie beim Ventrikelcysticercus. Relativ häufig wurden Echinokokken im Seitenventrikel gefunden. Es wird dies besonders von VERCO hervorgehoben, der in 15 von 57 Fällen die Blasen entweder im Ventrikel oder in der nächsten Umgebung des Ventrikels und in diesen hineinragend fand. Als ein Beispiel des Seitenventrikelechinococcus sei ein kürzlich veröffentlichter Fall MINGAZZINIS erwähnt, in dem eine haselnußgroße Blase sich im l. Seitenventrikel vorfand. Der Kranke bot folgenden Symptomenkomplex: Kopfschmerz, Schwindel, Depression und Erregung, Neuritis optica, bilaterale Amaurose, Anosmie r., partielle Ophthalmoplegie beiderseits, Mydriasis r., Areflexie der Cornea r., Parästhesie der Wange r., Facialisparese l., Masseterschwäche l., Symptome von Kleinhirnasynergie, Adiadokokinesie, Taubheit, Boulimie und Poliurie. Weitere Fälle wurden von HEADINGTON, BACAGLIA, BECKER, DÉVÉ (8jähriges Kind), SALEWSKI, MARCELLI, CODD, SABA u. a. beschrieben bzw. erwähnt. In einigen Fällen war der Ventrikel derartig erweitert, daß die ganze Hemisphäre zu einem mit Blasen angefüllten Sack umgewandelt schien (YATES, KOTSONOPULOS).

Auffallend ist es, daß im IV. Ventrikel, der im gewissen Sinne eine Prädilektionsstelle für den Cysticercus bildet, Echinokokken ungemein selten sind. Vielleicht hängt dies damit zusammen, daß die Echinokokken rascher wachsen wie die Cysticerken, und daß sie infolge ihrer Größe nicht mehr den Weg aus den Seitenventrikeln in den IV. Ventrikel finden. In einem Falle von RÖSCH fanden sich im III. und IV. Ventrikel 12 bis hühnereigroße Blasen (klinisch handelte es sich um Kopfschmerz, Schwindel, Ohnmachtsanfällen, unwillkürliche Bewegungen nach Art drehkranker Schafe, Gedächtnisabnahme). Im Aquaeductus Sylvii saß die Blase in einem von BECKER mitgeteilten Falle.

Am häufigsten wird der Parasit im Mark der Großhirnhemisphären gefunden. In der Regel liegt er der konvexen Oberfläche der Hemisphäre sehr nahe, oft ist er hier nur von den Häuten überzogen. Relativ häufig ist der Sitz des Parasiten im Stirnhirn (FRANKE, BIDER, ESTÈVES, ANGLADE, VERCO, MARCZELL, GEORGE, BETTELHEIM, DIVRY u. a.). In dem Fall BUSINCOS ging der Echinococcus von der Pia der Stirnlappenbasis aus. In einem Falle von ARTOM lag das Syndrom eines Kleinhirnbrückenwinkeltumors vor. Mehrere derartige Fälle wurden mit Erfolg operiert.

Einen Fall von besonders großem Stirnhirnechinococcus — die Cyste enthielt bei etwa 14 cm Länge etwa 700 ccm Flüssigkeit — beschrieb FRANCKE. Bei dem 11jährigen Knaben bestand außer leichten hemiplegischen Symptomen eine Charakterveränderung im Sinne einer Moria, Vorwölbung der r. Stirn- und Scheitelbeingegend, Neuritis optica fehlte, auch traten Kopfschmerz, Erbrechen, Schwindel sehr zurück. Tod bald nach der Operation im Status epilepticus.

Einen Fall von Schläfenlappenechinococcus mit ausgesprochenen aphasischen Symptomen beschrieb KNAPP.

Die motorische Region war in den Fällen von HAMMOND, ESTÈVES, CASTRO, FITZGERALD, GRAHAM, GRUBBE. AUVRAY, WIESINGER-SAENGER, HABERER u. a.

ergriffen. JACKSONsche Anfälle traten in solchen Fällen ziemlich zurück (SARGENT, LAMBARCE und VALENTINI). Einen Echinococcus im Scheitellappen (ausgesprochene Astereognosis) beschrieb MINGAZZINI, weitere HOFSTÄTTER. Eine langsam progressive Hemiparese wurde des öfteren beobachtet, so von LOMBARD, MORQUIO sah auffallend oft eine spastische Hemiplegie bei Kindern. Im Hinterhauptslappen saß der Parasit in einem Falle MINGAZZINIS. Es bestanden sehr heftige Kopfschmerzen, Neuritis opt., der Tod trat plötzlich nach einer Lumbalpunktion ein. Weitere Fälle beschrieben VISCONTI, LLOYD, KOSTER, FRICKE, OBARRIO. ALTSCHUL und DE ANGELIS beobachteten in einem Falle von orangegroßem Echinococcus im linken Hinterhauptslappen ungewöhnliche Anfallszustände. Der 20jährige Patient verfiel plötzlich in einen 10 Tage andauernden Schlafzustand, nach Ablauf desselben traten rhythmische Schüttelbewegungen des Kopfes und eigenartige Armbewegungen auf, die sich täglich wiederholten und mit Erbrechen und Kopfschmerzen einhergingen. Die Diagnose schwankte zwischen Hysterie, Epilepsie und Encephalitis. Der Liquorbefund war normal. Patient starb plötzlich im epileptischen Anfall.

Multiple Echinokokken sind im Hirn selten, worauf FRANGENHEIM, der 9 Fälle zitiert, hinweist. Nach KUTSCHE handelt es sich in etwa 8% der Fälle um multiple Blasen. Erwähnt seien die Fälle von KUTSCHE, GOLDENBERG, SÉRIEUX und MIGNOT, letztere Autoren zählten 20 Blasen. Es bestand in dem Falle corticale Taubheit, Paralexie, epileptische Anfälle und „maniakalische“ Erregung. Die Sektion ergab etwa 20 Echinokokken, von denen etwa sechs in beiden Temporallappen saßen.

Im Gegensatz zum Cysticercus bilden die weichen Häute des Hirnes keine Prädilektionsstelle für den Echinococcus. Die Arachnoidea bzw. Pia wird nur sehr selten als Ausgangspunkt eines Echinococcus genannt. Immerhin ist es möglich, daß ein Teil jener Fälle, die als Echinokokken des hemisphären Markes aufgeführt werden, ursprünglich in der weichen Hirnhaut ihren Sitz hatten und sich erst bei weiterem Wachstum in das Hirngewebe hineindrängten. In wenigen Fällen saß der Parasit zwischen Dura und Schädelknochen. Über einen derartigen Fall hat SCHLAGINTWEIT berichtet. Klinisch bestand: Schwindel, Schwerhörigkeit, Kopfschmerz, Neuritis optica und Gesichtsfelddefekt (zentrales, bitempor. hemianop. Skotom). Es fand sich hinter dem linken Ohr eine Geschwulst, die man für eine Lymphdrüse hielt. Eine Punktion ergab kein Resultat. Bei der Operation fand sich ein extracerebraler Echinococcus, der auf dem nicht perforierten Knochen lag. Nach Aufmeißelung fanden sich zahlreiche Blasen auf der Dura, die reiche Granulationen zeigte. Die Operation führte zu völliger Heilung. Verfasser nimmt an, daß der Echinococcus primär intrakraniell lag und später durch ein Emissarium nach außen wuchs.

Von neurologischem Interesse kann ferner auch die Lokalisation des Parasiten in den *Schädelknochen* sein. Unter 102 Fällen von Knochenechinococcus der Statistik von POPPE und FRANGENHEIM finden sich *8 Fälle von Echinococcus der Schädelknochen.* Der Parasit sitzt meist primär in der Diploe, seltener in den Knochenhöhlen z. B. des Keilbeins. KREBS beobachtete einen Fall von Echinococcus, der vom Os occipitale ausging, VODEHNAL beschrieb einen Fall von Echinococcus im Os temporale, durch Operation wurde Heilung erzielt. In einzelnen Fällen durchbohrte der Parasit die Knochen nach dem Schädelinnern zu und führte zu cerebralen Symptomen. Auch von der Orbita aus kann der Parasit in die Schädelhöhle gelangen (PETIT, WESTPHAL)[1].

[1] Von neurologischem Interesse ist ferner die sehr seltene Lokalisation des Parasiten in dem Auge (nach GREEFF nur in 3 Fällen beobachtet) im Nervus opticus (PAPAIOANNOU) in einem Sympathicusganglion (ELENEWSKY).

Die Untersuchung auf Eosinophilie und die immunbiologischen Methoden ergänzen sich gegenseitig. BLUMENTHAL führt aus, daß positiver Ausfall der Komplementbindungsreaktion und der Intracutanreaktion mit Sicherheit das Vorliegen eines Echinococcus erweist unter der Voraussetzung, daß es sich um eine Ersterkrankung handelt und dem Patienten noch nicht Echinokokkenflüssigkeit injiziert worden ist. Bei ausgesprochener Eosinophilie und negativen Reaktionen ist ein Echinococcus sehr unwahrscheinlich. Bei durchweg negativem Befund kann immerhin noch ein abgestorbener, verkalkter oder vereiterter Parasit vorliegen, evtl. auch eine Cyste mit undurchlässiger Wand, die keine für die Bildung von Antikörpern ausreichende Antigenmengen austreten läßt.

Die Prognose des Hirnechinococcus ist eine im ganzen recht ungünstige. Die Kranken gehen einige Monate nach Hervortreten der ersten Symptome, selten nach längerer Zeit unter Erscheinungen des Hirndruckes, bzw. im Status epilepticus zugrunde. In einigen Fällen kam es im Krankheitsverlauf zu erheblichen Remissionen der Symptome. Diese schlossen sich in dem Falle v. HIBLERS an Schmierkuren an, so daß man annehmen muß, daß Quecksilber die sekundären entzündlichen Veränderungen, die der Parasit in seiner Umgebung bedingt, günstig beeinflußt.

Der Parasit kann spontan absterben und verkalken, doch ist in der Literatur auffallend wenig von derartigen Befunden im Vergleich zum Cysticercus die Rede. Röntgenbestrahlung erwies sich (bei Tieren) als wirkungslos (DÉVÉ).

Besonders ungünstig sind die Aussichten, wenn der Parasit in den Ventrikeln (Literatur bei ARTOM) zur Entwicklung kommt. In diesen Fällen gilt alles, was oben über den Ventrikelcysticercus gesagt worden ist. Am relativ günstigsten gestaltet sich die Prognose, wenn die Blasen innerhalb der Häute, bzw. zwischen Dura und Knochen liegen. In solchen Fällen bildet die operative Behandlung keine Schwierigkeiten. Es kann sogar zur Spontanheilung nach Perforation des Knochens und der Haut kommen (s. oben).

Von den 22 Fällen RIVAROLAS wurde in 21 operiert, Heilung wurde in 8 erzielt, 13 Kinder starben, einmal trat Vereiterung nach voraufgegangener Glycerininjektion auf. Die Größe der Cysten schwankte zwischen einem Hühnerei und $^2/_3$ einer Hemisphäre. In den Fällen LORANOS handelte es sich fast durchweg um Kinder, von 21 starben 13 an der Operation. Über einzelne gute Erfolge berichteten SARGENT, LOMBARD, GIERLICH.

Die Ergebnisse der operativen Behandlung der im Gehirn selbst sitzenden Blasen sind nicht besonders günstige. Dauernde vollständige Heilungen wurden selten erzielt. FRANGENHEIM fand nur 10 mit vollem Erfolg operierte Fälle von Gehirnechinococcus in der Literatur. Nach einer Statistik GRISELS und DÉVÉS wurde bei 166 chirurgischen Eingriffen nur in 6 Fällen ein Dauererfolg erzielt. VEGAS und CRANWELL operierten in 18 Fällen 8mal mit günstigem Ausgang. Ein Teil der Kranken ging nach der Operation an eitrigen Prozessen zugrunde (DAVENPORT, VERCO, MINGAZZINI). Untersuchungen haben ergeben, daß der Echinokokkeninhalt keineswegs immer frei von Bakterien ist (VIÑAS, MEHLHOSE); vielleicht kommt es deshalb aus Anlaß der Operation leicht zur Wundinfektion.

Der Erfolg der Operation ist ferner sehr von der Art des Eingriffes abhängig. Injektionen von chemischen Stoffen, wie Jodtinktur, Sublimat, haben sich im allgemeinen nicht bewährt, obgleich es leicht gelingt, den Parasiten dadurch zum Absterben zu bringen. Die Punktion einer Echinokokkencyste gilt auf Grund nicht weniger Erfahrungen als ein gefährlicher Eingriff, falls sich nicht an die Punktion sofort die Exstirpation des Parasiten anschließt. Durch Ausfließen und Resorption der giftige Ptomaine enthaltenden Echinococcusflüssigkeit anfangs erheblich überschätzt worden, zumal von einzelnen Autoren (CHAUFFARD, BAUDIN, ROSELLO). Festgestellt wurde, daß nach Absterben bzw. nach operativer Entfernung des Parasiten die Eosinophilie schwand. Zu verwerten ist ein positiver Befund (Vermehrung bis zu 60% wurde gefunden) und bei Ausschluß von Darmparasiten und solcher Zustände und Krankheiten, die mit Eosinophilie einhergehen (Asthma bronchiale, Darminfektionen, Lues, Hautkrankheiten usw.). Bei einem positiven Befund kann es sich auch um Cysticerken handeln (verwiesen sei auf das Kapitel über den Cysticercus). Auf das häufige Fehlen der Bluteosinophilie wird von den Autoren oft hingewiesen, so von MORQUIO (bei Kindern), CHIAPPRI u. a. Der Liquor wird in vielen Fällen der vorliegenden Kasuistik als normal bezeichnet. In einem Falle von SIMONS (Echinococcus des Occipitallappens) bestand lediglich geringe Zellvermehrung.

Auf Grund des neurologischen Befundes allein wird die Diagnose auf Echinococcus in der Regel nicht zu stellen sein. Erst neuerdings ist es durch die immunbiologische Methode gelungen, die Diagnose in weitgehendem Maße zu sichern. Es ist hier nicht der Ort, auf Geschichte, Theorie und Technik der verschiedenen immunbiologischen Verfahren einzugehen. Verwiesen sei auf die zusammenfassende Darstellung, die G. BLUMENTHAL gegeben hat.

Es hat sich gezeigt, daß die ABDERHALDENsche, die Meiostagmin- und die Präcipitationsreaktion praktisch nicht verwertbar, auch entbehrlich sind. Als diagnostisch wertvoll haben sich die Komplementbindungsmethode (GHEDINI, WEINBERG u. a.) mit titrierter Echinokokkenflüssigkeit und die Intracutanreaktion erwiesen. (Die für die betreffende Untersuchung notwendigen Reagenzien werden in der serologischen Abteilung des Robert-Koch-Instituts Berlin zur Verfügung gehalten.)

Der Parasit scheidet ein Toxin aus, das zur Bildung von Antikörpern führt. Die Komplementbindungsmethode beruht auf dem gleichen Prinzip wie die Wa.R. Die Antikörper treten anscheinend aus dem Blut nicht in den Liquor über. Ein positives Ergebnis im Liquor liegt nur dann vor, wenn der Parasit im Hirn und Rückenmark oder in den Häuten des Zentralnervensystems seinen Sitz hat. Versagen kann die Komplementbindungsreaktion in Fällen, in denen der Parasit längere Zeit abgestorben oder vereitert ist. Bleibt die Reaktion lange Zeit nach der operativen Entfernung des Parasiten positiv, so weist dies auf zurückgebliebene Echinokokkenreste, auf ein Rezidiv oder auf eine Blase an anderer Körperstelle hin. Mit Vorsicht ist ein positiver Ausfall bei Lues mit positivem Wassermann zu bewerten. Besteht Eosinophilie bei negativem Ergebnis, so spricht dieser Befund gegen Echinococcus.

Nach den großen Erfahrungen BLUMENTHALs sind Fehlergebnisse selten. Von neurologischem Interesse ist, daß in einem Falle ein Patient mit Gliom des Kleinhirns positiv reagierte (vgl. auch JOSSMANN). MORQUIO beobachtete oft ein Versagen der Komplementbindung.

Von nicht geringerem Wert für die Diagnose ist die Intracutan- oder Intradermoreaktion (CASONI, BOTTERI). Sie versagt bei abgestorbenen, verkalkten oder vereiterten Echinokokken, ferner bei kachektischen Zuständen, nicht selten auch bei tuberkulinpositiven Kindern[1]. Nach operativer Entfernung eines Echinokokkus bleibt die Reaktion für lange Zeit positiv, nach Einspritzen von Echinokokkenflüssigkeit bleibt die Sensibilisierung für lange Zeit bestehen. Die Reaktion ist als eine sehr weitgehend spezifische anzusehen. Es ist eine Frühreaktion (Papel mit Hof) und eine diagnostisch sichere Spätreaktion in Gestalt einer entzündlichen Infiltration, Rötung der Haut und ödematöser Durchtränkung zu beobachten. Der positive Ausfall spricht mit sehr weitgehender Wahrscheinlichkeit (90% nach BOTTERI) für das Vorliegen eines Echinococcus. Ein negativer Ausfall läßt auch bei starker Eosinophilie einen Echinococcus ausschließen.

---

[1] A. SCHROEDER fand positiven Casoni dreimal bei Gliom.

Einige Male wurde beobachtet, daß Herzechinokokken zu Hirnembolien führten. Einen Fall von Echinokokkenembolie nach Blutung beschrieb DÄHNHARDT und BULNHEIM.

Ein 12jähriges Mädchen erkrankte plötzlich mit Kopfschmerz, Erbrechen, Krämpfen und Koma. Befund: Blutung im r. Thalamus mit Durchbruch in den Ventrikel, in der Arteria fossae Syl., cerebri prof. und basil. zusammengeballte Echinokokkenmembranen. Wahrscheinlich befand sich der primäre Sitz des Parasiten im l. Herz. In dem Falle SEDDONs lag ein Echinococcus des linken Herzventrikels vor, der Tod erfolgte durch Embolie, allerdings wurde der Embolus nicht gefunden.

Die Diagnose wird beim Hirnechinococcus im allgemeinen zunächst lediglich auf einen raumverengenden Prozeß bzw. einen Tumor innerhalb des Schädels gestellt werden können. Fehldiagnosen (Tumor, Erweichungsherd, chronische Meningitis) kamen oft vor. Nur in einem Teil der Fälle liegen Anhaltspunkte vor, die die Natur des Krankheitsprozesses erkennen bzw. vermuten lassen. Die Tatsache, daß sich ein Patient viel mit Hunden befaßt hat, ist wenig verwertbar, denn es erkrankten nicht selten Personen an Echinococcus, die niemals Hunde in ihrer Nähe gehabt hatten. Immerhin standen viele Kranke mit dem Schlächterberuf in Beziehung. Finden sich in der Haut oder in anderen Organen Echinokokken vor, so wird dadurch die Diagnose nahegelegt. Nach KÜCHENMEISTER fanden sich unter 88 Fällen von Hirnechinococcus 11 Fälle, in denen eine Blase noch anderswo vorhanden war. So waren in dem Falle HOFSTÄTTERs der Hirnerkrankung Symptome von seiten der Nieren und Abgang von Echinococcusmembranen mit dem Urin voraufgegangen. In dem Falle KRÜGERs lag gleichzeitig ein Echinococcus der Leber und des Bauchfelles vor. Bei dem Patienten SONNENBURGs war, bevor Hirnsymptome sich geltend machten, eine Anschwellung in der Achselhöhle aufgetreten, die sich bei der Operation als ein durch einen Echinococcus bedingtes Aneurysma erwies.

In Fällen, in denen es zur Entleerung von Blasen nach außen kommt, liegt die Diagnose auf der Hand. Auch Usur und Vorwölbung des Knochens ist bei Tumoren so selten, daß man in derartigen Fällen immer auch an Echinococcus denken wird. In den Fällen FRANKEs wurde die Diagnose außer durch die Vorwölbung des Schädelknochens noch durch Erscheinungen bei der Perkussion, sog. Scheppern, nahegelegt, wenn auch dieses Symptom keineswegs als pathognomonisch für eine Blasengeschwulst hingestellt werden kann. In einem Falle von CHISHOLM war der Schädel auffallend groß und bot über dem Scheitelbein einen auffallend sonoren Perkussionsschall. Bei Kindern kommt es nicht so selten zu einem Klaffen der Kranznaht, zu Schädelasymmetrien und Deformationen — namentlich in Argentinien sind solche Beobachtungen gemacht worden (MORQUIO).

Die Untersuchung mit Röntgenstrahlen ergab bei intaktem Schädel kein für die Diagnose verwertbares Resultat (HOFSTÄTTER). In einzelnen Fällen war eine mehr oder weniger weitgehende lokalisierte Usur bzw. Verdünnung des Schädels erkennbar, ein Befund, der jedoch für den Echinococcus nicht charakteristisch ist. Eine sehr gute Sichtbarmachung der Cysten erzielte kürzlich A. SCHROEDER (Montevideo) auf Grund eines besonderen encephalographischen Verfahrens.

Durch Hirnpunktion wurde einige Male Hydatideninhalt gewonnen, so von KNAPP. KNAPP fand eine klare, bernsteingelbe, rasch gerinnende Flüssigkeit, s. o., und in derselben 25 kleine (bis erbsengroße) Bläschen mit Skolices. Finden sich Echinokokken im Seitenventrikel, so können bei Ventrikelpunktion Membranen, Skolices oder Haken zutage gefördert werden (Fall von COLEY).

Die Eosinophilie im Blut ist beim Echinococcus ein wenig konstanter Befund. Sie fehlt bei abgestorbenen vereiterten und verkalkten Blasen, aber auch unter anderen nicht bekannten Bedingungen. Die diagnostische Bedeutung ist können schwere Zufälle (Urticaria, Cyanose, Dyspnoe, Übelkeit, Fieber, Singultus), sogar der Tod (MOISSENET, MARTINEAU, BRYANT, CHAUFFARD) eintreten. Am bekanntesten ist der Fall von BRYANT, in dem durch Überfließen von Echinokokkenflüssigkeit in die Pfortader aus Anlaß einer Punktion der Tod in wenigen Minuten eintrat. Es kann schließlich auch durch die in das Gewebe austretende Flüssigkeit zur Aussaat des Parasiten kommen. Im allgemeinen wird man daher einer Punktion sofort die Exstirpation der Blase folgen lassen. Auch hierbei können leicht Umstände eintreten, die den Erfolg in Frage stellen. In dem Falle FRANKEs ging der Patient bald nach der Operation unter epileptiformen Krämpfen zugrunde, anscheinend weil die sehr große Cyste bei der Operation ganz plötzlich entleert wurde. FRANKE rät daher, bei großen Cysten die Punktion nur nach Eröffnung des Schädels vorzunehmen und den Inhalt sehr langsam mit der Spritze abzulassen, evtl. ist die Operation zweizeitig zu machen. Die Höhle soll danach mit physiologischer Kochsalzlösung gefüllt werden. F. KRAUSE empfiehlt Tamponade nach Entleerung und Ausspülung der Cyste mit dünner LUGOLscher Lösung.

In mehreren Fällen von ESTÈVES gingen die Kranken nach mehreren Monaten nach der zunächst sehr günstig wirkenden Operation unter cerebralen Symptomen zugrunde. In dem Falle HOFSTÄTTERs trat nach der operativen Entfernung einer großen Blase aus dem Scheitellappen eine über ein Vierteljahr dauernde, sehr weitgehende Besserung ein; danach machten sich im wesentlichen die früheren Krankheitserscheinungen wieder geltend. Bei einer zweiten Operation fand man an der Stelle des exstirpierten Parasiten eine große, mit klarer Flüssigkeit gefüllte Cyste, nach deren Entleerung sich wiederum der Zustand des Patienten sehr besserte, bis Patient an Echinokokken in der Lunge und im Abdomen zugrunde ging. Offenbar kommt es nach Ausräumung des Parasiten und Verschluß der Hirnwunde durch die Dura usw. leicht zu einer Cystenbildung im Hirn, die in ihrer Wirkung einem Tumor gleichkommt und durch Transsudation an Größe zunehmen kann, wie dies auch bei Substanzverlusten anderen Ursprungs im Hirn zu beobachten ist, wenn nicht durch besondere chirurgische Maßnahmen (Drainage, Tamponade) der Entstehung einer Cyste entgegengewirkt wird. Über sehr gute Erfolge mit einer neuen operativen Technik berichtete kürzlich A. H. SCHROEDER (Montevideo).

Wesentlich seltener als in der Schädelhöhle kommt der **Echinococcus im Wirbelkanal** vor. Nach der Statistik von NEISSER war in 7,5% der Fälle der Parasit in der Schädelhöhle und in nur 1,94% in dem Wirbelkanal lokalisiert. Nach BORCHARDT und ROTHMANN finden sich in der Literatur bis 1909 48 Fälle von Echinococcus der Wirbelsäule bzw. des Wirbelkanals, BOEGE sammelte 1922 51 Fälle, WOERDEN 1927 64 Fälle. Seitdem sind nicht wenige neue Beobachtungen hinzugekommen. JANU sammelte 1933 324 Fälle von Echinococcus im Bereich der Wirbelsäule. Frauen wurden von dem Leiden fast ebenso häufig wie Männer betroffen.

Hinsichtlich der primären Lokalisation des Parasiten sind zu unterscheiden: 1. Echinokokken des Rückenmarks; 2. solche der Häute, d. h. intradural gelegene; 3. epidurale, d. h. solche zwischen Dura und Wirbelknochen; 4. solche der Wirbelknochen (einschließlich des Os ilei); 5. paravertebrale, d. h. solche, die zunächst in der Nähe der Wirbel (Muskulatur, Mediastinum, Beckenbindegewebe) sich entwickeln und später in den Wirbelkanal vordringen.

In dem Rückenmarksgewebe selbst wurden Echinokokken, soweit wir sehen, bisher nicht gefunden; wie oben ausgeführt, sind auch die Cysticerken hier außerordentlich selten. Nur in sehr wenigen Fällen wurden die Parasitenblasen im Duralsack aufgefunden. Eingehender beschrieben ist der Fall von BARTELS. Bei der Sektion des unter dem Bilde einer Kompressionsmyelitis im Verlauf von $7^1/_2$ Monaten zugrunde gegangenen Patienten fand sich eine 5 cm lange Cyste, die dem unteren Cervicalmark auf der dorsalen Fläche innerhalb der Dura auflag; eine gleich große Blase fand sich $7^1/_2$ cm unterhalb der ersten. Das Rückenmark zeigte schwere kompressionsmyelitische Veränderungen. In dem Falle von ESQUIROL fanden sich über das ganze Rückenmark hin Blasen im Arachnoidealraum. Intradural lagen auch die Blasen im Falle BUNKS (Cauda equina). Nicht häufig kommt es vor, daß der Echinococcus von außen in den Duralsack eindringt; derartige Beobachtungen sind von WOOD, FOERSTER, SCHERB und FRUSCI bekanntgegeben. Allerdings läßt sich nicht in allen diesen Fällen auf Grund der Beschreibung mit Sicherheit entscheiden, ob tatsächlich eine Perforation der Dura zustande gekommen war. Liegen die Blasen innerhalb des Duralsackes, so zeigen sie eine längliche Gestalt. Sie üben auf das Rückenmark einen viel stärkeren Druck aus als Cysticerkenblasen, die nur äußerst selten Kompressionsmyelitis bedingen.

Ebenso selten wie der Cysticercus siedelt sich der Echinococcus in dem epiduralen Gewebe primär an. Diese Lokalisation lag in dem Falle von GOUPIL (extradurale Blase am I. Lumbalwirbel, Kompressionsmyelitis, Wirbelknochen intakt) auch in den Beobachtungen von WIEGAND, RAYMOND und CASTEX vor. Das Leiden begann in dem Falle von CASTEX mit heftigen Schmerzen im linken Arm, eine BROWN-SÉQUARDsche Lähmung folgte, dann entwickelte sich eine Tetraplegie. Der Tod erfolgte durch Atemlähmung beim Versuch einer Lumbalpunktion. Die Parasitencyste lag im Epiduralraum am Halsmark, sie war weder mit der Dura, noch mit dem Knochen verwachsen. Die Dura zeigte eine ringförmige Verdickung, die das Rückenmark komprimierte.

Über die Häufigkeit, mit der der Echinococcus sich primär in den Knochen der Wirbelsäule ansiedelt, läßt sich schwer ein Urteil gewinnen, weil die Fälle in der Regel erst in einem Stadium zur Sektion kommen, in dem der Parasit sich bereits weit über seinen ursprünglichen Sitz ausgedehnt hat, und es dann schwer zu bestimmen ist, wo er ursprünglich lokalisiert war.

Die Knochenerkrankung verläuft in der Regel langsam und kann lange Zeit schmerzlos verlaufen. Bei der Lokalisation des Parasiten schien nicht selten ein Trauma von Bedeutung zu sein, in einigen Fällen kam es zur Gibbusbildung (KÖRTE, zitiert bei BORCHARDT und ROTHMANN).

Entwickelt sich der Parasit in der Nähe der Wirbelsäule (paravertebraler Echinococcus), so zeigt er stets die Tendenz, in den Wirbelkanal einzudringen. Von Interesse ist in solchen Fällen, daß die Dura dem Echinococcus mehr Widerstand leistet als der Knochen. Als Eintrittspforte in den Kanal dienen ihm oft die Intervertebrallöcher, die durch Druckusur stark erweitert werden. Bisweilen werden aber auch die seitlichen Teile und die Bögen der Wirbel, seltener die Wirbelkörper selbst zerstört. BORCHARDT und ROTHMANN haben darauf hingewiesen, daß der Echinococcus sich mit Vorliebe an zwei Stellen der Wirbelsäule ansiedelt. Diese Prädilektionsstellen sind die Gegend des 2.—5. Brustwirbels und die Lumbal- und Sacralwirbel. Nach den genannten Autoren waren der 2.—5. Brustwirbel in fast einem Drittel aller Fälle von Wirbelechinococcus betroffen, so, um nur die neueren Fälle zu zitieren, in den Beobachtungen von MURCHISON, WIEGAND, MAGUIRE, LEHNE, KRABBE, HAHN, TYTLER und WILLIAMSON, BORCHARDT und ROTHMANN und WESTENHÖFFER, YAMATO. In etwa der Hälfte dieser Fälle ging der Echinococcus vom hinteren Mediastinum aus und lag zwischen intakter Pleura und den Wirbelkörpern. Der in dieser Weise lokalisierte Echinococcus dringt früher oder später in den Wirbelkanal ein und verrät sich oft erst durch das Auftreten spinaler Symptome. Am stärksten ist die Kompressionswirkung auf das Rückenmark, wenn der Echinokokkensack geschlossen gegen das Rückenmark vordringt. So lagen die Verhältnisse in dem von Westenhöffer mitgeteilten Falle, von dem das abgebildete Präparat (Abb. 17) stammt. Der fast hühnereigroße Parasit liegt im V. Intercostalraum dicht an der Wirbelsäule unter der intakten Pleura, durch das V. Intervertebralloch ist er in den Wirbelkanal hineingewachsen unter Usur des anliegenden Knochens und hat, die Dura vor sich herschiebend, das Rückenmark hochgradig komprimiert. In anderen Fällen platzt der Sack beim Durchbruch in den Wirbelkanal, die Blasen breiten sich dann über eine größere Strecke über die Dura aus. Das Röntgenbild kann die Usur einzelner Wirbelteile deutlich zur Anschauung bringen (Borchardt-Rothmann). Über das Wesen des den Knochen angreifenden Prozesses verrät es allerdings nichts Sicheres. Nach den Darlegungen von Le Genissel spricht jedoch folgender Befund für Wirbelechinococcus: Fehlen von Entkalkung und von Hyperostose, rundliche Aufhellungsherde in den Wirbelkörpern, Zusammensinken einzelner Wirbelkörper bei Erhaltenbleiben der Bandscheiben, Aufhellungsherde in den Rippen, im Kreuzbein, im Darmbein, cystische Schatten in den paravertebralen Weichteilen, kenntlich durch den Kontrast gegenüber den lufthaltigen Weichteilen oder durch Kalkeinlagerung in die Cystenwand.

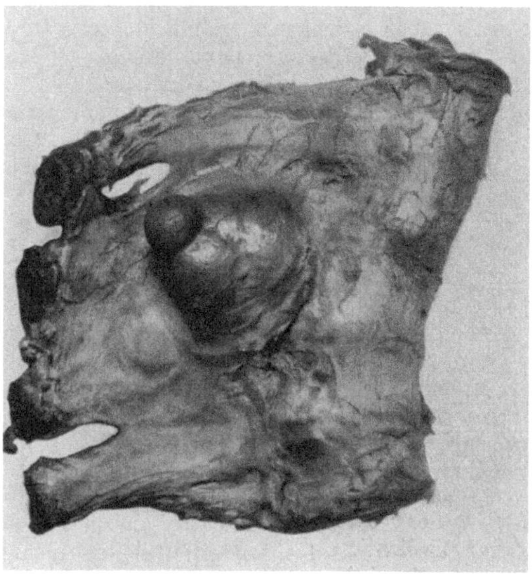

Abb. 17. Echinococcus im hinteren Mediastinum am 5. Dorsalwirbel. Kompressionsmyelitis infolge Hineinwachsens des Parasiten in den Wirbelkanal. (Nach einem Befunde Westenhöfers.)

Selten sind Echinokokken der Halswirbelsäule (Scherb, Talko-Kryncewicz). In dem Falle von Talko-Kryncewicz ging der Echinococcus von der Nackenmuskulatur aus und führte zur Kompressionsmyelitis des Halsmarkes.

Der lumbosacrale Abschnitt der Wirbelsäule bildet die weit häufigste Prädilektionsstelle für den Parasiten. Er ist hier entweder primär im retroperitonealen Beckenbindegewebe in der Gegend des Os ilei und des Os sacrum oder in der Muskulatur der Kreuzgegend oder schließlich primär im Knochen selbst lokalisiert. Beispiele für diese Lokalisation sind die Fälle von Wood, Moxon, Houtang, Ransom und Anderson, Friedeberg, Wilms, Souques, Dévé-Lhermitte-Trelles, Denk, Brütt u. a. Es kommt in solchen Fällen entweder zur Kompression des Lumbosacralmarkes oder zur Läsion der Cauda equina mit den für diese Affektionen charakteristischen Symptomen (Raymond, Partsch, Wilms). In der Literatur finden sich 12 Fälle von Echinococcus der Cauda equina (Runte). Nur in 2 dieser Fälle handelte es sich um eine primäre Ansiedelung innerhalb des Duralsackes.

Die klinischen Erscheinungen, die die Kompression des Rückenmarkes durch den Parasiten zur Folge haben — in den meisten Fällen bestand Paraplegie, der nur selten der Brown-Séquardsche Komplex in unvollständiger Ausbildung vorausging —, bieten in keiner Hinsicht Besonderheiten, das gleiche gilt von den kompressionsmyelitischen Veränderungen des Rückenmarkes.

Erhebliche Verdickung und Verwachsung der Dura mit dem Echinococcussack wurde nur in einzelnen Fällen beschrieben. Perforation der Dura und eitrige Meningomyelitis wurde lediglich in dem bereits zitierten Falle FÖRSTERs beobachtet. Das Leiden entwickelt sich meistens ziemlich langsam — in dem Falle von BONACCORSI machte ein paravertebraler Echinococcus erst nach 16 Jahren spinale Symptome —, so daß bei der Seltenheit des Echinococcus in der Regel zunächst an einen tuberkulösen Prozeß bzw. an einen gutartigen Tumor der Häute gedacht wird. Schmerzen infolge von Wurzelreizung können den spinalen Syndrom lange Zeit voraufgehen, fehlen aber auch in manchen Fällen.

Die Diagnose wird in Fällen, in denen der Echinococcus sich nur innerhalb der Wirbelsäule ausbreitet, nicht mit Sicherheit zu stellen sein. Das gleiche gilt von den Fällen, in den der Echinococcus vom hinteren Mediastinum ausgeht und von hier in den Wirbelkanal einbricht (Serodiagnose). Das Röntgenbild gibt nicht selten einen charakteristischen Befund. Man sieht in den Wirbelkörpern und Rippenköpfen kugelige Aufhellungen. Die Wirbelgelenke sind intakt (POPOW). A. SCHROEDER fand sehr zahlreiche kleine, helle Hohlräume mit bogenförmigen Grenzen. Die Lumbalpunktion wird nur dann Anhaltspunkte gewähren, wenn die Blasen sich in dem lumbosacralen Teil der Wirbelsäule befinden, bzw. wenn höhersitzende Blasen geplatzt sind. In den meisten Fällen von Echinokokkenkompressionsmyelitis machten sich früher oder später Geschwülste in der Umgebung der Wirbelsäule geltend. Durch Punktion bzw. Incision läßt sich in solchen Fällen die Natur des Leidens leicht erkennen. In mehreren Fällen wurden lange, bevor spinale Symptome sich geltend machten, Echinokokkengeschwülste am Rücken bemerkbar und operativ entfernt (TYTLER und WILLIAMSON, LEHNE, BORCHARDT und ROTHMANN).

Die Therapie kann nur in operativer Behandlung, d. h. in der vollständigen Exstirpation des Parasiten nach Laminektomie bestehen. Die früher vielfach vorgenommenen Punktionen und Incisionen führten zu keinen dauernden Erfolgen, der Tod trat nicht selten infolge von Eiterung ein. Aber auch in neuester Zeit ist nur in einer recht kleinen Anzahl von Fällen ein voller Heilerfolg durch die Operation erzielt worden (MEIROWITZ-LLOYD, HORSLEY-GOWERS, TYTLER-WILLIAMSON, CIGNOZZI, DASSEN, BRÜTT, PESSANO), weil das Leiden zu spät erkannt wurde bzw. weil die Kranken zu spät in Behandlung kamen. Von 17 operierten Fällen trat nur in 5 dauernde Heilung ein (WOERDEN).

III. Paragonimus Ringeri (Distoma pulmonale).

Der zu den Trematoden (Familie Troglotremidae) gehörende Parasit Paragonimus Ringeri, COBBOLD 1880 (Syn.: Distoma pulmonale, BAETZ 1883, *Mesogonimus Westermanni* KERBERT 1878) wurde zuerst von RINGER 1879 beim Menschen, und zwar in den Bronchien eines Mannes aus Formosa aufgefunden, vorher konstatierte ihn KERBERT in den Lungen eines Tigers. BAELZ und MANSON fanden 1880 *die Eier im Sputum des Menschen.*

Die *Heimat des Parasiten ist Japan*, er kommt aber auch in *Korea, China, Kochinchina, Formosa, auf Sumatra*, auf den *Philippinen* und in *Tripolis* vor, und zwar außer beim Menschen beim Hund, Wolf, Fuchs, Katze, Schwein und Rind. Vereinzelte durch *Japaner* verschleppte Fälle kamen in *Amerika* sowohl beim Menschen als auch bei den genannten Tieren vor, in Europa wurde der Wurm bei *importierten Tigern* in *Amsterdam* und *Hamburg* gefunden, nur in einem Falle, der von ABEND mitgeteilt wurde, bei einem Manne, der 20 Jahre in Amerika (*Kolorado* und St. Louis) sich aufgehalten hatte.

Der graurötliche, walzenförmige, mit gleichgroßem Mund- und Bauchsaugnapf versehene Parasit ist 8—20 mm lang, 5—9 mm breit. Die Eier sind verschieden groß, hinsichtlich der Länge schwanken die Angaben zwischen 0,13 (BRAUN) und 0,03 (KATSURADA), hinsichtlich der Breite 0,08 (BRAUN) und 0,04 (JAMAGIVA). Sie sind oval, gelblich oder bräunlich, glänzend und zeigen an einem Pole einen etwas abgeplatteten Deckel, im Innern sieht man granulierte Massen bzw. größere Protoplasmakugeln. Die Schale wird durch Essigsäure und Kalilauge nicht angegriffen, in Salzsäure aber gelöst.

Werden die Eier in Wasser von 30—35° C gebracht, so schlüpfen Embryonen (Miracidien) aus (NAKAHAMA, GARRISON und LEYNES). Welche Zwischenwirte die *Miracidien* aufsuchen, ist noch nicht völlig sichergestellt. Je nach der Gegend, vielleicht auch nach der Art — manche Autoren nehmen an, daß es sich um *verschiedene* Arten des Wurmes handelt — sind die Wirtstiere *(Wasserschnecken, Krabben, Flußkrebse)* verschieden. Nach den neuesten Forschungen kommen in erster Linie Süßwasserschnecken aus der Gattung *Melania* in Frage. Krabben scheinen als Hilfswirte zu dienen. Aus den Miracidien entwickeln sich Sporocysten mit Cercarien. Die Infektion des Menschen durch Cercarien ist nicht völlig klargestellt, wahrscheinlich dringen sie durch die Schleimhaut (Trinkwasser) oder durch kleine Hautwunden in den Menschen ein (JOKOGAVA). Nach LOOS passieren sie Oesophagus und Trachea. Nach KATSURADA und YAMAGIVA durchbohren sie die Darmwand und wandern durch die Lymphspalten nach der *Lunge*; andere Autoren vermuten, daß sie in die Bauchhöhle gelangen und das Zwerchfell passieren und so in die Lunge gelangen. Hier bilden sie dickwandige, bis haselnußgroße *Hohlräume*, die anscheinend aus bronchiektatischen Höhlen hervorgehen. Diese stehen mit kleinen Bronchien in Zusammenhang, so daß ihr Inhalt: hämorrhagischer Schleim, Eier, CHARCOT-LEYDENsche Krystalle, sehr selten auch Würmer (TAYLOR, MIMASHI) nach außen entleert werden kann *(Lungendistomiasis, pulmonale Paragonimiasis, parasitäre Hämoptoe, endemische Hämoptyse)*. Viel seltener ist der Sitz des Parasiten in der Leber, Darmwand, Zwerchfell, Halsdrüsen, Orbita (TANIGUCHI), Scrotum und Bauchhöhle (TUGE). Man kann die Paragonimiasis klinisch in eine thorakale, abdominale, cerebrale und generalisierte Form einteilen (MUSGRAVE).

Männer erkranken nach INONYE viel häufiger wie Frauen (89 : 11). Die Patienten sind vorwiegend Landarbeiter aus gewissen gebirgigen Gegenden Japans im jugendlichen Alter (16—30 Jahre).

Die Lungenparagonimiasis ist ein langwieriges, meist fieberlos verlaufendes Leiden, das sich über 20 Jahre hinziehen kann. Die Symptome bestehen in Husten, Atembeschwerden, braunem, zähen Auswurf, Hämoptoe, Anämie und bei Kindern im Zurückbleiben in der Entwicklung. Im Sputum finden sich meist reichlich Wurmeier, im Blut viel eosinophile Zellen.

Die Lokalisation des Parasiten bzw. seiner Eier im Gehirn ist verhältnismäßig selten. Eingehendere Beschreibungen der in solchen Fällen vorgefundenen Hirnveränderungen liegen nur in geringer Anzahl vor.

OTANI, der zuerst (1887) den Parasiten im menschlichen Hirn nachwies, erhob folgenden Sektionsbefund: Hyperämie der Hirnhäute, hühnereigroße Auftreibung im rechten Stirnhirn, am Occipitallappen bräunlich gefärbte, geschwollene Partie, über der die Pia verdickt und getrübt ist. Die Tumoren bestehen aus mehrfächerigen, kommunizierenden, reiskornbis taubeneigroßen Cysten, die eine bräunliche, dicke Flüssigkeit enthalten, die von 0,08 mm langen und 0,05 mm breiten Eiern durchsetzt ist. Die Wandungen bestehen aus gewuchertem Bindegewebe und sehen durchscheinend und gallertig aus. *In den Höhlen fand* OTANI *zwei etwa 8 mm lange und 5 mm breite Exemplare des Distomum.*

YAMAGIVA fand in dem Hirn eines im Status epilepticus zugrunde gegangenen Mannes folgende Veränderungen: An der Konvexität ist die Pia stellenweise mit dem Hirn verwachsen. Auf Einschnitten sieht man an diesen Stellen in der Rinde Gruppen von dunkelgrünen Punkten, die von einem sich derb anfühlenden weißen Hof umgeben sind. Die Grenze der Rinde gegen das Mark ist hier verwaschen. Die in die Rinde eintretenden Gefäße sind zum Teil obliteriert, sie führen zu kleinzellig infiltrierten Herden, in deren Zentrum etwa 0,05 mm lange und 0,03 mm breite, gedeckelte Eier liegen. Solche finden sich auch in einzelnen Gefäßen. Um die Eier findet sich eine Zone kernreichen Bindegewebes, Riesenzellen liegen den Eiern an, auch finden sich solche, die ein Ei einschließen.

TSUNODA sah in der weißen Substanz und in den großen Ganglien unregelmäßige, bis taubeneigroße kommunizierende Höhlen. Die Innenfläche ist rauh und mit gelbbraunen Massen bedeckt, die Eier, rote und weiße Blutkörperchen, Hämatoidinkrystalle und Detritus enthalten. *In einer Höhle fand sich ein lebender Wurm.* Die Ventrikel sind in ungleichmäßiger Weise stark erweitert. Das Ependym ist getrübt, stellenweise mit dem Plexus verwachsen. In der Cerebrospinalflüssigkeit fanden sich Eier, rote und weiße Blutkörperchen, Fetttröpfchen, Detritus und Pigment.

Die am meisten eingehende Beschreibung eines Sektionsbefundes gaben JACOBSOHN und TANIGUCHI. Es fanden sich im Hirn eines unter dem Bilde eines Tumors der motorischen Region verstorbenen Mädchen im Marklager fast der gesamten rechten Hemisphäre zahlreiche bis etwa 2 cm lange und 1 cm breite cystische Hohlräume von unregelmäßiger Gestalt, die von einer festen Bindegewebskapsel umgeben sind und eine gelbbraune dicke Masse enthalten. Die Wandungen sind von rauher Beschaffenheit, die Hirnsubstanz ist in der Umgebung der Cysten mäßig getrübt. Die linke Hemisphäre ist völlig intakt.

Auf Grund von Präparaten (Abb. 18 und 19) TANIGUCHIS, die ich Herrn Prof. JACOBSOHN verdanke, gebe ich von dem mikroskopischen Befund die folgende Beschreibung. Die Schnitte zeigen etwa bohnengroße, sehr unregelmäßig geformte Hohlräume, deren Wandungen eigenartige Faltungen aufweisen. Das Innere der Cysten ist mit einer stellenweise ausgefallenen schwach färbbaren

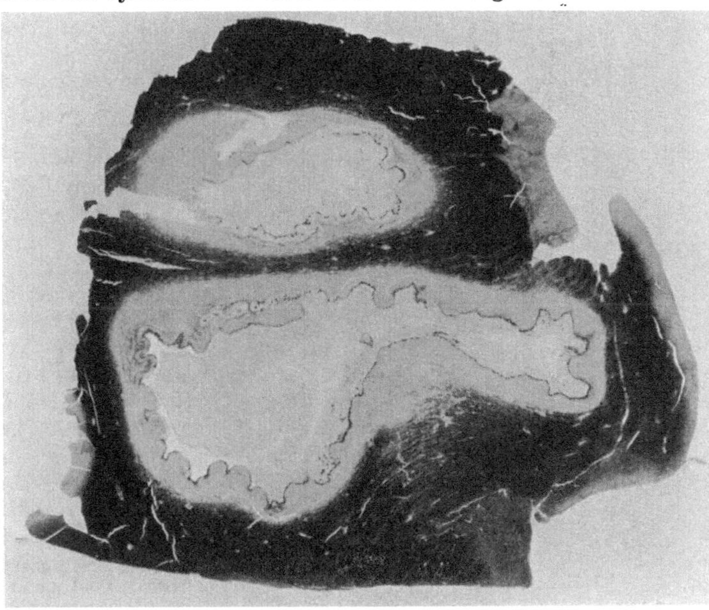

Abb. 18. Paragonimus (Distomum) Ringeri. Buchtige, Detritus und Eier enthaltende Höhlen im Marklager des Großhirnes mit dicker Kapselwand. (Nach einem Präparat [PAL] von JACOBSOHN und TANIGUCHI.)

Masse angefüllt. Reste einer Parasitenmembran lassen sich nirgends mit Sicherheit nachweisen. Die Masse besteht aus einem sehr feinen Fasergewirr *(Fibrin)*, in dem sehr dicht gedrängt ganz schwach gefärbte, fein granulierte runde Kerne und schlecht erhaltene rote Blutkörperchen liegen. Nur in der Nähe der Kapsel sieht man vereinzelte, gut gefärbte lymphocytäre Elemente. Da, wo der Cysteninhalt der Kapsel anliegt, findet sich stellenweise eine Schicht wenig scharf begrenzter, strukturloser, bei GIESONscher Färbung ziemlich intensiv rot gefärbter Klumpen und Ballen. Es scheint sich um Degenerationsprodukte von größeren Zellen zu handeln. Hier finden sich auch vereinzelte gut erhaltene Riesenzellen. In den Randbezirken (viel spärlicher in den mehr zentral gelegenen Teilen) des Cysteninhaltes sieht man viele Parasiteneier. Sie liegen stellenweise der Kapsel in einschichtiger Reihe auf. Nur wenige sind von dem Bindegewebe der inneren Kapselschicht umwuchert. Die stumpfovalen Eier sind im GIESON-Präparat gelb oder braunrot, die Schale ist stark lichtbrechend. Sie enthalten bald feingranulierte, durch Fuchsin schwach rot gefärbte Massen, bald durch Hämatoxylin dunkelblau gefärbte Klumpen. Die in der inneren Schicht der

Kapselwandung liegenden Eier sind bisweilen von zirkulär verlaufenden Bindegewebsfasern umsponnen. Nach innen von diesen folgen spindelförmige und epitheloide Zellen sowie Riesenzellen, letztere scheinen das Ei zu umfassen. Man sieht, daß auch Zellen in das Ei eingedrungen sind. Die Kapsel der Cyste zeigt zwei fast gleich breite Schichten, eine innere bindegewebsfaserreiche (in Gieson-Präparaten hochrote) und eine zellreiche äußere Schicht. Die innere Schicht baut sich aus vorwiegend radiär und längsgestellten langspindelförmigen Elementen mit stäbchenförmigen Kernen auf, die in diffus rot gefärbten Massen (hyalines gequollenes Bindegewebe) eingebettet sind. Die äußere Schicht besteht aus dichtgedrängten mononukleären Zellen mit deutlichem Protoplasmaleib. Die in dieser Schicht liegenden erweiterten Gefäße zeigen vielfach starke Infiltration der Wandung. Die Kapselschicht und das anstoßende Hirngewebe ist von Bindegewebsfibrillen durchsetzt, die mit dem adventitiellen Bindegewebe in Zusammenhang stehen. Die anliegende Hirnsubstanz zeigt Quellung und Zerfall der Nervenfasern und entzündliche Veränderungen an den Gefäßen. Zahlreich finden sich gequollene Gliazellen und große hyaline Schollen, die wohl größtenteils aus Gliazellen hervorgegangen sind.

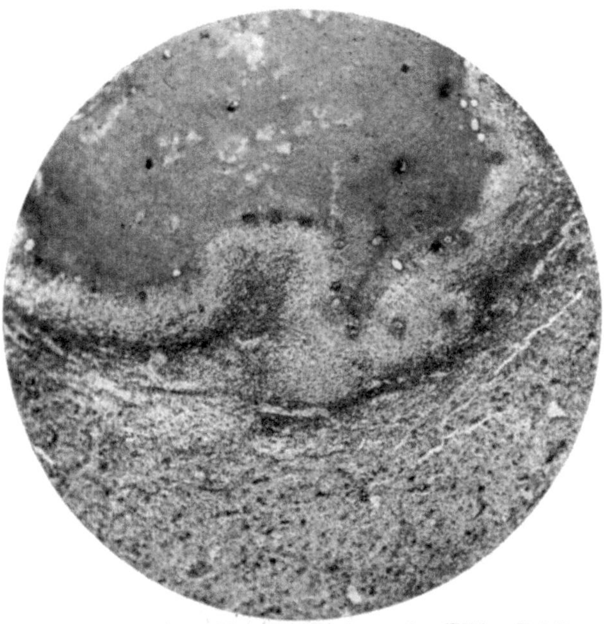

Abb. 19. Paragonimus Ringeri. Wandung der Höhle. Detritus mit Eiern bzw. Schalen (hell) von solchen. Relativ kernarme Bindegewebsschicht. Kernreiches Granulationsgewebe. Hirngewebe mit gequollenen Gliazellen.

Von den Befunden der übrigen Beobachter sei folgendes hervorgehoben: In dem Falle Karasawas gingen von einer großen Cyste in der r. Hemisphäre Fistelgänge aus, in deren Wandungen sich viele Eier fanden. Besonders große Höhlen beschrieb Katsurada. Er fand im l. Schläfenlappen zwei miteinander kommunizierende Höhlen, die kindsfaust- bzw. hühnereigroß waren und etwa 50 ccm einer schmutzig gelbgrauen, dicken Masse enthielten. Ein gleichgroßer Herd fand sich auch im Thalamus.

Die anatomischen Befunde stimmen im wesentlichen überein. Es handelt sich um sehr unregelmäßige, ziemlich große Hohlräume im Marklager der Hemisphäre und in den großen Ganglien, die hämorrhagischen Detritus, Eier und selten den Parasiten selbst enthalten. Die Kapsel gleicht im wesentlichen den entzündlichen Kapselbildungen, wie wir sie beim Cysticercus und Echinococcus kennengelernt haben. Eigenartig ist die Faltung der Kapselwand. Riesenzellen treten zurück. Es fehlt (in den mir zur Verfügung stehenden Präparaten) eine zellreiche innere Schicht, die sich in der Regel bei Cysticerken und Echinokokken findet, doch läßt sich nicht ausschließen, daß eine solche Schicht ursprünglich bestanden hat, die Zellen aber einer Degeneration anheimgefallen sind. Jacobsohn und Taniguchi glauben, daß die Cystenwand sich aus der Wandung von Gefäßen, die durch die mit dem Blutstrom eingeschwemmten Eier und durch

Thrombenmassen ausgedehnt wurden, entwickelt hat und weisen auf die Befunde von YAMAGIVA hin, der kleine Gefäße fand, die mit Eiern vollgestopft waren. TSUNODA [1] scheint dagegen nicht anzunehmen, daß die Kapseln aus der Gefäßwand hervorgehen, sondern sieht in ihnen das Produkt einer Entzündung, elastische Fasern und Muskelzellen konnte er nicht nachweisen. Ob die Erweichungshöhlen Folgen von Eierembolien sind oder von dem in das Hirngewebe eingewanderten Wurm selbst erzeugt werden, läßt TSUNODA unentschieden. Ich glaube, daß die größeren, sehr zahlreiche Eier enthaltenden Höhlen durchweg durch die in das Hirngewebe einwandernden Parasiten selbst hervorgerufen werden. Für diese Annahme spricht, daß mehrfach der Parasit in den Höhlen angetroffen wurde, und daß große, eierhaltige Cysten im Gehirn auch in Fällen gefunden wurden, in denen eine pulmonale Paragonimiasis nicht vorlag, in denen also eine Quelle für die massenhafte Einschwemmung von Eiern nicht bestand. Daß nur selten Parasiten in den Höhlen gefunden wurden, dürfte damit zusammenhängen, daß der Wurm relativ kurzlebig ist und abstirbt, nachdem er viele Eier produziert hat. Auffallend bleibt immerhin, daß auch bei eingehender Untersuchung Reste des Parasiten vermißt wurden (TANIGUCHI). Man muß annehmen, daß der abgestorbene Parasit völlig zerfällt. Anders zu beurteilen sind die Befunde, wie sie YAMAGIVA [2] beschrieben hat. Hier handelt es sich zweifellos um auf embolischem Wege in das Hirn gelangte Eier. Diese bleiben zum Teil in den kleinen Gefäßen stecken, zum Teil scheinen sie nach Nekrose der Gefäßwand in die Umgebung auszutreten, wo sie von dem Gefäßbindegewebe abgekapselt werden. Auf embolischem Wege gelangt offenbar auch der Parasit in das Gehirn. Man muß annehmen, daß er im Jugendstadium gelegentlich wie die Eier in den Blutstrom gelangen kann (LOOSS). Hier durchbricht er wie der jugendliche Cysticercus die Gefäßwandung und ruft im Gehirn in seiner Umgebung eine zur Abkapselung führende Entzündung hervor. Neuere Autoren haben angenommen, daß die Würmer den Gefäßen folgend durch die Foramina der Schädelbasis in die Schädelhöhle gelangen. In die Schädelkapsel bzw. in das Gehirn von Hunden gebrachte Würmer waren bald aus dem Schädelinneren verschwunden und hatten sich zum Teil in der Lunge angesiedelt.

In klinischer Beziehung erinnert die Gehirnparagonimiasis vielfach an die Cysticerkose, wenn auch bei ersterer hemiplegische Symptome häufiger vorzukommen scheinen. Die meisten Patienten litten, bevor sie an Hirnerscheinungen erkrankten, schon lange Zeit an Lungendistomiasis. In einzelnen Fällen (TSUNODA) lag jedoch solche nicht vor. In der Regel — in 19 Fällen, die INOUYE zusammenstellte, 14mal — stand in dem durch die Parasiten bedingten Krankheitsbild Epilepsie bzw. JACKSONsche Epilepsie im Vordergrund. Auch in dem ersten von OTANI beschriebenen Fall handelt es sich um Distomumepilepsie. Es treten bald Anfälle vom Charakter der genuinen Epilepsie (OTANI, INOUYE, KATSURADA, INADA), bald typische JACKSONsche Anfälle auf (YAMAGIWA, INOUYE, TANIGUCHI), bald kommen beide Anfallsformen bei ein und demselben Kranken zur Beobachtung. Auch Schwindelanfälle und Zustände von Bewußtlosigkeit kommen vor. Ein Teil der Kranken ging im Status epilepticus bzw. hemiepilepticus (INOUYE) zugrunde. In einigen Fällen bestanden neben Anfällen ausgesprochene hemiplegische Erscheinungen (OTANI, INOUYE, TANIGUCHI), in zwei Fällen INOUYES trat die Lähmung schlaganfallartig ohne Krampferscheinungen ein. In dem Falle TANIGUCHIS zeigte der paretische Arm zunächst choreiforme, später athetotische Bewegungen. Sprachstörungen erwähnen INOUYE, TSUNODA u. a.

[1] Die Ausführungen des Autors sind nicht recht verständlich.

[2] Ob es sich in diesem Falle um Paragonimuseier gehandelt hat, erscheint etwas zweifelhaft.

Neuritis optica scheint in den meisten Fällen zu fehlen. In zwei Fällen Inouyes lagen Sehstörungen vor, die auf Läsion der Hinterhauptslappen zu beziehen waren, d. h. Seelenblindheit und Verzerrung der optischen Eindrücke.

Schwerere Ausfalls- und Reizerscheinungen von seiten der Hirnnerven, insonderheit Augenmuskellähmungen werden vermißt, was im Hinblick auf die Lokalisation der Hirnveränderungen ohne weiteres verständlich ist. Leichte Ptosis konstatierte Inouye und Tsunoda, Parese einer Zungenhälfte, Ohrensausen und Schwerhörigkeit Inouye und Katsurada.

Psychische Störungen wie Erregbarkeit, Apathie, Verwirrtheit nach Anfällen, Benommenheit, Gedächtnisschwäche, Abnahme der Intelligenz dürften kaum je völlig vermißt werden. In manchen Fällen lagen tiefergreifende Störungen vor, erwähnt wird Demenz, „aphasischer Blödsinn", „maniakalische Erregung".

In einzelnen Fällen entsprach das Krankheitsbild mehr einem Tumor cerebri als der Epilepsie (Tsunoda, Karasawa, Taniguchi). Benommenheit, Kopfschmerz, Erbrechen und Schwindel sowie Neuritis optica bzw. Opticusatrophie bestanden neben Herdsymptomen wie Aphasie, Hemiparese oder Paraparese, Pupillenstörungen.

Die Diagnose stützt sich in erster Linie auf das Bestehen von Lungenparagonimiasis (Nachweis der Eier im Sputum und im Kot). In manchen Fällen dürften sich auch Parasiteneier in der Spinalflüssigkeit nachweisen lassen.

Der Verlauf war nicht selten ein protrahierter (bis zu 2 Jahren). Remissionen wurden öfters konstatiert. Während die Prognose der Lungenparagonimiasis im allgemeinen nicht ungünstig ist — der Prozeß kommt nach dem Absterben der Parasiten allmählich zur Ausheilung, auch kommen leichte und „latente" Fälle vor —, verläuft die Gedirnparagonimiasis wohl meistens ungünstig. Eine Verkalkung des Parasiten bzw. eine Vernarbung der Cysten scheint nicht einzutreten, es wurden wenigstens derartige Befunde bisher nicht beschrieben. Die Therapie kann nur eine symptomatische sein. Da der Parasit wohl immer multipel im Hirn auftritt, bestehen kaum Chancen für ein operatives Vorgehen.

Neuerdings sind bei pulmonaler Paragonimiasis Erfolge durch Antimonpräparate (Emetin, Stipnat), die intravenös und intramuskulär gegeben werden, erzielt worden. Es gelingt anscheinend, die Würmer durch dieselben abzutöten. Es liegt auf der Hand, daß durch die Therapie die beschriebenen Hirnveränderungen nicht beeinflußt werden können, wohl aber wird man durch rechtzeitige Behandlung die mit Lungenegeln behafteten Kranken vor der Ansiedelung der Parasiten im Hirn schützen können.

IV. Schistosoma haematobium und japonicum.

(Schistosomiasis, Bilharziosis.)

Schädigungen des Zentralnervensystems durch Schistosomen sind bisher nur selten beschrieben worden, sie dürften jedoch *häufiger* sein, als man bisher angenommen hat. Die Schistosomen gehören zu den *Trematoden* (Familie: Schistosomidae). Nach neueren Untersuchungen kommen drei Arten als Schmarotzer beim Menschen vor: *Schistosoma haematobium* (Bilharz 1852), *Schistosoma japonicum* (Katsurada 1904), *Schistosoma Mansoni* (Sambon 1907). Diese drei Arten sind offenbar *sehr nahe miteinander verwandt*. Die reifen Tiere zeigen morphologisch nur geringfügige Abweichungen insonderheit der inneren Organe, die Arten unterscheiden sich jedoch wesentlich durch ihr biologisches und pathogenes Verhalten. Insonderheit bedingen die *verschiedenen Ansiedelungsstätten* bzw. Eiablagestätten beim Menschen verschiedene und charakteristische Krankheitsbilder.

Das Schistosoma haematobium (Distomum haematobium, Bilharzia haematobia) verursacht die *vesicale Form* der Bilharziose (Schistosomiasis vesicalis oder uropoetica). Der Parasit ist in Afrika weitverbreitet, er kommt ferner in *Mesopotamien*, *Persien*, *Vorderindien* und *Australien* vor. In *Portugal* hat man einen ganz umschriebenen Verbreitungsbezirk entdeckt, auch nach Spanien, Griechenland, Frankreich und England sind Fälle verschleppt worden. Besonders häufig ist der Parasit in *Ägypten.* 1928 wurden die Bilharziakranken dort auf 8—9 Millionen geschätzt. Von den *Fellachen* in Unterägypten erwiesen sich 60%, in manchen Gegenden bis *100% infiziert,* es sollen in Ägypten jährlich mehr als $^1/_2$ Million Menschen an Bilharziose zugrunde gehen. Die Infektion tritt oft schon in den Kinderjahren ein, die Kinder infizieren sich beim Baden mit Zerkarien. Infizierte Schnecken findet man überall im Nil und in den Kanälen. 80% der Schulkinder in Kairo erwiesen sich infiziert.

Das Schistosoma haematobium wird 15 mm (Männchen) bis 20 mm (Weibchen) lang. Die Eier sind durch den schwachen *Stachel am Eipol* charakterisiert, ihre Länge beträgt 0,12—0,15 mm. Aus den mit Urin ins Wasser gelangten Eiern schlüpfen Wurmembryonen *(Miracidien),* die in die Fühlhörner von Wasserschnecken eindringen und in den Lebern derselben zu Sporocysten werden. In diesen entstehen auf *ungeschlechtlichem Wege Zerkarien,* die die Schnecke verlassen und die menschliche Haut durchdringen. Auf dem Wege der Lymphgefäße und der Blutbahn gelangen die Larven in die Lunge und durch das Zwerchfell in das Pfortadersystem, wo sie zu geschlechtsreifen Tieren heranwachsen. Die Würmer wandern in die vesicalen Verzweigungen der Vena mesenterica inferior und dringen bis in die Schichten der Blasenwand vor. Die hier abgelegten Eier werden infolge der Kontraktionen der Blase durch die Schleimhaut gepreßt, wobei der Stachel der Eier mechanisch eine Rolle spielt.

Die Lebensdauer des Weibchens, in der es Eier produziert, wird auf 3 Jahre geschätzt. Bleiben diese im Gewebe stecken, was vielfach geschieht, so sterben sie ab und verkalken. Es kommt zu starken Reaktionen des anliegenden Gewebes (Granulationsgewebe, Papillome, Plattenepithelcarcinom).

Im Zentralnervensystem ist der Parasit selbst bisher niemals gefunden worden. Es gelang jedoch Eier in demselben nachzuweisen. FERGUSON konnte 1913 mit einem besonderen Verfahren Eier von Schistosoma haematobium im Zentralnervensystem nachweisen. Über die Lokalisation derselben vermochte er jedoch infolge der in Anwendung gebrachten Untersuchungsmethode nichts anzugeben. Er löste Hirn- und Rückenmarkteile von 600 Leichen in Kalilauge auf und untersuchte das Sediment dieser Auflösung. In demselben konnte er die Eier nachweisen.

Das *Schistosoma Mansoni* steht dem Schistosoma haematobium offenbar sehr nahe, zeigt jedoch ein besonderes biologisches Verhalten. Der Parasit sucht die Umgebung des *Enddarmes* auf, gelangt in die Darmwand, legt hier die Eier ab, womit die Möglichkeit gegeben ist, daß diese mit dem Kot nach außen und ins Wasser gelangen. Der Parasit verursacht das als *Schistotomiasis rectalis* oder intestinalis bezeichnete Krankheitsbild. Auch das Schistosoma Mansoni ist in Afrika, besonders auch in Ägypten, weitverbreitet, es ist ferner in Südamerika (Brasilien, Venezuela) nicht selten, ebenso in Westindien. Der Parasit wird oft neben dem Schistosoma haematobium bei ein und derselben Person festgestellt. In gewissen Gegenden (Kongo, Uganda, Kapkolonie, Cypern) treten die Formen getrennt auf. Die Eier sind durch den *seitenständigen* kräftigen Stachel leicht erkennbar. Nur in einem Falle konnten die Eier bisher im Zentralnervensystem des Menschen nachgewiesen werden.

H. R. MÜLLER und STENDER haben kürzlich einen Fall von Bilharziose des Rückenmarkes aus der Nervenklinik Hamburg-Eppendorf (NONNE) veröffentlicht.

Es handelte sich um einen 26jährigen Mann, der sich einige Jahre in Südbrasilien aufgehalten hatte. September 1928 erkrankte er an eitrigem Harnröhrenausfluß, der ohne nähere Untersuchung als Tripper gedeutet wurde. $^1/_2$ Jahr später trat der Ausfluß von neuem auf, gleichzeitig stellten sich Wadenkrämpfe, Stuhlträgheit und Beschwerden beim Urinlassen ein, April 1929 begann eine fortschreitende Lähmung der Beine, Mai 1929 bestand bereits eine *völlige Paraplegie*. In der Klinik zeigte der Patient das Krankheitsbild einer Myelitis transversa in der Höhe des 2.—3. Brustwirbels. Irgendwelche Besonderheiten ließen sich nicht feststellen. Es bestand septische Cystopyelitis und Decubitus. Im Urin wurden Parasiteneier nicht gefunden, der Liquor zeigte Zell- und Eiweißvermehrung, lumbal erwies er sich viel stärker verändert als cysternal.

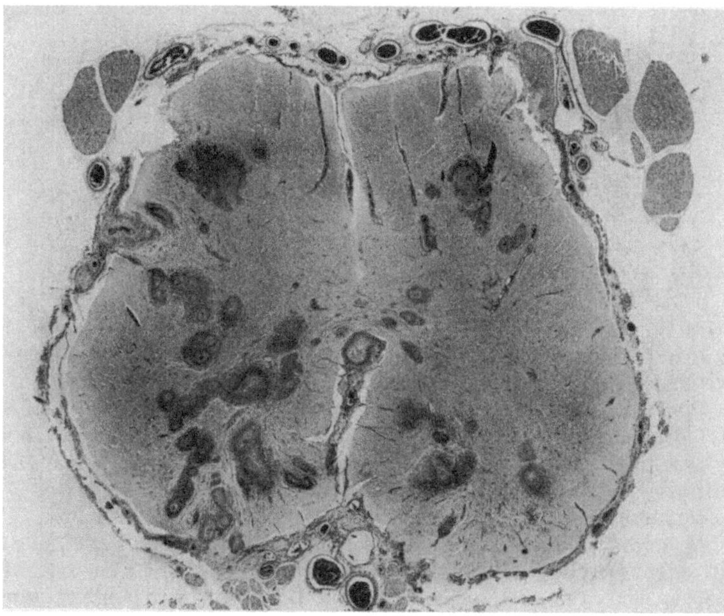

Abb. 20. Bilharziose des Rückenmarkes. Schnitt aus dem Sacralmark. Eier von Schistosoma Mansoni inmitten von Pseudotuberkeln. VAN GIESON-Färbung. (Befund von H. R. MÜLLER und STENDER.)

Bei der Myelographie zeigte sich kein Stop. Die Sektion ergab das Bild einer Urosepsis. Für Bilharziose charakteristische Veränderungen wurden nirgends aufgefunden. (Mikroskopisch wurde allerdings nur Hirn und Rückenmark untersucht.) Das Gehirn erwies sich als normal, ebenso das Cervicalmark. Der untere Teil des Dorsalmarkes und das Lumbalmark waren erheblich verdickt. In allen Teilen des Brustmarkes, besonders aber im Lendenmark, fanden sich ausgedehnte Erweichungsherde von unscharfer Begrenzung und graurötlicher Farbe, im Lendenmark ist stellenweise der gesamte Querschnitt zerstört. An den Präparaten (Abb. 20) zeigte sich, daß die ventralen Teile des Querschnittes schwerer geschädigt sind als die dorsalen. Im Zentrum eines jeden der Herde fand sich ein mit Seitenstachel versehenes Parasitenei. Gelegentlich schien ein Endstachel vorzuliegen, die Verf. konnten jedoch nachweisen, daß es sich um schräggetroffene Eier handelte, bei denen der Stachel scheinbar einem Pole des Eies aufsitzt. Im Lumbalmark erwies sich die größere Zahl der Eier abgestorben und mehr oder weniger weitgehend zerstört. Die reaktiven Veränderungen in der Umgebung der Eier zeigten den Typus des Pseudotuberkels.

Riesenzellen umschlossen manchmal ein Ei ringförmig, drangen gelegentlich auch in eine Eihülle mit einem Fortsatz ein. Nach außen folgte eine nekrotische Zone, sodann eine lymphocytäre und Plasmazelleninfiltration. Eosinophile Zellen fanden sich so gut wie gar nicht. Eine Gliareaktion fehlte fast völlig. Im Markmantel fanden sich weder auf- noch absteigende Degenerationen. Kranialwärts nahmen die Veränderungen im Rückenmark ab, die Eier waren im oberen Teile des Dorsalmarkes besser erhalten. Die Veränderungen reichten bis in das unterste Cervicalmark. Die Verf. nehmen an, daß in dem vorliegenden Falle der eitrige Harnröhrenausfluß bereits Folge einer Bilharziose war, daß die Parasiten aus den Blasen- bzw. Beckenvenen in die Venae lumbales und von hier auf dem Wege über die Vena azygos und hemiazygos zum Rückenmark gelangt sind. Eine embolische Einschwemmung ist sehr unwahrscheinlich, da die Eier vorher die Lunge passiert haben müßten und sich keine Eier in den Arterien des Rückenmarkes fanden. Die Parasiten müssen die Eier in die Venen des Rückenmarkes abgelegt haben. Eine gewisse retrograde Verschleppung in den Venen ist auch denkbar. Es gelang nicht, Würmer im Rückenmark und in den Häuten nachzuweisen. Die Anzahl der im Rückenmark vorhandenen Eier wird auf 10—15 000 geschätzt. Die nekrotische Gewebszone um jedes einzelne Ei führen die Autoren auf eine Toxinwirkung zurück.

Das Schistosoma japonicum hat Eier ohne Stachel. Abgesehen vom Menschen kommt es bei den Haussäugetieren, auch bei der Ratte, Maus und Kaninchen vor. Als Zwischenwirt dienen Süßwasserschnecken. Das Verbreitungsgebiet ist Japan, China, Hinterindien, die Philippinen und Kalifornien. Der Parasit ist die Ursache der sog. Katayama- oder Yamanashikrankheit (Schistosomiasis hepatica), die mit Vergrößerung der Leber und der Milz, Auftreibung des Leibes, Diarrhöen, Anämie und Ascites einhergeht. Bei der Sektion finden sich die Würmer in den Wandungen des Magens und Darmes, die Eier am häufigsten in der Submucosa des Dickdarmes, in der Leber, in den Lymphdrüsen, Lunge, Netz, Mesenterien usw. Anscheinend werden die Eier auf embolischem Wege im Körper verschleppt. Der Verlauf des Leidens ist ein sehr protrahierter. Soweit wir sehen, wurden bisher nur in einem Falle im menschlichen Gehirn Eier aufgefunden. In dem von Tsunoda und Schimamura beschriebenen Falle waren so große Mengen von Eiern in das Hirn geraten, daß dadurch ein tödliches Hirnleiden bedingt wurde. Die genannten Autoren erhoben bei der Sektion eines 32jährigen Mannes, der cerebrale Symptome: Sprachstörung, Zittern, Kopfschmerz, Gedächtnisschwäche, Schwindel, Jacksonsche Anfälle und Hemiplegie dargeboten hatte, folgenden Befund: partielle hämorrhagische Entzündung der Hirnhäute, keilförmige, graugelbe, sklerotische Herde besonders in der Rinde, ferner einen walnußgroßen Erweichungsherd in den großen Ganglien. In den Herdbildungen fanden sich zahlreiche Schistosomumeier. In den sklerotischen Herden sind diese von zirkulären Bindegewebs- und Gliafasern umgeben bzw. von einem Granulationsgewebe, das dem der Tuberkelknötchen sehr ähnelt. Eier fanden sich auch in der verdickten Pia und in dem perivasculären Gewebe der Hirngefäße, im Plexus, ferner im Rückenmark. Die bräunlichgelben Eier sind 0,05—0,08 mm lang und 0,03—0,06 mm breit, sie besitzen keinen Deckel und keinen Endstachel.

Es ergibt sich somit, daß bei allen drei Schistosomenarten Schädigungen des Zentralnervensystems offenbar recht selten sind. Die bisher gemachten Beobachtungen berechtigen zu der Annahme, daß die parasitären Würmer selbst wohl niemals in das Gehirn oder Rückenmark gelangen. Gelegentlich kommt jedoch eine Einschwemmung der Eier in das Gewebe des Zentralnervensystems vor, die biologisch als eine Entgleisung anzusehen ist. Der Mechanismus dieser Einschwemmung ist nicht genügend aufgeklärt. Die Eier rufen eine erhebliche Reaktion in ihrer Umgebung hervor, die zur Abkapselung führt. In erster Linie dürfte es sich dabei um Fremdkörperreiz handeln, eine toxische Wirkung ist nicht auszuschließen. Die Eier haben offenbar einen lebhaften Stoffwechsel, der anzunehmen ist, da die Eier nach ihrer Ablage an Größe zunehmen.

Das durch die Einschwemmung der Eier in das Hirn oder Rückenmark bedingte Krankheitsbild bietet naturgemäß keine charakteristischen Züge. Die Diagnose wird nur in solchen Fällen möglich sein, in denen die Parasiteneier im Harn bzw. im Kot nachgewiesen werden können. Der serologische Nachweis ist möglich, jedoch praktisch fast belanglos, da es in den weitaus meisten Fällen gelingt, Eier aufzufinden.

Eine ursächliche Behandlung der cerebralen bzw. spinalen Schistosomiasis kann nicht in Frage kommen. Wesentlich ist frühzeitige Erkennung des parasitären Grundleidens, da die Behandlung desselben mit Antimonpräparaten (Tartarus emeticus, Antimosan, Fuadin) neuerdings zu guten Ergebnissen geführt hat.

V. Trichinose des Zentralnervensystems.

Neue Beobachtungen geben Veranlassung, auch die Trichine den Parasiten des Zentralnervensystems zuzurechnen. Ob die Einwanderung von Trichinen in das Zentralnervensystem ein häufiges Vorkommen darstellt, steht dahin. Es ist sehr wohl möglich, daß die Tatsache früher übersehen wurde, weil *makroskopisch sichtbare Hirnveränderungen* durch Trichinen nicht hervorgerufen werden. Das *Tierexperiment hat versagt.* Denkbar ist, daß eine Abirrung der Trichinen in das Zentralnervensystem beim Menschen wesentlich häufiger vorkommt wie bei den Versuchstieren.

Die Trichina spiralis gehört zu den Nematoden, sie zeigt zwei Entwicklungsformen. Der geschlechtsreife Wurm lebt im Darm, nach erfolgter Begattung werden zahlreiche (über 1000) Embryonen von dem Weibchen geboren, die auf dem Lymph- und Blutstrom in die *Muskulatur* eingeschwemmt werden. Die sich abkapselnden Muskeltrichinen stellen ein Larvenstadium dar. Gelangen diese abgekapselten Larven in den Darm, so reifen sie rasch zu *geschlechtsreifen Tieren* heran. Die Trichine ist ein Parasit der Ratte und Schweines. Gefunden wurde sie ferner beim Hund, Fuchs und Eisbär (Tier in Gefangenschaft), Waschbär und Nilpferd. Das Vorkommen der Trichine beim Menschen erscheint jetzt biologisch nicht sinnvoll, da die im Menschen abgekapselte Trichine keine Aussichten hat, in den Darm eines Wirtstieres zu gelangen.

Das Krankheitsbild, das die Trichineninvasion beim Menschen bedingt, wird zunächst nicht selten verkannt. Fehldiagnosen wie akuter Rheumatismus, Polymyositis, Wurst- und Fleischvergiftung kommen vor.

Nervöse Symptome allgemeiner Art, wie *Benommenheit*, *Anfälle von Bewußtlosigkeit* und „Krämpfe", Koma werden in der älteren Literatur (Stäubli, Sternberg, J. Meyer) häufig erwähnt. Erst in der neuesten Zeit hat man jedoch den nervösen Ausfalls- und Reizerscheinungen bei Trichinose ein besonderes Interesse entgegengebracht. Die allgemeinen nervösen Symptome zeigen keine Besonderheiten. Beobachtet wurden *Unruhe*, *Delirien* und *Schlaflosigkeit*. In schweren Fällen kann *Apathie* bestehen (Kratz). Eine gewisse *Gleichgültigkeit* beobachtete Beckmann, jedoch nur in den schwersten Fällen. *Deliriöse Zustände* werden von Waitz, Kratz, Mosler und Peiper, Nonne und Höpfner und Stäubli erwähnt. Nach Kratz kommen sie fast nur in Fällen, in denen Lungenentzündung auftritt, vor. Beckmann teilt mit, daß ein Patient der Stuttgarter Epidemie sich im deliriösen Zustande aus dem Fenster stürzte. Das Bewußtsein kann bis zum Eintreten des Todes völlig klar bleiben.

In vielen Fällen treten schon wenige Stunden nach der Aufnahme trichinösen Fleisches neben Verdauungsstörungen Erscheinungen wie Schwindel, Eingenommenheit des Kopfes und Schwere in den Gliedern auf, Symptome, die auf eine Intoxikation hinweisen. Im Initialstadium findet sich des weiteren oft eine eigenartige Muskelschwäche, auch eine Druckempfindlichkeit der Muskulatur, Erscheinungen, die mit einer Einwanderung der Trichinen noch nicht in Beziehung gesetzt werden können. Singultus wird bisweilen beobachtet. Die bekannten Ödeme, besonders im Gesicht, wurden von Friedreich auf Gifte zurückgeführt, die bei Auflösung der Kapseln in den Darm gelangen, er nimmt eine Einwirkung auf das vasomotorische Nervensystem an. Auch das initiale Fieber wird von einigen Autoren auf Trichinentoxine bezogen. Eine Einschränkung der Beweglichkeit der Augen kann durch Befallensein der Augenmuskulatur und Schmerzen in den Augenmuskeln vorgetäuscht werden.

Organische lokalisierte Symptome von seiten des Nervensystems werden von neueren Autoren mehrfach erwähnt. Die Genese dieser Symptome ist vieldeutig. Meningismus wurde des öfteren beobachtet. BECKMANN konnte zwar Nackenstarre konstatieren, glaubte diese jedoch auf ein Befallensein der Nackenmuskulatur zurückführen zu müssen. Die Möglichkeit, daß meningeale Reizzustände bei Trichinose vorkommen, muß jedoch eingeräumt werden, nachdem VAN COTT und LINTZ (1914) Trichinen im Liquor nachzuweisen vermochten. Wiederholt wurde das KERNIGsche Symptom festgestellt. In der Regel dürfte es sich dabei um ein muskuläres, durch Trichinen bedingtes Symptom gehandelt haben (Pseudokernig), doch wurde auch ein echter Kernig gelegentlich beobachtet (HEGLER, GAISBÖCK, BLANK, STEGNER). NONNE und HÖPFNER beobachteten Störungen der Arm- und Beinreflexe. Sie führten diese jedoch auf die durch die Trichinen hervorgerufenen Muskelveränderungen zurück. Die genannten Autoren setzten auch die beobachtete Abschwächung bzw. Aufhebung der elektrischen Erregbarkeit auf Rechnung der Muskelveränderungen. WEITZ beobachtete Areflexie und bezog diese auf neuritische Veränderungen. Störung der Hautsensibilität und Parästhesien, wie Hautjucken und Ameisenlaufen, werden von einzelnen Autoren wie KRATZ erwähnt, sie spielen eine untergeordnete Rolle. RUPPRECHT beobachtete Schwerhörigkeit, die er durch Einwanderung der Trichinen in den Muskel Salpingopharyngeus und Pharyngopalatinus (Verschluß der Tube) zurückführte. Derselbe Autor fand Mydriasis besonders bei Kindern (Hettstadter Epidemie). Ein Fall von Hemiplegie bei Trichinose, den FILIŃSKI mitteilte, ist vieldeutig, die Sektion ergab Thrombose des Hirnsinus und rote Erweichungsherde im Gehirn.

Aus dieser Zusammenstellung ergibt sich, daß zur Zeit noch nicht mit einiger Sicherheit behauptet werden kann, daß bei Trichinose Symptome eine Rolle spielen, die in direkter Abhängigkeit von einer Invasion von Trichinen in das Hirn und Rückenmark stehen.

Es ist sehr wahrscheinlich, daß die Trichenenlarven durch den Blut- und Lymphstrom im ganzen menschlichen und tierischen Körper verbreitet werden. Bereits VIRCHOW fand Trichinenembryonen in der Bauchhöhle, im Herzbeutel und in den Gekrösedrüsen, im Blut konnten sie FIEDLER, COLBERG und KÜHN nachweisen. Biologisch bedeutsam dürfte nur die Einschwemmung der Trichinenlarven in die Muskulatur sein, nur hier kommt es anscheinend zur Abkapselung, die die Voraussetzung einer längeren Lebensdauer ist. Die in anderen Geweben bzw. Organen eingeschwemmten Larven dürften bald zugrunde gehen.

Es gelang erst neuerdings Trichinellen im Zentralnervensystem aufzufinden. Abgeirrte Jungtrichinellen wurden in einer größeren Anzahl von Fällen im Liquor nachgewiesen, so von VAN COTT (1914), LINTZ, BLOCH, HASSIN und DIAMOND, ELLIOT, PRYM u. a.). Histologische Befunde im Gehirn erhoben EROTHINGHAM, THANNING, KNORR, BLOCH, HASSIN und DIAMOND. Eine sehr eingehende Schilderung der Hirnbefunde bei Trichinose gaben neuerdings GAMPER und GRUBER. Sie untersuchten Hirn und Rückenmark einer 38jährigen Frau, die am Anfang der 5. Woche einer akuten Trichinose starb. Cerebrale Symptome hatte die Patientin nicht dargeboten. Die Autoren fanden Hyperämie und Ödem der weichen Häute. Kleinzellige Infiltrate in der weichen Hirnhaut. Im Gehirngewebe konnten sie kleine, gliöse Wucherungsherde feststellen, die an Befunde bei Fleckfieber und Malaria erinnerten. Diese gliösen Knötchen stellen eine gliöse Reaktion dar, hervorgerufen durch von den Autoren aufgefundene Trichinellen im Hirngewebe. Gleichartige Veränderungen wurden auch im Rückenmark nachgewiesen. GAMPER und GRUBER fanden des weiteren Rarifikationen und Verödungsstellen im Gehirn sowie diffuse regressive Veränderungen. Mit Sicherheit vermochten die Autoren diese Befunde jedoch nicht auf die Trichinose zu beziehen. Die Sektion ergab nämlich endokarditische Veränderungen. Es ist sehr wohl möglich, daß die Verödungsstellen Folgen von kleinen Embolien waren. Diffuse degenerative Veränderungen wurden jedoch auch von anderen Autoren nachgewiesen (BLOCH und HASSIN, DIAMOND) und als toxämisch erachtet. Tierversuche (Meerschweinchen), die GAMPER und GRUBER vornahmen, gaben kein positives Ergebnis. Die Autoren nehmen an, daß die Versuchstiere bezüglich des Gehirnes weniger empfänglich sind als der Mensch.

Die angeführten Befunde lassen den Schluß zu, daß eine Einschwemmung von Trichinenembryonen in das Hirn- und Rückenmarksgewebe vorkommt (vielleicht regelmäßig). Diese Einschwemmung hat eine herdförmige parasitäre Encephalomyelitis zur Folge. Das Krankheitsbild wird durch diesen Vorgang beeinflußt, jedoch nicht in ausschlaggebender Weise. Biologisch erscheint die Ansiedelung des Parasiten im Zentralnervensystem und Liquor nicht sinnvoll, da eine Abkapselung nicht eintritt und dadurch ein vorzeitiges Absterben bedingt wird.

Eine klinische Therapie der Trichinose existiert nicht. Die neuerdings gemachten chemotherapeutischen Tierversuche haben versagt (SCHREIBER).

Literatur.

Bezüglich der älteren Literatur sei verwiesen auf STICH: Cysticercus. Charité-Ann. **1854**; GRIESINGER: Cysticercus. Arch. Heilk. **1862**; HENNEBERG: Handbuch der Neurologie, Bd. 3. 1912; BRAUN u. SEIFERT: Tierische Parasiten des Menschen. Leipzig 1920; MENSE: Handbuch der Tropenkrankheiten; SPREHN: Lehrbuch der Helminthologie. Im nachstehenden werden lediglich neuere Arbeiten angeführt.

Cysticercus cellulosae.

ABBOTT: A case of general infektion by cysticercus cellulose. Lanzet **1921**, 956. — ALBRECHT: Röntgenbefund bei cerebralen Kalkherden. Mschr. Neur. **68**. — ALLEN: Cysticercus of the brain. Ann. Surg. **97**, 1 (1933). — ALURRALDE u. SEPICH: Ein Fall von Cysticercus racemosus. Rev. Soc. argent. Neur. **1**, 65 (1925). — ARNAUD: Kyste hydatique du rachis. Bull. Soc. nat. Chir. Paris **60**, 746 (1934). — ANTONOW: Kapselbildung bei Hirncysticerkose. Virchows Arch. **285**, 485 (1932). — ARCE: Pathologische Anatomie der menschlichen Cysticercosis cerebri. Arch. argent. Neur. **4**, 7 (1929). — Operative Heilung eines Falles von Cysticerkose des Gehirns. Arch. argent. Neur. **4** (1929). — ARTHUR: Cysticercosis as a cause of epilepsy in man. Trans. roy. Soc. trop. Med. Lond. **26**, 525 (1933).

BARRÉ: Kyste du III ventricule par cysticerque etc. Ann. Méd. **36**, 275 (1934). — BEIBLINGER: Hypophysitis bei Meningitis bas. cystic. Zbl. Path. **50**, 2. — BERGHOLD: Über Cysticercus cell. im Zentralnervensystem des Menschen. Inaug.-Diss. Jena 1933. — BEUMER: Cysticerkenmeningitis. Dtsch. med. Wschr. **1930 I**, 876. — BITTORF: Cysticerkenmeningitis unter dem Bilde basaler tuberkulöser Meningitis. Dtsch. Z. Nervenheilk. **1913**. — BLEIER: Cysticercus in dem Schläfenlappen. Wien. klin. Wschr. **1918 I**. — BORCHARDT: Zbl. Chir. **1924**, 278. — BOURGEUT et MERAT: Cysticercose multiple etc. Arch. internat. Laryng. etc. **6**, 1072 (1927). — BUDAY: Cysticercus racemos. Orv. Hetil. (ung.) **68**, 795 (1924). — BULGARIS: Über einen Fall von Gehirncyst. Iatrike Proodos **9**, 181 (1926). — BURZIO: Contributo allo studio anat.-clin. d. cisticercosi cerebrale. Riv. sper. Freniatr. **54**, 1205 (1931). — BUSCAINO: Un caso di cisticercosi cerebrale diagnosticata in vita. Riv. Pat. nerv. **32**, 136 (1927). — BUSSE: Beitrag zur klinischen Diagnostik der parasit. Erkrankungen des Zentralnervensystemes. Arch. f. Psychiatr. **95**, 189 (1931).

CHRISTOPHE: Un cas de cysticercose cérébrale. J. Chir. et Ann. Soc. belge Chir. **9**, 324 (1932). — COHN: Ein Fall von isoliertem Herd usw. Z. Neur. **81**, 331 (1923). — CROVERI e MARCOLONGO: Su un caso di cisticercosi c. Arch. Sci. med. **56** (1932).

DIXON and SMITHERS: Epilepsy in cysticercosis. Quart. J. Med. 3, 603 (1934). — DÜNABURG: Zur pathologischen Anatomie der Hirncysticerkose. Z. Neur. 142, 1207 (1922). — DÜRCK: Klin. Wschr. 1931 I, 32.

EYSEL: Gehirncysticercus. Inaug.-Diss. Marburg 1924.

FLEURY SILVEIRA: Biologische Diagnostik der Gehirncysticercosis. Rev. Biol. e Hig. 1, 107 (1929). — FORNI: La cisticercosi cerebrale. Bologna 1920. — FRAENKEL u. WALKHOFF: Tod an Zystizerkenepilepsie usw. Ärztl. Sachverst.ztg 1925, 12. — FUNCCIUS u. KRAUS: Gehirncysticerken und Unfallbegutachtung. Mschr. Unfallheilk. 39, 161.

GABRIELIDES: Cystic. de l'enceph. et oedème pap. Ann. d'Ocul. 1916, 265. — GOLDSTEIN: Cysticerkose des Gehirnes und Rückenmarkes. Arch. f. Psychiatr. 49. — GRUND: Eosinophilie im Liquor bei Rautengrubencysticercus. Dtsch. Z. Nervenheilk. 46, 236 (1913). — GRZYBOWSKI: Über Meningeal- und Hautcysticerkose. Acta dermato-vener. (Stockh.) 13, 6 (1932). — GUARMERIO: Su guattro cysticercosi cerebr. Osp. magg. 10, 347 (1922). — GÜTTICH: Neurolabyrinthitis nach Cysticercusmeningitis. Beitr. Anat. usw. Ohr usw. 22, 276 (1925). — GUILLAIN: Etude anat.-clin. d'une case de cysticercose etc. Revue neur. 33, 1018 (1926). — Cysticerc. céréb. racémeuse. Revue neur. 34, 433 (1927). — Le liquide céphalorachidien dans la cysticercose cérébr. C. r. Soc. Biol. Paris 95, 455 (1926).

HAHN: Fall von Rautengrubencysticercus usw. Z. Neur. 19, 42 (1913). — HALPERN: Demonstration eines Gehirnes mit multipler Aussaat von Cyst. Klin. Wschr. 1930 I, 718. — HASKOVEC: Cysticercus im Gehirn. Revue neur. 26, 555 (1929). — HEILMANN: Beitrag zur Pathologie der Gehirncysticerkose. Virchows Arch. 286 (1932). — HENNEBERG: Über Gehirncysticerken. Neur. Zbl. 1906, 143. — Über Gehirncysticerkose, inbesondere über die basale Cysticerkenmeningitis. Charité-Ann. 30 (1906). — Über den Rautengrubencysticercus. Mschr. Psychiatr. 20, Erg.-H. — Neur. Zbl. 1906, 625. — Über spinale Cysticerkenmeningitis usw. Z. Neur. 9 (1912). — Gehirnparasiten. Handbuch der Neurologie, Bd. 3, S. 643. 1912. — Gehirncysticercus und Taenia solium. Neur. Zbl. 1918, 117. — Gehirnparasiten. Spezielle Pathologie und Therapie innerer Krankheiten von KRAUS-BRUGSCH, Bd. 10. 1924. — HERZOG: Über einen Rautengrubencysticercus. Beitr. path. Anat. 56 (1913). — HEYMANN: Hirntumor und Röntgenbild. Bruns' Beitr. 146 (1929). — HIGIER: Cysticercus des 4. Ventrikels. Gaz. lek. 1916. — HIMMELMANN: Zur chirurgischen Behandlung der Gehirncysticerkose. Dtsch. Z. Chir. 205, 362 (1927). — HOFF: Operierter Fall von Cysticercus des 4. Ventrikels. Klin. Wschr. 1931 II, 2407. — HORÁK: Gelungene Cysticercusoperation. Čas. lék. česk. 1933.

JACOBI: Cysticerkose des Gehirns und Kriegsdienstbeschädigung. Med. Klin. 1922. — JOHAN: Durch verkalkte Cysticercosis verursachte Epilepsie. Orv. Hetil. (ung.) 1920, 40.

KERSTEN: Über Cysticerken im Rückenmark. Inaug.-Diss. Greifswald 1915. — KORBSCH: Über Rückenmarkscysticerkose. Dtsch. Z. Chir. 237 (1932). — KRAUSE, C.: Zur Histopathologie der Gehirncysticerkose. Mschr. Psychiatr. 1912. — KRAUSE, F.: Chirurgie des Gehirns und Rückenmarks, 1911. — Zbl. Chir. 1914, 278. — KROLL: Gehirncysticerkose. Sovet. Nevropat. 1, 160 (1932). — KRÜGER: Cysticercus racemosus. Berl. klin. Wschr. 1919 II, 1197. — KUFS: Über einen Fall von bas. Cysticerkenmeningitis usw. Z. Neur. 30, 286 (1915). — Cysticerkenmeningitis unter dem klinischen Bilde der progressiven Paralyse. Z. Neur. 86, 609 (1923). — KULKOW: The diagnosis of racemose cysticercosis. Arch. of Neur. 24, 135 (1930). — KULKOW u. STERNBERG: Über die intravitale Diagnose des Cysticercus des IV. Ventrikels und einige kombinierte Formen der Hirncysticerkose. Mschr. Psychiatr. 91, 107 (1935).

LAMERS: Über Cysticerken im Gehirn. Inaug.-Diss. Göttingen 1917. — LASAREW: Zur pathologischen Anatomie der Cysticerkose des Gehirnes. Z. Neur. 104, 667 (1926). — LEHMANN: Über Hirncysticerken. Frankf. Z. Path. 38, 439 (1929). — LEHOCZKY: Cysticerkose unter dem klinischen Bilde eines Gehirntumors. Dtsch. Z. Nervenheilk. 132, 193 (1933). — LEJCINGER: Ein Fall von Cysticercus des Gehirns. Vestn. Chir. (russ.) 1930, 187. — LÖWENTHAL: Neur. Zbl. 1911, 785.

MAGGI: Cerebrospinale Cysticercose. Semana méd. 1928, 1465. — MALAGUTI: Cisticerco racemoso. Arch. Pat. e Clin. med. 11, 404 (1932). — MARGULIES: Die pathologisch-anatomischen Veränderungen bei Cysticerken des Großhirnes. Dtsch. Z. Nervenheilk. 46 (1912). — MEYER, E.: Anatomischer Befund bei Pseudotumor usw. J. Psychol. u. Neur. 37, 195 (1928). — MINTZ: Beitrag zur Chirurgie der Cysticerkose des Großhirnes usw. Dtsch. Z. Chir. 209, 104 (1928). — MONIZ: Sur le diagnostic de la cysticercose c. Encéphale 27, 42 (1932). — MORIKE: Sobre un case de cisticercus cell. Rev. Psiquiatr. Buenos-Aires 1912.

NAUCK: Gehirncysticercosis. Arch. Schiffs- u. Tropenhyg. 34, 158 (1930). — NORRIS: Case of Cystic. cell. of the fourth ventr. Proc. N. Y. path. Soc. 1910.

OMOROKOW: Pathologisch-anatomische Untersuchung eines Falles von Cysticercus cerebri. J. Psychol. u. Neur. 1923. — OPALSKI: Histopathologische Veränderungen bei Cysticerkose usw. Bull. internat. Acad. Pol. Sci., Cl. méd. 1931. — OSCHMANN: Über Cysticerken im 4. Ventrikel. Inaug.-Diss. Gießen 1911. — O'SULLIVAN: Some rarer intrakranial calcifikations and ossifikations. Brit. J. of Radiol. 30, 295 (1925).

PACHECO et SILVA: Contribution a l'étude de la cysticercose c. chez l'enfant. Mem. Hosp. de juquery **2**, 167 (1925). — PATRASSI: Cisticerco isolato di un ventriculo cereb. lat. Riv. Pat. nerv. **43**, 543 (1934). — POGGIO: Lokalisation der Asymbolie. Neurologica (Napoli) **1908**, 817. — PROXIN: Cysticercus der Großhirnrinde als ätiologischer Faktor der Rindenepilepsie. Sibir. Arch. med. **2**, 756 (1927). — PULGRAM: Über einen Fall von Cystic. cerebri et cordis. Wien. klin. Wschr. **1928**, 1088.

REDALIE: Deux cas de cysticercose etc. Revue neur. **28** (1921). — REIN: Cysticercus racemosus fossae Sylvii. Dtsch. med. Wschr. **1914 I**, 329. — RIZZO: Diagnosi in vita di cisticercosi cerebrale etc. Riv. Pat. nerv. **32**, 952 (1928). — Cysticercosi cerebrale ed eosinofilia etc. Riv. Pat. nerv. **34**, 936 (1930). — Cisticercosi cerebr. e modificazioni del liquido cefal. Riv. Pat. nerv. **38**, 609 (1931). — RIZZO: Considerazioni su tre casi di cisticercosi cerebrale. Riv. Pat. nerv. **39**, 503 (1932). — ROSENBLATH: Cysticerkenmeningitis des Rückenmarkes. Dtsch. Z. Nervenheilk. **46**, 113 (1913). — ROTHFELD, J.: Über die Präcipitationsreaktion bei Hirncysticerkose. Dtsch. Z. Nervenheilk. **137**, 93 (1935).

SAENGER: Cysticerkenepilepsie. Neur. Zbl. **1913**, 729. — SALINGER u. KALLMANN: Zur Symptomatologie der Gehirncysticerkose. Mschr. Psychiatr. **72**, 324 (1929). — Zur Diagnostik und Unfallsbegutachtung der Gehirncysticerkose. Mschr. Psychiatr. **76**, 38 (1930). — SAUPE: Über den röntgenologischen Nachweis von verkalkten Cysticerken. Fortschr. Röntgenstr. **29**, 325 (1922). — SCHAEFFER et CUEL: Cysticercose du quatr. ventricule. Paris méd. **17**, 255 (1927). — SCHENK: Über einen intra vitam diagnostizierten Fall von Cyst. racemosus. Dtsch. Z. Nervenheilk. **66**, 301 (1920). — SCHMITZ: Le cysticercosis du névraxe. Bull. méd. **1928**, 1294. — Über einen Fall von Gehirncysticerkose. Med. Klin. **1928 I**, 894. — SCHÖPPLER: Cysticercosis der Hirnbasis. Münch. med. Wschr. **1918 I**, 698. — SEJNSON: Zur Kasuistik des Großhirncysticercus. Ž. sovrem. Chir. (russ.) **4**, 1521 (1929). — SPROTTE: Rautengrubencysticercus. Inaug.-Diss. Leipzig 1911. — STEPIEN u. GRZYBOWSKI: Ein Fall von Cysticerkose des Nervensystemes usw. Przegl. dermat. (poln.) **26**, 321 (1931). — STRACHAN: Cysticercus c. of the brain. Med. J. S. Africa **1926**. — STREBEL: Papillitis etc. bei Taenia solium. Schweiz. med. Wschr. **1922 I**, 586.

TAKÁCS: Cysticercus racemosus der Hirnbasis. Gyógyászat (ung.) **64**, 55 (1924). — TRETIAKOFF: Contribution à étude de la cysticercose cérébrale etc. Mem. Hosp. de Iuquery, S. Paulo **1**, 219 (1924).

UGURGIERI: Reporti de liquido e diagnosi in vita d. cist. c. Riv. neur. **4**, 477 (1931).

VERGA e DAZZI: Di un caso di cysticerco rac. spin. Policlinico **33**, 65 (1926). — VERSÉ: Über die anatomischen Veränderungen bei chronisch fibr. Cysticercusmeningitis. Klin. Wschr. **1930 I**, 571.

WALLBRAUN: Ein Fall von allgemeiner Cysticerkose. Inaug.-Diss. Greifswald 1917. — WATERHOUSE: Cysticercus c. etc. Quart. J. Med. **6** (1913). — WEINBERG: Ein Fall von Cysticercus rac. des Großhirns. Moskov. med. **1929**. — Über den Cysticercus rac. des Großhirnes. Zbl. Path. **44**, 33. — WICKEL: Über einen Fall von disseminierter chronischer fibr. Leptomeningitis bei Cysticercosis c. usw. Klin. Wschr. **1930 I**, 571. — WOHLWILL: Ref. Fortschr. Neur. **1929**, 8.

Der Echinococcus.

ALBRECHT: Echinococcus multilocularis des Gehirnes. Zbl. Neur. **48**, 733 (1928). — ALTSCHUL u. DE ANGELIS: Über eigenartige Begleitsymptome eines Hirnechinococcus. Mschr. Psychiatr. **66**, 325 (1927). — ALURRALDE: JACKSONsche Epilepsie infolge Echinococcus. Rev. Especial. méd. **2**, 197 (1927). — ARTOM: Hirnechinococcus. Mschr. Psychiatr. **38**, 103 (1915).

BARTSCH u. POSSELT: Mehrherdiger Echinococcus alv. usw. Virchows Arch. **285**, 665 (1932). — BENHAMOU et GOINARD: L'échinococcose intrarachidienne. Revue neur. **36**, 657 (1929). — BLUMENTHAL: Handbuch der pathogenen Mikroorganismen. Bd. 6. 1925. — Die immunbiologische Diagnose der Echinokokkenkrankheit. Med. Welt **1930**, 45. — BÖGE: Echinococcus der Wirbelsäule und des Rückenmarkes. Klin. Wschr. **1922 I**, 174. — BONACCORSI: Echinococco paravertebrale. Ann. ital. Chir. **11**, 864 (1932). — BOTTERI: Über Echinokokken-Anaphylaxie. Z. exper. Med. **30**, 199 (1922). — Echinokokkenantigen. Klin. Wschr. **1929 I**, 836. — BRÜTT: Echinococcus der Cauda equina. Klin. Wschr. **1931 I**, 571. — Zbl. Chir. **1931**, 2066. — BUSINEO: Cisti da echinococco endocran. a sede piale. Policlinico, Sez. prat. **1933**, 248.

CASTEX: Echinococcus der Wirbelsäule. Prensa méd. argent. **14**, 189 (1927). — CASTEX u. a..: Rückenmarkskompression durch Echinococcus usw. Prensa méd. argent. **14**, 281 (1927). — CHIAPPRI: Echinococcuscysten des Nervensystemes. Prensa méd. argent. **9**, 685 (1923). — CIGNOZZI: L'échinococco paravertebrale. Arch. ital. Chir. **11**, 59 (1925). — CIUFFINI: Echinokokken des Rückenmarkes und der Cauda equina. Arch. f. Psychiatr. **53**, 174 (1914). — CONOZ: Echinococcose rach. etc. Revue neur. **37**, 283 (1930).

DABOWSKY: Beitrag zur Diagnose der Echinococcuskrankheit. Z. exper. Med. **61**, 716 (1928). — DASSEN: Echinococcus des Wirbels. Semana méd. **1930**, 921. — DENK: Der Echinococcus der Wirbelsäule. Wien. med. Wschr. **1929 I**, 513. — DÉVÉ: Echinococcose encéphalique exper. etc. C. r. Soc. Biol. Paris **84**, 711 (1921). — Echinococcose cerebr. intravent. exp. C. r. Soc. Biol. Paris **86** (1922). — Sur la Migration active des scolex echin. dans le tissue cerebr. C. r. Soc. Biol. Paris **87**, 7 (1922). — Echinococcose intra-rach. exp. etc. C. r. Soc. Biol. Paris **89**, 136 (1923). — L'échinococcose vertébrale etc. Ann. d'Anat. path. **5**, 841 (1928). — Echinococcose du canal rach. sec. etc. C. r. Soc. Biol. Paris **107**, 756 (1931). — DÉVÉ et LHERMITTE: Echinococcose exp. etc. Revue neur. **36**, 1230 (1929). — DÉVÉ, LHERMITTE, TRELLES: Myélomalacie etc. à l'échinococcose intralombaire. Revue neur. **39** (1932). — DIVRY: Volumineux kyste échinoc. du lobe front. droit. J. belge Neur. **33**, 339 (1933).

EICHHORST: Über multilok. Gehirnechinococcus. Arch. klin. Med. **106**, 97 (1912). — ESTELLA: Echinococcosis enceph. Arch. med. Zaragoza **1932**.

FERRA: L'intradermoreacione nella diagnosi dell echinococci. Policlinico **28**, 35 (1921).

GERLACH: Echinococcus der Wirbelsäule. Zbl. Path. **47**, 113 (1919). — GIERLICH: Echinokokken im Gehirn mit erfolgreicher Operation. Dtsch. med. Wschr. **1929 II**, 1873. — GRAZIANI: Volum. echinococco de cervello. Policlinico, sez.-prat. **1931**, 698.

HENNEBERG: Handbuch der Neurologie, Bd. 3, S. 683, 1912.

INDIN: Über intracran. Echinococcus mit Durchbruch in die Augenhöhle. Klin. Mbl. Augenheilk. **73**, 169 (1924).

JAFFÉ: Ein biologischer Nachweis der Echinococcusinfektion. Dtsch. med. Wschr. **1925**.

KNAPP: Echinococcus des l. Schläfenlappens. Dtsch. Z. Nervenheilk. **60** (1918). — KREBS: Syndrom paralytique des 4 dernières paires craniennes etc. Revue neur. **1934**, 634.

LE GENISSEL et GOINARD: Diagnostic radiol. de l'echinococcose rach. J. de Radiol. **19**, 278 (1930). — LHERMITTE et DÉVÉ: La sclérose collagene sus épendymaire dans un cas d'échinoc. c. etc. C. r. Soc. Biol. Paris **87**, 226 (1922). — LOMBARD: Kystes hydatiques de cerveau. J. de Chir. **26** (1920). — LUKINA-DECHTEREWA: Echinococcus der Wirbelsäule. Russk. Klin. **12**, 462 (1929).

MALET: Considérations anat. sur un cas de Kyste hydadique du cerveau. Rev. S. Amér. méd. **931**, 519. — MITA: Beitrag zur Züchtung des Echinococcus usw. Zbl. Bakter. **70**. — MOLLOW: Über die Verbreitung der Echinokokkenkrankheit beim Menschen in Bulgarien. Seuchenbekämpfg **4**, 178 (1927). — MORQUIO: Über Echinokokken beim Kind. Arch. lat.-amer. Pediatr. **16**, 710 (1922). — Gehirnechinokokken mit Kleinhirnsymptomen. Arch. amér. Méd. **3**, 40 (1927). — L'hémiplégie du kyste hydatique c. chez l'enfant. Rev. S. Amér. **3** (1932).

OBARRIO: Echinococcus des linken Occipital- und Parietallappens usw. Semana méd. **28**, 272 (1921).

PAULIAN u. BAGDASAR: Echinococcus des Gehirnes. Spital. (rum.) **41**, 255 (1921). — PESSANO: Primärer Echinococcus der Wirbelsäule. Semana méd. **1933**, 2126. — POPOW u. UMEROW: Echinococcus der Wirbelsäule und des Rückenmarkes. Dtsch. Z. Nervenheilk. **137**, 187 (1935). — POSSELT: Die vielkammerige Blasenwurmgeschwulst. Erg. Path. **26** (1932).

RIVAROLA: Der Gehirnechinococcus beim Kind. Semana méd. **30**, 157 (1923). — RUNTE: Echinokokken der Cauda equina. Inaug.-Diss. Hamburg 1931.

SABA: Atrofia dei nervi ottici da cisti di echinococco cerebr. Atti Congr. Soc. Oftalm. **1933**. — SABATINI: Fenomeni anafilattici nell echinococci vertebr. Policlinico **29**, 1289 (1922). — SARGENT: Case of echinococal cyste of parietal region. Proc. roy. soc. Med. **14**, 47 (1921). — SCHROEDER, A.: Quistes hidáticos del cerebro. Nucva técnica quirurgica. Bol. Soc. Cir. Montevideo **1935**. — Paraplejéa por hidatidosis raquidea. Apuntes de Clinica Neurológica **1932**. — Hidatidosis raquidea. Publ. departamento cient. consejo salud publ. Serie I, No 4. Montovideo 1933. — SIMONS: Diskussionsbemerkung. Zbl. Neur. **48**, 735. — SNAPPER: Beitrag zum Wesen der Verbreitung der Echinococcuskrankheit in den nördlichen Provinzen Hollands. Krkh.-forsch. **2**, 87 (1925). — SONNTAG: Serodiagnostik des Echinococcus usw. Bruns' Beitr. **82** (1912). — STEINERT: Zur Serodiagnostik der Echinococcuskrankheit beim Menschen. Münch. med. Wschr. **1914 I**, 389.

VALLENTINI: Cisti da echinococco endocranica. Policlinico **39** (1932). — VODEHNAL: Echinococcus ossis temporalis. Lijecn. Vijesn. (serbo-kroat.) **54**, 75 (1932).

WOERDEN, VAN: Echinococcus der Wirbelsäule. Dtsch. Z. Chir. **206**, 394 (1927).

YAMATO: Über den Echinococcus der Wirbelsäule. Virchows Arch. **253**, 364 (1924).

Paragonimus Westermanni (Distomum pulmonale), Schistosomum japonicum, Mansoni und haematobium.

ABEND: Über Haemoptysis parasit. Arch. klin. Med. **100**, 501 (1910). — ASKANAZY: Rev. méd. Suisse rom. **1918**. — Schweiz. med. Wschr. **1929 I**, 3.

BRUMPT: Ann. de Parasitol. 8 (1930).

FAIRLEY: J. of Path. **23** (1920). — FERGUSON: Glasgow med. J. **79** (1913). — J. Army med. Corps **29** (1917).

HINRICHS: Durch Haematobium Mansoni hervorgerufene Erkrankung des Rückenmarkes. Zbl. Path. **49**, 70 (1930).

IKADA: Contributions to the knowledge of cerebral soft cyst. and proliferation of the glia in the c. foci in pulmonari distomiasis. Trop. dis. Bull. **20** (1923).

KU-YUE-CHI: Über Paragonimiasis Westermanni. Arch. Schiffs- u. Tropenhyg. **1929**, 287.

LAMPE: Arch. Schiffs- u. Tropenhyg. **30**, 475. — LUTZ: Bilharziosis oder Schistosomuminfektion. Handbuch der pathogenen Mikroorganismen, Bd. 6, S. 873. 1929.

MENSE: Handbuch der Tropenkrankheiten, S. 138. 1929. — MÜLLER u. STENDER: Bilharziose des Rückenmarks usw. Arch. Schiffs- u. Tropenhyg. **34**, 527 (1930).

NONNE: Bilharziosis des Rückenmarkes. Klin. Wschr. **1930 I**, 569.

YOKOGAWA, SADAMU and SUYEMORI: An exper. study of the intracran. Parasitismen etc. Amer. J. Hyg. **1**, 63 (1921).

Trichine.

BECKMANN: Über die neurologischen Symptome bei Trichinose. Nervenarzt **4**, 1 (1931).— BLANK: Über Trichinose. Dtsch. Arch. klin. Med. **1932**, 179 (1920).

FILIŃSKI: Über Veränderungen im Zentralnervensystem bei Trichinose. Polskie Arch. 10, 451 (1932). — FUCHS: Über eine Trichinenepidemie in Erlangen. Münch. med. Wschr. **1922 II**, 1336.

GAMPER u. GRUBER: Über Gehirnveränderungen bei Trichinose. Virchows Arch. **266**, 731 (1928). — GORDON: Encephalitis und Myocarditis in a fatal case of trichinosis. J. Pediatr. **6**, 667, 1935. — GRUBER: Trichinose. Klin. Wschr. **1930 II**, 1081.

HASSIN u. DIAMOND: Trichinose-Enzephalitis. Arch. of Neur. **15** (1926).

KOKOTEK: Zur Biologie, Pathologie und Klinik der Trichinose. Warszaw. Čzas. lék. **10**, 659 (1933).

SCHÖNBORN: Ungewöhnliche Neuritiden. Med. Klin. **1919 I**, 203. — SEIFERT: Trichinose. Handbuch für pathogene Mikroorganismen, 1929. — STERLING: Les troubles nerveux de la trichinose. Revue neur. **1925**, 434.

WEITZ: Zur Symptomatologie der Trichinose. Z. klin. Med. **116**, 144 (1931).

Abscesse.

Hirnabsceß.

Von Robert Wartenberg-San Francisco.

1. Allgemeines.

Definition. Der Hirnabsceß ist eine umschriebene entzündliche Erkrankung des Gehirns, bei der es durch die Wirkung pathogener Mikroorganismen zur Einschmelzung und Verflüssigung der Hirnsubstanz, zur Bildung einer eitergefüllten Höhle kommt. Der Hirnabsceß ist somit der Endzustand einer circumscripten eitrigen Encephalitis (Encephalitis purulenta seu suppurativa). Während sich der eitrige Prozeß beim extraduralen Absceß (Pachymeningitis externa purulenta) auf der Dura und beim subduralen Absceß (Meningoencephalitis purulenta circumscripta) unterhalb der Dura abspielt, liegt der Hirnabsceß innerhalb der Hirnsubstanz selbst.

Einteilung. Die Infektion kann durch ein Schädeltrauma unmittelbar in das Gehirn hineingetragen werden: direkter traumatischer Absceß. Oder aber ein eitriger Prozeß hat in nächster Umgebung des Gehirns seinen Sitz und breitet sich fortschreitend auf das Gehirn aus: fortgeleiteter Absceß. Die meisten Hirnabscesse entstehen auf diese Weise, und zwar als Folge von Ohreiterungen bei einer Otitis media (otogener Hirnabsceß) oder von Eiterungen in den Nebenhöhlen der Nase (rhinogener Hirnabsceß) oder von traumatisch entstandenen Eiterungen am Kopf (indirekter traumatischer Absceß). Schließlich kann jede sonstige eitrige Entzündung, die sich in irgendwelchem Gewebe im Gesamtbereich des Kopfes abspielt, durch Fortleitung einen Hirnabsceß erzeugen. Ein Hirnabsceß kann aber auch auf dem Blutwege — metastatisch — entstehen, entweder ausgehend von einer lokalen Eiterung in einem Körperorgan weitab vom Gehirn oder als Folge eines allgemeininfektiösen oder septischpyämischen Prozesses. Ist die Quelle der Eiterung überhaupt nicht zu eruieren, so spricht man von idiopathischem oder — richtiger — von kryptogenetischem Hirnabsceß.

Im folgenden wird die Pathologie und Klinik des Hirnabscesses im allgemeinen dargestellt; da in diesem Handbuch der otogene, der rhinogene, der traumatische Hirnabsceß gesondert besprochen werden, sollen die sonstigen fortgeleiteten, die metastatischen und die kryptogenetischen Hirnabscesse hier speziell berücksichtigt werden. Verarbeitet ist dabei besonders diejenige Literatur, die nach der zweiten Auflage (1909) des Standardwerkes über Hirnabsceß von Oppenheim und Cassirer erschienen ist.

Häufigkeit im allgemeinen. Der Hirnabsceß ist eine verhältnismäßig seltene Erkrankung. Pitt fand auf 9000 Sektionen 56mal Hirnabsceß, Treitel auf 6000 Sektionen 21, Uchermann auf 6085 Sektionen 35. Stellt man — nach Moulonguet — die verschiedenen Zahlen zusammen, so fanden sich auf 75 738 Sektionen 103 Hirnabscesse. Aus der neuesten Zeit sei die Statistik von Ehlers angeführt, der bei 18 780 Sektionen 35 Hirnabscesse fand. Eichhorst behandelte in 21 Jahren in der Züricher medizinischen Klinik unter 33 652 innerlich Kranken nur 8 = 0,02% an Hirnabsceß.

JACOBSOHN gibt an, daß auf eine Gesamtzahl von 9626 Nervenkranken, die in 10 Jahren im Krankenhaus Moabit Aufnahme fanden, 25 Hirnabscesse kamen. Die Zahl der Hirntumoren war etwa 5mal größer.

Häufigkeit nach Alter und Geschlecht. Der Hirnabsceß verschont kein Lebensalter. Jedoch kann man im allgemeinen sagen, daß die Lebensjahre zwischen dem 20. und 40. am meisten betroffen werden. Als extreme Altersgrenzen fand MAKOCEY-BAKOVETSKY 7 und 70 Jahre. Nach ERNST fällt mehr als die Hälfte der Erkrankungen ins 10.—30. Lebensjahr; ebenso nach JOSSMANN. An Hand von 194 Fällen schließt EVANS, daß Hirnabscesse bei Kindern unter 6 Jahren ziemlich häufig sind, daß sie zwischen 11 und 35 am häufigsten vorkommen. Der Hirnabsceß ist somit eine seltene Komplikation im höheren Alter, dagegen nicht bei Kindern, wie LEWANDOWSKY angenommen hat. Nach ERNST stellen beim Hirnabsceß Männer fast 3mal soviel Fälle als Frauen, speziell beim traumatischen 5mal, beim otogenen doppelt soviel. Nach MAKOCEY-BAKOVETSKY waren 80% der Kranken mit Hirnabsceß Männer. Unter 97 Fällen von JOSSMANN waren 62 Männer, 35 Frauen. Nach EVANS dagegen ist der Hirnabsceß nur scheinbar beim Mann häufiger als bei der Frau, und zwar in seiner Statistik im Verhältnis von 3:2. Er weist darauf hin, daß die Gesamtzahl der Sektionen, auf welche sich diese Statistik bezieht, dasselbe Verhältnis von Mann und Frau ergibt. Diese und ähnliche Fehlerquellen sind wohl bei den anderen Statistiken oft genug unberücksichtigt geblieben.

Häufigkeit der verschiedenen Arten von Hirnabsceß. Vergleichen wir die Häufigkeit der fünf großen Gruppen von Hirnabsceß: otogen, rhinogen, traumatisch, metastatisch und kryptogenetisch, so ergibt sich, daß die otogenen Abscesse an Zahl bei weitem überwiegen. Allerdings schwanken die Angaben der Autoren über Häufigkeit der otogenen Hirnabscesse zwischen 30 und 80%: PITT fand unter 56 Hirnabscessen ein Drittel otogene, UCHERMANN unter 14, ALLEN STARR unter 55 Fällen 40% otogene, ebenso GOWERS. BERGMANN, R. MEYER u. a. sahen die Hälfte ihrer Fälle vom Ohr ausgehend, TREITEL sogar 17 von 21 Fällen, d. h. 80%. Die neueren Statistiken zeigen dieselben Divergenzen: unter 104 Hirnabscessen sah RUEGG nur 32 otogene, also 30%, unter 100 Hirnabscessen JOSSMANN 81 otogene, unter 131 EVANS 109 otogene, also ebenfalls über 80%.

Alles bis zum Jahre 1910 publizierte Material zusammenfassend kommt BOENNINGHAUS (zitiert bei BURGER) zu 82 frontogenen Hirnabscessen, denen 631 bis zum Jahre 1905 von HEIMANN gesammelte otogene gegenüberstehen. GOWERS fand auf 142 Hirnabscesse nur 6 rhinogene. In PIFFLs Klinik waren unter 15 Hirnabscessen 14 otogen und nur 1 rhinogen. Unter den Kranken von BURGER fielen auf 167 otogene Hirnkomplikationen nur 7 rhinogene, darunter 4 Hirnabscesse, von den 194 Hirnabscessen von EVANS waren 12 = 7% auf Eiterungsprozesse in der Nase und ihren Nebenhöhlen zurückzuführen.

Den Prozentsatz der traumatischen Hirnabscesse gibt GOWERS mit 24% an. Von den 56 Hirnabscessen von PITT waren 9 traumatischen Ursprungs. OPPENHEIM und CASSIRER erwähnen eine Statistik, wonach unter 54 Hirnabscessen 3 traumatische waren. Unter den 100 Fällen von Hirnabsceß JOSSMANNs befinden sich 4 traumatische. Unter den 194 von EVANS 8, d. h. 4%.

Über die Häufigkeit der metastatischen Hirnabscesse gibt die PITTsche Statistik Auskunft, wonach von 56 Hirnabscessen 9 durch Pyämie und 8 durch Lungenkrankheiten verursacht waren. SCHORSTEIN fand unter 13 700 Sektionen 9 Hirnabscesse, die auf metastatischem Wege entstanden waren, JOUNG unter 52 Hirnabscessen 13 metastatische. Nach GOWERS betragen die metastatischen Abscesse 15% der Gesamtzahl der Hirnabscesse. Unter den 194 Hirnabscessen von EVANS fanden sich 46, d. h. 24% metastatische, unter den 100 von JOSSMANN 2.

Kryptogenetische (idiopathische) Hirnabscesse werden mit dem Fortschritt der pathogenetischen Forschung immer seltener. LEBERT nahm 1856 an, daß in etwa 50% der Hirnabscesse die primäre Ursache nicht zu finden sei. DÜRIG schätzte diese Zahl 1909 auf 4%. Unter den 194 Abscessen von EVANS finden sich 15, wo die Quelle der Infektion zweifelhaft war oder unbekannt, unter den 100 Fällen von JOSSMANN kein einziger.

Nach ERNST sind lokale Ursachen mit 70% die häufigsten, worunter (infizierende) Traumen mit 24%, Ohrenaffektionen mit 42% auftreten; entfernte Ursachen mit hämatogenen Metastasen kommen bloß in 15% in Betracht; in 10% bleibt die Ursache unbekannt.

2. Ätiologie und Pathogenese.

Ätiologie des fortgeleiteten Hirnabscesses. Beim fortgeleiteten Hirnabsceß liegt der primäre Infektionsherd in solcher Nähe des Gehirns, daß die Übertragung der Infektion auf dem Kontaktwege erfolgen kann. Die metastatischen Hirnabscesse dagegen haben ihren Ursprungsherd irgendwo im Körper weitab vom Gehirn, also nicht im Gebiete des Schädels. Natürlich kann die Unterscheidung fortgeleitet-metastatisch keine strenge sein. In manchem Falle ist eine sichere Entscheidung überhaupt nicht zu treffen. Besonders verdient hervorgehoben zu werden, daß otitische oder andere Eiterungen der Schädelknochen auch auf metastatischem Wege zu einem Hirnabsceß führen können.

Sehen wir von den otogenen und rhinogenen Knocheneiterungen ab, so kann jeder infektiöse Prozeß, der von den Schädelknochen, vom subcutanen Gewebe, von der Haut des Kopfes ausgeht, zu Hirnabsceß führen, so z. B. Osteomyelitis oder Ostitis des Schädels (TÉRILLON, BIBROWICZ, RIEDEL [mit Zusammenstellung]).

Mehrfach wurden Hirnabscesse beobachtet (GÜNTHER, JAEGER, LANGER, LUTHER, RANZI-MAYR-OBERHAMMER, REUTER, STADTMANN), die im Gefolge einer Schädelosteomyelitis nach elektrischen Unfällen auftraten. In einem solchen Falle von RANZI und Mitarbeitern deckte die Operation an der Stelle der Osteomyelitis einen epiduralen und subduralen Eiterherd, die Sektion einen großen tiefliegenden Hirnabsceß auf. Selten verursacht eine perforierende tuberkulöse Caries der Schädelknochen einen Absceß in den benachbarten Hirnpartien, so in den Fällen von PHELPS, v. BERGMANN, SCHLESINGER. Der primäre Herd eines fortgeleiteten aktinomykotischen Hirnabscesses liegt gelegentlich in der Halswirbelsäule (BING), nicht selten auch im Bereiche des obersten Abschnittes des Digestionstraktes. Die neueren zusammenfassenden Arbeiten über Aktinomykose des Gehirns von ANDERS und von JAKOBY bringen einige Fälle, wo eine primäre Aktinomykose der Schädelknochen zum Hirnabsceß geführt hat (v. d. STROETEN und LEJEUNE, von MOOSBURGER). Die gummöse Lues des Schädels führt trotz weitgehender Zerstörung des Knochens nur selten zur Affektion des Gehirns oder gar zum Absceß. Einen solchen Fall bringt HABART; v. BERGMANN hat nie einen gesehen.

Orbitogene Hirnabscesse. Im Anschluß an eine eitrige Erkrankung der dünnen knöchernen Wand der Orbita (Periostitis, Ostitis, Osteomyelitis orbitae) kann es als gefährlichste Komplikation zur Entwicklung eines Stirnhirnabscesses kommen. Ätiologisch kommt in erster Linie (nach BIRCH-HIRSCHFELD in 59,8%) eine fortgeleitete Entzündung der Nasen-Nebenhöhlen in Betracht; bei einer Anzahl von Fällen ist aber anzunehmen, daß die Nebenhöhlen frei waren (VAN BELLINGEN, PEARSON, EMRYS-JONES, NORTON, RENTON, COLLINS und WALKER, SEGUIN). Hirnabscesse nach tuberkulöser Caries der Orbitalknochen beschrieben in neuerer Zeit Elschnig, Balaban. Ein Hirnabsceß kann sich auch leicht nach einer primären Entzündung des retrobulbären Gewebes entwickeln (Orbitalphlegmone, retrobulbärer Absceß ohne vorhergegangene Sinusitis): Szulislawski, Niemann, Zeller, Leber, v. Eiselsberg. Von 275 Fällen von primärer Orbitalphlegmone endeten 47 letal, und zwar die meisten (30) an Meningitis oder Hirnabsceß oder beidem. Cognard bringt eine Zusammenstellung von 31 Fällen von orbitogenem Hirnabsceß; in 19 hatte die primäre Infektion ihren Sitz in der Orbita, in 12 Fällen war die Orbitalphlegmone Folge einer Erkrankung der Nasennebenhöhlen. Reis beschreibt einen Hirnabsceß im Frontallappen nach Panophthalmie, Videky nach Iridocyclitis.

Hirnabscesse infolge von *Zahnerkrankungen* sind sehr selten. Sussig berichtet von einem hühnereigroßen Absceß im linken Temporallappen nach einer Periostitis alveolaris des linken Oberkiefers. Im Falle von Bolten wird ein sehr großer Temporallappenabsceß auf die Erkrankung eines Backenzahnes zurückgeführt, ebenso im Fall von Kôsokabe. Parker berichtet von einem Hirnabsceß nach Zahnextraktion. In den Fällen von Bannes, Buckley, Singer ist es nicht sicher, ob der Hirnabsceß auf die Zahnerkrankung oder auf die zur Leitungsanästhesie vorgenommene Injektion zurückzuführen ist.

Eiterungen im Gebiete der Kopfhaut, Phlegmonen, Ekzeme können in seltenen Fällen zu Hirnabsceß führen. So sah Allegri einen Hirnabsceß nach einem Absceß des Oberlids, Lenhartz nach einem Furunkel der Oberlippe, Collins nach einer infizierten Wunde am Unterlid, Foerster nach Parotitis. Henneberg berichtet von multiplen Hirnabscessen nach Kopfekzem. Hirnabscesse nach Erysipel des Gesichts oder der Kopfhaut sind sehr selten. Schlesinger hat bei mehreren tausend Erysipelkranken nie diese Komplikation gesehen. Einen solchen Fall sahen Schluttig, Neumann und Lewandowsky — allerdings kommt im letzteren Falle eine Eiterung der Highmorshöhle genetisch in Frage.

Zu den Grenzfällen fortgeleiteter Hirnabscesse muß man unter Umständen solche rechnen, die im Gefolge der Erkrankungen des Rachens, besonders der Tonsillen, auftreten, was die Schwierigkeit dokumentiert, die beiden Absceßarten fortgeleitet-metastatisch zu trennen. Hirnabscesse können entstehen nach akuter Tonsillitis (Housden), nach chronischer eitriger Tonsillitis (Foerster), nach Peritonsillitis (Wessely, Ramadie und Obrédanne), Adenotomie (Schatz, Johnson, Cadbury und Siddall), nach Zahnextraktion bei Vincentscher Angina (Thompson), nach Fremdkörperverletzung des Pharynx (Frühwald).

Der Entstehungsweg des fortgeleiteten Hirnabscesses kann verschiedenartig sein. Der häufigste Verbreitungsmodus ist die direkte Kontaktinfektion. Der primäre Herd hat durch eine Ostitis den Schädelknochen zerstört und die Dura erreicht. Es kommt zunächst zu einer Pachymeningitis und dann zu einer Leptomeningitis circumscripta. Jetzt entscheidet sich das Schicksal der Infektion. Kommt es zu einer diffusen Ausbreitung, dann entwickelt sich eine — gewöhnlich foudroyante — diffuse Meningitis; bleibt der Herd lokalisiert, dann kommt es beim Weiterschreiten der Infektion zur Bildung eines Hirnabscesses mit oder ohne epiduralen oder subduralen Absceß. Die Lokalisierung des Herdes wird durch Verklebungen und Verwachsungen in den subduralen und subarachnoidealen Räumen rund um die Einbruchsstelle bewirkt, und so die allgemeine Ausbreitung der Infektion auf die Meningen verhindert. Warum es beim Einbruch einer Infektion in die Schädelhöhle das eine Mal zu einer diffusen Meningitis, das andere Mal zum Hirnabsceß kommt, ist nicht sicher zu entscheiden. Bei schnellem Durchbruch massenhafter, stark virulenter Eitererreger werden wir eine allgemeine, meist tödliche Meningitis entstehen sehen; bei langsamem Einbruch abgeschwächter Keime hat der Körper Zeit, durch Verklebungen und Verwachsungen einen Schutzwall zu bilden, so daß die Entzündung und der Durchbruch auf eine umschriebene Stelle beschränkt bleibt (Nüssmann). Hat nun der Infektionsherd nach Einbruch in die Subarachnoidealräume die Hirnoberfläche erreicht, so kann das Eindringen der Infektion in das Gehirn selbst auf drei Wegen erfolgen: auf perivasculärem, venösem und arteriellem. Der erstere Weg entlang den Lymphwegen um die Piagefäße herum ist nach Atkinson der häufigere, er fand ihn unter 16 Fällen 13mal. Bei dieser Ausbreitung der Infektion kann sich zwischen dem primären Infektionsherd und dem Hirnabsceß normales Gewebe befinden. Die Marksubstanz ist schlechter vascularisiert als die Hirnrinde und die Ventrikelwände; sie setzt dadurch der Ausbreitung der Infektion schwächeren Widerstand entgegen und so entwickelt sich der Absceß vorwiegend in der Marksubstanz. Er beginnt vor allem in der avasculären Zone dicht unterhalb der Rinde.

Die Bedeutung des venösen Weges wird besonders von Eagleton hervorgehoben; dabei erfolgt die Infektion des Gehirns auf dem Wege einer retrograden Thrombophlebitis. Auf diese Weise können Hirnabscesse weitab vom primären Infektionsherd entstehen. Wichtig ist, daß auf dem Wege feinster Knochenvenen, durch eine retrograde Thrombophlebitis obliterans, eine Infektion von außen ins Gehirn eindringen kann, ohne den Knochen makroskopisch zu verändern, besonders bei chronischen Eiterungen.

Der seltenste Weg ist der arterielle; hier breitet sich die Infektion auf das Gehirn durch Thrombose kleiner Arterien aus. Die Fortleitung des infektiösen Prozesses auf das Gehirn kann in einzelnen Fällen auch auf anderen Bahnen vor sich gehen: längs des Epineuriums der Hirnnerven, besonders des 7. und des 8., so z. B. nach Labyrintheiterung entlang dem Nervus acusticus, ferner durch offene Schädelnähte und Knochenlücken (Dehiszenzen), durch den Aquaeductus vestibuli u. a. m.

Näheres über die Entstehungswege des fortgeleiteten Abscesses siehe bei Wittmaack, Turner und Reynolds, Atkinson.

Ätiologie des metastatischen Hirnabscesses. Beim metastatischen Hirnabsceß, der auf dem Blutwege zustande kommt, liegt der primäre Herd gewöhnlich weitab vom Schädel. Ganz allgemein kann man sagen, daß jede Eiterung an beliebiger Stelle und in beliebigem Gewebe des Körpers imstande ist, auf metastatischem Wege im Gehirn einen Absceß zu erzeugen.

Eitrige Erkrankungen der Lungen führen ganz besonders häufig zu Hirnabscessen. Virchow hat 1853 als erster auf diese Beziehung hingewiesen. Unter Berücksichtigung früherer Statistiken fand Conchon 1899, daß 14% aller metastatischen Hirnabscesse pulmonalen Ursprungs sind. Unter 40 Fällen von metastatischem Hirnabsceß, die Makocey-Bakovetzky 1909 aus der Literatur zusammengestellt hat, waren 26 pulmonalen Ursprungs; unter 97 Fällen von Hirnabsceß hat Cameron als ursächliche Erkrankung 17mal Eiterungen im Thorax nachweisen können. Parker bringt 1930 20 selbstbeobachtete Fälle von metastatischem Hirnabsceß, von denen 14 auf Eiterungen der Lunge zurückgeführt werden müssen. Von den 46 metastatischen Hirnabscessen von Evans waren 22 die Folge intrathorakaler Eiterungen. Wir besitzen eine Reihe von zusammenfassenden Darstellungen über Hirnabscesse nach primären Lungenleiden (Biermer, Gull und Sutton, Nähter, Martius, R. Meyer, Fuchs, Schorstein, Conchon, Makocey-Bakovetzky, Couteaud, Groth, Parker).

Welche Lungenerkrankungen es sind, die zu Hirnabszeß führen, und in welcher Häufigkeit, darüber geben folgende Statistiken Auskunft: Schorstein fand bei pulmonalem Hirnabsceß in 55% Bronchektasien und Bronchitis, in

22% Empyem, in 4,5% Lungentuberkulose. Unter den 26 Fällen von MAKOCEY-BAKOVETZKY fanden sich 7mal Bronchiektasien, 7mal Tuberkulose, 6mal eitrige Pleuritis mit Absceß, 6mal Pneumonie, 3mal Bronchopneumonie. Zählt man die Fälle von CLAYTOR, FUCHS, GROTH zusammen, so ergibt sich für 132 Fälle von Hirnabscezß nach Lungenerkrankungen folgende Ätiologie: Bronchiektasien und purulente Bronchitis 67, Empyem 17, Gangrän 17, Tuberkulose 8, Lungenabsceß 11, Pneumonie 5, Lungenschüsse 3, Bronchialdrüsenerkrankungen 4. Unter den 22 Fällen von Hirnabsceß nach intrathorakaler Eiterung von EVANS entstanden 17 nach chronischen Bronchiektasien und 5 nach Empyem. Es sind also vor allem die Bronchiektasien, die zur Bildung von Hirnabscessen neigen. Eine Reihe von Einzelarbeiten darüber stellen zusammen FUCHS und GROTH. Von neueren Arbeiten seien erwähnt die von KRAUSE, MAKOCEY-BAKOVETZKY, COUTEAUD, SPAL, MENETRIER und DURAND, SAELHOF, ADAM ROMANO und Mitarbeiter, PONSIN, EVANS. Nach letzterem Autor führen nur die chronischen Bronchiektasien zum Hirnabsceß und zwar ausnahmslos solche der unteren Lungenpartien. Nie komme es zu einem Hirnabsceß nach einer akuten eitrigen Bronchiektasie. Neben den Bronchiektasien sind es vor allem die fetiden Bronchitiden (v. BERGMANN, KÖHLER, OBERNDÖRFFER, OPPENHEIM, NÄHTHER, WALTON, BETTELHEIM, RAETHER u. a.), die zur Bildung von Hirnabscessen Anlaß geben. Doch sind beide Erkrankungen ja oft vergesellschaftet.

Recht zahlreich sind die Berichte über Hirnabscesse nach eitriger Pleuritis oder Pleuraempyem; außer den Zusammenstellungen von FUCHS und von GROTH seinen besonders erwähnt die Fälle von HECKE, AMBROUMIAM-PASDERMADJIAM, ROULLAND, LEHMANN, DE MASSARY-GIRARD, BOINET-PIERI-ISMENEIN, PARKER, HURST. Hirnabsceß nach Lungengangrän beschrieben VIRCHOW, MEYER, HOFMANN, HUGUENIN, BRETTNER, NÄHTER, BENJAMIN, nach Lungenabsceß außer den bei FUCHS und bei GROTH genannten Autoren KROSZ, BARLING, GARDNER, BERARD und BLANC. Gar nicht so selten entsteht ein Hirnabsceß infolge einer Pneumonie (BAMBERGER, BOINET, BOUCHEZ, CONDAT, SCHORSTEIN, EHLERS). Über einen Fall von multiplen metastatischen Hirnabscessen nach chronischer Pneumonie berichtete neulich FELDMANN.

Die Lungentuberkulose führt verhältnismäßig selten zum Hirnabsceß, selbst wenn es zu Kavernenbildung und zu ausgedehnter Zerstörung des Lungengewebes kommt. In neuerer Zeit berichtete über diese Hirnabscesse DEMONCHY, die ältere Literatur ist zusammengestellt bei OPPENHEIM-CASSIRER, RIEDEL, FUCHS, MAKOCEY-BAKOVETSKY.

In wenigen Fällen führte die Aktinomykose der Lunge (KELLER, MORIN und OBERLING) oder anderer Organe zum Hirnabsceß (LOEHLEIN, JAKOBY, ANDERS, SABRAZÈS, SNOKE).

Eine Reihe von Beobachtungen sprechen dafür, daß ein Hirnabsceß die Folge eitriger Erkrankung der Bronchialdrüsen sein kann (OECONOMIDES, FERRARI, SCHLAGENHAUFER, HIRSCHBERG). Nach Lungenverletzungen kann es zu eitrigen Lungenprozessen und zu Hirnabsceß kommen (v. MOSETIG-MOORHOF, LESER, KRAUSE).

Viel seltener als Lungenerkrankungen führen Herzerkrankungen zu Hirnabscessen, vor allem die ulceröse Endocarditis (HUGUENIN, MARTIUS, WEICHSELBAUM und JÜRGERSEN, WINKELMANN und ECKEL, RABINOWITZ und Mitarbeiter), aber auch die sog. rheumatische Endocarditis (NETTER und RIBADEAU-DUMAS). Doch treffen die endokarditischen Emboli andere Organe viel eher als das Gehirn. SPERLING fand, daß in 76 Fällen von embolischer Endokarditis des linken Herzens es zu metastatischen Abscessen in den Nieren 57mal, in der Milz 39, im Gehirn aber nur 15mal kam. BOUCHARD fand metastatische

Hirnabscesse besonders häufig bei Leuten, die irgendeine Herzmißbildung aufwiesen.

Von den Erkrankungen des Magendarmkanals, die zu Hirnabscessen führen, stehen an erster Stelle die Lebererkrankungen, zumal der Leberabsceß bei Amöbenruhr (BIERMER, HUGUENIN, KARTULIS, WESTPHAL, COUTEAUD, ARMITAGE, JACOB, BING). Nach einer Zusammenstellung des letzteren sind bis 1911 44 solcher Fälle nach Amöbenruhr beschrieben worden. Einen Hirnabsceß von großer Ausdehnung nach subakut verlaufender Darminfektion beschreibt HEYDE, nach perirectalem Absceß und Rectumsstriktur SCHAFER. EHLERS erwähnt Hirnabscesse nach Unterbindung von Hämorrhoiden und Lithotomie. Einige Male wurde ein Hirnabsceß nach Appendicitis beobachtet (TILP, GRAWITZ, ROUX und MACCLELAND, LENHARTZ, EHLERS), nach Peritonitis infolge von Appendicitis (STARCKE). Daß Nierenerkrankungen die Quelle eines Hirnabscesses sein können, zeigen die Fälle von WILLARD (Pyonephrose), KRAUSE (akute Nephritis), BERGMAN (Nierenvereiterung), PARKER (Pyelonephritis, Cystopyelitis). Im Falle von MYIAJ kam es zu einem Hirnabsceß nach Gonorrhöe, in dem von MCKENZIE nach einem Prostataabsceß.

Von den gynäkologischen Affektionen, die Hirnabscesse im Gefolge haben können, seien genannt: puerperale Sepsis (SIGWART, BOINET), septischer Abort (WESTPHAL, FUTER, JOSSMANN), Para- und Perimetritis (DURLACHER), Pyosalpinx (ESSER).

Recht selten kommt es zu einem Hirnabsceß nach einer Eiterung an der Haut oder im Unterhautgewebe irgendwo an der Körperperipherie, so nach Fingereiterung (V. EISELSBERG, KUTZINSKI und MARX, DOGLIOTTI, PARKER, STARCKE), nach Phlegmonen (BIRCHER, ISRAEL, CASAVECCHIA, ESKRIDGE, TROVANELLI), nach Nabeleiterungen (HINSDALE), Karbunkel (NIELSEN), Furunkel (BOUSQUET und VENNES), Erfrierungsgangrän (V. BERGMANN). Bemerkenswert ist der Fall von MARTINEZ VARGAS, wo nach Serumeinspritzungen sich an den Einstichstellen Abscesse gebildet haben, und es dann zur Absceßbildung im Gehirn kam. Ähnlich lagen die Verhältnisse im Falle von BEDNAR: Eiterung des Unterhautzellgewebes nach Vaccination mit folgendem Hirnabsceß. CASSIRER sah einen Hirnabsceß bei einer Hautaffektion unklarer Natur, die sich über den ganzen Körper erstreckte und mit Borkenbildung einherging.

In einigen Fällen waren Knochen- und Gelenkerkrankungen die vermutlichen Ursachen von Hirnabsceß: Knochenoperation (MAAS), Kniegelenkseiterung (ZELLER), Periostitis (HENLE), Osteomyelitis der langen Knochen (PARKER). Nach EVANS ist bei metastatischen Hirnabscessen im Gefolge von allgemeiner Pyämie die Grundursache meist eine Osteomyelitis. OPPENHEIM und CASSIRER erwähnen, daß in mehreren Fällen die Entwicklung eines Hirnabscesses sich an eine komplizierte Fraktur anschloß.

Von den akuten Infektionskrankheiten, die einen Hirnabsceß im Gefolge haben können, ist in erster Linie der Typhus zu nennen. Die zusammenfassenden Arbeiten von MELCHIOR, von MADELUNG geben eine erschöpfende Darstellung dieses Themas. Nach MELCHIOR treten Hirnabscesse bei Typhus abdominalis auf: 1. nach einer den Typhus komplizierenden Otitis media, 2. als Teilerscheinung allgemeiner Pyämie, 3. als bakteriämische Abscesse ohne nachweisbaren primären Herd. Die letzteren entwickeln sich in der Rekonvalescenz. Im Fall von MCCASKEY und PORTER war der Hirnabsceß der einzige Ausdruck einer typhösen Infektion, die sonst völlig latent verlief. Hirnabsceß nach Paratyphus beschreiben SCOTT und JOHNSTON, nach Flecktyphus TAUSSIG. Auch die Ruhr kann einen Hirnabsceß verursachen, besonders auf dem Wege über Lungen- und Leberabsceß (LEGRAND, COUTEAUD, BING). Einige Fälle sind beschrieben worden, wo es zur Bildung eines Hirnabscesses nach einer

Grippe gekommen ist, und zwar anscheinend direkt ohne Dazwischentreten einer Otitis oder eines Tonsillarabscesses (Zusammenstellung von Oppenheim und Cassirer, von v. Redwitz, ferner Ruppert, Censi). Dasselbe gilt auch für alle Allgemeininfektionen, gleichviel welcher Ätiologie, besonders aber für die septisch-pyämischen Prozesse. Bei der Pyämie — sagen Oppenheim und Cassirer — bildet der Hirnabsceß keinen ungewöhnlichen Befund. Macewen konnte in 234 Fällen von Pyämie 9mal metastatische Hirnabscesse feststellen. Von allen Infektionskrankheiten nimmt nur die epidemische Cerebrospinalmeningitis eine Sonderstellung ein; der einzige Autor, der eine Beziehung zwischen dieser Erkrankung und Hirnabsceß annimmt, ist Strümpell.

Wohl einzig dastehend ist der Bericht von Weber und Wilson über einen Hirnabsceß, der im Verlaufe einer Encephalitis lethargica aufgetreten ist. Es konnten keine pathogene Bakterien darin gefunden werden, und so bleibt die Natur des Abscesses ungeklärt.

Entstehung des metastatischen Hirnabscesses. Die Infektion des Gehirns beim metastatischen Absceß erfolgt auf dem Wege des Kreislaufs. Das pathogene Material gelangt in die Blutbahn und schließlich als Embolus in die Gehirnarterien.

In sehr seltenen Fällen kann das Infektionsmaterial direkt in das arterielle System hineingetragen werden. So haben Cadbury und Siddall einen Fall von tödlich verlaufendem Hirnabsceß nach Tonsillektomie beschrieben. Bei der Anästhesie vor der Operation verspürte der Patient sofort nach der Injektion des Anästheticums sehr heftige Kopfschmerzen an der rechten Seite. Die autoptisch festgestellte Ausbreitung der Hirnabscesse ausschließlich in der rechten Gehirnhälfte läßt annehmen, daß die Infektion unmittelbar durch das Eindringen des septischen Materials in die Arteria carotis interna erfolgte.

Bei eitrigen Lungenerkrankungen kommt es in der Nähe des Krankheitsherdes zur Thrombosierung der Lungenvenen, zum Zerfall der Thromben, deren Partikelchen durch die Lungengewebe ins Herz und von dort ins Gehirn gelangen. Nach Binhold muß man vom normalanatomischen Standpunkt aus die Strömungsverhältnisse vom linken Herzventrikel zum Gehirn als fast optimal bezeichnen. Da die linke Carotis eine direkte gradlinige Verlängerung der Aorta ascendens ist, so ist es verständlich, daß metastatische Hirnabscesse die linke Gehirnseite bevorzugen. Mechanische Momente erklären auch die Bevorzugung der Arteria fossae Sylvii. Der Weg dahin ist für den Embolus am leichtesten zugänglich. Daß die Hirnrinde vorzugsweise betroffen wird, ist dadurch zu erklären, daß die Endäste der Arteria fossae Sylvii, die die Hirnrinde versorgen, spitzwinklig abgehen, nicht rechtwicklig wie die Endäste zum Hirnstamm. Daß die Embolie bei Lungenerkrankungen ganz besonders das Gehirn befallen, wird durch die Natur des Thrombus (seine Kleinheit) und durch die besonderen Zirkulationsverhältnisse bei chronischen Lungen-Pleuraerkrankungen zu erklären versucht. (Näheres darüber s. bei Lehmann.) Groth meint, daß die Embolie aus den Lungenvenen mehr im Randstrom, und zwar an der konvexen Aortenwand sich bewegen und so eher in die Carotiden gelangen als z. B. die Emboli bei Endokarditis, die mehr in der Achse des Blutstromes dahingetragen werden.

Recht bemerkenswert ist die Annahme von Adam, daß bei Hirnmetastasen nach Bronchiektasien nicht diese, sondern unerkannt gebliebene Eiterungen der Nasennebenhöhlen das primäre Leiden darstellen; doch ist diese Ansicht klinisch und pathologisch noch zu wenig fundiert.

Kryptogenetischer (idiopathischer) Hirnabsceß. Man hat früher viel mit dem Begriff „idiopathischer Hirnabsceß" operiert, wo man weder klinisch noch anatomisch oder bakteriologisch den primären Herd finden konnte. Um nicht zu präjudizieren, ist es aber zweckmäßiger, nicht von idiopathischem, sondern von kryptogenetischem Absceß zu sprechen. Mit dem Fortschreiten der ätiologischen Forschung vollzieht sich ein immer stärkerer Abbau der kryptogenetischen Hirnabscesse; im Laufe der Zeit wird ihr Anteil an der Gesamtzahl immer geringer. Jedoch wird auch in der jüngsten Zeit noch von Hirnabscessen berichtet, deren primäre Quelle nicht zu eruieren war. Wir erwähnen außer den Fällen, die von Oppenheim und Cassirer zitiert wurden, die von Henderson, Reynolds, Casamajor, Climenko, Hübotter, Lemierre und Thurel, Evans. Verhältnismäßig häufig sind die Fälle von kryptogenetischem Hirnabsceß durch Aktinomykose (vgl. Zusammenstellung von Anders).

Angesichts der ungeheuren Mannigfaltigkeit der ätiologischen Momente und der verschiedenartigen Entstehungswege des Hirnabscesses ist größte Kritik und Vorsicht geboten, wenn man einen Hirnabsceß als kryptogenetisch oder idiopathisch bezeichnen will. Zunächst muß eine sorgfältige Anamnese verlangt werden; doch schon hier können sich Fehler ergeben. Erstens kann das primäre Leiden latent verlaufen sein, dann kann es sehr lange Zeit zurückliegen, und drittens kann es völlig ausgeheilt sein. Das gilt für alle Affektionen, die zum Hirnabsceß führen können. So haben z. B. Caskey und Porter gezeigt, daß der Hirnabsceß das erste manifeste Symptom eines latent verlaufenden Typhus sein kann. Die Inkubationszeit des Hirnabscesses, ganz besonders des traumatischen, kann sehr lang sein; gibt doch Dixson an, daß man einen Hirnabsceß 64 Jahre lang latent beherbergen kann. Parker berichtete kürzlich von 3 Fällen, wo die primäre Infektion (Osteomyelitis, Cystitis, Zahnerkrankung) klinisch ganz ausgeheilt war. Im Falle von Sternberg war von einer Bronchitis, die als Ausgangspunkt allein in Betracht kam, zur Zeit der Obduktion nichts mehr nachweisbar. Jossmann berichtet von einem großen Hirnabsceß im Anschluß an einen septischen Abort, den die Patientin $^{3}/_{4}$ Jahre zuvor durchgemacht hatte und den sowohl sie wie der einweisende Arzt verschwiegen hatten. Es bestanden keinerlei klinische Anzeichen mehr, die für einen septischen Prozeß hätten sprechen können. Bei otogenen Abscessen ist zu berücksichtigen, daß ein völlig ausgeheilter Ohrprozeß zu einer Absceßbildung weitab vom primären Herd, ja in der kontralateralen Hirnhemisphäre führen kann. Gelegentlich kann ein vereiterter Solitärtuberkel zur Annahme eines idiopathischen Abscesses verleiten. Auch muß man bei der anatomischen Untersuchung daran denken, daß ein sekundär hämatogen infizierter Erweichungsherd des Gehirns als idiopathischer Absceß imponieren kann (Quednau).

Bei der Sektion eines Hirnabsceßkranken muß zur Klärung des ätiologischen Moments verlangt werden, daß die Sektion vollständig ist und sich auch auf das Ohr, die Nebenhöhlen der Nase, die Tonsillen, die Bronchialdrüsen erstreckt. Evans betont, daß in Fällen von Hirnabsceß, wo zunächst kein primärer Herd gefunden wird, die genaue Untersuchung der Lungen doch die pathogenetisch wichtigen lokalen oder diffusen Bronchioloektasien aufdecken kann. Es muß eine bakteriologische Untersuchung nicht nur des Absceßinhaltes, sondern auch z. B. der Lungenschleimhaut und der Tonsillen verlangt werden. Ohne bakteriologische Untersuchung des Absceßinhaltes — sagt v. Bergmann — kein bindender Schluß. v. Eiselsberg konnte in einem Falle sowohl aus dem Hirnabsceß wie aus der Phlegmone des Mittelfingers den Staphylococcus pyogenes aureus nachweisen und so den Zusammenhang zwischen beiden Herden klarstellen. Bei der bakteriologischen Untersuchung des Absceßinhalts ist zu berücksichtigen, daß die primären pathogenen Bazillen durch banale Eitererreger verdrängt werden können, z. B. Typhusbazillen durch Staphylokokken.

All diese Anforderungen in klinischer, pathologisch-anatomischer und bakteriologischer Richtung sind in der großen Mehrzahl der Hirnabscesse, die als idiopathisch bezeichnet wurden, wohl kaum erfüllt, und so lange das nicht der Fall ist, ist die Annahme eines idiopathischen Hirnabscesses ungenügend begründet. v. Bergmann lehnt den idiopathischen Absceß überhaupt ab: es sei Erfahrungstatsache, daß die im Hirne sich ansiedelnden pyogenen Kokken aus anderweitigen Eiterherden im Körper des Kranken stammen. Primäre Eiterungen im Hirne gebe es nicht. Nach ihm sind „Beobachtungen von Hirnabscessen unklarer Ätiologie unaufgeklärte Fälle und schlechte Stützen für eine zusammenbrechende Lehre". Dagegen hält Martius auf Grund seiner eigenen sowie der Beobachtungen von Strümpell am idiopathischen Absceß fest und weist besonders darauf hin, daß der spezifische Erreger der Meningitis cerebrospinalis epidemica neben und unabhängig von dieser durch primäres Ansiedeln im Gehirn Abscesse hervorrufen kann. Theoretisch muß man auch durchaus zugeben, daß Eitererreger sich primär im Gehirn ansiedeln können, ohne vorher an einer anderen Stelle des Körpers eine lokale Infektion verursacht zu haben, besonders in den Fällen von „kryptogenetischer" Septikämie und Bakteriämie, wo der eigentliche Ausgangspunkt des septischen Prozesses auch bei der Autopsie nicht zu eruieren ist. Man kann in der — praktisch wenig fruchtbaren — Lehre vom idiopathischen Hirnabsceß am besten den vermittelnden Standpunkt von Oppenheim und Cassirer einnehmen, die zu folgendem Ergebnis kommen: „Die Mikroorganismen der akuten Infektionskrankheiten erzeugen in der Regel Eiterherde an anderen Stellen, von denen aus das Hirn sekundär infiziert werden kann. Es ist aber nicht zu bezweifeln, daß sie auch direkt in dieses Organ eindringen und hier primäre Eiterherde hervorrufen können. Das gilt für die epidemische Cerebrospinalmeningitis, aber auch für das Erysipel, die Influenza, den Typhus, die Pneumonie, vielleicht auch für die Tuberkulose". Stets müssen wir uns aber in einem gegebenen Falle vor Augen halten, daß der Ausgangspunkt der Hirneiterung beim Ausbruch des Hirnabscesses bereits ausgeheilt sein kann, so daß der Hirnabsceß nur scheinbar ein primärer ist.

3. Pathologische Anatomie.

Sitz. Nach den von Heine und Beck angeführten fremden und eigenen Statistiken, die sich hauptsächlich auf otogene Hirnabscesse stützen, kommen Großhirnabscesse etwa 1 bis 4mal so oft vor wie Kleinhirnabscesse. Am häufigsten treten Großhirnabscesse im 3., Kleinhirnabscesse im 2. Lebensjahrzehnt auf. Körner meint, daß der Hirnabsceß auf der rechten Seite häufiger vorkomme als auf der linken, aber aus manchen anderen Statistiken ergibt sich ein Überwiegen der linken Seite. Der nähere Sitz eines fortgeleiteten Hirnabscesses ist vom primären Herd abhängig. Für die otitischen Hirnabscesse gilt der bekannte Satz von Körner, daß diese in nächster Nähe des kranken Ohres oder Knochens liegt. Doch können Ohrerkrankungen an sich oder ihre Komplikationen oder sie begleitende andere Erkrankungen auch einmal auf embolisch-metastatischem Wege zur Absceßbildung in entlegeneren Hirnpartien führen. Eine Zusammenstellung solcher Fälle bringen Körner und Grünberg; außerdem seien noch erwähnt die Beobachtungen von Aprile, Bombelli, Lombard-Bloch und Moulonguet, van Caneghem, Trautmann. Die rhinogenen Hirnabscesse liegen gewöhnlich im vorderen Teil des Stirnhirns auf der Seite der erkrankten Nebenhöhlen, die traumatischen in der Nähe der Verletzungsstelle, bei penetrierender Verletzung natürlich ganz in Abhängigkeit von der Lage des eingedrungenen Körpers und der Richtung des Verletzungskanals. Metastatische Hirnabscesse sitzen gewöhnlich in der linken Großhirnhemisphäre, hier bevorzugen sie das Gebiet der Arteria fossae Sylvii. Man findet aber auch metastatische Hirnabscesse in den Zentralganglien, im Temporo-Occipitallappen, in der Brücke, im verlängerten Mark; selten im Kleinhirn. All das gilt nur für metastatische Einzelabscesse, multiple sind gleichmäßig über das ganze Gehirn zerstreut, ohne eine Seite, ein Arterien- oder sonstiges Gebiet zu bevorzugen. Nach der Tiefe schwankt die Lage der Abscesse im Gehirn sehr. Das obere Hemisphärenmark, besonders unterhalb der Rinde, ist bevorzugt. Das gilt auch für das Kleinhirn (FREMEL), dessen Rindengrau sich aber an der Entzündung beteiligt (BRUNNER). Metastatische Hirnabscesse bevorzugen mehr als alle anderen den Hirnmantel und können sehr nahe der Oberfläche sitzen; traumatische liegen manchmal besonders tief, in der Nähe der Ventrikelwände. Bei grober Schätzung kann man sagen, daß im Durchschnitt die Breite der Hirnmasse über dem Absceß 15—20 mm beträgt; wesentlich ist, daß diese Hirnmasse makroskopisch normal erscheinen kann; meist ist sie jedoch weich und leicht zerreißlich.

Die *Größe* eines Hirnabscesses schwankt in weiten Grenzen: es gibt miliare Hirnabscesse und solche von der Größe einer Orange. Es sind schon Hirnabscesse mit einem sagittalen Durchmesser von 12 cm beobachtet worden (MANASSE). Der Absceß kann auch eine ganze Hemisphäre einnehmen. Die größten Abscesse finden sich im Temporallappen, die Kleinhirnabscesse erreichen selten die Größe einer Walnuß. KÜMMEL berichtete von einem faustgroßen Kleinhirnabsceß. Im Durchschnitt kann man das Volumen eines Hirnabscesses auf 30—50 ccm schätzen. Man hat schon durch Operation aus einem Hirnabsceß bis 400 g Eiter entleert (SCHWARTZE). Im allgemeinen sind die fortgeleiteten Abscesse größer als die metastatischen und von den letzteren sind die Hirnabscesse nach intrathorakaler Eiterung größer als die nach Pyämie (EVANS).

Anzahl. Multiple Abscesse werden manchmal dadurch vorgetäuscht, daß die scheinbar voneinander getrennten Herde in Wirklichkei Verzweigungen *eines* Abscesses sind, die durch schmale Fistelgänge untereinander verbunden werden (BORST). HOFMANN hat das durch Serienschnitte nachgewiesen. Doch gibt es zweifellos echte multiple Absceßbildung. Der traumatische Hirnabsceß, besonders der früh auftretende, ist gewöhnlich solitär. Die otogenen Hirnabscesse treten nach KÖRNER in 15%, die metastatischen nach CONCHON in 62%, nach EAGLETON in 55% multipel auf. Die metastatischen Hirnabscesse, und zwar besonders die nach Pyämie, haben die stärkste Neigung, multipel aufzutreten (GROTH, SCHORSTEIN, KRAUSE, LEHMANN, PARKER). Man kann aber nicht annehmen, daß die metastatischen Hirnabscesse „meist multipel" sind, wie OPPENHEIM meinte. Es ist vorgekommen, daß klinisch ein Hirnabsceß festgestellt und genau lokalisiert worden war, die Operation aber unterlassen wurde, weil metastatische Abscesse multipel vorkämen; die Sektion ergab einen solitären Absceß, der für den operativen Eingriff günstig lag (BIBROWICZ, RINDFLEISCH). Multiple Abscesse können weit voneinander entfernt liegen, auch in verschiedenen Hemisphären, ihre Zahl kann bis an 100 betragen. Von multiplen Abscessen aus neuerer Literatur sind besonders bemerkenswert die Fälle von CASAMAJOR (beiderseitiger Frontallappenabsceß), KREPUSKA (beiderseitiger Kleinhirnabsceß), HENNEBERG (12 verschieden alte Abscesse), CHODŹOKO (6 Abscesse), HARMS (geheilter Fall mit vierfacher Absceßbildung), URBANTSCHITSCH (Heilung eines zweifachen Schläfenlappenabscesses nach zweimaliger Operation).

Gestalt. Der Hirnabsceß nimmt gewöhnlich im Laufe der Entwicklung eine runde, seltener eine ovale Form an. Im allgemeinen ahmt der Hirnabsceß im groben die Form des Hirnlappens nach, in dem er liegt. Temporallappenabscesse sind oft oval. Kleinhirnabscesse sind oft spaltförmig mit verschiedenen Ausbuchtungen entsprechend dem Bau des Kleinhirns. Eine Fistel kann von der Absceßhöhle zum primären Eiterherd in der Umgebung des Gehirns führen.

Inhalt. Die Absceßhöhle enthält Eiter von grünlicher oder grünlichgelber Farbe, der gewöhnlich dünnflüssig ist, jedoch auch so dick sein kann, daß er sich durch die dickste Punktionsnadel nicht absaugen läßt. Blutbeimengungen sind selten, der Absceßinhalt wird dann bräunlich. Der Eiter riecht fötide, besonders bei Anwesenheit von anäroben Bakterien, seltener jauchig, kann auch völlig geruchlos sein. Die Absceßhöhle kann abgestoßene Fetzen und Trümmer von Hirngewebe enthalten und, was besonders wichtig ist, Gas (ROUVILLOIS, RUTTIN u. a.). Die Beschaffenheit des Eiters zweier benachbarter Abscesse kann verschieden sein.

Bakteriologie. Die bakteriologische Eiteruntersuchung ist zur Klärung der Ätiologie von großer Bedeutung. Im Absceßeiter können sich die verschiedensten pathogenen Mikroorganismen finden, am häufigsten sind Strepto-, Staphylo- und Pneumokokken, besonders der Streptococcus pyogenes und Staphylococcus pyogenes aureus, ferner Kolibazillen. Unter den anäroben Bakterien ist besonders der Proteus häufig. Selbst einfache Saprophyten können durch Virulentwerden einen Hirnabsceß erzeugen. Es gibt wohl kaum einen Mikroorganismus, der nicht irgendwann einmal im Hirnabsceß gefunden worden wäre. Besonders erwähnenswert ist der Nachweis von Typhusbazillen, Gonokokken, Tuberkelbazillen, Streptothrix, Aktinomyces, Dysenterieamöben, Bacterium coli commune, Soorpilz, Aspergillus.

Während beim akut verlaufenen Hirnabsceß gewöhnlich nur *eine* pathogene Bakterienart gefunden wird, finden sich bei chronischem Hirnabsceß nicht selten verschiedene Erreger, und zwar häufig ein spezifischer Eitererreger und banale Mikroben. Solche Mischinfektionen kommen besonders bei otogenen Abscessen vor. Die Vitalität der ursprünglichen Eitererreger kann sinken, ihr kultureller Nachweis ist dann sehr erschwert. Sie können durch andere, harmlose Mikroben, z. B. durch Saprophyten ganz verdrängt werden, und so kann es — besonders bei chronischem Hirnabsceß — vorkommen, daß zu verschiedenen Zeiten im Absceßeiter verschiedene Mikroorganismen gefunden werden. Der Eiter kann auch völlig steril sein.

Im allgemeinen ist die Prognose der Diplokokkenabscesse besser als die der durch Anaerobier (NEUMANN) erzeugten. Besonders verhängnisvoll ist der Verlauf des Hirnabscesses beim Streptococcus mucosus (FOSS, FEDERICI). Pneumokokkenabscesse sind gutartiger als Coliabscesse.

Aufbau. Die Begrenzung der fetzigen, unregelmäßigen, oft Nischen, Taschen und Buchten enthaltenden Eiterhöhle des Hirnabscesses besteht nach HOMÉN und HOFMANN von innen nach außen aus folgenden Schichten. Zunächst kommt eine Exsudatschicht, die von nekrotischem und mit Leukocyten infiltriertem Gewebe gebildet ist, dann folgt eine nicht immer scharf abzugrenzende Zone der Infiltration. Die dritte, fibrovasculäre Schicht wird durch die Gefäß- und Gliareaktion, die äußerste und letzte Schicht durch ödematöse Infiltration und Rarefikation charakterisiert. Zu Beginn des Hirnabscesses überwiegen Destruktion, Exsudation und Infiltration, während die reaktiven Vorgänge wenig oder gar nicht entwickelt sind. Im späteren Stadium überwiegen die — reparatorischen und proliferativen — fibrovasculären Prozesse, die zur Bildung einer Membran führen. Diese Membranbildung erfolgt nach KÖRNER in 45,9% aller Hirnabscesse; sie setzt bald ein, doch erreicht die Membran vor 5—6 Wochen kaum eine nennenswerte Derbheit. MARTIUS sagt: „Wo eine ausgebildete schleimhautähnliche Absceßmembran vorhanden ist, muß die Dauer der Hirneiterung auf mindestens 7 Wochen angenommen werden.“ Doch konnte WESTPHAL schon 17 Tage nach Einsetzen der Hirnsymptome eine zarte Membranbildung nachweisen und auch EAGLETON vertritt die Auffassung, daß etwa 17 Tage nach der Infektion die Einkapselung beginnt.

Im Gegensatz zu den Anaerobiern führen die Diplokokken auf Grund ihrer fibrinoplastischen Fähigkeiten meist zur Bildung einer Absceßmembran. Auch die Pneumokokkenabscesse zeigen eine Neigung zur Membranbildung, während die mit Coli infizierten Hirnabscesse sich nicht abzukapseln pflegen. Nach LUND und LINCK fördern Staphylokokken und Streptokokken die Absceßmembranbildung, die gramnegativen Stäbchen nicht.

Die Absceßmembran besteht aus grobfaserigem Bindegewebe, zwischen welches Fettkörnchen und Pigmentkörner eingestreut sind; die Neuroglia beteiligt sich gewöhnlich nicht an der Membranbildung (KNAPP). Die bindegewebige Membran kann jedoch allmählich durch gliöses Gewebe ersetzt werden (NAUWERCK). Die Membran kann sehr dünn und zerreißlich, ja kaum wahrnehmbar sein, aber auch eine Dicke von $^1/_2$ cm erreichen und in seltenen Fällen verkalken. Die Absceßmembran bildet nur einen relativen Schutz für das umgebende Gehirn, da sie selbst vereitern kann.

Das Hirngewebe in der Umgebung des Abscesses zeigt oft ödematöse Schwellung und Erweichung, auch hämorrhagische Entzündungsherde. Sitzt der Absceß in der Tiefe, so kann die Hirnoberfläche völlig normal erscheinen. Bei mehr peripherem Sitz kann die Hirnoberfläche vorgetrieben und grünlichgelb verfärbt sein. Bei starkem Hirndruck sind die Hirnwindungen abgeplattet, die Hirnfurchen verstrichen.

Entwicklung. Die bisherige Darstellung galt dem „Querschnitt" eines vollentwickelten Hirnabscesses. Betrachten wir nun seine Entwicklung, seinen „Längsschnitt". Wie aus einer Phlegmone ein Absceß wird, so entsteht auch der Hirnabsceß aus einer infektiösen umschriebenen Encephalitis; doch sind unsere Kenntnisse über den allerersten Beginn eines Hirnabscesses sehr unsicher. Ist es einmal zu einer umschriebenen Abscedierung gekommen, so vergrößert sich der Absceß durch Blutungen, die aus thrombosierten Gefäßen in den Absceß hinein erfolgen, oder durch weitere Einschmelzung der benachbarten Hirnmasse. Man kann es dabei als Regel betrachten, daß jeder Hirnabsceß die Neigung hat, nach dem gleichseitigen Unterhorn zuzustreben (HOFMANN). Mit der Bildung einer Membran ist die Ausdehnungsfähigkeit eines Hirnabscesses keineswegs verlorengegangen. Das Wachstum kann unter Einschmelzung der alten und Bildung einer neuen Membran weiter gehen. Das Wachstum des Hirnabscesses kann lange Zeit still stehen, um dann, etwa nach einem Trauma, plötzlich schneller vor sich zu gehen. Der Hirnabsceß kann in die Ventrikel durchbrechen. Die Ventrikelwände können in seltenen Fällen verkleben, verwachsen und so den sonst tödlichen Absceßdurchbruch lokalisieren. Der Durchbruch kann auch nach außen durch den arrodierten Knochen, in die Nasenhöhle, Paukenhöhle erfolgen. Kleine Hirnabscesse können sehr selten resorbiert werden.

Die Mindestzeit, die ein Hirnabsceß zu seiner Entwicklung braucht, wird verschieden geschätzt. MARTIUS nimmt an, daß ein hühnereigroßer Absceß sich in einem Falle innerhalb von 36 Stunden entwickelt hatte. Nach KRAUSE braucht ein akuter Absceß gewöhnlich einige Tage bis 1—2 Wochen zu seiner Entwicklung. BORCHARD nimmt an, daß man im allgemeinen mit der Ausbildung eines akuten Abscesses nicht vor 5 Tagen rechnen kann. Spätabscesse können erst nach Jahren, ja nach Jahrzehnten zur Entwicklung kommen.

4. Symptomatologie.

Zunächst soll hier die Symptomatologie eines vollentwickelten Hirnabscesses dargestellt werden, wie er gewöhnlich in klinische Behandlung kommt. Seine Symptome teilt man am besten ein in körperliche Allgemeinsymptome, in allgemeine Hirnsymptome und in Lokalsymptome.

Körperliche Symptome.

Allgemeinbefinden. Die Hirnabsceßkranken fühlen sich oft matt und elend, sind entkräftet, ja kachektisch, sehen blaß, fahl, seltener ikterisch aus. Zuweilen tritt eine starke Abmagerung ein, besonders häufig bei Kleinhirnabscessen. Die Kranken sind gewöhnlich appetitlos, gelegentlich wurde Heißhunger konstatiert (SCHLESINGER, PAGET, RÖPKE). Das Allgemeinbefinden kann aber bis zum Terminalstadium recht gut bleiben (OPPENHEIM, SCHLESINGER, MARTIUS, WOLF, KÜMMEL).

Temperatur. Der unkomplizierte Hirnabsceß verläuft — nach Abklingen der primären Infektion — meist ohne Fieber oder mit nur kurz dauernden, geringen Temperaturerhöhungen. Mäßiges Fieber kann besonders bei Beginn und im Terminalstadium auftreten, zumal bei raschem Verlauf. Es ist anzunehmen, daß die Bildung eines Abscesses aus einer Encephalitis mit Temperaturabfall einhergeht. Mäßig subnormale Temperaturen sind recht häufig, ja als wichtiges diagnostisches Zeichen eines Hirnabscesses aufgefaßt worden (MACEWEN, EAGLETON, KENNEDY, CAIRNS). Beim Auftreten von Komplikationen (Meningitis, Sinusthrombose, subduraler Absceß) kann es zu länger dauerndem hohem Fieber und zu Schüttelfrösten kommen. Sonst sind Schüttelfröste sehr selten. Starkes, länger dauerndes oder intermittierendes Fieber spricht somit im allgemeinen gegen einen reinen Hirnabsceß. Der *Puls* ist sehr häufig verlangsamt, hart und voll, besonders bei Kleinhirnabscessen. Die Bradykardie kann Schwankungen unterworfen sein und von der Körperlage abhängen; so kann es beim Aufrichten des Kranken zur Pulsbeschleunigung kommen (SACHSALBER, RAIMIST, FINKELNBURG, WITZEL, SCHLESINGER). Treten Komplikationen auf, so löst meist eine Tachykardie die Bradykardie ab. Bei operativer Entleerung des Abscesses verschwindet die Bradykardie, um bei einer erneuten Eiteransammlung wieder aufzutreten. Die Bradykardie im Verein mit der Hypothermie können für die Diagnose Hirnabsceß ausschlaggebend sein.

Die Atmung ist oft verlangsamt, seltener unregelmäßig und — im Terminalstadium — gelegentlich vom CHEYNE-STOCKES-Typ. Es kann besonders bei Kleinhirnabscessen zu plötzlicher Atemlähmung kommen bei Fortdauer der Herztätigkeit (FLIESS, ANDERSON, BORRIES, BERGGREN). Durch künstliche Atmung oder durch sofortige Operation kann auch in scheinbar hoffnungslosen Fällen die Atmung wieder in Gang gesetzt werden. Im Falle von BERGGREN sistierte die Atmung für 35 Minuten; bei künstlicher Atmung und Herzmassage wurde über dem Kleinhirn trepaniert und der Absceß punktiert. Es trat Heilung ein.

Magen-Darmkanal. Die Zunge ist oft belegt, es besteht foetor ex ore. Recht häufig besteht eine hartnäckige spastische Obstipation, die jeder Behandlung trotzt. Ihr Fehlen soll nach BROCK mit großer Wahrscheinlichkeit gegen das Bestehen eines Hirnabscesses sprechen. Harnveränderungen wurden nur gelegentlich beobachtet, so Glykosurie, Albuminurie, Peptonurie.

Das *Blutbild* zeigt oft eine Leukocytose, die erheblichen Grad erreichen kann, bis 30 000 (URBANTSCHITSCH, LEVY, KUMPF, GUNS und JADIN, FUTER). DIXON bezeichnet als charakteristisch für den Hirnabsceß eine Leukocytose von etwa 12 000 und eine leichte Abnahme der roten Blutkörperchen und des Hämoglobins.

Allgemeine Hirnsymptome.

Der **Kopfschmerz** ist das früheste, konstanteste Hirnsymptom, diagnostisch das wichtigste, weil oft und lange der einzige Ausdruck der Erkrankung. Er hat anfangs eine nur geringe Intensität und verstärkt sich langsam und erst spät, erreicht selten solch hohen Grad wie bei Meningitis. Körperbewegungen und gewisse Körperstellungen sowie alles, was den Hirndruck steigert, verstärkt ihn; er ist durch Medikamente wenig zu beeinflussen (PORTMANN und RETROUVEY). Der Kopfschmerz ist gewöhnlich kein dauernder, sondern tritt mehr periodisch auf, exacerbiert gerne nachts. Der Sitz der Kopfschmerzen kann der Absceßlage entsprechen, besonders beim Stirnhirnabsceß (IMPERATORI) und Kleinhirnabsceß (NEUMANN). Doch ist bei der lokaldiagnostischen Verwertung dieses Umstandes größte Vorsicht geboten, besonders beim Kinde. So ist z. B. Stirnkopfschmerz bei Kleinhirnabsceß nicht so selten, ebenso Nackenschmerz bei Stirnhirnabsceß (E. MEYER). Der Kopfschmerz kann in Form von „pulsierendem Klopfen im Gehirn" (BROCK) auftreten, bei Kleinhirn-, auch bei Schläfenlappenabsceß in Form von Trigeminusneuralgie (BRUNNER, RÖPKE u. a.). Nur in den seltensten Fällen wird der Kopfschmerz vermißt (PORTMANN und RETROUVEY, KAN, HEIMANN, UCHERMANN, NÜSSMANN); nach FERRERI besonders bei tiefsitzenden Kleinhirnabscessen.

Die umschriebene *Klopfempfindlichkeit des Schädels* über dem Absceß mit oder ohne Schalldifferenz ist in ausgesprochener Form selten, aber gelegentlich doch sicher vorhanden. Schon häufiger findet man, daß die ganze entsprechende Schädelhälfte klopfempfindlicher ist als die andere. Beim Schläfenlappenabsceß kann eine klopfempfindliche Stelle nahe über dem oberen Rand der Ohrmuschel vorhanden sein. Hyperästhesie der Kopfhaut kommt gelegentlich vor und kann Klopfempfindlichkeit des Schädels vortäuschen.

Die *Kopfhaltung* ist gewöhnlich steif, besonders bei Kleinhirnabscessen. Der Kopf wird möglichst ruhig gehalten, beim Gehen sogar mit den Händen fixiert, der Gang ist behutsam. Nicht selten besteht Nackensteifigkeit, mit oder ohne (NÜSSMANN) Kernig. VÁRADY und SZABÓ bezeichnen letzteres als charakteristisch für Hirnabsceß.

Erbrechen ist häufig, besonders bei Kindern und bei Kleinhirnabsceß; hier fehlt es fast nie. MAIER fand Erbrechen bei 23 Großhirnabscessen 11mal, bei 15 Kleinhirnabscessen 12mal. Nach BARKER und KÖRNER muß man unterscheiden zwischen dem initialen septischen Erbrechen, welches jede intrakranielle Komplikation begleiten kann und mit Schüttelfrost und Fiebersteigerungen einhergeht, und dem späteren Erbrechen, welches durch erhöhten Hirndruck bedingt ist. Das Erbrechen bei Hirndruck ist heftiger als irgendwie sonst ausgelöstes; es ist von der Körperlage stark abhängig, kann z. B. nur bei Lage auf dem Gesicht oder bestimmter Seitenlage auftreten. Das Erbrechen kann intermittierend erfolgen oder mit Übelkeit und Aufstoßen abwechseln. In Verbindung mit Kopfschmerzen kann das Erbrechen lange Zeit die einzige klinische Erscheinungsform des Hirnabscesses bilden oder das ganze Krankheitsbild beherrschen. Bei metastastischen Hirnabscessen scheint Erbrechen seltener aufzutreten als bei anderen.

Schwindel ist wohl seltener als Erbrechen; er kann auch durch die Parallelerkrankung des Labyrinths bedingt sein. Er überwiegt nicht beim Kleinhirnabsceß wie das Erbrechen. Der Schwindel kann außerordentlich stark sein und alleiniges Frühsymptom bilden (OPPENHEIM).

Allgemeine Krämpfe, die nicht aus lokalen hervorgehen, sind selten, kommen am ehesten noch bei Kindern vor, können aus voller Gesundheit einsetzen oder das letzte Stadium der Krankheit einleiten: den Durchbruch des Abscesses in die Ventrikel oder in die Meningen. Sie können sich nach der Operation einstellen (PONS). KIRCH sah bei Hirnabsceß epileptiforme Krämpfe nach Campherinjektion auftreten. Nach EAGLETON sind allgemeine Krämpfe beim metastatischen Absceß verhältnismäßig häufig.

Die wichtigsten *Augensymptome* des Hirnabscesses im allgemeinen, d. h. ohne Rücksicht auf seine Lokalisation, sind Stauungspapille und — häufiger —

Neuritis nervi optici. Die — oft nur leichte — Neuritis kann sich hauptsächlich in Gesichtsfeldstörungen äußern (Eagleton). Die Fundusveränderungen finden sich in etwa der Hälfte aller Fälle, meist beiderseits, gelegentlich nur oder vorwiegend auf der Seite des Abscesses (Hansen, Denker, Dickie, Ferreri), ganz selten auf der Gegenseite (Maier, Michaelsen, Uchermann, Goldflam). Die Stauungspapille tritt gewöhnlich in einem späteren Stadium der Krankheit auf und erreicht beim unkomplizierten Hirnabsceß keine hohen Grade. Nach Spiegel und Sommer kommt es beim Schläfenlappenabsceß häufiger zu einer Neuritis nervi optici als zu einer Stauungspapille, während beim Kleinhirnabsceß eher das umgekehrte Verhalten zu verzeichnen ist. Es besteht kein sicheres Verhältnis zwischen der Absceßgröße und dem Grade der Stauungspapille (Colemann), bei deren Entstehung Hirnödem und Encephalitis in der Umgebung der Absceßkapsel eine Rolle spielen dürften. Befindet sich der Absceß in der Entwicklung, so schwankt die Stauungspapille, kapselt sich der Absceß ein, so wird sie stationär. Die Sehstörung ist beim Hirnabsceß gewöhnlich nicht sehr erheblich, Opticusatrophie ist selten; totale Amaurose wurde besonders beim Kleinhirnabsceß beobachtet.

Wiederholt konnte festgestellt werden, daß die Neuritis bzw. die Stauungspapille sich *nach* der operativen Entleerung des Abscesses entweder nicht zurückbildete oder sogar an Stärke zunahm, ja dann erst auftrat — auch wenn eine Eiterverhaltung oder Bildung eines weiteren Abscesses nicht in Frage kam (Fraser, Sachsalber). Dieses Verhalten wird auf meningitische oder toxische Prozesse zurückgeführt. Gewöhnlich tritt später doch eine Rückbildung der Papillenveränderung ein.

Abducenslähmung ist als Allgemeinsymptom ziemlich häufig. Sie ist meist einseitig, und zwar auf der Seite des Abscesses, seltener doppelseitig, ausnahmsweise nur auf der gesunden Seite vorhanden. Beim otogenen Hirnabsceß kann sie schon durch die Ohraffektion oder durch andere kranielle Komplikationen bedingt sein. *Mydriasis* kommt vor, und zwar häufig auf der Seite des Herdes (Dickie, Adrogué und Balado). Die Mydriasis auf Atropin kann ungewöhnlich lange anhalten (Spalke).

Der *Nystagmus*, den man als Kleinhirnsymptom zu betrachten pflegt, kommt sicher bei Großhirnabsceß lediglich als Folge gesteigerten Hirndruckes vor (Piquet, Moulonguet). Er ist gewöhnlich horizontal und nach der kranken, seltener nach der gesunden Seite oder nach beiden Seiten gerichtet. Traina fand, daß der oculokardiale Reflex von Aschner beim Hirnabsceß fehlte oder invertiert war.

Psychische Störungen finden sich fast stets: die Kranken sind leicht benommen, schläfrig, manchmal geradezu schlafsüchtig, apathisch, schwer zu fixieren, schwerbesinnlich. Besonders charakteristisch ist die Schläfrigkeit. Macewen spricht von "slow cerebration, heavy comprehension and marked want of sustained attention". Die geistige Trägheit und Stumpfheit ist stärker, als man es bei der Höhe des Hirndrucks erwarten dürfte. Komatöse Zustände, halluzinatorisch-delirante Erregungen sind nicht selten und können miteinander abwechseln. Im Falle von Yorke war ein komatöser Zustand die erste und wichtigste Manifestation eines Kleinhirnabscesses. Überhaupt können beim Hirnabsceß psychische Störungen, insbesondere geistige Trägheit und Schläfrigkeit, zuerst den Verdacht auf eine intrakranielle Komplikation erwecken. Die psychotischen Erscheinungen neigen zu intermittierendem Verlauf, sind aber im ganzen progressiv. Beim Hirnabsceß wurden diagnostisch irreführende psychotische Zustandsbilder beobachtet, die an Katatonie oder andere schizophrene Prozesse (Schäfer, Schmidt, Kern, Urechia, John) denken ließen, ferner an Demenz (Hassin, Rémond und Chevalier-Lavand, Frey, Huguenin), Manie (Sitzler,

DUPRÉ, HÖNIGER — hier beim Absceß im linken Schläfenlappen!), progressive Paralyse (KURZEZUNGE).

Beim metastatischen Absceß kommen ruhige Delirien zur Beobachtung und zwar so häufig, daß man sie als gewöhnlichen Bestandteil des klinischen Bildes betrachten dürfte (PIRQUET). In einem Falle von PIQUET war ein ruhiges Delir das herrschende Symptom bei einem metastatischen Hirnabsceß.

Liquor. Während EAGLETON bei einem Hirnabsceß im Gesamtbereich der hinteren Schädelgrube jede Lumbalpunktion strikte ablehnt, meint JOSSMANN, daß die klinischen Erfahrungen einiger Jahrzehnte diese Bedenken als gegenstandslos erwiesen haben.

Es gibt keinen für einen Hirnabsceß pathognomonischen Liquorbefund. Die Ergebnisse der Liquoruntersuchung sind vieldeutig, ihr diagnostischer Wert, auch der der Druckmessung, ist gering. Der Liquordruck kann trotz schwerer allgemeiner Hirnsymptome normal sein (LEWANDOWSKY), ist aber gewöhnlich mäßig erhöht. Beim Kleinhirnabsceß mit Störung der Liquorkommunikation zwischen Schädelhöhle und Spinalraum kann der QUECKENSTEDTsche Versuch negativ ausfallen. Der Liquor kann völlig klar sein (bei KARBOWSKI in 69% der Fälle), ist aber meist leicht milchig getrübt; auch ein unkomplizierter Hirnabsceß ohne Meningitis kann den Liquor trüben (BECK und POLLACK). Die *Eiweiß-* und *Zellverhältnisse* wurden wiederholt völlig normal gefunden. Viel häufiger aber ist eine mäßige Eiweißvermehrung und mäßige bis erhebliche lymphocytäre, seltener leukocytäre Pleocytose. Wesentlich ist, daß auch die Zellvermehrung sehr hoch sein kann, ohne daß eine eitrige Meningitis vorliegt. Abgekapselte Kleinhirnabscesse verhalten sich häufig wie Tumoren und führen zu einer Eiweißvermehrung ohne entsprechende Zellvermehrung. Die Goldwie die Mastixreaktion ergeben kein einheitliches Kurvenbild. Man sieht sowohl Meningitiskurven wie Paralysenkurven (vgl. SCHMITT). RIMINI hebt hervor, daß beim Hirnabsceß die Hämolysinreaktion (WEIL-KAFKA) positiv ausfällt. Mehrfach (HADFIELD, SCHMIEGELOW, BORRIES, LUND, LANOS) wurde die prognostische Bedeutung der Entwicklung des Liquorbefundes bei wiederholten Punktionen hervorgehoben. Im allgemeinen kann man sagen: bessert sich der Liquorbefund und verschlechtern sich die Hirnsymptome, so spricht das für einen Hirnabsceß mit begleitender Meningitis und gegen eine primäre Meningitis. Bei der *bakteriologischen* Untersuchung erweist sich der Liquor als steril, selbst dann, wenn die Zellvermehrung eine recht erhebliche ist (RINDFLEISCH). Das ist differentialdiagnostisch gegenüber einer eitrigen Meningitis von besonderer Bedeutung.

Röntgenbild. Die direkte Röntgendarstellung des Hirnabscesses leistet sehr wenig. Die bis jetzt vorliegenden positiven Röntgenbefunde sind recht spärlich (STRÄTER, VOSS, INGERSOLL, GLEGG und BLOCK, JACQUES und GARD, WIEHLER) und nicht immer eindeutig. Immerhin konnte sich in manchem Fall die Diagnose mit auf das Röntgenbild stützen. Kommt es durch Wirkung anaerober Bakterien zu stärkerer Gasentwicklung innerhalb des Abscesses, so ist die Gasblase im Röntgenbild oberhalb des Eiterspiegels deutlich sichtbar (EAGLETON, TERRACOL). Werden nun die Aufnahmen in verschiedenen Kopfstellungen gemacht, so kann man die ganze Ausdehnung des Abscesses studieren.

Encephalographie. EAGLETON befürwortet die Anwendung der Luftfüllung zur Diagnose des Hirnabscesses, besonders zur Differentialdiagnose gegenüber Meningitis. Durchaus befriedigende diagnostische Resultate erzielten durch direkte Luftfüllung der Ventrikel oder der Absceßhöhle CARPENTER, BAKULEFF, SPASOKUKOCKIJ und STEPHANENKO, BRUNNER, HEIDRICH. Die auch bei sorgfältigster Technik unvermeidlichen Hirndruckschwankungen bringen die große Gefahr der Perforation des Abscesses nach den Ventrikeln oder nach der

Hirnoberfläche mit sich. Bricht ein operierter oder sonst lufthaltiger Hirnabsceß in die Ventrikel ein, so kann ein spontanes Pneumencephalon entstehen, welches auf dem Röntgenbild deutlich nachweisbar ist (UFFENORDE, LEVISON). UFFENORDE empfiehlt deswegen, in verdächtigen Fällen nach Öffnung des Abscesses eine Röntgenaufnahme zu machen.

Durch Einführung von *Jodölpräparaten* (Lipiodol, Jodipin) in die Absceßhöhle kann diese im Röntgenbild gut dargestellt werden (MAYER, UFFENORDE, RIENZNER, MÜLLER, HICQUET, LASKIEWICZ). Auch kann man so eine Kommunikation der Absceßhöhle mit den Ventrikeln nachweisen (UFFENORDE, LASKIEWICZ). Eine sichere Beurteilung der Verträglichkeit des Verfahrens ist noch nicht möglich. MÜLLER sah nach Füllen einer Absceßhöhle mit jodipingetränkter Gaze plötzliches Verschwinden des Fötors. RIENZNER fand nach Jodipinfüllung einer Absceßhöhle mit späterem Ventrikeldurchbruch in dem durch Lumbalpunktion gewonnenen Liquor Jodipin. In einem Falle von UFFENORDE kam es nach Eindringen des Jodipins in die Ventrikel zu einer Lymphocytose des Liquors. NEUMANN bezeichnet das Verfahren als unzuverlässig und nicht ungefährlich. Nach BRÜHL ist es mit den allgemeinen Regeln der Chirurgie nicht recht vereinbar, einen glücklich entleerten Absceß erneut mit einem Fremdkörper zu belasten, den man nur schwer oder gar nicht wieder entfernen kann. UFFENORDE meint, daß das Jodipin nicht immer unbedenklich ist und auch nur recht unvollkommen die Möglichkeit bietet, uns über die Ausdehnung des Abscesses zu vergewissern; trotzdem würde er es unter besonderer Vorsicht heranziehen, um über besondere Entwicklungen Aufschluß zu gewinnen.

MAYER füllte einen Hirnabsceß mit Jodoformgaze, und das Röntgenbild zeigte die Ausdehnung der Absceßhöhle nach allen Seiten. Die Jodoformgaze hat nach ihm annähernd die gleichen Vorteile wie das Jodipin, ist aber weniger bedenklich. ROCKEY bediente sich zur Darstellung eines Hirnabscesses als Kontrastmittels mit Erfolg einer 20%igen wässerigen Jodnatriumlösung.

Hirnpunktion. Die Bedenken gegen die Anwendung der diagnostischen Hirnpunktion nach NEISSER-POLLACK beim Hirnabsceß beziehen sich vor allem auf die Gefahr einer Blutung und einer Ausbreitung der Infektion; dann sei eine negative Punktion kein Beweis dafür, daß ein Absceß nicht doch von der Kanülenspitze passiert wurde. Nach den Erfahrungen von NEISSER-POLLACK, KÜTTNER, PAYR, BORCHARD, AXHAUSEN, RINDFLEISCH, MICHAEL, HAASLER, SPECHT, BROCK, HAMPERL, JOSSMANN darf man wohl sagen, daß bei diagnostisch unklaren Fällen und nach völliger Erschöpfung aller sonstigen neurologischen Hilfsmittel eine Hirnpunktion indiziert ist, wenn eine evtl. notwendige Trepanation unmittelbar angeschlossen werden kann. Punktionen bei geschlossenem Schädel, wo also die physiologischen Verhältnisse am vollständigsten erhalten sind, sind nach JOSSMANN weit weniger eingreifend als die nach der Trepanation vorgenommenen. NEUMANN bezeichnet die positive Hirnpunktion als das verläßlichste Mittel zur Sicherstellung der Diagnose eines Hirnabscesses; man solle sich unbedingt häufiger zur Punktion entschließen, und zwar in einem Stadium, wo nur allgemeine Symptome eines Hirnabscesses vorliegen.

Eine *spezielle Symptomatologie des metastatischen Hirnabscesses* gibt es eigentlich nicht, dieser hat keine pathognomonischen Züge. Metastatische Hirnabscesse bevorzugen das Gebiet der Arteria fossae Sylvii und damit die motorische Region. Sie führen daher besonders häufig und frühzeitig zu motorischen Ausfalls- und Reizerscheinungen in Gestalt von Mono- und Hemiplegien und von JACKSONscher Epilepsie (OBERNDÖRFFER). Ferner wird das klinische Bild des metastatischen Hirnabscesses durch seine Neigung zu multiplem Auftreten bestimmt. Kopfschmerzen und Stauungspapille treten an Bedeutung etwas zurück. Deliriöse Zustände, besonders ruhige Delirien, sind recht häufig, Fieber ist nicht selten.

5. Lokalsymptome.

Wie jede umschriebene Erkrankung des Gehirns erzeugt auch der Hirnabsceß Lokalsymptome, die auf eine Schädigung bestimmter Hirnzentren zurückzuführen sind und bei der topischen Diagnose eine führende Rolle spielen. Jedoch können selbst bei weitgehender Zerstörung der Hirnsubstanz Lokalsymptome fehlen oder sehr gering sein, die Allgemeinerscheinungen, insbesondere die Benommenheit, so sehr in den Vordergrund treten, daß dadurch die Lokalsymptome ganz verdeckt werden. Für den Hirnabsceß gilt dasselbe, was ich über Tumoren gesagt habe: Lokalsymptome haben Beweiskraft, wenn sie vorhanden sind; ihr Fehlen besagt aber nicht, daß keine umschriebene Herdläsion vorhanden sein könne. Andererseits können durch das begleitende Hirnödem, durch Auswirkungen des Hirndrucks nach verschiedenen Richtungen und an weit entlegenen Stellen *scheinbare* Lokalsymptome erzeugt werden. FOERSTER ist immer wieder überrascht gewesen über die riesige Größe, welche Abscesse in sog. stummen Hirnregionen manchmal erlangen, ohne Ausfallserscheinungen von seiten benachbarter „sprechender" Hirnabschnitte zu machen. Überfaustgroße Abscesse des rechten Frontalhirns hat FOERSTER ohne die geringste Hemiparese verlaufen sehen; er hat Abscesse des rechten Schläfenlappens von riesiger Ausdehnung beobachtet ohne Hemianopsie noch andere charakteristische Einschränkungen des Gesichtsfeldes, noch SCHWABsche Symptomentrias, noch Druckwirkung auf die innere Kapsel und damit Hemiplegie. Eine ganze Hemisphäre kann durch den Hirnabsceß fast zerstört sein und doch können nur minimale Lokalsymptome resultieren (v. BERGMANN, PIQUET und MINNE, BORRI, SCHUSTER, HECKE, ISRAEL, DÖDERLEIN, CIRO, LEWIS, CASTELNAA, BECK). Im letzteren Fall machte sich ein linker Schläfenlappenabsceß nur durch heftige Kopfschmerzen und Klopfempfindlichkeit der linken Schädelhälfte bemerkbar.

Da die topische Diagnose der Hirnkrankheiten an anderer Stelle dieses Handbuches behandelt ist, und da insbesondere die topische Diagnose der Hirnabscesse sich weitgehend mit der der Hirntumoren deckt, sollen hier die Lokalsymptome der Hirnabscesse in gedrängter Kürze dargestellt werden.

Frontallappen. Die Abscesse dieser Region sind arm an Lokalsymptomen, besonders die der vorderen und medialen Partien. Psychische Störungen sind häufig, besonders die Herabsetzung der höheren geistigen Funktionen, der Urteilsfähigkeit, der Merkfähigkeit; recht häufig ist Apathie, Initiativlosigkeit, leichte Verwirrtheit, seltener Euphorie, heitere Stimmung. Die letzten beiden Symptome kommen nicht so häufig wie bei Tumoren vor (BURGER, PORTMANN und MOREAU). Die psychischen Störungen sind — wenn vorhanden — nur selten schwer, können aber diagnostisch ausschlaggebend sein.

Gleichseitige Mydriasis, Ptosis (NIEHÖRSTER), Hyporeflexie der Cornea (HÜBNER) wurden beobachtet, ebenso Nystagmusbereitschaft mit der schnellen Komponente nach der Seite der Läsion (DE KLEYN und VERSTEEGH). Im Falle von HÖNIG war gleichseitige Oculomotoriuslähmung das einzige Herdsymptom. KENNEDY beschrieb ein Syndrom des Frontallappenabscesses, welches in gleichseitiger retrobulbärer Neuritis mit zentralem Skotom und in kontralateraler Stauungspapille besteht. Doch ist Stauungspapille selten; von 100 Fällen fand sie EAGLETON nur in 3; sie tritt gelegentlich erst nach Entleerung des Abscesses auf. Bei Beteiligung des Fußes der zweiten Stirnwindung kommt es zu Störungen der konjugierten Seitwärtswendung des Kopfes und der Augen.

Ataxie des Rumpfes wurde beobachtet, ebenso ausgesprochene Kleinhirnsymptome besonders kontralateraler Art. HOFF sah ein kernigähnliches Symptom von Kniebeugung mit Krampfschmerzen in allen Beugern und Streckern des Oberschenkels und in der Wadenmuskulatur bei Hebung der Beine in die Höhe.

Bei Ausbreitung der Druckwirkung auf den Olfactorius kommt es zu einseitiger Hyposmie oder Anosmie; bei Mitbeteiligung der Zentralwindung zu corticalen Reiz- und Ausfallserscheinungen mannigfachster Art und Ausdehnung; bei den Hemiplegien soll die Rumpfmuskulatur besonders beteiligt sein. Der gleichseitige Bauchdeckenreflex kann frühzeitig verschwinden. Doppelseitigen JACKSONschen Anfall mit homolateralem Beginn sah PÖTZL. Motorische Aphasie kann das erste Symptom eines Stirnlappenabscesses sein; Dysarthrie kann ihr vorangehen.

KERR betont, daß das Fieber bei Stirnlappenabsceß besonders hoch ist.

Zentralregion. Motorische und sensible JACKSONsche Anfälle, Mono- und Hemiplegien beherrschen das Krankheitsbild. Jeder neue Anfall kann durch weitere Ausbreitung eine Ausdehnung des cerebralen Prozesses anzeigen. Auch der Verlauf der zurückbleibenden Lähmung ist häufig treppenförmig: sie nimmt nach jeder konvulsiven Attacke zu.

Parietallappen. Hier stehen im Vordergrunde Störungen der Sensibilität, besonders der Tiefensensibilität, der Stereognose, ferner Apraxie. Dysmetrie, Bradykinesie, Asynergie sah ANDRÉ-THOMAS, spontane und reaktive Automatoseerscheinungen mit vorwiegend tonischen Streckkrämpfen und Opisthotonus (bei doppelseitigem Scheitellappenabsceß) ZINGERLE. HILPERT sah eine typische „Leitungsaphasie" im Sinne WERNICKEs. PIFFL und PÖTZL fanden eine sensorische Aphasie mit partieller Störung des Sprachverständnisses und starker Störung des Nachsprechens: parietale pseudosensorische Aphasie. Durch Affektion des Gyrus angularis kann es zu starker konjugierter Ablenkung des Kopfes und der Augen kommen (MEYERS), durch Wirkung in die Tiefe zur Hemianopsie.

Temporallappen. Bei Abscessen dieser Region fehlen Lokalsymptome besonders häufig. Das führende Lokalsymptom des linken Schläfenlappens bei Rechtshändern — und umgekehrt — ist die Aphasie. SONNTAG rechnet, daß bei 87,5% aphatische Erscheinungen nachweisbar sind. Die Aphasie kann fehlen, besonders wenn der Absceß an der Spitze des Temporallappens liegt. Sie tritt oft als erstes Symptom auf, kann aber auch ein Spätsymptom darstellen. Die typische schwere WERNICKEsche sensorische Aphasie ist selten, viel häufiger ist mäßige Paraphasie oder erschwertes Sprachverständnis. Recht häufig ist Paraphasie in Verbindung mit amnestischer Aphasie und optische Aphasie. Die amnestische Aphasie kann bei der Untersuchung leicht übersehen werden. Es muß speziell darauf geprüft werden, und zwar wiederholt; die Körperlage des Patienten kann von Einfluß auf die aphatischen Symptome sein. Die amnestische Aphasie tritt auf, wenn das Mark der basalen und unteren Schläfenwindungen betroffen ist, die optische Aphasie weist auf eine Schädigung der hinteren Partien des Temporallappens und des Temporo-Occipitalgebiets hin (BONVICINI). Oft besteht bei der Aphasie eine Logorrhöe, die leicht eine psychische Erkrankung vorzutäuschen vermag; oder es besteht umgekehrt eine auffallende Bradyphasie. Die Aphasie kann sich mit Alexie und Agraphie verbinden. Geruchs- und Geschmacksagnosien kommen vor (HENSCHEN). Bei symmetrischen Herden in beiden Schläfenlappen kann es zu asymbolischen Störungen kommen.

Sehr selten ist die „gekreuzte Aphasie", d. h. Aphasie bei einem Rechtshänder durch einen Absceß im rechten Schläfenlappen (HEINE-OPPENHEIM, FORSELLES, WITTMAACK, GOLDFLAM). STRÄUSSLER fand in einem solchen Fall, daß der Mann doch ursprünglich Linkshänder gewesen war; im entsprechenden Fall von TOPOCKOV war der Vater des Patienten Linkshänder.

WARTENBERG sah beim Schläfenlappenabscess Nasenjucken, führt es auf Geruchsparästhesien zurück und faßt es als Schläfenlappensymptom auf.

Gelegentlich wurde beobachtet, daß die Aphasie erst nach Entleerung des Temporallappenabscesses aufgetreten ist (HAYMANN, ADAMS u. a.).

Von den Hirnnervensymptomen sind die wichtigsten Hemianopsie und Oculomotoriusstörungen. Die Hemianopsie ist homonym, meist inkomplett, betrifft die gegenüberliegende Seite; gewöhnlich handelt es sich um den Ausfall des oberen Quadranten. Die Schädigungen des Oculomotorius sind herdgleichseitig und fast stets partiell (BRANDENBURG). Betroffen sind dann gewöhnlich der M. levator palpebrae superioris und der Sphincter pupillae. Besonders ist die einseitige Ptosis diagnostisch von Wichtigkeit (WILBRAND und SAENGER). Isolierte Mydriasis auf der kranken Seite kann das einzige Symptom eines Schläfenlappenabscesses sein (BLAU). Gekreuzte Oculomotoriuslähmungen wurden nur vereinzelt beobachtet (UFFENORDE, POMMEREHNE). Abducens ist selten mitbeteiligt und dann nur der gleichseitige; das Syndrom von GRADENIGO wurde beobachtet (PRECECHTEL), ebenso — als Fernwirkung — Nystagmus (BRUNNER), ferner konjugierte Ablenkung der Augen und des Kopfes nach der Seite des Herdes. In einigen Fällen wurden zentrale Schwerhörigkeit auf dem gegenüberliegenden Ohr festgestellt (SALOMON, NÜRNBERG u. a.), doch wird von den Otologen diesem Symptom keine wesentliche lokaldiagnostische Bedeutung beigemessen, da die Hörstörung durch eine Basalmeningitis erzeugt werden kann. Anosmie, homolaterale oder kontralaterale, wurde vereinzelt beobachtet. Der sensible Trigeminus ist häufig beteiligt (GOLDFLAM, LUBLINER): es kommt zu kontinuierlichen Schmerzen im homolateralen Auge, seltener im ganzen Gebiet des ersten Trigeminusastes, oder zu Zahnschmerzen (EAGLETON) auf der betroffenen Seite.

Kontralaterale motorische und sensible Lähmungserscheinungen und — seltener — Reizerscheinungen kommen vor, ihre Intensität kann wechseln. Zuerst kann der Facialis ergriffen sein (EAGLETON). SCHWAB hat folgendes Syndrom beschrieben: spontanes Vorbeizeigen mit der gekreuzten Hand nach innen; Fallen nach hinten und nach der herdgekreuzten Seite; pallidäre Erscheinungen (Rigidität, Fixationsspannung der herdgekreuzten Extremitäten, Amimie und Starre, evtl. herdgekreuzte mimische Facialisparese). SYMONS stellt für Schläfenlappenabscesse folgende Trias auf: Leichte kontralaterale Facialisschwäche, Pyramidenzeichen und Quadrantenhemianopsie oben kontralateral.

Occipitallappen. Das Hauptsymptom ist hier die homonyme Hemianopsie. Optische Halluzinationen im fehlenden Gesichtsfeld kommen vor. Hemiachromatopsie beschrieb BRAMWELL. Erblindung durch doppelseitigen Occipitallappenabsceß sahen HEINERSDORFF, PAGENSTECHER; STRAUSS konnte in 2 Fällen WERNICKEsche hemianopische Pupillenreaktion feststellen. Bei oberflächlichem Sitz des Abscesses kann jede Sehstörung fehlen. Occipitallappenabscesse erzeugen leicht Kleinhirnsymptome.

Kleinhirn. Die Allgemeinerscheinungen des gesteigerten Hirndrucks treten hier besonders früh und stark auf. Die Kopfschmerzen werden oft im Hinterkopf lokalisiert. Die Abmagerung und Muskelschwäche sollen besonders stark sein (BOCACHE, FERRERI u. a.). Die Lokalsymptome können ganz fehlen oder wenig ausgeprägt sein (SPECHT, MERELLI, FERRERI, GUTHRIE u. a.), und zwar desto eher, je weiter lateral in der Hemisphäre der Absceß gelegen und je langsamer seine Entwicklung ist. Die Kardinalsymptome sind Schwindel, Nystagmus und Ataxie.

Der cerebellare Schwindel hat an sich nichts Charakteristisches. Er kann sehr intensiv sein, Dauercharakter haben oder in Attacken auftreten; er ist calorisch und rotatorisch unbeeinflußbar, verstärkt sich bei Lageveränderungen des Kopfes und des Körpers. Damit dürfte wohl zum Teil die häufige Steif-, Schief- und Zwangshaltung des Kopfes zusammenhängen, die nicht mit Steifigkeit der Halsmuskulatur verbunden zu sein braucht. Der Kopf wird mit Vorliebe nach der kranken Seite gerichtet; der Kranke liegt gerne auf der Seite des Abscesses, die Augen von dieser Seite abgewandt.

Der Nystagmus ist langsam, grobschlägig und meist nach der Seite der Erkrankung gerichtet; oft schlägt er langsam und grob beim Blick nach der kranken, rasch und fein beim Blick nach der gesunden Seite. Eine Miterkrankung des Labyrinths kann ebenfalls Nystagmus erzeugen. Der cerebellare Nystagmus nimmt mit Fortdauer der Erkrankung zu, der labyrinthäre ab; wird das betreffende Labyrinth zerstört und unerregbar (z. B. durch Operation), so ist ein Nystagmus zur kranken Seite, besonders ein Umschlagen der Richtung des Nystagmus von der gesunden nach der kranken Seite nach der Labyrinthzerstörung fast pathognomonisch für Kleinhirnabsceß (NEUMANN, BIRKHOLZ). Der Kleinhirnnystagmus kann zeitweise fehlen und ist überhaupt „launenhaft“ (REJTÖ).

Die cerebellare Ataxie betrifft die homolaterale Seite, die koordinatorischen Störungen äußern sich in Asynergie, Hypermetrie, Zittern, in Adiadochokinese, Bradyteleokinese (LEIRI, FREMEL), Katalepsie (SANZ) und — seltener — in Zwangsbewegungen. Die einfachste Prüfung auf Ataxie ist der Fingernasen- und Hackenknieversuch. Der Kleinhirnataxie und -hypotonie ist das Fehlen von Abwehrbewegungen an den gleichseitigen Extremitäten zuzuschreiben (MANN). Schon bei leichten einseitigen Kleinhirnaffektionen sind die Pendelbewegungen des homolateralen Armes beim Gehen frühzeitig abgeschwächt oder aufgehoben (WARTENBERG). Der Kranke unterschätzt Gewichte, die man ihm in die Hand der betroffenen Seite legt (LOTMAR).

Beim BÁRÁNYschen Zeigeversuch findet sich Vorbeizeigen nur in etwa $^1/_4$ der Fälle und tritt manchmal erst nach Eröffnung des Abscesses auf (EISINGER). Es kann aber auch als Fernwirkung auf das Kleinhirn bei allgemeiner Hirndrucksteigerung vorkommen, z. B. bei Schläfenlappenabsceß. BRUNNER meint, daß der Zeigeversuch allein nicht genügt, um die Diagnose einer Kleinhirnerkrankung zu stellen.

Der Gang ist, besonders bei Mitbeteiligung des Wurmes, ataktisch, mit Neigung nach der kranken Seite zu fallen; doch ist bei Kleinhirnabsceß die Abhängigkeit der Fallrichtung von der langsamen Komponente des Nystagmus — wie das bei der labyrinthären Ataxie der Fall ist — nicht zu konstatieren. Es kann zum ausgesprochenen Bild einer allgemeinen cerebellaren Asynergie kommen, bei welcher das Zusammenwirken der Rumpf- und Extremitätenmuskulatur fast aufgehoben ist.

Oft besteht eine konjugierte Ablenkung der Augen und des Kopfes nach der gesunden Seite, evtl. kombiniert mit einer Blicklähmung nach der kranken Seite. Homolaterale Trochlearislähmung beschrieben SZÁSZ, RICHTER. Der Abducens der gleichen Seite ist oft geschädigt, seltener der Oculomotorius oder der Trigeminus. Bei Affektion des letzteren kann es zu Hyporeflexie der Cornea, Kaumuskellähmung, Neuralgie kommen. GLEGG sah Herpes des einen oberen Augenlides. Doppelseitige Abducenslähmung ist sehr selten (KREPUSKA). Leicht wird der gleichseitige Facialis peripher geschädigt.

Durch Druck auf Brücke und Medulla oblongata kommt es zur Dysarthrie (BRÜGGEMANN), Dysphagie, zu krankhaftem Gähnen, Trismus, Respirationsstörungen und zu homolateralen oder — häufiger — kontralateralen Pyramidenbahnschädigungen. Der Patellarsehnenreflex kann schwinden.

Brücke und verlängertes Mark. Hier findet man — wie bei anderen Herderkrankungen dieser Gegend — die verschiedensten Kombinationen von homolateralen und kontralateralen motorischen und sensiblen Lähmungen der Extremitäten und der Gehirnnerven. Auch Paraplegien kommen vor. Gleichseitige Hemiplegien sind häufiger als gekreuzte. Außerdem können auftreten: Respirationsstörungen, Dys- und Anarthrien, Dysphagie, Trismus. Abscesse dieser Lokalisation beschrieben u. a. CASSIRER, BREGMANN, POLLAK, HEYNINX, DAVIS.

Von den Abscessen sehr seltener Lokalisation seien erwähnt solche des Thalamus (BRESOWSKY, HIRSCH), des 3. Ventrikels (URECHIA) und der Hypophyse (SIMONDS). Im Falle von HIRSCH, wo der Absceß im medialen Teil des linken Thalamus saß, bestand Schlafsucht. Der Absceß des 3. Ventrikels im Falle von URECHIA erzeugte komplette Ophthalmoplegie und hochgradige Abmagerung. Einen Absceß der Vierhügelplatte links mit linksseitiger reflektorischer Pupillenstarre beschrieben MOREAU und Mitarbeiter.

6. Verlauf und Prognose.

Nur selten nimmt der Hirnabsceß einen akuten, rasch progredienten remissionslosen Verlauf und endet in wenigen Tagen oder Wochen letal; in solchen Fällen schließt er sich meist unmittelbar an die primäre Eiterung an. PULAY macht für den abnorm stürmischen Verlauf eines Kleinhirnabscesses den Status thymo-lymphaticus verantwortlich. Gewöhnlich ist der Verlauf des Hirnabscesses ein chronischer, er zieht sich durch Monate und Jahre hindurch. Man unterscheidet vier Stadien seiner Entwicklung: 1. Das Initialstadium, 2. das Stadium der Latenz, 3. das manifeste Stadium, 4. das Terminalstadium.

Das Initialstadium bietet uncharakteristische Symptome wie Fieber, Kopfschmerzen, Erbrechen und wird meist verkannt; es dauert meist nur wenige Tage, kann auch ganz fehlen. Das Stadium der Latenz fehlt selten, seine Dauer richtet sich nach der Gesamtdauer des Abscesses und kann Jahre betragen (NAUWERCK — 28, DIXON — 64 Jahre), gewöhnlich beträgt sie 1—3 Monate. Die Latenz dieses Stadiums ist selten rein, d. h. die Krankheitserscheinungen fehlen selten ganz. Meist sind die zwei pathognomonischen Symptome vorhanden, Kopfschmerzen und Bewußtseinstrübung mit psychischer Depression. Häufig kommen hinzu Pulsverlangsamung, Hypothermie, Erbrechen, seltener Stauungspapille (ABOULKER). Der oben gegebenen Schilderung eines Querschnittes des Hirnabscesses liegt die Symptomatologie seines manifesten Stadiums zugrunde. Für das kurze Terminalstadium sind die Erscheinungen des zunehmenden Hirndruckes und des Komas charakteristisch. Es wird meist durch die Komplikationen des Hirnabscesses, wie Durchbruch in die Ventrikel oder diffuse Meningitis herbeigeführt. Weitere, seltenere Komplikationen des Hirnabscesses, die das Ende herbeiführen, sind Sinusthrombose, Extraduralabsceß, Meningitis serosa, Encephalitis haemorrhagica, Durchbruch nach außen (DRUMMOND, LEIDLER), nach dem Innenohr, der Nase, nach der Tuba Eustachii.

Der Hirnabsceß kann in seiner schleichenden Entwicklung durch interkurrente Erkrankungen, besonders auch durch ein das Gehirn treffendes Trauma (FINKELNBURG, STEIN, RICK, ENGEL, FÜRBRINGER) eine wesentliche Exazerbation erfahren. Besonders kann der Hirnabsceß auf diese Weise aus dem Stadium der Latenz heraustreten. Im selben Sinne wie ein Trauma vermag auch eine Operation z. B. am Ohr oder Nase wirken. Beim Vorhandensein einer Eiterquelle im Körper kann ein Kopftrauma die Ursache der speziellen Lokalisation im Gehirn abgeben, indem es dort durch das Trauma einen Locus minoris resistentiae setzt. PETTE weist darauf hin, daß bei Hirnabsceßkranken der Tod im Anschluß an den Transport ins Krankenhaus plötzlich erfolgen kann und spricht von einer „Transportreaktion".

Die *Prognose* des Hirnabscesses ist sehr ernst, besonders gefährdet sollen Kranke mit Status thymo-lymphaticus sein (GATSCHER). Praktisch genommen, kann man sagen, daß fast jeder Absceß ohne Behandlung zum Tode führt. Eine Heilung durch Rückbildung, Resorption, Eindickung, Verkalkung, Durchbruch nach außen, ist so selten, daß sie praktisch kaum in Betracht kommt. Der Tod erfolgt gewöhnlich durch zunehmenden Hirndruck oder durch Meningitis. Nach neueren Erfahrungen ist ein Durchbruch in die Ventrikel nicht absolut tödlich, wie früher angenommen wurde, sondern der operativen Heilung noch zugänglich (URBANTSCHITSCH, LINDENBERG, KOVACS, UFFENORDE), da es dabei zu abgesackten Empyemen kommen kann.

Der Entwicklungsgang des metastatischen Hirnabscesses ist dadurch charakterisiert, daß die Erkrankung hier oft akut — mit einem epileptischen Anfall — einsetzt, und daß das Latentstadium meist nicht ausgeprägt ist. Die fortschreitende Metastasierung erfolgt meist unter stürmischen klinischen Erscheinungen, der ganze Verlauf der Erkrankung ist viel kürzer als bei anderen Absceßarten. In den 14 Fällen vom metastatischen Hirnabsceß von PARKER dauerte die Krankheit durchschnittlich 19 Tage. In den 19 Fällen von SCHORSTEIN 10 Tage. Langsame Entstehung und Entwicklung ist selten (FELDMANN, POROT).

7. Diagnose und Differentialdiagnose.

Die Diagnose eines Hirnabscesses gehört zu den schwierigsten Aufgaben des Neurologen. Es wurde oben schon dargelegt, daß beim Hirnabsceß Lokalsymptome lange oder sogar überhaupt fehlen können; dasselbe gilt in selteneren Fällen auch von den Allgemeinsymptomen. Ein Träger eines Hirnabscesses kann anscheinend aus voller Gesundheit heraus nach einem Krankenlager von wenigen Stunden am Absceß zugrunde gehen. Die Diagnose eines Hirnabscesses ist deswegen oft so stark erschwert, weil das ätiologische Moment nicht zu eruieren ist. Das Kopftrauma kann schon sehr lange zurückliegen, das Ohrleiden längst abgeheilt sein (SCHMIEGELOW), der eitrige Prozeß in den anderen Organen kann gering gewesen sein; er kann übersehen, vergessen oder längst abgeklungen sein. Die Bedeutung der Anamnese für die Diagnose eines Hirnabscesses kann deswegen nicht stark genug betont werden (SHARPE, HILL). Die führenden Symptome beim Hirnabsceß sind nach REJTÖ sehr heftige Kopfschmerzen und — bis zum Auftreten einer Meningitis — Pulsverlangsamung. In zweifelhaften Fällen soll man nach OPPENHEIM die Diagnose Hirnabsceß nur auf Grund gravierender Symptome stellen: Fieber, Pulsverlangsamung, cerebrales Erbrechen auf der einen, Herdsymptome auf der anderen Seite.

Die Allgemeinsymptome des Hirnabscesses können so schwer zu deuten sein, daß *differentialdiagnostisch* rein psychogene oder funktionelle Störungen in Betracht kommen können (OPPENHEIM, ZELLER, ORDNER). Im Falle von BRAT verlief ein Temporallappenabsceß unter dem Bilde einer Eclampsia gravidarum. Auch eine unkomplizierte Otitis media, besonders eine beiderseitige, kann mit schweren allgemeinen Cerebralerscheinungen einhergehen. Doch treten diese sehr früh auf und meist nur bei Kindern oder Jugendlichen, verschwinden nach operativer Behandlung der Eiterretention und sind von keinen ausgesprochenen Herdsymptomen begleitet.

Für die praktisch wichtige Frage Labyrinthitis oder Kleinhirnabsceß (HARPER, COURJON, STELLA, RUTTIN, RIMINI, NÜHSAM, O'SHEA) gilt vor allem das oben über den labyrinthären und cerebellaren Nystagmus Gesagte: Im allgemeinen geht der erstere nach der gesunden, der letztere nach der kranken Seite. Der nach operativer Ausschaltung eines Labyrinths nach der kranken

Seite schlagende Nystagmus beweist seine cerebellare Bedingtheit. Im Latenzstadium, wo kein Nystagmus besteht, weist spontanes Vorbeizeigen auf einen Kleinhirnabsceß hin. Hemiataxie oder Hemiparese, Neuritis optici kommen bei Labyrintherkrankungen nicht vor. Allzu häufig ist eine Labyrintherkrankung mit einem Kleinhirnabsceß vergesellschaftet.

Der extradurale — epidurale — Absceß (die Pachymeningitis externa purulenta) begleitet oft den Hirnabsceß und gleicht ihm symptomatologisch in vieler Hinsicht. Nur sind beim extraduralen Abszeß die Hirndruck- und die Herderscheinungen, besonders beim Erwachsenen, weniger ausgesprochen, und es bestehen die Symptome einer lokalen, oberflächlich sitzenden, eitrigen Entzündung am Gehirn mit ihren Auswirkungen auf die Schädeloberfläche und die freie Beweglichkeit des Kopfes. SCHLESINGER sah eine enorme Hyperästhesie der Kopfhaut über einem extraduralen Absceß. Beim epiduralen Absceß über dem Schläfenlappen kommen aphatische Störungen wie beim Schläfenlappenabsceß vor. Es fehlt aber die gleichseitige III-Lähmung (THORMANN).

Für die Sinusthrombose (Sinusphlebitis) sind typisch: stürmischer Verlauf mit remittierendem hohem Fieber, Tachykardie, Schüttelfröste, Schweißausbrüche usw. Ausnahmen von solchem Verlauf sind selten (BRAUN). Herdsymptome sind sehr selten und durch fortgeleitete Thrombosen von Piavenen bedingt. Die Fortsetzung der Phlebitis auf die Vena jugularis ist durch die konsekutiven venösen Stauungserscheinungen leicht nachweisbar. Sehr brauchbar bei der Differentialdiagnose Sinusthrombose oder Hirnabsceß ist der Test von TOBEY-AYER: Ausbleiben einer Liquordrucksteigerung beim Druck auf die Vena jugularis auf der Seite der Sinusphlebitis. Bei der recht häufigen Kombination beider Erkrankungen verdecken die Symptome der Sinusthrombose ganz die des Hirnabscesses.

Bei der Differentialdiagnose gegenüber einem Subduralabsceß sprechen nach RÜEDI starke meningeale Erscheinungen, das Fehlen allgemeiner Hirndrucksymptome, das negative Ergebnis der Hirnpunktion gegen einen Hirnabsceß.

Die Differentialdiagnose Hirnabsceß oder Meningitis purulenta diffusa ist oft außerordentlich schwierig, denn es gibt kein klinisches, für eine dieser Erkrankungen sicher pathognomisches Symptom. Stürmischer akuter Verlauf, hohes Fieber ohne Remission, Tachykardie, unregelmäßiger Puls, starke meningeale Reizerscheinungen, stärkere Beteiligung der Hirnnerven, allgemeine Hyperästhesie sprechen eher für eine Meningitis. Langes Latenzstadium, dauernd erhebliche Pulsverlangsamung, leichte Temperaturerhöhung, ausgesprochene Herdsymptome sprechen für Hirnabsceß. Das Sensorium ist bei Meningitis mehr gestört als beim Hirnabsceß. Hier herrscht Benommenheit, dort herrschen Unruhe, Gereiztheit, Verwirrtheit, Delirium. Absceßkranke sind übellaunig, Meningitiskranke dagegen aufgeregt (NEUMANN). Stark positiver Liquorbefund (Trübung, Eiweißvermehrung, Leukocytose, Bakterien) spricht für Meningitis. Der Liquor beim unkomplizierten Hirnabsceß weicht wenig von der Norm ab und ist meist steril, kann aber eine Lymphocytose aufweisen. Ist beim Hirnabsceß der Liquor trüb, so hellt er sich bei wiederholten Punktionen immer mehr auf. Der Liquorzucker ist beim Hirnabsceß nicht vermindert, wie das bei Meningitis der Fall ist. Die Differentialdiagnose beider Erkrankungen ist auch dadurch besonders erschwert, weil eine mehr oder weniger umschriebene Meningitis den Hirnabsceß oft begleitet oder sein Endstadium bildet.

SWIFT bringt für die Differentialdiagnose: Meningitis, Hirnabsceß, laterale Sinusthrombose folgende Tabelle:

Bei der Meningitis serosa fehlen ausgesprochene Herdsymptome, die Sehstörungen sind schwerer, der Liquor stets klar; die Krankheit verläuft mit

Remissionen und kann sich spontan oder nach Beseitigung der otitischen Eiterretention oder nach Lumbalpunktion zurückbilden.

Eine Encephalitis acuta haemorrhagica, besonders eine lokalisierte, kann klinisch ganz einen Hirnabsceß vortäuschen, besonders im Beginn der Erkrankung. «L'éncephalite se characterise par le syndrome d'abcès sans abcès» (BORRIES). Die Berücksichtigung der Ätiologie, das Auftreten von Herderscheinungen fernab vom primären Eiterherd, der Verlauf vermögen mitunter die

	Meningitis	Hirnabsceß	laterale Sinusthrombose
Bewußtsein	halb- oder ganz benommen	normal bis halb-verwirrt	normal
Kopfschmerzen	dauernd, langsam zunehmend, von basalem Sitz	intermettierend, von verschiedener Stärke; sitzt manchmal über dem Absceß	dauernd, nicht stark wechselnd, sitzt über dem Kleinhirn
Temperatur	ständig zunehmend	intermettierend oder fehlend. Kann subnormal oder normal sein	remittierend
Übelkeit und Erbrechen	nicht konstant	schubweise	gewöhnlich nach dem Essen
Pupillen	gleichmäßig erweitert	homolaterale Mydriasis kommt vor	normal
Papillen	Veränderungen nur im Spätstadium	ein- oder doppelseitige Stauungspapille oder normal	einseitige Neuritis oder Stauungspapille
Augenabweichung	nicht konstant	Konvergenzstellung kann homolateral auftreten	Konvergenz- oder Divergenzstellung
Muskelstarre	Opisthotonus	kann fehlen	nur Nackenstarre
Puls	schnell	40—60 in der Minute	normal oder etwas beschleunigt
Neurologischer Befund	Klonus, Babinski bds., Hautschrift	Erscheinungen einseitig	nichts Krankhaftes
Blutbefund	10—15 000 Leukocyten	selten über 10 000 Leukocyten	15—25 000 Leukocyten
Liquor	getrübt	klar oder getrübt	klar
Nonne	+	+ oder —	—
Zuckergehalt	vermindert oder fehlt	normal	normal
Zellzahl	hoch, polynucleäre	10—20 große Lymphocyten	normal
Bakterien	+	—	—
Queckenstedt	undeutlich	—	+

Diagnose zu klären. Rasches Anwachsen der Erscheinungen, schneller Verlauf, hohes Fieber mit Schüttelfrösten, das Fehlen der Leukocytose im Blut sprechen für Encephalitis. ADSON und ROMANZEW haben unter der Annahme eines Hirnabscesses operiert und fanden eine lokalisierte Encephalitis. Ersterer betont, daß diese Erkrankung spontan heilen kann.

Wiederholt hat schon ein Hirnabsceß das Bild einer Encephalitis lethargica (ECONOMO) vorgetäuscht. (WEBSTER, WILLIS, VAN BOGART, DIAMOND und BASSOE, GUILLAIN u. Mitarbeiter.)

Die Schwierigkeiten der Differentialdiagnose Hirnabsceß oder Hirntumor beleuchten am grellsten die Worte von SCHLESINGER: „In manchen Fällen ist die Differentialdiagnose nach meinem Dafürhalten unmöglich.“ Schon wiederholt wurde ein Hirntumor diagnostiziert und die Operation oder die Sektion ergab einen Hirnabsceß (KRÖNLEIN, CANTIERI, BILLETER, PULAY, SEELAND, DIAMOND und BASSOE, BROUWER oder umgekehrt: ALEXANDER,

Schwartze, Iwanowa, Parker). Die Schwierigkeiten der Differentialdiagnose liegen besonders auch darin, daß das Bestehen eines für einen Hirnabsceß maßgebenden ätiologischen Momentes, das Bestehen einer primären Infektion, wie z. B. einer chronischen Eiterung, das Mitbestehen eines Hirntumors natürlich nicht ausschließt (Hirsch, Hessler). Das gilt besonders von Kindern (Hirntuberkulose!). Im allgemeinen sprechen das Fehlen eines primären Eiterherdes, wenig gestörtes Allgemeinbefinden, stärkere Hirndruckerscheinungen, besonders am Fundus, deutlichere Herderscheinungen, fehlende Leukocytose im Blute, ergebnislose Hirnpunktion, schleppender, stetig progredienter Verlauf der Erkrankung ohne Fieber, ohne subnormale Temperaturen für Hirntumor und gegen Hirnabsceß. Starker Drehnachnystagmus spricht für, normaler oder schwacher gegen Tumor (Seeland). Stärkere Zellvermehrung oder Bakterien im Liquor sprechen für Absceß.

Einer besonderen Erwähnung bedarf die häufig zu stellende und mitunter sehr schwierige Differentialdiagnose Schläfenlappenabsceß oder Kleinhirnabsceß. Besonders der Schläfenlappenabsceß verläuft nicht selten unter Kleinhirnsymptomen (Várady-Szabó); das Umgekehrte ist seltener (Sittig). In zweifelhaften Fällen sprechen für Schläfenlappenabsceß das Vorliegen einer *akuten* Ohreiterung, stärkere Beteiligung der inneren Kapsel, Störungen des Oculomotorius, besonders partielle Oculomotoriuslähmung, aphasische Sprachstörungen. Für Kleinhirnabsceß sprechen: das Vorliegen einer chronischen Ohreiterung, Abducenslähmung, begleitende Labyrinthitis, Umschlagen eines vorher zur gesunden Seite gerichteten Nystagmus nach der kranken Seite, Nackenstarre ohne Kernig, Bradyteleokinese. Zu beachten ist, daß die cerebrale Apraxie eine cerebellare Adiadochokinese vorzutäuschen vermag.

8. Therapie.

Eine konservative Therapie des Hirnabscesses gibt es nicht. Durch die hier und da empfohlenen allgemeinen Maßnahmen wie Seruminjektionen (Bryand), Bluttransfusion (Kahn) ist ein nennenswerter praktischer Erfolg nicht erzielt worden.

Die einzige Möglichkeit, einen Kranken mit Hirnabsceß zu retten, bietet ein operativer Eingriff. Kontraindiziert ist die Operation, wenn der Absceß sicher multipel, das Grundleiden ganz unheilbar oder das Allgemeinbefinden sehr schlecht ist. Dagegen bildet der Durchbruch des Hirnabscesses in die Ventrikel, eine umschriebene oder diffuse eitrige Meningitis keine absolute Kontraindikation.

Er wird meist empfohlen, den Zeitpunkt der Operation so zu wählen, daß eine Abkapselung des Abscesses vor sich gegangen sein konnte (McKenzie, Grant, Globus und Horn). Sargent führt die guten Resultate Macewens, der schon 1893 fast alle Hirnabscesse durch Operation heilte, darauf zurück, daß damals lediglich ausgereifte, monatealte Abscesse zur Operation kamen. Die Operation eines Hirnabscesses im ersten Stadium, bevor sich eine Kapsel gebildet hat, ist fast stets tödlich (Coleman). Es wird angenommen, daß die Abkapselung 4—5 Wochen nach Beginn der Initialsymptome vor sich gegangen ist (McKenzie). Nach Grant scheint das Vorhandensein von Stauungspapille auf stattgehabte Abkapselung hinzuweisen.

Es gibt verschiedene Wege, einen Hirnabsceß operativ anzugehen: Breite Trepanation mit Entfernung der über dem Absceß liegenden Hirnpartie, wodurch der Absceß mit seiner Innenwand nach außen gedrückt wird; Exstirpation des Hirnabscesses mitsamt der Wandung; Drainage des Abscesses nach breiter Trepanation oder durch ein kleines Trepanationsloch; Punktion des Abscesses ohne Drainage (Dandy). Erfolge sind mit jeder dieser Methoden erzielt worden.

Die von LEMAÎTRE ausgearbeitete Punktionsmethode hat in letzter Zeit besonderen Anklang gefunden. Dic Meningen werden dabei nicht punktiert, sondern inzidiert; sie bilden um das Punktionsloch einen fibrösen Wall und so wird ein Abschluß der subarachnoidalen Räume bewirkt.

Wiederholte intralumbale Vuzininjektionen werden postoperativ zur Verhütung fortschreitender Infektion und Entzündung empfohlen (LINCK). UFFENORDE sah guten Erfolg von postoperativer Anwendung von Autovaccinen, ebenso BUTLER und SPASOKUKOZKIJ. TRAUTMANN empfiehlt, das dem Patienten entnommene Blut in die entleerte Absceßhöhle einzuspritzen.

MACEWEN hat von 19 Hirnabscessen 18 durch Operation zur Heilung gebracht. Nach der Statistik von HEINE und BECK vom Jahr 1927 wurden durch Operation von 108 Großhirnabscessen 47 = 43,52%, von 42 Kleinhirnabscessen 7 = 16,66% geheilt. Es kommen also auf gesamt 150 Fälle 54 Heilungen = 36%. An der NEUMANNschen Klinik in Wien betrugen in den Jahren 1919/1930 die Heilungen bei 47 Schläfenlappenabscessen 34%, bei 27 Kleinhirnabscessen 7,4%.

Literatur.

Zusammenfassende Darstellungen.

ALEXANDER, G.: Der otogene Kleinhirnabsceß. Handbuch der Neurologie des Ohres von ALEXANDER und MARBURG, Bd. 2, S. 1427. Berlin u. Wien: Urban u. Schwarzenberg 1929. — ATKINSON, E. M.: Hunterian lecture on abscess of the brain: its pathology, diagnosis an treatment. Lancet **1928 I**, 483.

BERGMANN, E. v.: Die chirurgische Behandlung von Hirnkrankheiten, 3. Aufl. Berlin: A. Hirschwald 1899. — BERNHARDT: Gehirnabsceß. EULENBURGS Real-Encyclopedie, 4. Aufl., Bd. 5, S. 465. Berlin u. Wien: Urban u. Schwarzenberg. — BOUCHEZ: Des abcès du cerveau consécutifs à la pneumonie. Thèse de Paris **1900**. — BOURGEOIS: Contribution à l'étude des abcès du cervelet. Thèse de Paris **1902**. — BRÜHL, G.: Die otogenen und rhinogenen Hirnkomplikationen. Die spezielle Chirurgie der Gehirnkrankheiten von FEDOR KRAUSE, Bd. 1 (Neue deutsche Chirurgie, Bd. 48). Stuttgart: Ferdinand Enke 1930. — BRUNNER, H.: Der otogene Schläfenlappenabsceß. Handbuch der Neurologie des Ohres von ALEXANDER u. MARBURG, Bd. 2, S. 1323. Berlin u. Wien: Urban u. Schwarzenberg 1929. — BURGER, H.: Die endokraniellen Komplikationen der Nasennebenhöhlenentzündungen. Handbuch der Hals-, Nasen-, Ohrenheilkunde von DENKER u. KAHLER, Bd. 2, S. 898. Berlin: Julius Springer 1926.

COMTE, A.: Abcès du cerveau. Nouveau Traité de Médecine von ROGER, WIDAL und TEISSIER, Bd. 19, S. 312. Paris: Masson & Cie. 1925.

DREYFUSS, R.: Die Krankheiten des Gehirns und seiner Adnexe im Gefolge von Naseneiterungen. Jena: Gustav Fischer 1896.

EAGLETON, WELLS P.: Brain Abscess, its Surgical Pathology and Operative Technic. New York: Macmillian Company 1922. Französische Ausgabe: Abcès de l'encéphale. Paris: Masson & Cie. 1924. — EVANS, W.: The Pathology and Aetiology of Brain Abscess. Lancet **1931 I**, 1231.

FRIESNER, I. and A. BRAUN: Cerebellar Abscess. New York: Paul Hoeber 1916.

GERBER: Die Komplikationen der Stirnhöhlenentzündungen. Berlin: S. Karger 1909. — GILBERT ROGER: Abcès du cerveau consécutifs à la dilatation des bronches. Thèse de Paris **1914**. — GOLDSTEIN, K.: Encephalitis purulenta. Handbuch der inneren Medizin von v. BERGMANN u. STAEHELIN, Bd. 5, Teil 1, S. 220. Berlin: Julius Springer 1925.

HEINE, B. u. J. BECK: Hirnabsceß (Encephalitis purulenta). Handbuch der Hals-, Nasen-, Ohrenheilkunde von DENKER u. KAHLER, Bd. 8. Berlin: Julius Springer 1927.

JOSSMANN, P.: Über Hirnabscesse. Nervenarzt **4**, 343 (1931).

KÖRNER u. GRÜNBERG: Die otitischen Erkrankungen des Hirns, der Hirnhäute und der Blutleiter, 5. Aufl. München: J. F. Bergmann 1925.

LEWANDOWSKY, M.: Der Hirnabsceß. Handbuch der Neurologie, herausgeg. von LEWANDOWSKY, Bd. 3, S. 199. Berlin: Julius Springer 1912.

MACEWEN, W.: Die infektiös-eitrigen Erkrankungen des Gehirns und Rückenmarks, Meningitis, Hirnabsceß, infektiöse Sinusthrombose. Deutsche Ausgabe. Wiesbaden: J. F. Bergmann 1898. — MAKOCEY-BAKOVETZKY, B.: Contribution à l'étude des abcès métastasiques du cerveau. Thèse de Montpellier **1909**. — MINGAZZINI: Pathogenese und Symptomatologie der Kleinhirnerkrankungen. Erg. Neur. **1**, 153. — MOULONGUET: Les abcès du cerveau d'origine otitique. Thèse de Paris **1914**.

NEUMANN, H.: (a) Der otitische Kleinhirnabsceß. Leipzig u. Wien: Franz Deuticke 1907. (b) Der otitische Hirnabsceß. Jkurse ärztl. Fortbildg **1926**, Nov.-H., 22. (c) Sur la pathologie, la symptomatologie et le traitement des abcès du cerveau et du cervelet. Rev. de Laryng. etc. **53**, 35 (1932).

OKADA, W.: Diagnose und Chirurgie des otogenen Kleinhirnabscesses. Jena: Gustav Fischer 1900. — OPPENHEIM: Lehrbuch der Nervenkrankheiten, 7. Aufl. Abschn. Der Hirnabsceß, S. 1340. Berlin: S. Karger 1923. — OPPENHEIM, H. u. R. CASSIRER: Der Hirnabsceß, 2. Aufl. Wien u. Leipzig: Alfred Hölder 1909.

PETTE, H.: Gehirnabsceß. Neue deutsche Klinik, herausgeg. von G. KLEMPERER u. F. KLEMPERER, Bd. 3, S. 664. Berlin u. Wien: Urban & Schwarzenberg 1929. — PIQUET, I.: Les abcès cérébraux et leur traitement. Paris: Masson & Cie. 1931. — PIQUET, J. et J. MINNE: Etude clinique et traitement chirurgical de l'abcès encéphalique d'origine oto-mastoidienne. Arch. internat. Laryng. etc. **9**, 5 (1930).

ROTHFELD, J.: Hirnabsceß. Polska Gaz. lek. **1926**, Nr 23.

SCHLESINGER, H.: Hirnabsceß. Spezielle Pathologie und Therapie innerer Krankheiten, herausgeg. von KRAUS u. BRUGSCH, Bd. 10, Teil 2, S. 69. Berlin u. Wien: Urban & Schwarzenberg 1924. — SOUTHARD and RAMSAY HUNT: Brain abscess. Modern Medicine, herausgeg. von OSLER und McCRAE, 3. Aufl., Bd. 6, S. 282. London: Henry Kimpton 1928.

THOMAS, A.: Abcès du cervelet. Nouveau Traité de Médecine von ROGER, WIDAL und TEISSIER, Tome 19, p. 862. Paris: Masson & Cie. 1925. — TURNER, A. L. and F. E. REYNOLDS: Incranial Pyogenic Diseases. Edinburgh and London 1931.

WARRINGTON, W. B.: Critical Review. Abscess of the Brain. Quart. J. Med. **11**, 141 (1917—18). — WICART: Les abcès du lobe sphéno-temporal du cerveau d'origine otique. Thèse de Paris **1906**. — WILLICH, C. TH.: Der Hirnabsceß. Die spezielle Chirurgie der Gehirnkrankheiten von FEDOR KRAUSE, Bd. 1 (Neue deutsche Chirurgie, Bd. 48). Stuttgart: Ferdinand Enke 1930.

ZIEHEN, TH.: Eitrige Hirnentzündung und Hirnabsceß. Handbuch der Nervenkrankheiten im Kindesalter, herausgeg. von BRUNS, CRAMER, ZIEHEN, S. 653. Berlin: S. Karger 1912.

1. Allgemeines.

ALLEN STARR: Zit. nach OPPENHEIM u. CASSIRER: Zit. S. 359.

DÜRIG, B.: Beitrag zur Symptomatologie und Therapie der Hirnabscesse. Diss. Erlangen 1909.

EHLERS, H. E.: Über Hirnabscesse im Anschluß an einen Fall von Hirnabsceß als Spätfolge nach Operation eines appendicitischen Abscesses. Dtsch. Z. Chir. **233**, 58 (1931). — EICHHORST, H.: Handbuch der speziellen Pathologie und Therapie innerer Krankheiten, 6. Aufl., Bd. 3, S. 569. Berlin u. Wien: Urban & Schwarzenberg 1907. — ERNST, P.: ASCHOFFS Lehrbuch der Pathologischen Anatomie, 7. Aufl., Bd. 2, S. 389. Jena: Gustav Fischer 1928.

GOWERS, W. R.: Handbuch der Nervenkrankheiten, übersetzt von GRUBE, Bd. 2, S. 466. Bonn: F. Cohen 1892.

JACOBSOHN, L.: Klinik der Nervenkrankheiten, S. 321. Berlin: August Hirschwald 1913.

LEBERT: Über Gehirnabscesse. Virchows Arch. **10**, 78 (1856).

MEYER, R.: Zur Pathologie des Hirnabscesses. Diss. Zürich 1867.

PITT: Goulstonian lectures on some cerebral lesions. Brit. med. J. **1890 I**, 643.

RUEGG, K.: Beitrag zur Frage über Häufigkeit und Vorkommen otitischer Hirnkomplikationen. Z. Hals- usw. Heilk. **19**, 345 (1927).

SCHORSTEIN: Lecture on abscess of the brain in association with pulmonary disease. Lancet **1909 I**, 843.

TREITEL: Ein Fall von multiplen otitischen Hirnabscessen nebst einer Statistik. Z. Ohrenheilk. **27**, 32 (1895).

UCHERMANN: Otitische Gehirnleiden. Z. Ohrenheilk. **46**, 303 (1903).

YOUNG, A.: An abscess of the brain. St. Barth. Hosp. Rep. **40**.

IIa. Ätiologie des fortgeleiteten Abscesses.

ALLEGRI, G.: Craniectomia per ascesso del lobo frontale destro. Ann. Med nav. e colon. **1**, 47 (1927). — ANDERS, H. E.: Die Aktinomykose des Zentralnervensystems und seiner Häute. Zbl. Neur. **40**, 1 (1925). — ATKINSON, MILES E.: Pathology of adjacent brain abscess. Proc. roy. Soc. Med. **23**, 1059 (1930).

BALLABAN, TH.: Über den orbitogenen Hirnabsceß. Prag. med. Wschr. **1915 I**, 392. — BANNES: Gehirnabsceß nach Zahnerkrankung. Mißerfolg der Leitungsanästhesie? Med. Klin. **1915 I**. — BELLINGEN, VAN: Phlegmon de la région antérieure de l'orbite etc. Presse méd. **1880**, No 4, 25. — BIBROWICZ: Beiträge zur Klinik und Chirurgie des Hirnabscesses. Bruns' Beitr. **47**, 407 (1905). — BING, R.: Lehrbuch der Nervenkrankheiten, 4. Aufl., S. 344.

Berlin u. Wien: Urban & Schwarzenberg 1932. — Birch-Hirschfeld: Die Krankheiten der Orbita. Handbuch der gesamten Augenheilkunde, begr. von Graefe und Saemisch, fortgef. von Hess, Aufl. 2, Bd. 9, Kap. 13. 1920. — Bolten, G. C.: Ein Fall von Temporalabsceß infolge von Zahncaries. Geneesk. gids 3, 84 (1925). Ref. Zbl. Neur. **41**, 203. — Buckley: Necropsy report on persons dying shortly after the extraction of teeth. Rev. de Stomat. **30**, 180 (1928).

Cadbury, Wm. W. and A. C. Siddall: Cerebral abscess following tonsillectomy. China med. J. **44**, 910 (1930). — Cognard: Des abscès endocraniens consécutifs aux ostéoperiostites et phlegmone de l'orbite. Thèse de Lyon **1902**. — Collins, E. G.: Brain abscess with unusual features. Brit. med. J. **1930**, Nr 3609, 438. — Collins and Walker: Two cases of orbita cellulitis etc. Ophthalm. Hosp. Rep. **12**, 281 (1889).

Eiselsberg, v.: Absceß nach Insolation. Arch. klin. Med. **35** (1885). — Elschnig, A.: Der orbitogene Hirnabsceß und seine Operation. Klin. Mbl. Augenheilk., März/April **1911**.— Emrys-Jones: Case of orbital abscess communicating with the brain. Brit. med. J. **1**, 355 (1884).

Foerster, O.: Die Leitungsbahnen des Schmerzgefühles und die chirurgische Behandlung der Schmerzzustände. Berlin u. Wien: Urban & Schwarzenberg 1927. — Frühwald V.: Der Bacillus fusiformis als Erreger von Meningitis und Hirnabsceß nach Fremdkörperverletzung des Pharynx. Mschr. Ohrenheilk. **47** (1913).

Henneberg: Ungewöhnlicher Fall von multiplem Hirnabsceß. Berl. klin. Wschr. **1919**, 387. — Housden, E.: Cerebral abscess following acute tonsillitis. Brit. med. J. **1929**, Nr 3573.

Jakoby, F.: Über Gehirnaktinomykose. Arch. klin. Chir. **149**, 621 (1928). — Johnson, W.: Cerebral abscess following tonsillar infection. Brit. med. J. **1930**, Nr 3626, 13.

Kôsokabe, H.: Ein Fall von diffusem Orbital- und Intraduralabsceß dentalen Ursprungs. Otologia (Fukuoka) **4**, 761 (1931).

Leber: Beobachtungen und Studien über Orbitalabsceß usw. Graefes Arch. **26**, 212 (1880). — Lenhartz, H.: Die septischen Erkrankungen. Wien 1904.

Neumann u. Lewandowsky: Zwei seltene operativ geheilte Gehirnerkrankungen. Z. Neur. **1**, 81 (1910). — Norton: Ein Fall von Gehirnabsceß usw. Arch. Augenheilk. **16**, 282 (1886). — Nüssmann: Erfahrungen über den otitischen Hirnabsceß. Arch. Ohr- usw. Heilk. **106**, 103.

Parker: Metastatic Abscesses of the Brain. Amer. J. med. Sci. **136**, 699 (1930). — Pearson: Necrosis of the roof of orbit. Lancet **1883 I**. — Phelps, C.: The history of a case of cerebral abscess of unusual origin. N. Y. med. J. **68**, Nr 14 (1898).

Ramadier et Ombrédanne: Septicémie et abcès du cerveau au cours d'un phlegmon périamygdalien. Ref. Revue neur. **1929 I**, 314. — Ranzi, E.: Die Chirurgie des Gehirns und seiner Häute. Die Chirurgie von Kirschner u. Nordmann, Bd. 3, S. 447 (1929). Berlin: Urban & Schwarzenberg 1929. — Reis, V.: Ein Fall von Panophthalmie mit Gehirnabsceß und tödlicher Meningitis. Arch. Augenheilk. **53**, 160 (1906). — Renton: Notes of case of cerebral abscess, subsequent to orbital periostitis. Ophthalm. Rev. **1886**, 206. — Riedel, R.: Beitrag zur Kenntnis der Hirnabscesse. Diss. Göttingen 1903.

Schatz: Hirnabsceß im Anschluß an Adenotomie. Arch. Ohr- usw. Heilk. **127**, 173 (1930). — Schluttig, W.: Beitrag zur Ätiologie und Symptomatologie der Hirnabscesse. Diss. Kiel 1915. — Seguin: Abscess of the left frontal lobe of the cerebrum from necrosis of the orbital plate of the frontal bone. Bull. N. Y. path. Soc. **1**, 33 (1881). — Singer, L.: Das pathologisch-anatomische Bild eines oral entstandenen subtemporalen Abscesses mit Einbruch in das Gehirn. Dtsch. Mschr. Zahnheilk. **46**, 345 (1928). — Sussig, L.: Ein Fall von Gehirnabsceß als Folge einer Periostitis alveolaris des linken Oberkiefers. Med. Klin. **20**, 47 (1924). — Szulislawski: Über die Entstehung von Hirnabscessen nach Orbitalphlegmone. Klin. Mbl. Augenheilk. **37**, 289 (1899).

Térillon: Bull. Soc. nat. Chir. Paris **15**, 555 (1889). — Thompson, L. E.: A fatal case of brain abscess from Vincent's angina following extraction of a tooth under procaine hydrochloride. J. amer. med. Assoc. **93**, 1063 (1929).

Vidéky, R.: Ein Fall von Iridocyclitis purulenta, Abscessus retrobulbaris und Abscessus cerebri. Z. Augenheilk. **11**, 409 (1904).

Wessely, E.: Die endokranielle Komplikation nach Peritonsillitis. Z. Hals- usw. Heilk. **9**, 439 (1925). — Wittmaack, K.: Die Entwicklung der endokraniellen und septikopyämischen Komplikationen. Handbuch der speziellen pathologischen Anatomie und Histologie von Henke-Lubarsch, Bd. 12. S. 380. Berlin: Julius Springer 1926.

Zeller: Absceß eines Stirnlappens des Großhirns. Berl. klin. Wschr. **1892**, 860.

IIb. Ätiologie des metastatischen Abscesses.

Adam, J.: Note on the connection of brain abscess with bronchiectasis. J. Laryng. a. Otol. **41**, 93 (1926). — Ambroumian-Pasdermadjiam: Abcès du cerveau consécutifs à un empyème de la plèvre. Thèse Genève **1913**. — Anders, H. E.: Die Aktinomykose des

Zentralnervensystems und seiner Häute. Zbl. Neur. **40**, 1 (1925). — Armitage, F. L.: Amoebig Abscess of Brain. J. trop. Med. **1919**, 69.

Barling, S.: A case of cerebral abscess complicating abscess of lung: Operation and recovery. Lancet **1925 I**, 121. — Benjamin, R.: Lungengangrän und Hirnabsceß. Charité-Ann. **27** (1903). — Berard et Blanc: Abcès du poumon et abcès du cerveau. Loire méd. **43**, 436 (1929). — Bettelheim: Zwei Fälle von Hirnabscessen. Dtsch. Arch. klin. Med. **35**, 607 (1884). — Bing, R.: Med. Klin. **1912 I**. — Binhold, H.: Normalanatomische Betrachtungen zur Frage der Entstehung von Hirnmetastasen bei eitrigen Lungenprozessen. Münch. med. Wschr. **1932 I**, 945. — Boinet: (a) Abcès du cerveau à pneumocoques. Rev. Méd. **1901 II**, 113. (b) Abcès du lob. occip. droit dû à une infection puerperale. Soc. neur. Paris **1907**. — Boinet, J. Pieri et Ismenein: Empyème, abcès du poumon et abcès secondaires du cerveau. Com. méd. des Bouches-du-Rhône, März 1925. — Bouchez, F.: Les Abcès du cerveau consécutifs à la pneumonie. Thèse de Paris 1906. — Bousquet et Vennes: Abcès du cerveau. Montpellier méd. **1908**. — Bregman, L.: Beiträge zur Pathologie der Varolschen Brücke. Über einen metastatischen Absceß der Brücke. Dtsch. Z. Nervenheilk. **31** (1906).

Cameron: Zit. nach Willich. — Casavecchia: Abcès metastatiques etc. Gazz. Osp. **28**. — Cassirer, R.: Über metastatische Abscesse im Zentralnervensystem. Arch. f. Psychiatr. **36**, 153 (1903). — Censi: Über Hirnabsceß. Diss. Zürich 1907. — Conchon: Sur les abcès du cerveau consécutifs à certaines lésions pulmon. Thèse de Paris **1899**. — Condat, M.: Abcès multiples du cerveau à pneumocoques. Arch. Méd. Enf. **20**, 92 (1917). — Couteaud, M.: Abcès métastatiques de l'encéphale en rapport avec les suppurations hépatopulmonaires. Rev. de Chir. **33**, 56 (1913).

Demonchy: L'abcès tuberculeux du cerveau. Thèse de Paris **1910**. — Dürig, B.: Beitrag zur Symptomatologie und Therapie der Hirnabscesse. Diss. Erlangen 1909. — Durlacher: Fall von Para- und Perimetritis mit darauffolgender Metastase. Ärztl. Praxis **1895**.

Ehlers, H. W. E.: Über Hirnabscesse im Anschluß an einen Fall von Hirnabsceß als Spätfolge nach Operation eines appendicitischen Abscesses. Dtsch. Z. Chir. **233**, 58 (1931). — Esser, A.: Pyosalpinx mit Leberabsceß und Hirnabscessen. Mschr. Geburtsh. **76**, 21 (1927).

Feldmann, P. M.: Zur Frage der latent verlaufenden multiplen Hirnabscesse. Nervenarzt **2**, 139 (1929). — Ferrari: Zur Kenntnis der Bronchialdrüsenerkrankungen. Wien. klin. Wschr. **1899 I**, 888. — Fuchs, H.: Über Gehirnabscesse nach primären Lungenleiden. Diss. Bonn 1890. — Futer, S.: Zur Klinik und pathologischen Anatomie der Hirnabscesse. Arch. f. Psychiatr. **93**, 630 (1931).

Gardner, W. J.: Metastatic abscesses of the brain of pulmonary origin: A report of two cases. Arch. of Neur. **19**, 904 (1928). — Groth, W.: Beitrag zu den metastatischen Hirnabscessen pulmonären Ursprungs. Diss. Berlin 1910.

Hecke, P.: Hirnabsceß nach Empyem der Pleurahöhle. Diss. Greifswald 1900. — Heyde: Zur bakteriellen Ätiologie und Klinik des Hirnabscesses. Dtsch. med. Wschr. **1908 II**. — Hirschberg, O.: Beitrag zur Lehre der Hirnabscesse (Metastatische Hirnabscesse nach Bronchialdrüsenabsceß). Dtsch. Arch. klin. Med. **109**, 314 (1913). — Hurst, A. F.: A case of cerebral abscess complicating empyema: Operation and recovery. Lancet **1925 I**, 208, 605.

Jacob, O.: Des abcès amibiens du cerveau observés au cours de l'hépatite suppurée dysentérique. Rev. de Chir. **10**, 547 (1911). — Jakoby, F.: Über Gehirnaktinomykose mit besonderer Berücksichtigung der sekundären hämatogen-metastatischen Form. Arch. klin. Chir. **149**, 621 (1928). — Jossmann: Demonstration eines Falles von Hirnabsceß. Zbl. Neur. **45**, 669 (1927).

Kartulis: Gehirnabsceß nach dysenterischen Leberabscessen. Zbl. Bakter. **37**, 527. — Keller: A case of actimycosis of the brain. Brit. med. J. **1890**, 709. — Köhler, A.: Gehirnabsceß bei putrider Bronchitis. Berl. klin. Wschr. **1891 I**, 154. — Krause, F.: Chirurgie des Gehirns und Rückenmarks, Bd. 2, S. 620. 1911. — Krosz, G.: Über einen Fall von metastasiertem Hirnabsceß des rechten Schläfenlappens. Diss. Kiel 1908. — Kutzinski, A. u. Marx: Hirnabsceß als Folge peripherer Körpereiterung nach einem Unfall. Mschr. Psychiatr. **36**, 255 (1914).

Lebert: Virchows Arch. **10** (1856). — Legrand, H.: Les abscès dysentériques du cerveau. (Amibiase encéphalique.) Arch. prov. de Chir. **21**, 213, 625 (1912). — Lehmann, W.: Drei Fälle von metastatischen Hirnabscessen nach Empyem- bzw. Thoraxfisteln. Bruns' Beitr. **115**, 181 (1919). — Loehlein: Über Gehirnabsceß durch Streptothrix. Münch. med. Wschr. **1907 II**.

Madelung, O. W.: Die Chirurgie des Abdominaltyphus, Teil 2, S. 317. Stuttgart: Ferdinand Enke 1923. — Martinez Vargas: Hirn- und Perirenalabscesse infolge von Serumeinspritzung. Arch. españ. Pediatr. **11**, No 4, 193 (1927). Ref. Zbl. Neur. **48**, 55. — Martius: Beitrag zur Lehre vom Hirnabsceß. Dtsch. mil.ärztl. Z. **1891**. — Massary, E. de et J. GIRARD: Abcès cerebral a pneumocoques un an après une pleuresie purulente. Revue neur. **28**, 885 (1921). — McCASKEY and PORTER: A case of brain abscess due to latent typhoid infection etc. J. amer. med. Assoc. **1903 I**, 1205. — McKENZIE, K. G.: The treatment of abscess of the brain. Arch. Surg. **18**, 1594 (1929). — MELCHIOR: Über Hirnabscesse und sonstige umschriebene intrakranielle Eiterungen im Verlauf und Gefolge von Typhus abdominalis. Zbl. Grenzgeb. Med. u. Chir. **14**, 1 (1911). — MENETRIER et DURAND: Abcès du cerveau etc. Bull. Soc. méd. Hôp. Paris **1920**, 1066. — MEYER, R.: Berl. klin. Wschr. **1868**. — MORIN et OBERLING: Abcès streptothricosiques du cerveau. Revue neur. **1930 II**, 687.

NÄHTER: Die metastatischen Abscesse nach Lungenleiden. Dtsch. Arch. klin. Med. **34**, 169 (1884). — NETTER et RIBADEAU-DUMAS: Endocardites avec embolies multiples. Soc. de Pédiatr., 14. April 1908.

OECONOMIDES: Die chronische Bronchialdrüsenaffektion und ihre Folgen. Diss. Basel 1882.

PARKER, H. L.: Metastatic abscesses of the brain. A clinical study. Amer. J. med. Sci. **180**, 699 (1930). — PARKES, WEBER and KINNIER WILSON: Clin. J., Febr. **1919**. — PONSIN, J.: Contribution à l'étude des abcès métastatiques du cerveau au cours des bronchiectasies. Thèse de Paris **1932**.

RABINOWITZ, MARCUS, WEINSTEIN: Subacute bacterial endocarditis with large brain abcesses. J. amer. med. Assoc. **98**, 806 (1932). — RAETHER, M.: Beiträge zur Diagnostik organischer Gehirnerkrankungen. Dtsch. med. Wschr. **1912 I**. — REDWITZ, E. v.: Die Chirurgie der Grippe. Erg. Chir. **14**, 208 (1921). — ROMANO, N., R. EYHERABIDE u. A. BIANCHI: Multiple Groß- und Kleinhirnabscesse als Komplikation einer Bronchiektasie. Prensa méd. argent. **16**, 1649 (1930). — ROULLAND, H.: Abcès métastatique du cerveau au cours d'une suppuration pleurale; trépanation, drainage de l'abcès, guérison. Paris chir. **9**, 613 (1917).

SABRAZÈS, J.: Abcès à streptothrix du cervelet. C. r. Soc. Biol. Paris **84**, 312 (1921). — SAELHOF, CL.: Multiple Brain Abscesses Secondary to Bronchiectasis and Kyphoscoliosis. J. nerv. Dis. **51**, 330 (1930). — SCHAFER, CH. S.: Metastatic brain abscess secondary to perirectal abscess and stricture of rectum. J. amer. med. Assoc. **88**, 240 (1927). — SCHLAGENHAUFER: Zur Kenntnis der Erkrankungen der bronchialen Lymphdrüsen. Wien. klin. Wschr. **1901**, 559. — SCOTT, R. L. and W. H. JOHNSTON: Brain abscess in a case of paratyphoid B. Lancet **1915 I**. — SHORSTEIN: Lancet **1909 II**, 843. — SIGWART: Pathologie des Wochenbettes. HALBAN u. SEITZ' Biologie und Pathologie des Weibes, Bd. 8, Teil 1, S. 613. 1927. Berlin u. Wien: Urban & Schwarzenberg 1927. — SNOKE, P. O.: Actinomycosis. A report of five cases with four autopsies. Two showing involvement of the central nervous system. Amer. J. med. Sci. **175**, 69 (1928). — SPAL, A.: Ein Fall von Hirnabsceß nach Bronchektasie. Čas. lék. česk. **52**, 595 (1913). — STARCKE, O.: Zwei seltene Ursprungsstätten des Gehirnabscesses. Diss. Würzburg 1913. — STERNBERG: Z. Kinderheilk. **45**, 567 (1928).

TAUSSIG, A.: Gehirnabsceß im Anschluß an Flecktyphus. Prag. med. Wschr. **1900 I**.

VIRCHOW, R.: Brand-Metastase von der Lunge auf das Gehirn. Virchows Arch. **5**, 275 (1853).

WALTON: Boston med. J., 17. Nov. **1892**. — WESTPHAL, A.: Über Gehirnabscesse. Arch. f. Psychiatr. **33**, 206 (1900). — WINKELMANN, N. W. and J. L. ECKEL: The brain in bacterial endocarditis. Arch. of Neur. **23**, 1161 (1930).

ZELLER: Dtsch. med. Wschr. Bd. 21.

IIc. Idiopathischer Absceß.

CASAMAJOR, L.: Brain with double frontal abscess. Med. Rec. **87**, 412 (1915). — CLIMENKO, H.: A case of brain abscess. J. nerv. Dis. **47**, 444 (1918).

HENDERSON, J.: A Case of „Idiopathic" Cerebral Abscess. Lancet **1913**, 1525. — HÜBOTTER: Ein Fall von Hirnabsceß unklarer Genese. Z. Neur. **47**, 128 (1919).

LEMIERRE, A. et R. THUREL: Abcès du cerveau à symptomatologie complexe; difficultés du diagnostic de l'abcès temporosphénoïdal droit idiopathique. Bull. Soc. méd. Hôp. Paris **45**, 974 (1929).

QUEDNAU, F.: Der Erweichungsherd des Gehirns als Bakterienfänger. Beitr. path. Anat. **83**, 471 (1929).

REYNOLDS, C. E.: A case of brain abscess. J. amer. med. Assoc. **62**, 449 (1914).

III. Pathologische Anatomie.

ABRAMOW, S.: Zur Frage über die Streptotrichosen des Zentralnervensystems. Zbl. Bakter. **61**, 481 (1911). — APRILE: Atti Clin. oto- ecc. iatr. Univ. Roma **26**, 337 (1928).

BERNSTEIN, E. P.: Brain abscess due to the bacillus coli communis. Med. Rec. **85**, 249 (1914). — BOINET, E.: Abcès du cerveau à pneumocoques. Rev. Méd. **1901**, 113. —

BOMBELLI: Riv. otol. ecc. **5**, 142 (1928). — BRUNNER, H.: Ein Beitrag zur Pathologie des otogenen Kleinhirnabscesses. Z. Hals- usw. Heilk. **14**, 34 (1926).

CANEGHEM, VAN: Abcès du lobe temporal partis d'une infection otitique de la fosse cérébrale postérieure. J. belge Otol. **2**, 103 (1930). — CASAMAJOR, L.: Brain with double frontal abscess. J. nerv. Dis. **42**, 235 (1915). — CHINAGLIA, A.: Di un vecchio ascesso cerebrale da stafilococco. Osservazione istobatteriologica. Arch. Sci. med. **53**, 328 (1929). — CHODŹKO, W.: Ein Fall von 6 Gehirnabscessen. (Zweimalige Trepanation.) Neur. polska **4**, H. 2 (1914). Ref. Z. Neur., Ref. u. Erg., **10**, 408.

DICK, G. F. u. L. A. EMGE: Brain Abscess Caused by Fusiform Bacilli. J. amer. med. Assoc. **62**, 446 (1914).

FEDERICI, F.: Su alcuni casi di ascesso cerebrale di origine otitica. Ann. Laring ecc. **4**, 166 (1928). — FOSS, E.: 3 Fälle von Hirnabsceß nach akuter Otitis media mit Streptococcus mucosus als Erreger. Diss. Jena 1910. — FREMEL, F.: (a) Morphologie und Wachstum des otogenen Kleinhirnabscesses. Z. Hals- usw. Heilk. **6**, 394 und 406 (1923). (b) Morphologie und Wachstum des Kleinhirnabscesses. Mschr. Ohrenheilk. **57**, 517 (1923). (c) Zur Frage der Morphologie und des Wachstums der Kleinhirnabscesse. Z. Hals- usw. Heilk. **14**, 68 (1926). — FRIESNER, I.: The Etiology and Pathology of Otitic Cerebellar Abscess. Ann. of Otol. **25**, 92 (1916).

GALLAGHER, J. ROSWELL: A bacillus proteus brain abscess. Yale J. Biol. a. Med. **2**, 143 (1930). — GUILLAIN, G., J. CHRISTOPHE et J. BERTRAND: Abcès tuberculeux du cervelet. Sur la coloration des bacilles de Koch dans le névraxe. Bull. Soc. méd. Hôp. Paris **45**, 1031 (1929).

HARMS, H.: Ein geheilter Fall von multipler Hirnabsceßbildung nach akuter Mittelohreiterung. Z. Ohrenheilk. **72**, 118 (1915). — HASSLAUER: Die Mikroorganismen bei den endokraniellen Komplikationen. Internat. Zbl. Ohrenheilk. **5**, 1. — HENNEBERG, R.: Ungewöhnlicher Fall von multiplem Hirnabsceß. Berl. klin. Wsch. **1919 I**, 387. — HOFMANN, L.: (a) Beiträge zur Lehre von den Schläfenlappenabscessen. Mschr. Ohrenheilk. **58**, 1061 (1924). (b) Beiträge zur Lehre von den otogenen Schläfenlappenabscessen. Z. Hals- usw. Heilk. **14**, 93 (1926). — HOMÉN, E. A.: Experimentelle und pathologische Beiträge zur Kenntnis der Hirnabscesse, ihrer Entstehung und Weiterentwicklung, mit spezieller Berücksichtigung der dabei auftretenden Zellformen. Arb. path. Inst. Helsingfors **1**, 1 (1913).

JUST, E.: Aspergillusabsceß des Großhirns. Mitt. Grenzgeb. Med. u. Chir. **42**, 540 (1931).

KNAPP, E.: Zur Pathogenese der bindegewebigen und gliösen Abkapselung von Hirnabscessen. Z. Neur. **139**, 44 (1932). — KREPUSKA, S.: Beiderseitiger Kleinhirnabsceß. Mschr. Ohrenheilk. **64**, 1043 (1930).

LINCK: Beitrag zur Klinik und Pathologie der Hirnabscesse. Dtsch. Z. Chir. **166**, 65. — LÖWY, O.: Bacillus coli anindolinus mobilis, Erreger eines Hirnabscesses, nebst Paralleluntersuchungen am Bacillus levans und Bacterium coli mobile. Zbl. Bakter. **81**, 169 (1918). — LOMBARD, BLOCH and MONLONGUET: Un cas d'abcès frontal du côté opposé à une otite suppurée. Ann. Mal. Oreille **90**, 749 (1914). — LUND, R.: Zur Klinik des otogenen Hirnabscesses. Z. Hals- usw. Heilk. **14**, 341 (1926).

MANASSE: Über einen geheilten Fall von doppeltem Hirnabsceß mit Ventrikelfistel. Z. Ohrenheilk. **31**, 225 (1897). — MOORE, J. T.: Blastomycosis of the brain with abscess formation. Surg. etc. **1920**. — MORIN, P., et CH. OBERLING: Abcès streptothricosiques du cerveau. Revue neur. **37 II**, 687 (1930).

NAUWERCK: Zur Kenntnis des chronischen traumatischen Hirnabscesses. Münch. med. Wschr. **1917 I**, 109.

ROUVILLOIS: Abscès du cerveau. Intervention. Guérison. Considérations cliniques et opératoires. Progrès méd. **23**, 319 (1910). — RUTTIN, E.: Schläfenlappenabsceß mit Infektion des rechten Unterhornes. Mschr. Ohrenheilk. **44**, 302 (1910). — RYCHLIK, E.: Gasabsceß des Gehirns. Münch. med. Wschr. **1916 I**, 139.

SCHWARTZE, H.: Otogener Hirnabsceß im rechten Schläfenlappen. Heilung durch Operation. Arch. Ohrenheilk. **38**, 283 (1895). — STEELE, A. E.: A streptothrix organism from a brain abscess. J. med. Res. **44**, 305 (1924).

TRAUTMANN, G.: Retrograder Transport von otogenem Thrombenmaterial von einer Schädelseite auf die andere. Arch. Ohr- usw. Heilk. **110**, 176 (1922).

URBANTSCHITSCH, E.: Zweifacher rechtseitiger Schläfenlappenabsceß. Wien. klin. Wschr. **29**, 1507 (1916).

VALKENBURG, C. T. VAN: Die Verbreitungsweise der cerebralen Infektion von einem hämatogenen Großhirnabsceß aus. Z. Neur. **94**, 1 (1924).

IV. Symptomatologie.

ADROGUÉ, E. u. M. BALADO: Diagnostischer Wert der Pupillendifferenz bei Hirndruck. Prensa méd. argent. **11**, 301 (1924). Ref. Zbl. Neur. **43**, 280. — ANDERSON, A.: Respiratory failure due to cerebral abscess. Brit. med. J. **1930**, Nr 3591, 802.

Bakuleff, A. N.: Beitrag zur Pneumographie der Hirnabscesse. Zbl. Chir. **1929**, 1619. — Beck, O. u. R. Pollack: Kritisches zur Chirurgie und Pathologie otogener Schläfenlappenabscesse. Mschr. Ohrenheilk. **61**, 413 (1927). — Benedict, Wm. L.: Brain abscess from the standpoint of the ophthalmologist. The Laryngoscope **40**, 325 (1930). — Berggren, E. G.: Abcès du cerveau compliqué de paralysie respiratoire. Guérison. Acta oto-laryng. (Stockh.) **15**, 101 (1931). — Borries, G. V. Th.: (a) Respirationslähmung bei Hirnabsceß. Acta oto-laryng. (Stockh. **1**, 591 (1919). (b) Lumbalpunktat bei Hirn- und Subduralabscessen. Arch. Ohr- usw. Heilk. **104**, 66 (1919). (c) Zur Frage des Lumbalpunktates bei Hirnabscessen und bei anderen Hirnkomplikationen. Z. Hals- usw. Heilk. **12**, Kongreßber., Teil 2, 186, 202 (1925). (d) Die Cerebrospinalflüssigkeit beim otogenen Hirnabsceß. Ugeskrift for Laeger **88**, Nr 15, 375 (1926). (e) Le diagnostic des abscès cérébraux et sous-duraux par la ponction lombaire. Ann. Mal. Oreille **47**, 452 (1928). — Bregmann, L.: Über einen metastatischen Absceß der Brücke. Dtsch. Z. Nervenheilk. **31**, 86 (1906). — Bresowsky, M.: Beitrag zur Kenntnis der Läsionen der subthalamischen Region. Mschr. Psychiatr. **50**, 302 (1921). — Brock, W.: Erfahrungen über den otitischen Hirnabsceß. Arch. Ohr- usw. Heilk. **118**, 161 (1928). — Brunner, H.: Zur Differentialdiagnose des otogenen Schläfenlappenabscesses. Arch. Ohr- usw. Heilk. **131**, 136 (1932).

Carpenter, E. R.: Pneumoventriculography in the localization of brain abscess. Arch. of Otolaryng. **1**, 392 (1925). — Coleman, C. C.: (a) Brain abscess. A review of twenty-eight cases with comment on the ophthalmologic observations. J. amer Med. Assoc. **95**, 568 (1930). (b) The eye findings in cases of brain abscess. J. amer. med. Assoc. 25. Aug. **1930**.

Davis, E. D. D.: A specimen of a chronic abscess of the pons arising from middleear suppuration. Proc. roy. Soc. Med. **17**, 69 (1924). — Denker: Zur operativen Behandlung der intrakraniellen Komplikationen nach akuten und chronischen Mittelohreiterungen. Z. Ohrenheilk. **43**, 13 (1903). — Dickie, J. K. Milne: A contribution to the study of brain abscess. Ann. of Otol. **31**, 683 (1922). — Dixon, O. J.: Brain abscess as the otologist's problem. J. amer. med. Assoc. **96**, 481 (1931).

Eagleton, W. P.: (a) Clinical observations in Brain Abscess. Atlantic med. J., Aug. **1926**. (b) Localizing Value of ophthalmic Examinations in Suppurative Diseases of the Brain. J. amer. med. Assoc. **92**, 713 (1929). (c) Brain abscess from the standpoint of the otolaryngologist. Laryngoscope **40**, 336 (1930).

Ferreri, G.: Sur les abcès cérébelleux «muets». Arch. internat. Laryng. etc. **5**, 897 (1926). — Finkelnburg, R.: Über Spätabscesse und Spätencephalitis des Gehirns nach Oberflächenschüssen des Schädels. Dtsch. med. Wschr. **1916,I**, 779. — Fliess, H.: Kleinhirnabsceß mit plötzlicher Lähmung des Respirationszentrums. Dtsch. med. Wschr. **1903 I**, 242. — Foerster, O.: Die Leitungsbahnen des Schmerzgefühls und die chirurgische Behandlung der Schmerzzustände. Berlin u. Wien: Urban & Schwarzenberg 1927. — Fraser, J. S.: Cerebellar abscess. Brit. med. J. **1924**, Nr 3335, 993. — Fürnrohr, W.: Die Röntgenstrahlen im Dienste der Neurologie. Berlin: S. Karger 1906. — Futer, D. S.: Zur Klinik und pathologischen Anatomie der Hirnabscesse. Arch. f. Psychiatr. **93**, 630 (1931).

Glegg, W. and H. Black: A case of Roentgen Ray Diagnosis of a chronic cerebral Abscess etc. Lancet **1915 I**, 124. — Guns and Jadin: A propos de trois abcès du cerveau. Le Scalpel **1931 II**, 1125.

Haasler, F.: Diagnostische und therapeutische Hirnpunktion. Neue deutsche Chirurgie von v. Bruns, Bd. 12, S. 153. 1914. — Hadfield, G.: Two cases of brain abscess, with remarks on the cytology of the cerebrospinal fluid. Lancet **1923 I**, 929. — Hamperl: Über verimpfende Wirkung von Gehirnpunktionen. Wien. klin. Wschr. **1929 I**, 432. — Hansen, E. Über das Verhalten des Augenhintergrundes bei den otitischen intrakraniellen Erkrankungen usw. Arch. Ohrenheilk. **53**, 267 (1901). — Hassin, G. B.: Dementia and multiple tuberculous abscesses. Med. Rec. **88**, 737 (1915). — Heidrich, L.: Die Encephalographie und Ventrikulographie. Erg. Chir. **20**, 156 (1927). — Heimann: Z. Ohrenheilk. **33**, 102. — Heyninx: Paralysie faciale par abscès protubérantiel métastatique. J. de Neur. **21**, 13 (1921). — Hicguet: Radigraphies lipiodolées d'abcès du cerveau. Arch. internat. Laryng. etc. **9**, 1010 (1930) Sept.-Okt. — Höniger: Zur Diagnose der Geschwülste des Stirnhirns. Münch. med. Wschr. **1901 I**, 740.

Imperatori: Brain abscess (frontal lobe) complicating frontal sinusitis. Med. J. a. Rec. **126**, 401 (1927). — Ingersoll, J. M.: Temporo-Sphenoidal Abscess, Secondary to Chronic Suppurative Otitis Media. Operation. Radiographic Findings. Cleveland med. J. **13**, 482 (1914).

Jacques et Gard: Abcès du coté temporal du cerveau d'origine otique. Rev. méd. Est **48**, 626 (1920). — John, K.: Zur Beurteilung psychischer Krankheitserscheinungen bei rechtsseitiger Schläfenlappenaffektion. Z. Neur. **127**, 596 (1930). — Jorke, C.: A case of cerebellar abscess. Brit. med. J. **1931**, Nr 3672.

Kan, P. Th. L.: Ein Fall von otogenem Kleinhirnabsceß. (Sitzgsber.) Nederl. Tijdschr. Geneesk. **54** (I), 1342 (1910). Ref. Z. Neur. Ref. u. Erg. **1**, 361. — Karbowski, B.: Über den diagnostischen und prognostischen Wert der Lumbalpunktion bei intrakraniellen oto- und rhinogenen Komplikationen. Acta oto-laryng. (Stockh.) 7, 365 (1925). — KERN, O.: Drei Fälle von Herderkrankung des Gehirnes mit Psychose. Arch. f. Psychiatr. 40, 848 (1905). — KIRCH, A.: Beobachtungen über Campherwirkung bei Hirnabsceß. Med. Klin. 1930 I, 664. — KÜMMEL: Weitere Beiträge zur Pathologie der intrakraniellen Komplikationen von Ohrerkrankungen. Z. Ohrenheilk. 31, 209 (1897). — KUMPF, A.: Das Blutbild bei den entzündlichen Mittelohrerkrankungen und ihren Komplikationen. Beitr. Anat. usw. Ohr usw. 24, 165 (1926). — KURZEZUNGE, D.: Ein Fall von geheiltem traumatischen Gehirnabsceß. Diss. Freiburg i. Br. 1901. — KYRIELEIS: Die Augenveränderungen bei den entzündlichen Erkrankungen des Zentralnervensystems. Kurzes Handbuch der Ophthalmologie, herausgeg. von SCHIECK u. BRÜCKNER, Bd. 5, S. 669. Berlin: Julius Springer 1931.

LANOS, M.: Quelques observations sur les abcès encéphaliques. Ann. d'Oto-Laryng. 1931, No 7, 751. — LASKIEWICZ, A.: La valeur de la radigraphie dans les complications endocraniennes d'origine otique. Otolaryngologia slav. 3, 544 (1931). — LEVISON, L. A.: Spontaneous ventriculography from ruptured brain abscess. J. amer. med. Assoc. 88, 921 (1927). — LEVY, E.: Welche diagnostische Bedeutung hat das Blutbild für die otogenen Krankheiten? Z. Hals- usw. Heilk. 13, 495 (1926). — LILLIE, W. I.: The clinical significance of choked discs produced by abscess of the brain. Surg. etc. 47, 405 (1928). — LUND, R.: Die Cerebrospinalflüssigkeit beim otogenen Hirnabsceß. Ugeskr. Laeg. (dän.) 88, Nr 9, 210 (1926). Ref. Zbl. Neur. 44, 596.

MARTIUS: Dtsch. mil.ärztl. Z. 1891. — MAYER, O.: Röntgenographische Darstellung der Ausdehnung von Schläfenlappenabscessen. Z. Hals- usw. Heilk. 12, 534, 562 (1925). — MEYER, E.: Über einen Fall von Stirnhirnabsceß. Diss. Kiel 1907. — MICHAEL, M.: Kritische Zusammenstellung der Ergebnisse der NEISSERschen Hirnpunktion. Z. Neur. Ref. 11, 1 (1915). — MÜLLER, G. C.: Beitrag zur Klinik und Therapie der otogenen Schläfenlappenabscesse. Z. Laryng. usw. 20, 305 (1931).

NEISSER u. POLLACK: Die Hirnpunktion. Mitt. Grenzgeb. Med. u. Chir. 13, 807 (1903). — NEUMANN: Zur Klinik und Pathologie der Hirnabscesse. Z. Hals- usw. Heilk. 27, 593 (1930). — NEUMANN, H. v.: Abscess of the brain. J. Laryng. a. Otol. 45, 377 (1930). — NORSK, F.: The clinic of the otogenous cerebral abscess etc. Internat. Clin. XXXVIII. s. 1, 166 (1928). — NÜSSMANN, TH.: (a) Erfahrungen über den otitischen Hirnabsceß. Arch. Ohrenheilk. 106, 83 (1920). (b) Pulskurve bei Erkrankungen des Ohres und interkraniellen Komplikationen. Z. Hals- usw. Heilk. 12, 522, 562 (1925).

OBERNDÖRFFER, E.: Zur Differentialdiagnose otitischer und metastatischer Hirnabscesse. Dtsch. med. Wschr. 1906, 1617.

PAGET: Successful case of cerebral Abscess. Lancet 1891 I, 1102. — POLLAK, V.: Zur Kasuistik der Ponsabscesse. Prag. med. Wschr. 35, 69 (1910). — PONS, J.: Epilepsie à la suite d'un abcès du cerveau d'origine otique. Rev. de Laryng. etc. 48, 270 (1927). — PORTMANN, G. et H. RETROUVEY: La céphalée dans l'abcès cérébral et cérébelleux d'origine otique. Rev. d'Otol. etc. 50, 537 (1929).

RAIMIST, J.: Zur Kasuistik der Gehirnabscesse und eitriger Meningitiden. Arch. f. Psychiatr. 44 (1909). — REDLICH, E.: Die Psychosen bei Gehirnerkrankungen. Handbuch der Psychiatrie von ASCHAFFENBURG. Leipzig u. Wien: Franz Deuticke 1912. — RÉMOND et CHEVALIER-LAVAUD: Note sur un abcès chronique de la substance blanche. Encéphale 5, 555 (1910). — RIENZNER: Mschr. Ohrenheilk. 63, 1089 (1929). — RIMINI, E.: Sulla diagnosi precoce dell'ascesso cerebrale otitico. Atti Soc. ital. otol. ecc. 1926, 410. — RINDFLEISCH, W.: Über die Bedeutung der Hirnpunktion und der Lumbalpunktion für die Diagnose und Prognose des Hirnabscesses. Dtsch. med. Wschr. 1922 I, 279. — ROCKEY, E. W.: Value of radiographic contrast solutions in the study of brain abscess. Ann. Surg. 86, 22 (1927). — RÖPKE: Bericht über drei operierte Fälle von otitischem Schläfenlappenabsceß mit letalem Ausgange. Z. Ohrenheilk. 33, 290 (1898). — RUNGE, W.: Psychosen bei Gehirnerkrankungen. Handbuch der Geisteskrankheiten von BUMKE, Bd. 7. Berlin: Julius Springer 1928.

SACHSALBER, A.: Ein Fall von Stauungspapille nach erfolgreicher Operation eines Gehirnabscesses. Z. Augenheilk. 9, 408 (1903). — SCHÄFER: Katatonisches Krankheitsbild bei Hirnabsceß. Mitt. Hamb. Staatskrk.anst. 1906. — SCHMIDT, K.: Über einen Fall von Hirnabsceß bei katatonischem Krankheitsverlauf. Allg. Z. Psychiatr. 61, 679 (1904). — SCHMIEGELOW: Diagnostic et traitement des abcès cérébellaux d'origine otitique. Bull. d'Otol. etc. 21, 49 (1923). — SCHMITT, WILLY: Kolloidreaktionen der Rückenmarkflüssigkeit, 1932. — SIMONDS, J. P.: Studies on the pathology of the hypophysis. V. Abscess of the hypophysis. Endocrinology 9, 117 (1925). — SITZLER, KARL: Zur Kasuistik der otogenen Gehirnabscesse. Diss. Erlangen 1910. — SPALKE: Ein Fall von otogenem Hirnabsceß im rechten Schläfenlappen mit Aphasie. Polska Gaz. lek. 5, 545 (1926). Ref. Zbl. Neur. 45, 222. — SPASOKUKOCKIJ, S. u. L. STEPHANENKO: Pneumographie der Gehirnabscesse. Vestn. Chir. (russ.) 1928, H. 43/44, 80 — SPIEGEL, E. A. u. I. SOMMER: Ophthalmo- und Oto-Neurologie. Wien u. Berlin: Julius Springer 1931. — STRÄTER: Gehirnabsceß im Röntgenbild. Fortschr. Röntgenstr. 7 (1903/04).

TERRACOL: La radiographie des abcès du cerveau. J. belge Otol. **4**, 263 (1930). — TRAINA, S.: Il riflesso oculo-cardiaco nei tumori cerebrali e nelle complicanze intrakraniale di origine otitica. Cervello **2**, 228 (1923).

UFFENORDE, W.: (a) Ventrikeleinbruch und spontanes Pneumencephalon im Röntgenbild bei einem Fall von otogenem Schläfenlappenabsceß mit Ausgang in Heilung. Z. Hals- usw. Heilk. Kongreßber. **18**, 567 (1928). (b) Eine weitere Beobachtung von Ventrikeleinbruch spontanem Pneumencephalon im Röntgenbild bei otogenem Schläfenlappenabsceß. Z. und Hals- usw. Heilk. **21**, 577 (1927). (c) Behandlung und Prognose der Hirnabscesse. Dtsch. med. Wschr. **1930 II**, 1335. — URBANTSCHITSCH, E.: Über atypische Blutbefunde bei otogenen intrakraniellen Komplikationen. Mschr. Ohrenheilk. **61**, 464 (1927). — URECHIA, C. I.: (a) Abcès cérébelleux évoluant sous l'aspect du syndrôme schizophrénoide. Bull. Soc. méd. Hôp. Paris **38**, 195 (1922). (b) Sinuise sphénoidale avec abcès du troisième ventricule. Revue neur. **1929 I**, 264.

VÁRADY-SZABÓ, N.: Otogener Schläfenlappenabsceß mit Kleinhirnsymptomen. Mschr. Ohrenheilk. **63**, 515 (1929). — VOSS, F.: Encephalitis haemorrhagica und Schläfenlappenabsceß nach Otitis media. Z. Ohrenheilk. **61**, 323 (1910).

WIEHLER, A.: Ein Fall von traumatisch bedingtem Hirnabsceß. Ärztl. Sachverst.ztg **37**, 161 (1931). — WITZEL: Über den Spätabsceß beim Gehirnschuß. Zbl. Chir. **1918**, 838.

V. Lokalsymptome.

ADAMS, C. J.: Interesting brain abscess of rather long duration. Ann. of Otol. **31**, 984 (1922). — ANDRÉ-THOMAS: Abscès du lobe pariétal. Hémianesthésie. Dysmetrie et bradykinésie. Asynergie, apraxie. Perturbation des fonctions d'arrêt. Revue neur. **21**, 637 (1913).

BÁRÁNY, R.: Operativ geheilter Kleinhirnabsceß. Wien. klin. Wschr. **23**, 1822 (1910). — BECK, O.: (a) Linksseitiger, symptomloser Schläfenlappenabsceß; Operation; Heilung. Mschr. Ohrenheilk. **45**, 1901 (191). (b) Ein operierter Fall von Schläfenlappenabsceß. Mitt. Ges. inn. Med. u. Kinderheilk. Wien **14**, 8 (1915). — BIRKHOLZ: Klinischer und pathologischer Beitrag zur Genese von otogenen Cerebellarabscessen. Arch. Ohr- usw. Heilk. **112**, 125 (1924). — BOCACHE, L.: Ascessi cerebellari otitici. Ann. Med. nav. e colon. **2**, 76 (1926). — BONVICINI, G.: Über Aphasie bei Schläfenlappenabscessen otitischen Ursprungs. Wien. med. Wschr. **1924 I**, 526. — BORRI, C.: Osservazione sopra un caso d'ascesso cerebrale otogeno. Arch. ital. Otol. **39**, 567 (1928). — BRAMWELL, E.: Cerebral abscess secondary to bronchiectasis, fits with visual aura; hemiachromatopsia (relative hemianopsia). Review of Neur. **8** (1910). — BRANDENBURG, F.: Über die typisch-partiellen Stammlähmungen des Oculomotorius bei Abscessen und Geschwülsten im Schläfenlappen. Diss. Rostock 1912. BRÜGGEMANN, A.: Ein ungewöhnliches Symptom beim Kleinhirnabsceß. Z. Hals- usw. Heilk. **6**, 400 (1923).

CASTELNAU: Abcès temporo-sphénoïdal gauche d'origine mastoïdienne. Rev. d'Otol. etc. **9**, 563 (1931). — CIRO, C.: Contributo alla casuistica degli ascessi cerebrali latenti d'origine otitica. Boll. Mal. Or. **40**, 17 (1922).

DÖDERLEIN, W.: Zur Diagnose des otitischen Hirnabscesses. Z. Ohrenheilk. **1918**, H. 1.

EISINGER, O.: Der diagnostische Wert des Zeigeversuches bei Kleinhirnabscessen. Mschr. Ohrenheilk. **57**, 924 (1923).

FERRERI, G.: (a) Sugli ascessi cerebellari muti. Atti clin. oto- ecc. iatr. Univ. Roma **24**, 251 (1926). (b) Sur les abcès cérébelleux «muets». Arch. internat. Laryng. etc. **5**, 897 (1926).

GLEGG, W.: Abscess in the Middle Lobe of the Cerebellum and in the Right Temporo-Sphenoidal Lobe. Brit. med. J. **1912**, 603. — GOLDFLAM, S.: Beitrag zur Symptomatologie des Schläfenlappenabscesses. Dtsch. Z. Nervenheilk. **90**, 38 (1926). — GUTHRIE, D.: Cerebellar abscess in childhood. J. Laryng. a. Otol. **46**, 604 (1931).

HAYMANN, L.: Zur Pathologie und Klinik der otogenen Großhirnabscesse. Münch. med. Wschr. **1913 I**. — HECKE: Hirnabsceß nach Empyem der Pleurahöhle. Diss. Greifswald 1900. — HEINE: Verh. dtsch. otol. Ges. **1903**, 108. — HEINERSDORFF: Zentrale beiderseitige Amaurose infolge von metastatischem Absceß in beiden Occipitallappen ohne sonstige Herdsymptome. Dtsch. med. Wschr. **1897**, 230. — HENSCHEN, S. E.: Zur Aphasie bei den otitischen Temporalabscessen. Arch. Ohr- usw. Heilk. **104**, 39 (1919). — HILPERT, P.: Die Bedeutung des linken Parietallappens für das Sprechen. J. Psychol. u. Neur. **40**, 225 (1930). — HIRSCH, E.: Zur Frage der Schlafzentren im Zwischenhirn des Menschen. Med. Klin. **20**, 1322 (1924). — HÖNIG, H.: Okulomotoriuslähmung als erstes Symptom eines Stirnhirnabscesses. Doppelseitiger Stirnhirnabsceß. Klin. Mbl. Augenheilk. **55**, 382 (1915). — HOFF, H.: Das Symptom des „Pseudokernig" ein Stirnhirnsymptom. Z. Neur. **134**, 522 (1931). — HÜBNER: Rechtsseitiger Stirnhirnabsceß mit gleichseitiger Cornealhyporeflexie, Adiadokokinesis und schlaffer Hemiparese. Dtsch. med. Wschr. **1910 I**, 296.

ISRAEL: Dtsch. med. Wschr. **1899 I**, 110.

KENNEDY: Retrobulbar neuritis as an exact diagnostic sign of certain tumors and abscesses in the frontal lobes. Amer. J. med. Sci. **1911**. — KENNEDY, F.: Abscess of the right frontal lobe producing ipsolateral retrobulbar neuritis and central skotoma in the right visual field with gross papilledema in the contralateral eye. Operation, recovery. J. nerv. Dis. **38**, 691 (1911). — KERR, N.: Brain abscess with especial reference to abscess of the frontal lobe. Arch. Surg. **7**, 297 (1923). — KREPUSKA, G.: Operierter Fall von intrameningealem Kleinhirnabsceß mit beiderseitiger Abducenslähmung. Orv. Hetil. (ung.) **70**, 559 (1926).

LEIRI, F.: Über oberflächliche Kleinhirnaffektionen. Finska Läk.sällsk. Hdl. **68**, 185 (1926). Ref. Zbl. Neur. **45**, 589. — LEWIS, R.: A Large Abscess of the Temporo-sphenoidal Lobe, Complicating a Chronic Purulent Otitis Media, without any Symptoms except an occasional marked Rise of Temperature. Med. Rec. **82**, 935 (1912). — LOTMAR, F.: Ein Beitrag zur Pathologie des Kleinhirns. Mschr. Psychiatr. **24**, 217 (1908). — LUBLINER, L.: Über Hirnabscesse als Komplikation im Verlaufe akuter und chronischer Mittelohrentzündungen. Polski Przegl. otol. **1**, 171 (1924). Ref. Zbl. Neur. **42**, 171.

MANN, M.: Über ein neues Symptom bei Kleinhirnabsceß. Münch. med. Wschr. **1914, I**, 877. — MERELLI, G.: Ascesso muto del cerveletto. Ann. Laring. ecc. **5**, 113 (1929). — MEYERS, J. L.: Conjugate Deviation of the Head and Eyes. Arch. of Otolaryng. **13**, 683 (1931). — MOREAU, BERTRAND-FONTAINE et GARCIN: Signe D'Argyll-Robertson par abcès de la calotte pédonculaire au cours d'une méningo-encéphalite suppurée à pneumocoques. Revue neur. **37 II**, 117 (1930).

NIEHÖRSTER, H.: Über Stirnhirnabsceß. Diss. Kiel 1917. — NUERNBERG, F.: Otogener Schläfenlappenabsceß mit gekreuzter Hörstörung. Arch. Ohrenheilk. **83**, 141 (1910).

PAGENSTECHER, E.: Akute Erblindung bei Hirnabsceß. Arch. Augenheilk. **75**, 355 (1913). — PIFFL, O. u. O. PÖTZL: Ein otogener parietaler Hirnabsceß. Arch. Ohr- usw. Heilk. **112**, 93 (1924). — PÖTZL, O.: Über ein neuartiges Syndrom bei Herderkrankung des Stirnhirnpoles. Z. Neur. **91**, 147 (1924). — POMMEREHNE, F.: Linksseitiger Schläfenlappenabsceß mit sensorieller Aphasie und kompleter gleichseitiger und partieller gekreuzter Oculomotoriuslähmung. Arch. Ohrenheilk. **82**, 25 (1910). — PORTMANN, G. et NOEL MOREAU: L'abscès du lobe frontal d'origine sinuisienne. Rev. de Laryng. etc. **48**, 1 (1927). — PŘECECHTĚL, A.: Rechtsseitiger otogener Temporosphenoidalabsceß. Rev. Neur. (tschech.) **23**, 204 (1926). Ref. Zbl. Neur. **45**, 588.

REJTÖ, A.: Über Kleinhirnabscesse. Mschr. Ohrenheilk. **63**, 670 (1929).

SALOMON, C.: Über otitische Hirnabscesse. Diss. Halle a. S. 1893. — SANZ, F.: Catalepsia cerebellosa. Arch. españ. Neur. **1**, 33 (1910). — SCHUSTER: Trauma und Hirnabsceß. Ärztl. Sachverst.ztg **1896**, Nr 10. — SCHWAB, O.: Diagnostische und therapeutische Bemerkungen zu einem geheilten Fall von Longitudinalisthrombose und Schläfenlappenabsceß. II. Neurologischer Teil. Arch. Ohr- usw. Heilk. **116**, 38 (1926). — SONNTAG, R.: Beiträge zur Kenntnis der Sprachstörungen bei otogenen Schläfenlappenabscessen. Z. Hals- usw. Heilk. **19**, 435 (1928). — SPECHT, F.: Beitrag zur Frage der Kleinhirnabscesse ohne Kleinhirnsymptome. Arch. Ohr- usw. Heilk. **120**, 23 (1929). — STRÄUSSLER: Abscesse im rechten Schläfenlappen bei einem Linkshänder mit sensorischer Aphasie. Z. Neur. **9**, 492 (1912). — STRAUSS, J.: Two cases of abscess in the occipital lobe exhibiting the Wernicke pupillar phenomenon. J. nerv. Dis. **38**, 697 (1911). — SYMONDS, C. P.: Some points in the diagnosis and localisation of brain abscess. J. Laryng. a. Otol. **42**, 440 (1927). — SZÁSZ, T. u. H. RICHTER: Otogener Kleinhirnabsceß Trochlearislähmung. Klin. Wschr. **1923 I**, 501.

TOPOCKOV, I.: Absceß im rechten Schläfenlappen mit amnestischer Aphasie, Agraphie und Alexie bei einem Rechtshänder. Sovrem. Psichonevr. (russ.) **10**, 261 (1930).

UFFENORDE: Arch. Ohrenheilk. **80**, 248.

WARTENBERG, R.: a) Irreführende Symptome bei Hirntumoren. Dtsch. Z. Nervenheilk. **111**, 225 (1929). b) Ein Schläfenlappensymptom Klin. Wschr. **1934 II**, 1466. — WILBRAND u. SAENGER: Die Neurologie des Auges., Bd. 1, Abt. II, S. 380. Wiesbaden: J. F. Bergmann 1900. — WITTMAACK: Ein rechtsseitiger Schläfenlappenabsceß mit Aphasie bei einem Rechtshänder. Arch. Ohrenheilk. **73**, 306 (1907).

ZINGERLE, H.: Klinische Studie über Haltungs- und Stellreflexe sowie andere automatische Körperbewegungen beim Menschen. III. Z. Neur. **105**, 548 (1926).

VI. Verlauf.

ABOULKER, H.: Le diagnostic des abcès intracrâniens silencieux à la période ambulatoire. Presse méd. **30**, 474 (1922).

BAKKER, C.: Thrombose der Kopfhautvene in einem Falle von otogenem Kleinhirnabsceß. Arch. Ohr- usw. Heilk. **100**, 35 (1916).

DIXON, O.: Brain abscess as the otologist's problem. J. amer. med. Assoc. **96**, 481 (1931). — DRUMMOND, H.: Abscess of the brain that pointed externally. Brit. med. J. **1924**, 3310, 995.

ENGEL, H.: Unfall und Hirnabsceß. Med. Klin. **19**, 908 (1923).

FINKELNBURG: Lehrbuch der Unfallbegutachtung usw., S. 391. Bonn 1920. — FÜRBRINGER, P.: Zur Kenntnis des Hirnabscesses als Unfallsfolge. Ärztl. Sachverst.ztg **19**, 1 (1913).

GATSCHER, S.: Hirnabsceß und Status hypoplasticus. Mschr. Ohrenheilk. **53**, 286 (1919).

KOVACS, A.: A case of recovery from an otogenous brain abscess after rupture into the lateral cerebral ventricle. The Laryngoscope **39**, 813 (1930).

LEIDLER, R.: Spontan durchgebrochener Absceß des linken Schläfenlappens. Sitzgsber. österr. otol. Ges. **1929**, 117. — LINDEBERG, W.: Beitrag zur Frage der metastatisch entstandenen Hirnabscesse und deren Ausbreitungsmöglichkeit. Fol. neuropath. eston. **3/4**, 409 (1925).

PETTE, R.: Plötzlicher Tod bei otogenen Hirnabscessen. „Transportreaktion." Zbl. Neur. **40**, 784 (1932). — POROT: Lyon méd. **1904**, 152. — PULAY: Über einen foudroyant verlaufenden Fall von Kleinhirnabsceß mit Encephalitis und Hydrocephalus internus. Neur. Zbl. **37**, 490 (1918).

RICK, H.: Zwei Fälle von rhinogenem Hirnabsceß nach Trauma. Diss. Würzburg 1924.

STEIN, F.: Ein kasuistischer Beitrag zur Unfallbegutachtung beim Gehirnabsceß. Dtsch. Z. Nervenheilk. **85**, 92 (1925).

URBANTSCHITSCH, E.: Schläfenlappenabsceß mit abgesacktem Empyem des Hinterhornes des linken Seitenventrikels. Mschr. Ohrenheilk. **44**, 719 (1910).

VII. Diagnose und Differentialdiagnose.

ALEXANDER, G.: Zur Differentialdiagnose zwischen otogenem Schläfenlappenabsceß und Hypophysentumor. Wien. klin. Wschr. **1916 I**, 766; Mschr. Ohrenheilk. **50**, 276 (1916).

BILLETER, A.: Über einen Fall von abgekapseltem Hirnabsceß und dessen Enucleation. Beitr. klin. Chir. **77**, 106 (1912). — BOGAERT, L. VAN: Gros abcès tuberculeux du cerveau ayant simulé l'encéphalite léthargique. J. de Neur. **26**, No 6, 341 (1926). — BRAT, G.: Ein Fall von Hirnabsceß, klinisch unter dem Bilde einer Eklampsia gravidarum verlaufend (Sitzgsber.). Nederl. Tijdschr. Geneesk. **54 I**, 1354 (1910). — BRAUN, A.: A Case of Sinus Thrombosis Complicated by cerebellar Abscess and Purulent Leptomeningitis. Med. Rec. **77**, 535 (1910). — BROUWER: Die Diagnostik des Tumor cerebri. Psychiatr. Bl. (holl.) **1932**, 108.

CANTIERI, C.: Considerazioni cliniche su di un caso di ascesso del cervelletto probabilmente postmorbilloso. Riv. crit. Clin. med. **11**, 305 (1910). — COURJON, A.: Diagnostic différentiel entre l'abcès cérébelleux et la Pyolabyrinthite. Thèse de Lyon **1911**.

DIAMOND, I. B. and P. BASSOE: Abscess of the Brain. Report of two cases. One with the clinical picture of epidemic encephalitis and the other with that of tumor of the brain. Arch. of Neur. **19**, 265 (1928).

GUILLAIN, G., J. PÉRISSON et I. BERTRAND: Abcès du cerveau ayant simulé l'encéphalite léthargique. Bull. Soc. méd. Hôp. Paris **45**, 922 (1929).

HARPER, J.: Cerebellar Abscess and Acute Suppurative Labyrinthitis: Differential-Diagnosis. Lancet **1910 I**, 1266. — HESSLER: Arch. Ohrenheilk. **48**, 36. — HILL, F. T.: The importance of the history in the diagnosis of the brain abscess. Ann. of Otol. **39**, 595 (1930). — HIRSCH, B.: Otitis media und Hirntumor. Z. Ohrenheilk. **71**, 230 (1914).

IVANOVA, N.: Vermeintlicher Hirnabsceß. Ž. ušn. Bol. (russ.) **4**, 461 (1927). Ref. Zbl. Neur. **48**, 199.

KRÖNLEIN: Vorstellung von drei durch Radikaloperation (Exstirpation) geheilten Patienten, welche an Hirntumor litten. Neur. Zbl. **1910**, S. 107.

NÜHSMANN, TH.: Die Differentialdiagnose zwischen entzündlichen Labyrinth- und otogenen Kleinhirnerkrankungen. Arch. Ohr- usw. Heilk. **113**, 290 (1925).

O'SHEA, H. V.: The diagnosis of brain abscess. Brit. med. J. **1930**, Nr 3630, 175.

PULAY, E.: Über einen foudroyant verlaufenden Fall von Kleinhirnabsceß mit Encephalitis und Hydrocephalus internus. Neur. Zbl. **1918**, 490.

REJTÖ, A.: Über otogene Großhirnabscesse an der Hand von 9 Fällen. Mschr. Ohrenheilk. **64**, 1174 (1930). — RIMINI: Sur le diagnostic différentiel entre la labyrinthite purulente et l'abcès du cervelet. Arch. internat. Laryng. etc. **2**, 129 (1923). — ROMANZEV, N.: Über Pseudogehirnabscesse. Russk. Klin. **8**, Nr 39, 67 (1927). Ref. Zbl. Neur. **51**, 73. — RÜEDI, L.: Der otogene Subduralabsceß. Mschr. Ohrenheilk. **64**, 3 (1930). — RUTTIN, E.: Labyrinthitis und Hirnabsceß. Budapesti Orv. Ujság. **10**, 151 (1912).

SCHMIEGELOW, E.: Fälle von otogenen Hirnabscessen bei Patienten mit normalem Trommelfell oder mit geheilter Mittelohrentzündung. Arch. Ohr- usw. Heilk. **122**, 273 (1929). — SEELAND, C. M.: Beitrag zur Differentialdiagnose zwischen Hirnabsceß und Hirntumor. Beitr. Anat. usw. Ohr usw. **19**, 1 (1922). — SHARPE, W.: The diagnosis and treatment of brain abscess. The Laryngoscope **24**, Nr 3 (1914). — SITTIG, O.: Schläfenlappensymptome bei Kleinhirnabsceß. Z. Neur. **87**, 589 (1923). — STELLA, DE: Diagnostic différentiel entre la prolabyrintite et l'abcès cérébelleux. Arch. internat. Laryng. etc. **32**, 345, 743 (1911). — SWIFT, G. W.: The differential diagnosis between septic meningitis, brain abscess and lateral sinus thrombosis complicating mastoiditis. Ann. of Otol. **36**, 669 (1927).

THORMANN, H.: Sensorische Aphasie bei otogenem Extraduralabsceß in der linken mittleren Schädelgrube. Z. Hals- usw. Heilk. **11**, 429 (1925).

VÁRADY-SZABÓ, N.: Otogener Schläfenlappenabsceß mit Kleinhirnsymptomen. Mschr. Ohrenheilk. **63**, 515 (1929).

WEBSTER, H. G.: Brain abscess versus lethargic encephalitis. An illustrative case. Long Island med. J. **15**, 373 (1921). — WILLIS, F. E. SAXBY and C. HAMBLIN THOMAS: A case of cerebral abscess simulating encephalitis lethargica. St. Barth. Hosp. J. **28**, 154 (1921).

ZELLER: Berl. klin. Wschr. **1895 I**, 923.

VIII. Therapie.

BUTLER, T. H.: Subdural Abscess, Thrombosis of the Lateral Sinus, and Diffuse Osteomyelitis of the Skull Bones Treated with Vaccines. Recovery. Brit. med. J. **1**, 602 (1912). — BRYAN, J. H.: Report of Two Cases of Mastoid Abscess Infective Thrombosis of the Lateral Sinus and Jugular Vein; Resection of the Jugular; Recovery. Ann. of Otol. **24**, 543 (1915).

COLEMAN, C. C.: (a) The treatment of abscess of the brain. Arch. Surg. **18**, 100 (1929). (b) Reduction of mortality of brain abscess by simple methods of treatment. South. med. J. **23**, 484 (1930).

DANDY, W. E.: Treatment of chronic abscess of the brain by tapping. Prelim. note. J. amer. med. Assoc. **87**, Nr 18, 1477 (1926).

GLOBUS, J. H. and WALTER Horn: Inherent healing properties of abscess of the brain. Arch. of Otolaryng. **16**, 603 (1932). — GRANT, F. C.: The mortality from abscess of the brain. J. amer. med. Assoc. **99**, 550 (1932).

KAHN, A.: The logical cause, pathology and treatment of brain lesions. Med. Rec. **99**, 8 (1921).

LEMAÎTRE, F.: L'exclusion des espaces sous-arachnoïdiens dans le traitement des abcès encéphaliques. 1. Congr. internat. Oto-Rhino-Laryng. **1929**, 858. — LINCK: Beitrag zur Klinik und Pathologie der Hirnabscesse. Dtsch. Z. Chir. **166**, 65 (1921).

MCKENZIE, K. G.: The treatment of abscess of the brain. Arch. Surg. **18**, 1594 (1929).

NEUMANN: Zur Klinik und Pathologie der Hirnabscesse. Z. Hals- usw. Heilk. **27**, 593 (1930).

SARGENT, P.: Remarks on drainage of brain abscess. Brit. med. J. **1928**, Nr 3543, 971. — SPASOKUKOZKIJ, S.: Versuch einer konservativen Behandlung chronischer Hirnabscesse (Punktionen). Vestn. Chir. (russ.) **13**, 29 (1928). Ref. Zbl. Neur. **51**, 768.

TRAUTMANN, G.: Über die Behandlung der Hirnabscesse mit Eigenbluteinspritzungen. Münch. med. Wschr. **1918 II**, 1319.

UFFENORDE, W.: Die Behandlung der Hirnabscesse mit Autovaccine. Z. Hals- usw. Heilk. **12**, 538 (1925).

Rückenmarksabsceß.

Von **ROBERT WARTENBERG**-San Francisco.

Der Rückenmarksabsceß, die Myelitis suppurativa, d. h. die umschriebene Eiteransammlung innerhalb der Rückenmarkssubstanz selbst, gehört zu den seltensten Erkrankungen des Nervensystems. 1926 haben WOLTMAN und ADSON 29 Fälle von Rückenmarksabsceß aus der Literatur gesammelt und einen eigenen hinzugefügt. Dazu sind jetzt hinzuzurechnen die dort nicht erwähnten Fälle von DUBREUILLE, DREHER, STERNBERG, DE GUELDRE und SANÓ und die seitdem beschriebenen von NONNE, SITTIG, SCHMITZ, BARNES. Zwei weitere Fälle werden von FORSTER in einem Referat kurz erwähnt. Kein Alter bleibt von der Erkrankung verschont, keines besonders bevorzugt; der jüngste Patient war nach der Zusammenstellung von WOLTMAN und ADSON 8 Tage alt, der älteste 61 Jahre. Die überwiegende Mehrzahl betraf Männer.

Der Rückenmarksabsceß ist bei weitem viel seltener als der Hirnabsceß. Das hängt mit verschiedenen Momenten zusammen: Das Rückenmark tritt schon in seiner Masse gegenüber dem Gehirn stark zurück (Verhältnis 2:100); die für die fortgeleiteten Abscesse beim Gehirn wichtigen Faktoren, wie Nase und Ohr, kommen beim Rückenmark nicht in Frage; dann ist die Rückenmarkssubstanz traumatisch viel schwerer zugänglich als das Gehirn. Das Rückenmark zeigt überhaupt eine geringe Tendenz zu eitriger Entzündung (CASSIRER-LEWY, STEFFENS). Dieselben Erreger, die an anderen Körperteilen Eiterungen hervorrufen, können auch am Rückenmark zu den schwersten Veränderungen führen, jedoch meist zu keiner Eiterung, sondern lediglich zu einer einfachen Erweichung. Die Rückenmarksgefäße sind schmal und verlaufen nicht gerade, was ebenfalls das Rückenmark vor einer Einschwemmung corpusculärer Emboli, die zum Absceß führen, schützt (SCHMAUS). Das Groß- und Kleinhirn sind von der grauen Substanz bedeckt, die leichter permeabel ist als die straffe weiße Substanz, die das Rückenmark umgibt. SCHLESINGER nimmt noch einen bestimmten chemischen Faktor an, der Eiterungen im Rückenmark unterdrückt. Jedenfalls steht die geringe Tendenz des Rückenmarks zu eitriger Entzündung fest: die myelitischen Veränderungen können hochgradig sein, nur zu einer eitrigen Einschmelzung kommt es nicht.

Die häufigste Ursache des Rückenmarksabscesses ist die Erkrankung der Wirbel und zwar Wirbelfraktur (OLLIVIER, FEINBERG, STERNBERG), Wirbeltuberkulose (SCHLESINGER, TURNER und COLLIER), Wirbelcarcinom (TURNER und COLLIER). Dann: Bronchiektasien und Lungenempyem (NOTHNAGEL, HOMÉN, EISENLOHR, CHIARI, SKÁLA), Endokarditis (CASSIRER), Gonorrhoe (ULLMANN, DE GUELDRE und SANÓ), Ohreiterung (NONNE, SCHMITZ), septischer Abort (SITTIG, FORSTER), Prostataabsceß (SCHLESINGER), Infektion der Haut (HITCHCOCK, DUBREUILLE, BARNES, FORSTER), Aktinomykose (LESNÉ und BELLOIR, MOERSCH, PRIBITKOFF und MALOLETKOFF), Tuberkulose innerer Organe (SILVAST, NONNE), Meningitis (DREHER, KAWASHIMA), eitrige Meningocele (WOLFF). In den Fällen von HART, DEMME, WOLTMAN und ADSON konnte die primäre Eiterung nicht eruiert werden. FAIRBROTHER, JACCOUD führen als ätiologischen Faktor eine „Erkältung" an.

Der Absceß sitzt meist in der grauen Substanz des Rückenmarks und zwar besonders an der Basis des Hinterhornes oder in der hinteren Commissur, seltener in den Hintersträngen. Damit stimmt die alte experimentelle Erfahrung überein, daß bei Rückenmarksembolien die graue Substanz zuerst und am stärksten leidet.

Eine sichere Bevorzugung bestimmter Abschnitte oder Segmente des Rückenmarks läßt sich nicht nachweisen. Kein Teil des Rückenmarks ist von einer Vereiterung ausgeschlossen, auch nicht der Conus. Der Eiterherd kann miliare Größe haben oder hirsekorn- bis bohnengroß sein, er kann auch den ganzen Querschnitt des Rückenmarks einnehmen. In der Länge dehnte sich der Absceß in den meisten Fällen über 1—3 Segmente aus, er kann sich aber diffus über weite Gebiete, ja über das ganze Rückenmark erstrecken. Die Ausbreitung des Eiters erinnert dabei stark an die Röhrenblutungen bei der Hämatomyelie; der Absceß schiebt das Nervengewebe zunächst auseinander, ohne es zu zerstören. Einige Male waren die Abscesse multipel in verschiedenen Höhen. Gleichzeitige Hirnabscesse wurden wiederholt beobachtet. Recht häufig ist eine Kombination mit eitriger Meningitis spinalis, die mit dem Absceß kommunizieren kann. Nur in den Fällen von HOMÉN, SILFAST war sicher keine begleitende Meningitis vorhanden. Bei größeren Abscessen erscheint das Rückenmark geschwollen und füllt den Rückenmarkskanal voll aus.

Die mikroskopische Untersuchung ergibt nach PICK, daß im Absceß selbst das Gewebe meist gänzlich zerfallen ist, nur gelegentlich sind noch einzelne Bruchstücke von Nervenfasern zu erkennen; nur in einzelnen Fällen hat der Absceß das Gewebe vorwiegend auseinandergedrängt. Dort, wo der Prozeß noch nicht so weit vorgeschritten, besteht das Gewebe aus den von massenhaften Eiterzellen und homogenem, geronnenem Exsudate durchsetzten Trümmern von Nervensubstanz; zuweilen erzeugt das Exsudat eine Schichtung, in der das Fibrin eine besondere Schicht bildet; die Gefäße sowohl im Absceß wie in der Umgebung desselben zeigen in ihren perivasculären Lymphräumen reichlich Exsudatzellen, gelegentlich erscheinen größere Gefäße thrombosiert; in der Peripherie des Abscesses finden sich gelegentlich kleine oder auch größere frische Blutungen, in der weiteren Umgebung kleinzellig infiltrierte Gefäße. Bei länger dauerndem Absceß findet sich an einem größeren oder kleineren Teile seines Umfanges eine Abkapselung in Form einer kernarmen, von Glia und Bindegewebe gebildeten Wand, zwischen deren Schichten stellenweise reichlich gewucherte Capillaren zu finden sind. Die Umgebung des Abscesses zeigt die Erscheinungen ödematöser Durchtränkung: Schwellung des Gliagewebes, Quellung der Achsenzylinder, vielfach Fehlen der Achsenzylinder, wodurch das Bild des „Lückenfeldes" entsteht. Nur in einzelnen Fällen ist die Abgrenzung des Abscesses gegen das umgebende Gewebe scharf.

Der Absceßinhalt besteht aus Eiter von grünlich-weißer Farbe und gewöhnlich dicker Konsistenz. Bakterien findet man selten darin, am häufigsten Streptokokken, dann Staphylokokken, Diplokokken, Actinomyces, Stäbchen, Pneumokokken. Gonokokken wurden nie gefunden.

Der Absceß entsteht im Rückenmark entweder auf dem Wege der direkten Fortleitung oder metastatisch, auf dem Blut- oder Lymphwege. (Vgl. darüber die Ausführungen über die Entstehung des Hirnabscesses im Kapitel „Hirnabsceß" dieses Handbuches.) Der metastatische Weg ist bei weitem der häufigste. Hier kommt es wohl zunächst zu einer eitrigen Meningitis und von da aus wird die Infektion mit den Blut- oder Lymphgefäßen in das Innere des Rückenmarks getragen.

Klinisch bietet der Rückenmarksabsceß kein scharf umrissenes Bild. Seine klinischen Äußerungen können durch die Symptome der primären Eiterung, der begleitenden Meningitis stark verdeckt sein. Auch ist meist der Allgemeinzustand infolge des primären Leidens so schlecht, daß eine genauere neurologische Untersuchung erschwert ist. Fieber ist meist vorhanden und schon durch den Grundprozeß bedingt, kann aber gelegentlich ganz fehlen. Im Blute besteht Leukocytose, im Falle von WOLTMAN-ADSON von 12 500. Aus dem Blute konnte im Falle von NONNE der Streptococcus haemolyticus gezüchtet werden, der auch in dem bei der Operation aus dem Rückenmarksabsceß gewonnenen Eiter enthalten war.

Das neurologische Bild entspricht im wesentlichen einer Myelitis acutissima; in manchem Falle herrschen dauernd oder nur im Anfang meningeale Reizerscheinungen vor. Die Kranken klagen über heftige Schmerzen im Kopf, Rücken, im Kreuz, Extremitäten, über schmerzhaftes Gürtelgefühl, Nackensteifigkeit, Steifigkeit und Klopfempfindlichkeit der Wirbelsäule. Es kommt rasch zu einer schlaffen, selten spastischen Para- oder Tetraplegie mit fehlenden Sehnenreflexen und entsprechender — totaler, nichtdissoziierter — Sensibilitätsstörung und Sphincterenlähmung. Gelegentlich wurde ein allmählicher Anstieg der Sensibilitätsstörung beobachtet. Seltenere Befunde sind: retrobulbäre Neuritis und Blindheit (SILFVAST, KAWASHIMA), Stauung am Augenhintergrund (WOLTMAN und ADSON), Pupillendifferenz (EISENLOHR), Zittern und Ataxie der Hände (HOMÉN).

NONNE, SITTIG fanden den Liquordruck herabgesetzt. SITTIG erblickt im niederen Liquordruck ein die Diagnose unterstützendes Moment. BARNES, WOLTMAN und ADSON fanden einen spinalen Block. Im Falle von NONNE bestand außer einer Xanthochromie eine erhebliche Eiweißvermehrung und eine Zellzahl von 80/3. Die Eiweißmengen im Liquor nahmen seit der Punktion, die einen Tag zuvor ausgeführt wurde, beträchtlich zu. Im Falle von BARNES enthielt der Liquor 29 Zellen, war aber sonst normal. Der Liquor wurde von

NONNE, BARNES bakteriologisch steril gefunden. Bei der Myelographie mittels suboccipital eingeführten Lipiodols fand SITTIG totalen Stop.

Der Beginn der Erkrankung ist meist ein akuter, ohne Prodromalsymptome, besonders in traumatischen Fällen. Die Zeichen der Querschnittsunterbrechung des Rückenmarks setzen schlagartig ein oder entwickeln sich in wenigen Tagen. Die Lähmung ist sogleich vollständig, allmähliche Verstärkung der Lähmungserscheinungen ist selten. BROWN-SÉQUARDsches Syndrom wurde nur einmal beobachtet. Der Querschnittsläsion gehen häufig sehr heftige Schmerzen im Rücken oder in den Extremitäten voraus. Im Falle von DE GUELDRE-SANÓ traten vor der Lähmung Krampi in den Waden auf.

Die Krankheit nimmt akuten Verlauf und führt in wenigen Tagen zum Tode. Die kürzeste Dauer der Krankheit betrug 3 Tage, die längste 7 Monate. Die Hälfte der Erkrankten starb innerhalb von 2 Wochen.

Die Diagnose eines Rückenmarksabscesses ist intra vitam außerordentlich schwierig. Vor allem schon deshalb, weil die Erscheinungen des Grundleidens und die meningealen Erscheinungen die medullären überdecken können. Bis jetzt wurde die Diagnose nur zweimal gestellt. Es waren die Fälle von NOTHNAGEL und HOMÉN, wo zu einer Bronchiektasie eine Paraplegie hinzukam. In den zuletzt beschriebenen Fällen nahmen WOLTMAN und ADSON eine Meningomyelitis an, NONNE eine extradurale Eiterung, SITTIG einen Rückenmarkstumor. An einen Rückenmarksabsceß muß man denken, wenn bei einer chronischen Eiterung an irgend einer Stelle des Körpers plötzlich die Erscheinungen einer diffusen Querschnittsläsion des Rückenmarks auftreten und sich evtl. schnell ausbreiten. LEWANDOWSKY sieht in dem allmählichen Anstieg der Anästhesie eine für die Diagnose wichtige Tatsache. Die Diagnose wird unterstützt durch den Nachweis eines niedrigen Liquordruckes und eines Absperrungssyndroms im Liquor.

Differentialdiagnostisch sind in erster Linie epi- oder subduraler Absceß, Querschnittsmyelitis und thrombotische Erweichung zu berücksichtigen. Die Differentialdiagnose hat eine wesentliche praktische Bedeutung nur gegenüber den beiden letzteren Affektionen, da hier eine Operation nicht in Frage kommt. Die thrombotische Erweichung des Rückenmarks, die auch akut einsetzen kann, ist aber vor allem luischen Ursprunges, auch sind hier die initialen Schmerzen sehr gering und die Sensibilitätsstörung hat vorwiegend dissoziierten Charakter. Die freie Passage von Jodöl spricht gegen Erweichung und gegen Myelitis. Sowohl der epi- wie subdurale, wie auch der intramedulläre Absceß sind so selten, daß es jetzt nicht möglich ist, sichere differentialdiagnostische Kriterien dieser Erkrankungen aufzustellen. Zum Glück ist die Differentialdiagnose praktisch weniger wichtig, da ein operativer Eingriff bei jeder Art dieser Abscesse indiziert ist. Wie der intramedulläre, kann auch der epi- wie der subdurale Absceß auf metastatischem Wege entstehen und keiner bietet ein eindeutiges klinisches Bild (SCHMALZ, DANDY, SMITT, GUTTMANN und SINGER, CRAIG und DOYLE, BENNET und KEEGAN). Unter Vorbehalt kann man im allgemeinen sagen, daß akuter Beginn und Verlauf, sehr starke Schmerzen in der Wirbelsäule und in den Extremitäten, Symptome einer begleitenden Meningitis für einen Rückenmarksabsceß sprechen. Das Ergebnis der Myelographie ist nicht entscheidend, da es beim Absceß jeden Sitzes zu einem Stop kommen kann.

Die Therapie kann nur eine chirurgische sein. Die Operation brachte im Falle CAVAZZANI Heilung, doch blieb die Frau total gelähmt. Die Patientin von WOLTMAN-ADSON, ein 11jähriges Mädchen, bei dem ein abgekapselter Absceß des Dorsalmarkes entleert wurde, konnte nach fast 2 Jahren als praktisch geheilt und gehfähig demonstriert werden. Die Patienten von NONNE und SITTIG starben wenige Tage nach der Operation. Auch die zwei Patienten von FORSTER konnten nicht gerettet werden, trotzdem der Absceß bei der Laminektomie gefunden wurde.

Literatur.

BARNES, F. R.: A case of suppurative transverse myelitis. New England J. Med. **203**, 725 (1930). — BENNETT, A. R. and J. J. KEEGAN: Circumscribed suppurations of the spinal cord and meninges. Arch. of Neur. **19**, 329 (1928).

CASSIRER, R.: Über metastatische Abscesse im Centralnervensystem. Arch. f. Psychiatr. **36**, 153 (1903). — CASSIRER, R. u. F. H. LEWY: Ein Beitrag zur metastatischen Myelitis. Mschr. Psychiatr. **52**, 127 (1922). — CAVAZZANI, G.: Abscesso centrale traumatico del midollo spinale operato e guarito. Riv. venet. Sci. med. **30**, 481 (1899). — CHIARI, H.: Über Myelitis suppurativa bei Bronchiektasie. Z. Heilk., N. F. **1**, 351 (1910). — CRAIG, WICHELL MC K. and J. B. DOYLE: Metastatic epidural abscess of the spinal cord. Recovery after operation. Ann. Surg. **95**, 58 (1932).

DANDY, W. E.: Abscesses and inflammatory tumors in the spinal epidural space (so-called pachymeningitis externa). Arch. Surg. **13**, 477 (1926). — DEMME, H.: XIII. Medizinischer Jahresbericht über die Tätigkeit des JENNERschen Kinderspitals in Bern im Laufe des Jahres 1875. Bern 1876. — DREHER: Untersuchung einiger Fälle von tuberkulöser und eines Falles von eitriger Meningitis usw. Dtsch. Z. Nervenheilk. **15**, 58 (1899). — DUBREUILLE, W.: Abcès intramédullaire consécutif à une tumeur dermoïde congénitale. J. Méd. Bordeaux **16**, 352 (1886—87).

EISENLOHR, C.: Über Abscesse in der Medulla oblongata. Dtsch. med. Wschr. **1892** S, 111.

FAIRBROTHER: Paraplegia; Abscess of Spinal Marrow. Med. Tim. **5**, 190 (1852). — FEINBERG: Fall von Wirbelfraktur und Rückenmarksabsceß. Berl. klin. Wschr. **13**, 463 (1876). — FLATAU, E.: Der Rückenmarksabsceß. Handbuch der Neurologie von LEWANDOWSKY, Bd. 2. Berlin 1911. — FORSTER, E.: Referat über NONNE: Otogener Rückenmarksabsceß. Zbl. Neur. **44**, 712 (1926).

GUELDRE, DE et SANÓ: Myélite aiguë d'origine blenorrhagique suivie d'autopsie. Ann. Bull. Méd. Anv. **62**, 191 (1900). — GUTTMANN, E. und L. SINGER: Der Epiduralabsceß oder die Pachymeningitis spinalis externa purulenta. Arch. klin. Chir. **166**, 183 (1931).

HART, J.: Case of encysted abscess in the centre of the spinal cord. Dublin Hosp. Rep. **5**, 522 (1830). — HITCHCOCK, C.: Abscess of the spinal cord, with report of a case. J. amer. med. Assoc. **68**, 1318 (1917). — HOMÉN, E.: Un cas d'abcès de la moëlle. Revue neur. **3**, 97 (1895).

JACCOUD, S.: Etudes de pathogénie et de sémiotique, p. 688 f. Paris: A. Delahaye 1864.

KAWASHIMA, K.: Zur Kenntnis der eitrigen Myelitis. Arch. f. path. Anat. **200**, 461 (1910).

LESNÉ et BELLOIR: A propos d'un cas d'actinomycose médullaire. Ann. Méd. **12**, 329 (1922). — LEYDEN u. GOLDSCHEIDER: Die Erkrankungen des Rückenmarks, 2. Aufl. Wien 1904.

MOERSCH, F.: Actinomycosis of the central nervous system. Arch. of Neur. **7**, 745 (1922).

NONNE, M.: Otogener Rückenmarksabsceß. Z. Hals- usw. Heilk. **13**, 574 (1926). — NOTHNAGEL, H.: Über Rückenmarksabsceß. Wien. med. Bl. **7**, 288 (1884).

OLLIVIER, C.: Traité des maladies de la moëlle épinière, Tome 1, p. 291. 1837. Paris: Méquignon Marvis. — OPPENHEIM, H.: Lehrbuch der Nervenkrankheiten, 7. Aufl. Berlin 1923.

PICK, A.: Rückenmarksabsceß. Handbuch der pathologischen Anatomie des Nervensystems von FLATAU, JACOBSOHN und MINOR. Berlin 1904. — PRIBITKOFF, G. u. MALOLETKOFF: Abstseso spinnovo mozga. Ž. Nevro. imeni Korsakova (russ.) **1**, 85 (1901).

SCHELVEN, VAN TH.: Trauma und Nervensystem, S. 191. Berlin 1919. — SCHLESINGER, H.: (a) Über Rückenmarksabsceß. Arb. neur. Inst. Wien **2**, 114 (1894). (b) Zur Lehre vom Rückenmarksabsceß. Dtsch. Z. Nervenheilk. **10**, 410 (1897). — SCHMALZ, A.: Über akute Pachymeningitis spinalis externa. Virchows Arch. **257**, 521 (1925). — SCHMAUS, H.: Vorlesungen über die pathologische Anatomie des Rückenmarks. Wiesbaden 1901. — SCHMITZ, C.: Metastatischer Rückenmarksabsceß im Anschluß an Gehirnabsceß infolge chronischer Mittelohreiterung. Arch. Ohr- usw. Heilk. **116**, 68 (1926). — SILFVAST, J.: Ein Fall von Absceß des Rückenmarks mit retrobulbärer Neuritis. Dtsch. Z. Nervenheilk. **20**, 94 (1901). — SITTIG, O.: Metastatischer Rückenmarksabsceß bei septischem Abortus. Z. Neur. **107**, 146 (1927). — SKÁLA, J.: Metastatischer Absceß des Rückenmarks nach Bronchiektasie (tschech.). Čas lék. česk. **35**, 213 (1896). — SMITT, W. C.: Sur l'abcès spinal épidural. Revue neur. **1929 II**, 512. — STEFFENS, K.: Zur Pathogenese der infektiösen Rückenmarkserweichungen. Diss. Köln 1929. — STERNBERG, M.: Die Sehnenreflexe, S. 141. Leipzig u. Wien 1893.

TURNER, W. and J. COLLIER: Intramedullary abscess of the spinal cord. Brain **27**, 199 (1904).

ULLMANN, O.: Über Rückenmarksabsceß. Z. klin. Med. **16**, 39 (1889).

WOLFF, A.: Zur Kenntnis des Rückenmarksabscesses. Arch. f. path. Anat. **198**, 545 (1909). — WOLTMAN, H. W. and A. W. ADSON: Abscess of the spinal cord: Report of a case with funktional recovery after operation. Brain **49**, 193 (1926).

Namenverzeichnis.

Die *kursiv* gedruckten Ziffern beziehen sich auf die Literatur.

Sachverzeichnis.

GPSR Compliance

The European Union's (EU) General Product Safety Regulation (GPSR) is a set of rules that requires consumer products to be safe and our obligations to ensure this.

If you have any concerns about our products, you can contact us on ProductSafety@springernature.com

In case Publisher is established outside the EU, the EU authorized representative is:

Springer Nature Customer Service Center GmbH
Europaplatz 3
69115 Heidelberg, Germany

Batch number: 10683525

Printed by Printforce, the Netherlands